普通高等教育力学系列"十三五"规划教材

理论力学

（第4版）

主　编　冯立富　张亚红　王芳林　赵静波

副主编　张文荣　杨　帆　刘志强　王　玲

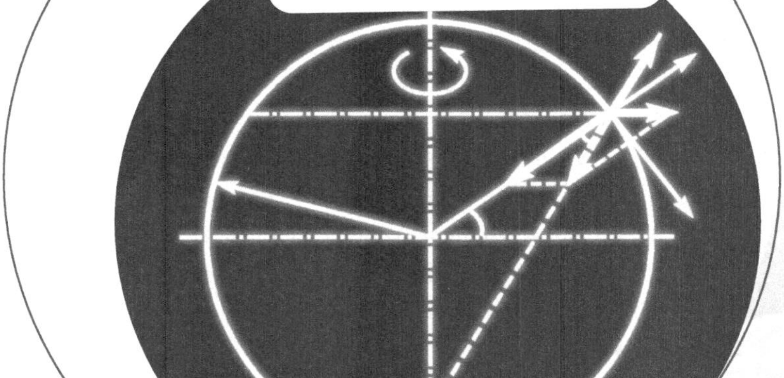

西安交通大学出版社
XI'AN JIAOTONG UNIVERSITY PRESS

内容简介

本书是根据教育部2019年颁布的《高等学校理工科非力学专业力学基础课程教学基本要求》修订的，保留了前3版避免与高等数学和普通物理学简单重复的特点，结构合理，内容精练。

全书内容分为3篇共15章。第一篇静力学，包括静力学基础、力系的简化、物体的受力分析、力系的平衡、摩擦等5章；第二篇运动学，包括运动学基础、点的合成运动、刚体的平面运动等3章；第三篇动力学，包括动量定理、动量矩定理、动能定理、动静法、质点的相对运动、虚位移原理、拉格朗日方程等7章。

本书可作为高等学校理工科各专业理论力学课程的教材。

图书在版编目(CIP)数据

理论力学/冯立富等主编. —4版. —西安：西安交通大学出版社，2020.8
普通高等教育力学系列"十三五"规划教材
ISBN 978-7-5693-1738-1

Ⅰ. ①理…　Ⅱ. ①冯…　Ⅲ. ①理论力学-高等学校-教材
Ⅳ. ①O31

中国版本图书馆CIP数据核字(2020)第087449号

书　　名　理论力学(第4版)
主　　编　冯立富　张亚红　王芳林　赵静波
责任编辑　田　华
责任校对　王　娜

出版发行　西安交通大学出版社
(西安市兴庆南路1号　邮政编码710048)
网　　址　http://www.xjtupress.com
电　　话　(029)82668357　82667874(发行中心)
(029)82668315(总编办)
传　　真　(029)82668280
印　　刷　西安日报社印务中心

开　　本　787mm×1092mm　1/16　**印张**　18.25　**字数**　440千字
版次印次　2020年8月第4版　2020年8月第1次印刷
书　　号　ISBN 978-7-5693-1738-1
定　　价　46.00元

读者购书、书店添货或发现印装质量问题，请与本社发行中心联系、调换。
订购热线：(029)82665248　(029)82665249
投稿热线：(029)82664954　QQ：190293088
读者信箱：190293088@qq.com

第 4 版前言

本书第 1 版和第 2 版作为原中国人民解放军总参谋部军训部组编的军队高等院校推荐教材，分别于 1996 年 6 月和 2001 年 5 月由陕西科学技术出版社出版。本书第 3 版作为普通高等学校“十一五”规划教材，于 2010 年 8 月由西安交通大学出版社出版。第 3 版出版 10 年来，得到了各使用院校师生和广大读者的欢迎和肯定，我们表示衷心感谢。

本书前 3 版的主要特点是：尽量利用学生已有的高等数学和普通物理学基础，避免简单重复，理论严谨，结构合理，逻辑明晰，内容精练，有利于培养学生的科学思维方式和世界观；注重理论联系实际，培养学生应用本课程的理论和方法，解决工程和生活实际中简单力学问题的能力。

为了满足各使用院校的教学需要，根据教育部高等学校力学教学指导委员会力学基础课程教学分委员会 2019 年 6 月颁布的《高等学校理工科非力学专业力学基础课程教学基本要求》，我们对本书第 3 版进行了修订，现作为第 4 版出版。可供工科院校的航空、航天、机械、土木、动力、水利、车辆、采矿、船舶、港口航道及海岸工程等机械类专业的本科生使用，也可供材料、能源、化工、环保等非机类专业的本科生选用，还可供广大力学教师和工程技术人员参考。

参加本次修订工作的有：西安交通大学张亚红，空军工程大学赵静波、李颖、刘红，西安电子科技大学王芳林、马娟、朱应敏，西安工程大学贾坤荣、王玲、张红卫，西安理工大学王垠、刘志强，西北农林科技大学吴守军、李宝辉，西安科技大学杨帆，西安工业大学刘百来、杨帆、张文荣，陕西理工大学张烈霞、宁玮，榆林学院曹保卫。由冯立富、张亚红、王芳林、赵静波担任主编，张文荣、杨帆（西安科技大学）、刘志强、王玲担任副主编。全书由冯立富统稿并审定。

由于我们水平所限，书中难免还会有疏误之处，恳请广大读者批评指正。

编　者

2020 年 2 月

第 3 版前言

本书的第 1 版和第 2 版作为中国人民解放军总参谋部军训部组编的军队高等院校推荐教材，分别于 1996 年 6 月和 2001 年 5 月由陕西科学技术出版社出版。根据教育部高等学校力学教学指导委员会力学基础课程教学分指导委员会编制的《高等学校理工科非力学专业力学基础课程教学基本要求(试行)》(2008 年版)，我们对本书的第 2 版进行了修订，现作为第 3 版出版。

为了适应 21 世纪对高等教育的要求，进一步提高教学水平和人才培养质量，在这次修订中，我们保留了第 1 版和第 2 版理论严谨、结构合理、逻辑明晰、内容精练的特点，注重理论联系实际，尽量避免与高等数学和普通物理学课程中相关内容的简单重复，删去了第 2 版中的第 16 章"振动理论基础"和附录二中的"数值计算方法"，对非基本要求部分的内容及相应的习题都在节号及习题号前加了" * "号。

本书适用于高等工科院校四年制本科的机械、土木、水利、航空、航天、动力、车辆、采矿、船舶、港口航道及海岸工程等专业的本科生使用，也可供材料、能源、化工、环境等专业的本科生选用。

参加本次修订工作的有：解放军理工大学陈平、韦忠瑄、孙鹰、杨绪普，西安电子科技大学王芳林、朱应敏、马娟，西安工程大学王玲、贾坤荣，陕西理工学院张烈霞、张宝中、王谨，西安理工大学黎明安、马凯，西安思源学院岳成章、樊志新、张雪敏、郭虎平，西安工业大学史永高、刘百来，空军工程大学冯立富、李颖、陈兮。由冯立富、陈平、王芳林、黎明安担任主编，岳成章、张烈霞、王玲、史永高担任副主编。全书由冯立富统稿并审定。

由于我们的水平和条件所限，书中难免还会有疏误和不妥之处，恳请广大读者批评指正，以使本书不断完善和提高。

编　者

2010 年 5 月

第 2 版前言

为了适应军队专业技术院校教学改革的需要，根据我国科学技术发展和生产建设的要求，我们对本书 1996 年 6 月的第 1 版进行了修订，作为第 2 版出版。

参加本书修订工作的有：海军航空工程学院徐新琦、杨晓冬，空军工程大学导弹学院汪秀君、陈兮，军事交通学院孟泉、王金和，海军航空工程学院青岛分院夏毅锐、李玲、沈国瑾，空军第二航空学院朱晓波、田华奇，空军后勤学院谢永亮、庄惠平、董宪强、陈太林、谢卫红、张伟，解放军理工大学谈志高、陈国良、韦忠瑄、杜茂林，空军工程大学工程学院冯立富、姚宏、郭书祥、徐春玉。由冯立富、徐新琦、谈志高、谢永亮担任主编，朱晓波、孟泉、汪秀君、夏毅锐担任副主编。全书由冯立富统稿并审定。

在本书修订过程中，得到了各有关院校的领导、机关和教研室同志们的大力支持和帮助，特别是海军航空工程学院的有关领导、机关和教研室的同志们做了大量工作，谨此一并致谢。

由于我们水平所限，书中一定还有不少缺点和错误，热诚欢迎广大读者批评指正。

编　者

2001 年 4 月

第 1 版前言

本书是受总参军训部的委托，为了适应军队专业技术院校教学改革的要求，根据国家教委高教司 1995 年修订的《高等学校工科本科理论力学课程教学基本要求》和总参军训部 1990 年颁发的《军队院校工科本科理论力学课程教学基本要求》编写的，可作为军队高等院校工科本科各专业的教学用书，也可供有关的工程技术人员参考。

本书吸取了军队院校在教学和教材改革方面的经验，结构合理，内容紧凑；注重概念物理意义的阐述，且力求引入自然；尽量以学生已有的数学和普通物理学知识为基础，适当提高了起点；注意联系工程实际，特别是联系军事工程实际，培养学生分析和解决具体的力学和工程问题的能力；习题数量适中，类型较全。书中还附有应用计算机解题的数值计算程序和动态图象显示资料，以及汉英力学词汇对照表，可供查阅。

本书中凡标有 * 号的部分，均为选修内容。应当指出，即使是基本内容，也不一定要完全讲授。各校可结合本校的实际情况作一些必要的取舍。

参加本书编写工作的同志有：武警技术学院李印生，运输工程学院靳志国，二炮工程学院李学东、廖天宇，空军后勤学院庄惠平、顾红军，工程兵工程学院谈志高、杨效中，装甲兵工程学院王丹杰、潘学琴，武警部队学院孙庭立、周永年，军械工程学院刘协权，空军导弹学院夏之英、张远，海军工程学院王良桂、王德石，空军工程学院冯立富、姚宏、郭书祥。由冯立富、王良桂、夏之英、刘协权、孙庭立担任主编。

应本书编写组的邀请，西北工业大学蔡泰信教授和空军工程学院王永正教授承担了本书的审稿工作。二位教授分别提出了许多宝贵的修改意见，我们在此表示衷心感谢。根据二位教授的审稿意见，全书最后由冯立富统一修改定稿。

在本书编写过程中，得到了参编各院校有关领导、机关和理论力学教研室（组）同志们的大力支持和帮助，特别是空军工程学院和武警部队学院的有关领导、机关和教研室的同志们做了大量的工作，谨此一并致谢。

由于我们水平所限，书中一定还有不少缺点，恳请广大读者批评指正。

编　者

1996 年 5 月

目 录

第一篇 静力学

第二篇 运 动 学

第三篇 动 力 学

附　录

绪 论

力学是研究物体机械运动规律的科学。

所谓**机械运动**，即**力学运动**，是指物体在空间的位置随时间的变化。它是物质的运动形式中最简单的一种，也是人们的生活和生产实践中最常见的一种运动。为方便计，本书中一般都把机械运动简称为**运动**。

力学是最早产生并获得发展的科学之一。人类开始研究力学理论，大约可以追溯到 2500 年以前。记述我国古代伟大学者墨翟（约公元前 5 世纪上半叶—前 4 世纪初）学说的《墨经》中，在力学方面就有关于力、重心、秤的原理以及材料的性质、运动的分类等的论述。但力学真正成为一门科学，则要从牛顿在 1687 年发表《自然哲学的数学原理》这篇名著时算起。

力学在英语中叫 mechanics，起源于希腊语的 $\mu\eta\chi\alpha\nu\eta$，有机械、工具之意。西方的 mechanics 于明末清初传入我国，当时译为“重学”或“力艺”，直到 1903 年才正式译为“力学”。我们汉语中的力学，在字面上的涵义是力的科学，与 mechanics 的原意不尽一致。

从历史上看，力学原是物理学的一个分支，而物理学的建立则是从力学开始的。后来由于数学理论和工程技术的推进，以研究速度远小于光速的宏观物体的机械运动为主的力学逐渐从物理学中独立出来，而物理学中仍保留的有关基础部分则被称为“经典力学”或“古典力学”，以区别于热力学、电动力学、量子力学、相对论等其他分支。

力学与数学和物理学等学科一样，是一门基础科学，它所阐明的规律带有普遍的性质；力学同时又是一门技术科学，它是众多应用科学特别是工程技术的基础，是人类认识自然、改造自然的重要学科。追溯到 20 世纪前，经典力学的发展曾推动了影响整个人类文明进程的第一次工业革命。进入 20 世纪后，高新技术硕果累累，但无论是飞机、导弹、海底隧道、高层建筑、远洋巨轮、海洋平台、精密机械、高速列车、人造卫星、宇宙飞船、机器人等等，无不是在现代力学成就的指导下实现的，甚至在表面上看来似乎与力学关系不大的电子工业、信息科学、生命科学、医学、农学、林学等领域中，哪里有力与运动，哪里就有力学问题需要去解决。马克思说过，牛顿力学是“大工业的真正科学的基础”。钱学森说：“不能设想，不要现代力学就能实现现代化。”航空、航天工业的发展史已经证明，正是由于一个个力学问题的相继突破，才促进了航空、航天技术的腾飞与繁荣。

理论力学是研究物体机械运动一般规律的科学，是高等工科学校各类工程专业的一门重要的技术基础课。本课程不考虑物体的弹塑性、流动性、压缩性、黏滞性等具体属性，只研究机械运动规律中的共性，即研究物体在力的作用下改变机械运动状态（或保持平衡状态）的规律。高等工科学校中的各类工程专业还开设有许多研究物体机械运动规律的课程，如材料力学、结构力学、弹性力学、塑性力学、流体力学、飞行力学、断裂力学、岩土力学、振动理论等，它们都是在理论力学的基础上，结合物体的某些具体属性，或局限于某些具体工程对象（如工程结构、飞行器等），对机械运动规律作进一步的深入研究。理论力学还是很多工程专业的专业基础课程（如机械原理、机械设计等）和专业课程的基础。

科学研究的基本方法之一是**抽象化方法**。理论力学在研究客观的复杂力学问题时,总是抓住事物中起决定作用的主要因素,忽略或暂时忽略次要因素,从而抽象出一定的理想化抽象模型作为研究对象。例如,忽略物体受力时发生变形的性质,建立**刚体**的模型;忽略物体的几何尺寸,建立**质点**的模型;抓住物体间机械运动的相互限制的主要特点,建立一些典型的理想化**约束**的模型;等等。这样的抽象,一方面能使问题得到某种程度的简化,另一方面也能更深刻、更正确、更完全地反映事物的本质。当然,任何抽象化的模型都是有条件的、相对的。例如,在研究物体的强度问题时,需要分析物体内部的受力状态,刚体的模型就不再适用。这时必须考虑物体的变形,建立理想**弹性体**的模型(弹性体模型是材料力学和结构力学等课程的研究对象)。

在建立理想化抽象模型的基础上,理论力学从少数几个最基本的概念、公理和定律出发,运用逻辑推理和数学演绎的方法,得到了许多概念、定理和公式,形成了一整套严密的理论体系。这一套严密的理论体系是现代工程技术的重要理论基础。学习并理解建立这一整套严密的理论体系的方法和过程,理解和掌握运用这套理论体系分析、研究和解决力学问题的基本思路和方法,有助于培养辩证唯物主义世界观,培养全面、综合、正确、灵活地分析和解决工程技术和日常生活中实际问题的能力。

理论力学的主要内容分为静力学、运动学和动力学三部分。

静力学研究物体受力的基本分析方法,以及力系的简化方法和平衡条件,重点讨论物体平衡时其作用力的平衡条件及应用。

运动学仅从几何观点研究物体的运动,而不涉及物体运动产生的物理原因。

动力学则研究物体的运动与其受力和物体本身的物理性质之间的关系,它比静力学和运动学问题更广泛、更深入。

第一篇 静力学

引 言

1. 静力学的任务

静力学是研究物体平衡规律的科学。它主要研究以下三个方面的问题。

(1)**物体的受力分析**。所谓受力分析,是指分析物体受到了哪些力的作用,以及每个力的作用位置和作用方向的过程。

(2)**力系的简化**。将同时作用在某物体上的多个力(称为**力系**)用一个较简单的力系代替,而保持其对该物体的作用效应不变,这种方法称为**力系的简化**,或称为**力系的等效替换**。若两个力系对同一物体的作用效应相同,则称此二力系互为**等效力系**。若一个力和一个力系等效,则称该力为此力系的**合力**(注意,并非所有的力系都有合力),而此力系中的每一个力都是合力的**分力**。

(3)**总结物体在力系作用下保持平衡的条件**。**平衡**是物体机械运动的一种特殊状态。若物体相对于惯性参考系保持静止或作匀速直线平动,则称此物体处于平衡。在一般工程问题中,常把固连于地球上的参考系视为惯性参考系。本书中如无特别说明,都将地球视为惯性参考系。

2. 静力学的基本概念

(1)**力的概念**。力是物体间的相互机械作用,这种作用的效应是改变物体的机械运动状态和使物体产生变形。前一种效应称为力的**外效应**(也称为**运动效应**),后一种效应称为力的**内效应**(也称为**变形效应**)。

实践证明,力对物体的作用效应取决于三个要素:①力的大小;②力的方向;③力的作用点。力的大小反映了物体间相互作用的强度。为了度量力的大小,必须选定力的单位。本书采用国际单位制(SI)。在国际单位制中,力的单位是牛顿(N)或千牛(kN)。

力的三要素可以用一带箭头的线段表示,如图 0.1 所示。线段的长度$\overline{AB}$按照一定的比例表示力的大小;线段的方位和箭头的指向表示力的方向;线段的始端 A(或末端 B)表示力的作用点。线段 AB 所在的直线称为**力的作用线**。在 1.1 节中我们将说明,作用在物体上同一点的两个力的合成服从平行四边形公理。根据定义,任何一个具有大小、方向并服从平行四边形公理的物理量才是矢量。因此,力是矢量。由于力的作用点是力的三要素之一,所以力是**固定矢量**。矢量常用黑斜体字母或带箭头的字母表示。本书中一般采用黑斜体字母来表示矢量

（见图 0.1 中的力 $\boldsymbol{F}$）。仅表示力的大小和方向的矢量称为**力矢**。力矢的要素中不含作用点，也没有作用线的问题，它是一种**自由矢量**。

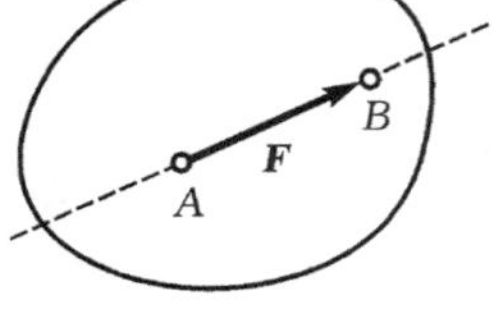

图 0.1

如果力集中作用在物体上的某一个点（作用点），则这种力称为**集中力**。实际上力的作用位置不可能是一个点，而是物体上的某部分面积（**面力**）或体积（**体力**）。例如，飞机在飞行中机翼上承受的空气动力是分布在整个机翼表面上的。物体所受的重力是分布在物体的整个体积上的，这种力称为**分布力**。仅当力的作用面积或作用体积不大时，才可以近似地看成集中力。

分布力的表示和处理，要用微积分的概念和方法。以面力为例，在力的作用面上围绕 P 点任取一微面，设其面积为 $\mathrm{d}A$，其上作用的分布力为 $\mathrm{d}\boldsymbol{F}$，则 $\boldsymbol{S}=\dfrac{\mathrm{d}\boldsymbol{F}}{\mathrm{d}A}$表示面力在 P 点的强度和方向。一般情形下，在力的作用面上的不同点，$\boldsymbol{S}$ 的大小、方向是不同的。$\boldsymbol{S}$ 的大小 S 称为**面分布力的集度**（或**强度**），有时也记为 q，其单位为 $\mathrm{N/m^2}$。类似地可用 $\boldsymbol{B}=\dfrac{\mathrm{d}\boldsymbol{F}}{\mathrm{d}V}$表示体力在某一点的强度和方向，式中 $\mathrm{d}V$ 为物体上围绕 P 点任取一微体的体积。$\boldsymbol{B}$ 的大小 B 称为**体分布力的集度**，其单位为 $\mathrm{N/m^3}$。用 $\boldsymbol{S}$ 或 $\boldsymbol{B}$ 给定的分布力，可以近似地看成由许多小集中力 $\boldsymbol{S}\mathrm{d}A$ 或 $\boldsymbol{B}\mathrm{d}V$ 组成的力系，有时将它合成为一个合力。例如，将物体各小部分受到的重力合成为一个作用在**重心**上的重力；将机翼表面上各小部分承受的空气动力合成为一个作用在**压力中心**上的总空气动力。

在工程实际问题中常遇到沿着某一狭长面积分布的力，这种力可以看作是沿着一条线段分布的，称为**线分布力**或**线分布载荷**，其单位为 N/m。表示力的分布情况的图形称为**载荷图**。线分布力的合力的大小等于载荷图的面积，作用线通过载荷图的形心。如图 0.2(a)所示，作用在水平梁 AB 上的载荷是均匀分布的，集度为 q，其合力的大小 $F=ql$；方向与均布载荷相同；作用在梁的中心 C 上（图 0.2(b)）。如图 0.3(a)所示，作用在水平梁 AB 上的载荷是非均匀线性分布的，其中右端的集度为零，左端的集度为 q，则其合力的大小 $F=\dfrac{1}{2}ql$，方向与分布载荷相同，作用在梁上的 D 点（图 0.3(b)）。

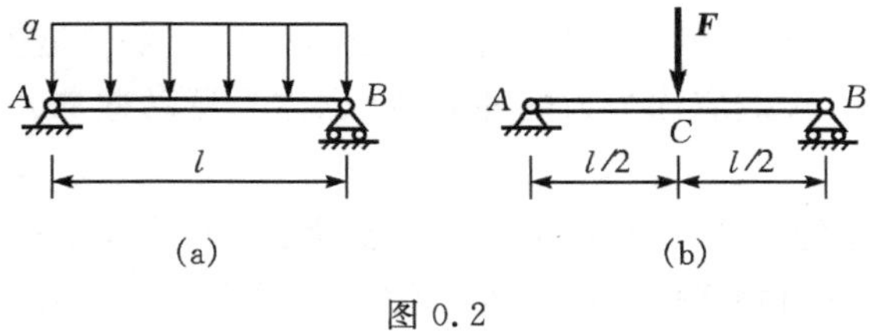

图 0.2

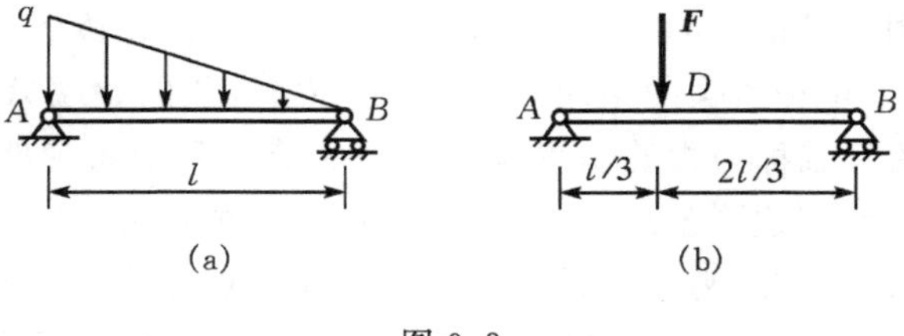

图 0.3

(2)**刚体的概念**。刚体是力学中的一种抽象化模型。所谓**刚体**,是指受力时保持其大小和形状不变的物体。刚体内任意两点间的距离永不改变。

实际物体在受力时总是会变形的。但是,如果物体受力时变形很小,且忽略这种变形不致影响所研究问题的实质,则可以把该物体抽象为刚体,这样可以使所研究的问题大为简化。静力学中所研究的物体一般只限于刚体。就这个意义上说,本篇也可称为**刚体静力学**。刚体静力学只研究力的外效应。因此,所谓力系的等效替换是仅就外效应而言的。虽然刚体静力学不研究力的内效应,但是它是研究变形体力学的基础。

第 1 章　静力学基础

1.1　静力学公理

人们在长期的生活和生产实践中，对力的基本性质进行了概括和归纳，得到了一些显而易见的、能更深刻地反映力的本质的一般规律。这些规律的正确性为实践反复证明，从而被人们所公认，我们称之为**静力学公理**。静力学的所有其余内容，都可以由这些公理推论得到。所以，静力学公理是整个静力学的理论基础。

公理一　力的平行四边形公理

作用在物体上同一点的两个力，可以合成为一个也作用于该点的合力。合力的大小和方向由以这两个力为邻边所构成的平行四边形的对角线表示。

图 1.1(a)中，力 $\boldsymbol{F}_R$ 为两共点力 $\boldsymbol{F}_1$、$\boldsymbol{F}_2$ 的合力，力 $\boldsymbol{F}_1$、$\boldsymbol{F}_2$ 为 $\boldsymbol{F}_R$ 的分力，它们之间的关系可写成矢量等式

$$\boldsymbol{F}_R = \boldsymbol{F}_1 + \boldsymbol{F}_2$$

式中的“+”号表示按矢量相加，即按平行四边形公理相加。因此，力的平行四边形公理也可以叙述为：**两个共点力的合力矢等于两分力矢的矢量和(几何和)**。这种通过作力的平行四边形来求合力的几何方法称为**力的平行四边形法则**。

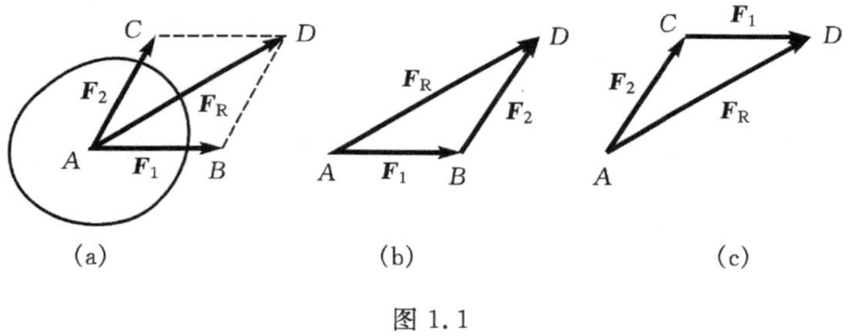

图 1.1

由图 1.1(b)可见，在求合力矢 $\boldsymbol{F}_R$ 时，实际上不必作出整个平行四边形，只要以力矢 $\boldsymbol{F}_1$ 的末端 B 作为力矢 $\boldsymbol{F}_2$ 的始端画出 $\boldsymbol{F}_2$，即两分力首尾相接，则矢量 $\overrightarrow{AD}$ 就代表合力矢 $\boldsymbol{F}_R$。如果先画 $\boldsymbol{F}_2$，后画 $\boldsymbol{F}_1$(图 1.1(c))，也能得到相同的结果。这样画成的 $\triangle ABD$ 或 $\triangle ACD$ 称为**力三角形**，这种通过作力三角形来求合力矢的几何方法称为**力的三角形法则**。

如图 1.2(a)所示，设物体上作用有共点力 $\boldsymbol{F}_1$、$\boldsymbol{F}_2$、$\boldsymbol{F}_3$ 和 $\boldsymbol{F}_4$。为了求该力系的合力矢，可连续应用力三角形法则，把各力两两顺次合成。先从任意点 a 起，画出 $\boldsymbol{F}_1$ 和 $\boldsymbol{F}_2$ 的力三角形 abc，求出它们合力矢 $\boldsymbol{F}_{12}$；再画出 $\boldsymbol{F}_{12}$ 和 $\boldsymbol{F}_3$ 的力三角形 acd，求出它们的合力矢 $\boldsymbol{F}_{123}$。显然，$\boldsymbol{F}_{123}$ 也就是 $\boldsymbol{F}_1$、$\boldsymbol{F}_2$ 和 $\boldsymbol{F}_3$ 这三个力的合力矢。继续采用这种方法，可以求得共点力系的合力矢 $\boldsymbol{F}_R$。

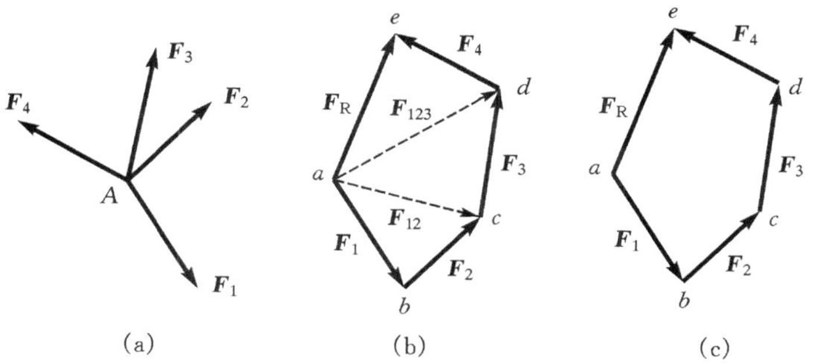

图 1.2

由图 1.2(b)可以看出，为了求合力矢 $\boldsymbol{F}_R$，作图过程中的力矢 $\boldsymbol{F}_{12}$ 和 $\boldsymbol{F}_{123}$ 可不必画出。只须将力系中各力矢按首尾相接的原则顺次画出，连接第一个力矢的始端与最后一个力矢的末端的矢量，就是合力矢 $\boldsymbol{F}_R$，如图 1.2(c)所示。这样画出的多边形 $abcde$ 称为**力多边形**。合力矢为力多边形的封闭边。用力多边形求合力矢的几何方法称为**力多边形法则**。

这个方法容易推广到由 n 个力 $\boldsymbol{F}_1, \boldsymbol{F}_2, \cdots, \boldsymbol{F}_n$ 组成的**共点力系**的情形。结论如下：**共点力系可以合成为一个合力，合力的作用点与各分力相同，合力的大小和方向由力多边形的封闭边表示**。写成矢量等式，则有

$$\boldsymbol{F}_R = \boldsymbol{F}_1 + \boldsymbol{F}_2 + \cdots + \boldsymbol{F}_n = \sum_{i=1}^{n} \boldsymbol{F}_i$$

或简写为

$$\boldsymbol{F}_R = \sum \boldsymbol{F}^{①} \qquad (1-1)$$

这种用作力多边形求共点力系合力的方法称为**共点力系合成的几何法**。

不难看出，在一般情况下，力多边形是空间折线。仅对各力的作用线在同一平面内的平面共点力系，力多边形才是平面折线。

利用力的平行四边形公理或力的多边形法则也可以将一个力分解为与之共点的两个或多个分力。在工程中常将一个力分解为与之共面的两个相互垂直的分力，或分解为三个相互垂直的分力，这种分解称为**正交分解**，所得的分力称为**正交分力**。

如图 1.3(a)所示，力 $\boldsymbol{F}$ 分解为两个正交分力 $\boldsymbol{F}_x$ 和 $\boldsymbol{F}_y$。由图 1.3(b)可知，力 $\boldsymbol{F}$ 分解为 $\boldsymbol{F}_x$、$\boldsymbol{F}_y$ 和 $\boldsymbol{F}_z$ 三个正交分力。若分别以 F_x、F_y、F_z 表示力 $\boldsymbol{F}$ 在三根直角坐标轴 x、y、z 上的投影，以 α、β、γ 表示力 $\boldsymbol{F}$ 与三根坐标轴正向之间的夹角，则

$$F_x = F\cos\alpha, \quad F_y = F\cos\beta, \quad F_z = F\cos\gamma \qquad (1-2)$$

利用力在坐标轴上的投影，可以同时说明力沿直角坐标轴分解所得分力的大小和方向：投影的绝对值等于对应分力的大小，投影的正负号表示该分力是沿坐标轴的正向还是负向。若分别以 $\boldsymbol{i}$、$\boldsymbol{j}$、$\boldsymbol{k}$ 表示沿三根坐标轴方向的单位矢量，则力 $\boldsymbol{F}$ 的解析表达式为

$$\boldsymbol{F} = F_x\boldsymbol{i} + F_y\boldsymbol{j} + F_z\boldsymbol{k} \qquad (1-3)$$

---

① 为了方便，以后都用“$\sum$”代替“$\sum_{i=1}^{n}$”。

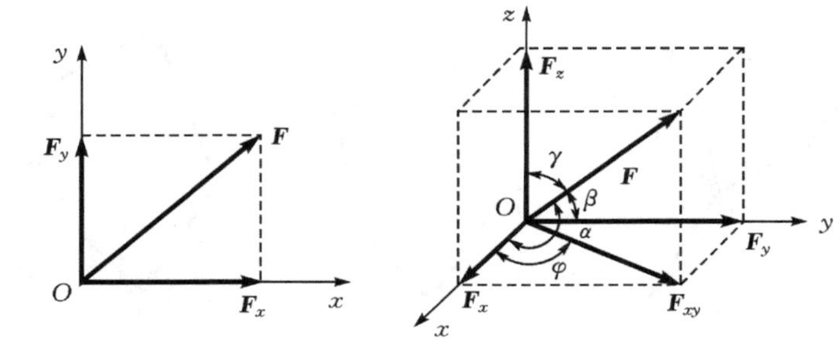

(a) (b)

图 1.3

若已知力 $\boldsymbol{F}$ 的三个投影 F_x、F_y、F_z，则力 $\boldsymbol{F}$ 的大小

$$F = \sqrt{F_x^2 + F_y^2 + F_z^2} \tag{1-4}$$

力 $\boldsymbol{F}$ 的三个方向余弦为

$$\cos(\boldsymbol{F},\boldsymbol{i}) = \frac{F_x}{F},\quad \cos(\boldsymbol{F},\boldsymbol{j}) = \frac{F_y}{F},\quad \cos(\boldsymbol{F},\boldsymbol{k}) = \frac{F_z}{F} \tag{1-5}$$

为了求得力 $\boldsymbol{F}$ 沿坐标轴的三个正交分力或在坐标轴上的三个投影，也可以先把力 $\boldsymbol{F}$ 在其作用线与 z 轴所构成的平面上正交分解，得到 $\boldsymbol{F}_z$ 和 $\boldsymbol{F}_{xy}$，如图 1.3(b)所示，其中 $\boldsymbol{F}_{xy}$ 在 Oxy 平面上。再把力 $\boldsymbol{F}_{xy}$ 在 Oxy 平面上正交分解，即得 $\boldsymbol{F}_x$ 和 $\boldsymbol{F}_y$。设力 $\boldsymbol{F}$ 与 z 轴的夹角为 γ，力 $\boldsymbol{F}_{xy}$ 与 x 轴的夹角为 φ，则有 $F_z = F\cos\gamma$，$F_{xy} = F\sin\gamma$，$F_x = F_{xy}\cos\varphi = F\sin\gamma\cos\varphi$，$F_y = F_{xy}\sin\varphi = F\sin\gamma\sin\varphi$。矢量 $\boldsymbol{F}_{xy}$ 称为力 $\boldsymbol{F}$ 在 Oxy 平面上的投影。注意，力在平面上的投影是矢量，而力在坐标轴上的投影是代数量。类似地，也可以先把力 $\boldsymbol{F}$ 正交分解成 $\boldsymbol{F}_x$、$\boldsymbol{F}_{yz}$ 或 $\boldsymbol{F}_y$、$\boldsymbol{F}_{xz}$。

设空间共点力系的合力 $\boldsymbol{F}_R$ 在三根坐标轴上的投影分别为 F_{Rx}、F_{Ry} 和 F_{Rz}，分力 $\boldsymbol{F}_i$ 在三根坐标轴上的投影分别为 F_{xi}、F_{yi} 和 F_{zi}，则力 $\boldsymbol{F}_i$ 和 $\boldsymbol{F}_R$ 的解析表达式分别为

$$\boldsymbol{F}_i = F_{xi}\boldsymbol{i} + F_{yi}\boldsymbol{j} + F_{zi}\boldsymbol{k}$$

$$\boldsymbol{F}_R = F_{Rx}\boldsymbol{i} + F_{Ry}\boldsymbol{j} + F_{Rz}\boldsymbol{k} \tag{1}$$

由式(1-1)有

$$\boldsymbol{F}_R = \sum \boldsymbol{F}_i = \sum (F_{xi}\boldsymbol{i} + F_{yi}\boldsymbol{j} + F_{zi}\boldsymbol{k})$$

$$= (\sum F_{xi})\boldsymbol{i} + (\sum F_{yi})\boldsymbol{j} + (\sum F_{zi})\boldsymbol{k} \tag{2}$$

比较(1)式和(2)式，可得

$$F_{Rx} = \sum F_{xi},\quad F_{Ry} = \sum F_{yi},\quad F_{Rz} = \sum F_{zi}$$

简写为

$$F_{Rx} = \sum F_x,\quad F_{Ry} = \sum F_y,\quad F_{Rz} = \sum F_z \tag{1-6}$$

即共点力系的合力在任一轴上的投影，等于各分力在同一轴上投影的代数和。

利用力在坐标轴上的投影求共点力系合力的方法，称为**共点力系合成的解析法**。本书主要采用这种方法。

公理二　二力平衡公理

作用于刚体上的两个力，使刚体保持平衡的必要和充分条件是：这两个力的大小相等、方向相反，作用在同一条直线上(或者说这两个力等值、反向、共线)，如图 1.4 所示。

注意，这个公理只适用于刚体。对于变形体，这个条件则只是必要的而不是充分的。例

如，不可伸长的软绳受到等值、反向的两个拉力作用时可以平衡，而受到两个等值、反向的压力作用时就不能保持平衡。

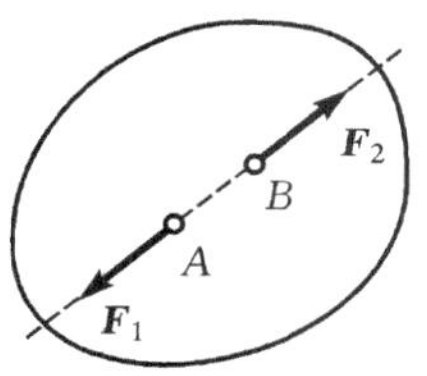

图 1.4

工程中常遇到只受两个力作用而处于平衡的构件，这类构件称为平衡的二力构件，简称为**二力体**。如果二力体是杆件，则也称为**二力杆**。对于二力体，根据公理二，可以立刻确定构件上所受两个力的作用线的位置(必定沿着两力作用点的连线)。图 1.5(a)所示机构中的棘爪 AB，在爪尖 B 受到棘轮所给的力 $\boldsymbol{F}_B$，在 A 处受到圆柱形销钉所给的力 $\boldsymbol{F}_A$，而棘爪很轻，它所受到的重力可忽略不计，所以棘爪是二力体。根据公理二可知，当棘爪平衡时，力 $\boldsymbol{F}_A$、$\boldsymbol{F}_B$ 的作用线必定沿 A、B 两点的连线(图 1.5(b))。

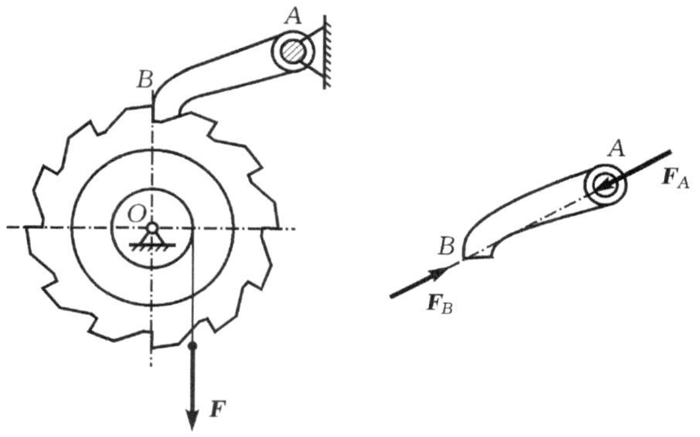

图 1.5

一个力系作用于刚体而不改变其运动状态，这样的力系统称为**平衡力系**。等值、反向、共线的两个力组成了一个最简单的平衡力系。

刚体在某力系作用下维持平衡状态时，该力系所应满足的条件，称为**力系的平衡条件**。公理二总结了作用于刚体上的最简单力系的平衡条件。

由力 $\boldsymbol{F}_1,\boldsymbol{F}_2,\cdots,\boldsymbol{F}_n$ 组成的共点力系，若其中前$(n-1)$个力可以合成为一个合力 $\boldsymbol{F}_{R_{n-1}}$，而且 $\boldsymbol{F}_{R_{n-1}}$ 与 $\boldsymbol{F}_n$ 等值、反向、共线，即 $\boldsymbol{F}_{R_{n-1}}$ 与 $\boldsymbol{F}_n$ 是一对平衡力，则此共点力系是一个平衡力系，力系的合力 $\boldsymbol{F}_R$ 等于零。即

$$\boldsymbol{F}_R=(\sum F_x)\boldsymbol{i}+(\sum F_y)\boldsymbol{j}+(\sum F_z)\boldsymbol{k}=0$$

于是，共点力系平衡的必要和充分条件可以表示为

$$\sum F_x=0,\quad \sum F_y=0,\quad \sum F_z=0 \tag{1-7}$$

即**力系中各力在三根坐标轴上投影的代数和分别等于零**。这三个方程称为共点力系的**平衡方程**。式(1-7)中的三个方程是独立的，可用来求解三个未知量。

对于平面共点力系，若取 Oxy 坐标平面为力系所在平面，则力系的平衡方程为

$$\sum F_x=0,\quad \sum F_y=0 \tag{1-8}$$

这两个独立方程可用来求解两个未知量。

公理三　增减平衡力系公理

在作用于刚体上的任何一个力系中，增加或减去任一个平衡力系，不改变原力系对刚体的

作用。

注意,此公理也仅适用于刚体,而不适用于变形体。

上述三个公理是研究力系的简化和平衡条件的基本依据。根据上述三个公理,可以得出如下两个推论。

推论一　力的可传性定理

作用于刚体上的力,可以沿其作用线移动到该刚体上的任意一点,而不改变此力对刚体的作用。

证明: 设力 $\boldsymbol{F}$ 作用于刚体上的 A 点,如图 1.6(a)所示。在其作用线上的任一点 B 处加上一对平衡力 $\boldsymbol{F}'$ 和 $\boldsymbol{F}''$,并且使 $\boldsymbol{F}'=-\boldsymbol{F}''=\boldsymbol{F}$(图 1.6(b))。根据公理三,力系$\{\boldsymbol{F},\boldsymbol{F}',\boldsymbol{F}''\}$与力 $\boldsymbol{F}$ 等效。又由公理二可知,力 $\boldsymbol{F}$ 和 $\boldsymbol{F}''$ 是一对平衡力;再根据公理三,可以把这一对力减去,即力系$\{\boldsymbol{F},\boldsymbol{F}',\boldsymbol{F}''\}$又与力 $\boldsymbol{F}'$ 等效(图 1.6(c))。于是,力 $\boldsymbol{F}'$ 与原来的力 $\boldsymbol{F}$ 等效。而力 $\boldsymbol{F}'$ 就是原来的力 $\boldsymbol{F}$ 从刚体上的点 A 沿着作用线移动到任意点 B 后所得到的。这就证明了力的可传性定理。

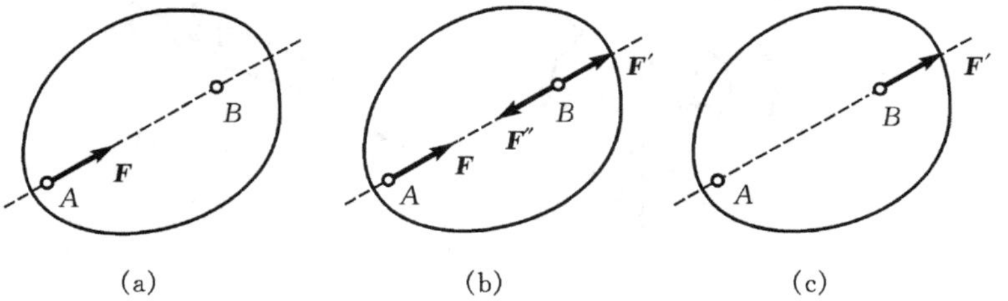

图 1.6

根据力的可传性定理,力对刚体的作用与力的作用点在作用线上的位置无关。因此,对于刚体来说,力的作用点已不再是决定力的作用效应的要素,力的三要素之一的作用点被其作用线所取代。在这种情况下,力变为**滑动矢量**。

各力的作用线汇交于一点的力系称为**汇交力系**。根据力的可传性定理,将力系中各力的作用点分别沿各自的作用线移至汇交点,汇交力系即成为共点力系,于是可按照共点力系的合成方法进行合成。

根据上述公理和力的可传性定理,又可以得到一个推论。

推论二　三力平衡汇交定理

刚体受三个力作用平衡时,若其中两个力的作用线汇交于一点,则此三力必在同一平面内,且第三个力的作用线也通过汇交点。

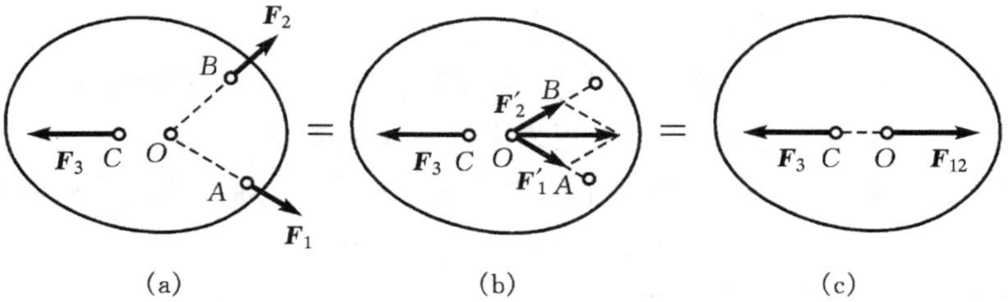

图 1.7

证明: 如图 1.7(a)所示,在刚体上的 A、B、C 三点,分别作用着三个相互平衡的力 $\boldsymbol{F}_1$、$\boldsymbol{F}_2$

和 $\boldsymbol{F}_3$，其中 $\boldsymbol{F}_1$ 和 $\boldsymbol{F}_2$ 的作用线汇交于 O 点。根据力的可传性定理，将力 $\boldsymbol{F}_1$ 和 $\boldsymbol{F}_2$ 的作用点移到汇交点 O(图 1.7(b))，得到 $\boldsymbol{F}_1'$ 和 $\boldsymbol{F}_2'$。根据公理一，$\boldsymbol{F}_1'$ 和 $\boldsymbol{F}_2'$ 可以合成为一个合力 $\boldsymbol{F}_{12}$。力 $\boldsymbol{F}_3$ 应与 $\boldsymbol{F}_{12}$ 平衡。再根据公理二，$\boldsymbol{F}_3$ 必与 $\boldsymbol{F}_{12}$ 共线(图 1.7(c))。所以，力 $\boldsymbol{F}_3$ 必定与 $\boldsymbol{F}_1$、$\boldsymbol{F}_2$ 共面，且 $\boldsymbol{F}_3$ 的作用线必通过 $\boldsymbol{F}_1$ 和 $\boldsymbol{F}_2$ 的汇交点 O。定理得证。

三力平衡汇交定理是三个不平行力平衡的必要条件。当刚体受三个不平行力的作用而处于平衡时，如果已知其中两个力的作用线的位置，则可以利用此定理确定第三个力的作用线的位置。

公理四　作用力和反作用力公理

任何两个物体间相互作用的一对力总是大小相等，方向相反，沿着同一条直线，并同时分别作用在这两个物体上。这两个力互为作用力和反作用力。

作用力和反作用力公理，无论对刚体还是变形体都是成立的。在分析由多个物体组成的系统(简称**物系**)问题时，利用这个公理可以把系统中相邻两物体的受力分析联系起来。

注意，分别作用在两个物体上的作用力与反作用力，虽然等值、反向、沿同一直线，但并不是一对平衡力，因为这一对力不作用在同一物体上。

公理五　刚化公理

当变形体在已知力系作用下处于平衡时，如果把变形后的变形体视为刚体(刚化)，则平衡状态保持不变。

这个公理建立了刚体平衡条件和变形体平衡条件之间的关系。它说明，变形体平衡时，作用于其上的力系必定满足刚体的平衡条件，这样就能把刚体的平衡理论应用于变形体，从而扩大了刚体静力学理论的应用范围。注意，刚体平衡的必要充分条件，对于变形体来说，只是必要条件，不是充分条件。

在变形体受力达到平衡之前的变形过程中，各力的大小、方向和作用点都可能发生改变。满足刚体平衡条件的是达到平衡后作用在变形体上的力系。

为了方便，下面我们约定用“物体”这个词代替“刚体”，即若无特别说明，凡遇到“物体”，均可理解为“刚体”。

1.2　力　矩

实践证明，作用于物体的力，不仅可使物体移动，而且可使物体转动。由物理学知，力使物体转动的效应是用力矩来度量的。

1. 力对点的矩

如图 1.8 所示，力 $\boldsymbol{F}$ 使刚体绕某点 O 转动的效应，可用力 $\boldsymbol{F}$ 对 O 点的矩来度量。图中 O 点称为**力矩中心**，简称为**矩心**。矩心 O 到力 $\boldsymbol{F}$ 作用线的垂直距离 h 称为**力臂**。在一般情况下，力 $\boldsymbol{F}$ 对 O 点的矩取决于以下三个要素：

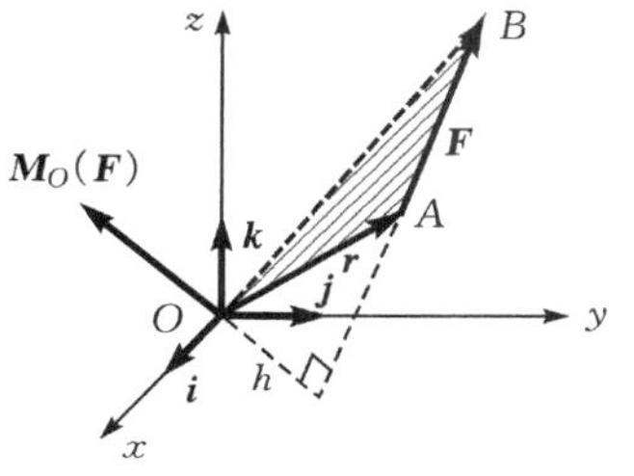

图 1.8

(1) 力矩的大小，即力 $\boldsymbol{F}$ 的大小与力臂 h 的乘积，恰好等于△OAB 面积的 2 倍($Fh=2$△OAB的面积)；

(2) 力 $\boldsymbol{F}$ 与矩心 O 所构成平面的方位；

(3) 力 $\boldsymbol{F}$ 在此平面内绕矩心 O 的转向(称为**力矩的转向**)。

这三个要素可用一个矢量来表示:矢量的模等于力矩的大小,矢量的方位垂直于力与矩心所构成的平面,矢量的指向按右手螺旋法则确定。该矢量称为**力 $\boldsymbol{F}$ 对 O 点的矩矢**,简称为**力矩矢**,记为 $\boldsymbol{M}_O(\boldsymbol{F})$。若以 $\boldsymbol{r}$ 表示力 $\boldsymbol{F}$ 的作用点 A 相对于矩心 O 的矢径 $\overrightarrow{OA}$,则

$$\boldsymbol{M}_O(\boldsymbol{F}) = \boldsymbol{r} \times \boldsymbol{F} \tag{1-9}$$

上式为**力对点之矩的矢积表达式**。即力对点的矩矢等于力作用点对于矩心的矢径与该力的矢积。应当指出,力矩矢 $\boldsymbol{M}_O(\boldsymbol{F})$ 与矩心的位置有关,因而力矩矢 $\boldsymbol{M}_O(\boldsymbol{F})$ 只能画在矩心 O 处,所以力矩矢是定位矢量。

若以矩心 O 为原点,建立直角坐标系 $Oxyz$,分别以 $\boldsymbol{i}$、$\boldsymbol{j}$、$\boldsymbol{k}$ 表示沿三根坐标轴正向的单位矢量。设力 $\boldsymbol{F}$ 作用点 A 的坐标为 x、y、z,$\boldsymbol{F}$ 在三根坐标轴上的投影分别为 F_x、F_y、F_z。则矢径 $\boldsymbol{r}$ 和力 $\boldsymbol{F}$ 的解析表达式分别为

$$\boldsymbol{r} = x\boldsymbol{i} + y\boldsymbol{j} + z\boldsymbol{k}, \quad \boldsymbol{F} = F_x\boldsymbol{i} + F_y\boldsymbol{j} + F_z\boldsymbol{k}$$

代入式(1-9)可得

$$\begin{aligned}\boldsymbol{M}_O(\boldsymbol{F}) &= \boldsymbol{r} \times \boldsymbol{F} = (x\boldsymbol{i} + y\boldsymbol{j} + z\boldsymbol{k}) \times (F_x\boldsymbol{i} + F_y\boldsymbol{j} + F_z\boldsymbol{k}) \\ &= (yF_z - zF_y)\boldsymbol{i} + (zF_x - xF_z)\boldsymbol{j} + (xF_y - yF_x)\boldsymbol{k}\end{aligned} \tag{1-10}$$

上式也可表示为行列式的形式,即

$$\boldsymbol{M}_O(\boldsymbol{F}) = \begin{vmatrix} \boldsymbol{i} & \boldsymbol{j} & \boldsymbol{k} \\ x & y & z \\ F_x & F_y & F_z \end{vmatrix} \tag{1-11}$$

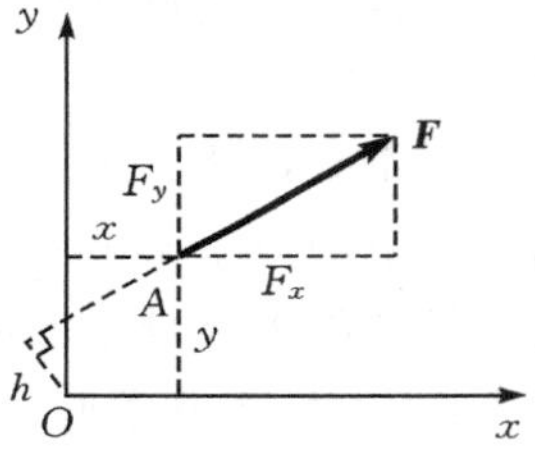

图 1.9

对于平面情形,力对点的矩只取决于力矩的大小和力矩的转向这两个要素,因而可用一代数量表示(图 1.9),即

$$M_O(\boldsymbol{F}) = \pm Fh \tag{1-12}$$

正负号的规定是:逆钟向转向的力矩为正值,反之为负值。由式(1-11),平面情形力对点之矩也可表示为如下解析形式

$$M_O(\boldsymbol{F}) = \begin{vmatrix} x & y \\ F_x & F_y \end{vmatrix} = xF_y - yF_x \tag{1-13}$$

2. 力对轴的矩

为了度量力使物体绕某轴转动(如开门、关窗等)的效应,我们提出力对轴的矩的概念。例如,设力 $\boldsymbol{F}$ 作用在可绕 z 轴转动的刚体上,如图 1.10 所示。将力 $\boldsymbol{F}$ 分解为两个分力:平行于 z 轴的分力 $\boldsymbol{F}_z$ 和垂直于 z 轴的分力 $\boldsymbol{F}_{xy}$(此力即为 $\boldsymbol{F}$ 在过 A 点而垂直于 z 轴的 Oxy 平面上的投影)。由经验知,分力 $\boldsymbol{F}_z$ 不能使刚体绕 z 轴转动,所以它对 z 轴转动的效应为零。而分力 $\boldsymbol{F}_{xy}$ 使刚体绕 z 轴转动的效应,决定于 $\boldsymbol{F}_{xy}$ 的大小与 O 点到 $\boldsymbol{F}_{xy}$ 作用线的垂直距离 h 的乘积,即可用力 $\boldsymbol{F}_{xy}$ 对 O 点的矩来度量。因此,力 $\boldsymbol{F}$ 在 Oxy 平面上的投影 $\boldsymbol{F}_{xy}$ 对 O 点的矩就是力 $\boldsymbol{F}$ 对 z 轴的矩,记作 $M_z(\boldsymbol{F})$,则

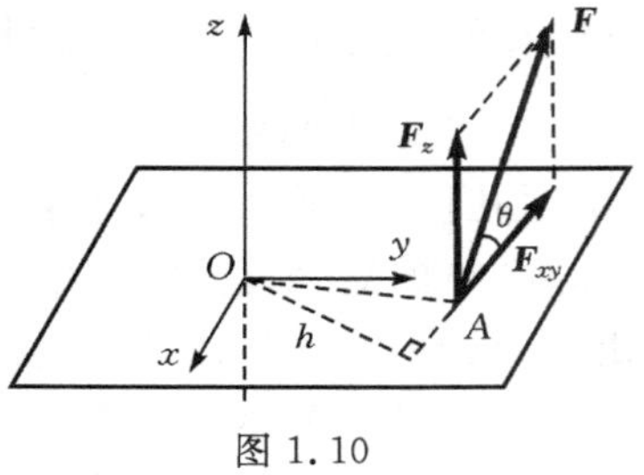

图 1.10

$$M_z(\boldsymbol{F}) = M_O(\boldsymbol{F}_{xy}) = \pm F_{xy}h \tag{1-14}$$

即**力对轴的矩等于该力在垂直于此轴的平面上的投影对于此轴与该平面交点的矩**。力对轴的矩是一代数量，其正、负号按右手螺旋法则确定。

由力对轴的矩的定义可知，当力的作用线与轴平行或相交(即共面)时，力对该轴的矩等于零。

根据式(1－13)和式(1－14)可得力对轴的矩的解析表达式

$$\left.\begin{aligned} M_z(\boldsymbol{F}) &= xF_y - yF_x \\ M_y(\boldsymbol{F}) &= zF_x - xF_z \\ M_x(\boldsymbol{F}) &= yF_z - zF_y \end{aligned}\right\} \tag{1-15}$$

3. 力对点的矩与力对通过该点的轴的矩之间的关系

由力对点的矩的解析表达式(1－10)知，力矩矢 $\boldsymbol{M}_O(\boldsymbol{F})$在三根坐标轴上的投影分别为

$$\left.\begin{aligned} [\boldsymbol{M}_O(\boldsymbol{F})]_x &= yF_z - zF_y \\ [\boldsymbol{M}_O(\boldsymbol{F})]_y &= zF_x - xF_z \\ [\boldsymbol{M}_O(\boldsymbol{F})]_z &= xF_y - yF_x \end{aligned}\right\} \tag{1-16}$$

比较式(1－16)和式(1－15)可知：**力对点的矩矢在通过该点的轴上的投影等于力对该轴的矩。**即

$$\left.\begin{aligned} [\boldsymbol{M}_O(\boldsymbol{F})]_x &= M_x(\boldsymbol{F}) \\ [\boldsymbol{M}_O(\boldsymbol{F})]_y &= M_y(\boldsymbol{F}) \\ [\boldsymbol{M}_O(\boldsymbol{F})]_z &= M_z(\boldsymbol{F}) \end{aligned}\right\} \tag{1-17}$$

若已知力 $\boldsymbol{F}$ 对直角坐标轴 x、y、z 的矩，则可以求得力对坐标原点 O 的矩矢的大小和方向，即

$$\left.\begin{aligned} &|\boldsymbol{M}_O(\boldsymbol{F})| = \sqrt{[M_x(\boldsymbol{F})]^2 + [M_y(\boldsymbol{F})]^2 + [M_z(\boldsymbol{F})]^2} \\ &\cos\alpha = \frac{M_x(\boldsymbol{F})}{|\boldsymbol{M}_O(\boldsymbol{F})|}, \cos\beta = \frac{M_y(\boldsymbol{F})}{|\boldsymbol{M}_O(\boldsymbol{F})|}, \cos\gamma = \frac{M_z(\boldsymbol{F})}{|\boldsymbol{M}_O(\boldsymbol{F})|} \end{aligned}\right\} \tag{1-18}$$

式中：α、β、γ 分别为力矩矢 $\boldsymbol{M}_O(\boldsymbol{F})$与轴 x、y、z 正向之间的夹角。

在国际单位制中，力矩的单位是牛[顿]·米(N·m)。

顺便指出，力矩的概念及其计算公式可以推广到其它任何具有明确作用线的矢量，从而抽象得到“矢量矩”的概念。本书第 10 章将要介绍的动量矩就是矢量矩的又一个例子。

例 1.1　飞机起落架作动筒 AB(图 1.11 中的虚线所示)作用在起落架上的力的大小 $F=40$ kN，方向如图示。尺寸 $a=0.4$ m，$b=0.3$ m，$c=0.8$ m，$e=0.1$ m，求力 $\boldsymbol{F}$ 对各坐标轴的矩。

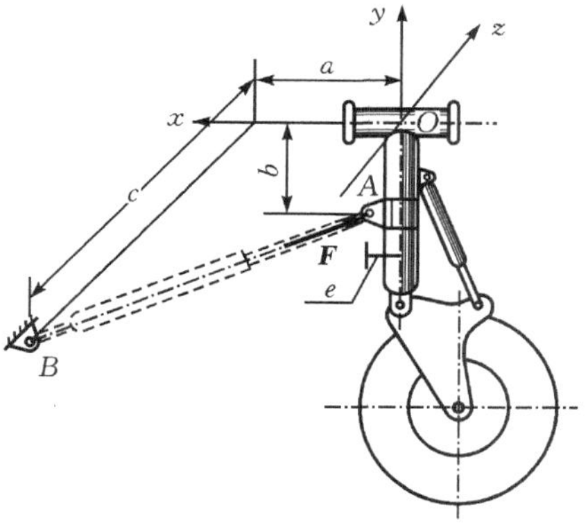

图 1.11

解：力 $\boldsymbol{F}$ 的作用点在图示坐标系 $Oxyz$ 中的坐标分别为

$$x = e = 0.1 \text{ m},$$

$$y = -b = -0.3 \text{ m}, \quad z = 0$$

力 $\boldsymbol{F}$ 在 x 轴上的投影为

$$F_x = -\frac{(a-e)F}{\sqrt{(a-e)^2+b^2+c^2}} = -\frac{(40-10)\times 40}{\sqrt{(40-10)^2+30^2+80^2}}$$

$$= -120/\sqrt{82} = -13.3\ \text{kN}$$

同理可求得力 **F** 在 y、z 轴上的投影分别为

$$F_y = -120/\sqrt{82} = -13.3\ \text{kN},\quad F_z = 320/\sqrt{82} = 35.3\ \text{kN}$$

根据式(1-17)，即可求得力 **F** 对各坐标轴的矩分别为

$M_x(\boldsymbol{F}) = yF_z - zF_y = -0.3\times 35.3 = -10.6\ \text{kN·m}$

$M_y(\boldsymbol{F}) = zF_x - xF_z = -0.1\times 35.3 = -3.53\ \text{kN·m}$

$M_z(\boldsymbol{F}) = xF_y - yF_x = 0.1\times(-13.3) - (-0.3)\times(-13.3) = -5.30\ \text{kN·m}$

例 1.2 图 1.12(a)所示的弯杆 OAB 的端点 B 作用一力 $F=100$ N。力 **F** 在 OAB 平面内。若 $l=1$ m，$r=0.5$ m，$\alpha=30°$，求力 **F** 对 O 点的矩。

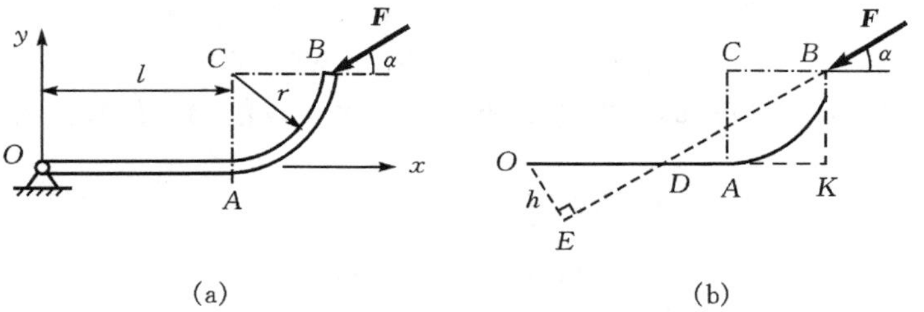

图 1.12

解：建立坐标系 Oxy(图 1.12(a))。力 **F** 的作用点 B 的坐标分别为

$$x = l + r = 1 + 0.5 = 1.5\ \text{m},\quad y = r = 0.5\ \text{m}$$

力 **F** 在 x、y 轴上的投影分别为

$$F_x = -F\cos\alpha = -100\cos 30° = -86.6\ \text{N}$$

$$F_y = -F\sin\alpha = -100\sin 30° = -50.0\ \text{N}$$

根据式(1-13)，即可求得力 **F** 对 O 点的矩为

$$M_O(\boldsymbol{F}) = xF_y - yF_x = 1.5\times(-50) - 0.5\times(-86.6) = -31.7\ \text{N·m}$$

本例也可以先求出矩心 O 到力 **F** 作用线的距离，即力臂 h(图 1.12(b))，然后再由 $M_O(\boldsymbol{F}) = -Fh$ 求得力 **F** 为 O 点的矩。请读者自行练习。

1.3 力偶理论

1. 力偶的概念・力偶矩

在生活和生产实践中，我们常常同时施加大小相等、方向相反、作用线不在同一条直线上的两个力来使物体转动。例如，用两个手指拧动水龙头或转动钥匙，用双手转动汽车的方向盘或用丝锥攻螺纹(图 1.13(a))等。在力学中，把这样的两个力作为一个整体考虑，称为**力偶**，用记号($\boldsymbol{F}$、$\boldsymbol{F}'$)表示。如图 1.13(b)所示，力偶中两力作用线所决定的平面称为**力偶的作用面**，两力作用线间的垂直距离 d 称为**力偶臂**，力偶中两力所形成的转动方向，称为**力偶的转向**。

力偶对刚体绕一点转动的效应可用力偶中两个力对该点的力矩之和来量度。设有一力偶

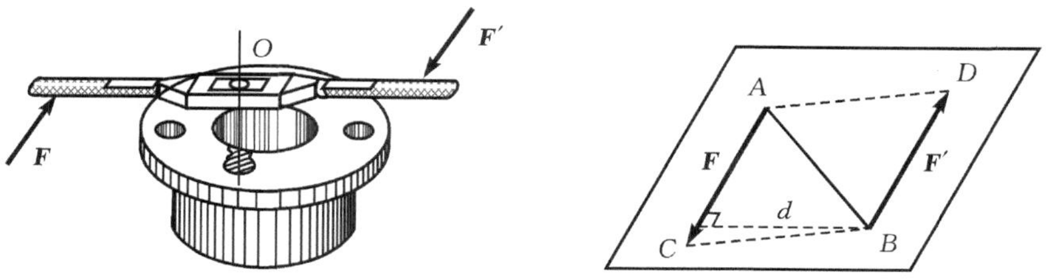

图 1.13

($\boldsymbol{F}$、$\boldsymbol{F}'$)作用在刚体上,如图 1.14 所示。任取一点 O,两力对该点的矩之和为

$$\begin{aligned}\boldsymbol{M}_O(\boldsymbol{F},\boldsymbol{F}') &= \boldsymbol{M}_O(\boldsymbol{F}) + \boldsymbol{M}_O(\boldsymbol{F}') \\ &= \boldsymbol{r}_A \times \boldsymbol{F} + \boldsymbol{r}_B \times \boldsymbol{F}'\end{aligned}$$

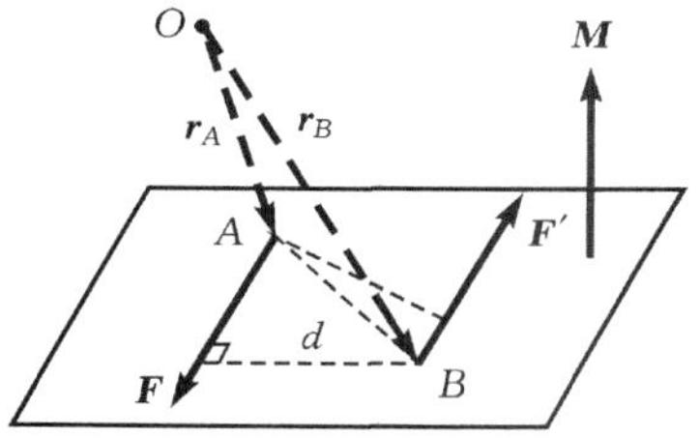

图 1.14

式中:$\boldsymbol{r}_A$、$\boldsymbol{r}_B$ 分别表示两个力的作用点 A 和 B 对于 O 点的矢径,由于 $\boldsymbol{F}=-\boldsymbol{F}'$,因此

$$\boldsymbol{M}_O(\boldsymbol{F},\boldsymbol{F}') = \boldsymbol{r}_A \times \boldsymbol{F} - \boldsymbol{r}_B \times \boldsymbol{F} = (\boldsymbol{r}_A - \boldsymbol{r}_B) \times \boldsymbol{F} = \overrightarrow{BA} \times \boldsymbol{F} \tag{1-19}$$

矢积 $\overrightarrow{BA}\times\boldsymbol{F}$ 称为**力偶矩矢**,用矢量 $\boldsymbol{M}$ 表示。由于矩心 O 是任取的,所以**力偶对任一点的矩矢都等于力偶矩矢,它与矩心的位置无关**,即力偶矩矢是自由矢量。

不难看出,力偶对刚体的转动效应完全决定于力偶矩矢 $\boldsymbol{M}$(包括大小、方位和指向),从而得到力偶的三要素(图 1.14)。

(1) **力偶矩的大小**,即力偶矩矢 $\boldsymbol{M}$ 的模,等于力偶中的力 $\boldsymbol{F}$ 的大小与力偶臂 d 的乘积。

(2) **力偶作用平面的方位**,即力偶矩矢 $\boldsymbol{M}$ 的方位。

(3) **力偶在其作用平面内的转向**,力偶矩矢 $\boldsymbol{M}$ 的指向即代表该转向(它们符合右手螺旋法则)。

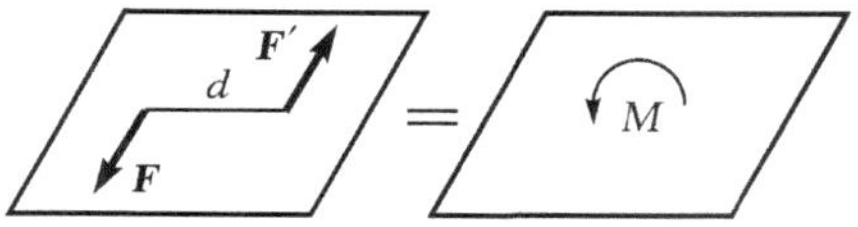

图 1.15

对于平面问题,因为力偶作用面的方位一定,力偶对刚体的作用效应只决定于力偶矩的大小和力偶的转向这两个要素,所以力偶矩可用一代数量表示。即

$$M = \pm Fd \tag{1-20}$$

正负号的规定为:逆钟向转向为正,反之为负。因此,平面力偶可画成一弯箭头的形式(图 1.15(b)),弯箭头表示力偶的转向,字母 M 表示力偶矩的大小。

2. 力偶等效定理

上面讲到,力偶对刚体的转动效应完全决定于力偶矩矢 $\boldsymbol{M}$,因此,**作用于刚体上的两个力偶,若它们的力偶矩矢相等,则两力偶等效**;对于平面问题,**作用在刚体上同一平面内的两个力偶,若它们的力偶矩相等,则两个力偶等效**。这就是**力偶等效定理**。

3. 力偶系的合成与平衡

由于力偶矩矢是自由矢量,因此可将空间力偶系中的各力偶矩矢分别向任一点平移,从而得到一个共点矢量系。根据共点矢量系的合成和平衡理论可知,**空间力偶系一般可以合成为**

一个合力偶，合力偶矩矢等于各分力偶矩矢的矢量和，即

$$\boldsymbol{M}_R=\boldsymbol{M}_1+\boldsymbol{M}_2+\cdots+\boldsymbol{M}_n=\sum\boldsymbol{M} \tag{1-21}$$

容易推知，**空间力偶系平衡的必要和充分条件是，力偶系的合力偶矩矢等于零**，亦即**力偶系中各力偶矩矢的矢量和等于零**，即

$$\sum\boldsymbol{M}=0 \tag{1-22}$$

式(1-22)是力偶系平衡方程的矢量形式。将它投影到三根直角坐标轴上，可得到三个独立的代数方程。当一个刚体受空间力偶系的作用而平衡时，可用这些方程来求解三个未知量。

对于平面问题，力偶矩矢退化为代数量。于是，式(1-21)和式(1-22)可分别改写为

$$M_R=M_1+M_2+\cdots+M_n=\sum M \tag{1-23}$$

$$\sum M=0 \tag{1-24}$$

例 1.3 图 1.16(a)所示的三棱柱体在三个力偶($\boldsymbol{F}_1,\boldsymbol{F}_1'$)、($\boldsymbol{F}_2,\boldsymbol{F}_2'$)和($\boldsymbol{F}_3,\boldsymbol{F}_3'$)的作用下处于平衡。若已知 $F_1=150$ N，求其余两力偶中力的大小 F_2 和 F_3。图中几何尺寸的单位为 cm。

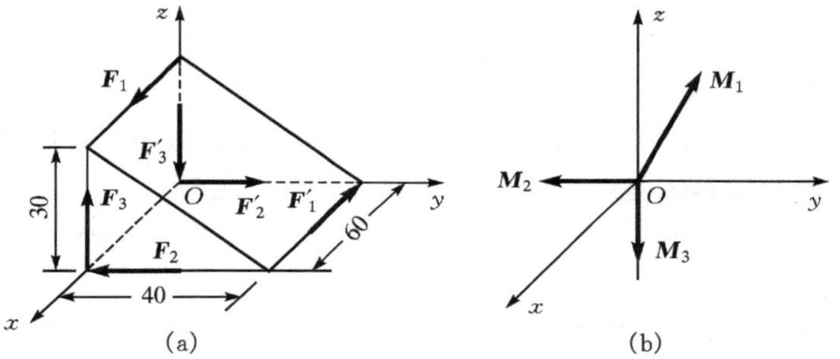

图 1.16

解：设沿坐标系 $Oxyz$ 的三根坐标轴正向的单位矢量分别为 $\boldsymbol{i}$、$\boldsymbol{j}$、$\boldsymbol{k}$，则三棱柱体上所受到的三个力偶的矩矢 $\boldsymbol{M}_1(\boldsymbol{F}_1,\boldsymbol{F}_1')$、$\boldsymbol{M}_2(\boldsymbol{F}_2,\boldsymbol{F}_2')$和 $\boldsymbol{M}_3(\boldsymbol{F}_3,\boldsymbol{F}_3')$可由图1.16(b)表示。其中

$$\boldsymbol{M}_1=50F_1\left(\frac{3}{5}\boldsymbol{j}+\frac{4}{5}\boldsymbol{k}\right)=150\times(30\boldsymbol{j}+40\boldsymbol{k})$$

$$\boldsymbol{M}_2=-60F_2\boldsymbol{k},\quad \boldsymbol{M}_3=-60F_3\boldsymbol{j}$$

根据式(1-24)，有

$$\boldsymbol{M}_1+\boldsymbol{M}_2+\boldsymbol{M}_3=0$$

即

$$150\times(30\boldsymbol{j}+40\boldsymbol{k})-60F_2\boldsymbol{k}-60F_3\boldsymbol{j}=0$$

$$(4500-60F_3)\boldsymbol{j}+(6000-60F_2)\boldsymbol{k}=0$$

于是可解得 $F_2=6000/60=100$ N， $F_3=4500/60=75$ N

思考题

1.1 若力 $\boldsymbol{F}$ 沿 x、y 轴分解的分力分别为 $\boldsymbol{F}_1$ 和 $\boldsymbol{F}_2$，它在二轴上的投影分别为 F_x 和 F_y。试问式

$$\boldsymbol{F} = \boldsymbol{F}_1 + \boldsymbol{F}_2 = F_x\boldsymbol{i} + F_y\boldsymbol{j}$$

对于图示两种坐标系是否都成立，为什么？

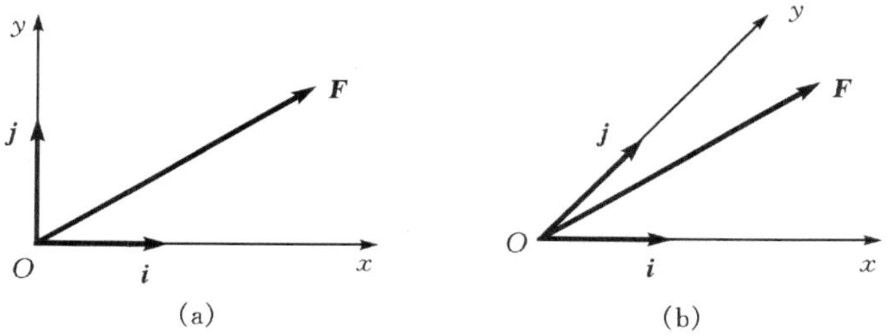

思 1.1 图

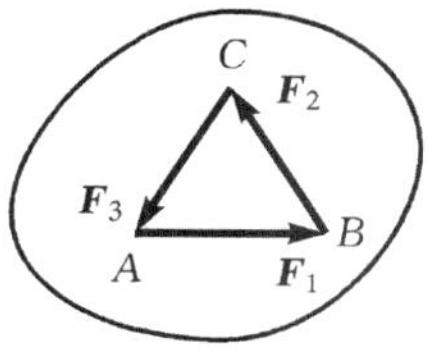

思 1.2 图

1.2　如图所示，在刚体上的 A、B、C 三点分别作用有力 $\boldsymbol{F}_1$、$\boldsymbol{F}_2$、$\boldsymbol{F}_3$，试问该刚体是否平衡，为什么？

1.3　若作用在刚体上的三个力作用线汇交于一点，试问此刚体是否必然平衡？

1.4　力在坐标轴上的投影与力在平面上的投影是否都是代数量？

1.5　试比较力与力偶、力矩与力偶矩的异同。

1.6　力偶不能和单独的一个力相平衡，为什么图中的均质轮能平衡呢？（图中的力偶矩 $M=Fr$）

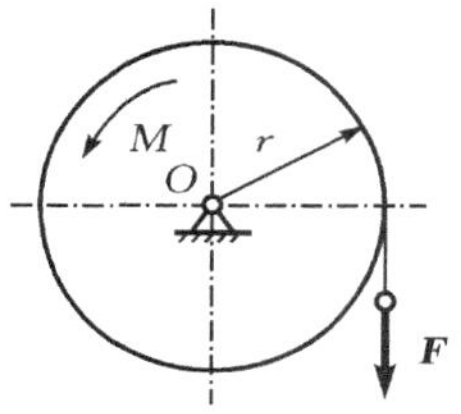

思 1.6 图

习　题

1.1　五个力作用于一点 O，如图所示，图中坐标的单位为 cm。求它们的合力。

1.2　图示火箭沿与水平面的夹角 $\beta=25°$ 的方向作匀速直线运动。火箭的推力 $F=100$ kN，与运动方向的夹角 $\alpha=5°$。若火箭重 $F_g=200$ kN，求空气动力 $\boldsymbol{F}_P$ 的大小和它与飞行方向的交角 γ。

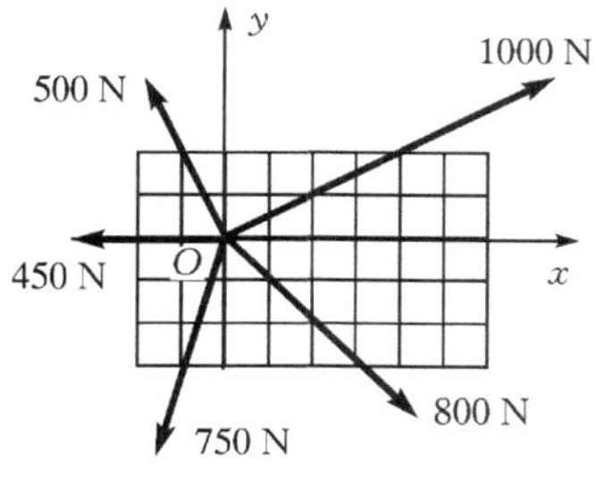

题 1.1 图

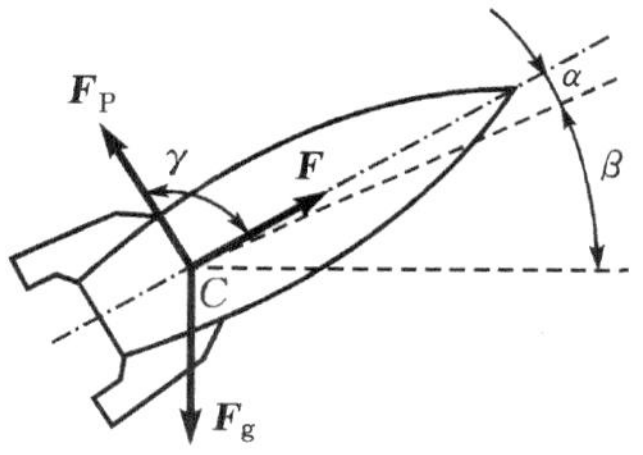

题 1.2 图

1.3　三力汇交于 O 点，其大小和方向如图所示，图中坐标单位为 cm。求力系的合力。

1.4　齿轮箱受三个力偶的作用，如图所示。求此力偶系的合力偶矩矢。

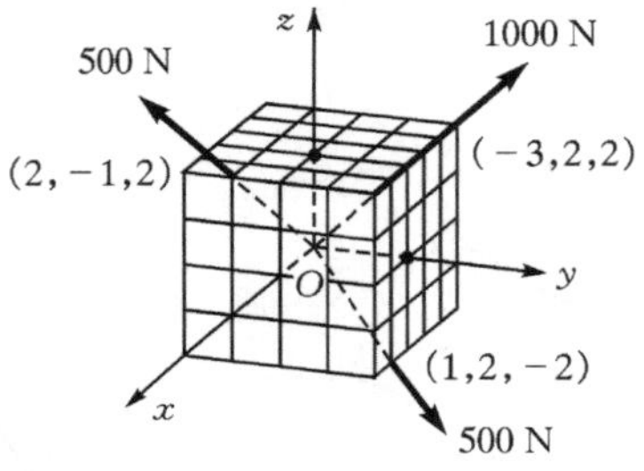

题 1.3 图

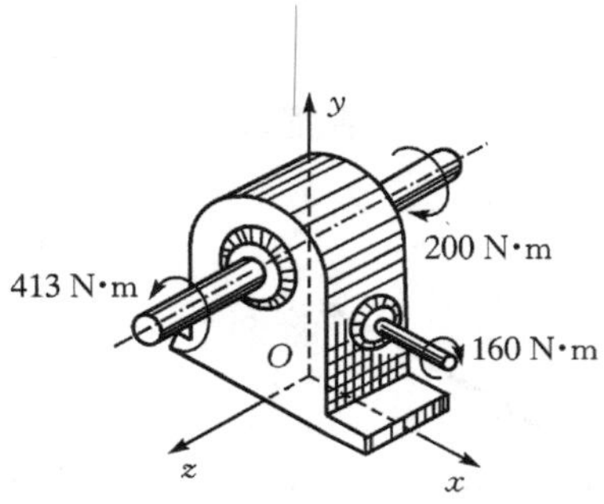

题 1.4 图

1.5 两推进器各以全速的推力 $F_1=300$ kN 推船。试问拖船需多大的推力 F_2，才能抵消船推进器的转动效应。图中尺寸单位为 m。

1.6 设有力偶($\boldsymbol{F}_1,\boldsymbol{F}_1'$)、($\boldsymbol{F}_2,\boldsymbol{F}_2'$)和($\boldsymbol{F}_3,\boldsymbol{F}_3'$)作用在角钢的同一侧面内，如图所示。已知 $F_1=200$ N，$F_2=600$ N，$F_3=400$ N；$b=100$ cm，$d=25$ cm，$\alpha=30°$。试求此力偶系的合力偶矩。

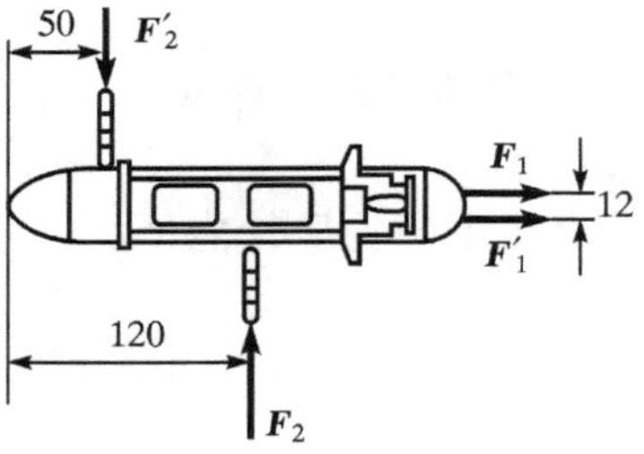

题 1.5 图

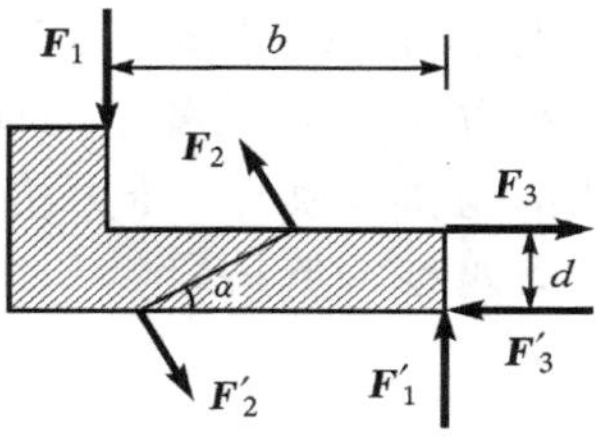

题 1.6 图

1.7 求图示力 $\boldsymbol{F}$ 对 z 轴的矩 $M_z(\boldsymbol{F})$。图中 $a=10$ cm，$b=15$ cm，$c=5$ cm；$F=1$ kN。

1.8 一特殊用途的铣刀切断器如图所示，作用于铣刀上有一力为 $F=1200$ N 和一矩为 $M=240$ N·m的力偶。求此力系对点 O 之矩。图中尺寸单位为 mm。

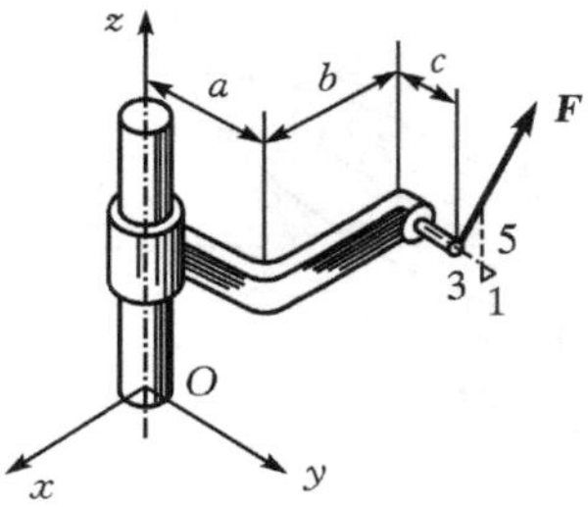

题 1.7 图

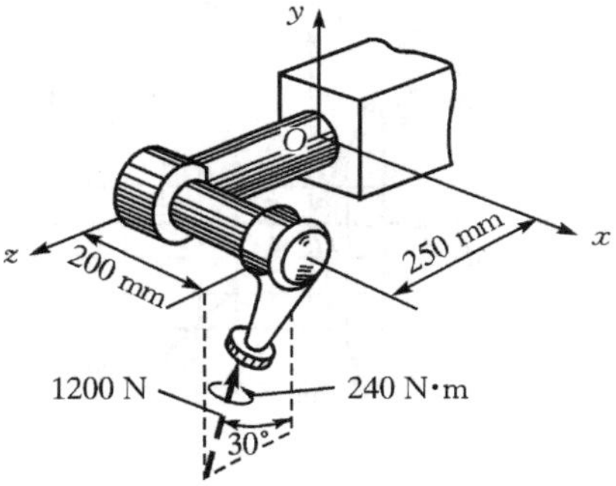

题 1.8 图

1.9 一矩形钢板用一根自 O 端到角端 C 的绳索系于图示固定倾斜位置。图中尺寸单位为 m，绳索的张力为 20 kN。求此张力 $\boldsymbol{F}_\mathrm{T}$ 对 AB 边力矩的大小。

1.10 图示一鱼对鱼竿的线施一瞬间拉力 $F=70$ N，试以如下两种方式求此拉力 $\boldsymbol{F}$ 对钓

鱼者握竿处 A 的矩：(1)视力 $\boldsymbol{F}$ 的作用点为竿端 B；(2)视力 $\boldsymbol{F}$ 的作用点为鱼处 C。

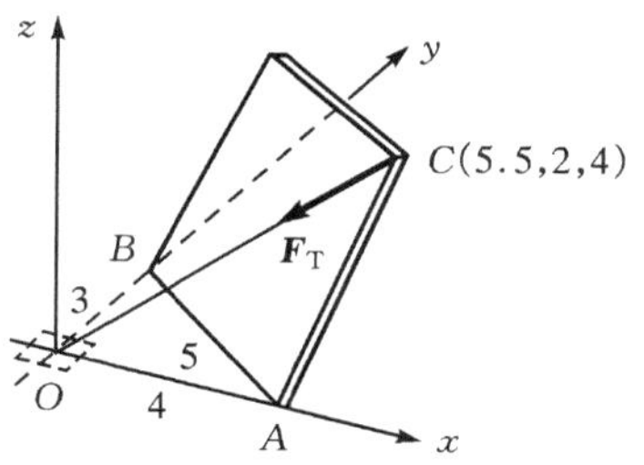

题 1.9 图

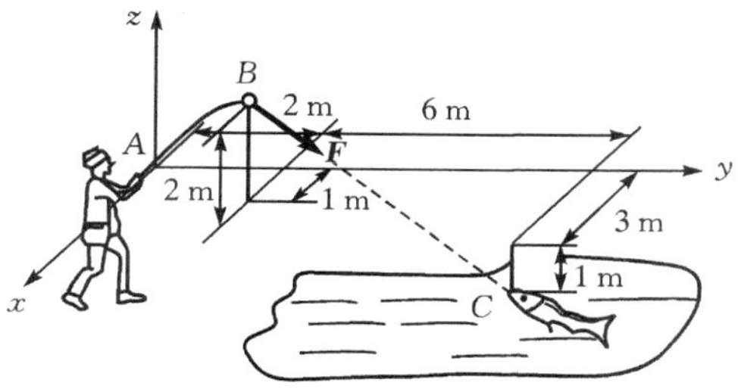

题 1.10 图

1.11 试计算下列各图中力 $\boldsymbol{F}$ 对 O 点之矩。图中 α、β、l、b 皆为已知。

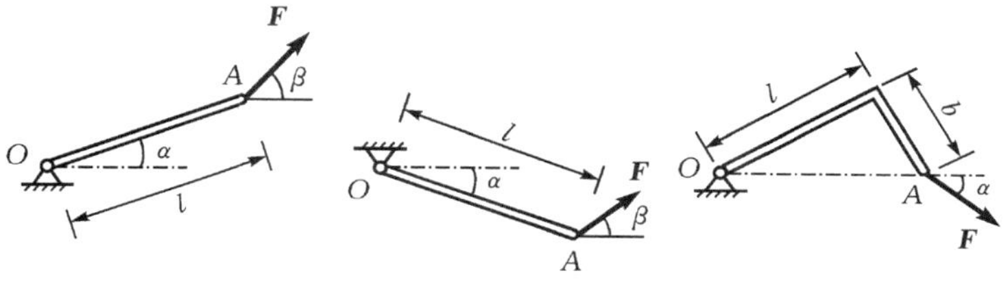

题 1.11 图

1.12 试计算下列各图中分布力对 O 点之矩。图中 q、l、a 皆为已知。

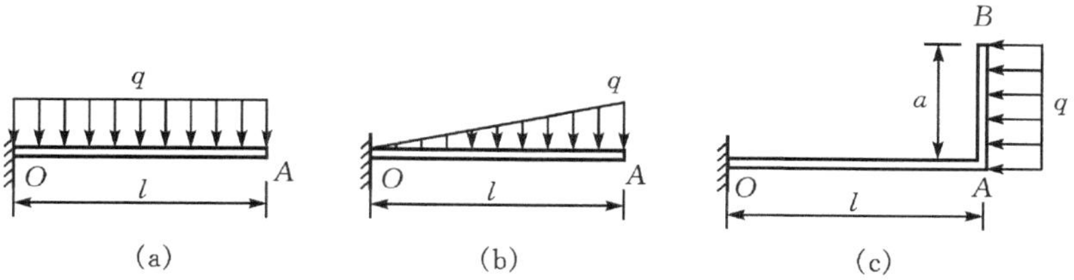

题 1.12 图

1.13 求图中力 $\boldsymbol{F}$ 对 C 点的矩。图中 α、β、γ、r 皆为已知。

1.14 图示两相同胶带轮的直径 $d=30$ cm，$F_1=1$ kN，$F_2=0.5$ kN。试求两种情况下使胶带轮转动的力矩各为多少？

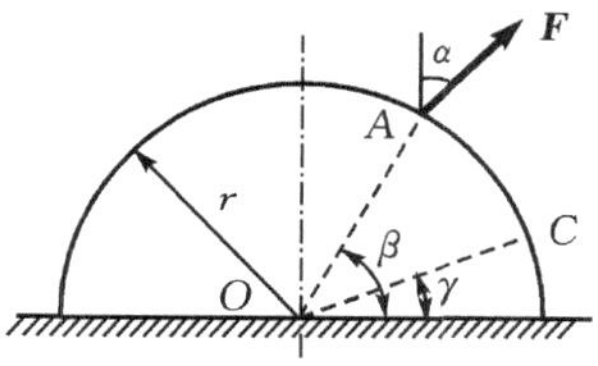

题 1.13 图

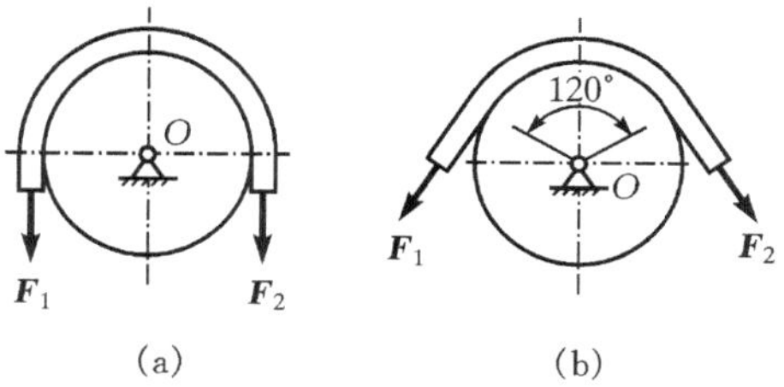

题 1.14 图

第2章　力系的简化

本章研究一般力系的简化问题，其中采用的力系向一点简化的方法，在静力学和动力学中都占有重要的地位，并具有广泛的应用。本章首先介绍力的平移定理，然后研究空间力系的简化，并将平面力系和空间平行力系作为其特殊情况处理，最后由平行力系中心的概念导出物体重心的计算公式。

2.1　力的平移定理

1.1节中指出，根据力的多边形法则，空间共点力系可以合成为一个合力。但对于各力的作用线在空间任意分布的**空间一般力系**(也称为**空间任意力系**，简称为**空间力系**)，则不能直接应用力的多边形法则进行合成。为此须借助于力的平移定理。

设刚体上的某点 A 作用着力 $\boldsymbol{F}$，O 为刚体上任取的一个指定点，如图2.1(a)所示。现于点 O 处增加一对平衡力 $\boldsymbol{F}'$ 和 $\boldsymbol{F}''$(图2.1(b))，且令 $\boldsymbol{F}'=\boldsymbol{F}$。根据增减平衡力系公理，力系 $\{\boldsymbol{F},\boldsymbol{F}',\boldsymbol{F}''\}$ 与原来的力 $\boldsymbol{F}$ 等效。而力系 $\{\boldsymbol{F},\boldsymbol{F}',\boldsymbol{F}''\}$ 可视为由一个作用于指定点 O 的力 $\boldsymbol{F}'$ 和一个力偶 $(\boldsymbol{F},\boldsymbol{F}'')$ 组成。容易看出，力偶 $(\boldsymbol{F},\boldsymbol{F}'')$ 的矩矢 $\boldsymbol{M}$ 等于原来的力 $\boldsymbol{F}$ 对指定点 O 的力矩矢图2.1(c)，即

$$\boldsymbol{M}=\boldsymbol{M}_O(\boldsymbol{F})$$

于是可以得出结论：**作用在刚体上的力可以向刚体上的任一指定点平移，但同时必须附加一力偶，此附加力偶的矩矢等于原来的力对指定点的力矩矢**。这就是**力的平移定理**，也称为**力线平移定理**。

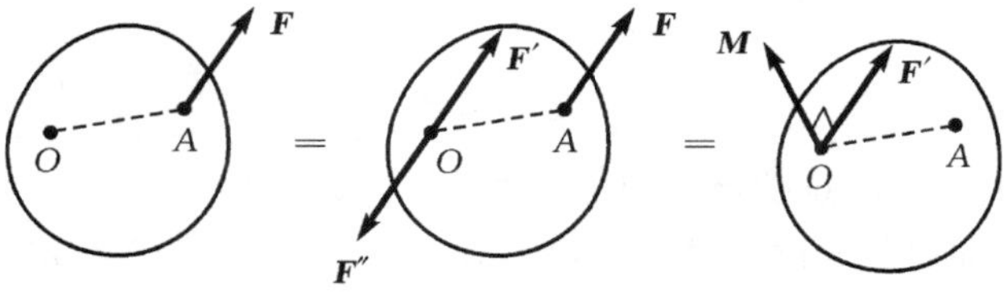

图2.1

在平面问题中，力偶矩矢和力矩矢都退化为代数量，力的平移定理仍然成立。

力的平移定理在理论和实际应用方面都具有重要意义。它不仅在静力学中是力系向一点简化的基本理论和方法，也是解决某些动力学问题的有力工具，同时还可以直接用来解释一些工程实际中的力学问题。例如，钳工攻丝时必须用两手握扳手，而且同时协调动作以便产生力偶(图1.13(a))。若仅一手用力或两手用力不等，根据力的平移定理，丝锥将会受到一个与其轴线相垂直的力的作用，这个力往往是把丝攻斜或折断丝锥的主要原因。

又如在分析空气阻力 $\boldsymbol{F}$ 对尾翼弹丸的作用时(图 2.2),可将 $\boldsymbol{F}$ 向尾翼弹丸的质心 C 平移,得到一个力 $\boldsymbol{F}'$ 和一个力偶($\boldsymbol{F}$,$\boldsymbol{F}''$)。将力 $\boldsymbol{F}'$ 沿弹道的切线和法线方向分解为 $\boldsymbol{F}_t$ 和 $\boldsymbol{F}_n$:$\boldsymbol{F}_t$ 与弹丸质心的速度 $\boldsymbol{v}$ 方向相反,使弹丸减速;$\boldsymbol{F}_n$ 为弹丸的升力,使弹丸质心的运动方向发生改变。而力偶($\boldsymbol{F}$,$\boldsymbol{F}''$)使弹丸绕质心摆动:当尾翼摆至弹道切线下方时,力偶($\boldsymbol{F}$,$\boldsymbol{F}''$)使其向上摆动;当尾翼摆至弹道切线上方时,力偶使其向下摆动。从而弹丸在飞行过程中不致翻倒,保证了飞行的稳定性。

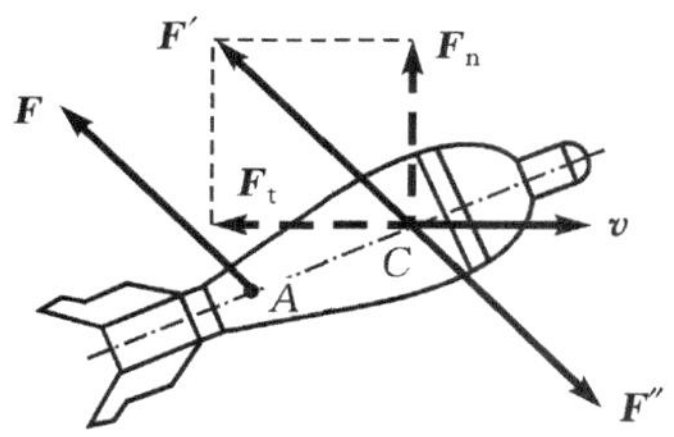

图 2.2

2.2 力系向一点的简化

2.2.1. 空间力系的简化

1. 简化方法

设有一空间力系{$\boldsymbol{F}_1$,$\boldsymbol{F}_2$,…,$\boldsymbol{F}_n$},分别作用于刚体上的点 A_1,A_2,…,A_n(图2.3(a)),在刚体上任选一点 O,称为**简化中心**。应用力的平移定理,将力系中各力向 O 点平移。结果是,原力系中任一分力 $\boldsymbol{F}_i$ 相应地被一个作用于 O 点的力 $\boldsymbol{F}'_i$ 和一个附加力偶 $\boldsymbol{M}_i$ 等效替换。整个力系则被一个空间共点力系{$\boldsymbol{F}'_1$,$\boldsymbol{F}'_2$,…,$\boldsymbol{F}'_n$}和一个附加的空间力偶系{$\boldsymbol{M}_1$,$\boldsymbol{M}_2$,…,$\boldsymbol{M}_n$}等效替换(图 2.3(b))。

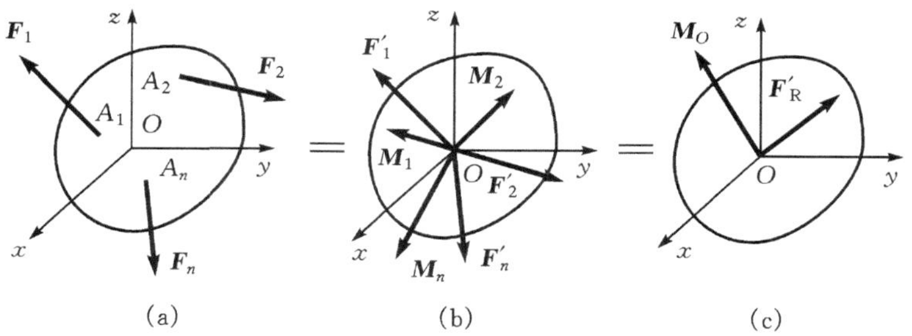

图 2.3

由力的平移定理可知,经平移所得共点力系中各力的大小和方向分别与原力系中对应各力的大小和方向相同,即 $\boldsymbol{F}'_1=\boldsymbol{F}_1$,$\boldsymbol{F}'_2=\boldsymbol{F}_2$,…,$\boldsymbol{F}'_n=\boldsymbol{F}_n$。而附加力偶系中的各力偶矩矢等于原力系中各力对简化中心 O 的矩矢,即

$$\boldsymbol{M}_1=\boldsymbol{M}_O(\boldsymbol{F}_1),\quad \boldsymbol{M}_2=\boldsymbol{M}_O(\boldsymbol{F}_2),\quad \cdots,\quad \boldsymbol{M}_n=\boldsymbol{M}_O(\boldsymbol{F}_n)$$

上述空间共点力系可进一步合成为作用线过简化中心 O 的一个力 $\boldsymbol{F}'_R$。显然,该力的力矢等于原力系中各力矢的矢量和(图 2.3(c)),即

$$\boldsymbol{F}'_R=\sum \boldsymbol{F}_i \tag{2-1}$$

上述附加力偶系亦可进一步合成为一个力偶,该力偶的矩矢等于原力系中各力对简化中心 O 之矩的矢量和(图 2.3(c)),即

$$\boldsymbol{M}=\sum \boldsymbol{M}_O(\boldsymbol{F}_i) \tag{2-2}$$

综上所述，**空间力系向任一点简化，可得到一个力和一个力偶。这个力的作用线过简化中心，其大小和方向由式(2-1)确定；这个力偶的矩矢由式(2-2)确定。**

2. 主矢和主矩

空间力系中各力的矢量和，称为该力系的**主矢**。记为 $\boldsymbol{F}'_{\mathrm{R}}$，即

$$\boldsymbol{F}'_{\mathrm{R}} = \sum \boldsymbol{F}_i \tag{2-3}$$

若分别以 $\boldsymbol{i}$、$\boldsymbol{j}$、$\boldsymbol{k}$ 表示沿直角坐标系三根坐标轴方向的单位矢量，则主矢的解析表达式可写为

$$\boldsymbol{F}'_{\mathrm{R}} = (\sum F_x)\boldsymbol{i} + (\sum F_y)\boldsymbol{j} + (\sum F_z)\boldsymbol{k} \tag{2-4}$$

空间力系中各力对简化中心 O 之矩的矢量和，称为该力系对简化中心 O 点的**主矩**。记为 $\boldsymbol{M}_O$，即

$$\boldsymbol{M}_O = \sum \boldsymbol{M}_O(\boldsymbol{F}_i) \tag{2-5}$$

其解析表达式为

$$\boldsymbol{M}_O = [\sum M_x(\boldsymbol{F}_i)]\boldsymbol{i} + [\sum M_y(\boldsymbol{F}_i)]\boldsymbol{j} + [\sum M_z(\boldsymbol{F}_i)]\boldsymbol{k} \tag{2-6}$$

比较式(2-1)与式(2-3)，式(2-2)与式(2-5)知，**空间力系向任一点简化得到一个力和一个力偶，其中该力的力矢等于力系的主矢；该力偶的矩矢等于力系对同一简化中心的主矩。**主矢和主矩完整地反映了力系对刚体的作用效应，它们是力系的两个特征量。

必须强调指出以下几点。

(1) 主矢和力(或合力)是两个不同的概念。主矢仅反映某一力系合力的大小和方向，不反映力的作用线位置。它是自由矢量。

(2) 主矢与简化中心的选取无关。对于一给定力系，其主矢是一定的。因此，主矢是力系的一个不变量(称为力系的**第一不变量**)。

(3) 一般情况下，主矩与简化中心的选取有关。力系对任两点 B 和 A 的主矩之间的关系为

$$\boldsymbol{M}_B = \boldsymbol{M}_A + \overrightarrow{BA} \times \boldsymbol{F}'_{\mathrm{R}} \tag{2-7}$$

这个结论请读者自证。

***3. 空间力系简化结果的讨论**

下面分四种情形讨论。

(1) $\boldsymbol{F}'_{\mathrm{R}}=0$，$\boldsymbol{M}_O=0$。此时力系平衡。这种情形将在第4章中详细研究。

(2) $\boldsymbol{F}'_{\mathrm{R}}=0$，$\boldsymbol{M}_O\neq 0$。由式(2-7)知，此时力系对任一点的主矩都相等，即主矩与简化中心的选取无关，力系合成为一合力偶，其矩等于力系对任意简化中心的主矩。

(3) $\boldsymbol{F}'_{\mathrm{R}}\neq 0$，$\boldsymbol{M}_O=0$。此时力系合成为一个作用线过简化中心的合力，合力矢等于力系的主矢。

(4) $\boldsymbol{F}'_{\mathrm{R}}\neq 0$，$\boldsymbol{M}_O\neq 0$。此时分为三种情况。

① $\boldsymbol{F}'_{\mathrm{R}}\perp \boldsymbol{M}_O$。由力的平移定理证明的逆过程可知，此时力系可进一步合成为一个合力，合力的作用线位于通过 O 点且垂直于 $\boldsymbol{M}_O$ 的平面内(图2.4)，其作用线至简化中心的距离为

$$d = \frac{|\boldsymbol{M}_O|}{F'_{\mathrm{R}}} \tag{2-8}$$

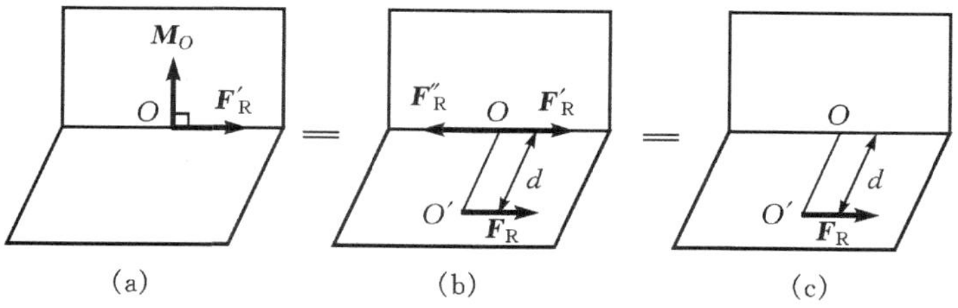

图 2.4

② $F'_R /\!/ M_O$。这时力系不能再进一步简化。这种结果称为**力螺旋**。当 F'_R 与 M_O 同向时，称为**右手螺旋**(图 2.5(a))；当 F'_R 与 M_O 反向时，称为**左手螺旋**(图2.5(b))。力螺旋中力的作用线称为力螺旋的**中心轴**。在上述情况下中心轴通过简化中心。在工程实际中力螺旋是很常见的，例如钻孔时钻头对工件施加的切削力系、子弹发射时枪管对弹头作用的力系、空气或水对螺旋浆的推进力系等，都是力螺旋的实例。用螺丝刀拧螺丝、用丝锥攻丝(图 1.13(a))和手指拧水龙头时施加在螺丝、丝锥和水龙头上的力系也都是力螺旋。

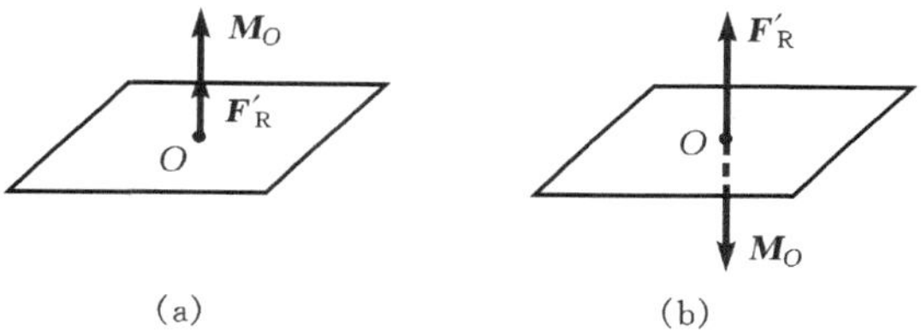

图 2.5

③ F'_R 与 M_O 成任意角度 α(图 2.6(a))。为进一步简化，将 M_O 分解成为与 F'_R平行的 M' 和与 F'_R垂直的 M''两个分量(图 2.6(b))。由(1)中的分析可知，F'_R和 M''可合成为一个作用线过 O'点的力 $F'_{RO'}$，且 $F'_{RO'}$ 仍与 M'平行。故此时力系仍简化为力螺旋。应注意的是，此时力螺旋的中心轴不通过简化中心 O，而是通过另一点 O'。O'点至力 F'_R作用线的距离 $d=|M''|/F'_R=|M_O\sin\alpha|/F'_R$(图 2.6(c))。

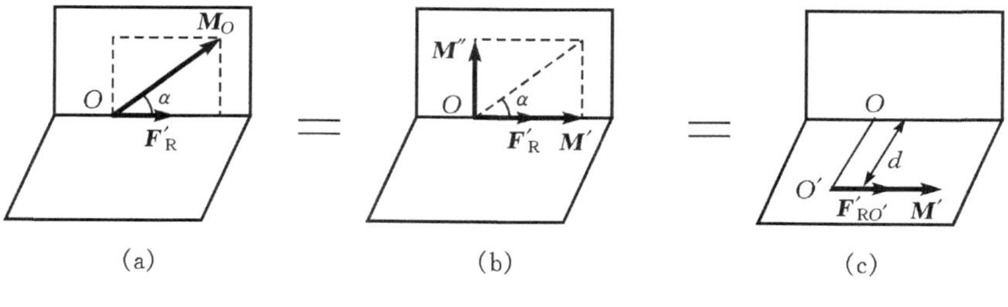

图 2.6

必须指出：力螺旋不能与一个力等效，也不能与一个力偶等效，即不能再进一步简化，它也是一种最简单的力系。

2.2.2　平面力系的简化

若力系中各力的作用线在同一平面内任意分布，则该力系称为**平面任意力系**，简称为**平面力系**。

仍采用将力系向一点简化的方法。选取力系作用面上的任一点 O 为简化中心，结果可得到一个作用线过 O 点的力 $\boldsymbol{F}'_{RO}$（其力矢等于力系的主矢）和一个附加力偶（其力偶矩等于力系对 O 点的主矩）。不难看出，平面力系的主矢 $\boldsymbol{F}'_R$ 与主矩 $\boldsymbol{M}_O$ 必定相互垂直，平面任意力系的最终简化结果只有下列三种可能：平衡、合力偶、合力。平面力系的简化过程如图 2.7 所示。其中，主矩 $M_O=M_1+M_2+\cdots+M_n=\sum M_O(\boldsymbol{F})$。

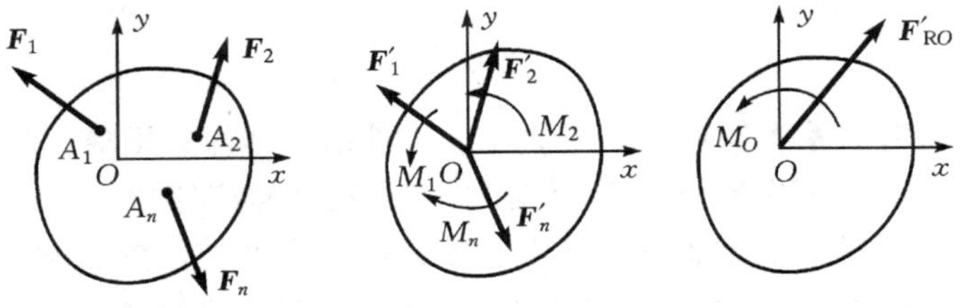

图 2.7

例 2.1 由力 $\boldsymbol{F}_1$、$\boldsymbol{F}_2$、$\boldsymbol{F}_3$ 和矩为 M 的力偶组成的平面力系作用于等腰直角三角形板 ABC 上，如图 2.8(a)所示。其中 $F_1=3F, F_2=F, F_3=2F, M=aF$。试求力系向 A 点的简化结果及力系的最终简化结果。

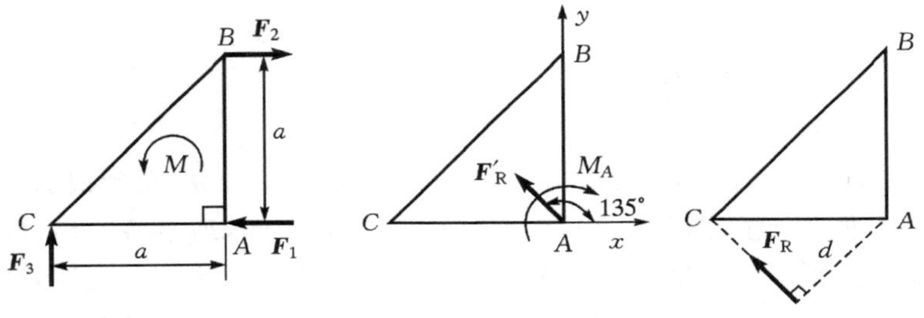

图 2.8

解：力系向 A 点简化，可得一个作用线过 A 点的力（其力矢等于力系的主矢）和一个力偶矩等于力系对 A 点主矩的附加力偶。因此，只要求出力系的主矢和力系对 A 点的主矩，即可得到力系向 A 点简化的结果。

建立坐标系 Axy 如图 2.8(b)所示。主矢在 x 轴和 y 轴上的投影分别为

$$F'_{Rx}=\sum F_x=F_2-F_1=-2F,\quad F'_{Ry}=\sum F_y=F_3=2F$$

力矢的大小和方向为

$$F'_R=\sqrt{F'^2_{Rx}+F'^2_{Ry}}=2\sqrt{2}F$$

$$\cos(\boldsymbol{F}'_R,\boldsymbol{i})=F'_{Rx}/F'_R=-\sqrt{2}/2,\quad \angle(\boldsymbol{F}'_R,\boldsymbol{i})=135^\circ$$

$$\cos(\boldsymbol{F}'_R,\boldsymbol{j})=F'_{Ry}/F'_R=\sqrt{2}/2,\quad \angle(\boldsymbol{F}'_R,\boldsymbol{j})=45^\circ$$

力系对 A 点的主矩为

$$\begin{aligned}M_A&=\sum M_A(\boldsymbol{F})=-aF_2-aF_3+M\\&=-aF-a\cdot 2F+aF=-2aF\end{aligned}$$

力系向 A 点简化所得到的力的方向和附加力偶的转向如图 2.8(b)所示。

由于 $\boldsymbol{F}'_R \neq 0$，所以该力系必可进一步合成为一个合力 $\boldsymbol{F}_R$，合力矢等于主矢，合力的作用线至 A 点的距离(图 2.8(c))为

$$d = | M_A | / F'_R = \sqrt{2}a/2$$

讨论：(1) 合力的作用线位于简化中心的哪一侧，要由 $\boldsymbol{F}'_R$ 的方向及 M_A 的转向综合判定。对空间力系而言应满足 $\boldsymbol{M}_A(\boldsymbol{F}_R) = \boldsymbol{M}_A$ 的条件，而对于平面力系则退化为 $M_A(\boldsymbol{F}_R) = M_A$。

(2) 在平面情形中，力对点之矩的解析式为 $M_A(\boldsymbol{F}_R) = xF_y - yF_x$。此式可用来确定合力的作用线方程。本例合力作用线的方程为

$$x + y = -a$$

令 $y=0$ 可得合力作用线与 x 轴的交点坐标为$(-a, 0)$，即合力作用线通过 C 点。或者说如将力系向 C 点简化可直接得到力系的合力 $\boldsymbol{F}_R$。

例 2.2　正立方体边长为 a，四个顶点 O、A、B、C 上分别作用着大小都等于 F 的四个力 $\boldsymbol{F}_1$、$\boldsymbol{F}_2$、$\boldsymbol{F}_3$、$\boldsymbol{F}_4$(图 2.9(a))。试求该力系向 O 点的简化结果。

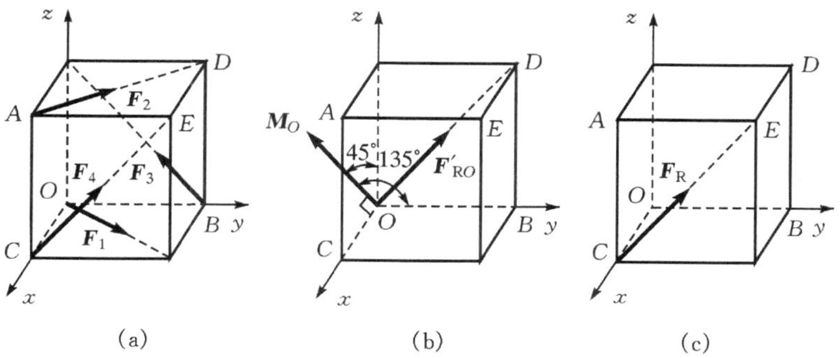

图 2.9

解：建立坐标系 $Oxyz$，力系的主矢在三根坐标轴上的投影分别为

$$F'_{Rx} = F_1\cos45° - F_2\cos45° = 0$$

$$F'_{Ry} = F_1\cos45° + F_2\cos45° - F_3\cos45° + F_4\cos45° = \sqrt{2}F$$

$$F'_{Rz} = F_3\cos45° + F_4\cos45° = \sqrt{2}F$$

力系主矢的大小和方向为

$$F'_R = \sqrt{F'^2_{Rx} + F'^2_{Ry} + F'^2_{Rz}} = 2F$$

$$\cos(\boldsymbol{F}'_R, \boldsymbol{i}) = F'_{Rx}/F'_R = 0, \quad \angle(\boldsymbol{F}'_R, \boldsymbol{i}) = 90°$$

$$\cos(\boldsymbol{F}'_R, \boldsymbol{j}) = F'_{Ry}/F'_R = \sqrt{2}/2, \quad \angle(\boldsymbol{F}'_R, \boldsymbol{j}) = 45°$$

$$\cos(\boldsymbol{F}'_R, \boldsymbol{k}) = F'_{Rz}/F'_R = \sqrt{2}/2, \quad \angle(\boldsymbol{F}'_R, \boldsymbol{k}) = 45°$$

力系对 O 点的主矩在三根坐标轴上的投影分别为

$$M_x = -aF_2\cos45° + aF_3\cos45° = 0$$

$$M_y = -aF_2\cos45° - aF_4\cos45° = -\sqrt{2}aF$$

$$M_z = aF_2\cos45° + aF_4\cos45° = \sqrt{2}aF$$

力系对 O 点主矩的大小和方向为

$$M_O=\sqrt{M_x^2+M_y^2+M_z^2}=2aF$$

$$\cos(\boldsymbol{M}_O,\boldsymbol{i})=M_x/M_O=0,\quad \angle(\boldsymbol{M}_O,\boldsymbol{i})=90^\circ$$

$$\cos(\boldsymbol{M}_O,\boldsymbol{j})=M_y/M_O=-\sqrt{2}/2,\quad \angle(\boldsymbol{M}_O,\boldsymbol{j})=135^\circ$$

$$\cos(\boldsymbol{M}_O,\boldsymbol{k})=M_z/M_O=\sqrt{2}/2,\quad \angle(\boldsymbol{M}_O,\boldsymbol{k})=45^\circ$$

所以，力系向 O 点简化的结果是作用于 O 点、力矢等于主矢 $\boldsymbol{F}'_{\mathrm{R}}$ 的一个力 $\boldsymbol{F}'_{\mathrm{R}O}$ 和矩矢等于主矩 $\boldsymbol{M}_O$ 的一个力偶(图 2.9(b))。

顺便指出，因为 $\boldsymbol{F}'_{\mathrm{R}}\neq 0$，且 $\boldsymbol{F}'_{\mathrm{R}}\perp\boldsymbol{M}_O$，所以该力系可进一步合成为一个合力 $\boldsymbol{F}_{\mathrm{R}}$，其大小和方向与主矢 $\boldsymbol{F}'_{\mathrm{R}}$ 相同，作用线至 O 点的距离为

$$d=M_O/F'_{\mathrm{R}}=2aF/(2F)=a$$

即合力 $\boldsymbol{F}_{\mathrm{R}}$ 的作用线通过 C 点且沿对角线 CE(图 2.9(c))。

2.3　平行力系中心和重心

各力的作用线相互平行的空间力系，称为**空间平行力系**(或简称为**平行力系**)。它是空间力系的一种特殊情形。

2.3.1　平行力系中心

对任一平行力系，以简化中心 O 为原点建立直角坐标系，且令 z 轴与各力平行，则可得力系的主矢和对 O 点的主矩分别为

$$\boldsymbol{F}'_{\mathrm{R}}=(\sum F_z)\boldsymbol{k},\quad \boldsymbol{M}_O=(\sum yF_z)\boldsymbol{i}+(-\sum xF_z)\boldsymbol{j}$$

由于 $\boldsymbol{F}'_{\mathrm{R}}\perp\boldsymbol{M}_O$，所以平行力系的简化结果只能是平衡、合力偶、合力这三种情况中的一种，不可能简化为力螺旋。

下面研究平行力系中心的概念及其坐标的计算公式。

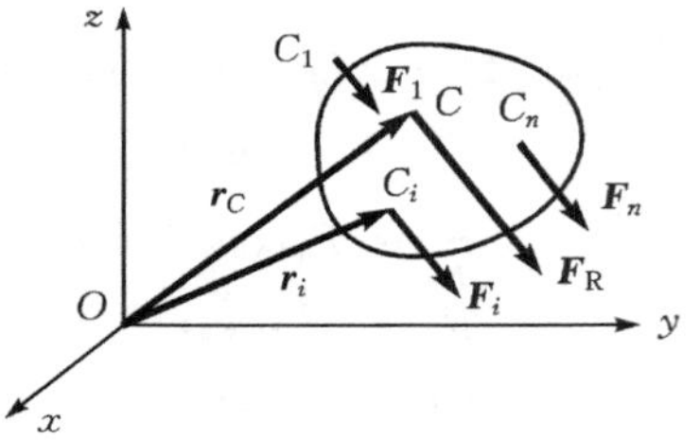

图 2.10

设一平行力系 $\{\boldsymbol{F}_1,\boldsymbol{F}_2,\cdots,\boldsymbol{F}_n\}$ 作用于刚体上的 $C_1,C_2,\cdots,C_n$ 各点(图 2.10)。设力系的合力为 $\boldsymbol{F}_{\mathrm{R}}$，其作用点为 C。建立直角坐标系 $Oxyz$，点 C 和 C_i 对于原点的矢径分别为 $\boldsymbol{r}_C$ 和 $\boldsymbol{r}_i$。由合力矩定理有 $\boldsymbol{r}_C\times\boldsymbol{F}_{\mathrm{R}}=\sum\boldsymbol{r}_i\times\boldsymbol{F}_i$，设力线方向的单位矢量为 $\boldsymbol{e}$，并规定与 $\boldsymbol{e}$ 同向的 F_i 和 F_{R} 为正，反之为负，于是有

$$(F_{\mathrm{R}}\boldsymbol{r}_C-\sum F_i\boldsymbol{r}_i)\times\boldsymbol{e}=0$$

因为坐标原点可以任取，所以单位矢量 $\boldsymbol{e}$ 是任意的，故有

$$F_{\mathrm{R}}\boldsymbol{r}_C-\sum F_i\boldsymbol{r}_i=0$$

$$\boldsymbol{r}_C=\sum F_i\boldsymbol{r}_i/F_{\mathrm{R}}\tag{2-9}$$

由上式知，C 点的矢径只决定于力系中各力的大小、指向及作用点位置，而与它们的方位无关。这个 C 点称为**平行力系中心**。

将式(2-9)向各直角坐标轴投影，可得平行力系中心的直角坐标计算公式

$$\left.\begin{aligned} x_C &= \sum x_i F_i / F_R \\ y_C &= \sum y_i F_i / F_R \\ z_C &= \sum z_i F_i / F_R \end{aligned}\right\} \qquad (2-10)$$

式中：x_i、y_i、z_i 为力 $\boldsymbol{F}_i$ 作用点的坐标。应该注意的是，式中的 F_R 及 F_i 均为代数量。

例 2.3　空间平行力系由五个力组成，力的大小、指向及作用点如图 2.11 所示。图中长度单位为 cm。试问该力系是否存在合力？若有合力，求出该平行力系的中心 C。

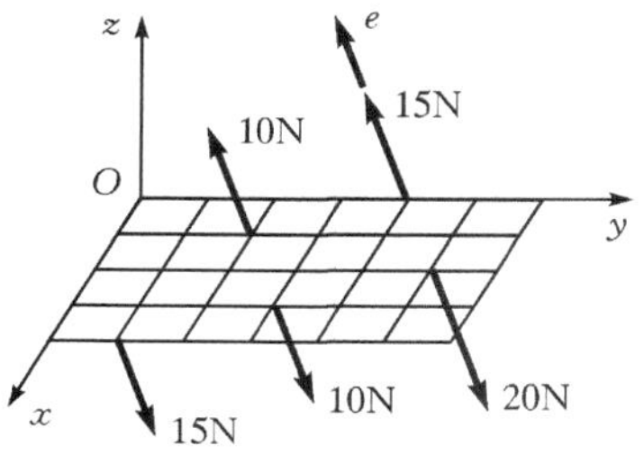

图 2.11

解：建立坐标系 $Oxyz$，并取力线方向的单位矢量 $\boldsymbol{e}$ 如图。力系的主矢为

$$\boldsymbol{F}'_R = \sum \boldsymbol{F}_i = [(10+15)-(15+10+20)]\boldsymbol{e} = -20\boldsymbol{e}$$

因为 $\boldsymbol{F}'_R \neq 0$，所以平行力系必存在合力 $\boldsymbol{F}_R$，其大小 $|\boldsymbol{F}_R| = |\boldsymbol{F}'_R| = 20$ N，指向与 $\boldsymbol{e}$ 相反。设该平行力系中心 C 的坐标为(x_C, y_C, z_C)，由式(2-10)得

$$\begin{aligned} x_C &= \sum x_i F_i / F_R = (10-60-30-40)/(-20) \\ &= (-120)/(-20) \\ &= 6 \text{ cm} \\ y_C &= \sum y_i F_i / F_R = (20+60-15-30-100)/(-20) \\ &= (-65)/(-20) \\ &= 3.25 \text{ cm} \\ z_C &= \sum z_i F_i / F_R = 0 \end{aligned}$$

2.3.2　物体的重心

1. 重心的概念

如果将物体看成是由许多质点组成的质点系，那么因每个质点都受到地球引力的作用而形成一个空间汇交力系。由于地球的半径远大于所研究的物体的尺寸，因此可以足够精确地认为该力系是一个空间平行力系，力系的合力 $\boldsymbol{W}$ 就是物体的重力，重力的作用点 C(即平行力系中心)称为**重心**。必须指出：重心可能在物体上，也可能在物体外，但它相对于物体本身有确定的位置。

重心是力学中的一个重要概念，它对物体的平衡和运动都有重要影响。例如，坦克的重心与它的最大上、下坡能力及最大侧偏角度有直接关系；飞机的重心对它的稳定性和操纵性有很大影响。因此，在工程技术中，常需要计算或测量物体重心的位置。

2. 重心的坐标公式

假设将物体分割成无数微元，每一微元上受地球的引力为 $\Delta \boldsymbol{W}_i$，作用点为 $C_i(x_i, y_i, z_i)$，如图 2.12 所示。该物体的重力为 W，重心为点 $C(x_C, y_C, z_C)$。由式(2-10)可直接得出物体重心坐标的计算公式

$$
\left.\begin{aligned}
x_C &= \frac{\sum x_i \Delta W_i}{W} \\
y_C &= \frac{\sum y_i \Delta W_i}{W} \\
z_C &= \frac{\sum z_i \Delta W_i}{W}
\end{aligned}\right\} \qquad (2-11)
$$

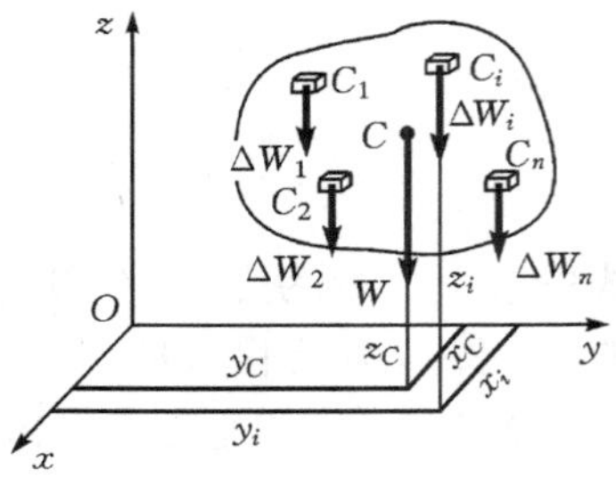

图 2.12

设各微元的体积为 ΔV_i，单位体积重为 γ_i，则 $\Delta W_i = \gamma_i \Delta V_i$。代入上式并取极限，可得重心坐标的一般计算公式

$$
\left.\begin{aligned}
x_C &= \lim_{\Delta V \to 0} \frac{\sum x_i \gamma_i \Delta V_i}{\sum \gamma_i \Delta V_i} = \left(\int_V \gamma x \mathrm{d}V\right) \Big/ \left(\int_V \gamma \mathrm{d}V\right) \\
y_C &= \lim_{\Delta V \to 0} \frac{\sum y_i \gamma_i \Delta V_i}{\sum \gamma_i \Delta V_i} = \left(\int_V \gamma y \mathrm{d}V\right) \Big/ \left(\int_V \gamma \mathrm{d}V\right) \\
z_C &= \lim_{\Delta V \to 0} \frac{\sum z_i \gamma_i \Delta V_i}{\sum \gamma_i \Delta V_i} = \left(\int_V \gamma z \mathrm{d}V\right) \Big/ \left(\int_V \gamma \mathrm{d}V\right)
\end{aligned}\right\} \qquad (2-12)
$$

对于均质物体，γ=常量。上式可写成

$$
x_C = \frac{\int_V x \mathrm{d}V}{V}, \quad y_C = \frac{\int_V y \mathrm{d}V}{V}, \quad z_C = \frac{\int_V z \mathrm{d}V}{V} \qquad (2-13)
$$

式中：$V = \int_V \mathrm{d}V$ 是物体的总体积。上式说明均质物体的重心 C 仅决定于物体的形状，由式(2－13)计算出的点又称为**形心**。可见，均质物体的重心与形心是重合的。

对于等厚的均质薄壳(薄板)或等截面均质杆，它们的重心坐标公式只须将式(2－13)中的体积 V 换成面积 A 或长度 L 即可。

3. 确定重心的方法

确定物体重心位置的方法，可以分为计算法和实验法两大类。

(1)计算法。

①积分法。对于形状简单的物体，可根据其几何特点取便于计算的微元，利用前面给出的公式经积分求出重心的位置。易知：**具有对称面、对称轴或对称中心的均质物体，其重心(形心)必在其对称面、对称轴或对称中心上**。这一结论常可为确定重心的位置提供方便。

例 2.4　试求图 2.13 所示半径为 r、中心角为 2α 的均质圆弧线的重心。

解：取中心角的平分线为 y 轴。由对称性知该圆弧线的重心必在 y 轴上，即 $x_C=0$。取微元 $\mathrm{d}l = r \cdot \mathrm{d}\theta$，该微元的 y 坐标为 $y = r\cos\theta$，代入式(2－13)得

$$
\begin{aligned}
y_C &= \left(\int_L y \mathrm{d}l\right) / L = \left(\int_{-\alpha}^{\alpha} r^2 \cos\theta \mathrm{d}\theta\right) / (2r\alpha) \\
&= r\sin\alpha / \alpha
\end{aligned}
$$

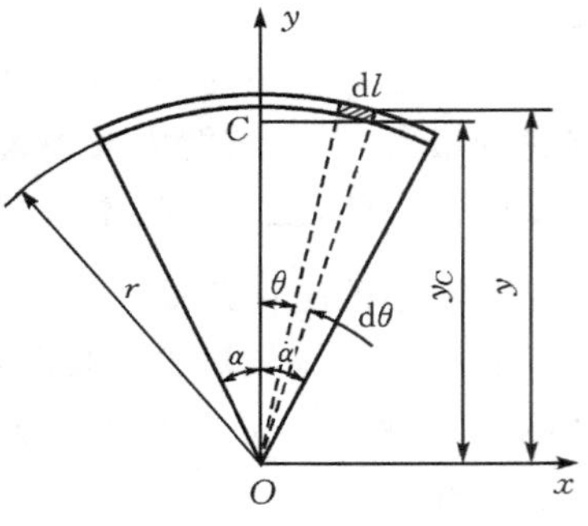

图 2.13

即该圆弧线的重心坐标为$(0, r\sin\alpha/\alpha)$。

所有简单几何形体的形心均可直接查阅有关工程手册。

②分割法。在工程实际中,经常需要求一些组合形体的重心。这时可以设想将组合形体分割成若干个简单形体,然后利用式(2-11)即可求出整个组合形体的重心。这种方法称为**分割法**。

例 2.5　试求图 2.14(a)所示角钢截面的形心。图中尺寸单位为 cm。

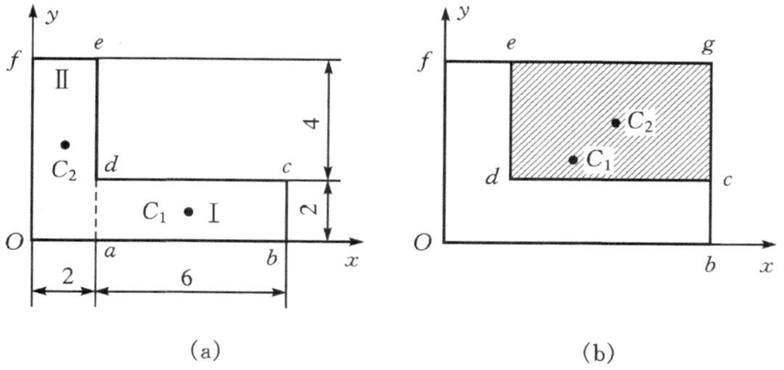

图 2.14

解:将所给图形分成两个矩形,它们的面积及其形心的坐标如表 2.1 所示。

表 2.1

简单形体	A_i/cm^2	x_i/cm	y_i/cm
Ⅰ(矩形 $abcd$)	12	5	1
Ⅱ(矩形 $Oaef$)	12	1	3

代入式(2-13)得角钢截面的形心坐标为

$$x_C = \sum x_i A_i / \sum A_i = (5\times12+1\times12)/24 = 3\ \text{cm}$$

$$y_C = \sum y_i A_i / \sum A_i = (1\times12+3\times12)/24 = 2\ \text{cm}$$

若在物体或薄板内切去一部分(例如有空穴或孔的物体),则这类物体的重心仍可应用与分割法相同的公式来求得,只是切去部分的体积或面积应取负值。这种方法称为**负体积(面积)法**。

例 2.6　用负面积法求解例 2.5。

解:将图形视为由大矩形 $Obgf$ 减去小矩形 $cged$ 而形成。其中小矩形 $cged$ 的面积应取负值(图 2.14(b))。这两部分图形的面积及其形心坐标如表 2.2 所示。

表 2.2

简单形体	A_i/cm^2	x_i/cm	y_i/cm
Ⅰ(矩形 $Obgf$)	48	4	3
Ⅱ(矩形 $cged$)	−24	5	4

代入式(2-16)得角钢截面的形心坐标为

$$x_C = \sum x_i A_i / \sum A_i = (48\times4-5\times24)/(48-24) = 3\ \text{cm}$$

$$y_C=\sum y_iA_i/\sum A_i=(3\times48-4\times24)/(48-24)=2\ \text{cm}$$

(2)实验法。

对于形状复杂或非均质物体，很难用计算法求得其重心，这时可用实验法。下面介绍两种实验方法。

①悬挂法。例如在设计水坝时，为确定其截面重心的位置，可按一定比例将薄板做成截面的形状。先将板悬挂于任一点 A。据二力平衡条件，重心必在过点 A 的铅垂线上，于是在板上画出该直线；再将板悬挂于另一点 B，可以画出另一条直线。两直线的交点 C 就是截面的重心。

②称重法。下面以汽车为例，说明称重法的应用。

首先称出汽车的重量 F_R，并测量出前后轴距 l 和车轮半径 r。设汽车是左右对称的，则重心必在其对称面内。所以只需测定重心 C 距地面的高度 z_C 和距后轮轴的距离 x_C 即可。

为了测定 x_C，将汽车后轮放在地面上，前轮放在磅秤上，车身保持水平(图2.15(a))，这时磅秤的读数为 F_1。因为车身处于平衡状态，所以有 $F_Rx_C=F_1l$，于是得

$$x_C=F_1l/F_R \tag{1}$$

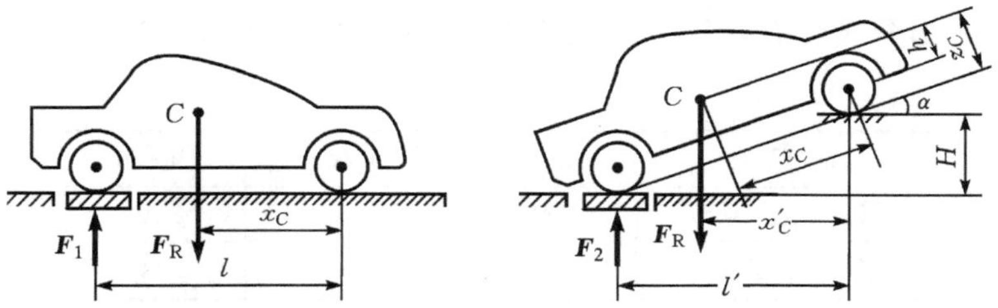

图 2.15

欲测定 z_C，需将车的后轮抬高任意高度 H(图 2.15(b))，这时磅秤的读数为 F_2。同理得

$$x'_C=F_2l'/F_R \tag{2}$$

由图中的几何关系知

$$l'=l\cos\alpha,\quad x'_C=x_C\cos\alpha+h\sin\alpha$$

$$\sin\alpha=H/l,\quad \cos\alpha=\sqrt{l^2-H^2}/l$$

其中 h 为重心高度 z_C 与后轮半径之差，即

$$h=z_C-r$$

将上述五个关系式代入(2)式，经整理得

$$z_C=r+l(F_2-F_1)\sqrt{l^2-H^2}/(F_RH) \tag{3}$$

思考题

2.1 力系的主矢与力系的合力有什么关系？能不能说力系的主矢就是力系的合力？

2.2 设力系向某一点简化得到一个合力。若另选一适当的点为简化中心，该力系能否简化为一合力偶？为什么？

2.3　空间平行力系的简化结果有哪几种可能情形？能出现力螺旋的情形吗？

2.4　如果组合形体是由两种不同材料制成的，在求这样的物体的重心时，应注意什么问题？

2.5　某力系向 A 点简化得主矢 $\boldsymbol{F}'_{\mathrm{R}}$ 和主矩 $\boldsymbol{M}_A$。问是否存在如下的 B 点，若将该力系向 B 点简化，主矢仍为 $\boldsymbol{F}'_{\mathrm{R}}$，主矩 $\boldsymbol{M}_B=\boldsymbol{M}_A$？若存在，试指出 B 点的位置。

习　题

2.1　已知某平面力系向 A 点简化得主矢 $F'_{\mathrm{R}}=50\ \mathrm{N}$，$\alpha=30°$，主矩 $M_A=20\ \mathrm{N\cdot m}$，$\overline{AB}=200\ \mathrm{mm}$。试求原力系向图中 B 点简化的结果。

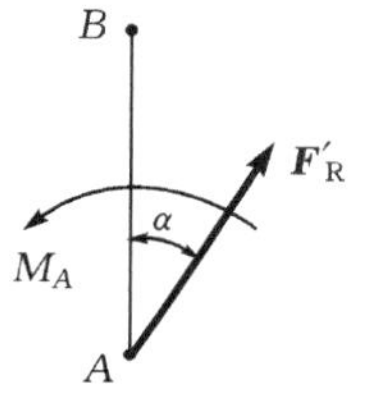

题 2.1 图

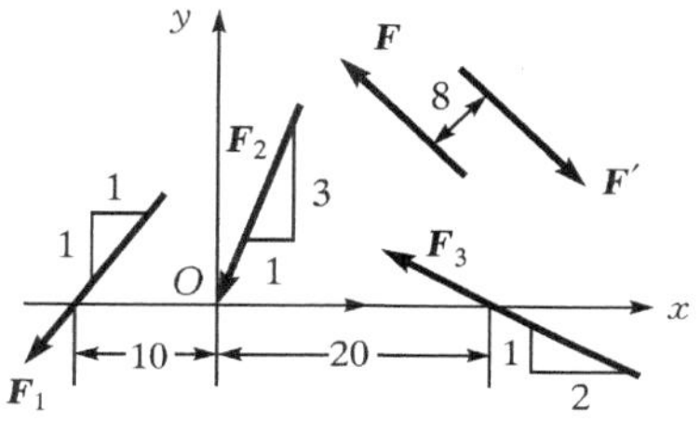

题 2.2 图

2.2　求图示平面力系向 O 点简化的结果和最终简化结果。已知 $F_1=150\ \mathrm{N}$，$F_2=200\ \mathrm{N}$，$F_3=300\ \mathrm{N}$，力偶中的力的大小为 200 N。图中尺寸单位为 cm。

2.3　某平面力系中的四个力 $\boldsymbol{F}_1$、$\boldsymbol{F}_2$、$\boldsymbol{F}_3$ 和 $\boldsymbol{F}_4$ 的投影 F_x、F_y 和作用点坐标 x、y 列表如下。

题 2.3 表

	$\boldsymbol{F}_1$	$\boldsymbol{F}_2$	$\boldsymbol{F}_3$	$\boldsymbol{F}_4$
F_x/N	1	−2	3	−4
F_y/N	4	1	−3	−3
x/m	2	−2	3	−4
y/m	1	−1	−3	−6

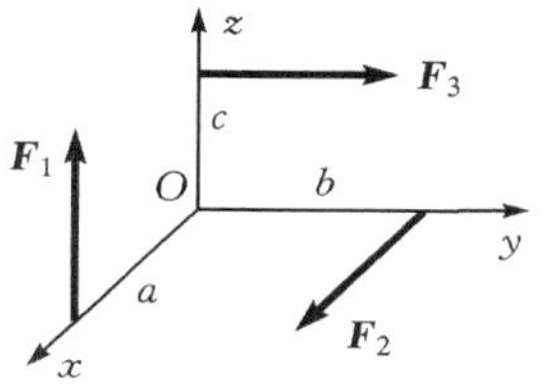

题 2.4 图

试将该力系向坐标原点 O 简化，并求其合力作用线的方程。

2.4　三个大小均为 F 的力 $\boldsymbol{F}_1$、$\boldsymbol{F}_2$ 和 $\boldsymbol{F}_3$ 分别与三根坐标轴平行，且分别在三个坐标平面内，它们的作用线到原点的距离分别为 a、b、c，如图所示。问 a、b、c 满足什么条件时，该力系才能合成为一个合力？

2.5　图示正方形板上作用有四个铅垂力 $F_1=20\ \mathrm{kN}$，$F_2=6\ \mathrm{kN}$，$F_3=4\ \mathrm{kN}$，$F_4=10\ \mathrm{kN}$，$a=2\ \mathrm{m}$。试求：(1)该平行力系中心的坐标；(2)若要使该平行力系中心位于正方形板的中心，A、B 两处应作用多大的铅垂力？

2.6　由 $\boldsymbol{F}_1$、$\boldsymbol{F}_2$、$\boldsymbol{F}_3$ 三个力构成的空间力系如图所示。已知 $F_1=100\ \mathrm{N}$，$F_2=300\ \mathrm{N}$，$F_3=200\ \mathrm{N}$。试求该力系向原点 O 简化的结果。图中尺寸单位为 cm。

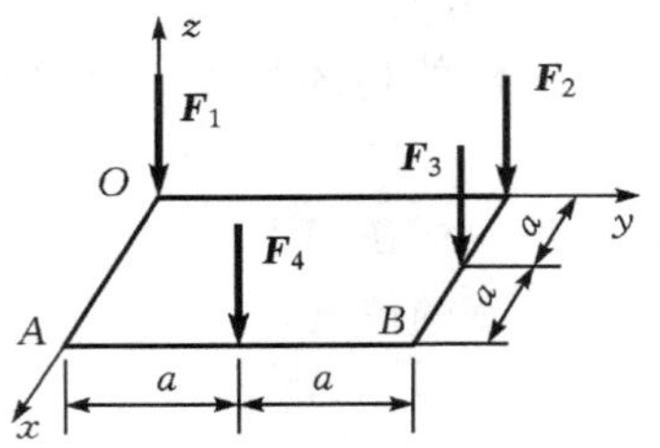

题 2.5 图

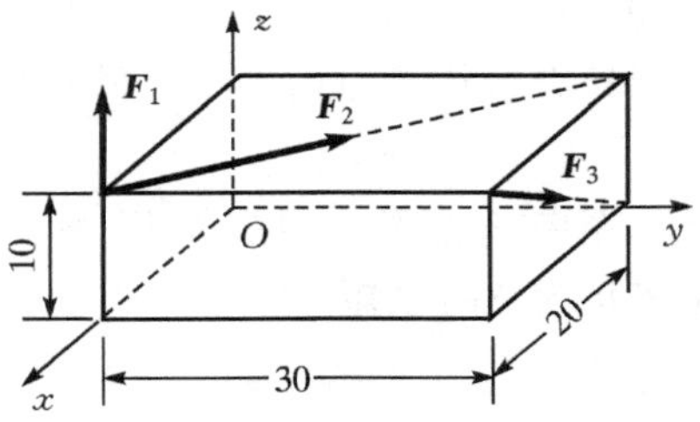

题 2.6 图

2.7 等截面均质细杆被弯成图示形状。求其重心的位置。

2.8 一平面力系向坐标原点 O 简化得到的主矩 $M_O=0$，向点 $A(\sqrt{3},1)$ cm 简化得到的主矩 $M_A=2$ kN·cm；又知该力系的主矢在 x 轴上的投影为500 N。试确定该力系的最终简化结果。

2.9 图示平面图形中每一方格的边长为 2 cm，求挖去圆后剩余部分形心的位置。

2.10 某机床重 50 kN，假设具有图示对称平面，$\overline{AB}=2.4$ m。当水平放置($\theta=0°$)时秤上读数为 35 kN，当 $\theta=20°$时秤上读数为30 kN。该机床重心的位置在哪里？

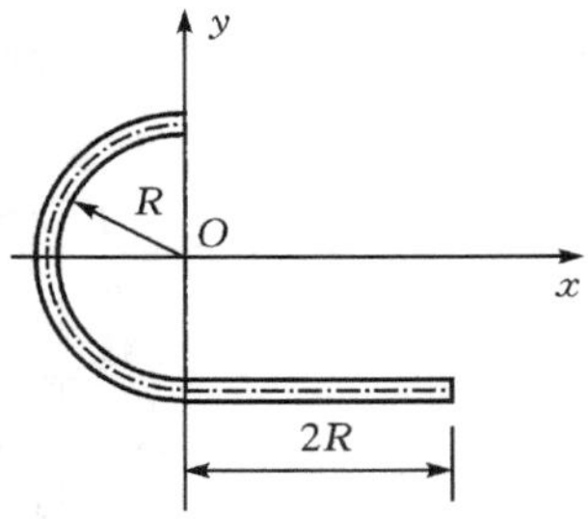

题 2.7 图

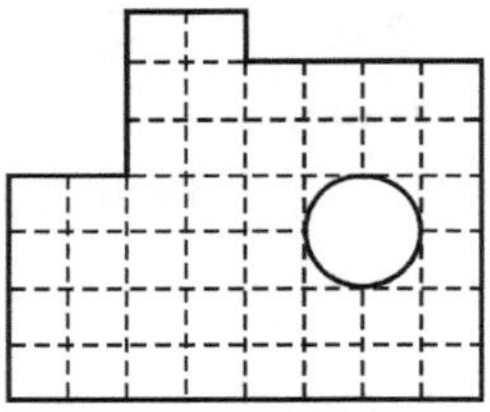

题 2.9 图

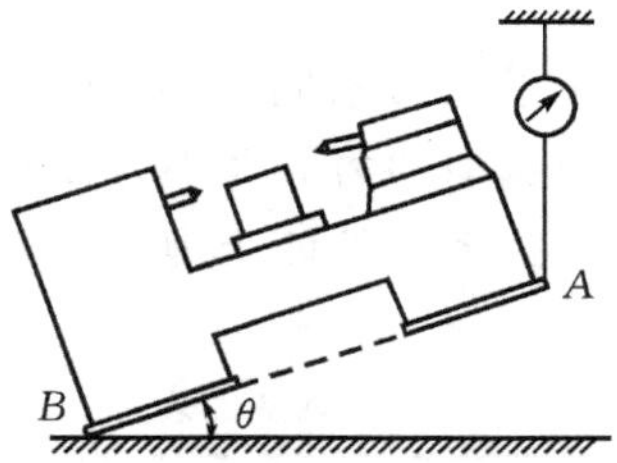

题 2.10 图

2.11 设一物体系统由几个单个物体组成。试验证当系统内各物体的相对位置发生变化(重为 F_i 的物体的重心坐标变化量分别为 Δx_i、Δy_i、Δz_i)时，导致整个物体系统的重心坐标变化量的计算公式(**重心导移公式**)为

$$\Delta x_C=\sum F_i\Delta x_i/F_R,\quad \Delta y_C=\sum F_i\Delta y_i/F_R,\quad \Delta z_C=\sum F_i\Delta z_i/F_R$$

其中，$F_R=\sum F_i$。

2.12 某军舰的排水量为 3000 t，今将前仓中的油料 50 t 向后移动 30 m，试计算由此引起的军舰重心的变化量。

第3章 物体的受力分析

3.1 约束和约束力

在空间可以任意运动的物体，如航行中的飞机、人造卫星等，称为**自由体**。工程实际中大多数物体的运动都受到一定的限制，而使某些方向的运动不能发生，这样的物体称为**非自由体**，如在钢轨上行驶的火车、安装在轴承上的电机转子等。

所谓**约束**是指加于物体上的运动限制条件。通常这些限制条件总是由非自由体周围的其它物体构成的。因此，也常把对物体的运动起限制作用的周围物体称为约束。如前面提到的钢轨对于火车是约束，轴承对于转子也是约束。

物体受到约束时，物体与约束之间必相互作用着力。约束对非自由体的作用力称为**约束力**。显然，约束力的作用位置在约束与非自由体的接触处，约束力的方向总与约束所能阻碍的运动方向相反。但其大小不能预先独立确定，它与约束的性质、非自由体的运动状态和作用于其上的其它力有关，须由力学规律求出。理论力学中，把除约束力以外的力，如重力、电磁力、机车牵引力等，统称为**主动力**。主动力通常可以预先独立测定，是已知的；约束力是由主动力引起的，是被动力，通常是未知的。但是，未知、被动和已知、主动并不是约束力和主动力的本质区别。约束力是指限制物体位移和速度的力。有些力虽然是被动的、未知的，如流体阻力、动滑动摩擦力、弹性力等，但它们不限制物体的位移和速度，所以不是约束力，而是主动力。

无论在静力学还是在动力学中，对物体进行受力分析的一个重要内容就是正确地表示出约束力的作用线的方位和指向，它们都与约束的性质有关。下面介绍几种常见的约束类型，分析每一类约束的特点，并确定其约束力。

3.1.1 柔索约束

柔软而不可伸长的绳索，称为**柔索**。它是一种理想模型。工程中的钢索、链条和胶带等都可以简化为柔索。其特点是只能受拉，不能受压。所以柔索只能限制物体沿柔索伸长方向的运动，如忽略柔索的重量(若不加特殊说明，本书中均不计柔索的重量)，则**其约束力总是沿着柔索而背离所系的物体**，即为拉力，用 $\boldsymbol{F}_{\mathrm{T}}$ 表示。

如图 3.1(a)所示，通过铁环 A 用钢索吊起重为 $\boldsymbol{W}$ 的重物。根据柔索约束力的特点，可以确定钢索给重物的力一定是拉力($\boldsymbol{F}_{\mathrm{T}B}$、$\boldsymbol{F}_{\mathrm{T}C}$)，钢索给铁环的力也是拉力($\boldsymbol{F}'_{\mathrm{T}B}$、$\boldsymbol{F}'_{\mathrm{T}C}$、$\boldsymbol{F}_{\mathrm{T}A}$)，如图 3.1(b)所示。其中 $\boldsymbol{F}_{\mathrm{T}B}=-\boldsymbol{F}'_{\mathrm{T}B}$，$\boldsymbol{F}_{\mathrm{T}C}=-\boldsymbol{F}'_{\mathrm{T}C}$。在图 3.2(a)所示的胶带传动中，胶带给两个胶带轮的约束力如图 3.2(b)所示。

3.1.2 光滑接触面约束

若两物体间的接触是光滑的，则被约束物体可沿接触面运动，或沿接触面在接触点的公法

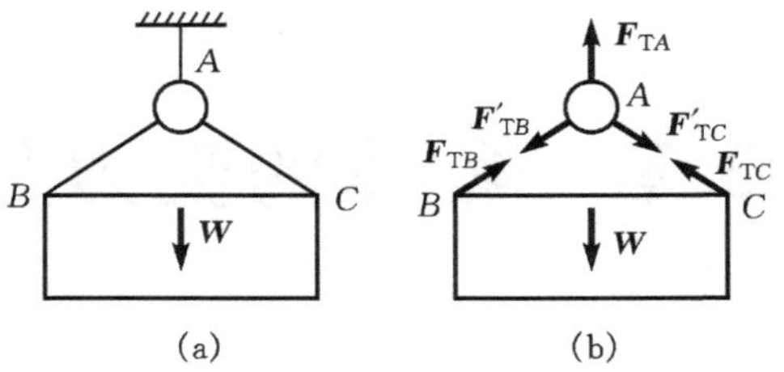

图 3.1

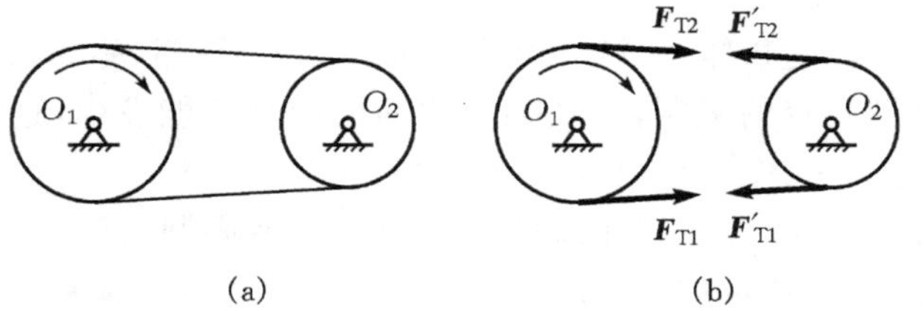

图 3.2

线方向脱离接触，但不能沿接触面公法线方向压入接触面内。因此，**光滑接触面的约束力必通过接触点，沿接触面在该处的公法线，指向被约束物体**，即为压力。这种约束力称为**法向约束力**，常用 $\boldsymbol{F}_N$ 表示。

图 3.3 示出了光滑接触面对圆球的约束力。

图 3.3

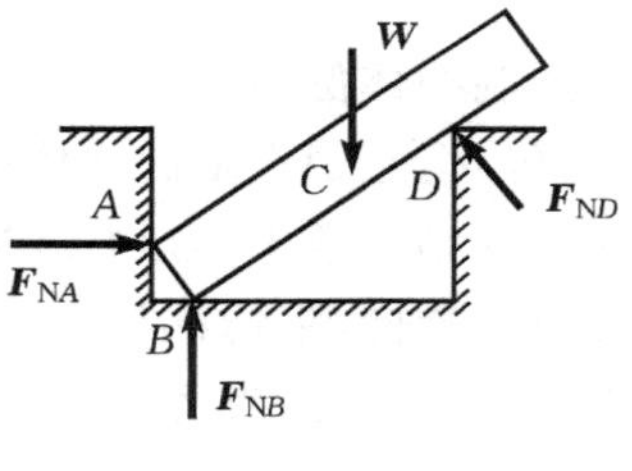

图 3.4

当物体与约束形成尖点接触(图 3.4 中的 A、B、D 三处)时，可把尖点视为半径极小的圆弧，则约束力的方向仍是沿接触处的公法线而指向被约束物体。

3.1.3 光滑铰链约束

1. 光滑圆柱形铰链

工程中常用圆柱形销钉 C 将两零件 A、B 联接起来，如图 3.5(a)、(b)、(c)所示。这种约束称为**圆柱铰链约束**。

如果两零件中有一个固定于地面(或机座)，则称为**固定铰链支座**。圆柱铰链联接和固定铰链支座可用图 3.5(a)和图 3.6(a)所示的简图表示。

圆柱形铰链只限制两零件在垂直于销钉轴线方向的移动，而不限制它们绕销钉轴线的相对转动。当忽略摩擦时，这种约束相当于光滑面约束，其约束力必通过铰链中心，但接触点的位置无法预先确定(图 3.6(b))。由于铰链的约束力 $\boldsymbol{F}_{\mathrm{N}}$ 的大小和方向(用角 α 表示)都是未知的，故在受力分析时，常把**铰链的约束力表示为作用在铰销中心的两个大小未知的正交分力 $\boldsymbol{F}_{\mathrm{N}x}$、$\boldsymbol{F}_{\mathrm{N}y}$**(图 3.6(c))。

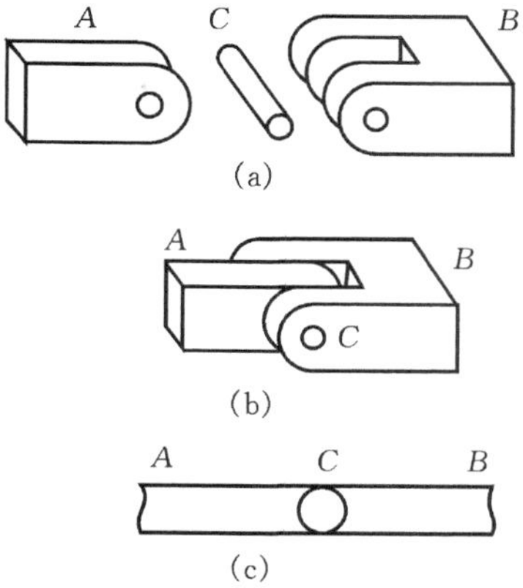

图 3.5

应该指出，铰链结构中，也可把销钉看作是固连于两零件中的某一个零件上，这样对约束力特征没有影响，如图 3.7 所示。

径向轴承(图 3.8(a))是工程中常见的一种约束，简化模型如图 3.8(b)所示。其约束力与光滑圆柱铰链相同(图 3.8(c))。

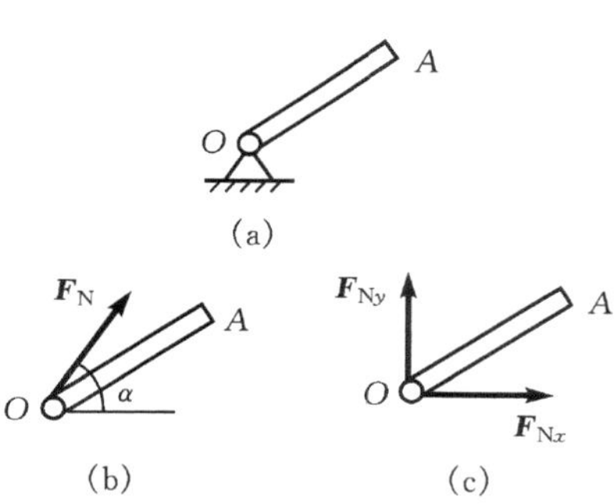

图 3.6

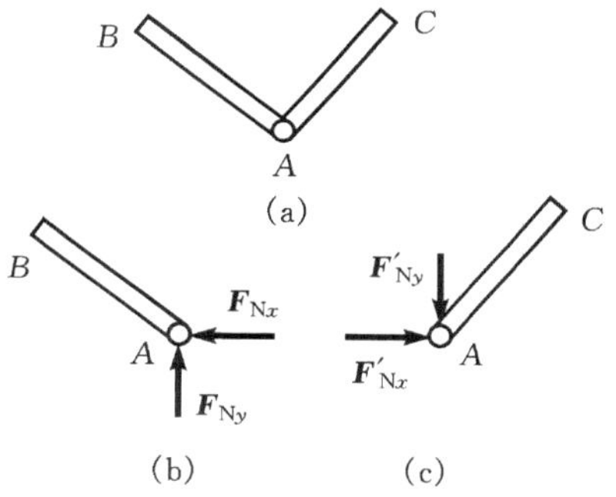

图 3.7

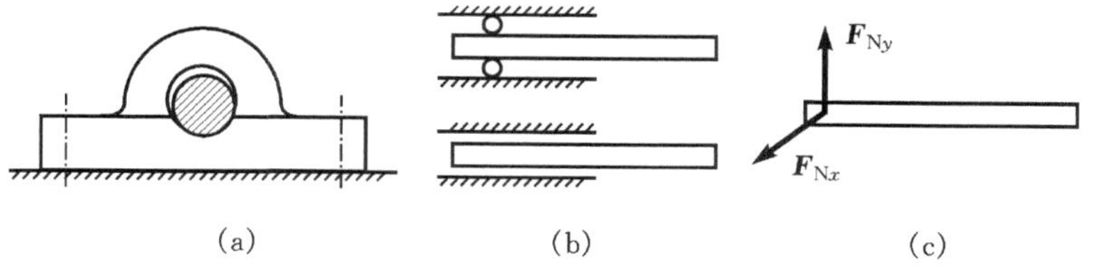

图 3.8

2. 光滑球铰链

在空间问题中会遇到球铰链(图 3.9(a))，它是在一个物体的球窝内放入一个相同半径的球，球窝罩具有缺口，以便球与被约束物体相连。机床照明灯的支撑杆、飞机的驾驶杆和汽车变速箱的操纵杆等就是用球铰链支承的。不计摩擦，按照光滑面约束的特点，物体受到的约束力 $\boldsymbol{F}_{\mathrm{N}}$ 必通过球心，但它在空间的方位不能预先确定。图 3.9(b)所示为球铰链的简图，其约束力可用作用在铰链中心的三个大小未知的正交分力 $\boldsymbol{F}_{\mathrm{N}x}$、$\boldsymbol{F}_{\mathrm{N}y}$、$\boldsymbol{F}_{\mathrm{N}z}$ 表示(图 3.9(c))。

止推轴承也是工程中常见的一种约束，如图 3.10(a)所示。图 3.10(b)是它的示意简图。止推轴承除能起径向轴承的作用外，还限制物体沿轴向的移动，因而其约束力也可用三个正交分力表示(图 3.10(c))。

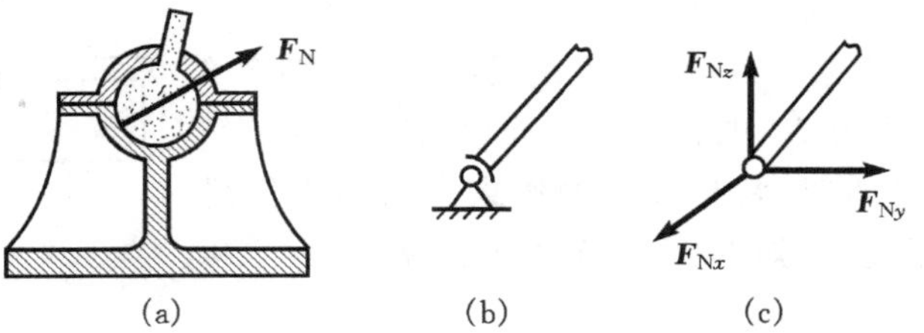

图 3.9

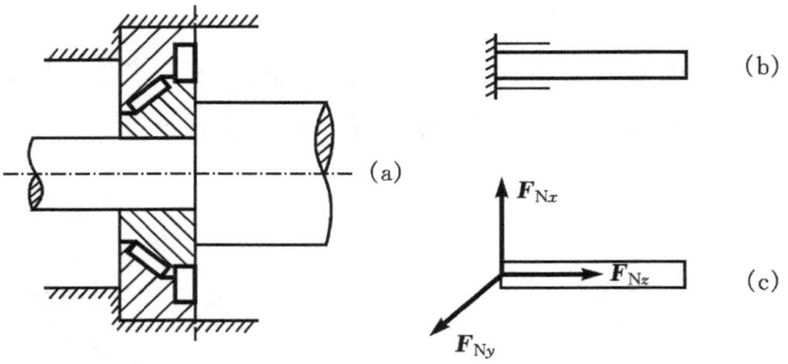

图 3.10

3. 活动铰链支座

在铰链支座和支承面之间装上一排滚轮，这样构成的一种复合约束称为**活动铰链支座**或**辊轴铰链支座**，简称为**活动支座**或**辊座**，如图 3.11(a)所示。显然，这种支座的约束性质与光滑接触面相同，其**约束力垂直于支承面，且作用线过铰链中心**。图 3.11(b)、(c)、(d)所示为活动铰链支座的几种常见的表示方法。

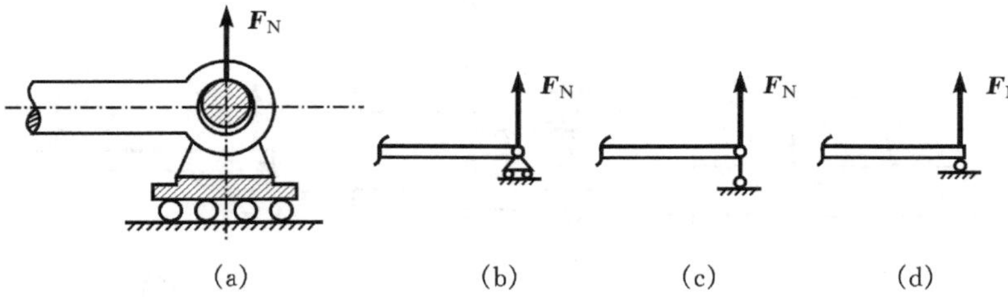

图 3.11

活动支座在桥梁、屋架等工程结构中被广泛采用，其作用是当温度变化等引起结构尺寸伸长或缩短时，允许支座间的距离有微小改变。

3.1.4 固定端约束

在工程中常遇到既限制物体沿任何方向移动，又限制物体沿任何方向转动的约束。例如，钉在墙上的铁钉、一端埋入地下的电线杆、连接在飞机机身上的机翼等，它们受到的约束就是如此。这类约束称为**固定端约束**，或**固定端支座**，简称为**固定端**或**插入端**。

图 3.12(a)所示的悬臂梁 AB，在主动力作用下，其插入部分受到墙的约束，约束力是一个复杂分布的空间力系(图 3.12(b))。将此力系向 A 点简化，得到一个力 $\boldsymbol{F}_{NA}$ 和一个矩为 $\boldsymbol{M}_A$ 的力偶。由于 $\boldsymbol{F}_{NA}$ 和 $\boldsymbol{M}_A$ 的大小和方向都不能预先确定，所以通常**用作用于 A 点的三个正交**

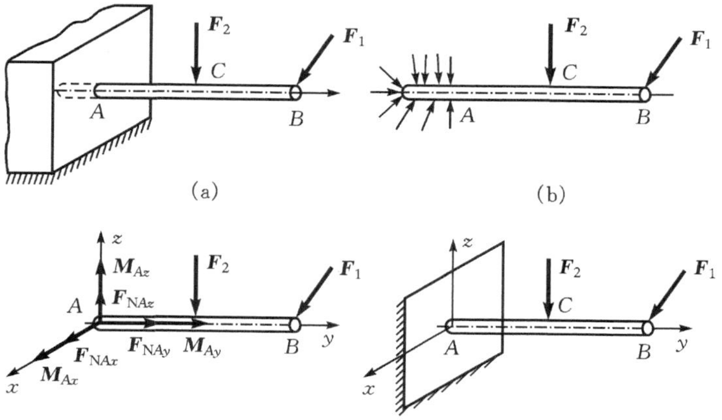

图 3.12

分力 $\boldsymbol{F}_{NAx}$、$\boldsymbol{F}_{NAy}$、$\boldsymbol{F}_{NAz}$ 和作用在不同平面内的三个正交力偶矩矢 $\boldsymbol{M}_{Ax}$、$\boldsymbol{M}_{Ay}$、$\boldsymbol{M}_{Az}$ 来表示(图 3.12(c))。固定端约束还可以更简单地表示为图 3.12(d)所示的形式。

对于平面情况,固定端约束的简图如图 3.13(a)所示,约束力为作用于 A 点的两个正交分力 $\boldsymbol{F}_{NAx}$、$\boldsymbol{F}_{NAy}$ 和一个作用在 Axy 平面内的矩为 M_A 的力偶,如图 3.13(b)所示。

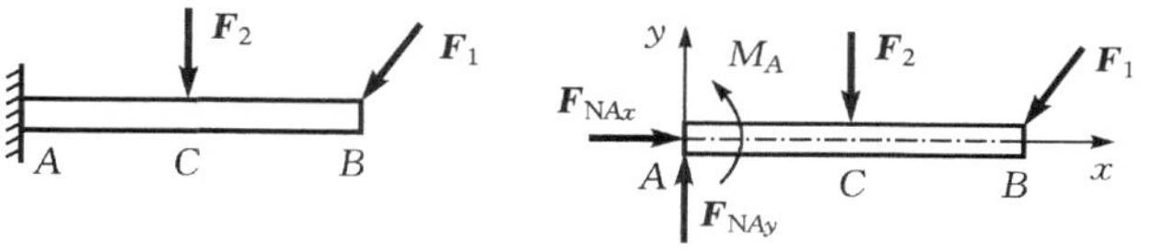

图 3.13

3.2　物体的受力分析和受力图

在研究力学问题时,必须首先根据已知条件和待求量,从有关物体系统中选取某一物体或几个物体组成的分系统作为研究对象,进行受力分析。受力分析的内容主要是分析研究对象受哪些力的作用,以及每个力的作用线位置和指向。在受力分析时,可设想将所研究的物体或物体系统从周围物体中分离出来。解除约束后的物体或物体系统,称为**分离体**。在分离体图上画有其全部外力(包括主动力和约束力)的简图,称为**受力图**。

受力图是研究力学问题的基础。画受力图是工程技术人员的基本技能,是研究静力学和动力学问题的先决条件。

画受力图的步骤如下:

(1)根据题意选取研究对象,并画出分离体;

(2)画出分离体所受的全部主动力;

(3)根据约束的性质和静力学公理,画出全部约束力。

物体系统内部各物体之间的相互作用力称为**内力**;外部物体对系统的作用力称为**外力**。内力和外力是相对于一定的研究对象而言的。对于某一系统,系统内各物体之间的相互作用力是内力，但对系统内的每个物体来说则是外力。由于内力总是成对出现的，并且彼此等值、反向、共线，故对系统的平衡没有影响。因此在静力学中画受力图时，只需画出全部外力，不必画出内力。

例 3.1 均质细杆 AB 重 $\boldsymbol{W}$，在图 3.14(a)所示的铅垂平面内处于平衡。试画出 AB 杆的受力图。

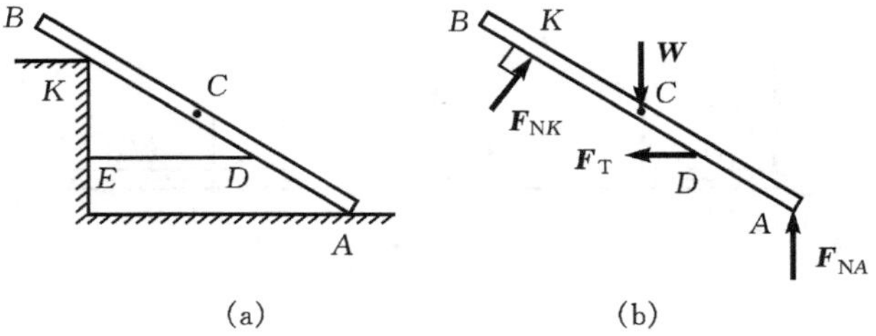

图 3.14

解：取 AB 杆为研究对象。解除约束，画出分离体。杆受到的主动力只有重力 $\boldsymbol{W}$，作用于杆的中点 C。杆在 A、K 处受到光滑接触面约束，约束力 $\boldsymbol{F}_{NA}$、$\boldsymbol{F}_{NK}$ 的作用线沿接触点的公法线且为压力。杆在 D 处受到柔索约束，约束力 $\boldsymbol{F}_T$ 的作用线沿细绳，且为拉力。于是，均质杆 AB 的受力如图 3.14(b)所示。

例 3.2 汽车脚闸示意图如图 3.15(a)所示，各物体自重及摩擦不计，试分别画出直杆 BC 和曲杆 OBA 及整体的受力图。

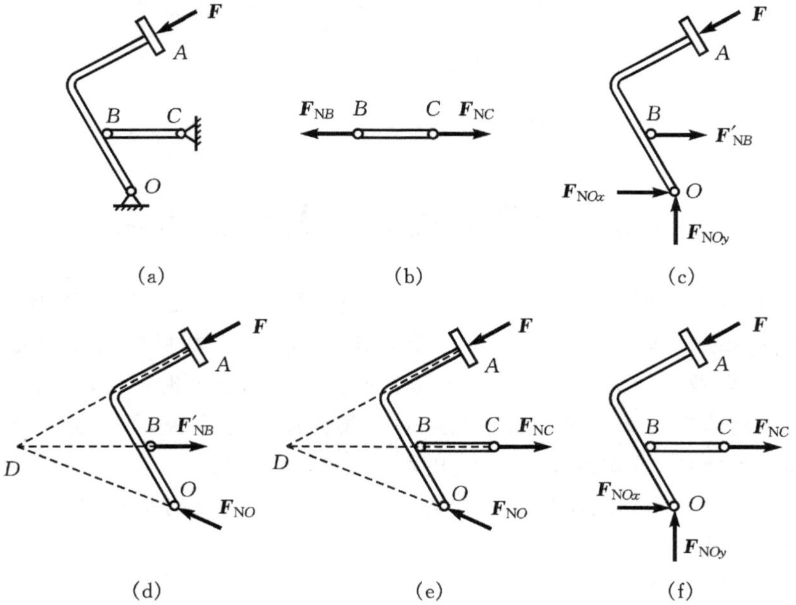

图 3.15

解：先取 BC 杆为研究对象。因杆不受主动力作用，且两端用光滑铰链连接，因此 BC 杆为二力杆，设受拉力 $\boldsymbol{F}_{NB}$、$\boldsymbol{F}_{NC}$，如图 3.15(b)所示。

再取曲杆 OBA 为研究对象，作用在其上的主动力为 $\boldsymbol{F}$。B 处受 BC 杆的拉力 $\boldsymbol{F}'_{NB}$，它与 $\boldsymbol{F}_{NB}$ 互为作用力与反作用力，即 $\boldsymbol{F}'_{NB}=-\boldsymbol{F}_{NB}$。$O$ 处为铰链约束，其约束力可用两个正交分力 $\boldsymbol{F}_{NOx}$、$\boldsymbol{F}_{NOy}$ 表示(图 3.15(c))。

最后取整体为研究对象，作用在整体上的主动力为 $\boldsymbol{F}$，C 处的约束力为 $\boldsymbol{F}_{NC}$(与图 3.15(b)中 C 处的约束力一致)，O 处约束力为 $\boldsymbol{F}_{NOx}$、$\boldsymbol{F}_{NOy}$(与图 3.15(c)中 O 处的约束力一致)，于是整体受力如图 3.15(f)所示。

进一步分析可知，曲杆 OBA 在力 $\boldsymbol{F}$、$\boldsymbol{F}_{NB}$ 和 O 处的约束力 $\boldsymbol{F}_{NO}$ 三个力作用下平衡，而力 $\boldsymbol{F}$ 和 $\boldsymbol{F}_{NB}$ 的作用线交于 D 点(图 3.15(d))，于是根据三力平衡汇交定理可知 $\boldsymbol{F}_{NO}$ 的作用线也必然通过 D 点。至于力 $\boldsymbol{F}_{NO}$ 的指向，以后可通过平衡条件确定。故曲杆 OBA 的受力图也可以画成图 3.15(d)所示的形式。

同理，脚闸整体的受力图也可以画成图 3.15(e)所示的形式。

例 3.3　在图 3.16(a)所示的平面平衡机构中，杆 AC 的 D 处作用有一水平力 $\boldsymbol{F}$。若不计各构件的自重和摩擦，试分别画出杆 AC、BC 及整个系统的受力图。

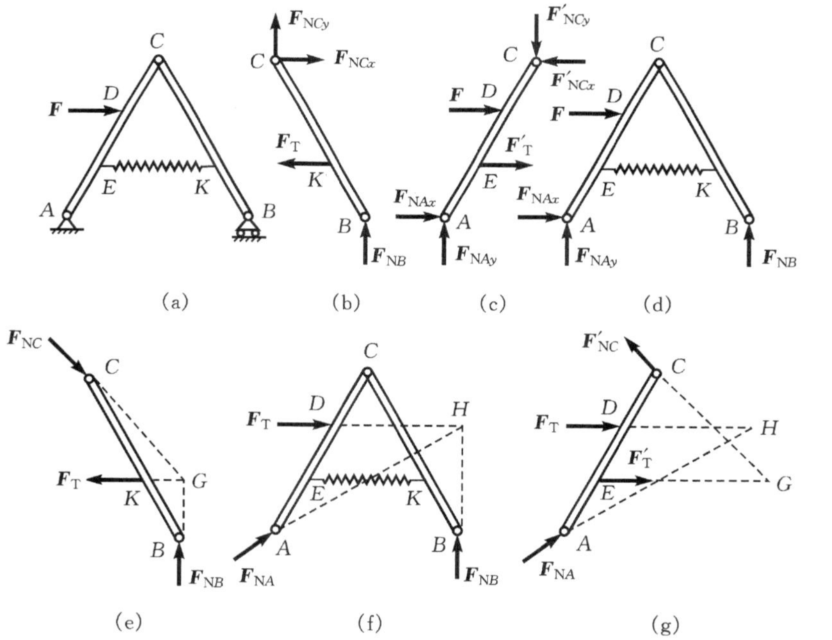

图 3.16

解：先取杆 BC 为研究对象。它受到的主动力只有弹簧 EK 的弹性力 $\boldsymbol{F}_T$，其作用线沿 EK，不妨设为拉力，杆在 B 处受到的约束是活动铰链支座，其约束力为 $\boldsymbol{F}_{NB}$；在 C 处受到的是光滑铰链约束，其约束力用两个正交分力 $\boldsymbol{F}_{NCx}$ 和 $\boldsymbol{F}_{NCy}$ 表示。于是，杆 BC 的受力如图 3.16(b)所示。

再取杆 AC 为研究对象。它受到的主动力有水平力 $\boldsymbol{F}$ 和弹簧 EK 的弹性力 $\boldsymbol{F}'_T(=-\boldsymbol{F}_T)$。杆在 C 处受到的约束力 $\boldsymbol{F}'_{NCx}$ 和 $\boldsymbol{F}'_{NCy}$ 与 $\boldsymbol{F}_{NCx}$ 和 $\boldsymbol{F}_{NCy}$ 互为作用力和反作用力，即 $\boldsymbol{F}'_{NCx}=-\boldsymbol{F}_{NCx}$，与 $\boldsymbol{F}'_{NCy}=-\boldsymbol{F}_{NCy}$；杆在 A 处受到的约束为固定铰链支座，其约束力用两正交分力 $\boldsymbol{F}_{NAx}$ 和 $\boldsymbol{F}_{NAy}$ 表示。于是，杆 AC 的受力如图 3.16(c)所示。

最后取整个系统为研究对象。作用在系统上的主动力为水平力 $\boldsymbol{F}$。系统受到的约束力在 B 处为 $\boldsymbol{F}_{NB}$，在 A 处为两正交分力 $\boldsymbol{F}_{NAx}$ 和 $\boldsymbol{F}_{NAy}$。于是，系统的受力如图 3.16(d)所示。

在分析 BC 杆的受力时，由于弹性力 $\boldsymbol{F}_T$ 和 $\boldsymbol{F}_{NB}$ 的作用线汇交于 G 点(图 3.16(e))，根据三力平衡汇交定理可知，C 处的约束力 $\boldsymbol{F}_{NC}$ 的作用线也必然通过 G 点。于是，杆 BC 的受力图也可画成图 3.16(e)所示的形式。

同理，在分析整个系统的受力时，由于水平力 $\boldsymbol{F}$ 和 $\boldsymbol{F}_{NB}$ 的作用线交于点 H，故 A 处的约束力 $\boldsymbol{F}_{NA}$ 的作用线必然通过点 H。于是，系统的受力图也可画成图 3.16(f)所示的形式。

由图 3.16(e)和图 3.16(f)所示的杆 BC 和整个系统的受力图，则杆 AC 的受力图也可画成图 3.16(g)所示的形式。

思考题

3.1 凡是两端用光滑铰链连接的直杆都是二力杆，这种说法对吗？

3.2 结构如思 3.2 图(a)所示。根据力的可传性定理将力 $\boldsymbol{F}_1$ 的作用点 D 沿作用线移到 E 点(思 3.2 图(b))，由此画出构件 AC 的受力如思 3.2 图(c)所示。试问此受力图是否正确，为什么？

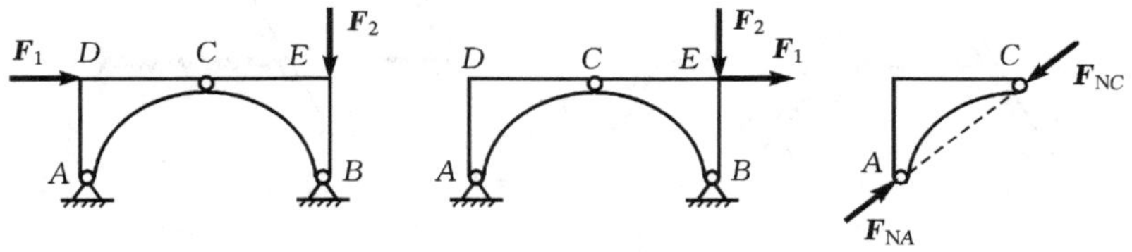

(a) (b) (c)

思 3.2 图

3.3 下列各图中未标重力的构件皆不计自重，试问画出的各构件受力图是否有误？若有误，如何改正？

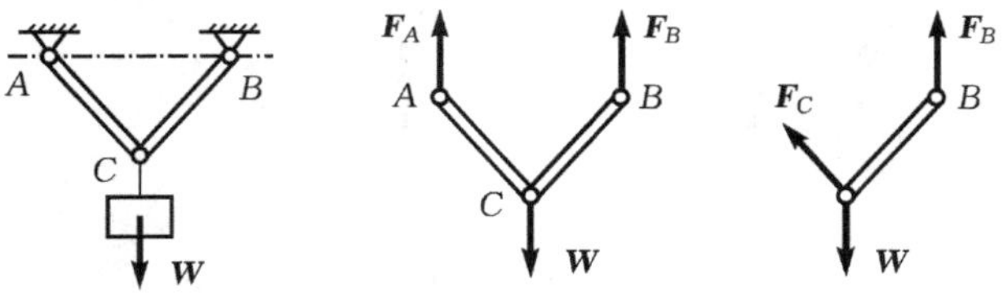

(a) (b) (c)

思 3.3.1 图

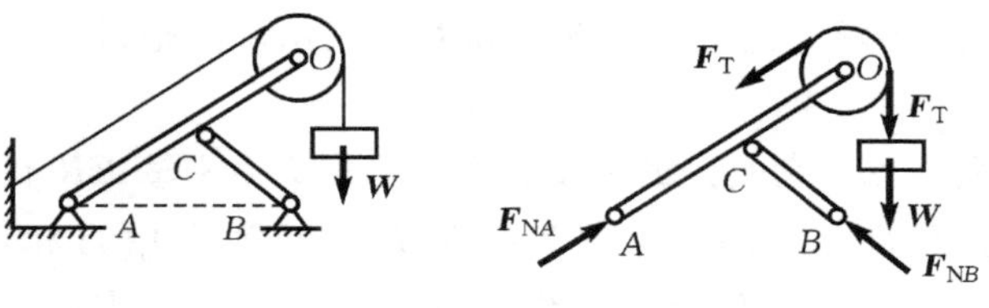

(a) (b)

思 3.3.2 图

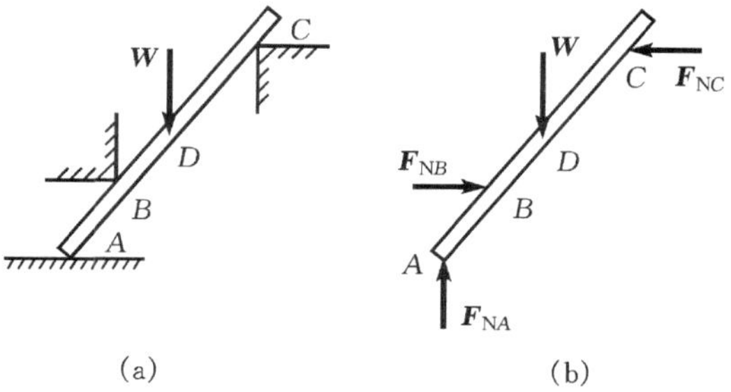

思 3.3.3 图

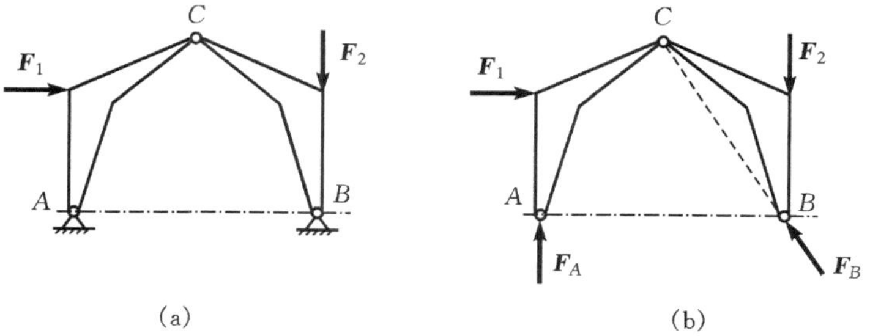

思 3.3.4 图

习 题

画出下列各图中指定物体的受力图。设所有接触面都是光滑的，物体的重力除已标出者外均略去不计。

3.1　杆 AB。

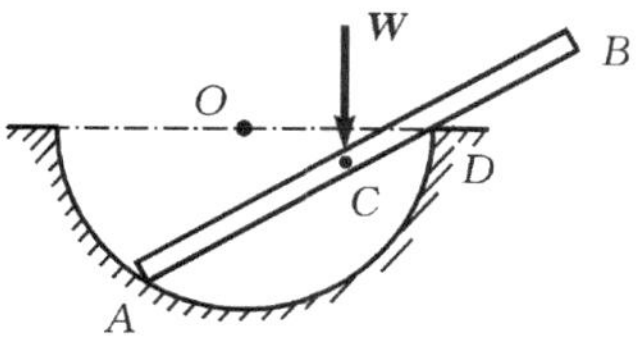

题 3.1 图

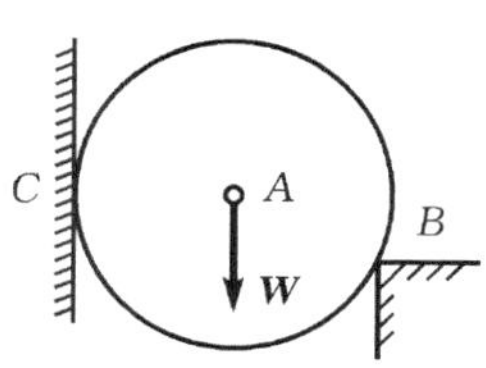

题 3.2 图

3.2　轮 A。

3.3　AB 杆、BC 杆及整体。

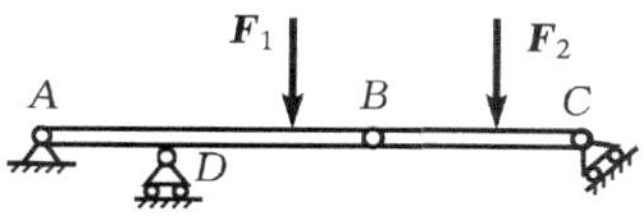

题 3.3 图

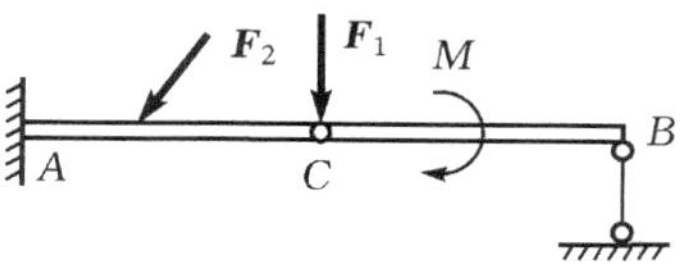

题 3.4 图

3.4　AC 杆及整体。

3.5 *EB* 杆及整体。图中销钉 *D* 固连在杆 *EB* 上。

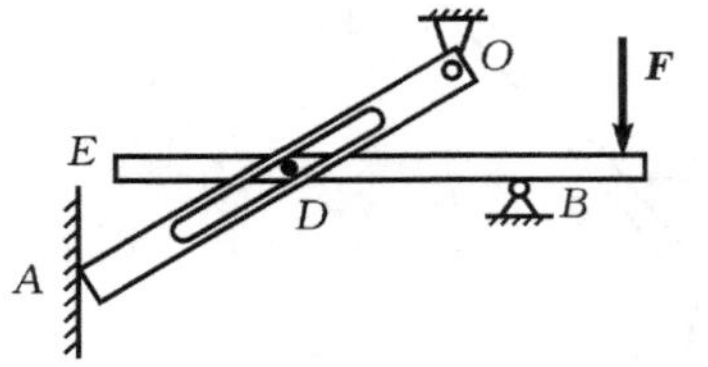

题 3.5 图

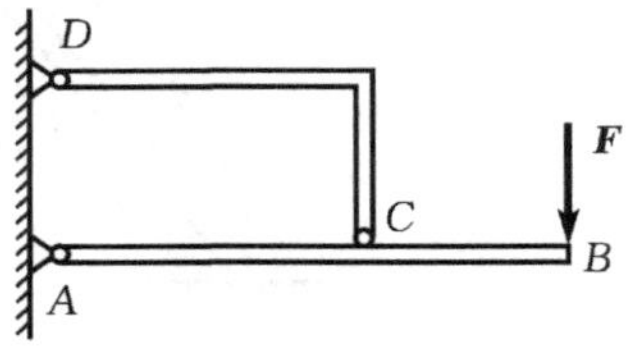

题 3.6 图

3.6 *AB* 杆。

3.7 *AB* 杆和 *AC* 杆。

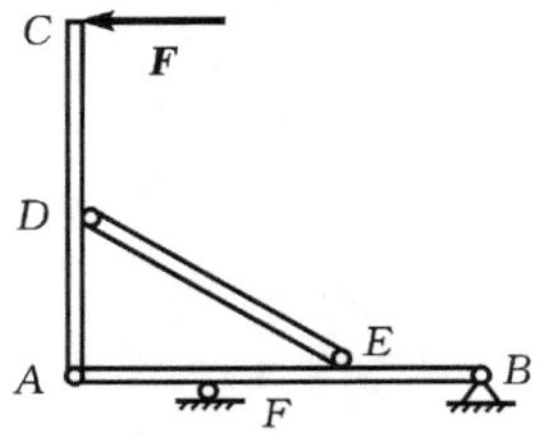

题 3.7 图

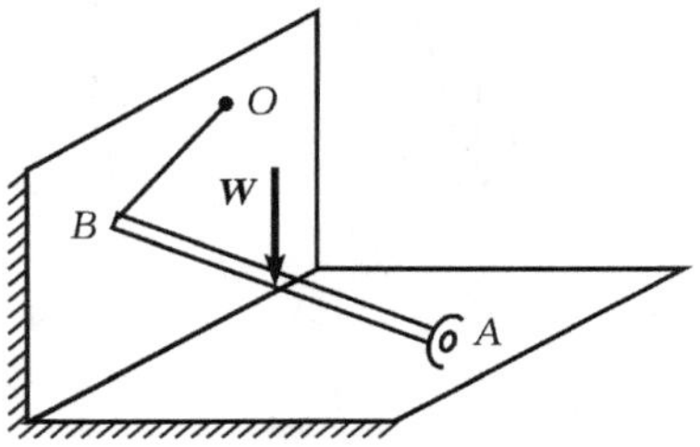

题 3.8 图

3.8 *AB* 杆。图中 *A* 处为球铰链，*OB* 为细绳。

3.9 *AG* 杆、*CK* 杆和 *BH* 杆。

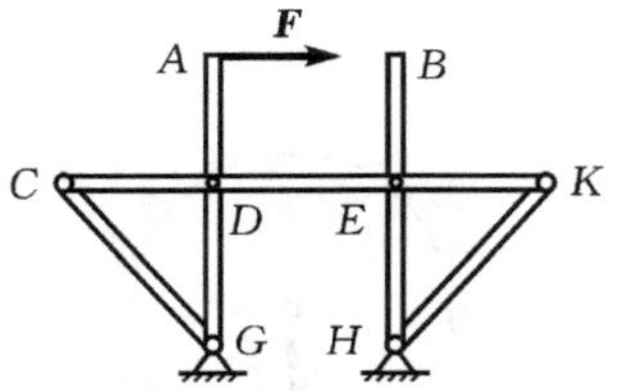

题 3.9 图

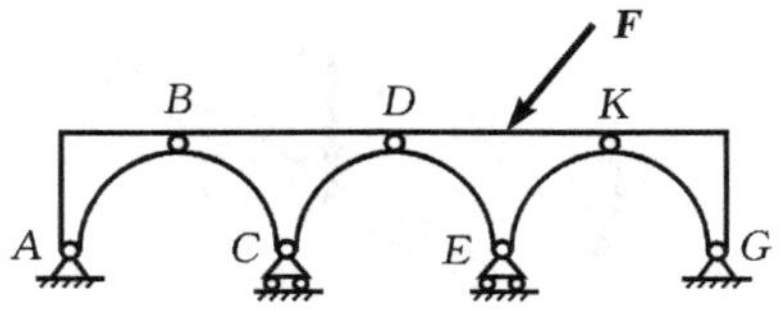

题 3.10 图

3.10 *BCD* 和 *DEK*。

第 4 章　力系的平衡

本章研究力系的平衡问题，它是静力学的重点。由于平面力系是工程实际中最常见的力系，同时有许多结构（包括支承）及其所承受的载荷具有对称平面，作用在这些结构上的力系可以简化为在这个对称平面内的平面力系（如图 4.1 所示的载重汽车，它所承受的载荷 $\boldsymbol{W}$、迎风阻力 $\boldsymbol{F}$ 和路面的约束力 $\boldsymbol{F}_{N1}$、$\boldsymbol{F}_{N2}$，可以简化为在汽车对称面内的平面力系），而且空间力系还可以简化为平面力系来处理。因此，我们把平面力系的平衡问题作为本章的重点。

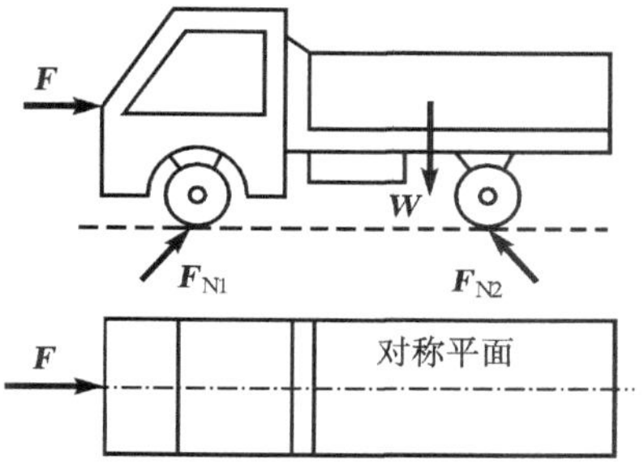

图 4.1

4.1　空间力系的平衡方程

由力系的简化理论知，**空间力系平衡的必要和充分条件是：该力系的主矢和对任一点的主矩分别等于零**。即

$$\boldsymbol{F}'_R = 0, \quad \boldsymbol{M}_O = 0 \tag{4-1}$$

写成投影形式为

$$\left.\begin{aligned}&\sum F_x = 0, \quad \sum F_y = 0, \quad \sum F_z = 0\\ &\sum M_x(\boldsymbol{F}) = 0, \sum M_y(\boldsymbol{F}) = 0, \sum M_z(\boldsymbol{F}) = 0\end{aligned}\right\} \tag{4-2}$$

上式称为**空间力系的平衡方程**。它以解析形式表明空间力系平衡的必要和充分条件是：**力系中各力在三根坐标轴上投影的代数和分别等于零，各力对该三轴之矩的代数和也分别等于零**。式(4-2)包含六个独立的方程。当一个刚体受空间力系作用而平衡时，可利用这组方程求解六个未知量。在应用式(4-2)解题时，所选取的投影轴不一定要相互垂直，所选取的矩轴也不一定要与投影轴重合。

对于各力的作用线相互平行的**空间平行力系**(图 4.2)，若取 z 轴与诸力平行，则因为 $\sum F_x \equiv 0$，$\sum F_y \equiv 0$ 和 $\sum M_z(\boldsymbol{F}) \equiv 0$，所以独立的平衡方程为

$$\left.\begin{aligned}&\sum F_z = 0\\ &\sum M_x(\boldsymbol{F}) = 0\\ &\sum M_y(\boldsymbol{F}) = 0\end{aligned}\right\} \tag{4-3}$$

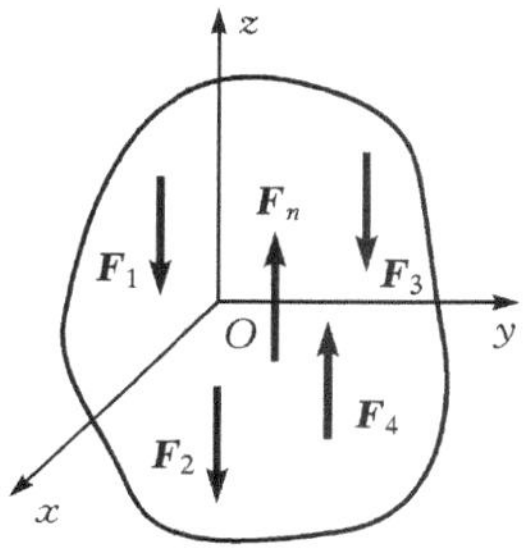

图 4.2

对于各力的作用线汇交于一点的空间汇交力系，若取三根矩轴通过力系的汇交点，则三个力矩方程变为恒等式，所以平衡方程为

$$\sum F_x = 0,\quad \sum F_y = 0,\quad \sum F_z = 0 \tag{4-4}$$

求解力系平衡的问题可分为以下几个步骤。

(1)根据题意,选取研究对象。

(2)对选定的研究对象进行受力分析,画出其受力图。

(3)建立平衡方程。为了解题方便,所选取的投影轴应尽量与某些未知力垂直,所选取的矩轴应尽量与某些未知力共面。

(4)解方程。若求得的未知力为负值,则说明该力的实际指向与受力图假设的指向相反。但把它代入另一方程求解别的未知量时,则应连同其负号一并代入。

例 4.1　图 4.3(a)所示的均质正方形薄板重 $W=1200$ N,用三根铅直细绳悬挂在水平位置。设薄板的边长为 l,求各绳的张力。

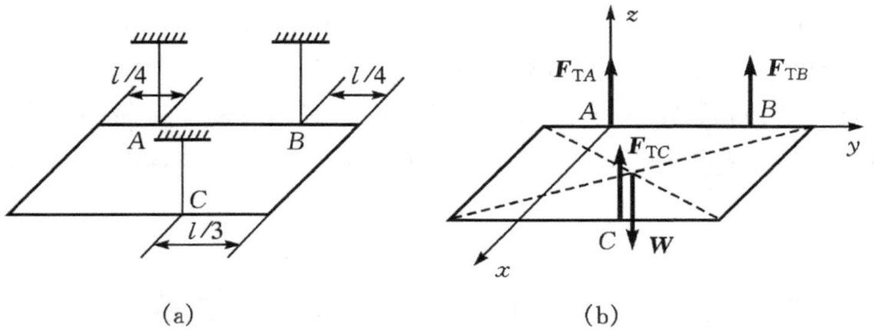

图 4.3

解:取薄板为研究对象,受力如图 4.3(b)所示。主动力 $\boldsymbol{W}$ 和约束力 $\boldsymbol{F}_{TA}$、$\boldsymbol{F}_{TB}$、$\boldsymbol{F}_{TC}$组成了一个空间平行力系。建立坐标系 $Axyz$,由空间平行力系的平衡方程有

$$\sum M_y(\boldsymbol{F})=0,\quad W\cdot l/2-F_{TC}l=0 \tag{1}$$

$$\sum M_x(\boldsymbol{F})=0,\quad F_{TB}\cdot\frac{l}{2}+F_{TC}\cdot\frac{5}{12}l-W\cdot\frac{l}{4}=0 \tag{2}$$

$$\sum F_z=0,\quad F_{TA}+F_{TB}+F_{TC}-W=0 \tag{3}$$

可解得
$$F_{TC}=\frac{1}{2}W=600\ \text{N},\quad F_{TB}=\frac{1}{2}W-\frac{5}{6}F_{TC}=100\ \text{N}$$

$$F_{TA}=W-F_{TB}-F_{TC}=500\ \text{N}$$

例 4.2　涡轮发动机的涡轮叶片受到的燃气压力可简化为作用在涡轮盘上的一个轴向力 $\boldsymbol{F}$ 和一个矩为 M 的力偶(图 4.4(a))。已知:$F=2$ kN,$M=1$ kN·m。输出端受到的压力 $\boldsymbol{F}_P$ 作用在斜齿轮 D 的节圆上,斜齿的压力角 $\alpha=20°$,螺旋角 $\beta=10°$,齿轮节圆半径 $r=10$ cm。止推轴承 A 与径向轴承 B 间的距离 $l_1=50$ cm,轴承 B 到齿轮 D 间的距离 $l_2=10$ cm。不计发动机的自重,试求平衡时压力 $\boldsymbol{F}_P$ 的大小以及两轴承的约束力。

解:取发动机转子为研究对象,受力如图 4.4(b)所示。其中 A 处止推轴承的约束力为三个正交分力 $\boldsymbol{F}_{NAx}$、$\boldsymbol{F}_{NAy}$ 和 $\boldsymbol{F}_{NAz}$,B 处径向轴承的约束力为二个正交分力 $\boldsymbol{F}_{NBx}$ 和 $\boldsymbol{F}_{NBy}$。建立直角坐标系 $Axyz$。将斜齿轮 D 受到的压力 $\boldsymbol{F}_P$ 分解为切向力 $\boldsymbol{F}_t$(方向沿节圆切线)、径向力 $\boldsymbol{F}_r$(方向沿节圆半径)和轴向力 $\boldsymbol{F}_N$(方向沿转轴轴线 z)。三正交分力的大小与力 $\boldsymbol{F}_P$ 大小之间的关系为

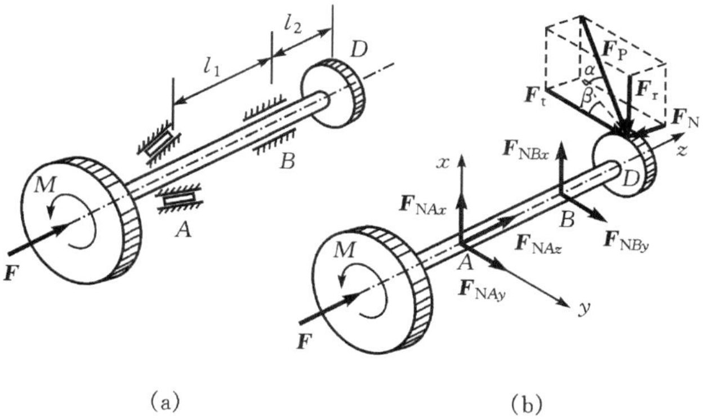

图 4.4

$$F_t = F_P \cos\alpha\cos\beta \tag{a}$$

$$F_r = F_P \sin\alpha \tag{b}$$

$$F_N = F_P \cos\alpha\sin\beta \tag{c}$$

根据空间力系的平衡方程,有

$$\sum F_x = 0,\quad F_{NAx} + F_{NBx} - F_r = 0 \tag{1}$$

$$\sum F_y = 0,\quad F_{NAy} + F_{NBy} + F_t = 0 \tag{2}$$

$$\sum F_z = 0,\quad F_{NAz} + F - F_N = 0 \tag{3}$$

$$\sum M_x(\boldsymbol{F}) = 0,\quad -F_{NBy} l_1 - F_t(l_1 + l_2) = 0 \tag{4}$$

$$\sum M_y(\boldsymbol{F}) = 0,\quad F_{NBx} l_1 + F_N r - F_r(l_1 + l_2) = 0 \tag{5}$$

$$\sum M_z(\boldsymbol{F}) = 0,\quad F_t r - M = 0 \tag{6}$$

将(a)、(b)、(c)三式及已知数据代入上述六个方程,即可求得轴承 A 和 B 处的约束力以及压力 F_P 的大小分别为

$$F_{NAx} = -0.38\ \text{kN},\quad F_{NAy} = 2\ \text{kN},\quad F_{NAz} = -0.23\ \text{kN}$$

$$F_{NBx} = -4.07\ \text{kN},\quad F_{NBy} = -12\ \text{kN};\quad F_P = 10.8\ \text{kN}$$

例 4.3 六杆通过光滑球铰链支承一水平板 $ABCD$ 如图 4.5(a)所示。在板角 A 处作用一铅垂力 $\boldsymbol{F}$,尺寸 $b=50$ cm,$d=100$ cm,$h=30$ cm。不计板和各杆的重量,求各杆对板的约束力。

解:取水平板 $ABCD$ 为研究对象。由于不计杆重和摩擦,所以六杆皆为二力杆。假设各杆均受拉力,于是板的受力如图 4.5(b)所示。根据空间力系的平衡方程,有

$$\sum F_{x1} = 0,\quad F_6 = 0 \tag{1}$$

$$\sum M_{x_2}(\boldsymbol{F}) = 0,\quad -bF\sin\beta - bF_1\sin\beta = 0 \tag{2}$$

可得

$$F_1 = -F$$

$$\sum M_{x_3}(\boldsymbol{F}) = 0,\quad -bF - bF_1 - bF_4\sin\alpha = 0 \tag{3}$$

可得

$$F_4 = 0$$

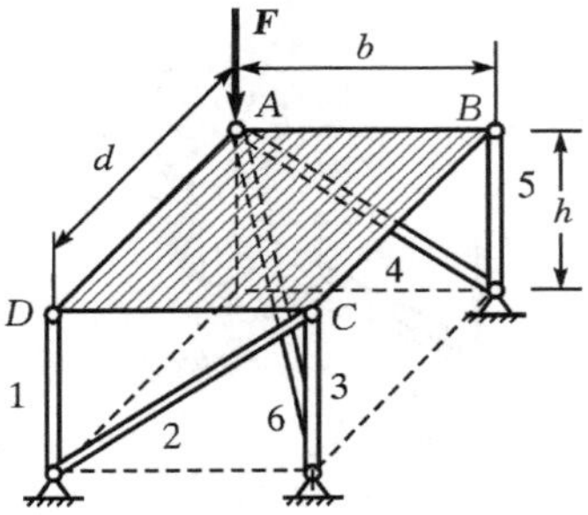

(a)

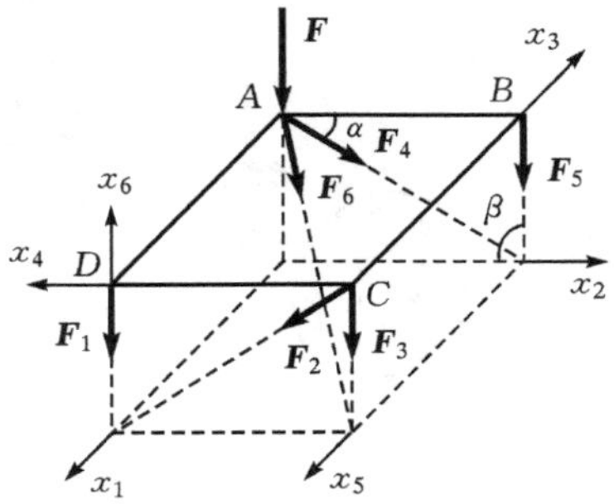

(b)

图 4.5

$$\sum M_{x_4}(\boldsymbol{F})=0,\quad dF_6+dF=0 \tag{4}$$

可得
$$F_5=-F$$

$$\sum M_{x_5}(\boldsymbol{F})=0,\quad bF_1+bF+hF_2\cos\alpha=0 \tag{5}$$

可得
$$F_2=0$$

$$\sum F_{x6}=0,\quad -F-F_1-F_5-F_3=0 \tag{6}$$

可得
$$F_3=F$$

在上述求解过程中，我们选用了两个投影方程和四个力矩方程。容易看出，也可以把投影方程(6)换成力矩方程

$$\sum M_{x_1}(\boldsymbol{F})=0,\quad -bF_3-bF_5=0 \tag{7}$$

同样可以求得 $F_3=-F_5=F$。

由上例可见，平衡方程形式的选取是相当灵活的。为了解题方便，常用力矩方程取代投影方程，从而构成四矩式、五矩式甚至六矩式的平衡方程。但绝不是说任意建立六个方程都能求解六个未知量。要想求解六个未知量，所建立的六个方程必须彼此独立。判别任意写出的六个平衡方程的独立性，是一个比较复杂的问题，限于篇幅，本书不加阐述。实际应用中，如果建立一个方程就能求出一个未知量(像例 4.3 所作的那样)，则不仅可以避免解联立方程的麻烦，而且还能保证该方程是独立的。因此，在建立平衡方程时，应尽可能使一个方程中只出现一个未知量。

4.2 平面力系的平衡方程

4.2.1 平面力系的平衡方程

取平面力系$\{\boldsymbol{F}_1,\boldsymbol{F}_2,\cdots,\boldsymbol{F}_n\}$，设各力作用线所在的平面为坐标平面 Oxy(图4.6)。根据空间力系的平衡方程，由于 $\sum F_z\equiv0$，$\sum M_x(\boldsymbol{F})\equiv0$，$\sum M_y(\boldsymbol{F})\equiv0$，可得平面力系的平衡方程为

$$\left.\begin{aligned}\sum F_x &= 0\\ \sum F_y &= 0\\ \sum M_O(\boldsymbol{F}) &= 0\end{aligned}\right\}\qquad(4-5)$$

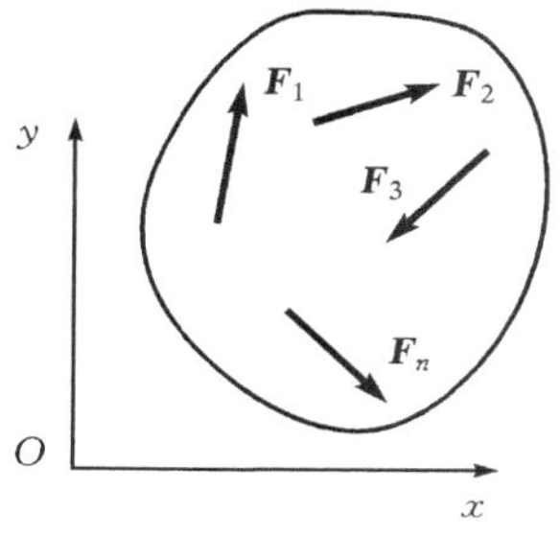

图 4.6

方程式(4－5)是**平面力系平衡方程的基本形式**。由于其中只有一个力矩方程，因而也称为**一矩式**。平面力系的平衡方程还可以表示为二矩式和三矩式。

所谓**二矩式**平衡方程，其形式为

$$\sum F_x = 0,\quad \sum M_A(\boldsymbol{F}) = 0,\quad \sum M_B(\boldsymbol{F}) = 0\quad(4-6)$$

但 A、B 两点的连线不能垂直于投影轴 Ox。

二矩式平衡方程也是平面力系平衡的充分和必要条件。现证明如下。

证明：必要性：当力系平衡时，必有力系主矢 $\boldsymbol{F}'_{\mathrm{R}} = \sum \boldsymbol{F} = 0$ 和力系对任意点 O 的主矩 $M_O = \sum M_O(\boldsymbol{F}) = 0$。因此式(4－6)成立。

充分性：式(4－6)中，$\sum M_A(\boldsymbol{F}) = 0$ 和 $\sum M_B(\boldsymbol{F}) = 0$ 说明力系不可能简化为一个力偶，只可能简化为作用线过 A、B 两点的合力 $\boldsymbol{F}_{\mathrm{R}}$ 或为平衡力系。但是，力系又满足 $\sum F_x = F_{\mathrm{R}}\cos\alpha = 0$，而 A、B 两点连线不垂直于 Ox 轴(图 4.7)，$\cos\alpha \neq 0$，显然只有合力 $\boldsymbol{F}_{\mathrm{R}}$ 为零。这表明只要力系满足式(4－6)及相应的限制条件，则力系必为平衡力系。

所谓**三矩式**平衡方程，其形式为

$$\left.\begin{aligned}\sum M_A(\boldsymbol{F}) &= 0\\ \sum M_B(\boldsymbol{F}) &= 0\\ \sum M_C(\boldsymbol{F}) &= 0\end{aligned}\right\}\qquad(4-7)$$

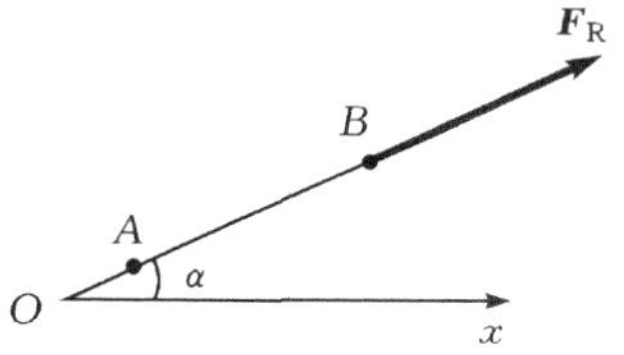

图 4.7

但 A、B、C 三点不应在同一直线上。三矩式平衡方程的充分性请读者自行证明。

平面力系平衡方程的一矩式、二矩式和三矩式，每组中都有三个独立方程，能求解三个未知量。在具体解题时，常采用多矩式。

4.2.2　平面平行力系的平衡方程

各力的作用线在同一平面内且相互平行的力系，称为**平面平行力系**。它是平面力系的一种特殊情形。如图 4.8 所示，若选取 x 轴与力系中各力垂直，而 y 轴与各力平行，则 $\sum F_x \equiv 0$。于是，平面平行力系的平衡方程为

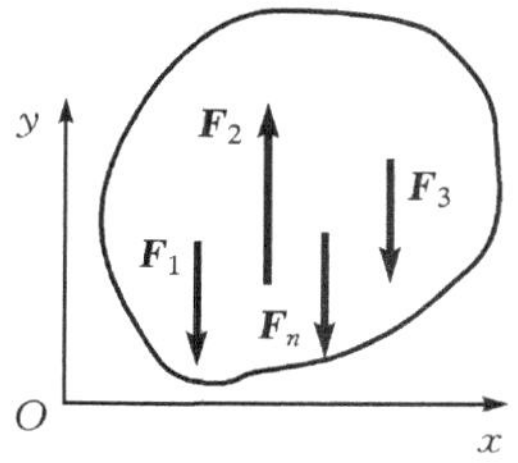

图 4.8

$$\sum F_y = 0,\quad \sum M_O(\boldsymbol{F}) = 0\qquad(4-8)$$

与平面任意力系平衡方程形式的多样性相似，也可将平面平行力系的平衡方程表示为二矩式。即

$$\sum M_A(\boldsymbol{F}) = 0,\quad \sum M_B(\boldsymbol{F}) = 0\qquad(4-9)$$

但 A、B 连线不能与各力平行。

4.2.3　平面力系平衡方程的应用

应用平面力系平衡方程解题的方法步骤，与空间力系的相同，现举例说明如下。

例 4.4　冲天炉的加料料斗车沿倾角 $\alpha=60°$ 的倾斜轨道匀速上升，如图 4.9(a)所示。已知料斗车连同所装炉料共重为 $W=10$ kN，重心在 C 点；$a=0.4$ m，$b=0.5$ m，$e=0.2$ m，$l=0.3$ m。试求钢索的张力和轨道作用于料斗车小轮的约束力。

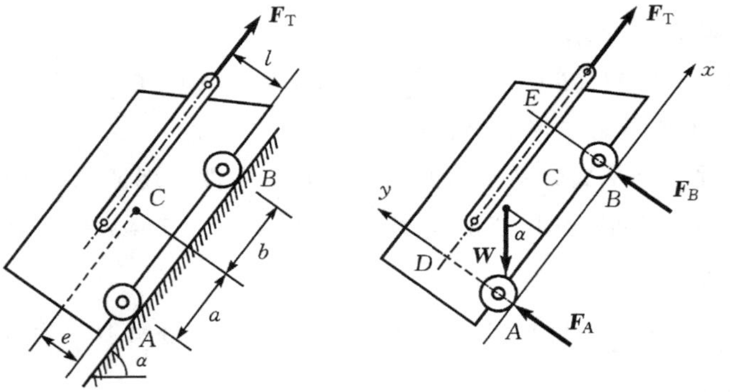

(a)　　　　　　　　　　(b)

图 4.9

解：取料斗车为研究对象。作用于车上的主动力只有其重力 $\boldsymbol{W}$；约束力有钢索的张力 $\boldsymbol{F}_T$ 和轨道对料斗车小轮的约束力 $\boldsymbol{F}_A$、$\boldsymbol{F}_B$。于是料斗车的受力如图 4.9(b)所示。取坐标系 Axy，根据平面力系的平衡方程，有

$$\sum F_x=0,\quad F_T-W\sin\alpha=0 \tag{1}$$

$$\sum M_D(\boldsymbol{F})=0,\quad F_B(a+b)-W(l-e)\sin\alpha-Wa\cos\alpha=0 \tag{2}$$

$$\sum F_y=0,\quad F_A+F_B-W\cos\alpha=0 \tag{3}$$

代入已知数据，由上述三个方程即可解得

$$F_T=8.66\ \text{kN},\quad F_A=1.82\ \text{kN},\quad F_B=3.18\ \text{kN}$$

例 4.5　水平外伸梁 AB 的支承和载荷如图 4.10(a)所示。其中 $l=1$ m，$q=1$ kN/m，$F=2$ kN，$\alpha=30°$，$M=30$ kN·m。不计梁的自重，求支座 D 和 E 处的约束力。

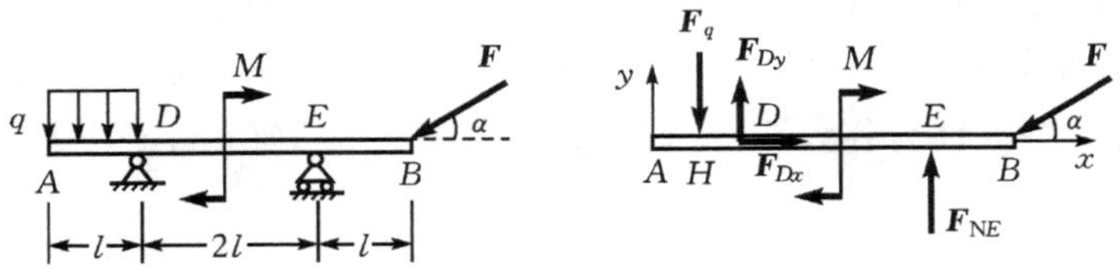

(a)　　　　　　　　　　(b)

图 4.10

解：取梁 AB 为研究对象。作用在梁上的主动力有力 $\boldsymbol{F}$、矩为 M 的力偶和集度为 q 的均布载荷。可将均布载荷简化为一个集中力 $\boldsymbol{F}_q$，其大小 $F_q=ql=1$ kN，作用在 AD 的中点 H 上。活动铰支座 E 处的约束力为 $\boldsymbol{F}_E$，固定铰支座 D 处的约束力为二正交分力 $\boldsymbol{F}_{Dx}$ 和 $\boldsymbol{F}_{Dy}$。于是梁

的受力如图4.10(b)所示。

建立坐标系Axy。根据平面力系的平衡方程,有

$$\sum F_x=0,\quad F_{Dx}-F\cos\alpha=0 \tag{1}$$

$$\sum M_D(\boldsymbol{F})=0,\quad 0.5lF_q-M+2lF_E-3lF\sin\alpha=0 \tag{2}$$

$$\sum F_y=0,\quad -F_q+F_{Dy}+F_E-F\sin\alpha=0 \tag{3}$$

代入已知数据,即可由上述三个方程求得支座D和E的约束力为

$$F_{Dx}=1.73\ \text{kN},\quad F_{Dy}=-0.75\ \text{kN};\quad F_E=2.75\ \text{kN}$$

从以上两个例题可以看出,选取适当的投影轴和矩心,常能使列出的平衡方程比较简单而便于求解。在平面问题中,矩心应尽量取为某些未知力的交点;和空间力系情形一样,投影轴应尽量与某些未知力垂直。

例4.6　塔式起重机的翻倒问题。

图4.11(a)所示为塔式起重机的简图。已知机身重$\boldsymbol{W}$,重心在C处;最大起吊重量为$\boldsymbol{F}_1$。各部分的尺寸如图4.11(a)所示。求能保证起重机不致翻倒的平衡锤重$\boldsymbol{F}_2$的大小。

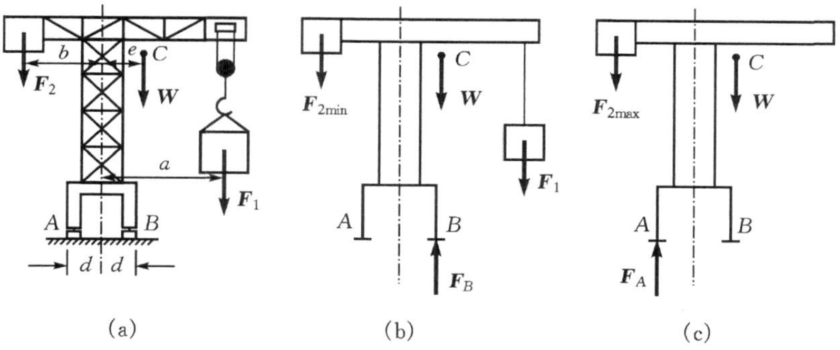

图4.11

解:取起重机为研究对象。当满载时,要防止起重机绕B点向右翻倒。考虑临界情况,有$F_A=0$,这时的平衡锤重为所允许的最小值$F_{2\min}$。于是,起重机的受力如图4.11(b)所示。根据平面平行力系的平衡方程,有

$$\sum M_B(\boldsymbol{F})=0,\quad F_{2\min}(b+d)-W(e-d)-F_1(a-d)=0$$

可解得

$$F_{2\min}=\frac{W(e-d)+F_1(a-d)}{b+d}$$

当空载时,要防止起重机绕A点向左翻倒。考虑临界情况,有$F_B=0$,这时平衡锤重为所允许的最大值$F_{2\max}$。于是,起重机在空载时的受力如图4.11(c)所示。根据平面平行力系的平衡方程,有

$$\sum M_A(\boldsymbol{F})=0,\quad F_{2\max}(b-d)-W(e+d)=0$$

可解得

$$F_{2\max}=\frac{W(e+d)}{b-d}$$

综合考虑上述两种情况,可知能保证起重机不致翻倒的平衡锤重F_2的范围是

$$\frac{W(e-d)+F_1(a-d)}{b+d}<F_2<\frac{W(e+d)}{b-d}$$

顺便指出，当确定了 W、F_1 以及 a、e、d 的值后，在确定 F_2 的值时，通常应当考虑选择合适的平衡臂长 b，应使 b 值不要过大。为了扩大 F_2 值的容许变化范围，平衡臂长 b 最好是可调的。

4.3 物系平衡问题

工程机械和结构都是由许多物体通过一定的约束组成的系统，力学中统称为**物体系统**，简称**物系**。研究物系平衡问题，不仅要求解系统所受到的约束力，而且还要求解系统中各物体间的相互作用力。

根据刚化原理，当物系平衡时，组成系统的每个物体和物体分系统都是平衡的。对于每一个受平面力系作用的物体，都可列出三个独立的平衡方程。如果物体系统由 n 个物体组成，则可列出 $3n$ 个独立的方程。若系统中有的构件受平面汇交力系或平面平行力系作用时，系统独立的平衡方程数目则相应地减少。当系统中的未知量数目等于所能列出的独立平衡方程数目时，所有未知量都能由平衡方程求出。此类问题称为**静定问题**。静力学中只研究静定问题。工程中为了提高结构或构件的刚度和可靠性，常常增加多余的约束，因而这些结构或构件中的未知量数目就多于所能列出的独立平衡方程数目，则这些未知量不能全部由刚体静力学的平衡方程求出，这样的问题称为**静不定问题**或**超静定问题**。如图 4.12 所示的三轴承齿轮轴和图 4.13 所示的水平悬臂梁都是超静定的。在图 4.14 所示的平面结构中，未知量有 10 个，而所能列出的独立平衡方程只有 9 个，因而这个结构也是超静定的。对于超静定问题，必须考虑构件的变形而建立相应的补充方程，才能使独立的方程数目等于未知量数目。超静定问题将在材料力学和结构力学中具体研究。求解物系平衡问题时，原则上都应首先分析问题是否静定。

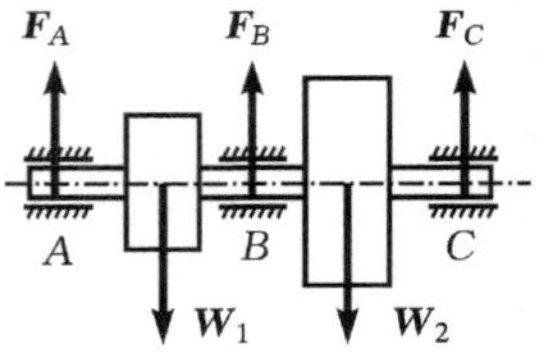

图 4.12

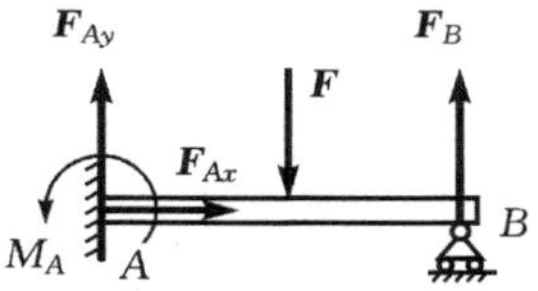

图 4.13

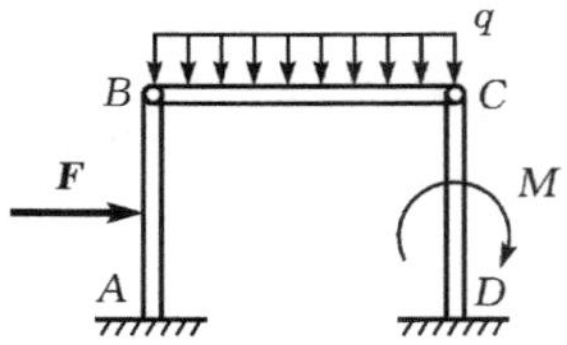

图 4.14

物系平衡问题的特点是，系统中包含的物体数目多，约束方式和受力情况较为复杂，所以一般只取一次研究对象不能求出全部待求量。因此，在求解物系平衡问题时，恰当地选取研究对象就成了问题的关键。

选取研究对象的方法是非常灵活的。通常分析时应先从能反映出待求量的物体或物系入手，然后根据求出待求量所必须的补充条件，再酌情选取与之相连的物体或物系进行分析，直至能够求出全部待求量为止。具体求解时，为了计算方便，要把顺序颠倒过来，从受已知力作用的物体或物系开始。

例 4.7 在图 4.15(a)所示的结构中，已知重物 M 重为 $\boldsymbol{W}$，结构尺寸如图 4.15(a)所示，不计杆和滑轮的自重，求支座 A、B 的约束力。

解：本题只需求 A、B 支座约束力，故应首先考虑取包含这些待求量的系统（即整体）为研究对象。受力如图 4.15(a)所示，其中 $\boldsymbol{F}_{Ax}$、$\boldsymbol{F}_{Ay}$、$\boldsymbol{F}_{Bx}$、$\boldsymbol{F}_{By}$ 为待求的四个未知量。整体受平面任意力系作用，可建立三个独立平衡方程。如果再取包含 $\boldsymbol{F}_{Ax}$、$\boldsymbol{F}_{Ay}$ 的 AD 杆为研究对象，建立一个只含 $\boldsymbol{F}_{Ax}$、$\boldsymbol{F}_{Ay}$ 两个未知量的方程，与前面三个方程联立，即可求出全部待求量。AD 杆的受

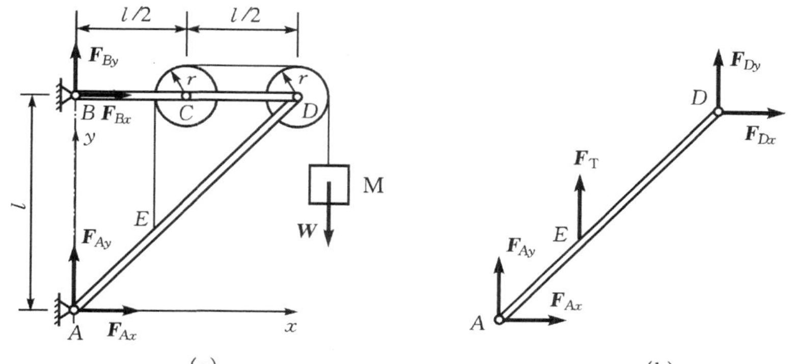

图 4.15

力如图 4.15(b)所示，显然只要建立一个以 D 点为矩心的力矩方程就可以了。于是可确定本题的解题步骤并求解如下。

首先取系统整体为研究对象，受力如图 4.15(a)所示。建立坐标系 Axy，则

$$\sum M_A(\boldsymbol{F})=0,\quad -F_{Bx}l-W(l+r)=0 \tag{1}$$

$$\sum F_x=0,\quad F_{Ax}+F_{Bx}=0 \tag{2}$$

$$\sum F_y=0,\quad F_{Ay}+F_{By}-W=0 \tag{3}$$

再取 AD 杆为研究对象，受力如图 4.15(b)所示，有

$$\sum M_D(\boldsymbol{F})=0,\quad F_{Ax}l-F_{Ay}l-F_T(r+l/2)=0 \tag{4}$$

考虑到 $F_T=W$，由上述四个方程可解得

$$F_{Bx}=-\frac{l+r}{l}W,\quad F_{Ax}=-\frac{l+r}{l}W,\quad F_{Ay}=F_{By}=\frac{1}{2}W$$

注意，为了求解方便，在选取研究对象时，一般不要把定滑轮与同它相连接的物体分开。

例 4.8　已知 $\overline{AB}=\overline{BC}=\overline{AC}=2l$，$D$、$E$ 分别为 AB 和 BC 的中点，$\boldsymbol{F}$ 为已知铅垂力，M 为已知力偶矩，不计各杆自重。求图 4.16(a)所示的结构中 DE 杆在 D、E 两点的约束力。

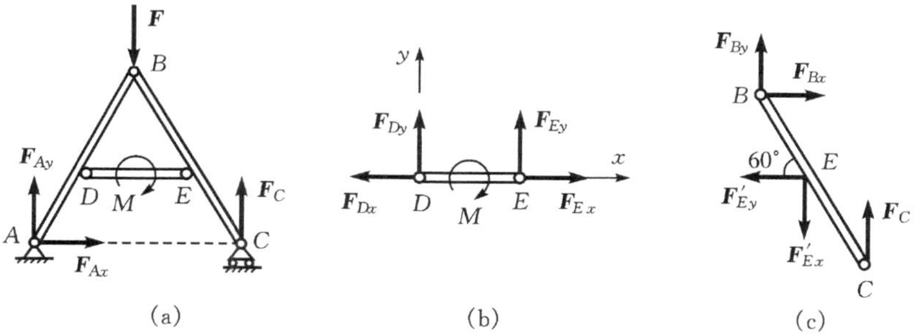

图 4.16

解：本题要求 DE 杆在 D、E 两点的约束力，故应首先对 DE 杆进行分析，其受力如图 4.16(b)所示。其中 $\boldsymbol{F}_{Dx}$、$\boldsymbol{F}_{Dy}$、$\boldsymbol{F}_{Ex}$、$\boldsymbol{F}_{Ey}$ 是四个待求量。DE 杆受平面任意力系作用，可建立三个独立平衡方程，因此欲求得全部待求量，还应选择与 D 或 E 有关的某个构件为研究对象。例如取 BC 杆为研究对象，其受力如图 4.16(c)所示，容易看出，如果已知 $\boldsymbol{F}_C$，则建立以 B 点为矩心

的力矩方程就是所需的补充方程。但 $\boldsymbol{F}_C$ 是未知的，为求得 $\boldsymbol{F}_C$，可以取整体为研究对象，受力如图 4.16(a)所示。显然，这时只要写出以 A 点为矩心的力矩方程，即可求得 $\boldsymbol{F}_C$。于是本题的解题步骤如下。

首先取系统整体为研究对象，受力如图 4.16(a)所示，有

$$\sum M_A(\boldsymbol{F}) = 0,\quad F_C \cdot 2l - Fl - M = 0 \tag{1}$$

解得

$$F_C = F/2 + M/(2l)$$

再取 BC 杆为研究对象，受力如图 4.16(c)所示，有

$$\sum M_B(\boldsymbol{F}) = 0,\quad F_C l - F'_{Ey} l/2 - F'_{Ex} l \sin 60^\circ = 0 \tag{2}$$

最后取 DE 杆为研究对象，受力如图 4.16(b)所示，有

$$\sum M_D(\boldsymbol{F}) = 0,\quad F_{Ey} l - M = 0 \tag{3}$$

$$\sum F_y = 0,\quad F_{Dy} + F_{Ey} = 0 \tag{4}$$

$$\sum F_x = 0,\quad -F_{Dx} + F_{Ex} = 0 \tag{5}$$

方程(2)～(5)联立，即可解得

$$F_{Ey} = \frac{M}{l},\quad F_{Dy} = -\frac{M}{l},\quad F_{Ex} = F_{Dx} = \frac{\sqrt{3}}{3}F$$

例 4.9　在图 4.17(a)所示的结构中，$\overline{AB}=l$，$\overline{CD}=a$，$AB \perp BC$，$\alpha=60^\circ$，$\boldsymbol{F}_1$、$\boldsymbol{F}_2$ 分别为已知的铅垂与水平主动力，M 为已知主动力偶矩。不计各杆自重，求固定端 D 处的约束力。

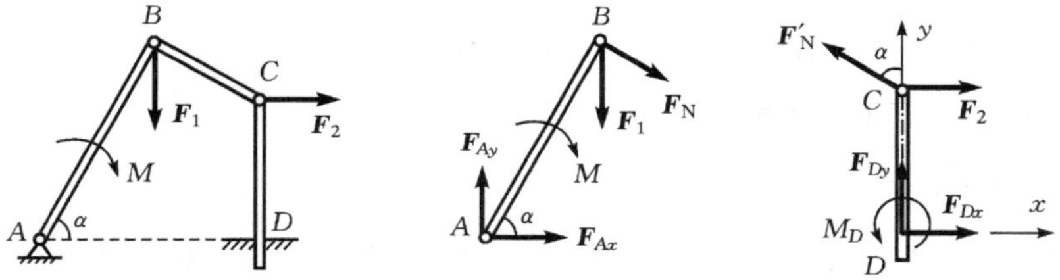

图 4.17

解：因需求固定端 D 处的约束力，故应首先考虑取包含相应待求量的 CD 杆或系统整体为研究对象。但因取后者出现的未知力较多，而且不易求出，故取 CD 杆为研究对象。CD 杆的受力如图 4.17(c)所示，共包含四个未知量：待求的固定端约束力 $\boldsymbol{F}_{Dx}$、$\boldsymbol{F}_{Dy}$ 和约束力偶矩 M_D，及不需求的二力杆 BC 的约束力 $\boldsymbol{F}'_N$。CD 杆受平面任意力系作用，可建立三个独立平衡方程，因此，若能通过研究其它物体求出二力杆 BC 的约束力 $\boldsymbol{F}'_N$，则可求出全部待求量。取 AB 杆为研究对象，受力如图4.17(b)所示，它包含有与 $\boldsymbol{F}'_N$ 等值反向的二力杆约束力 $\boldsymbol{F}_N$，由 $\sum M_A(\boldsymbol{F})=0$，即可求得 $\boldsymbol{F}_N$。于是可确定本题的解题步骤并解之如下。

首先取 AB 为研究对象，受力如图 4.17(b)所示，有

$$\sum M_A(\boldsymbol{F}) = 0,\quad -Fl\cos\alpha - M - F_N l = 0 \tag{1}$$

解得

$$F_N = -(M/l + F_1/2)$$

再取 CD 杆为研究对象，受力如图 4.17(c)所示，建立坐标系 Oxy，有

$$\sum F_x = 0,\quad -F'_N \sin60° + F_2 + F_{Dx} = 0 \tag{2}$$

$$\sum F_y = 0,\quad F'_N \cos60° + F_{Dy} = 0 \tag{3}$$

$$\sum M_C(\boldsymbol{F}) = 0,\quad M_D - F_{Dx}a = 0 \tag{4}$$

由方程(2)、(3)、(4)即可求得 D 处的约束力

$$F_{Dx} = -\left(F_2 + \frac{\sqrt{3}M}{2l} + \frac{\sqrt{3}}{4}F_1\right),\quad F_{Dy} = \frac{M}{2l} + \frac{F_1}{4}$$

$$M_D = -\left(F_2 + \frac{\sqrt{3}M}{2l} + \frac{\sqrt{3}}{4}F_1\right)a$$

例 4.10　水平组合梁由 AC 和 CD 两部分组成，在 C 处用铰链相连。支承和载荷情况如图 4.18(a)所示。其中 $F_1=500$ N，$\alpha=60°$，$l=8$ m，$M=500$ N·m，均布载荷的集度 $q=250$ N/m。若不计梁重，试求支座 A、B 和 D 处的约束力。

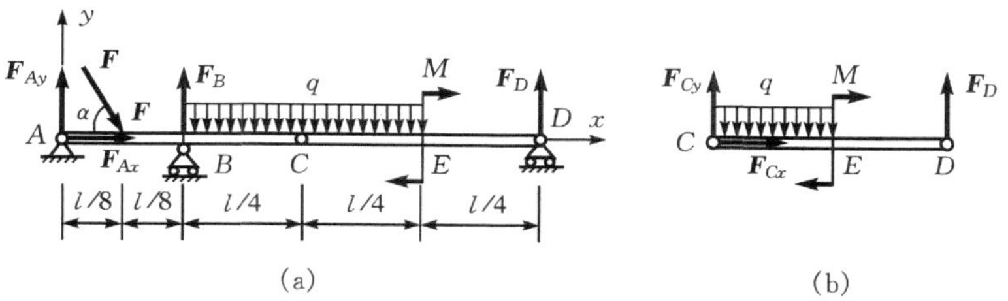

图 4.18

解：本题只需求 A、B 和 D 三个支座的约束力，故应首先考虑取包含这些待求量的系统整体为研究对象，受力如图 4.18(a)所示，共包含 $\boldsymbol{F}_{Ax}$、$\boldsymbol{F}_{Ay}$、$\boldsymbol{F}_B$、$\boldsymbol{F}_D$ 四个未知量。如果能够通过研究其它物体，求出四个待求量当中的任意一个，即可进一步求得全部解答。若再取 CD 段为研究对象，受力如图 4.18(b)所示，容易看出，由 $\sum M_C(\boldsymbol{F})=0$，即可求得 $\boldsymbol{F}_D$。于是可得本题的解题步骤，并解之如下。

首先取 CD 段为研究对象，受力如图 4.18(b)所示，有

$$\sum M_C(\boldsymbol{F}) = 0,\quad F_D \cdot \frac{l}{2} - M - q \cdot \frac{l}{4} \cdot \frac{l}{8} = 0 \tag{1}$$

解得

$$F_D = 2M/l + ql/16 = 2\times500/8 + 250\times8/16 = 250\ \text{N}$$

再取整体为研究对象，受力如图 4.18(a)所示，建立坐标系 Axy，有

$$\sum F_x = 0,\quad F_{Ax} + F\cos\alpha = 0 \tag{2}$$

$$\sum M_A(\boldsymbol{F}) = 0,\quad F_B \cdot \frac{l}{4} + F_D l - M - q \cdot \frac{l}{2} \cdot \frac{l}{2} - F \cdot \frac{l}{8}\sin\alpha = 0 \tag{3}$$

$$\sum F_y = 0,\quad F_{Ay} + F_B + F_D - F_1\sin60° - q \cdot l/2 = 0 \tag{4}$$

解方程(2)、(3)、(4)，并代入已知数据可得

$$F_{Ax} = -250\ \text{N},\quad F_{Ay} = -284\ \text{N},\quad F_B = 1470\ \text{N}$$

例 4.11　图 4.19(a)所示的平面结构中，A 处为固定端，B、C 和 D 处皆为光滑铰链。若已知 F、α、l，$M=6Fl$，分布载荷的最大集度 $q=2F/l$。不计各构件的重量，求 B 铰处的约束力。

解：先取 CD 杆为研究对象，受力如图 4.19(b)所示。其中作用在 $E(\overline{DE}=2l)$ 处的集中力

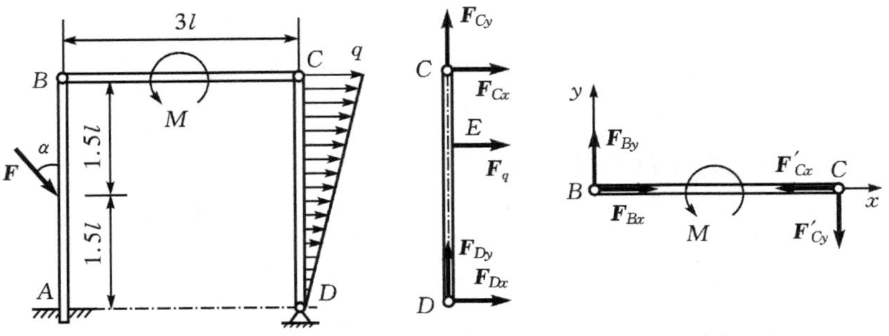

图 4.19

$\boldsymbol{F}_q$ 为分布载荷的合力，它的大小 $F_q=\frac{1}{2}\cdot q\cdot 3l=\frac{1}{2}\cdot\frac{2F}{l}\cdot 3l=3F$。于是有

$$\sum M_D(\boldsymbol{F})=0,\quad -F_q\cdot 2l-F_{Cx}\cdot 3l=0 \tag{1}$$

解得
$$F_{Cx}=-\frac{2}{3}F_q=-\frac{2}{3}\cdot 3F=-2F$$

再取 BC 杆为研究对象，受力如图 4.19(c)所示。于是有

$$\sum F_x=0,\quad F_{Bx}-F'_{Cx}=0 \tag{2}$$

$$\sum M_C(\boldsymbol{F})=0,\quad M-F_{By}\cdot 3l=0 \tag{3}$$

由方程(2)和(3)即可求得 B 铰处的约束力

$$F_{Bx}=-2F,\quad F_{By}=2F$$

4.4　桁　架

作为平面力系平衡方程的具体应用，本节介绍简单平面桁架的构成规律、基本假设和受力特点，重点介绍计算简单平面桁架内力的节点法和截面法及其应用。

由若干杆件在两端互相铰接，受力后几何形状保持不变的结构，称为**桁架**。各杆件的连接点称为**节点**。所有杆件都处在同一平面内的桁架，称为**平面桁架**。

桁架结构的基本特征和优点是，各杆件主要承受拉力或压力，可以节省材料，减轻重量，因而在工程结构中被广泛采用。例如高压输电塔、桥梁、井架、电视塔，以及飞机、舰艇、厂房等。

桁架中各杆件所承受的力，称为**杆件的内力**。实际桁架的构造和受力情况一般是比较复杂的，例如杆件不一定是直杆，节点的构造通常是用铆接或焊接，也可采用榫接(木材)、铰接或螺栓连接，有些甚至是用混凝土浇注的。在分析杆件的内力时，为了简化计算，工程中一般作如下三点假设。

(1)杆件都是直杆，并用光滑铰链连接。

(2)桁架的外力都作用在节点上，且各力的作用线都在桁架平面内。

(3)如桁架承受的载荷比它本身的重量大得多时，桁架各杆件本身的重量可忽略不计。若必须考虑杆件的重量时，则把重量视为外载荷平均分配在杆件两端的节点上。因此，桁架中的每一杆件都是二力杆。

满足上述假设的桁架，称为**理想平面桁架**。应当指出，上述假设不仅能简化对桁架内力的计算，而且误差不大，同时还偏于安全。例如图 4.20(a)所示为一常见的铁路桥梁结构示意图，其计算简化模型则如图 4.20(b)所示。

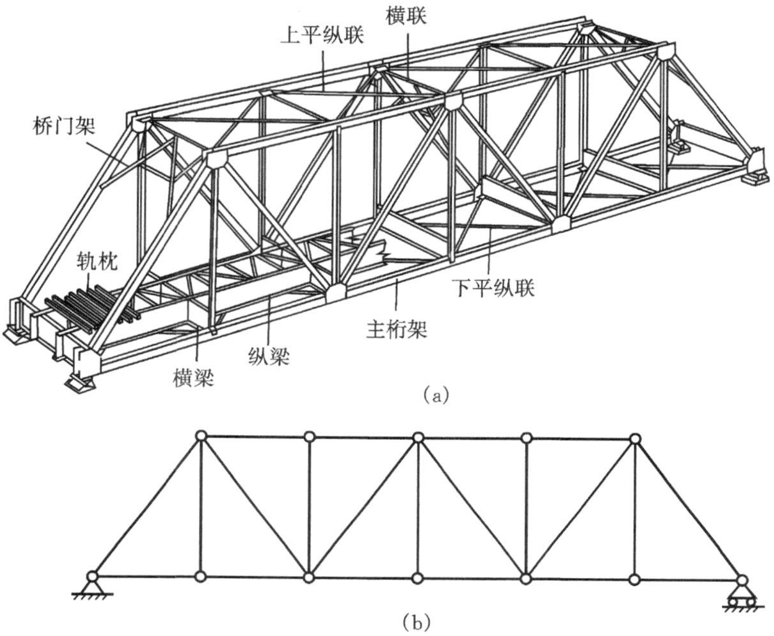

图 4.20

工程中，对桁架的基本要求是要能保持结构的形状不变。如果从桁架中任意抽出一根杆件，都不能使其几何形状保持不变，则这种桁架称为**简单桁架**或**无冗杆桁架**。图 4.20(b)所示的桁架就是这种桁架。反之，如果从其中抽出一根或几根杆件仍能保持其几何形状不变，则这些杆件称为**冗杆**，这种桁架称为**有冗杆桁架**。图 4.21 所示的桁架就是有冗杆桁架。

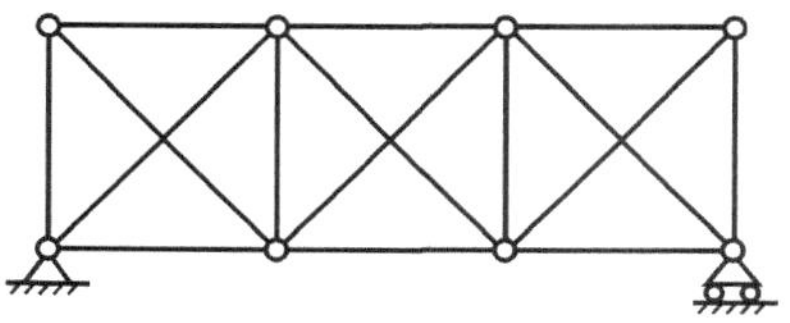

图 4.21

以一个铰接三角形框架为基础，每增加一个节点，同时增加两根不在同一直线上的杆件，可以构成**简单平面桁架**。图 4.20(b)所示的桁架就是这样构成的。这个铰接三角形框架称为**基本三角形**。

简单平面桁架是静定桁架。它的杆数 m 和节点数 n 之间有一定关系。由于基本三角形的杆数和节点数都等于 3，此后所增加的杆数 $(m-3)$ 和节点数 $(n-3)$ 的比例为 2∶1，于是可得

$$m-3=2(n-3)$$

即

$$m=2n-3 \tag{4-10}$$

计算简单平面桁架各杆件的内力，常用下述两种方法。

1. 节点法

由于桁架中每一根杆件都是二力杆，所以，每个节点都受到平面汇交力系作用。为求各杆的内力，可逐个选取各节点为研究对象，这就是**节点法**。因为平面汇交力系只能列出两个独立

的平衡方程，故应用节点法时应该从只包含两个未知量的节点开始计算。

在画节点的受力图时，为了方便，通常假设杆件都受拉。如计算结果为负值，则表示该杆件受压。

例 4.12 在图 4.22(a)所示的平面桁架中，已知：$l=2$ m，$h=3$ m，主动力 $F=10$ kN。求各杆的内力。

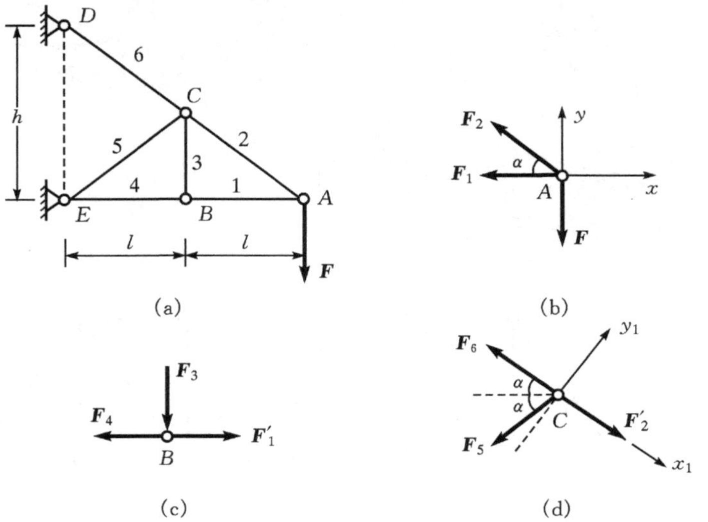

图 4.22

解：先取节点 A 为研究对象，受力如图 4.22(b)所示。其中 $\sin\alpha=\overline{DE}/\overline{AD}=3/5$。根据平面汇交力系的平衡方程，有

$$\sum F_y=0,\quad F_2\sin\alpha-F=0 \tag{1}$$

$$\sum F_x=0,\quad -F_1-F_2\cos\alpha=0 \tag{2}$$

可解得

$$F_2=\frac{F}{\sin\alpha}=\frac{10}{3/5}=16.7\ \text{kN}$$

$$F_1=-F_2\cos\alpha=-\frac{10}{3/5}\times\frac{4}{5}=-13.3\ \text{kN}$$

再取节点 B 为研究对象，受力如图 4.22(c)所示。其中 $\boldsymbol{F}_1'=-\boldsymbol{F}_1$。于是有

$$\sum F_y=0,\quad F_3=0 \tag{3}$$

$$\sum F_x=0,\quad F_1'-F_4=0 \tag{4}$$

解得

$$F_4=F_1'=F_1=-13.3\ \text{kN}$$

最后取节点 C 为研究对象，受力如图 4.22(d)所示。其中 $\boldsymbol{F}_2'=-\boldsymbol{F}_2$。有

$$\sum F_{y1}=0,\quad -F_5\sin2\alpha=0 \tag{5}$$

$$\sum F_{x1}=0,\quad F_2'-F_6-F_5\cos2\alpha=0 \tag{6}$$

可解得

$$F_5=0,\quad F_6=F_2'=F_2=16.7\ \text{kN}$$

2. 截面法

当桁架中的杆件比较多，而且只需要计算其中某一部分杆件的内力时，用节点法往往显得

比较麻烦，而用截面法则比较简便。

所谓**截面法**，即假想把桁架沿某一截面截开，然后取出其中某一部分来进行研究，根据平面力系的平衡方程求出被截断杆件的内力。为了避免解联立方程，在选取截面时，被截断杆件(其内力待求)的数目一般不应多于三根。在建立平衡方程时，选择适当的力矩方程，常能较方便地求得某些指定杆件的内力。

例 4.13　在图 4.23(a)所示的桁架中，已知 $\boldsymbol{F}$ 和 l。求杆 2、3、4 的内力。

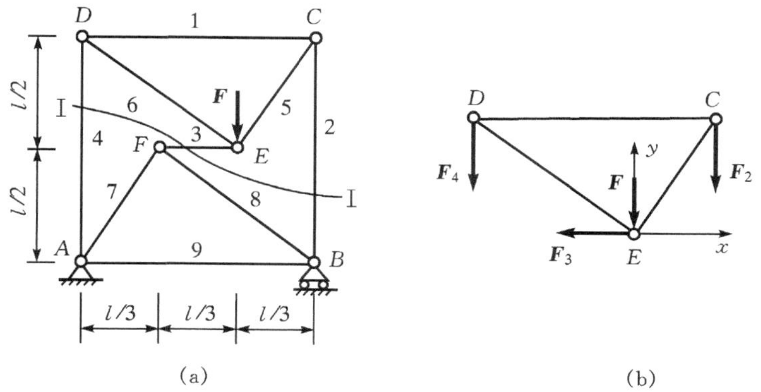

图 4.23

解:如图 4.23(a)所示，用截面 Ⅰ—Ⅰ 将桁架截开，取其上半部为研究对象，受力如图 4.23(b)所示，根据平面力系的平衡方程，有

$$\sum F_x = 0,\quad F_3 = 0 \tag{1}$$

$$\sum M_D(\boldsymbol{F}) = 0,\quad -F\cdot\frac{2}{3}l - F_2 l = 0 \tag{2}$$

$$\sum F_y = 0,\quad -F - F_2 - F_4 = 0 \tag{3}$$

由方程(2)和(3)即可求得杆 2、4 的内力

$$F_2 = -\frac{2}{3}F,\quad F_4 = -\frac{1}{3}F$$

思考题

4.1　若:(1)空间力系中各力的作用线平行于某一固定平面;(2)空间力系中各力的作用线分别汇交于两个固定点。试分析这两种力系各有几个独立的平衡方程。

4.2　平面力系的平衡方程可以是三个力矩方程。能否将平面力系的平衡方程表示为三个投影方程？平面平行力系的平衡方程能否表示为二个投影方程？

4.3　平面汇交力系的平衡方程能否表示为一个力矩方程和一个投影方程？能否表示为两个力矩方程？若能，对矩心和投影轴的选择有什么限制？

4.4　怎样判断单个物体和物体系统的静定问题？图中所示的系统哪些是静定问题，哪些是超静定问题？

4.5　空间力系向三个相互垂直的坐标平面投影可得三个平面力系，每一个平面力系可列出三个平衡方程，这样列出的九个平衡方程能否求解九个未知量，为什么？

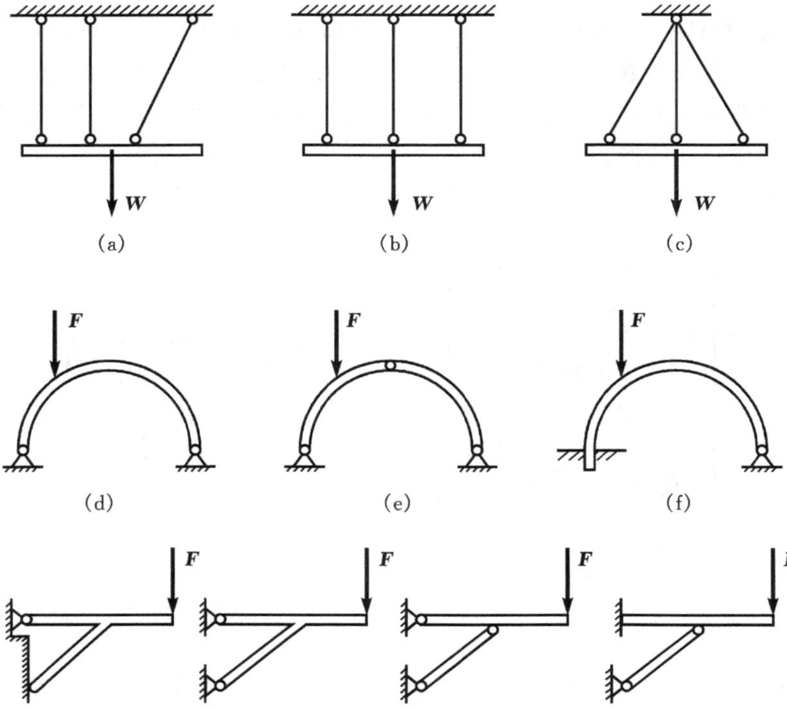

(a) (b) (c) (d) (e) (f) (g) (h) (i) (j)

思 4.4 图

4.6 桁架中内力等于零的杆称为**零力杆**。试就图示三种情形说明如何判断零力杆。

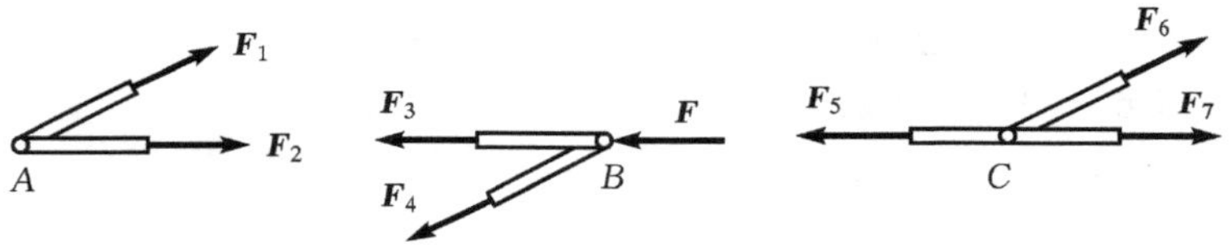

(a) (b) (c)

思 4.6 图

4.7 不经计算,试判断图示三个简单平面桁架中的零力杆。

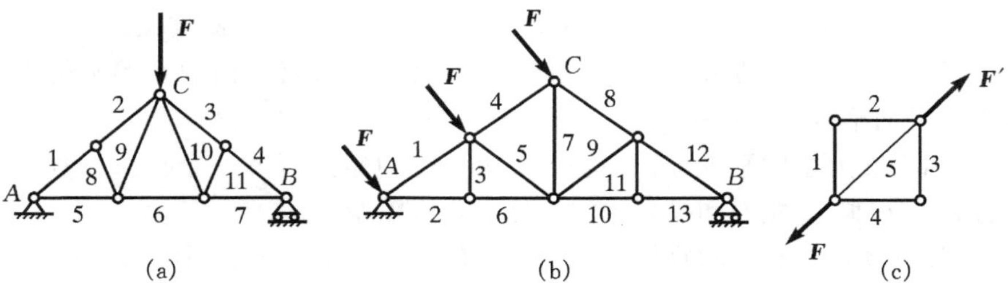

(a) (b) (c)

思 4.7 图

习题

4.1　图示三轮车连同上面的货物共重 $W=3$ kN，重力作用线通过点 C。求车子静止时各轮对水平地面的压力。图中尺寸单位为 m。

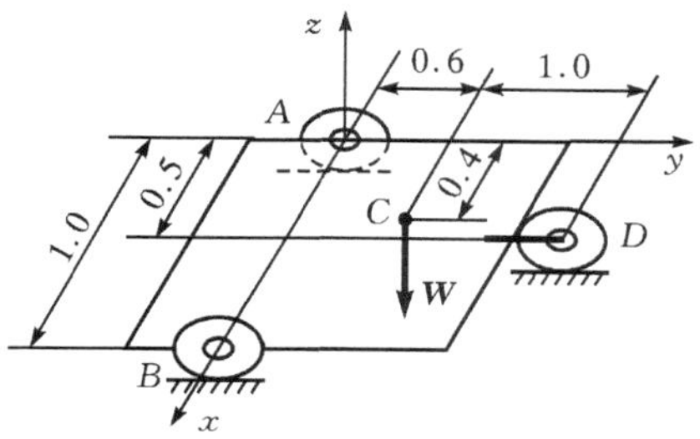

题 4.1 图

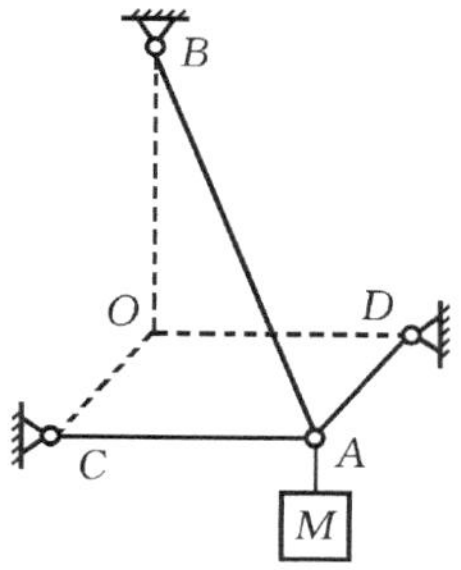

题 4.2 图

4.2　重物 M 重为 $F=5\sqrt{2}$ kN，由三根无重杆 AB、AC 和 AD 支承。C、A、D 三点位于水平面内，$OCAD$ 构成一边长为 50 cm 的正方形，$\overline{OB}=50\sqrt{2}$ cm。A、B、C、D 四点皆为光滑铰链，求各杆的内力。

4.3　图示手摇钻由支点 B、钻头 A 和一个弯曲的手柄组成。当支点 B 处加压力 $\boldsymbol{F}_x$、$\boldsymbol{F}_y$ 和 $\boldsymbol{F}_z$ 以及手柄上加力 $\boldsymbol{F}$ 后，即可带动钻头绕 AB 轴转动而切削材料。设支点 B 不动，若已知手压力 $F_z=50$ N，$F=150$ N，不计手摇钻的自重，试求钻头匀速转动时受到的阻抗力偶矩 M 和工件给钻头的约束力 $\boldsymbol{F}_{Ax}$、$\boldsymbol{F}_{Ay}$ 和 $\boldsymbol{F}_{Az}$，以及手在 x 和 y 方向所施加的力 $\boldsymbol{F}_x$、$\boldsymbol{F}_y$。图中尺寸单位为 cm。

4.4　图示水平轴放在径向轴承 A 和 B 上。轴上 C 处装有轮子，其半径为20 cm，在此轮上用细绳挂一重 $W_1=250$ N 的重物 M。在轴上 D 处装有杆 DE，此杆垂直地固结在轴上，杆端套一重 $W_2=1000$ N 的重锤。轴的尺寸如图所示，单位为 cm。系统平衡时，杆 DE 与铅垂线成 30°角。不计其余构件的重量，求重锤的重心到 AB 轴的距离 l 以及轴承 A 和 B 处的约束力。

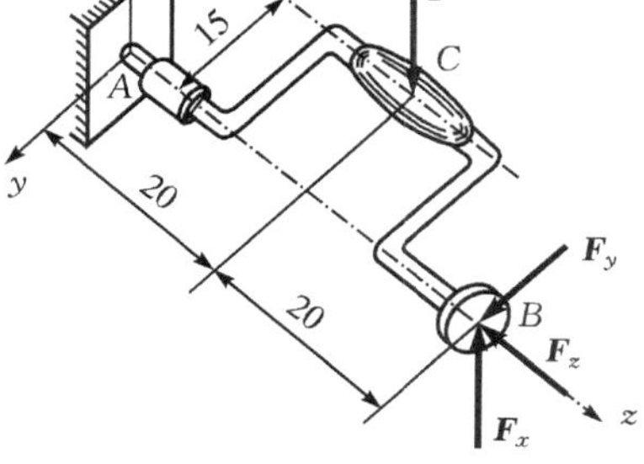

题 4.3 图

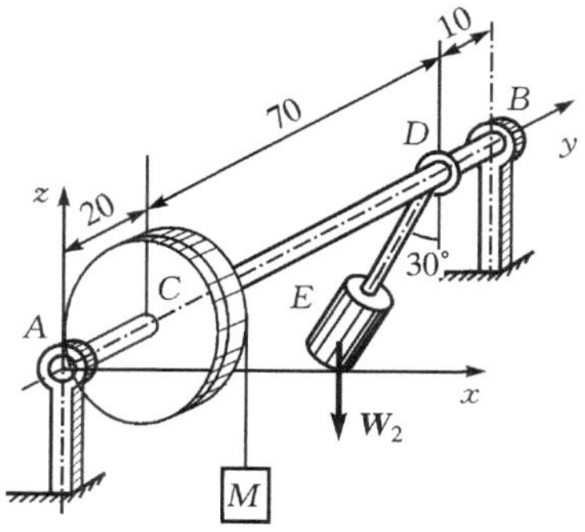

题 4.4 图

4.5 图示六杆支撑一边长为 a 的正方形水平板。板上作用有一力偶矩为 M 的力偶。若不计板和各杆的自重，求各杆的内力。

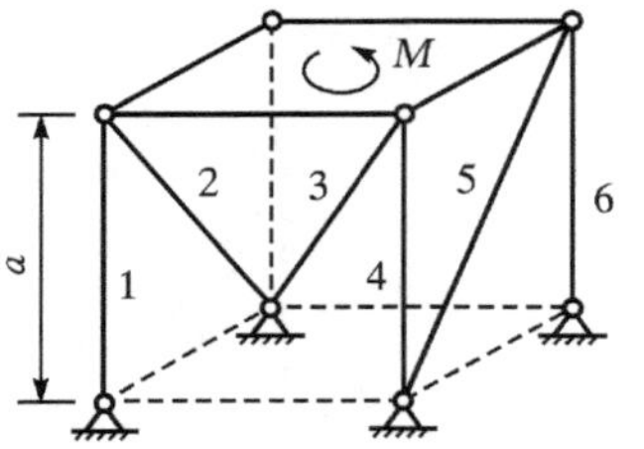

题 4.5 图

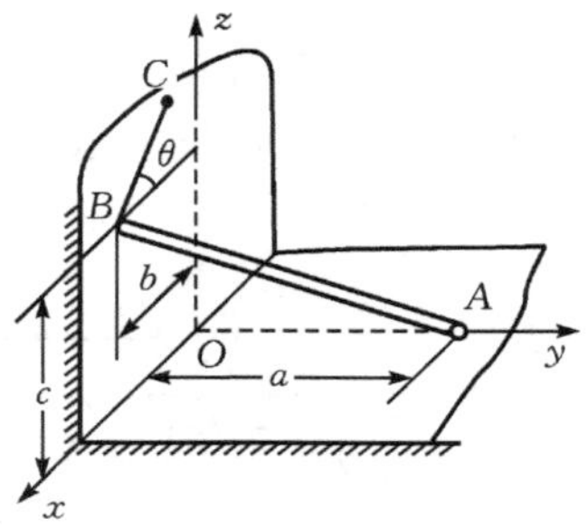

题 4.6 图

4.6 均质杆 AB 重 $W=200$ N，A 端用球铰链固定于水平地面，B 端靠在光滑铅垂墙面上并用细绳 BC 拉住，如图所示。若 $a=0.7$ m，$b=0.3$ m，$c=0.4$ m，$\theta=30°$，求绳的拉力以及 A 和 B 处的约束力。

4.7 水平梁的支承和载荷如图所示。已知力 $\boldsymbol{F}$、力偶的力偶矩 M 和均布载荷的集度 q，求各支座的约束力。

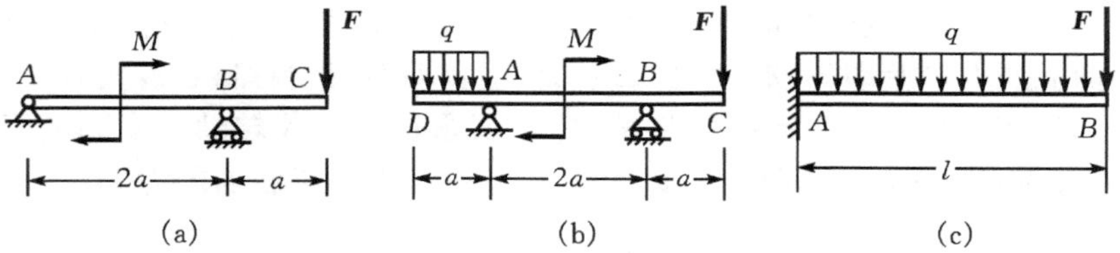

题 4.7 图

4.8 当飞机稳定航行时，所有作用在它上面的力必须相互平衡。已知飞机重 $W=30$ kN，螺旋桨的牵引力 $F=4$ kN。若 $a=0.2$ m，$b=0.1$ m，$c=0.05$ m，$l=5$ m，求阻力 $\boldsymbol{F}_1$、机翼升力 $\boldsymbol{F}_2$ 和尾部的升力 $\boldsymbol{F}_3$。

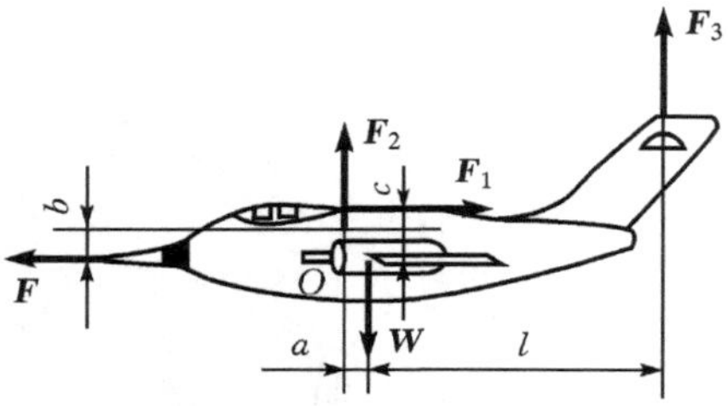

题 4.8 图

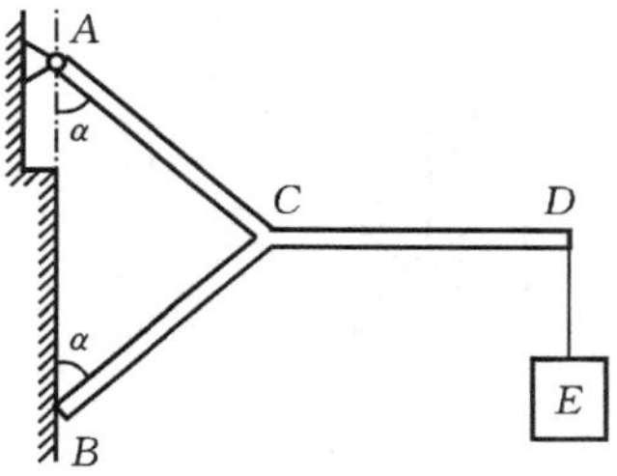

题 4.9 图

4.9 挂物架由三根重皆为 W 的相同均质杆 AC、BC 和 CD 固结而成，如图所示。已知物块 E 的重量 F 和角 α，求 A、B 两处的约束力。

4.10　均质直角尺 ABC 用细绳悬挂如图。设$\overline{BC}=2\,\overline{AB}$，求平衡时角 α 的大小。

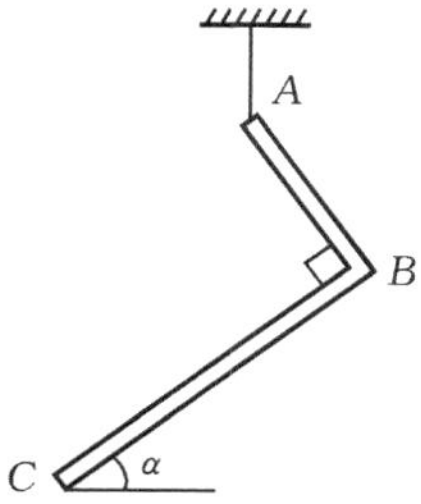

题 4.10 图

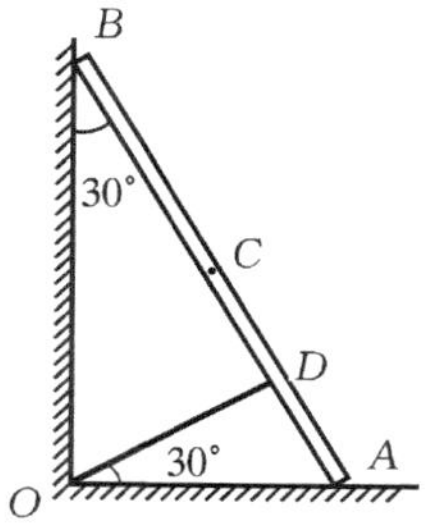

题 4.11 图

4.11　均质梯子 AB 两端分别靠在光滑的地面和墙上。梯子在 D 点用绳系住，绳与水平成 30°角。梯子重 250 N，其中部 C 点站有一重 750 N 的人。求绳子的张力和地面与墙的约束力。

4.12　炼钢炉的送料机由跑车 A 和移动的桥 B 组成。如图所示，跑车可沿桥上的轨道运动，两轮间的距离为 2 m，跑车与操作架 D、平臂 OC 以及料斗 C 相连。料斗每次装载的物料重 $F_2=15$ kN，平臂长$\overline{OC}=5$ m。设跑车 A、操作架 D 和所有附件总重为 F_1，作用在操作架的轴线上。试求 F_1 至少应多大才能使料斗满载时跑车不致翻倒。图中尺寸单位为 m。

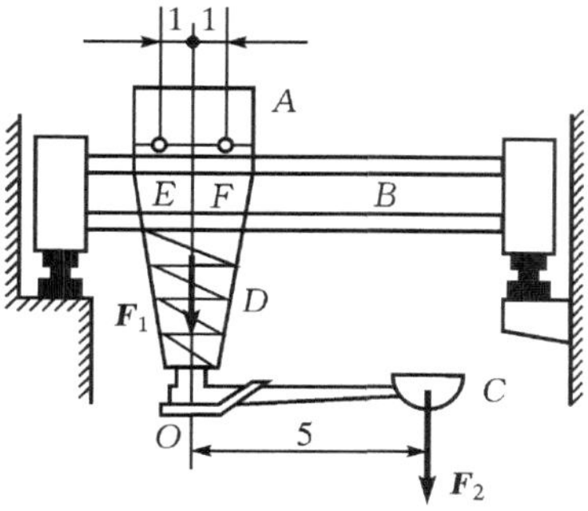

题 4.12 图

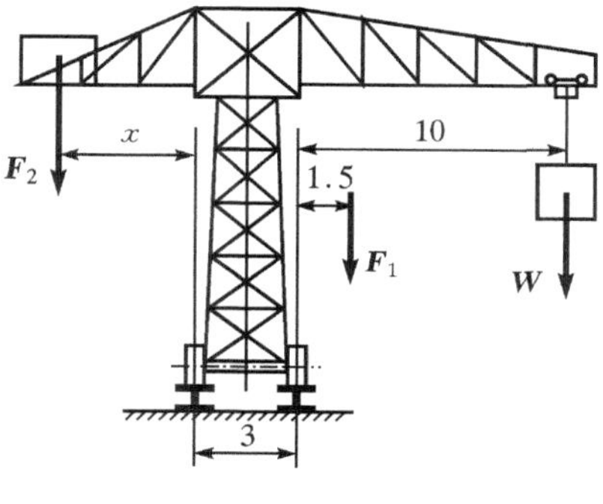

题 4.13 图

4.13　图示移动式起重机各部件总重为 $F_1=500$ kN，其重心在离右轨 1.5 m 处。起重机的起重重量为 $W=250$ kN，突臂伸出离右轨 10 m，左、右两轨相距3 m。试求平衡锤的最小重量及其到右轨的最大距离 x。图中尺寸单位为 m。

4.14　如图所示，飞机机翼上安装一台动力装置，作用在机翼 OA 上的气动力按梯形分布，$q_1=600$ N/cm，$q_2=400$ N/cm，机翼重 $F_1=45$ kN，动力装置重 $F_2=20$ kN，发动机螺旋桨的反作用力偶矩 $M=18000$ N·m。求机翼处于平衡状态时，机翼根部固定端 O 所受的力。图中尺寸单位为 cm。

4.15　如图所示，两水池由闸门板分开。此板与水平面成 60°角，板长$\overline{AB}=2$ cm，宽 1 m，板的上部沿水平线 AA 与池壁铰接。左池水面与 AA 线相齐，右池无水。若不计板重，求能拉开闸门板的最小铅垂力 F。

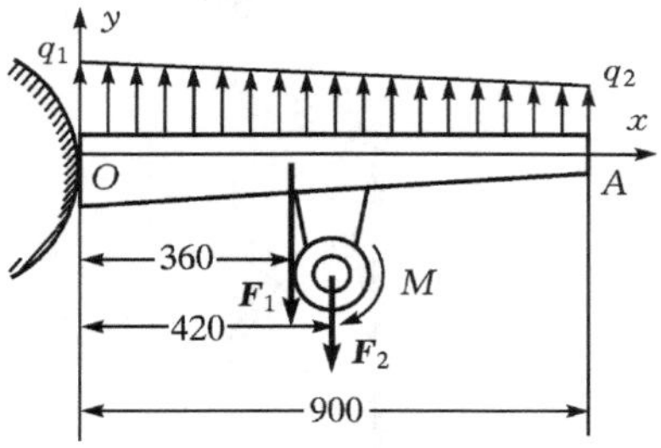

题 4.14 图

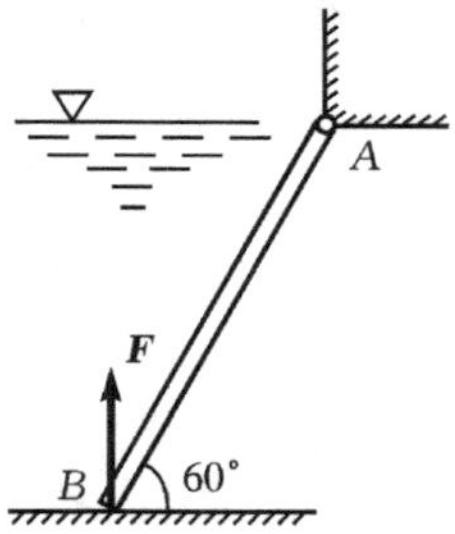

题 4.15 图

4.16 图示各水平连续梁自重不计。已知 $F=10$ kN,$M=20$ kN·m,$l=1$ m,$q=10$ kN/m,$\alpha=30°$。求支座 A、B 和 D 的约束力。

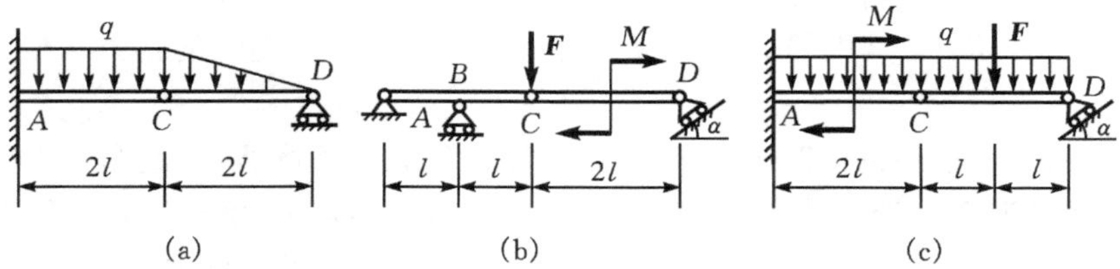

题 4.16 图

4.17 飞机起落架的尺寸如图所示,单位为 cm。设地面作用于轮子的铅垂正压力 $F=30$ kN,不计起落架自重,求铰链 A 和 B 处的约束力。

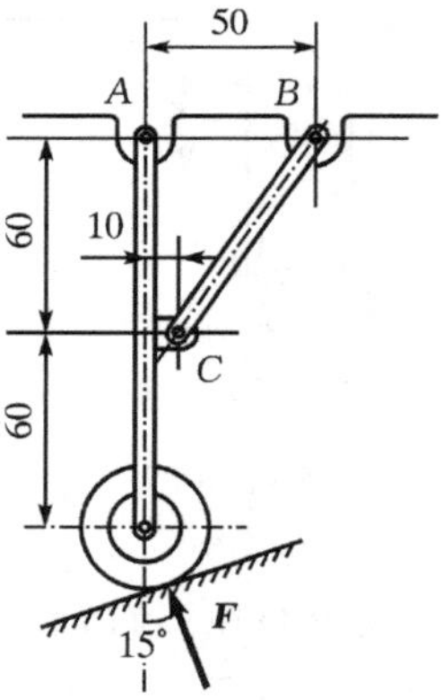

题 4.17 图

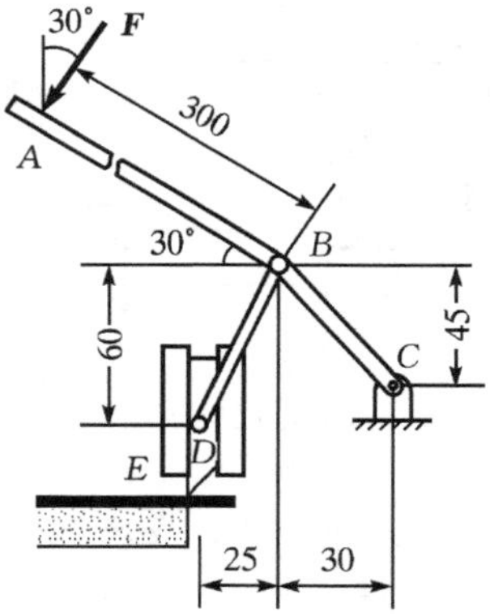

题 4.18 图

4.18 剪断机结构如图所示,作用在手柄上的力 $F=400$ N。若不计自重,求刀刃作用在工件上的力及支座 C 的约束力。图中尺寸单位为 mm。

4.19 图示机构中,套筒 A 与曲柄 OA 铰接,可沿摇杆 O_1B 滑动。当 $\alpha=30°$、$OA\perp OO_1$ 时机构处于平衡。不计各构件自重,求平衡时两力偶矩 M_1 和 M_2 大小的比值。

4.20 如图所示,三铰拱由两半拱和三个铰链 A、B、C 构成,已知每半拱重 $W=300$ kN,$l=32$m,$h=10$ m。求支座 A、B 的约束力。

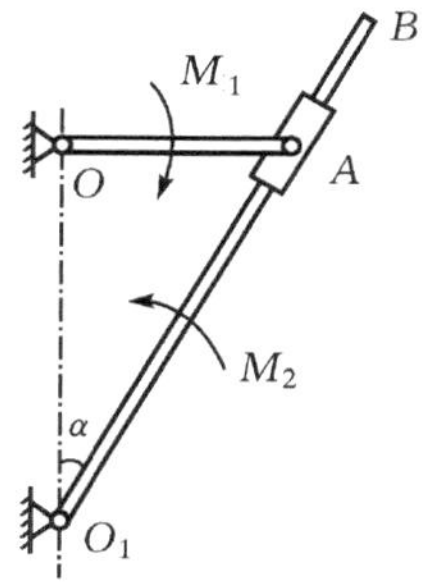

题 4.19 图

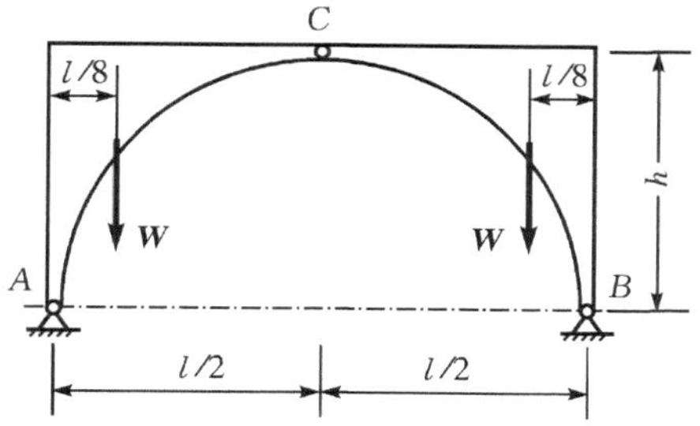

题 4.20 图

4.21　人字梯的两部分 AB 和 AC 等长，在点 A 处铰接，又在 D、E 两点用水平绳相连，如图所示。梯子放在光滑水平面上，其一边作用有一铅垂力 $\boldsymbol{F}$，各部分尺寸如图。若不计梯子的自重，求绳的拉力。

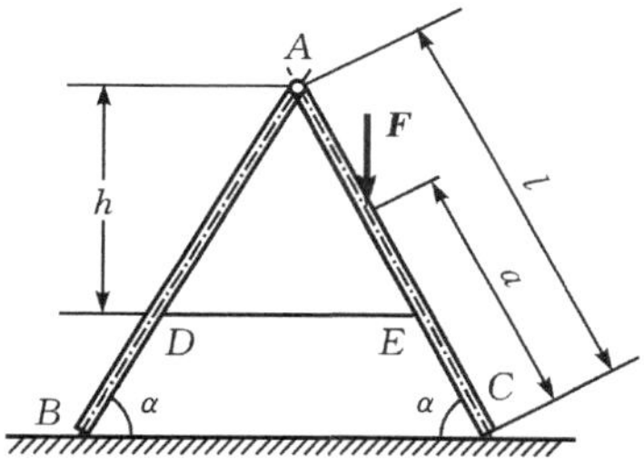

题 4.21 图

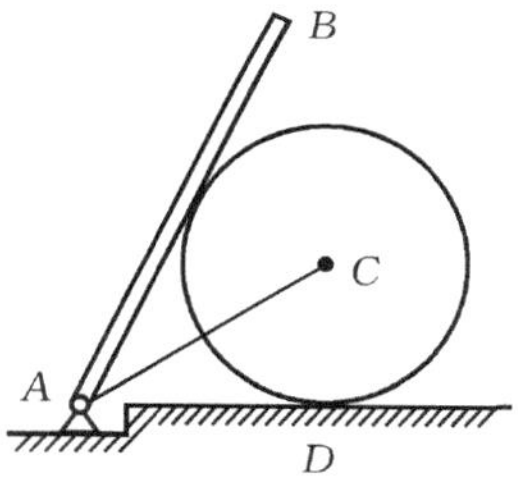

题 4.22 图

4.22　图示均质杆 AB 重 16 N，A 端铰接，并搁在半径为 r 的光滑圆柱上；而圆柱放在水平面上，用细绳 AC 拉住。若杆长 $\overline{AB}=3r$，绳长 $\overline{AC}=2r$，求绳的张力。

4.23　如图所示，无底圆柱形空筒放在光滑水平面上，筒内放两个重球。设每个球重皆为 F，半径皆为 r，而圆筒的半径为 R。不计圆筒的厚度，试求圆筒不致翻倒的最小重量。

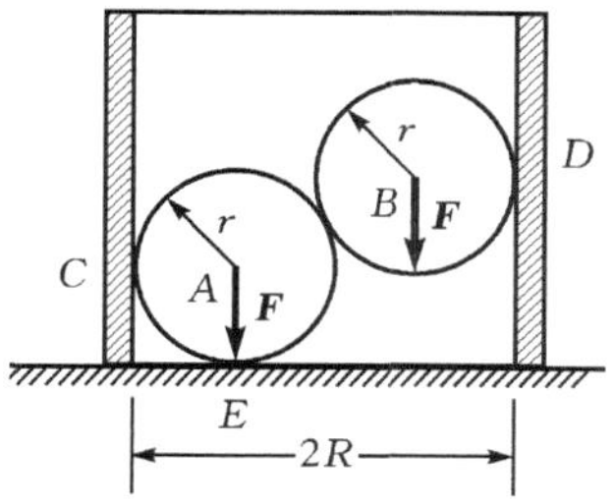

题 4.23 图

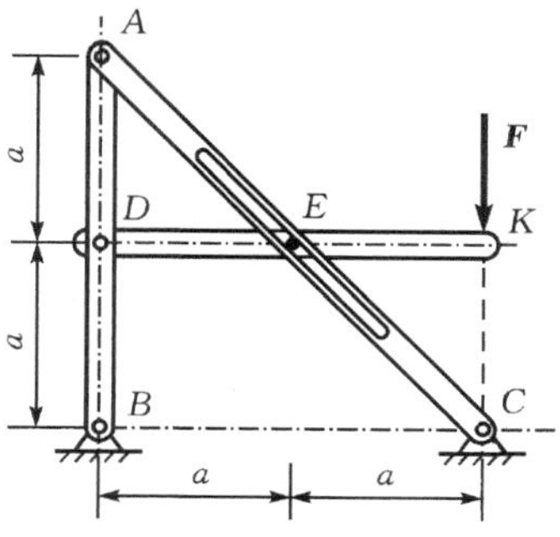

题 4.24 图

4.24　图示平面结构中，杆 DK 上的销子 E 可在杆 AC 的槽内滑动。不计摩擦和各构件自重，求在水平杆 DK 的一端作用铅垂力 $\boldsymbol{F}$ 时，杆 AB 上的 A、D 和 B 三处所受的力。

4.25 物块 M 重 1200 N。图示平面结构中，三杆 AB、BC 和 CE 相互铰接，不计杆和滑轮的重量，求支承 A 和 B 处的约束力，以及杆 BC 的内力。图中尺寸单位为 m。

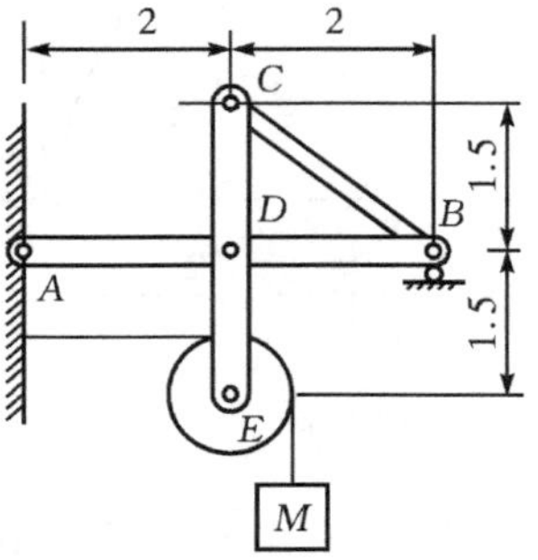

题 4.25 图

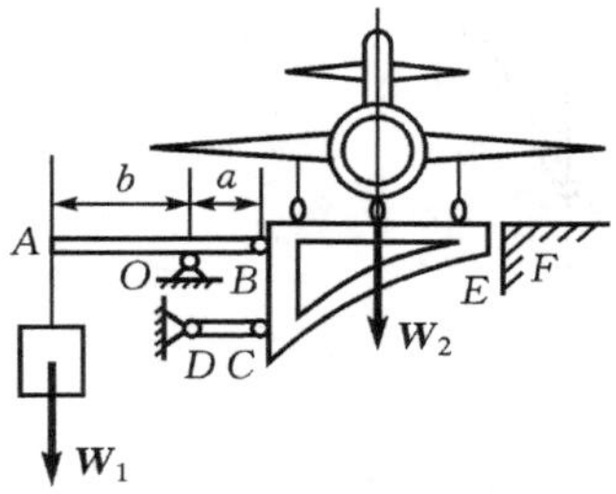

题 4.26 图

4.26 飞机(或汽车)称重用的地秤机构如图示。其中 AOB 是杠杆，BCE 是整体台面。已知 $\overline{AO}=b$，$\overline{BO}=a$，求平衡砝码的重量 W_1 和被称物体重量 W_2 之间的关系。其余构件的重量不计。

4.27 火箭发动机试车台如图所示。发动机固定在水平台面上，测力计指示出绳 EK 的拉力 F_T。已知发动机和工作台共重 W，重力的作用线通过 AB 中点。$\overline{AB}=\overline{CD}=2b$，$\overline{CK}=h$，$\overline{AC}=H$，火箭推力 $\boldsymbol{F}$ 的作用线到台面 AB 的距离为 a。若不计其余构件的重量，求该推力 $\boldsymbol{F}$ 的大小。

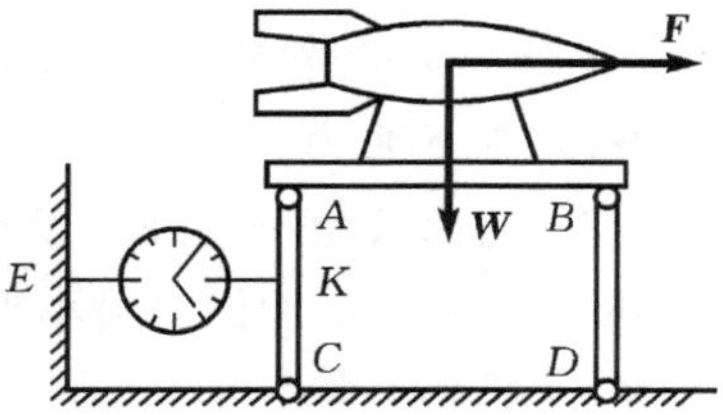

题 4.27 图

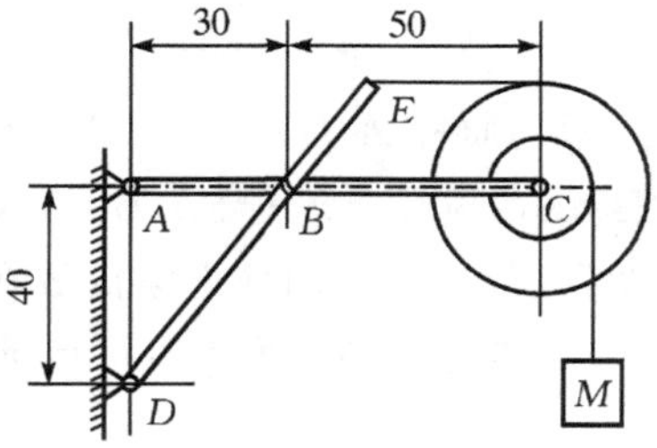

题 4.28 图

4.28 图示两滑轮固连在一起。大滑轮的半径为 $R=20$ cm，缠在其上的绳子水平地连于 E 点，小滑轮的半径为 $r=10$ cm，缠在其上的绳子吊一重为 $W=300$ N 的物体 M。若不计各构件自重，求铰链 B 处的约束力。图中尺寸单位为 cm。

4.29 图示结构中，直杆 AB 和直角弯杆 BC 在 B 处铰接，重物 M 重 $W=1$ kN。若不计其余各构件的重量，求匀速提升重物时，支座 A 和 C 处的约束力。图中尺寸单位为 m。

4.30 三杆 AE、BD 和 CK 相互铰接如图示。不计各构件自重和摩擦。图中尺寸单位为 m。若水平力 $F=50$ N，求铰链 D 处的约束力。

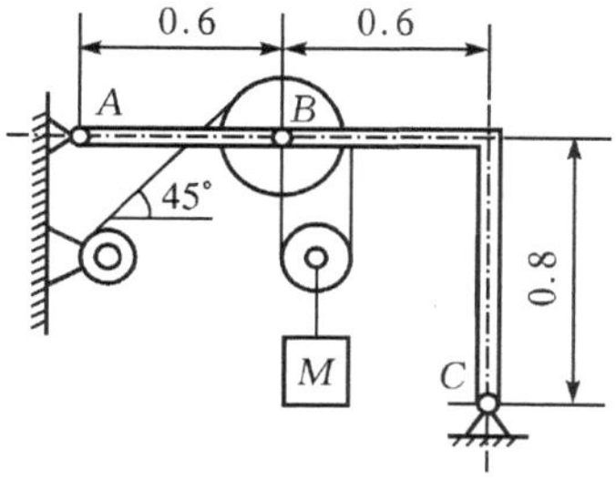

题 4.29 图

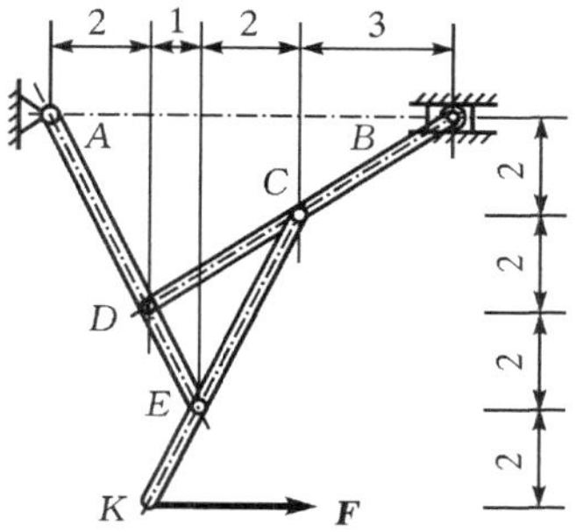

题 4.30 图

4.31　在图示桁架的节点 B 上作用一水平力 $\boldsymbol{F}$。若 $\overline{AB}=\overline{BC}=\overline{CD}=\overline{DA}$，求各杆的内力。

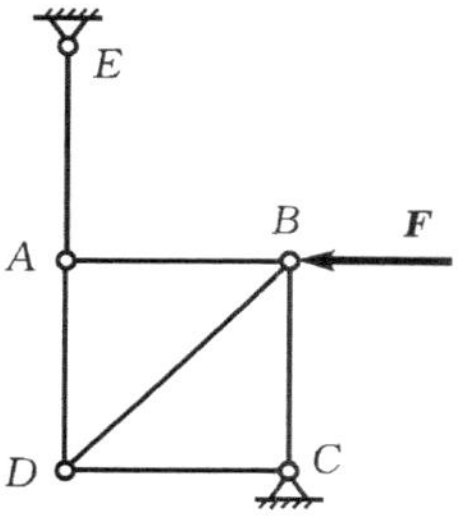

题 4.31 图

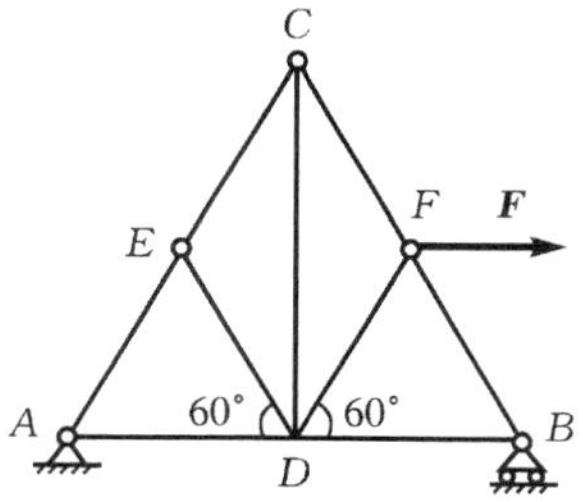

题 4.32 图

4.32　平面桁架的支座和载荷如图所示。ABC 为等边三角形，D、E、F 分别为三边的中点。求杆 CD 的内力。

4.33　图示桁架所受载荷为 $F_1=F$，$F_2=2F$，F 为已知。试求各杆的内力。

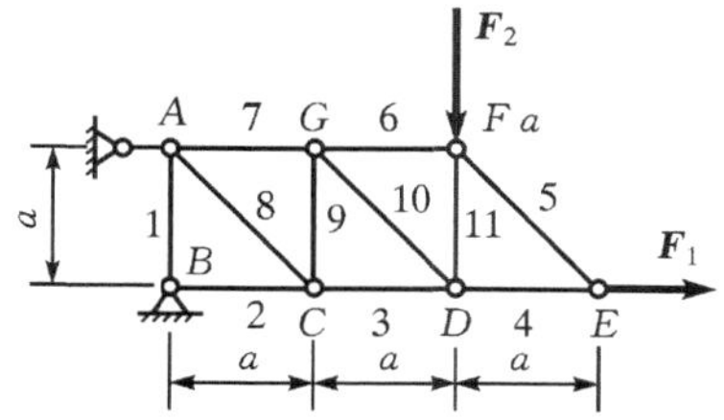

题 4.33 图

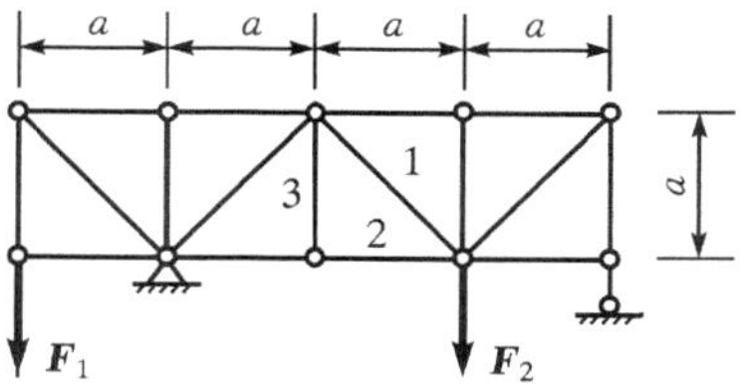

题 4.34 图

4.34　图示桁架所受载荷为 $F_1=40\ \text{kN}$，$F_2=60\ \text{kN}$。求杆 1、2、3 的内力。

第 5 章　摩擦

前两章中把物体间的相互接触看作是绝对光滑的。但是，工程实际中不存在绝对光滑的情况。当两物体之间有相对运动或相对运动趋势时，两物体的接触表面间会产生相互阻碍运动的力，这种现象称为**摩擦**。

摩擦是普遍存在的自然现象。只有当摩擦很小，在所研究的问题中不起主要作用时，忽略摩擦才是允许的。若摩擦较大，或者虽然不大，但对所研究的问题起主要作用时，则必须考虑摩擦。

摩擦在生产和生活中有着重要作用，它既表现为有害的一面，给各种机械带来多余的阻力，使机械发热、磨损、消耗能量、使用寿命降低；也表现为有利的一面，如用于传动、制动、调速等。

按照物体间的相对运动或相对运动趋势不同，摩擦可分为**滑动摩擦**和**滚动摩阻**两类。滑动摩擦是指相对运动为滑动或具有相对滑动趋势时的摩擦；滚动摩阻是指相对运动为滚动或具有相对滚动趋势时的摩阻。

5.1　滑动摩擦

1. 滑动摩擦

两个相互接触的物体，当有相对滑动或相对滑动趋势时，在接触面间产生的彼此相互阻碍滑动的力，称为**滑动摩擦力**，简称为**摩擦力**。

设将重为 $\boldsymbol{W}$ 的物体置于水平固定平面上，并施加一水平力 $\boldsymbol{F}$(图 5.1(a))。由经验知，当力 $\boldsymbol{F}$ 较小时，物体虽有滑动趋势，但仍可保持静止。此时水平面对物体施加的力除了法向约束力 $\boldsymbol{F}_N$ 外，还有切向约束力即摩擦力 $\boldsymbol{F}_s$(图 5.1(b))，这个摩擦力 $\boldsymbol{F}_s$ 称为**静滑动摩擦力**，简称为**静摩擦力**。静摩擦力 $\boldsymbol{F}_s$ 的方向与物体的相对滑动趋势相反，其大小应由平衡条件确定。显然，当 $F=0$ 时，$F_s=0$，即物体没有滑动趋势时，也就没有摩擦力；当力 $\boldsymbol{F}$ 增大时，$\boldsymbol{F}_s$ 也随之相应增大。

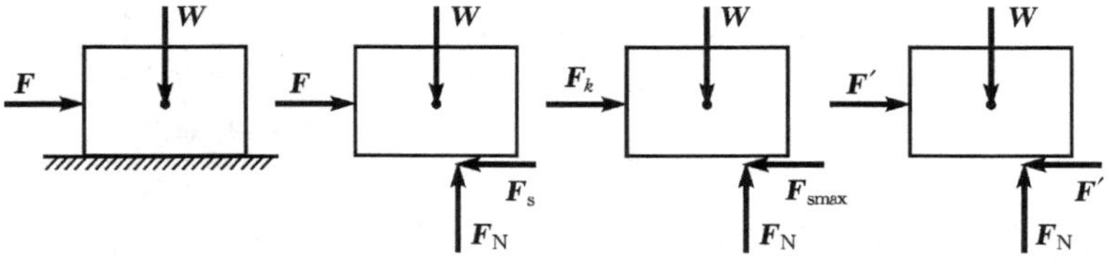

图 5.1

当水平力增大到某一特定值 F_k 时，物体处于即将滑动的临界平衡状态(图5.1(c))，此时摩擦力也达到了极限值。这时的摩擦力称为**最大静摩擦力**，用 $\boldsymbol{F}_{smax}$ 表示。大量实验表明，**最大静摩擦力的大小与接触面间的法向约束力大小成正比**，即

$$F_{smax} = \mu_s F_N \tag{5-1}$$

这个结论通常称为**库仑静摩擦定律**。其中 μ_s 是一个无量纲的比例系数，称为**静摩擦因数**，它与接触物体的材料和表面情况（粗糙度、温度、湿度等）有关，而与物体的相互接触面积无关。常用材料的静摩擦因数可在一般工程手册中查到。这里摘录如表 5.1[①] 所示。

表 5.1

材料	钢对钢	钢对铸铁	软钢对铸铁	青铜对青铜	铸铁对青铜
静摩擦因数	0.15	0.2～0.3	0.2	0.15～0.20	0.28

可见，静摩擦力 $\boldsymbol{F}_s$ 的大小应由平衡条件确定，但介于零到最大摩擦力之间，即

$$0 \leqslant F_s \leqslant F_{smax} \tag{5-2}$$

当力 $\boldsymbol{F}$ 继续增大时，物体将沿水平面滑动。此时的摩擦力 $\boldsymbol{F}'$（图 5.1(d)）称为**动摩擦力**。**动摩擦力的大小也与接触面间的法向约束力的大小成正比**，即

$$F' = \mu F_N \tag{5-3}$$

这个结论称为**库仑动摩擦定律**。其中 μ 也是一个无量纲的比例系数，称为**动摩擦因数**。一般情况下，μ 略小于 μ_s。在动力学中，若不加特别说明，都认为 $\mu=\mu_s$。

应当指出，上述定律都是非常粗糙的近似定律，远不能反映摩擦的复杂性。但因为在一般工程实际中，它已能满足要求，并且公式简单、应用方便，所以至今仍广泛采用。

关于摩擦机理的研究已形成一个专门学科——摩擦学。目前，一般认为产生摩擦的原因之一是由于物体接触表面凹凸不平，在一定的压力下相互啮合，这种啮合是弹塑性的，当两物体间相对滑动时，必须克服凸峰横向变形产生的阻力。产生摩擦的另一种原因是由于分子凝聚力的作用，使材料产生塑性变形以至于彼此黏连，在金属之间则是发生冷焊，当两物体间有相对滑动时，必须将这些黏连或焊接点拉开或剪断，于是产生了摩擦阻力。因此，现代摩擦理论认为最大静摩擦力

$$F_{smax} = \mu_s F_N + \alpha A \tag{5-4}$$

式中：A 为物体间的接触面积；α 为分子凝聚力决定的比例系数。式(5-4)称为**摩擦二项式定律**。

2. 摩擦角(或摩擦锥)和自锁现象

当考虑滑动摩擦力时，支承面对物体的约束力包含两个分量：法向约束力 $\boldsymbol{F}_N$ 和静摩擦力 $\boldsymbol{F}_s$，这两个分量的矢量和 $\boldsymbol{F}_{NR}=\boldsymbol{F}_s+\boldsymbol{F}_N$ 称为支承面的**全约束力**，如图 5.2(a)所示。$\boldsymbol{F}_{NR}$ 与接触面的公法线间有一偏角 φ。显然

$$\tan\varphi = F_s/F_N$$

当物体达到临界平衡状态时，静摩擦力达到最大值 F_{smax}，偏角 φ 也达到最大值 φ_m。此时，全约束力 $\boldsymbol{F}_{NRm}=\boldsymbol{F}_N+\boldsymbol{F}_{smax}$，它与接触面的公法线间的夹角为 φ_m，称为**摩擦角**。由图 5.2(b)可见

$$\tan\varphi_m = F_{smax}/F_N = \mu_s F_N/F_N = \mu_s \tag{5-5}$$

---

① 徐灏主编. 机械设计手册(第 1 卷). 北京：机械工业出版社，1991：7—13.

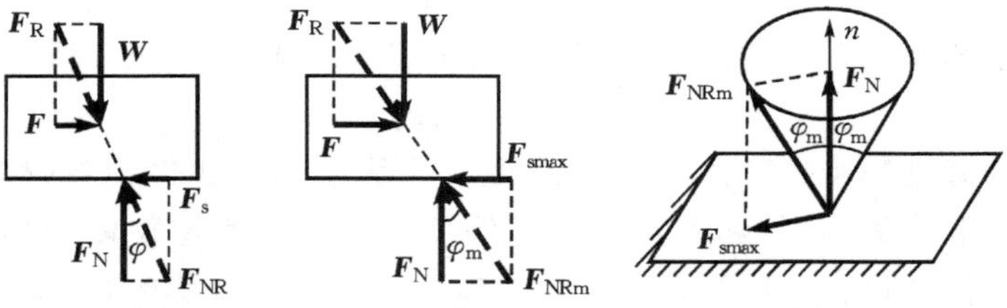

图 5.2

即摩擦角的正切等于静摩擦因数。

若物体与支承面间的摩擦因数沿各方向都相同，则以支承面的法线方向为轴，可作出一个顶角为 $2\varphi_m$ 的正圆锥（图 5.2(c)），称为**摩擦锥**。

摩擦角和摩擦锥能从几何角度形象地说明考虑滑动摩擦时物体的平衡状态。即物体的平衡范围可表示为

$$0 \leqslant \varphi \leqslant \varphi_m$$

也就是说，当物体静止于支承面上时，全约束力与接触面公法线间的夹角不大于摩擦角，即全约束力的作用线不越出摩擦锥。

由摩擦角（锥）的性质可得出如下结论。

(1) 若作用于物体上的主动力之合力 $\boldsymbol{F}_R$ 的作用线在摩擦角（锥）之内，如图 5.3(a)所示，则无论这个合力多么大，物体都能保持静止，这种现象称为**自锁**。工程中常用自锁理论设计一些机构和夹具。如螺旋千斤顶、螺钉等。

(2) 若作用于物体上的主动力之合力 $\boldsymbol{F}_R$ 的作用线在摩擦角（锥）之外，如图 5.3(b)所示，则无论这个合力多么小，物体也不能保持静止。沙粒自然成堆，其坡面的倾斜角不可能超过摩擦角，就是这个道理。

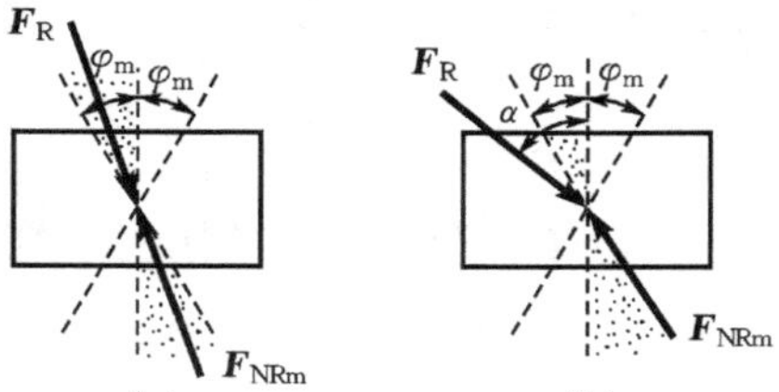

图 5.3

3. 考虑滑动摩擦时的平衡问题

考虑滑动摩擦时平衡问题有以下几个特点。

(1) 在具体问题中要注意区分物体是处于一般的平衡状态还是处于临界平衡状态。在一般平衡状态时由于静摩擦力 $\boldsymbol{F}_s$ 的大小有一个范围问题，它与法向约束力 $\boldsymbol{F}_N$ 都是由平衡条件确定的独立的未知量。只有在临界平衡状态时，静摩擦力达到最大值 F_{smax}，此时才有 $F_{smax}=\mu_s F_N$。

(2) 由于静摩擦力 $\boldsymbol{F}_s$ 的方向恒与物体间的相对滑动趋势相反，因此，在画受力图时要注

意把滑动摩擦力 $\boldsymbol{F}_s$ 的方向画正确，不能随意假设。

(3) 平衡的破坏既可能是滑动，也可能是翻倒(参阅例 5.4)。

考虑摩擦时物体的平衡问题，大致分为三类：一类是已知作用于物体上的主动力，需要判断物体是否处于平衡状态或计算物体受到的摩擦力；另一类是已知物体处于临界平衡状态，求主动力的大小或物体的平衡位置；第三类是求物体的平衡范围。

例 5.1 重为 $W=980$ N 的物块置于倾角 $\alpha=30°$ 的斜面上，一物块与斜面间的静摩擦因数 $\mu_s=0.2$。若物块受到与斜面平行的推力 $F=588$ N 作用，如图 5.4(a)所示。问物块在斜面上是否能维持静止？并求出物块受到的摩擦力的大小和方向。

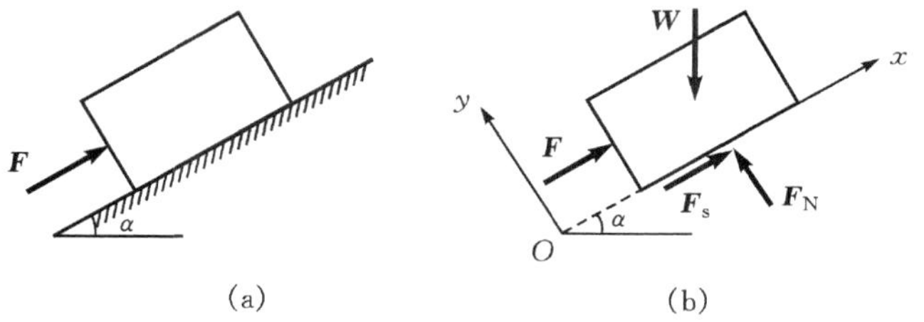

图 5.4

解：不妨假设物块有下滑的趋势，静摩擦力 $\boldsymbol{F}_s$ 与相对滑动趋势方向相反。物块的受力如图 5.4(b)所示。建立坐标系 Oxy，由平衡方程有

$$\sum F_x = 0,\quad F - W\sin\alpha + F_s = 0 \tag{1}$$

$$F_s = W\sin\alpha - F = 980\sin30° - 588 = -98\ \text{N}$$

负号说明摩擦力的实际指向与图 5.4(b)所设方向相反。

$$\sum F_y = 0,\quad F_N - W\cos\alpha = 0 \tag{2}$$

$$F_N = W\cos\alpha = 980\cos30° = 849\ \text{N}$$

可求出最大静摩擦力为

$$F_{smax} = \mu_s F_N = 0.2 \times 849 = 170\ \text{N}$$

由于 $|F_s| = 98\ \text{N} < F_{smax} = 170\ \text{N}$，所以物块在斜面上保持静止，它所受到的摩擦力的大小为 98 N，方向沿斜面向下。

例 5.2 制动器的构造简图及主要尺寸如图 5.5(a)所示。已知制动块与圆轮表面间的摩擦因数为 μ_s，重物 M 重 W，其余各构件自重不计。若忽略制动块的尺寸，求能制动圆轮逆钟向转动所需的最小主动力 F_{min}。

解：圆轮的制动是在主动力 $\boldsymbol{F}$ 作用下，靠制动块对圆轮的摩擦力 $\boldsymbol{F}_s$ 来实现的。所谓力 $\boldsymbol{F}$ 的最小值 F_{min}，就是圆轮处于逆钟向转动的临界平衡状态时的值。这是第二类问题。

先取圆轮为研究对象，受力如图 5.5(b)所示。由平衡条件和摩擦定律，有

$$\sum M_{O_1}(\boldsymbol{F}) = 0,\quad Wr - F_{smax}R = 0 \tag{1}$$

$$F_{smax} = \mu_s F_N \tag{2}$$

可解得

$$F_{smax} = \frac{r}{R}W,\quad F_N = \frac{F_{smax}}{\mu_s} = \frac{r}{\mu_s R}W$$

再取制动杆 OAB 为研究对象，受力如图 5.5(c)所示。由平衡条件，有

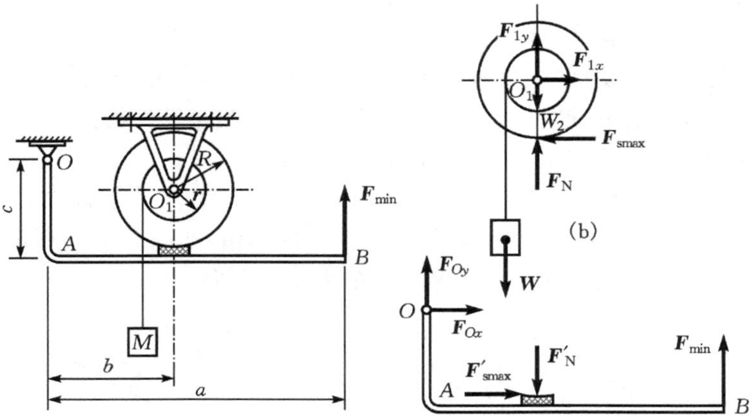

(a) (c)

图 5.5

$$\sum M_O(\boldsymbol{F}) = 0, \quad F'_{smax}c - F'_N b + F_{min}a = 0 \tag{3}$$

其中 $F'_N = F_N, F'_{smax} = F_{smax}$。于是可得

$$F_{min} = \frac{1}{a}(F_N b - F_{smax}c) = \frac{Wr}{aR}\left(\frac{b}{\mu_s} - c\right)$$

当 $F > F_{min}$ 时，圆轮仍能制动，但摩擦力未达到最大值。

例 5.3 变速机构中的滑动齿轮如图 5.6(a)所示。在力 $\boldsymbol{F}$ 推动下，要求齿轮能够沿轴向顺利向左滑动。已知齿轮孔与轴间的摩擦因数为 μ_s，齿轮孔与轴接触面的长度为 b。若不计齿轮的重量，问作用在齿轮上的力 $\boldsymbol{F}$ 到轴中心的距离 a 为多大时，齿轮才不致于被卡住(即不会自锁)。

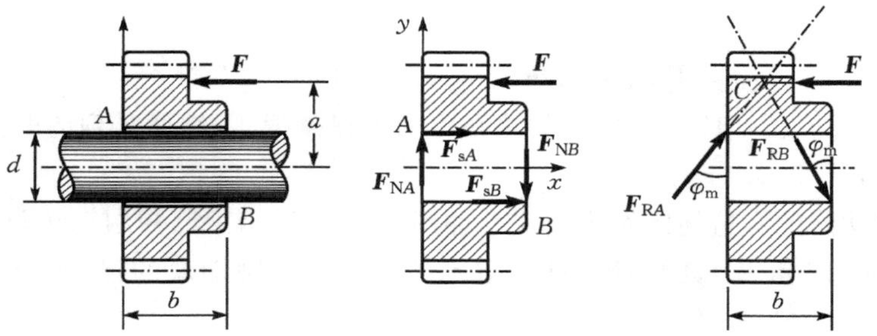

(a) (b) (c)

图 5.6

解：当力 $\boldsymbol{F}$ 的作用线到轴中心线的距离 a 较小时，齿轮可顺利地向左滑动。当 a 增大到某一数值时，齿轮将处于临界平衡状态。如果距离 a 再增大，齿轮将不会向左滑动。所以要求齿轮不被卡住的距离，只要能求出刚刚被卡住时的距离 a 即可。

以齿轮为研究对象。在力 $\boldsymbol{F}$ 的作用下，此时齿轮与轴间只有 A、B 两点接触。假设齿轮处于即将向左滑动的临界平衡状态。齿轮的受力如图 5.6(b)所示。取坐标系 Oxy，根据平面力

系的平衡方程有

$$\sum F_x=0,\quad F_{sA}+F_{sB}-F=0 \tag{1}$$

$$\sum F_y=0,\quad F_{NA}-F_{NB}=0 \tag{2}$$

$$\sum M_O(\boldsymbol{F})=0,\quad Fa-F_{NB}b-F_{sA}\cdot d/2+F_{sB}\cdot d/2=0 \tag{3}$$

由于考虑的是临界平衡状态，故有

$$F_{sA}=\mu_s F_{NA} \tag{4}$$

$$F_{sB}=\mu_s F_{NB} \tag{5}$$

以上五式联立，即可解出

$$a=b/(2\mu_s)$$

即当力 $\boldsymbol{F}$ 的作用线到轴中心线的距离 $a<b/(2\mu_s)$ 时，齿轮则不会被卡住。

本题也可应用几何法求解。当齿轮处于临界平衡状态时，A、B 处的法向约束力和摩擦力可分别合成为全约束力 $\boldsymbol{F}_{RA}$、$\boldsymbol{F}_{RB}$，它们与接触面法线的夹角均为 φ_m。齿轮受三个力作用而处于平衡，此时力 $\boldsymbol{F}$ 必通过 $\boldsymbol{F}_{RA}$ 和 $\boldsymbol{F}_{RB}$ 作用线的交点 C 点(图 5.6(c))。由图可见

$$(a+d/2)\tan\varphi_m+(a-d/2)\tan\varphi_m=b$$

即可求得

$$a=\frac{b}{2\tan\varphi_m}=\frac{b}{2\mu_s}$$

由图可见，如三力作用线的汇交点在点 C 之上的阴影区域内时，$\boldsymbol{F}_{RA}$、$\boldsymbol{F}_{RB}$ 的作用线都不超出其摩擦角 φ_m，说明齿轮处于平衡(自锁)。如力 $\boldsymbol{F}$ 作用线通过点 C 下面的区域时，则由于 $\boldsymbol{F}_{RA}$、$\boldsymbol{F}_{RB}$ 作用线不能超出其摩擦角，三力的作用线没有共同的汇交点，因而不能维持平衡，即齿轮不会被卡住。故距离 a 应满足不等式 $a<b/(2\mu_s)$，这与解析法所得结果完全相同。

例 5.4　图 5.7(a)所示矩形均质物体重 $W=4$ kN，置于粗糙的水平面上。物体的 E 点作用一水平力 $\boldsymbol{F}$。已知 $l=2$ m，$h=3$ m，物体与水平面间的摩擦因数为 $\mu_s=0.4$。求能维持物体在图示位置平衡的最大水平力 $\boldsymbol{F}$ 的值。

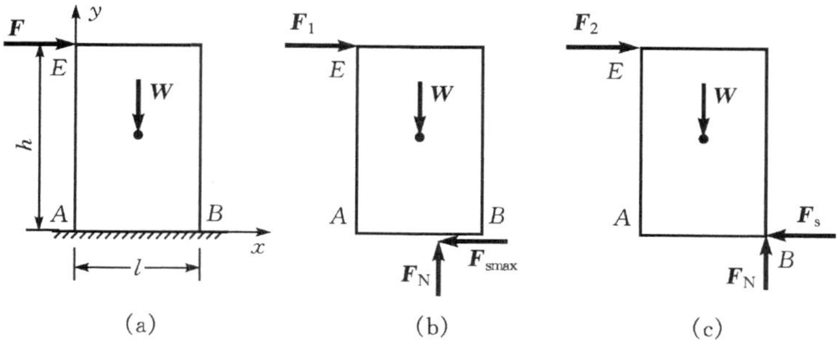

图 5.7

解：物体在图示位置平衡的破坏有向右滑动或顺钟向绕 B 翻倒两种可能。取物体为研究对象，下面分两种情况进行讨论。

先假设物体处于即将滑动的临界平衡状态，令 $F=F_1$，受力如图 5.7(b)所示。建立坐标系 Axy，由平衡条件及摩擦定律，有

$$\sum F_x=0,\quad F_1-F_{smax}=0 \tag{1}$$

$$\sum F_y=0,\quad F_N-W=0 \tag{2}$$

$$F_{smax} = \mu_s F_N = \mu_s W \tag{3}$$

可解得 $$F_1 = F_{smax} = \mu_s W = 0.4 \times 4 = 1.6\ \text{kN}$$

再假设物体处于即将翻倒的临界平衡状态，令 $F=F_2$，受力如图 5.7(c)所示。由平衡条件，有

$$\sum M_B(\boldsymbol{F}) = 0, \quad W \cdot l/2 - F_2 h = 0 \tag{4}$$

可解得 $$F_2 = \frac{Wl}{2h} = \frac{4 \times 2}{2 \times 3} = 1.33\ \text{kN}$$

能维持物体平衡的最大水平力的值应为 F_1 和 F_2 中较小的一个，即

$$F_{max} = F_2 = 1.33\ \text{kN}$$

此时摩擦力 $F_s = F_2 = 1.33\ \text{kN} < F_{smax} = 1.6\ \text{kN}$。

5.2 滚动摩阻

滚动摩阻是指一个物体沿另一物体表面作相对滚动或具有相对滚动趋势的摩阻。它是由相互接触的物体产生变形所引起的。

设半径为 r、重为 W 的滚轮置于粗糙水平地面上，其中心 O 处作用一水平力 $\boldsymbol{F}$。如按前面的假设，把滚轮和地面都看成刚体，则滚轮与地面仅有一个接触点。无论水平力 $\boldsymbol{F}$ 多么小，滚轮在水平力 $\boldsymbol{F}$ 和摩擦力 $\boldsymbol{F}_s$ 的作用下都无法保持平衡(图 5.8(a))。实际上，水平力 $\boldsymbol{F}$ 较小时，滚轮并不滚动。这是因为滚轮和地面都不是刚体。由于受铅垂载荷作用，滚轮和地面都产生

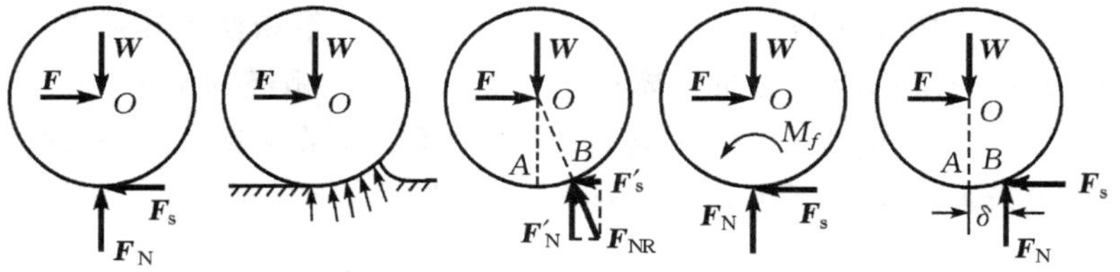

图 5.8

了变形。当水平力 $\boldsymbol{F}$ 作用在滚轮上时(图 5.8(b)中只假设了地面的变形)，地面对滚轮的约束力是一个沿弧线分布的平面任意力系。这个力系的合力 $\boldsymbol{F}_{NR}$ 通过轮缘上的 B 点，而不是最下方的 A 点(图 5.8(c))。将 $\boldsymbol{F}_{NR}$ 分解为两个正交分力 $\boldsymbol{F}'_N$ 和 $\boldsymbol{F}'_s$。由平衡条件知 $\boldsymbol{F}'_N = -\boldsymbol{W}$，$\boldsymbol{F}'_s = -\boldsymbol{F}$，根据力的平移定理可得到图 5.8(d)的形式，其中 $\boldsymbol{F}_N = \boldsymbol{F}'_N$，$\boldsymbol{F}_s = \boldsymbol{F}'_s$。附加力偶矩 $M_f = Fr$，附加力偶矩 M_f 就是阻碍滚轮滚动的力偶矩，称为**滚阻力偶矩**。

逐渐增大水平力 $\boldsymbol{F}$，则 $\boldsymbol{F}_s$ 和 M_f 的值也随之增大，但它们都有极限值。当 M_f 达到最大值 M_{fmax} 时，滚轮处于即将滚动的临界状态；当 $\boldsymbol{F}_s$ 达到最大值 $\boldsymbol{F}_{smax}$ 时，滚轮处于即将滑动的临界状态。工程实际中，往往当 M_f 达到最大值 M_{fmax} 时，$\boldsymbol{F}_s$ 还远没有达到最大值 $\boldsymbol{F}_{smax}$，滚轮就已处于滚动状态了。这时的运动称为**纯滚动**。

实验证明，滚阻力偶矩之最大值 M_{fmax} 与法向约束力 $\boldsymbol{F}_N$ 的大小成正比，即

$$M_{fmax} = \delta F_N \tag{5-6}$$

式中：比例系数 δ 称为**滚阻系数**，它是一个具有长度单位的比例系数。其物理意义是，若应用

力的平移定理之逆定理，将最大滚阻力偶和法向约束力 $\boldsymbol{F}_N$ 进行合成，则法向约束力的作用线向滚轮前方移动的距离就是滚阻系数（图 5.8(e)）。滚阻系数与滚轮和支承面的材料硬度等因素有关。材料硬些，受力后变形就小，因此 δ 也较小。轮胎打足气可以减小滚动摩阻就是这个道理。常用材料的滚阻系数可以在工程手册中查到。这里摘录如表 5.2[①] 所示。

表 5.2

材料	钢对钢	钢对木	充气轮胎对优质路	实心橡胶轮对优质路
δ/mm	0.2～0.4	1.5～2.5	0.5～0.55	1

应当指出，式(5-6)也是一个近似公式。现代摩擦理论认为，滚阻系数 δ 不仅与接触材料有关，而且与滚轮半径 r 和法向约束力 $\boldsymbol{F}_N$ 的大小有关。

例 5.5　半径 $r=450$ mm 的橡胶轮置于水平混凝土路面上（图 5.9(a)）。设轮与路面间的静滑动摩擦因数 $\mu_s=0.7$，滚阻系数 $\delta=0.5$ mm。试比较欲使轮由静止开始滑动与开始滚动时所需之水平力 $\boldsymbol{F}$ 的大小。

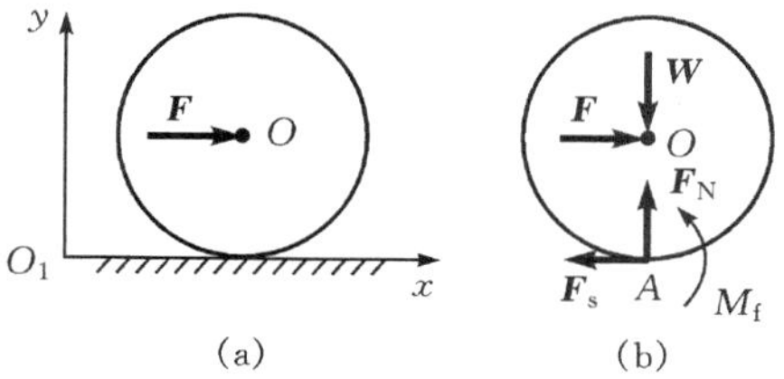

图 5.9

解：取橡胶轮为研究对象。设轮重为 $\boldsymbol{W}$，则其受力如图 5.9(b)所示。

当轮处于即将滑动的临界平衡状态时，令 $F=F_1$，根据平面力系的平衡方程和静摩擦定律有

$$\sum F_x = 0, \quad F_1 - F_s = 0 \tag{1}$$

$$\sum F_y = 0, \quad F_N - W = 0 \tag{2}$$

$$F_s = \mu_s F_N \tag{3}$$

于是可解得欲使轮由静止开始滑动所需的最小水平力

$$F_1 = \mu_s W$$

当轮处于即将滚动的临界平衡状态时，令 $F=F_2$，有

$$\sum M_A(\boldsymbol{F}) = 0, \quad M_f - F_2 r = 0 \tag{4}$$

$$M_f = \delta F_N \tag{5}$$

方程(2)、(4)和(5)联立，即可求得欲使轮由静止开始滚动所需的最小水平力

$$F_2 = \frac{\delta}{r} W$$

于是可得

$$\frac{F_1}{F_2} = \frac{r}{\delta}\mu_s = \frac{450}{0.5} \times 0.7 = 630$$

即欲使轮由静止开始滑动所需的最小水平力远远大于开始滚动所需的最小水平力。因此，轮子受到水平力作用时，通常总是先滚动而不滑动。

由上例可以看出，使物体滚动一般要比滑动省力。在我国商朝时代就已经知道用有轮的车代替滑动的橇，现代工程技术中广泛使用滚珠轴承等，都是依据这个道理。

---

① 徐灏主编. 机械设计手册. 北京：机械工业出版社，1991：7—20

思考题

5.1 “摩擦力一定是阻力”，这种说法对不对？图示向前行驶的汽车，假设汽车是靠后轮驱动的，试分析其前后轮上受到的摩擦力的方向。

思 5.1 图

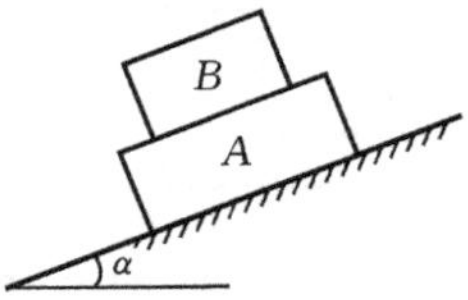

思 5.2 图

5.2 重为 W_1 的物体 A 置于倾角为 α 的斜面上，已知物体与斜面间的摩擦因数为 μ_s，且 $\tan\alpha<\mu_s$，试问物体能否下滑？如果增大物体 A 的重量，或在物体 A 上另加一重为 W_2 的物体 B，能否使物体 A 下滑？

5.3 不计重量的水平板置于相互垂直的两墙之间，如图所示。已知 $\alpha=30°$，$\beta=60°$。板长为 l，板与两墙之间的摩擦角均为 $\varphi_m=30°$。试在图上画出人在板上行走时，不致使板滑动的行动范围。

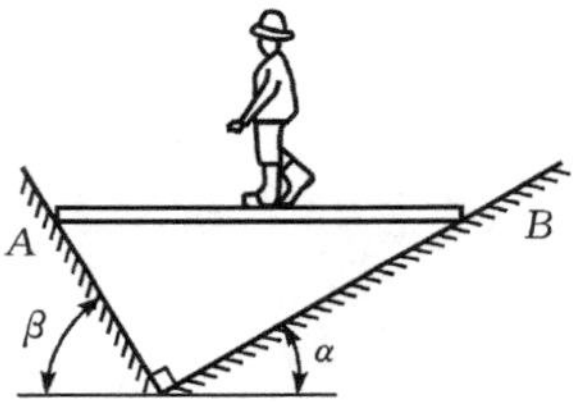

思 5.3 图

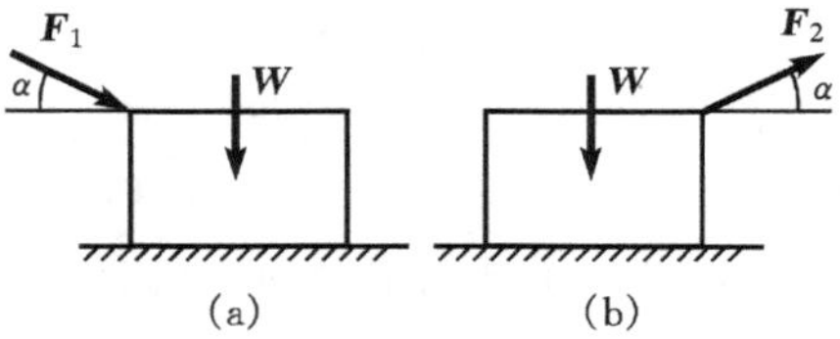

思 5.4 图

5.4 小物块重 $\boldsymbol{W}$，与水平面间的摩擦因数为 μ_s。欲使物块向右滑动，用(a)、(b)两种方法施加力。哪种情况较为省力？若要最省力，α 角应为多大？

习题

5.1 物块重 W，与铅垂墙面间的摩擦因数为 μ_s。已知力 $\boldsymbol{F}$ 与墙间夹角为 α，求墙面对物块的摩擦力。

5.2 图示 A、B 两物块各重 $W=10$ N，A 与 B、B 与水平面间的摩擦因数均为 $\mu_s=0.2$，$F=5$ N，$\alpha=30°$。试分析两物块能否运动？所受摩擦力各为多少？

5.3 均质板重 $W=200$ N，置于水平轨道 AB 上，其间的摩擦因数均为 $\mu_s=0.5$。已知 $a=60$ cm，$b=360$ cm，$c=180$ cm，若在 C 点作用一力 $\boldsymbol{F}$，$\alpha=30°$，求使平板运动所需的力 $\boldsymbol{F}$ 的最小值。

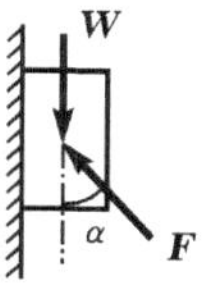

题 5.1 图

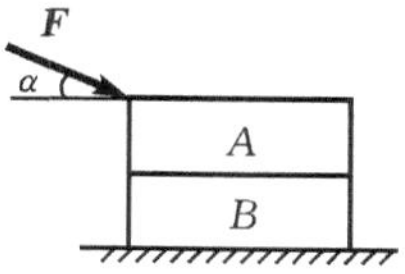

题 5.2 图

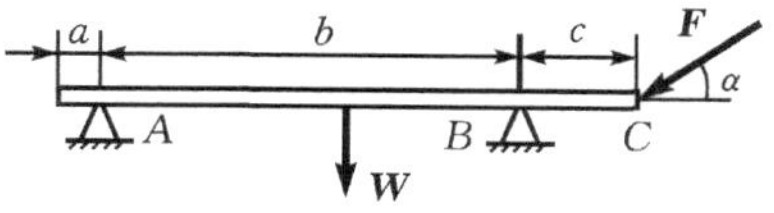

题 5.3 图

5.4　半径分别为 $R=20$ cm 和 $r=10$ cm 的两均质轮固连在一起，重为 $W=210$ N，置于水平地面和铅垂墙面间。轮轴上挂一重物 A，设所有接触处的摩擦因数均为 $\mu_s=0.25$，求能维持系统平衡的重物 A 的最大重量。

5.5　均质梯子重为 W，长为 l，B 端靠在光滑铅垂墙上，A 端与地面间的摩擦因数为 μ_s。试求：(1) 当 θ 一定时，为使梯子保持不滑，重为 $\boldsymbol{F}$ 的人所能达到的最高点 D 到 A 端的距离 s；(2)当 θ 角为多大时，人可自 A 端爬到 B 端。

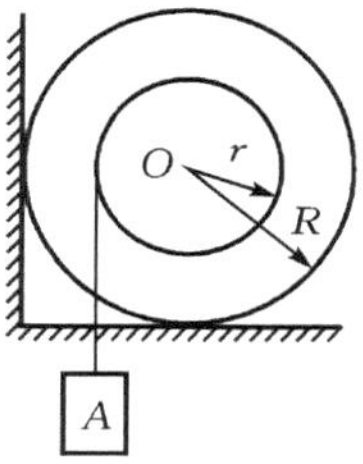

题 5.4 图

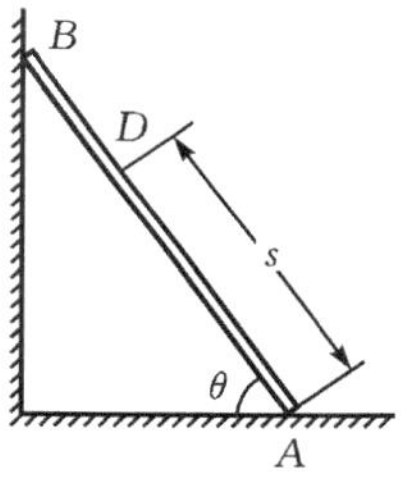

题 5.5 图

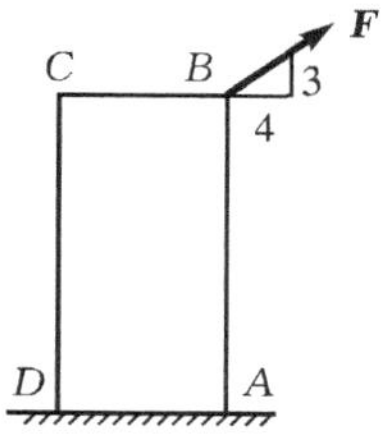

题 5.6 图

5.6　均质长方体 $ABCD$ 重为 $W=4.8$ kN，$\overline{AD}=1$ m，$\overline{AB}=2$ m，与地面间的摩擦因数 $\mu_s=1/3$，当力 $\boldsymbol{F}$ 逐渐增大时，长方体是先滑动还是先翻倒，并求此时力 $\boldsymbol{F}$ 的值。

5.7　制动器由带有制动块的手柄 OB 和制动轮 A 组成。已知 $R=0.5$ m，$r=0.3$ m，制动块与轮间的摩擦因数为 $\mu_s=0.4$，重物 D 重为 $W=1$ kN，手柄长 $l=3$ m，$a=0.6$ m，$b=0.1$ m。不计手柄的重量，求能够实现制动所需力 $\boldsymbol{F}$ 的最小值。

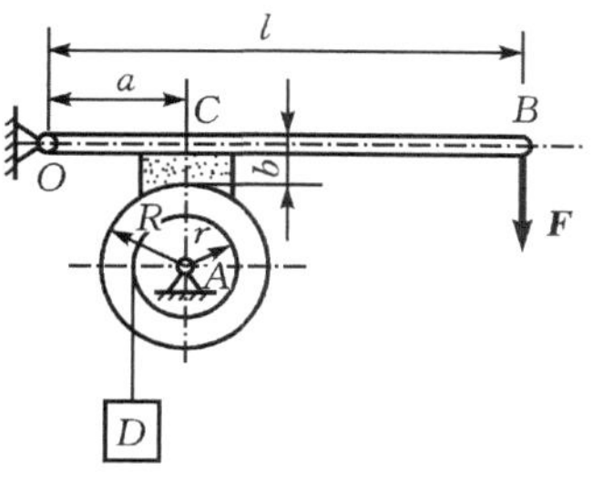

题 5.7 图

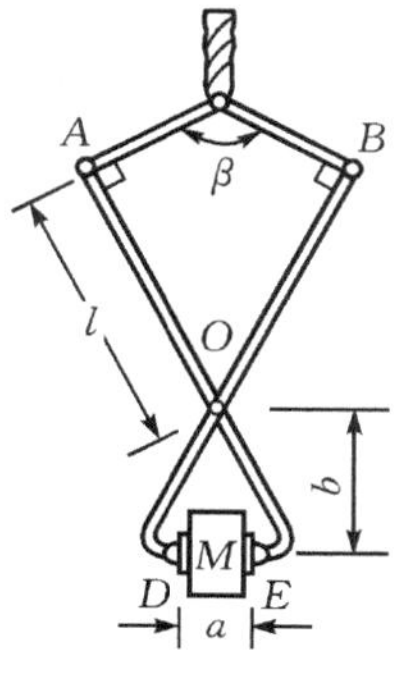

题 5.8 图

5.8　重为 W 的工件 M 靠夹钳 D、E 处摩擦力夹紧后被提起。已知 $l=500$ mm，$a=80$ mm，$b=200$ mm，$\beta=120°$，夹钳自重不计。试求能提起工件时，钳口 D、E 处对工件的压力

以及摩擦因数 μ_s 的最小值。

5.9 悬臂架活套在铅垂的圆柱上。作用在架上的力 $\boldsymbol{F}$ 离开圆柱较远时，悬臂架将因摩擦力而被卡住不能上下移动。设套环与圆柱间的摩擦角为 φ_m，不计架重，求悬臂架不致被卡住时，力 $\boldsymbol{F}$ 离开圆柱中心线的最大距离 x。

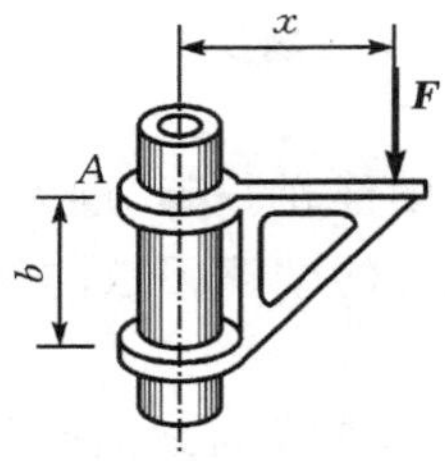

题 5.9 图

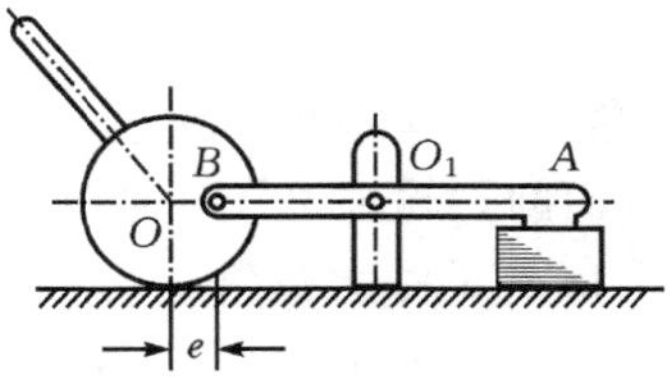

题 5.10 图

5.10 图示为偏心夹具装置。转动偏心轮手柄，可使杠杆的端点 B 升高，从而压紧工件。已知偏心轮半径为 r，偏心轮与台面间的摩擦因数为 μ_s。若不计偏心轮和杠杆的自重，试求图示位置夹紧工件后不致自动松开，偏心距 e 应为多少？

5.11 在图示平面结构中，铅垂力 $\boldsymbol{F}$ 的作用线通过 C 点，$\alpha=45°$。若不计各构件的重量，试求为使结构在图示位置能保持平衡，杆 AB 和 CD 与地面间的摩擦因数的最小值。

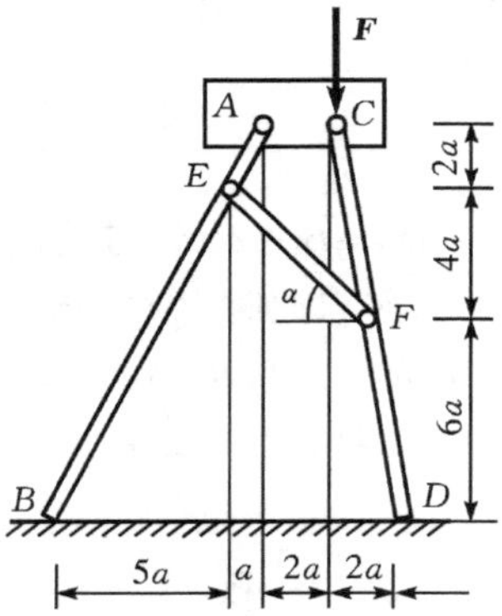

题 5.11 图

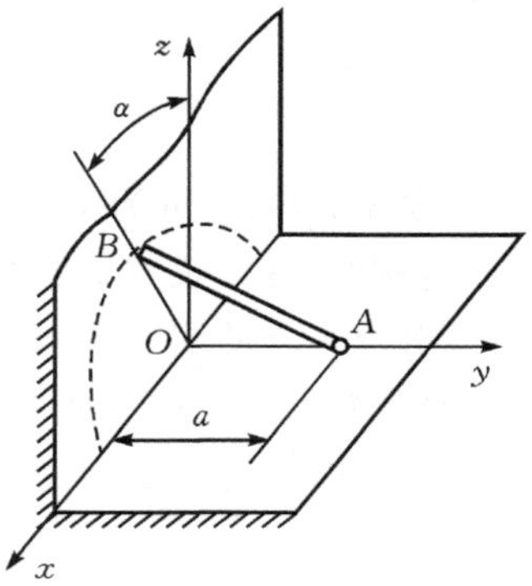

题 5.12 图

5.12 均质杆 AB 长为 l，重为 W，A 端用光滑球铰链支承在地面上，B 端自由地靠在铅垂墙上，墙面和铰链 A 的水平垂直距离为 a，杆与墙间的摩擦因数为 μ_s。试求能维持 AB 杆平衡的 α 角的最大值。

5.13 图示平面机构中，A、B、C 均为光滑铰链。已知小物块 A 重 $W_1=200$ N，小物块 B 重 $W_2=100$ N。A、B 与接触面间摩擦因数均为 $\mu_s=0.25$，$a=75$ mm，$b=150$ mm，$c=75$ mm，$d=250$ mm，不计杆重。求能使系统在图示位置保持平衡的铅垂力 $\boldsymbol{F}$ 的值。

5.14 均质圆柱重为 W，半径为 R。圆柱与斜面间的滚阻系数为 δ。设斜面足够粗糙，保证圆柱在斜面上只滚不滑，斜面的倾角为 α。求欲使圆柱在斜面上保持静止，重物 M 的重力的大小。

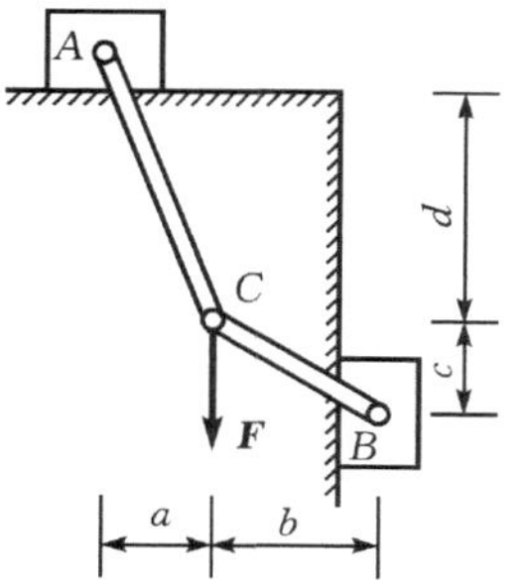

题 5.13 图

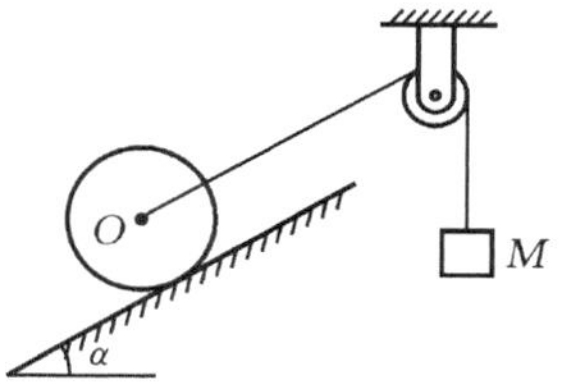

题 5.14 图

第二篇　运动学

引　言

运动学是**研究物体机械运动的几何性质的科学**，即它仅研究物体的空间位置随时间而变化的规律，不涉及力、质量等运动变化的物理原因。其任务是建立描述物体运动的方法，确定表示物体运动的特征量，如运动轨迹、速度、加速度等。

恩格斯曾指出："一切存在的基本形式是空间和时间，时间以外的存在和空间以外的存在，同样是荒诞的事情。"①列宁也说过："世界上除了运动着的物质，什么也没有，而运动着的物质只有在空间和时间之内才能运动。"②这就是说，物体的运动是与时间和空间分不开的。爱因斯坦相对论进一步阐明了时间和空间的度量与物体运动速度的依赖关系。不过这种依赖关系只有在物体运动速度可与光速（3×10^5 km/s）相比拟时才显现出来。在一般工程技术问题中，物体的运动速度远远小于光速，上述依赖关系可忽略不计。因此，在古典力学里认为时间和空间是彼此独立的，且与物质的运动无关。空间被认为是均匀的、各向同性的欧几里得空间；时间是均匀流逝的自变量，所有地方都用完全相同并调整到同步的时钟来度量。在运动学中，度量时间要区别两个概念：瞬时和时间间隔。瞬时是指某一事件发生或终止的那一时刻；时间间隔是指先后两个瞬时之间相隔的时间，它表示某事件所经过的一段时间历程。

辩证唯物主义认为：物质的运动是绝对的，但对某一物体的运动描述却是相对的。譬如，所谓物体"在运动"或"静止"是意味着将该物体的状态与周围物体相比较的结果。又如，在不同物体上观察同一物体的运动，会得出不同的结论，此即**运动描述的相对性**。因此，描述某一物体的运动必须明确指出它是相对于哪个物体而言的。这个使物体的运动描述具有明确意义，起"标准"作用的物体称为**参考体**。为了确定物体相对于参考体的位置和对物体进行数学分析，可在参考体上建立适当的坐标系，称为**参考系**，它是一个理论上抽象的三维空间。物体相对于参考体的位置就由它在参考系中的坐标来确定。一般工程问题中，都把参考系固连在地球上。

运动学的模型是点和刚体。一个物体究竟抽象为点还是刚体，完全取决于所讨论问题的性质，而不决定于物体的几何尺寸和形状。例如，研究人造卫星绕地球的运行轨道问题，可把它抽象为一个点（所谓轨道学问题）；而当描述卫星的飞行姿态时，则把它视为刚体（是为姿态

---

① 恩格斯. 反杜林论[M]. 北京：人民出版社，1970：49.

② 列宁. 唯物主义和经验批判主义[M]. 列宁选集：第 2 卷. 北京：人民出版社，1972：177.

学问题）。一般地说，当物体的几何尺寸和形状在运动过程中不起主要作用时，物体的运动可抽象为点的运动，反之，则视为刚体的运动。

学习运动学的目的，一方面是为学习动力学提供必备的基础；另一方面，在许多工程问题中，如自控系统、传递系统和仪表系统中，运动的分析常是重要的，如在机械设计中，在强度分析之前都要先进行机构的运动分析，以保证实现预期的运动目的。从历史发展看，运动学自立成章是法国科学家安培（Ampere，1775—1836）根据 19 世纪工业发展中普遍使用机器的要求提出来的。可见运动学不仅是学习动力学的需要，而且有其独立应用的意义。

第 6 章　运动学基础

本章研究点的运动和刚体的两种基本运动——平动和定轴转动。它们在工程上有广泛的应用，同时也是研究点和刚体复杂运动的基础。

6.1　点的运动学

研究点的运动有多种不同的方法。最常见的有矢量法、直角坐标法和自然法等。

6.1.1　矢量法

1. 点的运动方程

设动点在某参考系 $Oxyz$ 中运动，瞬时 t 占据 M 点位置。自原点 O 引出一矢量 $\boldsymbol{r}=\overrightarrow{OM}$(图 6.1)，则矢量 $\boldsymbol{r}$ 的端点唯一地确定了动点在空间的位置。$\boldsymbol{r}$ 称为动点相对原点 O 的**矢径**。显然，$\boldsymbol{r}$ 是时间的单值连续函数，可表示为

$$\boldsymbol{r}=\boldsymbol{r}(t) \tag{6-1}$$

这就是动点的矢量形式运动方程。它描述了动点的空间位置随时间的变化规律。

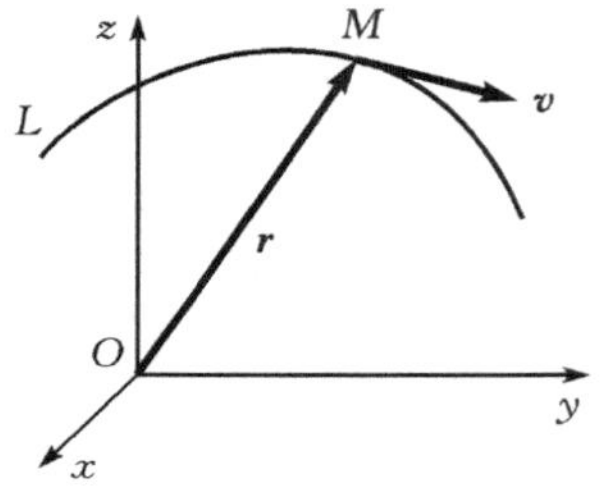

图 6.1

当动点运动时，矢量 $\boldsymbol{r}$ 的端点在空间画出一条连续曲线 L，称为矢端曲线，即动点的轨迹。

2. 点的速度与加速度

速度是描述动点运动快慢和方向的物理量。若某瞬时动点的矢径为 $\boldsymbol{r}$，则动点的速度等于矢径对时间的一阶导数，即

$$\boldsymbol{v}=\frac{\mathrm{d}\boldsymbol{r}}{\mathrm{d}t}=\dot{\boldsymbol{r}} \tag{6-2}$$

速度是矢量，它的模等于 $\left|\frac{\mathrm{d}\boldsymbol{r}}{\mathrm{d}t}\right|$，方向沿矢端曲线的切线，并指向运动的前进方向，如图 6.1 所示。在国际单位制中，速度的单位为米/秒(m/s)。

加速度是描述点的速度大小和方向变化的物理量。它等于动点的速度矢量对时间的一阶导数，或等于动点的矢径对时间的二阶导数，即

$$\boldsymbol{a}=\frac{\mathrm{d}\boldsymbol{v}}{\mathrm{d}t}=\frac{\mathrm{d}^2\boldsymbol{r}}{\mathrm{d}t^2}=\ddot{\boldsymbol{r}} \tag{6-3}$$

加速度也是矢量，其模等于 $\left|\frac{\mathrm{d}\boldsymbol{v}}{\mathrm{d}t}\right|$，方向沿速度矢端曲线的切线。所谓**速度矢端曲线**是指从任选的一点出发，画出动点在不同瞬时的速度矢，连接这些速度矢端的连续曲线，如图 6.2 所示。加速度的单位是米/秒^2($\mathrm{m/s^2}$)。

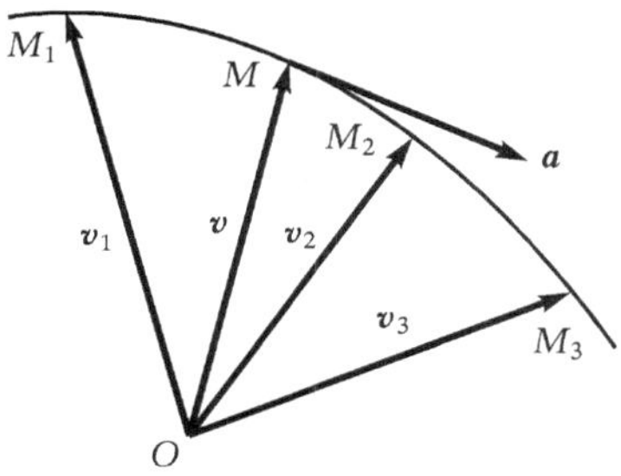

图 6.2

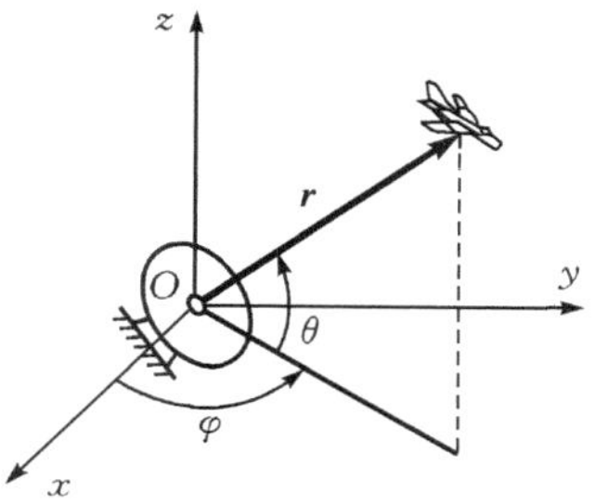

图 6.3

用矢量法描述点的运动直观、简明。例如雷达就是用矢径 $\boldsymbol{r}$ 来确定空中目标的位置。矢径的模由雷达波反射的时间算出，矢径的方向可用图 6.3 中的方位角 φ 和俯仰角 θ 确定。

6.1.2　直角坐标法

1. 点的运动方程

在固定的直角坐标系 $Oxyz$ 中(图 6.4)，动点 M 的位置可用它的坐标 x、y、z 唯一确定。动点运动时，坐标 x、y、z 均为时间的单值连续函数，即

$$x = f_1(t),\quad y = f_2(t),\quad z = f_3(t) \tag{6-4}$$

这就是点的直角坐标形式运动方程。

因动点的轨迹与时间无关，故可由式(6-4)三个方程中消去时间 t，求得动点的轨迹方程。实际上，式(6-4)也是点的轨迹的参数方程。

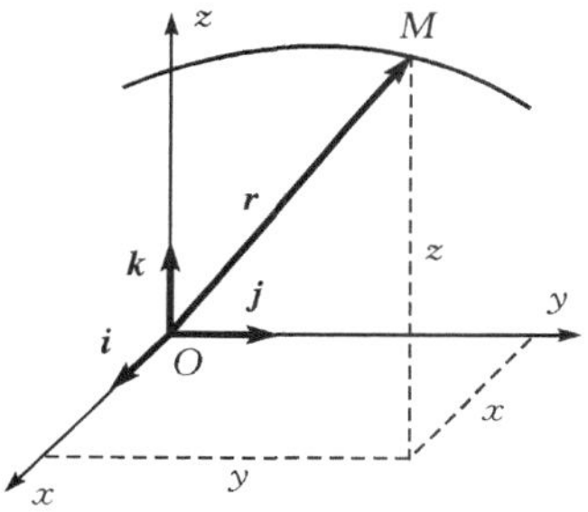

图 6.4

2. 点的速度、加速度在固定直角坐标轴上的投影

当点作空间曲线运动时，点的矢量形式运动方程(6-1)可解析地表示为

$$\boldsymbol{r} = x\boldsymbol{i} + y\boldsymbol{j} + z\boldsymbol{k} \tag{6-5}$$

式中：$\boldsymbol{i}$、$\boldsymbol{j}$、$\boldsymbol{k}$ 为沿固定直角坐标轴的单位矢量。

由式(6-2)和式(6-5)，不难求出在固定直角坐标系中点的速度和加速度的计算公式

$$\boldsymbol{v} = \frac{\mathrm{d}\boldsymbol{r}}{\mathrm{d}t} = \frac{\mathrm{d}x}{\mathrm{d}t}\boldsymbol{i} + \frac{\mathrm{d}y}{\mathrm{d}t}\boldsymbol{j} + \frac{\mathrm{d}z}{\mathrm{d}t}\boldsymbol{k} \tag{6-6}$$

由此可得

$$v_x = \frac{\mathrm{d}x}{\mathrm{d}t} = \dot{x},\quad v_y = \frac{\mathrm{d}y}{\mathrm{d}t} = \dot{y},\quad v_z = \frac{\mathrm{d}z}{\mathrm{d}t} = \dot{z} \tag{6-7}$$

可见速度在固定直角坐标轴上的投影等于对应坐标对时间的一阶导数。进而可求得速度的大小和方向余弦为

$$\left.\begin{array}{c} v = \sqrt{\dot{x}^2 + \dot{y}^2 + \dot{z}^2} \\ \cos(\boldsymbol{v},\boldsymbol{i}) = \dot{x}/v,\quad \cos(\boldsymbol{v},\boldsymbol{j}) = \dot{y}/v,\quad \cos(\boldsymbol{v},\boldsymbol{k}) = \dot{z}/v \end{array}\right\} \tag{6-8}$$

同样，由式(6-3)和式(6-6)可得

$$\left.\begin{aligned} a_x &= \frac{\mathrm{d}v_x}{\mathrm{d}t} = \frac{\mathrm{d}^2 x}{\mathrm{d}t^2} = \ddot{x} \\ a_y &= \frac{\mathrm{d}v_y}{\mathrm{d}t} = \frac{\mathrm{d}^2 y}{\mathrm{d}t^2} = \ddot{y} \\ a_z &= \frac{\mathrm{d}v_z}{\mathrm{d}t} = \frac{\mathrm{d}^2 z}{\mathrm{d}t^2} = \ddot{z} \end{aligned}\right\} \tag{6-9}$$

即加速度在固定直角坐标轴上的投影等于速度在对应坐标轴上的投影对时间的一阶导数，或等于对应坐标对时间的二阶导数。加速度的大小和方向余弦分别为

$$\left.\begin{aligned} a &= \sqrt{\ddot{x}^2 + \ddot{y}^2 + \ddot{z}^2} \\ \cos(\boldsymbol{a},\boldsymbol{i}) &= \ddot{x}/a, \quad \cos(\boldsymbol{a},\boldsymbol{j}) = \ddot{y}/a, \quad \cos(\boldsymbol{a},\boldsymbol{k}) = \ddot{z}/a \end{aligned}\right\} \tag{6-10}$$

由上述可见，若已知动点的直角坐标形式运动方程(6-4)，求点的速度和加速度是简单的微分问题。

例 6.1 曲柄连杆机构如图 6.5(a)所示。曲柄长为 r，绕 O 轴转动的规律为 $\varphi=\omega t$，连杆长为 l。试求：(1)滑块 B 的运动方程；(2)在 $\varphi=0$ 和 $\pi/2$ 时滑块的速度和加速度；(3)连杆中点 C 的运动方程和轨迹。

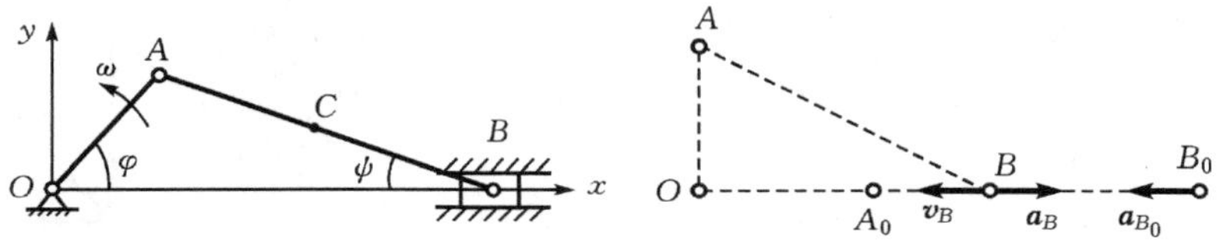

图 6.5

解：曲柄连杆机构常用来实现回转运动和直线往复运动的相互转换，工程上广泛应用于内燃机、冲床、往复式水泵和空气压缩机等。

(1) 滑块 B 的运动方程。

滑块 B 作直线运动，建立如图 6.5(a)所示的坐标系 Oxy，取 $\varphi=\omega t$ 为参变量。B 点在任一瞬时的位置坐标为

$$\left.\begin{aligned} x_B &= r\cos\varphi + l\cos\psi \\ y_B &= 0 \end{aligned}\right\} \tag{1}$$

由几何关系有 $r\sin\varphi=l\sin\psi$。故

$$\cos\psi = \sqrt{1-\sin^2\psi} = \sqrt{1-(r/l)^2\sin^2\varphi} \tag{2}$$

将(2)式和 $\varphi=\omega t$ 代入(1)式，可得 B 点的运动方程为

$$x_B = r\cos\omega t + l\sqrt{1-(r/l)^2\sin^2\omega t} \tag{3}$$

在许多实际曲柄连杆机构中，曲柄与连杆的长度比 $\lambda=r/l$ 的值在 1/4～1/6 之间，故可根据二项式定理将 $\sqrt{1-\lambda^2\sin^2\omega t}$ 展开，并略去 λ^4 以上的高阶项，得

$$\begin{aligned} \sqrt{1-\left(\frac{r}{l}\right)^2\sin^2\omega t} &\approx 1-\frac{1}{2}\left(\frac{r}{l}\right)^2\sin^2\omega t = 1-\frac{1}{2}\left(\frac{r}{l}\right)^2\frac{1-\cos2\omega t}{2} \\ &= 1-\frac{1}{4}\left(\frac{r}{l}\right)^2+\frac{1}{4}\left(\frac{r}{l}\right)^2\cos2\omega t \end{aligned}$$

经整理，可得工程上常用的滑块 B 运动方程的近似表达式为

$$x_B \approx l\left[1-\frac{1}{4}\left(\frac{r}{l}\right)^2\right]+r\left[\cos\omega t+\frac{1}{4}\ \frac{r}{l}\cos 2\omega t\right] \tag{4}$$

由(4)式可知，滑块 B 的运动是如下两个简谐振动 x_1 和 x_2 叠加的结果

$$x_1 = r\cos\omega t + l\left[1-\frac{1}{4}\left(\frac{r}{l}\right)^2\right],\quad x_2=\frac{1}{4}\ \frac{r^2}{l}\cos 2\omega t$$

(2) 滑块 B 的速度和加速度。

将(4)式分别对时间 t 求一、二阶导数，得

$$v_B = \dot{x}_B \approx -r\omega\left(\sin\omega t+\frac{r}{2l}\sin 2\omega t\right) \tag{5}$$

$$a_B = \ddot{x}_B \approx -r\omega^2\left(\cos\omega t+\frac{r}{l}\cos 2\omega t\right) \tag{6}$$

当 $\varphi=0$ 时，滑块位于如图 6.5(b)中所示的 B_0 点，$v_B=0$，$a_B=-r\omega^2(1+r/l)$，方向如图 6.5(b)所示；当 $\varphi=\pi/2$ 时，滑块位于如图 6.5(b)中所示的 B 点，$v_B=-r\omega$，$a_B=r^2\omega^2/l$，方向如图 6.5(b)所示。

(3) 连杆中点 C 的运动方程。

设任一瞬时 C 点的坐标为(x_C, y_C)，由图 6.5(a)中的几何关系有

$$\left.\begin{aligned} x_C &= r\cos\varphi+\frac{l}{2}\cos\psi = r\cos\varphi+\frac{l}{2}\sqrt{1-\left(\frac{r}{l}\right)^2\sin^2\varphi} \\ y_C &= \frac{l}{2}\sin\psi=\frac{r}{2}\sin\varphi \end{aligned}\right\}$$

将 $\varphi=\omega t$ 代入，即得 C 点的运动方程为

$$\left.\begin{aligned} x_C &= r\cos\omega t+\frac{l}{2}\sqrt{1-\left(\frac{r}{l}\right)^2\sin^2\omega t} \\ y_C &= \frac{r}{2}\sin\omega t \end{aligned}\right\} \tag{7}$$

消去时间 t，可得 C 点的轨迹方程为

$$x_C = \sqrt{r^2-4y_C^2}+\frac{1}{2}\sqrt{l^2-4y_C^2} \tag{8}$$

若题中 $l=r$ 便有 $\psi=\varphi$，则 C 点的运动方程为

$$x_C = r\cos\varphi+\frac{l}{2}\cos\varphi=\frac{3r}{2}\cos\omega t,\quad y_C=\frac{r}{2}\sin\omega t$$

其轨迹方程为
$$\left(\frac{x_C}{3r/2}\right)^2+\left(\frac{y_C}{r/2}\right)^2=1$$

即此时 C 点的轨迹为以 $3r/2$ 为长半轴(沿 Ox 轴)和 $r/2$ 为短半轴(沿 Oy 轴)的椭圆。

例 6.2　图 6.6(a)所示的正弦机构中，曲柄 OA 长为 r，以匀角速度 ω 绕水平轴 O 转动，通过滑动 A 带动导杆 BCD 上下运动。设 M 点为滑槽 BC 中距轴线 y 为 b 的一个点。试求 M 点相对于固定参考系 Oxy 的运动方程和相对于曲柄的运动方程。

解：在图 6.6(a)中，M 点在 Oxy 系中的坐标为(x, y)，其运动方程为

$$x=b,\quad y=\overline{MM_1}=r\sin\varphi=r\sin\omega t \tag{1}$$

可见，在 Oxy 系中 M 点沿 $x=b$ 的直线作简谐运动。

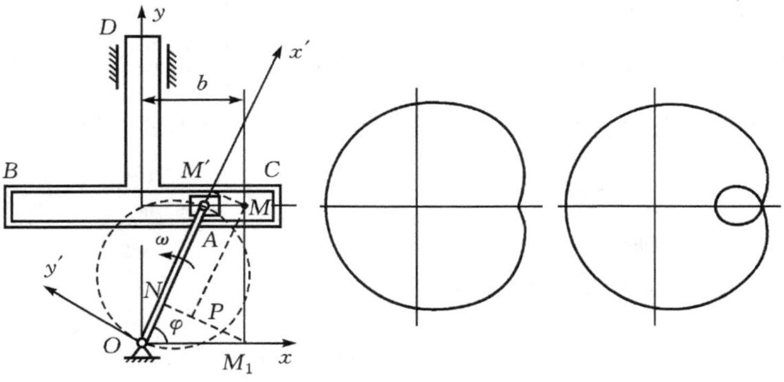

(a) (b) (c)

图 6.6

为写出 M 点相对于曲柄的运动方程，可建立固连于曲柄的坐标系 $Ox'y'$。则点的坐标为 (x', y')。作辅助线 M_1N 和 MP，如图 6.6(a)所示，则有

$$\left.\begin{aligned} x' &= \overline{ON} + \overline{NM'} = \overline{ON} + \overline{PM} = x\cos\varphi + y\sin\varphi \\ y' &= -\overline{MM'} = -(\overline{NM_1} - \overline{M_1P}) = -x\sin\varphi + y\cos\varphi \end{aligned}\right\} \tag{2}$$

将(1)式代入(2)式，并考虑到 $\varphi=\omega t$，得

$$\left.\begin{aligned} x' &= b\cos\omega t + r\sin^2\omega t \\ y' &= -b\sin\omega t + r\sin\omega t\cos\omega t \end{aligned}\right\} \tag{3}$$

(3)式即为 M 点相对于曲柄的运动方程，也是以时间 t 为参数的相对运动轨迹的参数方程。

当 $b=0$ 时，$x'=r\sin^2\omega t$，$y'=r\sin\omega t\cos\omega t$。从方程中消去时间 t，可得

$$(x' - r/2)^2 + y'^2 = (r/2)^2$$

即此时 M 点的相对运动轨迹方程为以点 $(r/2, 0)$ 为圆心，$r/2$ 为半径的圆，如图 6.6(a)所示。

可以证明，当 $b=r$ 时，相对轨迹为一心脏线(图 6.6(b))；当 $b<r$ 时，其相对轨迹为一蚶线(图 6.6(c))。

由上述两例可见：

(1) 用直角坐标法建立动点运动方程的基本步骤是：首先应进行运动分析，选取恰当的坐标系和参变量，将动点置于任一瞬时位置上(切勿置于特殊位置)，然后由几何关系写出动点的位置坐标，并表示为时间的函数，即得点的运动方程。从点的运动方程消去时间 t，即为点的轨迹方程。

(2) 例 6.2 表明，从不同参考系中观察同一动点的运动，得到的结论是不同的。

6.1.3 自然法(弧坐标法)

若动点的**运动轨迹已知**(如火车在铁轨上运行等)，则利用点的运动轨迹建立弧坐标和自然轴系，并用它们来描述分析点的运动的方法称为**自然法**。

1. 点的运动方程

设动点 M 沿某一已知轨迹 AB 运动。在轨迹上任选一点 O 为原点，并沿轨迹规定正负方向如图 6.7 所示。由原点 O 沿轨迹到动点 M 的弧长冠以适当的正负号，即 $s=\pm\overset{\frown}{OM}$，称为点

的**弧坐标**。它是一个代数量，可唯一地确定动点 M 在轨迹上的位置。当动点 M 沿轨迹运动时，弧坐标 s 是时间的单值连续函数，即

$$s = f(t) \tag{6-11}$$

式(6-11)称为点的弧坐标形式的运动方程。

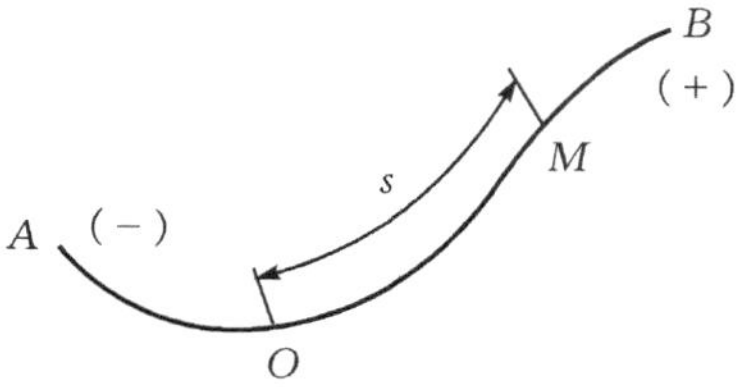

图 6.7

2. 空间曲线的曲率、密切面和自然轴系

在自然法中，点的运动特征与轨迹的几何性质有密切关系。下面先介绍有关轨迹的某些几何性质。

曲率 设 L 为一规定正负向的空间光滑曲线(图 6.8)。分别过其上相邻的 M 和 M' 点作曲线的切线 MT 和 $M'T'$。一般情况下，这两条切线不共面。再过 M 点作直线 MT_1 平行于 $M'T'$。则夹角 $\Delta\varphi$ 称为对应于弧长 $\Delta s=\widehat{MM'}$ 的邻角，由高等数学知识可知，曲线在 M 点处的曲率为

$$k = \lim_{\Delta x \to 0} \frac{\Delta\varphi}{\Delta s} = \frac{d\varphi}{ds} \tag{6-12}$$

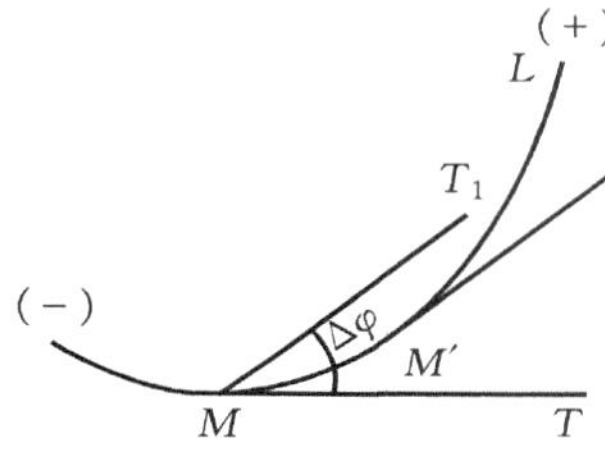

图 6.8

曲率 k 的倒数 $1/k=\rho$ 具有长度的量纲，称为曲线在 M 点处的**曲率半径**，即

$$\rho = \frac{ds}{d\varphi} \tag{6-13}$$

密切面 在图 6.8 中，切线 MT 和 MT_1 决定一平面 π。平面 π 与 $M'T'$平行。在 M'趋近于 M 点过程中，π 平面将绕 MT 旋转而不断改变方位。当 M'无限趋近于 M 点时，π 平面的极限位置称为曲线在 M 点的密切面，记为 π_1。

对于平面曲线，密切面就是曲线所在的平面。因此，密切面可以理解为：在空间曲线上的 M 点附近截取一段很短的曲线，若此曲线短到可以视为平面曲线，则点 M 的密切面就是此段短曲线所在的平面。

自然轴系 通过点 M 作切线 MT 的垂直平面 π_2 称为曲线在点 M 处的**法平面**。过切线 MT 作与密切面和法平面都垂直的平面 π_3，称为曲线在点 M 处的**直伸面**。于是，密切面 π_1、法平面 π_2 和直伸面 π_3 构成了曲线在点 M 处的自然三面体，如图 6.9 所示。密切面 π_1 与法平面 π_2 的交线 MN 称为**主法线**；法平面 π_2 与直伸面 π_3 的交线 MB 称为**副法线**。切线 MT、主法线 MN 和副法线 MB 互相垂直，它们组成曲线在 M 点处的空间标架，称为**自然轴系**。若分别用 $\boldsymbol{\tau}$、$\boldsymbol{n}$、$\boldsymbol{b}$ 表示沿切线、主法线、副法线的单位矢量，并规定：$\boldsymbol{\tau}$ 指向切线的正向；$\boldsymbol{n}$ 指向曲线内凹一侧，即指向曲率中心；$\boldsymbol{b}$ 的正向由 $\boldsymbol{b}=\boldsymbol{\tau}\times\boldsymbol{n}$ 确定。这样$(\boldsymbol{\tau},\boldsymbol{n},\boldsymbol{b})$便组成了自然轴系的单位矢量基，其中 $\boldsymbol{\tau}$、$\boldsymbol{n}$ 均在密切面内。

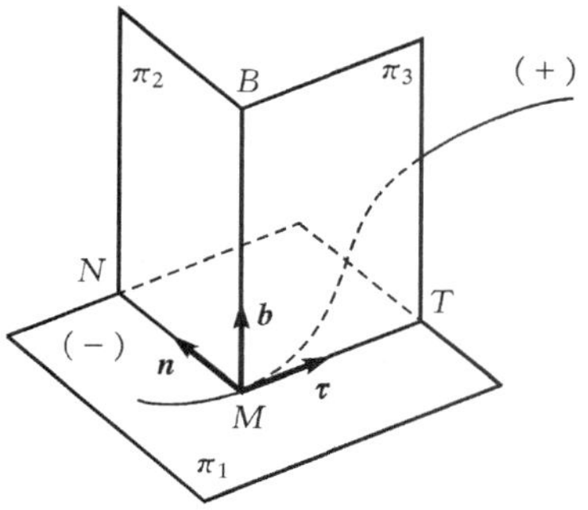

图 6.9

显然，对曲线上任一点都有一个与之对应的自然轴系，随着 M 点在曲线上位置的变化，自然轴系在空间的方位也随之改变，故$(\boldsymbol{\tau},\boldsymbol{n},\boldsymbol{b})$是以动点为原点的一个单位正交变矢量基。这与直角坐标系的单位矢量基$(\boldsymbol{i},\boldsymbol{j},\boldsymbol{k})$有着本质的不同。

3. 点的速度、加速度在自然轴上的投影

根据式(6-2),作如下变换

$$v=\frac{\mathrm{d}\boldsymbol{r}}{\mathrm{d}t}=\frac{\mathrm{d}\boldsymbol{r}}{\mathrm{d}s}\frac{\mathrm{d}s}{\mathrm{d}t}=\dot{s}\frac{\mathrm{d}\boldsymbol{r}}{\mathrm{d}s}$$

由图6.10可知,$\frac{\mathrm{d}\boldsymbol{r}}{\mathrm{d}s}$的模$\left|\frac{\mathrm{d}\boldsymbol{r}}{\mathrm{d}s}\right|=\lim\limits_{\Delta s\to 0}\left|\frac{\Delta\boldsymbol{r}}{\Delta s}\right|=1$,其方向沿$\Delta\boldsymbol{r}$在$\Delta s\to 0$时的极限方向,即曲线在$M$点处的切线方向,且$\Delta s$和$\Delta\boldsymbol{r}$总在$M$点的同一侧,故$\frac{\mathrm{d}\boldsymbol{r}}{\mathrm{d}s}$始终与轨迹的正向一致。因此,$\frac{\mathrm{d}\boldsymbol{r}}{\mathrm{d}s}$与自然轴系中切线上的单位矢量$\boldsymbol{\tau}$相同,即$\frac{\mathrm{d}\boldsymbol{r}}{\mathrm{d}s}=\boldsymbol{\tau}$。所以

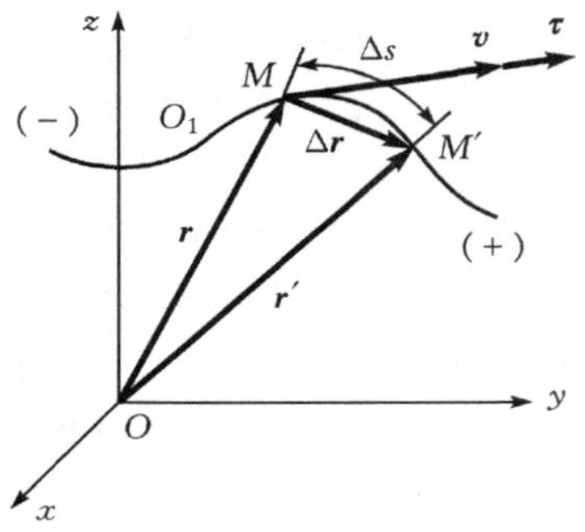

图6.10

$$\boldsymbol{v}=\dot{s}\boldsymbol{\tau}=v\boldsymbol{\tau} \tag{6-14}$$

式中:v是速度矢$\boldsymbol{v}$在切线轴上的投影,它等于弧坐标s对时间的一阶导数,是个代数量。当$\dot{s}>0$时,动点沿弧坐标正向运动,此时$\boldsymbol{v}$与$\boldsymbol{\tau}$同向;反之,与$\boldsymbol{\tau}$反向。

将式(6-14)对t求导数可得点的加速度为

$$\boldsymbol{a}=\frac{\mathrm{d}\boldsymbol{v}}{\mathrm{d}t}=\frac{\mathrm{d}}{\mathrm{d}t}(v\boldsymbol{\tau})=\frac{\mathrm{d}v}{\mathrm{d}t}\boldsymbol{\tau}+v\frac{\mathrm{d}\boldsymbol{\tau}}{\mathrm{d}t} \tag{6-15}$$

式(6-15)右边第一项反映速度大小变化的加速度分量,因其沿轨迹的切线方向,故称为**切向加速度**,记为$\boldsymbol{a}_t$,即

$$\boldsymbol{a}_t=\frac{\mathrm{d}v}{\mathrm{d}t}\boldsymbol{\tau}=\ddot{s}\boldsymbol{\tau} \tag{6-16}$$

当$\frac{\mathrm{d}v}{\mathrm{d}t}>0$时,$\boldsymbol{a}_t$指向轨迹正向;当$\frac{\mathrm{d}v}{\mathrm{d}t}<0$时,指向轨迹的负向。

式(6-15)右边第二项反映速度方向变化的加速度分量,记为$\boldsymbol{a}_n$。作如下变换:

$$\boldsymbol{a}_n=v\frac{\mathrm{d}\boldsymbol{\tau}}{\mathrm{d}t}=v\frac{\mathrm{d}\boldsymbol{\tau}}{\mathrm{d}s}\frac{\mathrm{d}s}{\mathrm{d}t}=v^2\frac{\mathrm{d}\boldsymbol{\tau}}{\mathrm{d}s} \tag{6-17}$$

其中$\frac{\mathrm{d}\boldsymbol{\tau}}{\mathrm{d}s}$的大小$\left|\frac{\mathrm{d}\boldsymbol{\tau}}{\mathrm{d}s}\right|=\lim\limits_{\Delta s\to 0}\left|\frac{\Delta\boldsymbol{\tau}}{\Delta s}\right|$。由图6.11可知,$|\Delta\boldsymbol{\tau}|=2|\boldsymbol{\tau}|\sin(\Delta\varphi/2)=2\sin(\Delta\varphi/2)$,故

$$\left|\frac{\mathrm{d}\boldsymbol{\tau}}{\mathrm{d}s}\right|=\lim_{\Delta s\to 0}\left|\frac{2\sin\frac{\Delta\varphi}{2}}{\Delta s}\right|=\lim_{\Delta s\to 0}\left|\frac{\Delta\varphi}{\Delta s}\right|=\frac{1}{\rho}$$

无论$\mathrm{d}s$是正还是负,$\frac{\mathrm{d}\boldsymbol{\tau}}{\mathrm{d}s}$的方向都恒沿主法线的正向。如当$\mathrm{d}s$为正时,由图6.11可知,$\theta=\pi/2-\Delta\varphi/2$。当$\Delta s\to 0$时,$\Delta\varphi\to 0$,故$\theta=\pi/2$。($\mathrm{d}s$为负时的情形,请读者自行验证。)所以$\frac{\mathrm{d}\boldsymbol{\tau}}{\mathrm{d}s}=\frac{1}{\rho}\boldsymbol{n}$,代入式(6-17)得

$$\boldsymbol{a}_n=\frac{v^2}{\rho}\boldsymbol{n}=\frac{\dot{s}^2}{\rho}\boldsymbol{n} \tag{6-18}$$

由于v^2/ρ恒为正值,$\boldsymbol{a}_n$应始终沿主法线$\boldsymbol{n}$,指向曲率中心,故称为**法向加速度**。

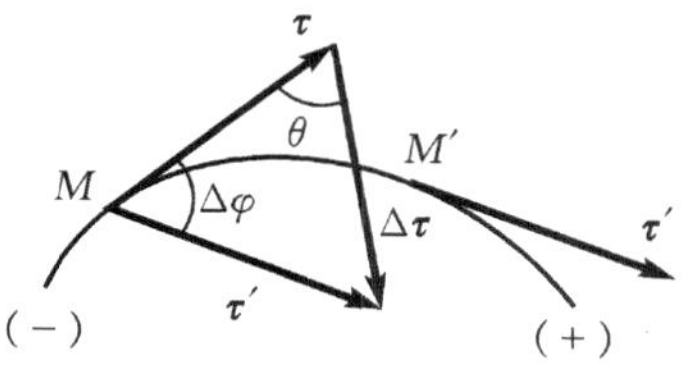

图 6.11

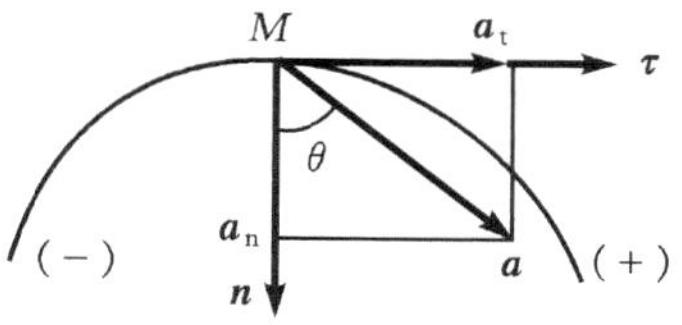

图 6.12

综上所述，动点的加速度在自然轴系上的表达式为

$$\boldsymbol{a} = \boldsymbol{a}_t + \boldsymbol{a}_n = \frac{\mathrm{d}v}{\mathrm{d}t}\boldsymbol{\tau} + \frac{v^2}{\rho}\boldsymbol{n} = \ddot{s}\boldsymbol{\tau} + \frac{\dot{s}^2}{\rho}\boldsymbol{n} \tag{6-19}$$

即**动点的加速度等于切向加速度和法向加速度的矢量和**。加速度 $\boldsymbol{a}$ 必在密切面内，其在副法线上的投影恒为零，如图 6.12 所示。

若已知动点的切向加速度 $\boldsymbol{a}_t$ 和法向加速度 $\boldsymbol{a}_n$，则加速度的大小和方向为

$$\left.\begin{aligned} a &= \sqrt{a_t^2 + a_n^2} = \sqrt{\left(\frac{\mathrm{d}v}{\mathrm{d}t}\right)^2 + \left(\frac{v^2}{\rho}\right)^2} \\ \tan\theta &= |\,a_t\,| / a_n \end{aligned}\right\} \tag{6-20}$$

式中：θ 角为加速度 $\boldsymbol{a}$ 与主法线 $\boldsymbol{n}$ 的夹角。因 $\boldsymbol{a}_n$ 始终指向曲率中心，所以 $0 \leqslant \theta \leqslant \pi/2$，即加速度必在轨迹内凹一侧。至于点作加速运动还是减速运动，则取决于 a_t 和 v 的正负号关系。当 a_t 与 v 同号时，$\boldsymbol{a}_t$ 和 $\boldsymbol{v}$ 同向，点作加速运动；当 a_t 与 v 异号时，$\boldsymbol{a}_t$ 与 $\boldsymbol{v}$ 反向，点作减速运动。

例 6.3　图 6.13 中，小环 M 同时活套在半径为 r 的固定大圆环和摇杆 OA 上。摇杆 OA 绕水平轴 O 以匀角速度 ω 转动。运动开始时摇杆在水平位置。试分别用自然法和直角坐标法建立小环 M 沿大圆环的运动方程，并求其速度和加速度。

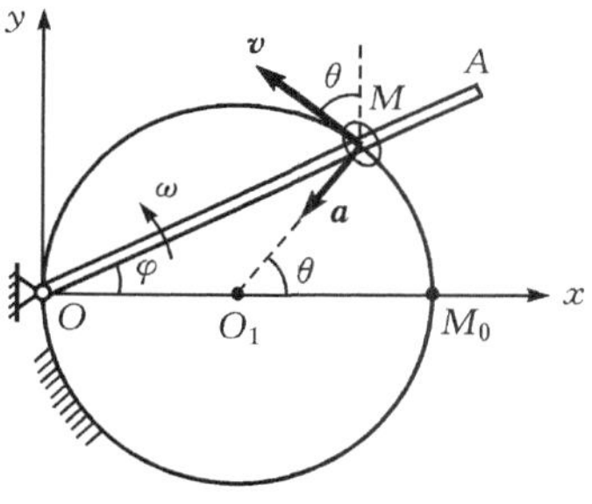

图 6.13

解：(1) 用自然法。

取小环 M 为研究对象，依题意，小环 M 沿固定大圆环运动，轨迹已知，故可用自然法。取起始位置 M_0 为原点，并规定逆钟向为弧坐标正向。由图可知 $\theta = 2\varphi = 2\omega t$，则在任一瞬时 t，M 点的弧坐标形式的运动方程为

$$s = \overset{\frown}{M_0 M} = r\theta = 2r\varphi = 2r\omega t$$

M 点的速度和加速度分别为

$$v = \frac{\mathrm{d}s}{\mathrm{d}t} = 2r\omega, \quad a_t = \frac{\mathrm{d}v}{\mathrm{d}t} = 0, \quad a_n = \frac{v^2}{r} = 4r\omega^2$$

速度方向沿 M 点处轨迹的切线，指向与弧坐标正向一致。M 点的切向加速度为零，加速度等于 $\boldsymbol{a}_n$。

(2) 用直角坐标法。

建立如图 6.13 的直角坐标系 Oxy，则小环直角坐标形式的运动方程为

$$\left.\begin{aligned} x &= r + r\cos\theta = r(1 + \cos 2\omega t) \\ y &= r\sin\theta = r\sin 2\omega t \end{aligned}\right\}$$

速度和加速度在直角坐标轴上的投影

$$\dot{x}=-2r\omega\sin2\omega t,\quad \dot{y}=2r\omega\cos2\omega t$$
$$\ddot{x}=-4r\omega^2\cos2\omega t,\quad \ddot{y}=-4r\omega^2\sin2\omega t$$

于是，$v=\sqrt{\dot{x}^2+\dot{y}^2}=2r\omega$，$\cos(\boldsymbol{v},x)=\dot{x}/v=-\sin2\omega t$，$\angle(\boldsymbol{v},x)=90°+2\omega t$，即 $\boldsymbol{v}$ 与 O_1M 垂直，指向与 OA 杆转动方向一致。$a=\sqrt{\ddot{x}^2+\ddot{y}^2}=4r\omega^2$，$\cos(\boldsymbol{a},x)=\ddot{x}/a=-\cos2\omega t$，$\angle(\boldsymbol{a},x)=180°+2\omega t$，即 $\boldsymbol{a}$ 沿 MO_1 指向 O_1 点。

两种方法结果相同，但显然本题用自然法较为简捷，且速度和加速度的物理意义十分明显。一般情况下，当动点的轨迹已知并较容易写出该点沿轨迹的运动方程时，用自然法方便；反之，则用直角坐标法方便。

例 6.4 半径 $R=1$ m 的轮子沿直线轨道**滚动而不滑动**（简称为**纯滚动**），轮心速度 $v_A=20$ m/s，如图 6.14 所示。以轮缘上的 M 点在轨道上的起始位置 M_0 为坐标原点，轨道为 x 轴。求：(1)M 点的运动方程和轨迹；(2)任一瞬时 M 点的速度和加速度；(3)M 点在任一位置时轨迹的曲率半径。

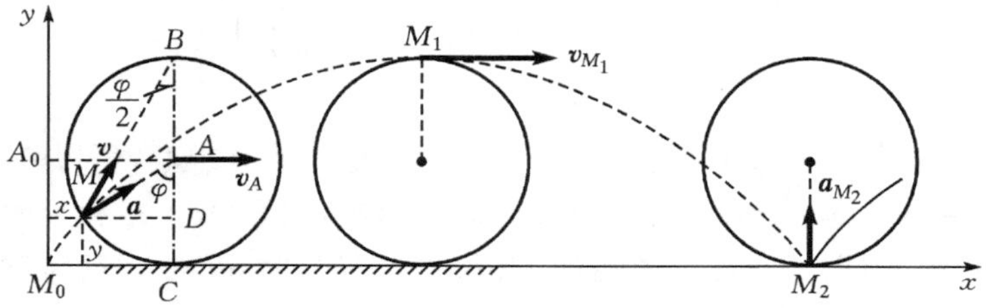

图 6.14

解：由于车轮在直线轨道上只滚不滑，因而 M 点的轨迹必为平面曲线。设任一瞬时 t，点由 M_0 运动到 M 位置，其坐标为(x,y)，车轮转过 φ 角。

(1) 求 M 点的运动方程和轨迹。由几何关系可知

$$x=\overline{A_0A}-\overline{MD}=v_At-R\sin\varphi,\quad y=\overline{AC}-\overline{AD}=R(1-\cos\varphi)$$

由只滚不滑条件，有$\overline{M_0C}=\overline{A_0A}=\overset{\frown}{MC}$，即 $v_At=R\varphi$，$\varphi=v_At/R=20t$，代入上式，得 M 点的运动方程为

$$x=20t-\sin20t,\quad y=1-\cos20t \tag{1}$$

其轨迹方程为

$$(x-20t)^2+(y-1)^2=1 \tag{2}$$

由高等数学知，(1)式或(2)式表示的轨迹为一**摆线**（或**旋轮线**）。

(2) 求 M 点的速度和加速度。将(1)式对时间求一、二阶导数，得

$$v_x=\dot{x}=20(1-\cos20t),\quad v_y=\dot{y}=20\sin20t \tag{3}$$
$$a_x=\ddot{x}=400\sin20t,\quad a_y=\ddot{y}=400\cos20t \tag{4}$$

于是 M 点速度的大小和方向为

$$v=\sqrt{\dot{x}^2+\dot{y}^2}=20\sqrt{(1-\cos20t)^2+\sin^2 20t}=40\sin10t\ \text{m/s} \tag{5}$$

$$\cos(\boldsymbol{v},x)=\frac{\dot{x}}{v}=\sin10t=\sin\frac{\varphi}{2},\quad \cos(\boldsymbol{v},y)=\frac{\dot{y}}{v}=\cos10t=\cos\frac{\varphi}{2}$$

若将该瞬时轮缘上的最高点 B 与 M 点连接，由图 6.14 可知，速度方向由 M 点指向 B 点。

加速度的大小和方向为

$$a = \sqrt{\ddot{x}^2 + \ddot{y}^2} = 400 \text{ m/s}^2 \qquad (6)$$

$$\cos(\boldsymbol{a}, x) = \ddot{x}/a = \sin 20t = \sin\varphi, \quad \cos(\boldsymbol{a}, y) = \ddot{y}/a\cos 20t = \cos\varphi$$

由图 6.14 可见，M 点的加速度由 M 指向轮心 A。

当 M 点运动到最低点 M_2 位置时，$\varphi=2\pi=20t$，$t=\pi/10$，代入(3)、(4)式得

$$v_{2x} = v_{2y} = 0, \quad a_{2y} = 400 \text{ m/s}^2$$

即轮缘与直线轨道的接触点速度为零，加速度平行于 y 轴向上，指向轮心。事实上，这是轮子沿固定轨道作纯滚动的必然结果。因为轨道上任一点速度为零，而轮上的接触点与轨道间无相对滑动，故该点的速度必然为零。而该点的加速度并不为零，且方向指向轮心。这个结论在以后的学习中是有用的。

(3) 求轨迹上任一点的曲率半径。将(5)式求导得

$$a_t = \frac{dv}{dt} = 400\cos 10t$$

代入式(6-20)得

$$a_n = \sqrt{a^2 - a_t^2} = \sqrt{400^2 - 400^2\cos^2 10t} = 400\sin 10t$$

于是，轨道上任一点的曲率半径为

$$\rho = \frac{v^2}{a_n} = \frac{(40\sin 10t)^2}{400\sin 10t} = 4\sin 10t \qquad (7)$$

本题中因 $R=1$ m，故上式中 R 没有出现，同时，考虑到 $10t=\varphi/2$，由(7)式所表示的曲率半径通式可写为

$$\rho = 4R\sin(\varphi/2)$$

由图 6.14 中的几何关系，$\overline{MC}=2R\sin(\varphi/2)$，故 $\rho=2\,\overline{MC}$。这说明轨迹上任一点的曲率半径等于该点至轮缘最低点的连线长度的 2 倍。在 M_1 点处 $\rho_{max}=4R$；但在 M_2 点处 $\rho_{min}=0$，点 M_2 为轨迹曲线的尖点。

*6.1.4　极坐标法

设动点 M 在图 6.15 所示平面内运动。取定点 O 为极点，自 O 引射线 OA 为极轴。动点 M 在任一瞬时 t 的极坐标为(r,φ)，其极坐标形式的运动方程为

$$r = f_1(t), \quad \varphi = f_2(t) \qquad (6-21)$$

上式消去时间 t，即极坐标形式的轨迹方程为

$$F(r,\varphi) = 0 \qquad (6-22)$$

下面介绍极坐标表示的点的速度和加速度。

为叙述方便起见，约定沿极径 r 取轴，称为极坐标的**径向轴**；过极点 O 作径向轴的垂线 OB，称为极坐标的**横向轴**，这两轴上的单位矢量分别以 $\boldsymbol{r}_0$ 和 $\boldsymbol{\varphi}_0$ 表示，它们的正向如图 6.15 所示。显然，当动点 M 运动时，$\boldsymbol{r}_0$、$\boldsymbol{\varphi}_0$ 将在坐标平面内旋转。将动点的矢径写为

$$\boldsymbol{r} = r\boldsymbol{r}_0$$

对时间求一阶导数，得动点的速度为

$$\boldsymbol{v} = \frac{d\boldsymbol{r}}{dt} = \frac{dr}{dt}\boldsymbol{r}_0 + r\frac{d\boldsymbol{r}_0}{dt} \qquad (6-23)$$

由于$\frac{\mathrm{d}\boldsymbol{r}_0}{\mathrm{d}t}=\lim\limits_{\Delta t\to 0}\frac{\Delta \boldsymbol{r}_0}{\mathrm{d}t}$,由图 6.16 可知,$\frac{\mathrm{d}\boldsymbol{r}_0}{\mathrm{d}t}$的大小为

$$\left|\frac{\mathrm{d}\boldsymbol{r}_0}{\mathrm{d}t}\right| = \lim_{\Delta t\to 0}\left|\frac{\Delta \boldsymbol{r}_0}{\Delta t}\right| = \lim_{\Delta t\to 0}\frac{|2\sin(\Delta\varphi/2)|}{\Delta t} = \lim_{\Delta t\to 0}\left|\frac{\Delta\varphi}{\Delta t}\right| = \left|\frac{\mathrm{d}\varphi}{\mathrm{d}t}\right|$$

$\frac{\mathrm{d}\boldsymbol{r}_0}{\mathrm{d}t}$的方向应是 $\Delta\boldsymbol{r}_0$ 的极限方向,即与 $\boldsymbol{\varphi}_0$ 的方向一致。因此,得

$$\frac{\mathrm{d}\boldsymbol{r}_0}{\mathrm{d}t} = \frac{\mathrm{d}\varphi}{\mathrm{d}t}\boldsymbol{\varphi}_0 = \dot{\varphi}\boldsymbol{\varphi}_0 \tag{6-24}$$

同理

$$\frac{\mathrm{d}\boldsymbol{\varphi}_0}{\mathrm{d}t} = -\frac{\mathrm{d}\varphi}{\mathrm{d}t}\boldsymbol{r}_0 = -\dot{\varphi}\boldsymbol{r}_0 \tag{6-25}$$

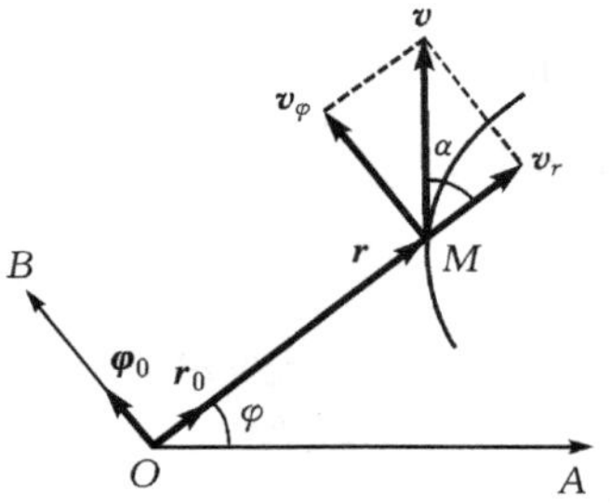

图 6.15

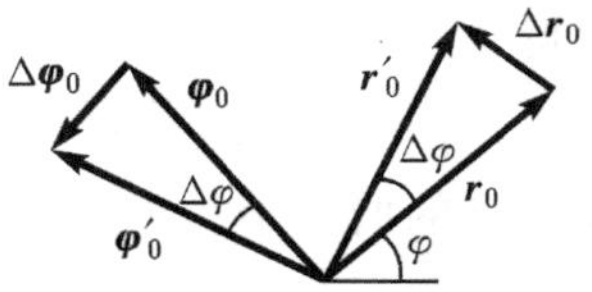

图 6.16

式(6-25)中的负号表示$\frac{\mathrm{d}\boldsymbol{\varphi}_0}{\mathrm{d}t}$的方向与 $\boldsymbol{r}_0$ 方向相反。

将式(6-24)代入式(6-23)得

$$\boldsymbol{v} = \frac{\mathrm{d}r}{\mathrm{d}t}\boldsymbol{r}_0 + r\frac{\mathrm{d}\varphi}{\mathrm{d}t}\boldsymbol{\varphi}_0 = \dot{r}\boldsymbol{r}_0 + r\dot{\varphi}\boldsymbol{\varphi}_0 \tag{6-26}$$

由此可见,以极坐标表示的点的速度 $\boldsymbol{v}$ 可分解为两个互相垂直的分量,其中沿着径向轴的分量 $\boldsymbol{v}_r=\dot{r}\boldsymbol{r}_0$,称为**径向速度**,反映动点矢径大小的变化;沿着横向轴的分量 $\boldsymbol{v}_\varphi=r\dot{\varphi}\boldsymbol{\varphi}_0$,称为**横向速度**,反映矢径方向的变化。

若以 v_r 和 v_φ 分别表示 $\boldsymbol{v}$ 在径向轴和横向轴的投影,则由式(6-26)有

$$v_r = \dot{r},\quad v_\varphi = r\dot{\varphi} \tag{6-27}$$

于是可求得动点的速度大小和方向为

$$v = \sqrt{(\dot{r})^2 + (r\dot{\varphi})^2},\quad \tan\alpha = |v_\varphi/v_r| \tag{6-28}$$

式中:α 为 $\boldsymbol{v}$ 与 $\boldsymbol{v}_r$ 的夹角,如图 6.15 所示。

将式(6-26)对时间求一阶导数,可得动点的加速度为

$$\boldsymbol{a} = \left(\ddot{r}\boldsymbol{r}_0 + \dot{r}\frac{\mathrm{d}\boldsymbol{r}_0}{\mathrm{d}t}\right) + \left(\dot{r}\dot{\varphi}\boldsymbol{\varphi}_0 + r\ddot{\varphi}\boldsymbol{\varphi}_0 + r\dot{\varphi}\frac{\mathrm{d}\boldsymbol{\varphi}_0}{\mathrm{d}t}\right)$$

将式(6-24)和式(6-25)代入上式,整理后得

$$\boldsymbol{a} = (\ddot{r} - r\dot{\varphi}^2)\boldsymbol{r}_0 + (r\ddot{\varphi} + 2\dot{r}\dot{\varphi})\boldsymbol{\varphi}_0 \tag{6-29}$$

若以 a_r 和 a_φ 分别表示 $\boldsymbol{a}$ 在径向轴和横向轴上的投影,则

$$a_r = \ddot{r} - r\dot{\varphi}^2,\quad a_\varphi = r\ddot{\varphi} + 2\dot{r}\dot{\varphi} \tag{6-30}$$

通常称 $\boldsymbol{a}_r = a_r \boldsymbol{r}_0$ 为**径向加速度**；而 $\boldsymbol{a}_\varphi = a_\varphi \boldsymbol{\varphi}_0$ 为**横向加速度**。

由式(6-30)可求得动点的加速度大小和方向为

$$\left.\begin{aligned} a &= \sqrt{a_r^2 + a_\varphi^2} = \sqrt{(\ddot{r} - r\dot{\varphi}^2)^2 + (r\ddot{\varphi} + 2\dot{r}\dot{\varphi})^2} \\ \tan\beta &= \left|\frac{a_\varphi}{a_r}\right| = \left|\frac{r\ddot{\varphi} + 2\dot{r}\dot{\varphi}}{\ddot{r} - r\dot{\varphi}^2}\right| \end{aligned}\right\} \tag{6-31}$$

式中：β 为 $\boldsymbol{a}$ 与 $\boldsymbol{a}_r$ 间的夹角。

6.2 刚体的基本运动

刚体的运动，按其特征可分为：①平行移动(简称平动)；②定轴转动；③平面平行运动(简称平面运动)；④定点转动；⑤一般运动。本节只研究刚体的两种基本运动——平动和定轴转动。

研究刚体的运动，首先是怎样描述刚体整体运动的规律；其次是建立刚体上各点的运动(如速度、加速度等)与整体运动的关系。

6.2.1 刚体的平动

在刚体运动过程中，若其上任一直线始终与初始位置平行，则称刚体的这种运动为**平行移动**，简称为**平动**。如汽缸中活塞的运动；车厢沿直线轨道的运动(图6.17)；摆动式送料槽机构中料斗的运动(图 6.18)等，都是平动的实例。值得注意的是：依据平动刚体上任一点的轨迹，平动又可分为**直线平动**和**曲线平动**两种。如图 6.17 中车厢的运动即为直线平动，而图 6.18 所示料斗 AB 的运动则为曲线平动。

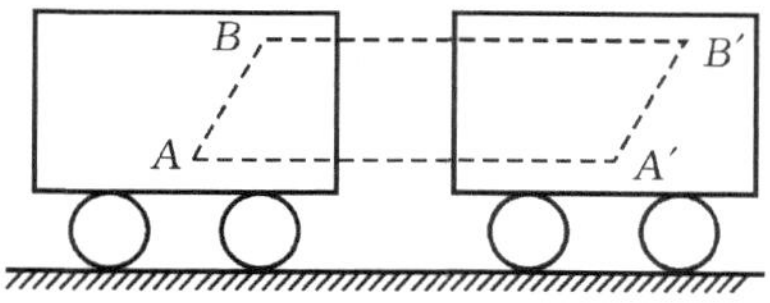

图 6.17

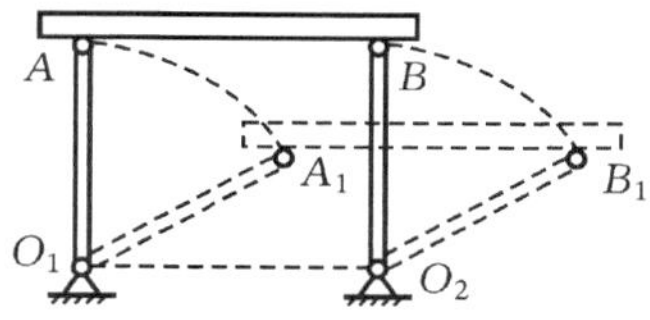

图 6.18

根据平动的定义，可推得如下定理：**当刚体平动时，刚体内各点的轨迹形状相同且彼此平行；在任一瞬时，各点的速度相同，加速度也相同。**

如图 6.19 所示，在平动刚体上任取两点 A、B，相应的矢径为 $\boldsymbol{r}_A$ 和 $\boldsymbol{r}_B$，则它们的矢端曲线就是 A、B 点的轨迹。由图可知

$$\boldsymbol{r}_A = \boldsymbol{r}_B + \overrightarrow{BA} \tag{6-32}$$

由平动特点知，$\overrightarrow{BA}$ 为常矢量。两轨迹之间对应点只差一常矢量，可见其轨迹形状必相同且彼此平行。

将式(6-32)对时间求一、二阶导数，可得

$$\frac{\mathrm{d}\boldsymbol{r}_A}{\mathrm{d}t} = \frac{\mathrm{d}\boldsymbol{r}_B}{\mathrm{d}t}, \quad 即\ \boldsymbol{v}_A = \boldsymbol{v}_B \tag{6-33}$$

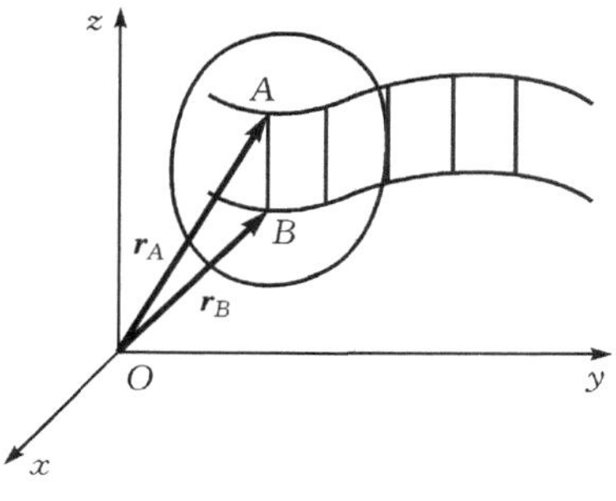

图 6.19

$$\frac{d^2 \boldsymbol{r}_A}{dt^2} = \frac{d^2 \boldsymbol{r}_B}{dt^2}, \quad 即\ \boldsymbol{a}_A = \boldsymbol{a}_B \tag{6-34}$$

于是，定理得证。

由上述定理可知，平动刚体的整体运动可由其上任一点的运动来代表。所以，刚体的平动可归结为点的运动学问题来处理。

6.2.2 刚体的定轴转动

在刚体运动过程中，若刚体内(或其延拓部分)有一条直线段保持不动，则称刚体的这种运动为**定轴转动**。这条固定的直线段称为**转轴**。显然，转轴上各点的速度和加速度为零，而不在转轴上的各点，则在垂直于转轴的平面内，以此平面与转轴的交点为圆心作圆周运动。

1. 转动方程、角速度和角加速度

定轴转动刚体的整体运动可由转角、角速度和角加速度来描述。

如图 6.20 所示，过转轴 Oz 作两个半平面 π_0 和 π，其中 π_0 为固定参考平面，π 为固连在刚体上随刚体转动的平面。称两平面间的夹角 φ 为**转角**或**角坐标**，它唯一地确定了任一瞬时刚体的位置。转角 φ 是代数量，其正负号按右手螺旋法则确定，单位为弧度(rad)。刚体运动时，转角 φ 是时间的单值连续函数，即

$$\varphi = \varphi(t) \tag{6-35}$$

上式称为刚体的**转动方程**，它给出了刚体的转动规律。

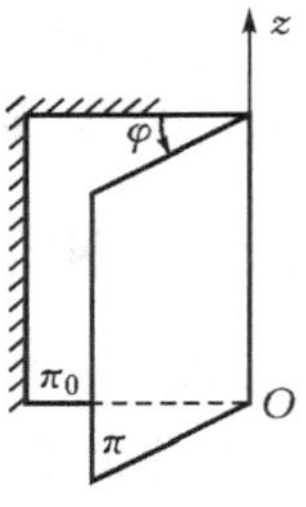

图 6.20

角速度是描述刚体转动快慢和转向的物理量，记为 ω。**角加速度**是描述角速度变化的物理量，记为 α。由物理学知

$$\omega = \frac{d\varphi}{dt} = \dot{\varphi}, \quad \alpha = \frac{d\omega}{dt} = \frac{d^2\varphi}{dt^2} = \ddot{\varphi} \tag{6-36}$$

即角速度是转角 φ 对时间的一阶导数；角加速度是角速度 ω 对时间的一阶导数，或转角对时间的二阶导数。角速度的单位是弧度/秒(rad/s)。工程中常用转速 n(r/min)来表示刚体转动的快慢。n 与 ω 的关系如下：

$$\omega = 2\pi n/60 = n\pi/30 \tag{6-37}$$

角加速度的单位是弧度/秒^2(rad/s^2)。

例 6.5　图 6.21 为刨床中的急回机构简图。套筒 A 活套在摇杆 O_2B 上，并与曲柄 O_1A 铰接。当 O_1A 转动时，通过套筒 A 带动 O_2B 左右摆动。设曲柄长为 r，且以匀角速度 ω_1 转动。试求 O_2B 杆的转动方程、角速度和角加速度。

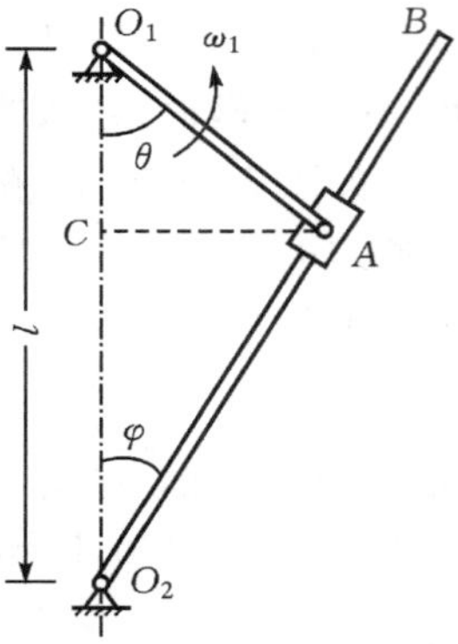

图 6.21

解：设任一瞬时，O_1A 和 O_2B 与铅垂线 O_1O_2 的夹角分别为 θ 和 φ。而 $\theta = \omega_1 t$(从 O_1O_2 算起，逆钟向为正)。由图示几何关系

$$\tan\varphi = \frac{\overline{AC}}{\overline{O_2C}} = \frac{r\sin\theta}{l - r\cos\theta}$$

$$\varphi = \arctan\frac{r\sin\theta}{l - r\cos\theta} = \arctan\frac{r\sin\omega_1 t}{l - r\cos\omega_1 t} \tag{1}$$

(1)式即为 O_2B 杆的转动方程。φ 从 O_1O_2 算起顺钟向为正。将(1)

式对时间求导数，可得摇杆的角速度和角加速度分别为

$$\omega_2=\dot{\varphi}=\frac{[(l-r\cos\omega_1 t)r\omega_1\cos\omega_1 t-r^2\omega_1\sin\omega_1 t]/(l-r\cos\omega_1 t)^2}{1+[r\sin\omega_1 t/(l-r\cos\omega_1 t)]^2}$$

$$=\frac{r(l\cos\omega_1 t-r)}{r^2+l^2-2rl\cos\omega_1 t}\omega_1 \tag{2}$$

$$\alpha_2=\ddot{\varphi}=-\frac{(l^2-r^2)rl\sin\omega_1 t}{(r^2+l^2-2rl\cos\omega_1 t)^2}\omega_1^2 \tag{3}$$

2. 定轴转动刚体上各点的速度和加速度

如上所述，定轴转动刚体上各点（除转轴上各点外）均在通过该点且垂直于转轴的平面上作圆周运动，即轨迹已知，故可用自然法确定各点的运动。设刚体上任一点 M 至转轴的距离（即转动半径）为 R。选 $\varphi=0$ 时，M 点的位置 M_0 为弧坐标原点，以 φ 增大方向为弧坐标 s 的正向，如图 6.22 所示。

M 点的弧坐标、速度、切向加速度和法向加速度分别为

$$s=R\varphi \tag{6-38}$$

$$v=\dot{s}=R\dot{\varphi}=R\omega \tag{6-39}$$

$$a_t=\ddot{s}=R\dot{\omega}=R\alpha \tag{6-40}$$

$$a_n=v^2/R=R\omega^2 \tag{6-41}$$

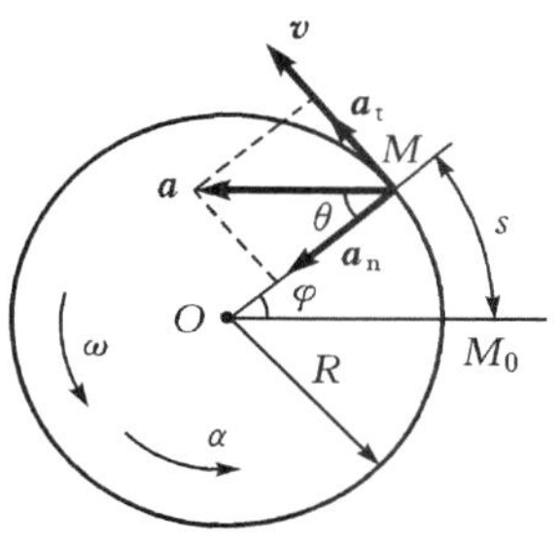

图 6.22

速度和切向加速度沿轨迹的切线方向，当 ω 和 α 为正时，指向弧坐标的正向，反之则指向负向。M 点全加速度的大小和方向为

$$\left.\begin{aligned}a&=\sqrt{a_t^2+a_n^2}=R\sqrt{\alpha^2+\omega^4}\\ \tan\theta&=|a_t|/a_n=|\alpha|/\omega^2\end{aligned}\right\} \tag{6-42}$$

式中：θ 为 $\boldsymbol{a}$ 与转动半径 R 的夹角。

进一步分析式(6-39)～式(6-42)可以看出，定轴转动刚体上各点的速度和加速度有如下分布规律：①任一瞬时，转动刚体上各点的速度和加速度的大小与转动半径成正比；②速度均垂直于转动半径，加速度与转动半径的夹角 θ 均相等。图 6.23(a)、(b)为垂直于转轴的平面内任一直径上各点的速度和加速度的分布图。

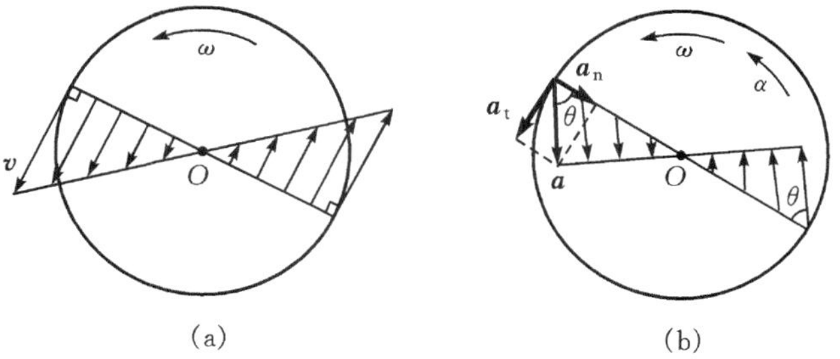

图 6.23

例 6.6　图 6.24 为一对啮合圆柱齿轮。设节圆半径分别为 r_1 和 r_2，已知某瞬时齿轮Ⅰ的角速度 ω_1、角加速度 α_1。求该瞬时齿轮Ⅱ的角速度 ω_2 和角加速度 α_2。

解：设两齿轮啮合传动时，它们的节圆相切且彼此间无相对滑动。因此，两轮间啮合点 A、B 的速度和切向加速度大小相等，方向相同，即

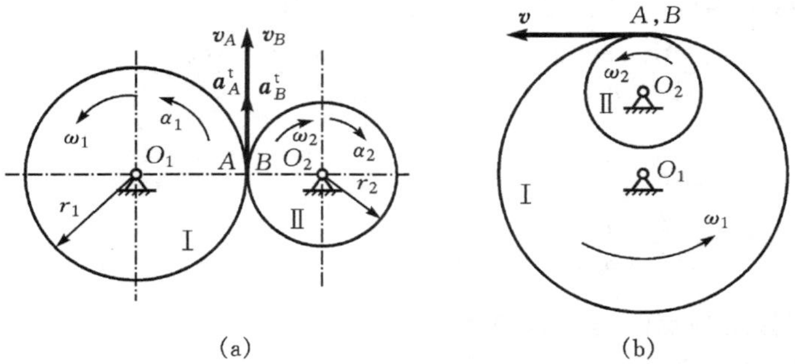

图 6.24

$$v_A = v_B, \quad a_A^t = a_B^t$$

$$r_1\omega_1 = r_2\omega_2, \quad r_1\alpha_1 = r_2\alpha_2 \tag{1}$$

解得
$$\omega_2 = \frac{r_1}{r_2}\omega_1, \quad \alpha_1 = \frac{r_1}{r_2}\alpha_2 \tag{2}$$

当两齿轮外啮合(图 6.24(a))时,$\omega_2(\alpha_2)$与$\omega_1(\alpha_1)$转向相反;内啮合(图 6.24(b))时,它们的转向相同。

由(1)式可知,一对啮合齿轮的角速度和角加速度的大小与它们的节圆半径成反比。故工程上常采用不同节圆半径的齿轮进行啮合,得到不同的角速度,从而实现变速的目的。工程中将主动轮与从动轮的角速度大小之比称为**传动比**,记为i_{12}。如本题设Ⅰ为主动轮,Ⅱ为从动轮。由(1)式可得

$$i_{12} = \pm\,\omega_1/\omega_2 = \pm\,\alpha_1/\alpha_2 = \pm\,r_2/r_1 = \pm\,z_2/z_1 \tag{6-43}$$

式中:z_1、z_2为两个齿轮的齿数。因为一对啮合齿轮的模数(即节圆半径与齿数比)应相等,故有$r_2/r_1 = z_2/z_1$。其中"+"表示两齿轮转向相同(内啮合);"-"表示转向相反(外啮合)。

3. 角速度矢和角加速度矢·定轴转动刚体上各点的速度和加速度用矢积表示

要确定刚体转动的情况,一般应说明转轴的位置、刚体转动的快慢和转向。这三个要素可用一矢量$\boldsymbol{\omega}$表示,称为**角速度矢**。在图 6.25 中沿转轴Oz作角速度矢$\boldsymbol{\omega}$,其长度表示角速度的大小,箭头指向按右手螺旋法则表示刚体的转向。$\boldsymbol{\omega}$是一滑动矢量,可从轴上任一点画起。若$\boldsymbol{k}$为沿Oz正向的单位矢量,则

$$\boldsymbol{\omega} = \omega\boldsymbol{k} \tag{6-44}$$

角加速度矢$\boldsymbol{\alpha}$定义为

$$\boldsymbol{\alpha} = \frac{d\boldsymbol{\omega}}{dt} = \frac{d\omega}{dt}\boldsymbol{k} = \alpha\boldsymbol{k} \tag{6-45}$$

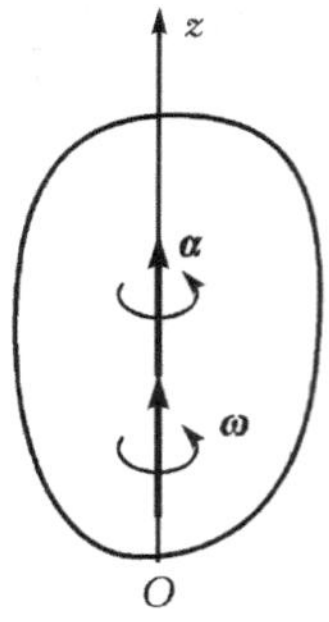

图 6.25

即$\boldsymbol{\alpha}$与$\boldsymbol{\omega}$共线,且也是滑动矢量。刚体加速转动时,$\boldsymbol{\alpha}$与$\boldsymbol{\omega}$同向;反之则反向。

利用上述表示法,可以方便地给出定轴转动刚体上任一点M的速度和加速度的矢积表达式。

在转轴上任取一点O,作M点的矢径$\boldsymbol{r} = \overrightarrow{OM}$,$\theta$为$\boldsymbol{r}$与$Oz$轴正向间的夹角。如图 6.26

(a)所示，则 M 点的速度可表示为

$$\boldsymbol{v}=\boldsymbol{\omega}\times\boldsymbol{r} \tag{6-46}$$

因按矢积的定义，$|\boldsymbol{\omega}\times\boldsymbol{r}|=\omega r\sin\theta=\omega R=v$，而矢积$(\boldsymbol{\omega}\times\boldsymbol{r})$的方向垂直于 $\boldsymbol{\omega}$ 与 $\boldsymbol{r}$ 组成的平面。故也与转动半径 R 垂直，其指向恰与 M 点的速度方向相同。

将式(6-46)对时间求导，得 M 点的加速度

$$\boldsymbol{a}=\frac{\mathrm{d}\boldsymbol{v}}{\mathrm{d}t}=\frac{\mathrm{d}(\boldsymbol{\omega}\times\boldsymbol{r})}{\mathrm{d}t}=\frac{\mathrm{d}\boldsymbol{\omega}}{\mathrm{d}t}\times\boldsymbol{r}+\boldsymbol{\omega}\times\frac{\mathrm{d}\boldsymbol{r}}{\mathrm{d}t}$$

即

$$\boldsymbol{a}=\boldsymbol{\alpha}\times\boldsymbol{r}+\boldsymbol{\omega}\times\boldsymbol{v} \tag{6-47}$$

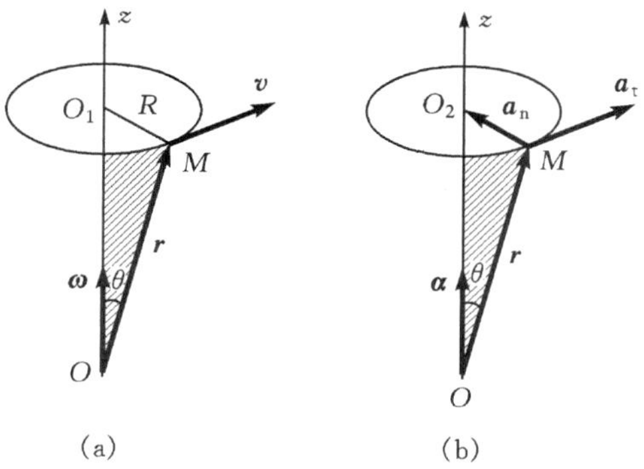

图 6.26

式(6-47)右边第一项$(\boldsymbol{\alpha}\times\boldsymbol{r})$的大小

$$|\boldsymbol{\alpha}\times\boldsymbol{r}|=\alpha r\sin\theta=R\alpha=a_{\mathrm{t}}$$

即$|\boldsymbol{\alpha}\times\boldsymbol{r}|$与 M 点的切向加速度大小相等；$(\boldsymbol{\alpha}\times\boldsymbol{r})$的方向按右手法则，与 M 点切向加速度方向相同(图 6.26(b))。故

$$\boldsymbol{a}_{\mathrm{t}}=\boldsymbol{\alpha}\times\boldsymbol{r} \tag{6-48}$$

式(6-47)右边第二项$(\boldsymbol{\omega}\times\boldsymbol{v})$的大小

$$|\boldsymbol{\omega}\times\boldsymbol{v}|=\omega v\sin 90^\circ=\omega^2R=a_{\mathrm{n}}$$

且$(\boldsymbol{\omega}\times\boldsymbol{v})$的方向沿转动半径指向 O_1 点，与 M 点的法向加速度方向相同(图 6.26(b))。故

$$\boldsymbol{a}_{\mathrm{n}}=\boldsymbol{\omega}\times\boldsymbol{v}=\boldsymbol{\omega}\times(\boldsymbol{\omega}\times\boldsymbol{r}) \tag{6-49}$$

综上所述：**定轴转动刚体上任一点的切向加速度等于刚体的角加速度矢与该点矢径的矢积；法向加速度等于刚体的角速度矢与该点速度矢的矢积，或等于角速度矢与该点矢径的二重矢积。**

例 6.7　如图 6.27 所示，刚体绕固定轴 z 以角速度 ω 转动。在刚体内任取一点 A，以 A 为原点建立固连于刚体的直角坐标系 $Ax'y'z'$。若以 $\boldsymbol{i}'$、$\boldsymbol{j}'$、$\boldsymbol{k}'$ 分别表示沿 x'、y'、z' 轴的单位矢量，试求 $\boldsymbol{i}'$、$\boldsymbol{j}'$、$\boldsymbol{k}'$ 随时间的变化规律。

解　设单位矢量 $\boldsymbol{i}'$ 的端点为 B(图 6.27)，分别以 $\boldsymbol{r}_A$、$\boldsymbol{r}_B$ 表示点 A、B 相对于固定转轴 z 上的点 O 的矢径，则有

$$\boldsymbol{i}'=\boldsymbol{r}_B-\boldsymbol{r}_A \tag{1}$$

$$\frac{\mathrm{d}\boldsymbol{i}'}{\mathrm{d}t}=\frac{\mathrm{d}\boldsymbol{r}_B}{\mathrm{d}t}-\frac{\mathrm{d}\boldsymbol{r}_A}{\mathrm{d}t}=\boldsymbol{v}_B-\boldsymbol{v}_A \tag{2}$$

由于点 A 和 B 都是定轴转动刚体上的点，因此有

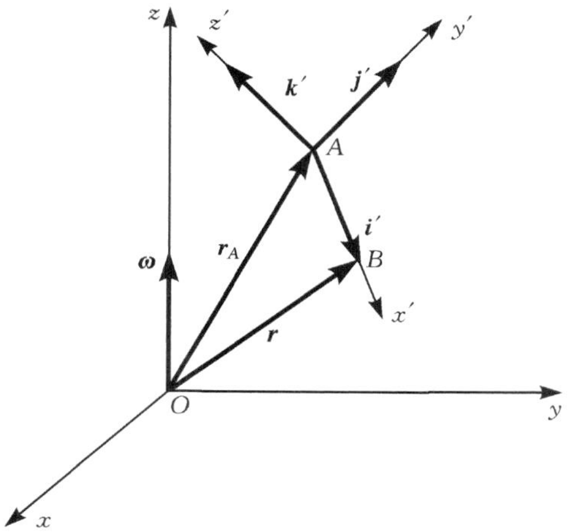

图 6.27

$$\boldsymbol{v}_B=\boldsymbol{\omega}\times\boldsymbol{r}_B,\qquad \boldsymbol{v}_A=\boldsymbol{\omega}\times\boldsymbol{r}_A \tag{3}$$

由上述三式可得

$$\frac{\mathrm{d}\boldsymbol{i}'}{\mathrm{d}t}=\boldsymbol{\omega}\times\boldsymbol{r}_B-\boldsymbol{\omega}\times\boldsymbol{r}_A=\boldsymbol{\omega}(\boldsymbol{r}_B-\boldsymbol{r}_A)=\boldsymbol{\omega}\times\boldsymbol{i}'$$

同理可得 $\frac{\mathrm{d}\boldsymbol{j}'}{\mathrm{d}t}=\boldsymbol{\omega}\times\boldsymbol{j}'$， $\frac{\mathrm{d}\boldsymbol{k}'}{\mathrm{d}t}=\boldsymbol{\omega}\times\boldsymbol{k}'$

故单位矢量 $\boldsymbol{i}'$、$\boldsymbol{j}'$、$\boldsymbol{k}'$随时间的变化规律为

$$\left.\begin{aligned}\frac{\mathrm{d}\boldsymbol{i}'}{\mathrm{d}t}&=\boldsymbol{\omega}\times\boldsymbol{i}'\\\frac{\mathrm{d}\boldsymbol{j}'}{\mathrm{d}t}&=\boldsymbol{\omega}\times\boldsymbol{j}'\\\frac{\mathrm{d}\boldsymbol{k}'}{\mathrm{d}t}&=\boldsymbol{\omega}\times\boldsymbol{k}'\end{aligned}\right\}\tag{6-50}$$

式(6－50)称为**泊松公式**。

思考题

6.1 试说明点在下述情况作何种运动：

(1) $a_t\equiv0$， $a_n\equiv0$； (2) $a_t\neq0$， $a_n\equiv0$；

(3) $a_t\equiv0$， $a_n\neq0$； (4) $a_t\neq0$， $a_n\neq0$。

6.2 $\frac{\mathrm{d}\boldsymbol{r}}{\mathrm{d}t}$和$\frac{\mathrm{d}r}{\mathrm{d}t}$有何区别？因为$\frac{\mathrm{d}\boldsymbol{r}}{\mathrm{d}t}=\boldsymbol{v}$，若用 v_t 表示点的速度 $\boldsymbol{v}$ 在切线上的投影，是否有$\frac{\mathrm{d}r}{\mathrm{d}t}=v_t$？

6.3 $\frac{\mathrm{d}\boldsymbol{v}}{\mathrm{d}t}$和$\frac{\mathrm{d}v}{\mathrm{d}t}$有何区别？

6.4 给出点的直角坐标形式的运动方程，如何求点的轨迹上某点的曲率半径？

6.5 若刚体内每一点都作圆周运动，则该刚体是否一定作定轴转动？

6.6 “平动刚体内各点的轨迹一定是直线或平面曲线，定轴转动刚体内各点的轨迹一定是圆。”这种说法对吗？

习题

6.1 已知点的直角坐标形式的运动方程如下：

(a) $x=4t-2t^2$， $y=3t-1.5t^2$

(b) $x=r\cos\omega t$， $y=h+r\sin\omega t$

(c) $x=a\cos^2kt$， $y=a\sin^2kt$

其中，r、h、a、ω、k 均为常量。试求：(1) 动点的运动轨迹方程；(2) 以 $t=0$时点的初始位置为原点，写出动点沿轨迹的运动方程。

6.2 半圆形凸轮以匀速 $v_0=1$ cm/s 沿水平方向向左运动，使活塞杆 AB 沿铅直方向运动。当运动开始时，活塞杆 A 端在凸轮的最高点。若凸轮的半径 $R=8$ cm，求活塞 B 的运动方程和速度。

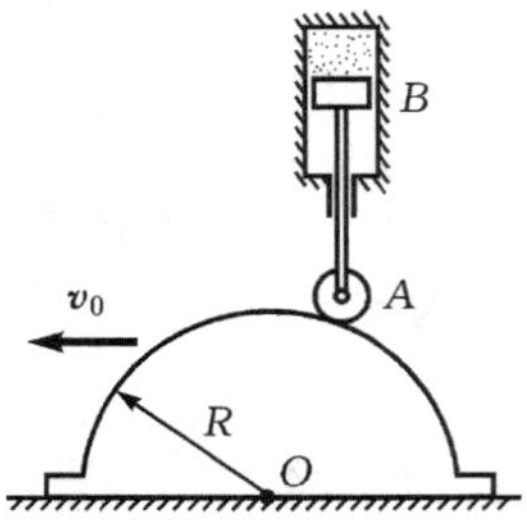

题 6.2 图

6.3 重物 C 由绕定滑轮 A 的绳索牵引而沿铅直导轨上升，滑

轮至导轨的水平距离为 b。设绳子自由端以匀速 v 向下拉动，试求重物 C 的速度和加速度与 x 的关系。滑轮尺寸不计。

6.4　雷达在距火箭发射台 B 为 l 的 O 点处观测铅直上升的火箭，测得角 θ 的规律 $\theta=kt$（k 为常数）。试写出火箭的运动方程，并计算 $\theta=\pi/6$ 和 $\pi/3$ 时火箭的速度和加速度。

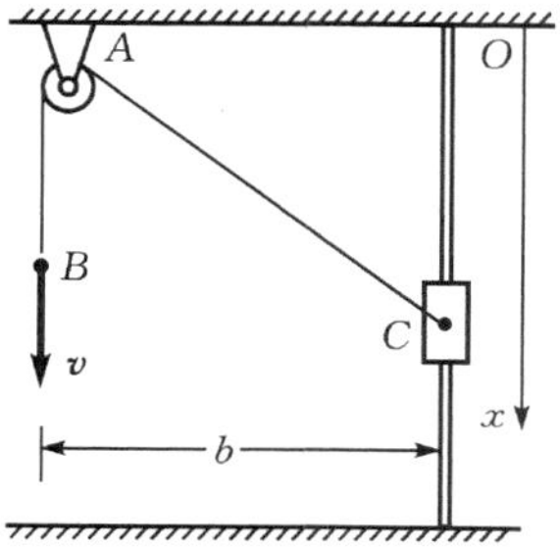

题 6.3 图

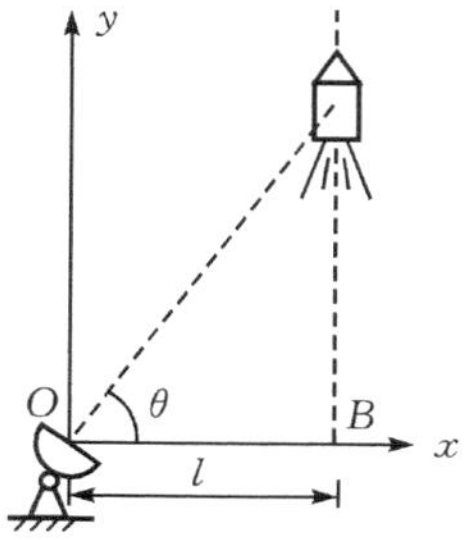

题 6.4 图

6.5　牵引式滑翔机 M 放在高出地面为 h 的平台上，牵引车 A 在点 D 处由静止开始以匀加速度 $\boldsymbol{a}$ 驶出，通过缆索 ACM 牵动滑翔机。设 ACM 在同一铅直面内，试求滑翔机在平台滑跑的运动方程、速度和加速度。

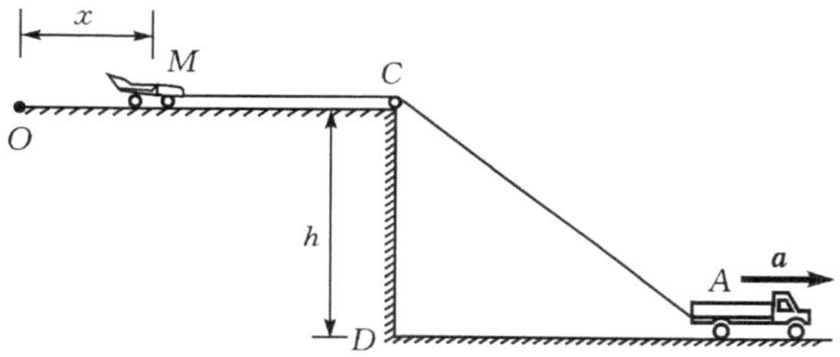

题 6.5 图

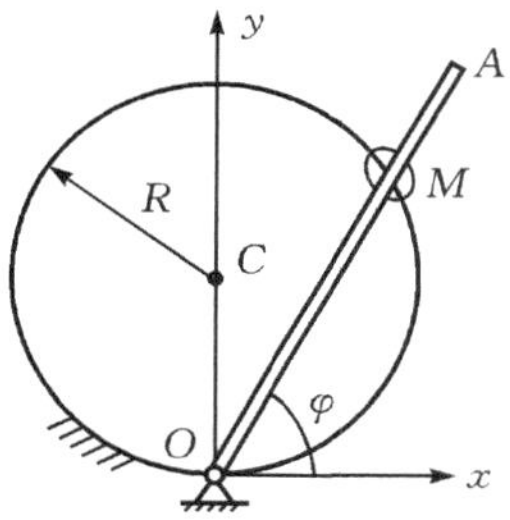

题 6.6 图

6.6　半径为 R 的圆环固定不动，OA 杆绕 O 轴转动且转角 $\varphi=t^2/2$。小环 M 套在杆和圆环上，由杆带动使其沿大圆环运动。试分别用直角坐标法和自然法求小环 M 的速度和加速度，以及小环 M 相对于 OA 杆的速度。

6.7　杆 AB 穿过套筒 N，A 端铰接于曲柄 OA，套筒可绕定轴 N 转动，且$\overline{ON}=\overline{OA}=r$。已知曲柄转角的变化规律为 $\varphi=\omega t$（ω 为常数）。设$\overline{AB}=l=2r$，试写出 B 端的运动方程，并求 $\varphi=60°$时，B 点的速度和加速度。

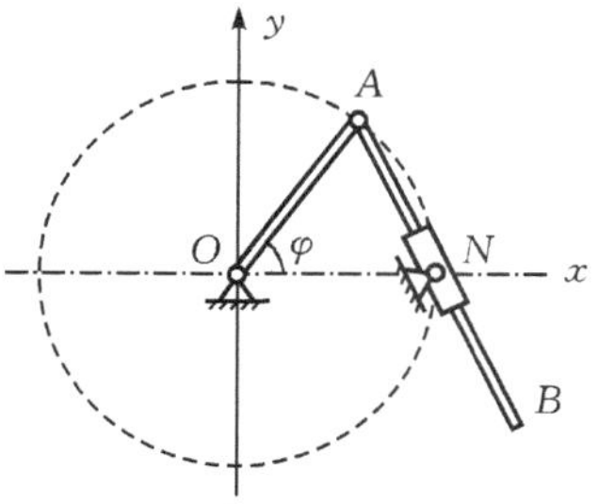

题 6.7 图

6.8　已知点的直角坐标形式的运动为

$$x=t^2-t,\quad y=2t$$

其中，x、y 以 m 计，t 以 s 计。求当 $t=1$ s 时该点的速度、切向加速度、法向加速度及轨迹的曲率半径。

6.9　列车车头由东转向北时，要经过一段半径为 750 m 的弧段，已知车头在弧段行驶的距离可写为 $s=80t-t^2$ m。求车头

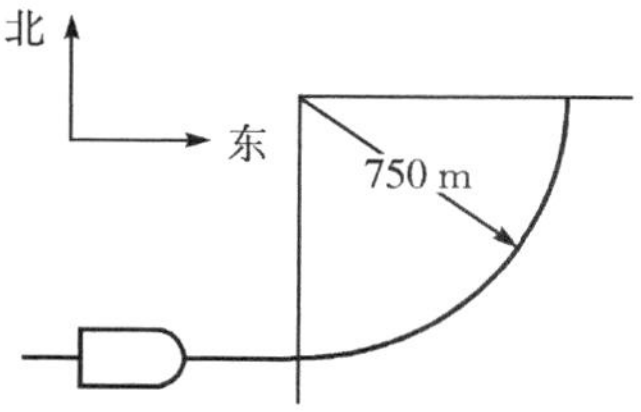

题 6.9 图

进入弧段 1200 m 时的速度和加速度。

6.10　定向爆破时，爆破物从起爆点 A 到散落点 B 的运动可近似地视为抛物线运动。设 A、B 两处高度差为 H，水平距离为 L。初速 $\boldsymbol{v}_0$ 与水平线夹角为 α。试证明 $\boldsymbol{v}_0$ 的大小为

$$v_0=\sqrt{\frac{gL}{[1+(H/L)\cot\alpha]\sin2\alpha}}$$

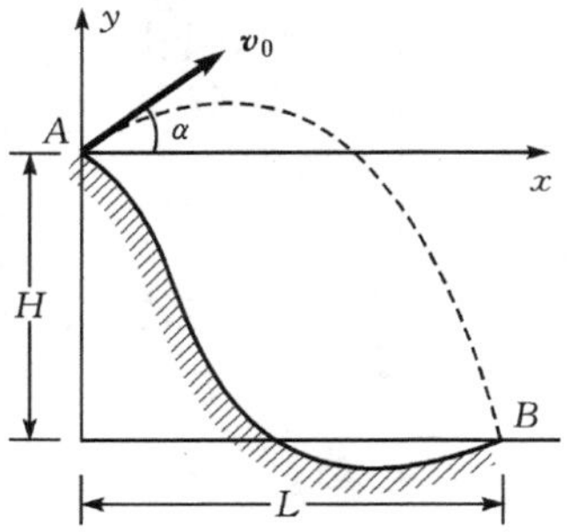

题 6.10 图

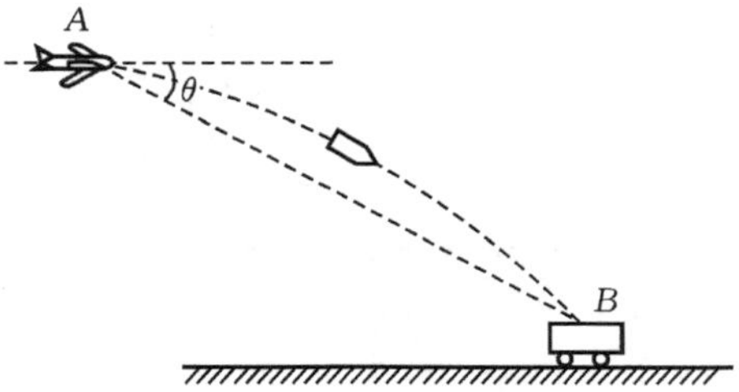

题 6.11 图

6.11　飞机以 $v=970$ km/h 的速度水平飞行，高度为 1500 m。在 A 处发射一火箭，若火箭推进器能产生一水平匀加速度 $0.5g$（g 为重力加速度的大小）。问发射时瞄准的视线与水平线的夹角 θ 应为多少方能击中地面的固定目标 B。

6.12　曲柄 $\overline{O_1A}=\overline{O_2B}=2r$，以匀角速度 ω_0 转动，$\overline{AB}=\overline{O_1O_2}$，在连杆 AB 的中点固连半径为 r 的齿轮Ⅰ，当齿轮Ⅰ转动时带动半径为 r 的齿轮Ⅱ绕 O 轴转动。试求齿轮Ⅱ的角速度及轮缘上任一点的加速度。

6.13　已知搅拌机主动齿轮 O_1 以 $n=960$ r/min 的转速转动。搅杆 ABC 用销钉 A、B 与齿轮 O_2、O_3 铰接，且 $\overline{AB}=\overline{O_2O_3}$，$\overline{O_2B}=\overline{O_3A}=25$ cm。各齿轮的齿数分别为 $z_1=20$，$z_2=z_3=50$，求搅杆端点 C 的速度。

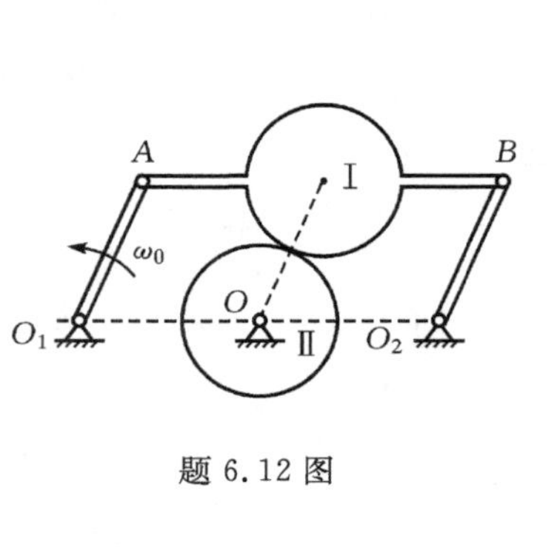

题 6.12 图

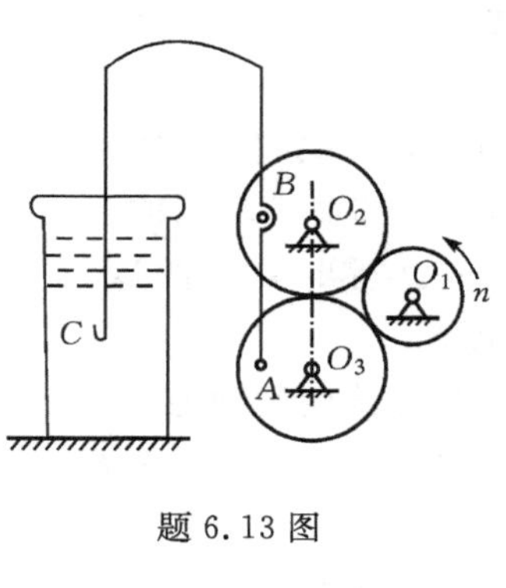

题 6.13 图

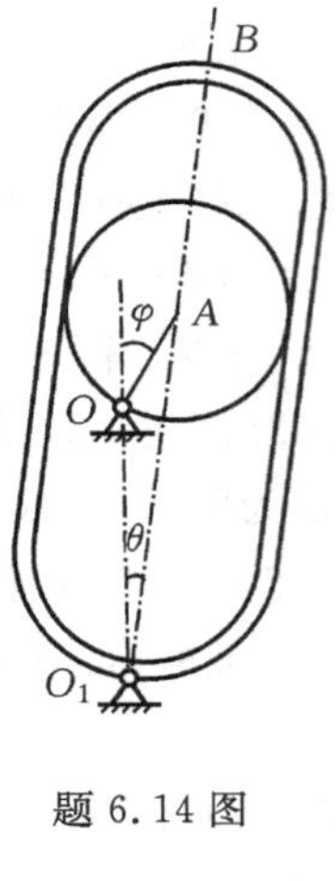

题 6.14 图

6.14　凸轮摆杆机构如图所示，圆形凸轮 A 的半径为 r，绕通过轮缘 O 点而垂直于纸面的轴顺钟向转动，转角 $\varphi=\omega t$（ω 为常数）。凸轮转动时带动摆杆 O_1B 绕 O_1 轴往复摆动，两轴间

距离$\overline{OO_1}=l$。求摆杆的运动方程、角速度和角加速度。

6.15　提升重物的铰车通过主动轴Ⅰ上的小齿轮和从动轴上的大齿轮啮合带动鼓轮转动，设小齿轮和大齿轮的齿数分别为 z_1 和 z_2，鼓轮半径为 R，主动轴Ⅰ的转动方程 $\varphi_1=2\pi t^2$ rad(t 以 s 计)。试求被提升重物的运动方程、速度和加速度。设 $t=0$ 时，$y=0$。

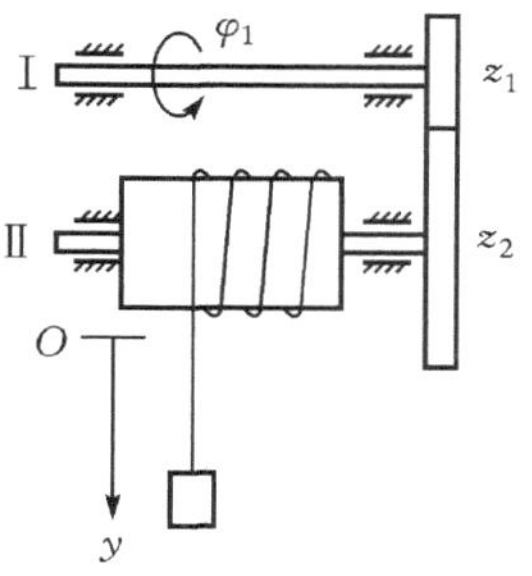

题 6.15 图

6.16　当涡轮机发动时，涡轮的转角与时间 t 的立方成正比。当 $t=3$ s 时，涡轮的转速 $n=810$ r/min。试求涡轮的转动方程以及当 $t=5$ s 时与转轴相距 5 cm 处叶片上 M 点的速度和加速度。

6.17　一飞轮绕固定轴转动，某段运动过程中其轮缘上任一点的全加速度与半径的夹角恒为 60°。此段运动开始时，其转角 $\varphi_0=0$，角速度为 ω_0。求飞轮的转动方程以及角速度与转角的关系。

6.18　指针指示器机构中，齿条 1 带动齿轮 2，在齿轮 2 的轴上固连一与齿轮 4 相啮合的齿轮 3，齿轮 4 固连一指针。已知齿条的运动方程 $s=a\sin kt$(a、k 为常数)，各齿轮的节圆半径分别为 r_2、r_3 和 r_4，求指针的角速度。

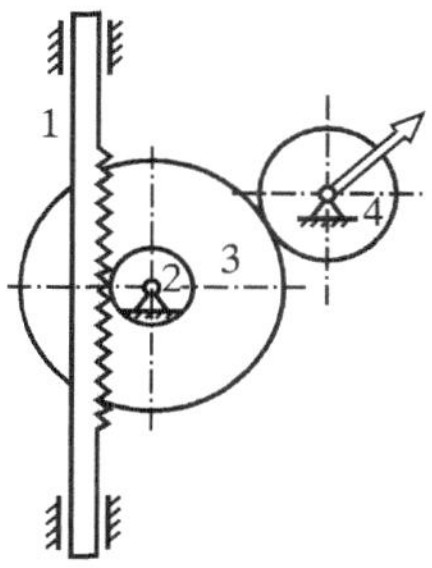

题 6.18 图

*__6.19__　飞机跟踪设备由两个相距为 l 的地面雷达站组成，它们各发出一定向波速 1、2，然后把角位移 θ_1、θ_2 及其导数(即雷达转动的角速度)输送给计算机，即可算出飞机的速度和位置。若飞机以匀速 v 水平飞行，且飞机与两个地面站恒在同一铅垂平面内。某瞬时地面站测得 $\theta_1=60°$，$\theta_2=45°$，波束 1 的角速度 $\omega_1=0.2$ rad/s，$l=5$ km，求飞机的飞行速度和离地面的高度。

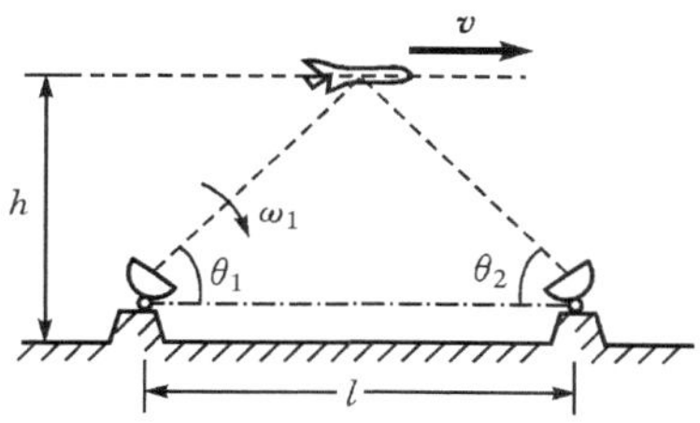

题*6.19 图

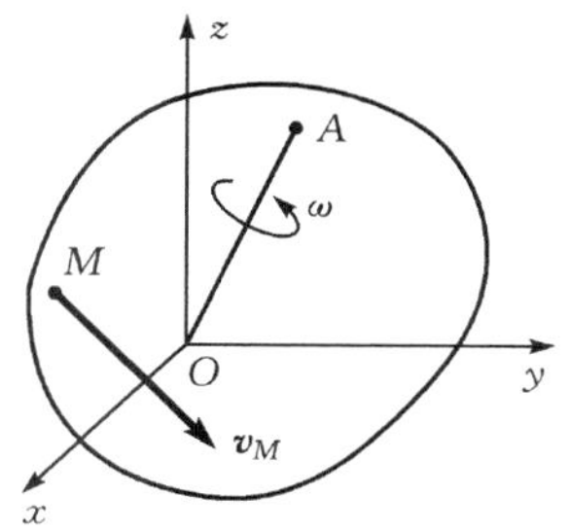

题 6.20 图

6.20　一刚体作定轴转动，某瞬时其角速度 $\omega=18$ rad/s。已知其转轴通过一固定直角坐标系 $Oxyz$ 中的原点 O 和 A 点，A 点的坐标为(10，40，80)。试求该瞬时刚体上坐标为(20，－10，10)的 M 点的速度。坐标长度以 mm 计。

第 7 章　点的合成运动

上一章描述物体的运动时，都是相对于某一个参考系而言的。但有时问题中会牵涉到两个参考系，而且需要研究同一物体相对于这两个不同的参考系运动之间的关系，这就必须考虑这两个参考系之间的相对运动。本章将建立一个点相对于两个不同参考系的运动(包括速度和加速度)之间的关系，并利用这些关系来研究点的复杂运动问题。在分析机构传动时，经常利用这些关系来确定从动件的运动。本章在机构运动分析中占有重要地位，同时也是研究刚体的复杂运动和动力学问题的基础。

7.1　点的绝对运动、相对运动和牵连运动

7.1.1　点的绝对运动、相对运动和牵连运动的概念

图 7.1 是机械工厂车间里常见的桥式起重机，当起吊重物时，若桥架固定不动，而卷扬小车沿桥面作直线平动，同时将吊钩上的重物铅垂向上提升，则站在小车上(即以小车为参考系)的观察者看到的重物 M 的运动是铅垂向上的直线运动。而站在地面上(即以地面为参考系)的观察者看到的重物 M 的运动是平面曲线运动。显然，重物 M 相对于地面的运动可以看成是相对于卷扬小车的运动(向上直线运动)和随同卷扬小车的运动(向右水平的直线平动)两者合成的结果。又如，直管 OB 以匀角速度 ω 在水平面内绕 O 轴转动(图 7.2)时，小球相对于管子(以管子为参考系)作直线运动，而对于地面(以地面为参考系)则作平面螺线运动，这也是当 M 点沿管子运动时，管子本身的转动牵带 M 点运动的结果。

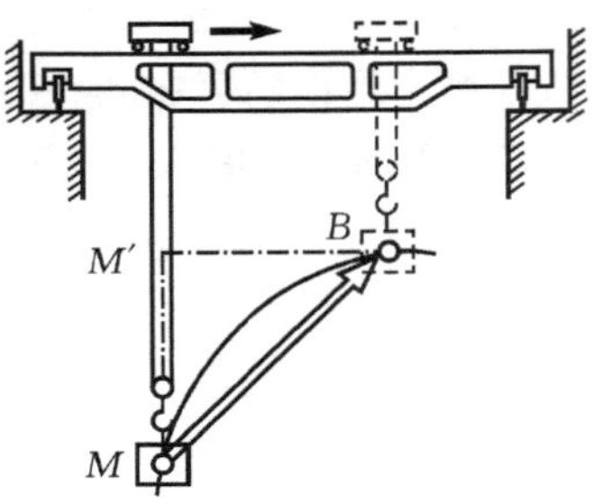

图 7.1

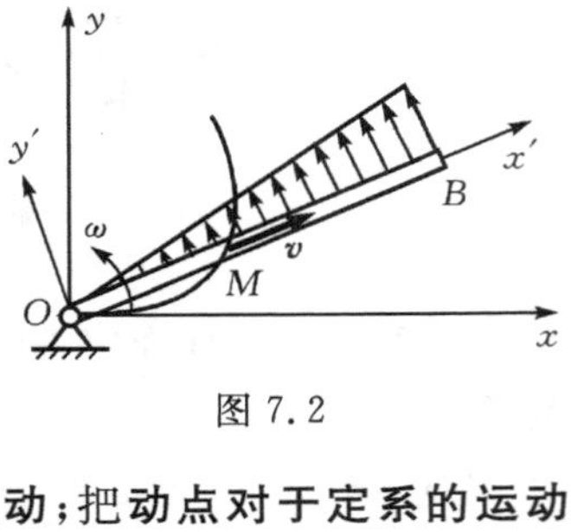

图 7.2

在上述两例中，都包括一个动点(研究对象)、两个参考系和三种不同的运动。为了区别起见，选取其中一个参考系为**定参考系**，简称为**定系**；另一个相对于定参考系运动的参考系(固连在运动物体上)为**动参考系**，简称为**动系**。应当注意，这里的“动”和“定”都只有相对的意义。我们把**动点对于动系的运动**称为**相对运动**；把**动点对于定系的运动**称为**绝对运动**或**合成运动**；而把**动系对于定系的运动**称为**牵连运动**。

在图 7.1 中，若以重物 M 为动点，定系固连在地面上，动系固连在卷扬小车上，则 M 点相对于地面的曲线运动是绝对运动，相对于卷扬小车的直线运动是相对运动，而卷扬小车对地面的平动则是牵连运动。在图 7.2 中，若以小球 M 为动点，动系固连在管子上，定系固连在地面上，则小球 M 相对于地面的平面螺线运动为绝对运动，球 M 沿管子的直线运动为相对运动，

而管子相对于地面的定轴转动为牵连运动。

必须指出，动点的绝对运动、相对运动都是指一个点的运动，它可能是直线运动或曲线运动；而牵连运动是指动系的运动，即刚体的运动，它可能是平动、定轴转动或刚体的其它运动形式。但动系并不完全等同于与之固连的刚体，因为具体问题中的刚体具有一定的几何尺寸，而动系却应理解为包括与之固连的刚体在内的、随刚体一起运动的空间。

7.1.2　绝对速度和绝对加速度、相对速度和相对加速度及牵连速度和牵连加速度的概念

动点对于定系运动的速度和加速度分别称为动点的**绝对速度**和**绝对加速度**，分别记为 $\boldsymbol{v}_a$ 和 $\boldsymbol{a}_a$。

动点对于动系运动的速度和加速度分别称为动点的**相对速度**和**相对加速度**，分别记为 $\boldsymbol{v}_r$ 和 $\boldsymbol{a}_r$。

由于动系是一个包含与之固连的刚体在内的运动空间，不是一个点，因此除动系作平动之外，动系上各点的运动状态是不同的。每一瞬时能够直接参与牵带动点运动的只是动系上的一个点，即**该瞬时动系上与动点相重合的点**，称为动点的**牵连点**。只有牵连点的运动才能给动点以直接的影响。因此，动点的牵连速度和牵连加速度可以这样定义：某瞬时动系上与动点相重合的点（即牵连点）对于定系运动的速度和加速度分别称为动点在该瞬时的**牵连速度**和**牵连加速度**，分别记为 $\boldsymbol{v}_e$ 和 $\boldsymbol{a}_e$。

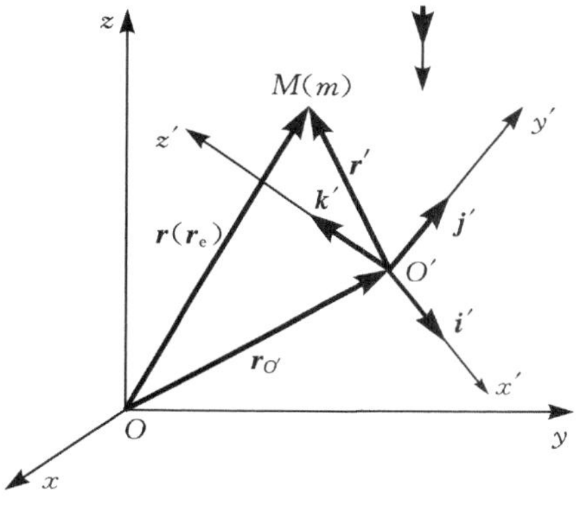

图 7.3

如图 7.3 所示，动点 M 相对于定系 $Oxyz$ 和动系 $Ox'y'z'$ 运动。动点 M 的相对运动矢径为

$$\boldsymbol{r}' = x'\boldsymbol{i}' + y'\boldsymbol{j}' + z'\boldsymbol{k}' \tag{7-1}$$

式中：单位矢量 $\boldsymbol{i}'$、$\boldsymbol{j}'$、$\boldsymbol{k}'$ 为常矢量。于是动点的相对速度 $\boldsymbol{v}_r$ 和相对加速度 $\boldsymbol{a}_r$ 分别为

$$\boldsymbol{v}_r = \left.\frac{d\boldsymbol{r}'}{dt}\right|_{\boldsymbol{i}',\boldsymbol{j}',\boldsymbol{k}'\text{为常矢量}} = \dot{x}'\boldsymbol{i}' + \dot{y}'\boldsymbol{j}' + \dot{z}'\boldsymbol{k}' \tag{7-2}$$

$$\boldsymbol{a}_r = \left.\frac{d^2\boldsymbol{r}'}{dt^2}\right|_{\boldsymbol{i}',\boldsymbol{j}',\boldsymbol{k}'\text{为常矢量}} = \ddot{x}'\boldsymbol{i}' + \ddot{y}'\boldsymbol{j}' + \ddot{z}'\boldsymbol{k}' \tag{7-3}$$

若动系的坐标原点 O' 相对于定系 $Oxyz$ 的矢径为 $\boldsymbol{r}_{O'}$，则动点 M 的绝对运动矢径为

$$\boldsymbol{r} = \boldsymbol{r}_{O'} + \boldsymbol{r}' = \boldsymbol{r}_{O'} + x'\boldsymbol{i}' + y'\boldsymbol{j}' + z'\boldsymbol{k}' \tag{7-4}$$

式中：坐标 x'、y'、z' 和单位矢量 $\boldsymbol{i}'$、$\boldsymbol{j}'$、$\boldsymbol{k}'$ 皆为变量。于是动点 M 的绝对速度 $\boldsymbol{v}_a$ 和绝对加速度 $\boldsymbol{a}_a$ 分别为

$$\boldsymbol{v}_a = \frac{d\boldsymbol{r}}{dt} = \frac{d\boldsymbol{r}_{O'}}{dt} + \frac{d\boldsymbol{r}'}{dt} = \dot{\boldsymbol{r}}_{O'} + x'\dot{\boldsymbol{i}}' + y'\dot{\boldsymbol{j}}' + z'\dot{\boldsymbol{k}}' + \dot{x}'\boldsymbol{i}' + \dot{y}'\boldsymbol{j}' + \dot{z}'\boldsymbol{k}' \tag{7-5}$$

$$\boldsymbol{a}_a = \frac{d^2\boldsymbol{r}}{dt^2} = \frac{d^2\boldsymbol{r}_{O'}}{dt^2} + \frac{d^2\boldsymbol{r}'}{dt^2} = \ddot{\boldsymbol{r}}_{O'} + x'\ddot{\boldsymbol{i}}' + y'\ddot{\boldsymbol{j}}' + z'\ddot{\boldsymbol{k}}' + \ddot{x}'\boldsymbol{i}' + \ddot{y}'\boldsymbol{j}' + \ddot{z}'\boldsymbol{k}' + 2(\dot{x}'\dot{\boldsymbol{i}}' + \dot{y}'\dot{\boldsymbol{j}}' + \dot{z}'\dot{\boldsymbol{k}}') \tag{7-6}$$

令

$$\boldsymbol{a}_C = 2(\dot{x}'\dot{\boldsymbol{i}}' + \dot{y}'\dot{\boldsymbol{j}}' + \dot{z}'\dot{\boldsymbol{k}}') \tag{7-7}$$

$\boldsymbol{a}_C$ 称为**科里奥利加速度**，简称**科氏加速度**。它是法国科学家科里奥利（Coriolis）于 1832

年在研究水轮机的转动时发现的。不难看出，科氏加速度 $\boldsymbol{a}_C$ 的产生是动点的相对运动和牵连运动相互影响的结果。

在图 7.3 中，若动点 M 的牵连点为 m，则牵连点 m 的矢径为

$$\boldsymbol{r}_e=\boldsymbol{r}=\boldsymbol{r}_{O'}+\boldsymbol{r}'=\boldsymbol{r}_{O'}+x'\boldsymbol{i}'+y'\boldsymbol{j}'+z'\boldsymbol{k}' \quad (7-8)$$

式(7－8)与式(7－4)在形式上完全相同，但应当注意，由于牵连点 m 是动系 $Ox'y'z'$ 上的点，所以式(7－8)中的坐标 x'、y'、z'为常量。于是动点牵连速度 $\boldsymbol{v}_e$ 和牵连加速度 $\boldsymbol{a}_e$ 分别为

$$\boldsymbol{v}_e=\left.\frac{d\boldsymbol{r}}{dt}\right|_{x',y',z'\text{为常量}}=\dot{\boldsymbol{r}}_{O'}+x'\dot{\boldsymbol{i}}'+y'\dot{\boldsymbol{j}}'+z'\dot{\boldsymbol{k}}' \quad (7-9)$$

$$\boldsymbol{a}_e=\left.\frac{d^2\boldsymbol{r}}{dt^2}\right|_{x',y',z'\text{为常量}}=\ddot{\boldsymbol{r}}_{O'}+x'\ddot{\boldsymbol{i}}'+y'\ddot{\boldsymbol{j}}'+z'\ddot{\boldsymbol{k}}' \quad (7-10)$$

例 7.1 动点 M 沿半径为 r 的圆环 O 以 $s=\pi rt/8$ 的规律顺钟向运动。同时，圆环又以 $\varphi=\pi/3+\pi t/6$ 的规律绕与圆环平面垂直的轴 A 顺钟向转动，如图 7.4(a)所示。设开始时动点在环上 B 处，B、O、A 在同一直线上。试以圆环为动系，定系固连于机架，确定 $t=1,2$ s 时动点的位置，并画出其 $\boldsymbol{v}_r$ 和 $\boldsymbol{v}_e$ 的方向。

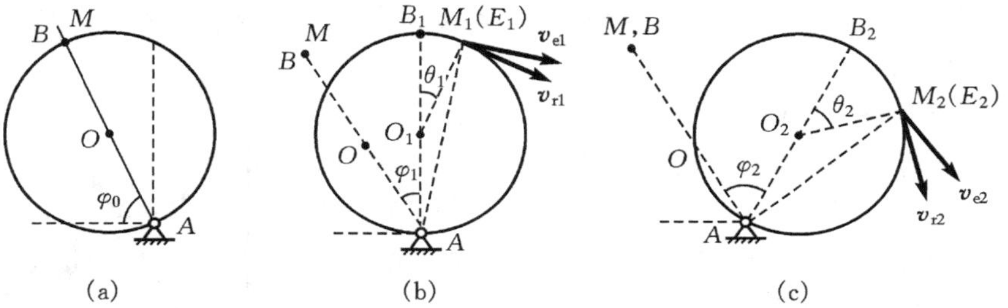

图 7.4

解：依题意，M 点的相对运动为沿圆环的圆周运动，牵连运动为圆环绕 A 轴的定轴转动。$t=1$ s 时，圆环转过 $\varphi_1=\pi/6$，AOB 转到 AO_1B_1 位置(图 7.4(b))。M 点沿圆环走过 $s_1=\pi r/8$，即 $\theta_1=\pi/8$。故此时动点和牵连点在 M_1、E_1 位置，故 $\boldsymbol{v}_{r1}\perp O_1M_1$，$\boldsymbol{v}_{e1}\perp AE_1$。

$t=2$ s 时，圆环转过 $\varphi_2=\pi/3$，AOB 转到 AO_2B_2 位置(图 7.4(c))。M 点沿圆环走过 $s_2=\pi r/4$，即 $\theta_2=\pi/4$。此时动点和牵连点在 M_2 和 E_2，故 $\boldsymbol{v}_{r2}\perp O_2M_2$，$\boldsymbol{v}_{e2}\perp AE_2$。

可见，动点和牵连点是一对相伴点，每一瞬时它们都重合在一起，但一个是与动系有相对运动的动点，另一个则是动系上的几何点。

7.2 速度合成定理

根据动点的绝对速度、牵连速度和相对速度的定义，由式(7－2)、(7－5)和(7－9)可得

$$\boldsymbol{v}_a=\boldsymbol{v}_e+\boldsymbol{v}_r \quad (7-11)$$

这就是**速度合成定理**。它表明：**某瞬时动点的绝对速度等于其牵连速度与相对速度的矢量和**。也就是说，动点的绝对速度可以用其牵连速度与相对速度为邻边所构成的平行四边形的对角线来确定。这个平行四边形称为**速度平行四边形**。

在定理的推导过程中，未对牵连运动作任何限制，这表明速度合成定理对任何形式的牵连运动都适用。

式(7-11)是矢量方程，式中的三个量 $\boldsymbol{v}_a$、$\boldsymbol{v}_e$、$\boldsymbol{v}_r$ 组成一速度平行四边形，而每一个量包含大小与方向两个要素，只要知道六个要素中的任意四个，即可求得其余两个要素。具体计算时既可用几何法，又可用解析法。

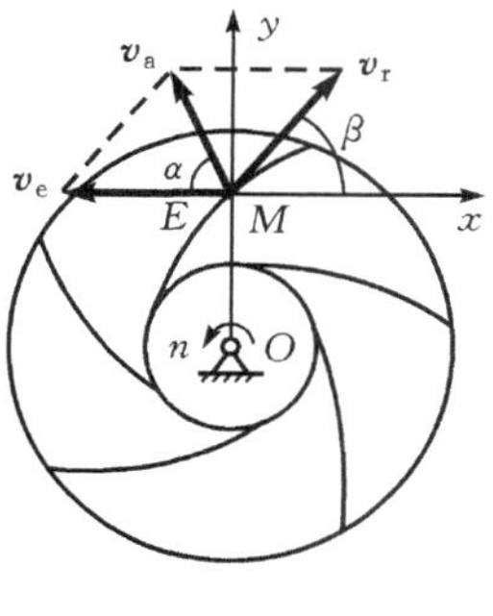

图 7.5

例 7.2　离心水泵的叶轮以转速 $n=1450$ r/min 绕 O 轴转动(图 7.5)。水沿叶片作相对运动。叶片上一点 E 离 O 轴的距离 $r=7.5$ cm。当 OE 位于铅垂位置时，叶片在 E 点的切线与水平线的夹角为 $\beta=20°11'$。设已知在 E 点处水滴的绝对速度方向与水平线夹角 $\alpha=75°$。试求水滴绝对速度和相对速度的大小。

解：以 E 点处水滴 M 为动点，动系固连于叶轮，定系固连于地面。于是，M 点的绝对运动为曲线运动，相对运动为沿叶片的曲线运动，牵连运动为定轴转动。

动点的三种速度分析如表 7.1 所示。

表 7.1

速度	$\boldsymbol{v}_a$	$\boldsymbol{v}_e$	$\boldsymbol{v}_r$
大小	未知	$rn\pi/30$	未知
方向	如图示	$\perp OM$	沿叶片切线

由 $\boldsymbol{v}_a=\boldsymbol{v}_e+\boldsymbol{v}_r$ 可得速度矢量图。建立图示坐标系 Mxy。将矢量方程分别向 x、y 轴投影，有

$$-v_a\cos\alpha=-v_e+v_r\cos\beta \tag{1}$$

$$v_a\sin\alpha=v_r\sin\beta \tag{2}$$

从而可解得

$$v_a=\frac{rn\pi/30}{\cos\alpha+\sin\alpha\cot\beta}=\frac{7.5\times1450\pi/30}{\cos75°+\sin75°\cot20°11'}=3.93\ \text{m/s}$$

$$v_r=\frac{\sin75°}{\sin20°11'}\times3.93=11.0\ \text{m/s}$$

本题是点的合成运动问题中的一种常见类型。如气流或水流质点在燃气涡轮机、空气压缩机、水轮机中运动都属于此种类型。

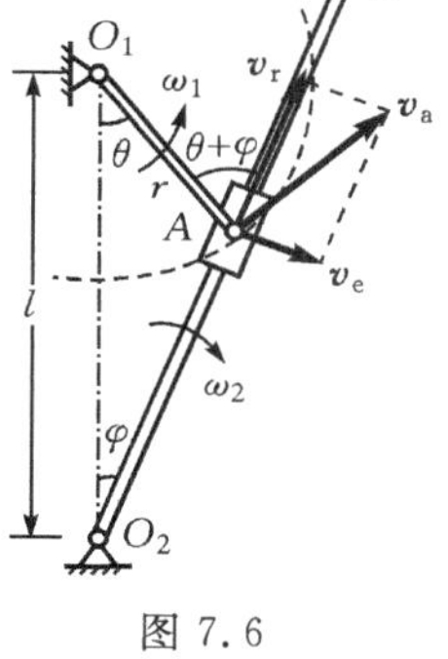

图 7.6

例 7.3　图 7.6 所示急回机构中，已知曲柄 O_1A 长为 r，以匀角速度 ω_1 转动。试求图示位置时摇杆 O_2B 的角速度 ω_2。

解：以曲柄 O_1A 的端点 A 为动点，动系固连在摇杆 O_2B 上，定系固连于机座。于是，动点的绝对运动为圆周运动，相对运动为直线运动，牵连运动为定轴转动。

动点的三种速度分析如表 7.2 所示。

表 7.2

速度	$\boldsymbol{v}_a$	$\boldsymbol{v}_e$	$\boldsymbol{v}_r$
大小	$r\omega_1$	未知	未知
方向	$\perp O_1A$	$\perp O_2B$	沿 O_2B

根据速度合成定理 $\boldsymbol{v}_a=\boldsymbol{v}_e+\boldsymbol{v}_r$ 可得图示的速度平行四边形，由图 7.6 中的几何关系，有

$$v_r = v_a\cos[90° - (\theta+\varphi)] = r\omega_1\sin(\theta+\varphi)$$

$$v_e = v_a\sin[90° - (\theta+\varphi)] = r\omega_1\cos(\varphi+\theta)$$

而

$$\overline{O_2A}\cos(\theta+\varphi) = l\cos\theta - r$$

于是可求得摇杆 O_2B 的角速度为

$$\omega_2 = \frac{v_e}{\overline{O_2A}} = \frac{r(l\cos\theta - r)}{(\overline{O_2A})^2}\omega_1 = \frac{r(l\cos\theta - r)}{l^2+r^2-2lr\cos\theta}\omega_1$$

ω_2 的转向由 $\boldsymbol{v}_e$ 的指向确定，为顺钟向。

例 7.4 设飞机甲、乙在同一水平面内飞行。飞机甲的重心 A 沿以 O 为圆心、r 为半径的圆周以匀速 v_A 运动，飞机乙沿 CD 以 $v_B=2v_A$ 作匀速直线飞行，其重心为 B。当 OB 与 OE 的夹角为 $\varphi=30°$（$OE\perp CD$，$\overline{OE}=2r\cos30°$）时（图7.7），求 B 点相对于飞机甲的速度。

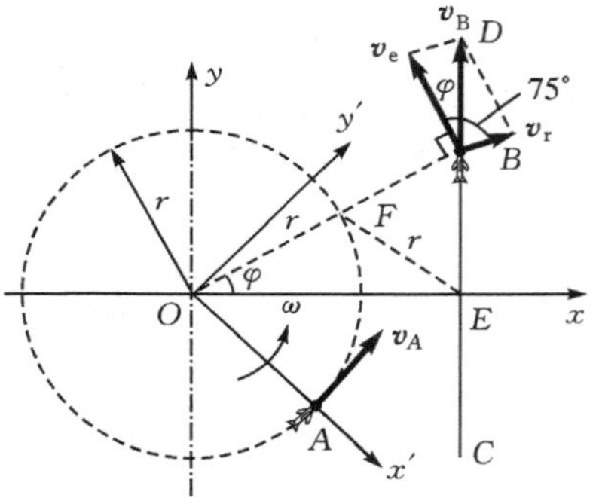

图 7.7

解：这是两个自由运动物体之间的相对运动问题，也是点的合成运动中常见的题目类型之一。

以飞机乙的重心 B 为动点，定系固连于地面，动系固连在飞机甲上。于是，动点的绝对运动为沿 CD 的直线运动；相对运动为某一曲线运动；牵连运动为定轴转动，转动的角速度 $\omega=v_A/r$。

动点的三种速度分析如表 7.3 所示。

表 7.3

速度	$\boldsymbol{v}_a=\boldsymbol{v}_B$	$\boldsymbol{v}_e$	$\boldsymbol{v}_r$
大小	$2v_A$	$\overline{OB}\,\omega=2v_A$	未知
方向	沿 CD	$\perp OB$	未知

在分析动点的牵连速度 $\boldsymbol{v}_e$ 时，应注意动系与飞机甲固连且作定轴转动。动点的牵连速度应是动系上与 B 相重合的点的运动速度。

因为 $\boldsymbol{v}_a=\boldsymbol{v}_B$ 及 $\boldsymbol{v}_e$ 的大小方向已知，由速度合成定理 $\boldsymbol{v}_a=\boldsymbol{v}_e+\boldsymbol{v}_r$，可作出速度平行四边形，如图 7.7 所示。由于 $\boldsymbol{v}_B$、$\boldsymbol{v}_e$ 的大小均为 $2v_A$，两矢量的夹角 $\varphi=30°$，故知 $\boldsymbol{v}_r$ 与 CD 夹角为 75°。由正弦定理得

$$v_r/\sin30° = v_e/\sin75°$$

故 B 点相对于飞机甲的速度

$$v_r = 2v_A\sin30°/\sin75° = v_A/\sin75° = 1.04v_A$$

通过上述各例可知，应用速度合成定理解题的基本步骤如下。

(1) 选取动点、动系和定系，并对动点作运动分析。其中动点、动系的恰当选择是问题的关键。恰当地选取动点和动系的主要原则是，应使动点的相对运动轨迹是已知的或易于确定的。

(2) 速度分析。即分析动点三种速度的大小和方向。在分析 $\boldsymbol{v}_e$ 时，要特别注意牵连点的

位置。

(3) 应用定理求解。由 $\boldsymbol{v}_a=\boldsymbol{v}_e+\boldsymbol{v}_r$，画出速度平行四边形，其中 $\boldsymbol{v}_a$ 一定要画在平行四边形的对角线位置。

7.3　加速度合成定理

根据动点的绝对加速度、牵连加速度、相对加速度和科氏加速度的定义，由式(7-2)、(7-4)、(7-5)和(7-7)可得

$$\boldsymbol{a}_a=\boldsymbol{a}_e+\boldsymbol{a}_r+\boldsymbol{a}_C \tag{7-12}$$

这个结论称为**加速度合成定理**。它表明：**某瞬时动点的绝对加速度等于其牵连加速度、相对加速度与科氏加速度的矢量和。**

下面讨论两种特殊情况。

1. 动系作平动

当动系作平动时，由于单位矢量 $\boldsymbol{i}'$、$\boldsymbol{j}'$、$\boldsymbol{k}'$为常矢量，即 $\dot{\boldsymbol{i}}'=\dot{\boldsymbol{j}}'=\dot{\boldsymbol{k}}'=0$，故

$$\boldsymbol{a}_C=2(\dot{x}'\dot{\boldsymbol{i}}'+\dot{y}'\dot{\boldsymbol{j}}'+\dot{z}'\dot{\boldsymbol{k}}')=0$$

于是可得

$$\boldsymbol{a}_a=\boldsymbol{a}_e+\boldsymbol{a}_r \tag{7-13}$$

上式称为**牵连运动为平动时的加速度合成定理**。它表明：**当牵连运动为平动时，某瞬时动点的绝对加速度等于其牵连加速度与相对加速度的矢量和。**

2. 动系作定轴转动

如图 7.8 所示，动系 $O'x'y'z'$绕固定轴 z 以角速度 $\boldsymbol{\omega}$ 转动，其单位矢量 $\boldsymbol{i}'$、$\boldsymbol{j}'$、$\boldsymbol{k}'$为变矢量。根据泊松公式(6-50)，有

$$\dot{\boldsymbol{i}}'=\boldsymbol{\omega}\times\boldsymbol{i}',\qquad \dot{\boldsymbol{j}}'=\boldsymbol{\omega}\times\boldsymbol{j}',\qquad \dot{\boldsymbol{k}}'=\boldsymbol{\omega}\times\boldsymbol{k}'$$

代入式(7-7)可得

$$\boldsymbol{a}_C=2(\dot{x}'\dot{\boldsymbol{i}}'+\dot{y}'\dot{\boldsymbol{j}}'+\dot{z}'\dot{\boldsymbol{k}}')=2\boldsymbol{\omega}\times(\dot{x}'\boldsymbol{i}'+\dot{y}'\boldsymbol{j}'+\dot{z}'\boldsymbol{k}')$$

而

$$\boldsymbol{v}_r=\dot{x}'\boldsymbol{i}'+\dot{y}'\boldsymbol{j}'+\dot{z}'\boldsymbol{k}'$$

故

$$\boldsymbol{a}_C=2\boldsymbol{\omega}\times\boldsymbol{v}_r \tag{7-14}$$

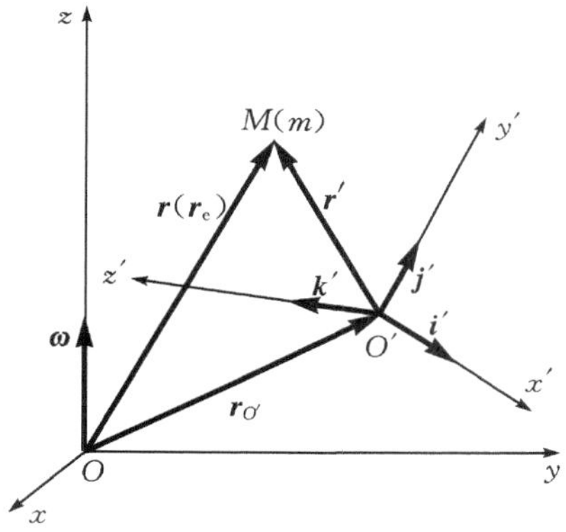

图 7.8

应当指出，式(7-14)虽然是由牵连运动为定轴转动时导出的，但当牵连运动为其它复杂的刚体运动形式时依然成立。

由式(7-14)可知，科氏加速度 $\boldsymbol{a}_C$ 的大小为

$$a_C=2\omega v_r\sin\theta$$

式中：θ 为矢量 $\boldsymbol{\omega}$ 与 $\boldsymbol{v}_r$ 之间小于 π 的夹角。$\boldsymbol{a}_C$ 的方位垂直于 $\boldsymbol{\omega}$ 与 $\boldsymbol{v}_r$ 决定的平面，指向由右手螺旋法则确定，如图 7.9(a)所示。

当 $\boldsymbol{\omega}/\!/\boldsymbol{v}_r$，即 $\theta=0°$或 $\theta=180°$时，$a_C=0$；当 $\boldsymbol{\omega}\perp\boldsymbol{v}_r$ 时，$\theta=90°$，$a_C=2\omega v_r$，在这种情况下，只

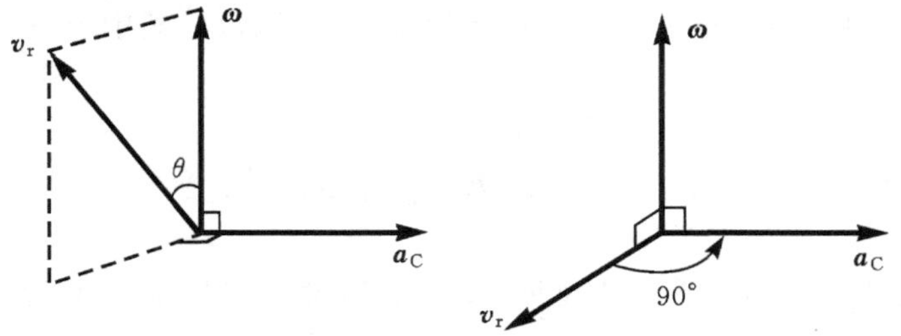

(a) (b)

图 7.9

要将 $\boldsymbol{v}_r$ 顺着角速度 $\boldsymbol{\omega}$ 的转向转过 90°，即可得到 $\boldsymbol{a}_C$ 的方向，如图 7.9(b)所示。工程中最为常见的平面机构运动问题，大都属于 $\theta=90°$的情形。

下面再通过一个特例加以证明。

证明：设动点在直杆 OA 上运动，同时，杆绕定轴 O 转动。图 7.10(a)表示动点在瞬时 t 以及 $t'=t+\Delta t$ 时的位置与速度。

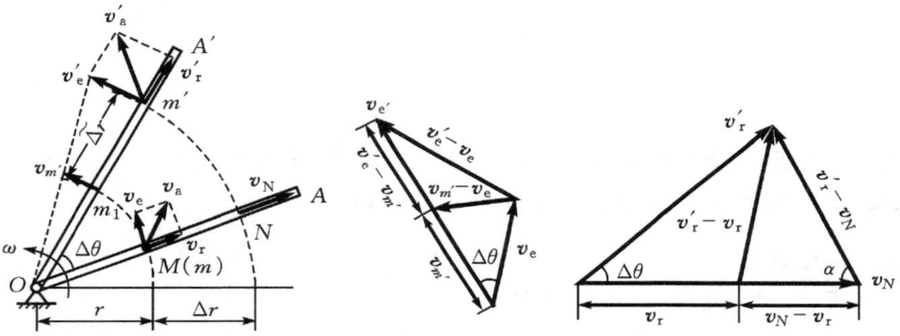

(a) (b) (c)

图 7.10

若将定系固连于机架，动系固连于直杆 OA，则由速度合成定理，动点在瞬时 t 的绝对速度为 $\boldsymbol{v}_a=\boldsymbol{v}_e+\boldsymbol{v}_r$，在瞬时 t' 的绝对速度为 $\boldsymbol{v}'_a=\boldsymbol{v}'_e+\boldsymbol{v}'_r$。因此，动点在 Δt 内的绝对速度增量 $\Delta\boldsymbol{v}$ 为

$$\Delta\boldsymbol{v}=\boldsymbol{v}'_a-\boldsymbol{v}_a=(\boldsymbol{v}'_e-\boldsymbol{v}_e)+(\boldsymbol{v}'_r-\boldsymbol{v}_r)$$

而上式中的$(\boldsymbol{v}'_e-\boldsymbol{v}_e)$可改写为

$$\boldsymbol{v}'_e-\boldsymbol{v}_e=(\boldsymbol{v}'_e-\boldsymbol{v}_{m'})+(\boldsymbol{v}_{m'}-\boldsymbol{v}_e)$$

$\boldsymbol{v}_{m'}$是 t 瞬时杆 OA 上与动点相重合的点 m 经过 Δt 后随杆运动到 m_1 时的速度。同样，可将$(\boldsymbol{v}'_r-\boldsymbol{v}_r)$改写成

$$(\boldsymbol{v}'_r-\boldsymbol{v}_r)=(\boldsymbol{v}'_r-\boldsymbol{v}_N)+(\boldsymbol{v}_N-\boldsymbol{v}_r)$$

$\boldsymbol{v}_N$ 是不考虑杆 OA 的转动，经过 Δt 后 M 点沿杆运动到位置 N 时的速度。于是，动点 M 在瞬时 t 的绝对加速度可写为

$$\boldsymbol{a}_a=\lim_{\Delta t\to 0}\frac{\Delta\boldsymbol{v}}{\Delta t}=\lim_{\Delta t\to 0}\frac{\boldsymbol{v}'_a-\boldsymbol{v}_a}{\Delta t}=\lim_{\Delta t\to 0}\frac{\boldsymbol{v}'_e-\boldsymbol{v}_e}{\Delta t}+\lim_{\Delta t\to 0}\frac{\boldsymbol{v}'_r-\boldsymbol{v}_r}{\Delta t}$$

$$\boldsymbol{a}_a=\lim_{\Delta t\to 0}\frac{\boldsymbol{v}'_e-\boldsymbol{v}_{m'}}{\Delta t}+\lim_{\Delta t\to 0}\frac{\boldsymbol{v}_{m'}-\boldsymbol{v}_e}{\Delta t}+\lim_{\Delta t\to 0}\frac{\boldsymbol{v}'_r-\boldsymbol{v}_N}{\Delta t}+\lim_{\Delta t\to 0}\frac{\boldsymbol{v}_N-\boldsymbol{v}_r}{\Delta t}\qquad (*)$$

现在考察式（*）中右边各项的物理意义。

(1) $\lim\limits_{\Delta t \to 0} \dfrac{\boldsymbol{v}_{m'} - \boldsymbol{v}_e}{\Delta t}$是瞬时 t 杆 OA 上与动点相重合的点（牵连点）m 的加速度。即等于动点的牵连加速度 $\boldsymbol{a}_e$。

(2) $\lim\limits_{\Delta t \to 0} \dfrac{\boldsymbol{v}_N - \boldsymbol{v}_r}{\Delta t}$是不考虑杆 OA 本身的转动时，动点对于动参考系的加速度。即动点的相对加速度 $\boldsymbol{a}_r$。

(3) $\lim\limits_{\Delta t \to 0} \dfrac{\boldsymbol{v}'_e - \boldsymbol{v}_{m'}}{\Delta t}$是由于相对运动使牵连速度发生附加变化而出现的加速度。用 $\boldsymbol{a}_{C1}$ 表示。由图 7.10(a)可知，$\boldsymbol{v}'_e = \boldsymbol{\omega} \times (\boldsymbol{r} + \widetilde{\Delta}\boldsymbol{r})$，$\boldsymbol{v}_{m'} = \boldsymbol{\omega} \times \boldsymbol{r}$。故

$$\lim_{\Delta t \to 0} \frac{\boldsymbol{v}'_e - \boldsymbol{v}_{m'}}{\Delta t} = \lim_{\Delta t \to 0} \frac{\boldsymbol{\omega} \times (\boldsymbol{r} + \widetilde{\Delta}\boldsymbol{r}) - \boldsymbol{\omega} \times \boldsymbol{r}}{\Delta t} = \boldsymbol{\omega} \times \lim_{\Delta t \to 0} \frac{\widetilde{\Delta}\boldsymbol{r}}{\Delta t}$$

此时的 $\widetilde{\Delta}\boldsymbol{r}$ 就是动点在 Δt 内的相对位移，故$\lim\limits_{\Delta t \to 0} \dfrac{\widetilde{\Delta}\boldsymbol{r}}{\Delta t} = \boldsymbol{v}_r$，所以

$$\boldsymbol{a}_{C1} = \lim_{\Delta t \to 0} \frac{\boldsymbol{v}'_e - \boldsymbol{v}_{m'}}{\Delta t} = \boldsymbol{\omega} \times \boldsymbol{v}_r$$

它反映了牵连速度受到相对运动的影响。

(4) $\lim\limits_{\Delta t \to 0} \dfrac{\boldsymbol{v}'_r - \boldsymbol{v}_N}{\Delta t}$是由于牵连转动使相对速度的方向发生变化而出现的加速度，用 $\boldsymbol{a}_{C2}$ 表示。由图 7.10(c)可见，它的大小为

$$\lim_{\Delta t \to 0} \left| \frac{\boldsymbol{v}'_r - \boldsymbol{v}_N}{\Delta t} \right| = \lim_{\Delta t \to 0} \left| \frac{2\boldsymbol{v}'_r \sin(\Delta\theta/2)}{\Delta t} \right| = \lim_{\Delta t \to 0} |\boldsymbol{v}'_r| \cdot \lim_{\Delta t \to 0} \frac{\Delta\theta}{\Delta t} = v_r \omega$$

其方向与$(\boldsymbol{v}'_r - \boldsymbol{v}_N)$的极限方向相同。当 $\Delta t \to 0$ 时，$\Delta\theta \to 0$，角 α 的极限值为 $\pi/2$。所以 $\boldsymbol{a}_{C2}$ 必垂直于 $\boldsymbol{v}_r$，指向与 ω 的转向一致，于是

$$\boldsymbol{a}_{C2} = \boldsymbol{\omega} \times \boldsymbol{v}_r$$

将(3)、(4)两项合并，得

$$\boldsymbol{a}_C = \boldsymbol{a}_{C1} + \boldsymbol{a}_{C2} = 2\boldsymbol{\omega} \times \boldsymbol{v}_r$$

综上所述式（*）可写成

$$\boldsymbol{a}_a = \boldsymbol{a}_e + \boldsymbol{a}_r + \boldsymbol{a}_C$$

定理得证。

例 7.5　图 7.11(a)所示的曲柄滑杆机构中，滑杆上有圆弧形滑道，其半径 $R = 100$ mm，圆

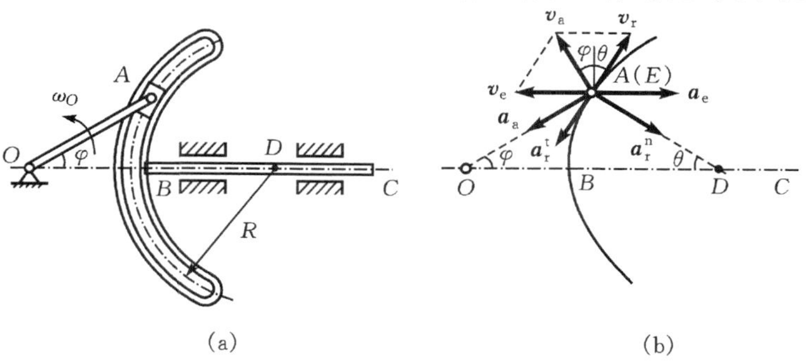

图 7.11

心在滑杆 BC 上的 D 处。曲柄长$\overline{OA}=r=100$ mm，以角速度$\omega_O=4$ rad/s绕 O 轴逆钟向匀速转动。求当曲柄与水平线的交角 $\varphi=30°$时，滑杆 BC 的加速度。

解：以曲柄 OA 的端点 A 为动点，动系固连于滑杆 BC 上。动点 A 的绝对运动为以 O 为圆心、r 为半径的圆周运动；相对运动为以 D 为圆心、R 为半径的圆周运动；牵连运动为滑杆 BC 沿水平轨道的直线平动。

动点的三种速度分析如表 7.4 所示。

表 7.4

速度	$\boldsymbol{v}_a$	$\boldsymbol{v}_e$	$\boldsymbol{v}_r$
大小	$r\omega_O$	未知	未知
方向	$\perp OA$	沿水平直线	$\perp AD$

根据速度合成定理 $\boldsymbol{v}_a=\boldsymbol{v}_e+\boldsymbol{v}_r$ 可得动点的速度平行四边形(图 7.11(b))。将各矢量向铅垂方向投影，有

$$v_a\cos\varphi = v_r\cos\theta$$

因为 $r\sin\varphi=R\sin\theta$，即 $\sin\varphi=\sin\theta$，所以 $\theta=\varphi=30°$。故

$$v_r = v_a\cos\theta/\cos\theta = v_a = r\omega_O$$

动点的加速度分析如表 7.5 所示。

表 7.5

加速度	$\boldsymbol{a}_a$	$\boldsymbol{a}_e$	$\boldsymbol{a}_r^t$	$\boldsymbol{a}_r^n$
大小	$r\omega_O^2$	未知	未知	$r\omega_O^2$
方向	$A\to O$	沿水平直线	$\perp AD$	$A\to D$

于是动点的加速度矢量图如图 7.11(b)所示。根据牵连运动为平动时的加速度合成定理有

$$\boldsymbol{a}_a = \boldsymbol{a}_e + \boldsymbol{a}_r^t + \boldsymbol{a}_r^n$$

将上式向 AD 方向投影可得

$$-a_a\sin\varphi = a_e\cos\theta + a_r^n$$

则滑杆 BC 的加速度

$$\begin{aligned} a_{BC} = a_e &= -(a_a\sin\varphi + a_r^n)/\cos\varphi \\ &= -(r\omega_O^2\sin\varphi + r\omega_O^2)/\cos\varphi \\ &= -(100\times 4^2\sin30° + 100\times 4^2)/\cos30° \\ &= -2770\ \text{mm/s}^2 = -2.77\ \text{m/s}^2 \end{aligned}$$

负号说明 $\boldsymbol{a}_{BC}$ 的方向与图 7.11(b)所设 $\boldsymbol{a}_e$ 的方向相反，即水平向左。

例 7.6 一半径 $r=20$ cm 的圆盘 A 与一长 $l=40$ cm 的直杆 OA 铰接，如图 7.12(a)所示。当圆盘绕其中心 A 转动的同时，直杆绕其一端 O 在同一平面内转动。设图示瞬时 $AM\perp OA$，圆盘相对直杆 OA 和 OA 绕 O 转动的角速度和角加速度分别为：$\omega_r=3$ rad/s 和 $\alpha_r=4$ rad/s^2，$\omega_O=1$ rad/s 和 $\alpha_O=2$ rad/s^2，转向如图示。求该瞬时盘缘上 M 点的绝对速度和绝对加速度。

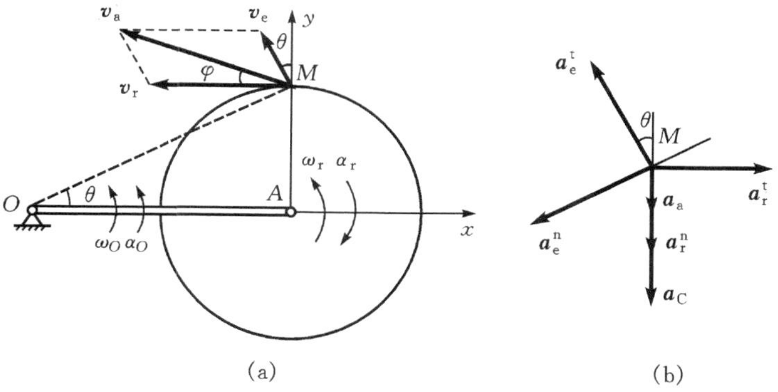

图 7.12

解:以 M 为动点,动系固连于 OA 杆,定系固连于地面。M 点的绝对运动为某一平面曲线运动,相对运动为圆周运动,牵连运动为定轴转动。

动点的速度分析如表 7.6 所示。

表 7.6

速度	$\boldsymbol{v}_a$	$\boldsymbol{v}_e$	$\boldsymbol{v}_r$
大小	未知	$\overline{OM}\omega_O$	$r\omega_r$
方向	未知	$\perp OM$	$\perp MA$

将 $\boldsymbol{v}_a=\boldsymbol{v}_e+\boldsymbol{v}_r$ 向图示 x、y 轴投影,并根据图 7.12(a)中的几何关系,有

$$v_{ax}=-(v_r+v_e\sin\theta)=-(r\omega_r+\overline{OM}\omega_O r/\overline{OM})$$

$$=-r(\omega_r+\omega_O)=-80\ \text{cm/s}$$

$$v_{ay}=v_e\cos\theta=\overline{OM}\omega_O\cdot l/\overline{OM}=l\omega_O=40\ \text{cm/s}$$

M 点绝对速度的大小和方向为

$$v_a=\sqrt{v_{ax}^2+v_{ay}^2}=40\sqrt{5}\ \text{cm/s}=89.4\ \text{cm/s}$$

$$\tan\varphi=|v_{ay}/v_{ax}|=0.5,\quad \varphi=26.6^\circ$$

动点的加速度分析如表 7.7 所示。

表 7.7

加速度	$\boldsymbol{a}_a$	$\boldsymbol{a}_e^n$	$\boldsymbol{a}_e^t$	$\boldsymbol{a}_r^n$	$\boldsymbol{a}_r^t$	$\boldsymbol{a}_C$
大小	未知	$\overline{OM}\omega_O^2$	$\overline{OM}\alpha_O$	$r\omega_r^2$	$r\alpha_r$	$2\omega_O v_r$
方向	未知	沿 OM	$\perp OM$	沿 MA	$\perp MA$	沿 MA

将矢量方程 $\boldsymbol{a}_a=\boldsymbol{a}_e^t+\boldsymbol{a}_e^n+\boldsymbol{a}_r^t+\boldsymbol{a}_r^n+\boldsymbol{a}_C$ 向 x、y 轴投影,并根据图 7.12(b)中的几何关系,有

$$a_{ax}=-a_e^t\sin\theta-a_e^n\cos\theta+a_r^t$$

$$=-\overline{OM}\alpha_O\cdot r/\overline{OM}-\overline{OM}\omega_O^2\cdot l/\overline{OM}+r\alpha_r$$

$$=-r\alpha_O-l\omega_O^2+r\alpha_r=-20\times 2-40\times 1^2+20\times 4=0$$

$$a_{ay}=a_e^t\cos\theta-a_e^n\sin\theta-a_r^n-a_C$$

$$= \overline{OM}\alpha_O \cdot l/\overline{OM} - \overline{OM}\omega_O^2 \cdot r/\overline{OM} - r\omega_r^2 - 2\omega_O r\omega_r$$
$$= l\alpha_O - r\omega_O^2 - r\omega_r^2 - 2r\omega_O\omega_r$$
$$= 40\times 2 - 20\times 1^2 - 20\times 3^2 - 20\times 20\times 1\times 3 = -240\ \text{cm/s}^2$$

负号说明 M 点的绝对加速度沿 y 轴负向，指向轮心 A（图 7.12(b)）。

例 7.7　求例 7.3 中，摇杆 O_2B 的角加速度以及滑块在摇杆 O_2B 上滑动的加速度。

解：同例 7.3 一样，以滑块 A 为动点，动系固连在 O_2B 杆上，定系固连于机座上（图 7.6）。由例 7.3 已求得 $\boldsymbol{v}_r$ 和摇杆 O_2B 角速度 ω_2 的大小为

$$v_r = r\omega_1\sin(\theta+\varphi),\quad \omega_2 = r\omega_1\cos(\theta+\varphi)/\overline{O_2A}$$

动点加速度分析如表 7.8 所示。

表 7.8

加速度	$\boldsymbol{a}_a$	$\boldsymbol{a}_e^n$	$\boldsymbol{a}_e^t$	$\boldsymbol{a}_r$	$\boldsymbol{a}_C$
大小	$r\omega_1^2$	$\overline{O_2A}\omega_2^2$	未知	未知	$2v_r\omega_2$
方向	沿 O_1A	沿 O_2B	$\perp O_2B$	沿 O_2B	$\perp O_2B$

其中 $a_C=2v_r\omega_2=2r^2\omega_1^2\sin(\theta+\varphi)\cos(\theta+\varphi)/\overline{O_2A}$，$a_e^n=\overline{O_2A}\omega_2^2=r^2\omega_1^2\cos^2(\theta+\varphi)/\overline{O_2A}$。于是可得加速度矢量图如图 7.13 所示。建立坐标系 Axy，将矢量方程 $\boldsymbol{a}_a=\boldsymbol{a}_e^t+\boldsymbol{a}_e^n+\boldsymbol{a}_r+\boldsymbol{a}_C$ 分别向 x 和 y 轴投影，可得

$$-a_a\cos[90°-(\theta+\varphi)] = a_e^t + a_C \tag{1}$$
$$a_a\sin[90°-(\theta+\varphi)] = -a_e^n + a_r \tag{2}$$

由(1)式得
$$a_e^t = -[a_a\sin(\theta+\varphi)+a_C]$$
$$= -[r\omega_1^2\sin(\theta+\varphi)+2r^2\omega_1^2\sin(\theta+\varphi)\cos(\theta+\varphi)/\overline{O_2A}]$$
$$= -r\omega_1^2\sin(\theta+\varphi)\left[1+\frac{2r\cos(\theta+\varphi)}{l\cos\theta-r}\right]$$

故摇杆 O_2B 的角加速度为

$$\alpha_2 = \frac{a_e^t}{\overline{O_2A}} = -\frac{r}{l\cos\theta-r}\omega_1^2\sin(\theta+\varphi)\left[1+\frac{2r\cos(\theta+\varphi)}{l\cos\theta-r}\right]$$

由(2)式得滑块在摇杆上滑动的加速度为

$$a_r = a_a\cos(\theta+\varphi)+a_e^n$$
$$= r\omega_1^2\cos(\theta+\varphi)+r^2\omega_1^2\cos^2(\theta+\varphi)/\overline{O_2A}$$
$$= r\omega_1^2\cos(\theta+\varphi)\left[1+\frac{r\cos(\theta+\varphi)}{l\cos\theta-r}\right]$$

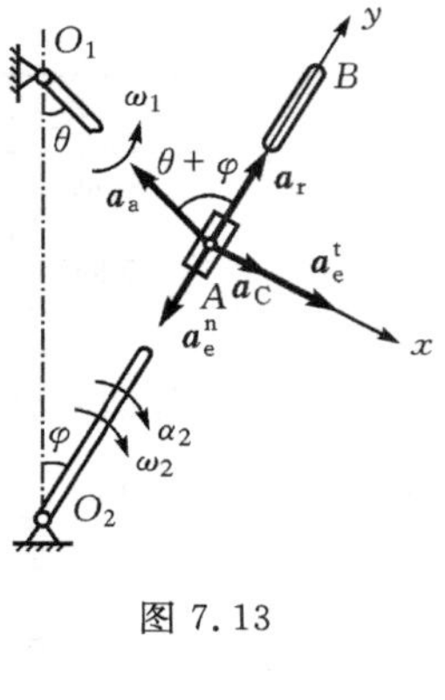

图 7.13

由以上三例可见，应用加速度合成定理的解题步骤同求解速度问题基本相同。在具体计算时，要注意以下几点。

(1) 选取动点和动系后，应根据动系的运动形式确定是否有科氏加速度。

(2) 在解决加速度问题之前，一般要先解决速度问题。

(3) 加速度合成定理中涉及的矢量数目较多，用几何法比较麻烦。一般采用解析法，亦即通过矢量方程的投影式来计算。

思考题

7.1　为什么 $a_r^t=\dfrac{dv_r}{dt}$ 成立，而 $a_e^t=\dfrac{dv_e}{dt}$ 仅在牵连运动为平动时才成立？

7.2　图示平面机构中，若以杆 AB 的端点 B 为动点，动系固连于三棱柱(图(a))或 CD 杆(图(b))，定系固连于地面，则图示的速度平行四边形和 a_C 的方向是否正确？

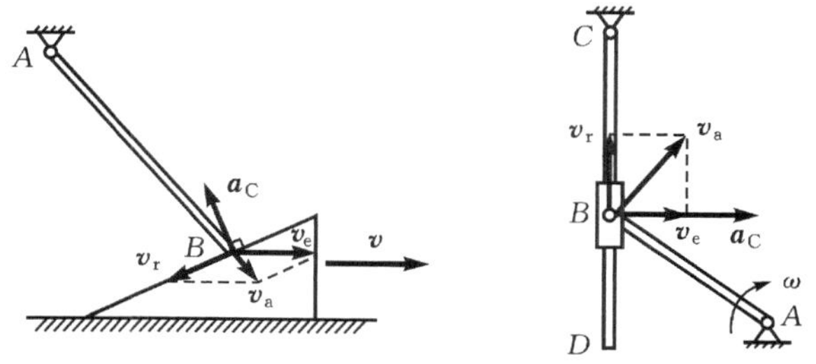

思 7.2 图

7.3　在图示平面机构中，若取 AD 杆的端点 A 为动点，动系固连于杆 OC，定系固连于地面，动点的相对速度和相对加速度分别为 $\boldsymbol{v}_r$ 和 $\boldsymbol{a}_r$；若以 OC 杆上与 A 点重合的点 A_1 为动点，动系固连于杆 AD，动点的相对速度和相对加速度 $\boldsymbol{v}_r'$ 和 $\boldsymbol{a}_r'$ 是否有如下关系？为什么？

$$\boldsymbol{v}_r'=-\boldsymbol{v}_r,\quad \boldsymbol{a}_r'=-\boldsymbol{a}_r$$

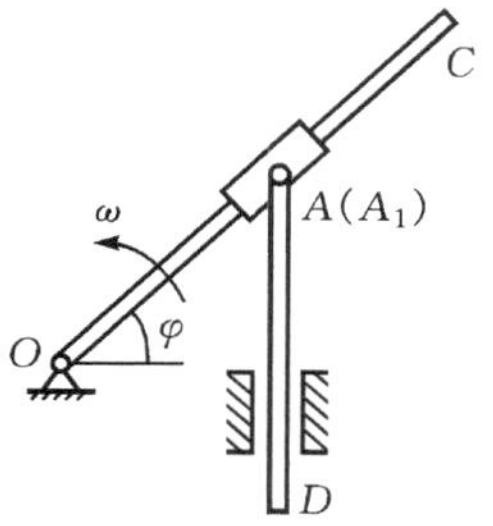

思 7.3 图

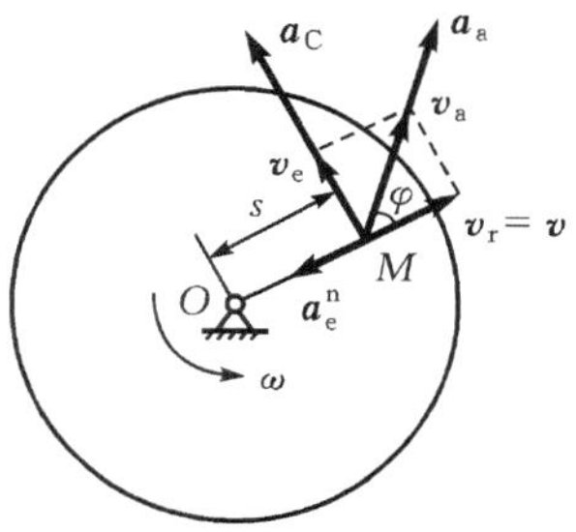

思 7.4 图

7.4　已知圆盘以匀角速度 ω 绕轴 O 转动，其上一点 M 又沿着圆盘的径向以匀速 v 向外运动，若以 M 为动点，动系固连于圆盘，定系固连于机架，则该动点的速度和加速度矢量图如图示，于是动点 M 的加速度大小为

$$a_a=a_e^n/\cos\varphi=s\omega^2/\cos\varphi$$

上述解答是否正确？为什么？

习题

7.1　河两岸相互平行，如图所示。一船由点 A 朝与岸垂直的方向等速驶出，经 10 min

到达对岸，这时船到达点 A 下游 120 m 处的点 C。为使船从点 A 能到达对岸的点 B（直线 AB 垂直河岸），船应逆流并保持与直线 AB 成某一角度的方向航行。在此情况下，船经 12 min 到达对岸。求河宽 L。

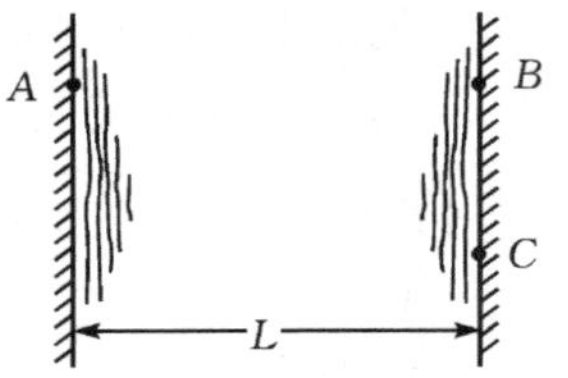

题 7.1 图

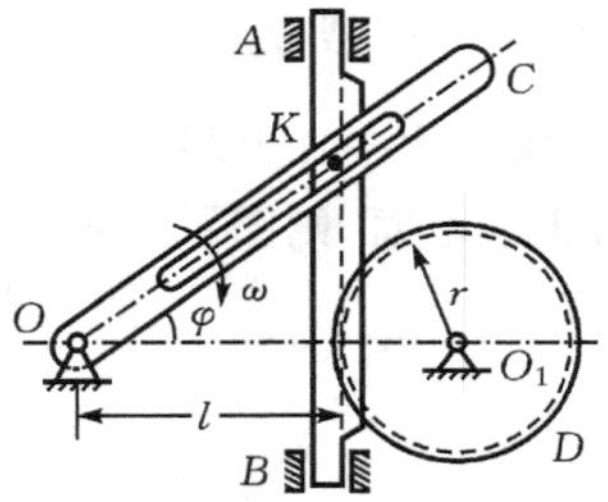

题 7.2 图

7.2　摆杆 OC 绕 O 轴转动。拨动固定在齿条 AB 上的销钉 K 而使齿条在铅直导轨内移动。齿条再带动半径 $r=10$ cm 的齿轮 D。连线 OO_1 水平，距离 $l=40$ cm。在图示位置时摆杆角速度 $\omega=0.5$ rad/s，$\varphi=30°$，试求此时齿轮 D 的角速度。

7.3　两种曲柄摆杆机构如图所示。已知 $\overline{O_1O_2}=25$ cm，$\omega_1=0.3$ rad/s，试求图示位置时，杆 O_2A 角速度 ω_2。

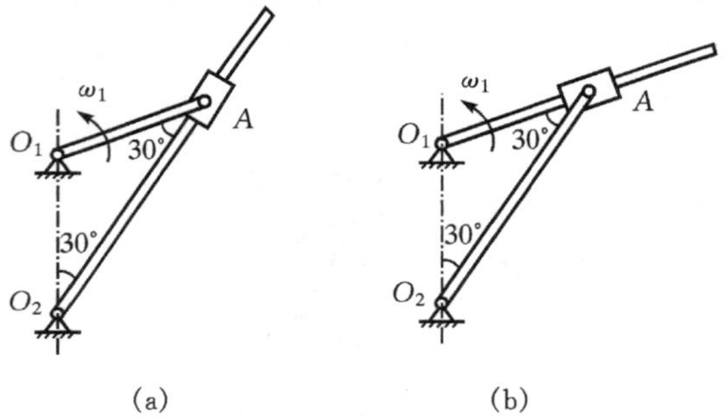

题 7.3 图

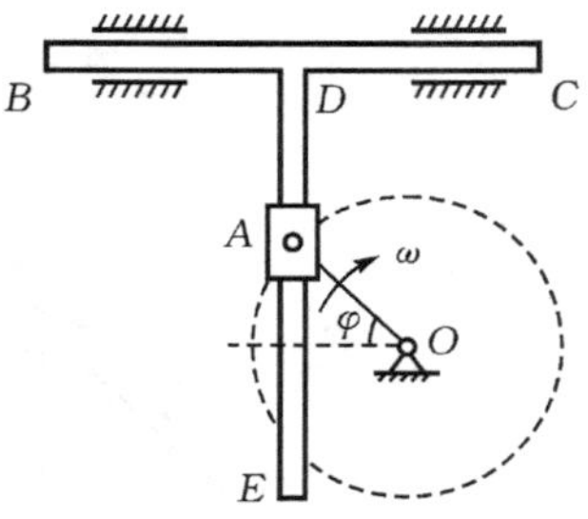

题 7.4 图

7.4　图示曲柄滑杆机构中，杆 BC 水平，而杆 DE 保持铅直。曲柄长 $\overline{OA}=10$ cm，并以匀角速度 $\omega=20$ rad/s 绕 O 轴转动，通过滑块 A 使杆 BC 作往复运动。求当曲柄与水平线间的交角分别为 $\varphi=0°$、$30°$、$90°$ 时，杆 BC 的速度。

7.5　图示直角弯杆 BCD 以匀速 $\boldsymbol{v}$ 沿导槽向右平动。杆的 BC 段长为 h，靠在它上面并保持接触的直杆 OA 长为 l，可绕 O 轴转动。试求直杆 OA 的端点 A 的速度（表示为弯杆上 C 点至 O 轴距离 x 的函数）。

7.6　船 A 和船 B 分别沿夹角为 θ 的两条直线行驶，如图所示。已知船 A 的速度是 $\boldsymbol{v}_1$，船 B 始终在船 A 的左舷正对方向。试求船 B 的速度 $\boldsymbol{v}_2$ 和它相对于船 A 的相对速度。

7.7　图示机构中，滑块 B 的销子带动摇杆 O_1C 摆动。设 $\varphi=\pi t/3$，$\overline{OA}=\overline{AB}=15$ cm，$\overline{OO_1}=20$ cm，$\overline{O_1C}=50$ cm，试求 $t=7$ s 时 C 点的速度。

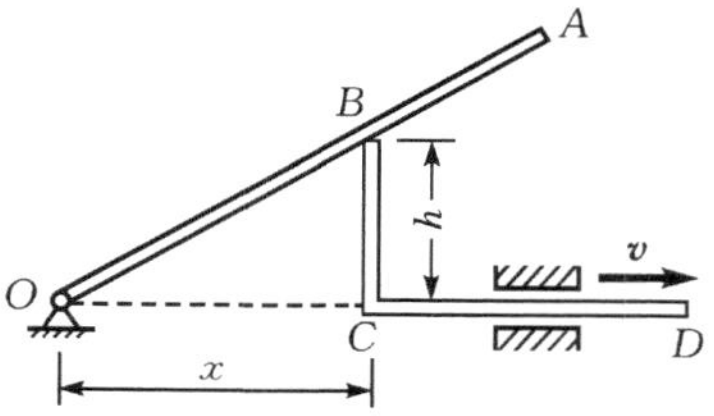

题 7.5 图

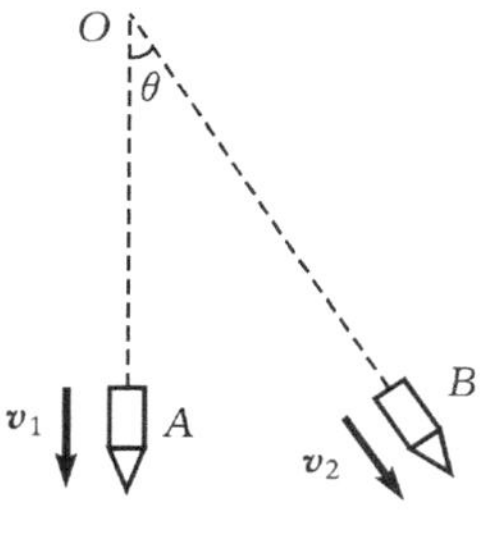

题 7.6 图

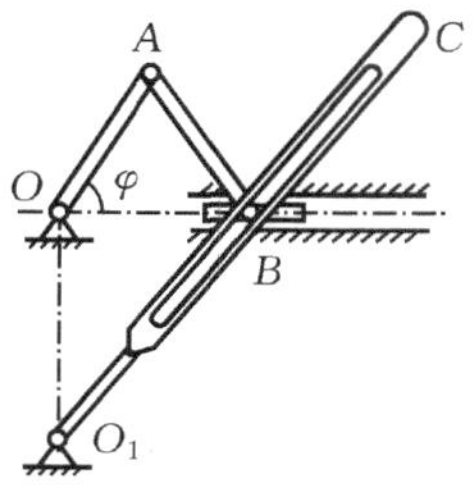

题 7.7 图

7.8　塔式起重机悬臂水平，并以 $\pi/2$ r/min 的转速绕铅直轴匀速转动，跑车按 $s=10-(\cos 3t)/3$ 水平运动（s 以 m 计，t 以 s 计）。设悬挂之重物以匀速 $v=0.5$ m/s相对于悬臂铅垂向上运动。求 $t=\pi/6$ s 时重物的绝对速度的大小。

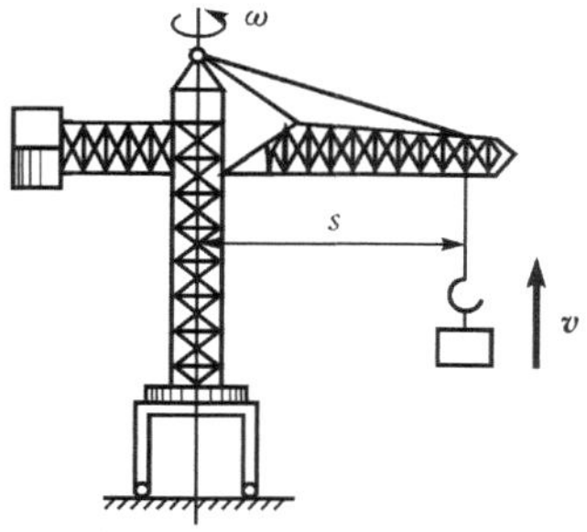

题 7.8 图

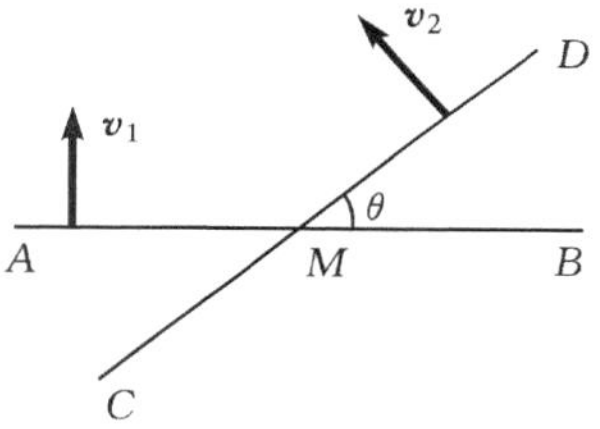

题 7.9 图

7.9　图示两直线 AB 与 CD 在同一平面内分别以速度 $\boldsymbol{v}_1$ 和 $\boldsymbol{v}_2$ 平动，且 $\boldsymbol{v}_1\perp AB$，$\boldsymbol{v}_2\perp CD$，两直线的夹角为 θ。求 AB 与 CD 之交点 M 的速度。

7.10　图示平面机构中，$\overline{O_1A}=\overline{O_2B}=10$ cm，又$\overline{O_1O_2}=\overline{AB}$，并且杆 O_1A 以匀角速度 $\omega=2$ rad/s 绕 O_1 轴转动。杆 AB 上有一套筒 C，此筒与杆 CD 铰接。求$\varphi=60°$时杆 CD 的速度和加速度。

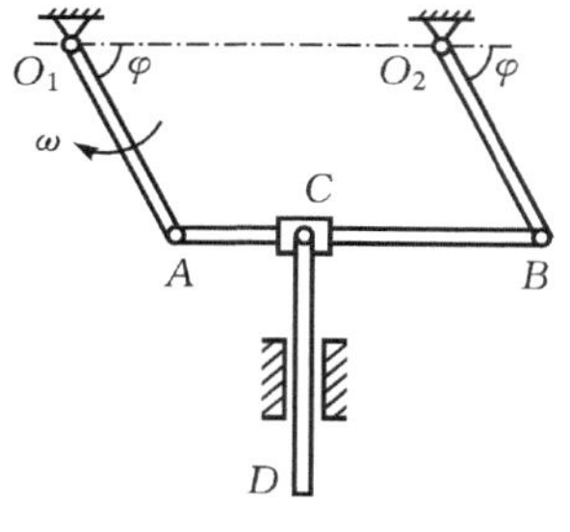

题 7.10 图

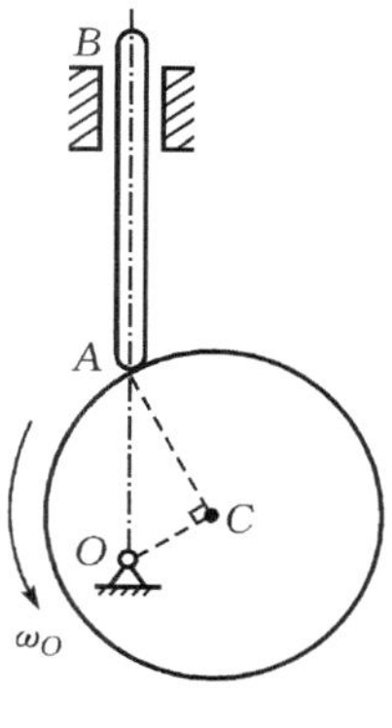

题 7.11 图

7.11　偏心凸轮的偏心距$\overline{OC}=e$，半径 $r=\sqrt{3}e$，以匀角速度 ω_O 绕 O 轴转动。设某瞬时，

OC 与 CA 成直角，试求此时从动杆 AB 的速度和加速度。

7.12　图示一正切机构。当 OC 杆转动时，通过滑块 A 带动 AB 杆运动。$l=30$ cm。设当 $\theta=30°$时，OC 杆的角速度 $\omega=2$ rad/s，角加速度 $\alpha=1$ rad/s^2。求此瞬时 AB 杆的速度与加速度以及滑块 A 在 OC 杆上滑动的速度和加速度。

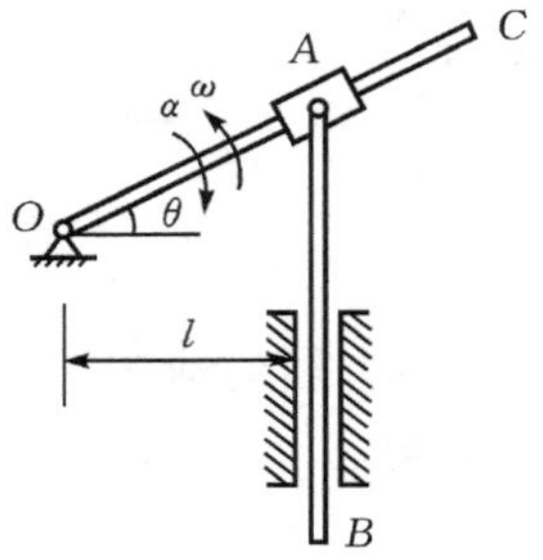

题 7.12 图

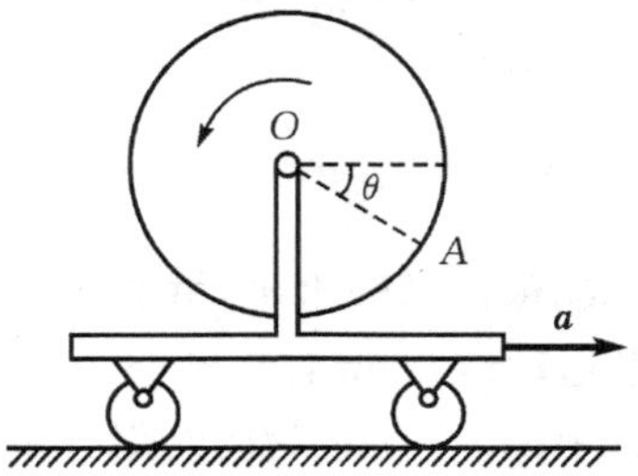

题 7.13 图

7.13　图示小车沿水平方向运动，其加速度为 $a=492$ mm/s^2。在小车上有一轮绕水平轴 O 转动，轮的半径 $r=200$ mm，转动规律为 $\varphi=t^2$（其中 t 以 s 计，φ 以 rad 计）。当 $t=1$ s 时，轮缘上 A 点的位置如图所示，$\theta=30°$。求此时 A 点的绝对加速度。

7.14　图示曲柄滑道机构中，曲柄长$\overline{OA}=100$ mm，绕固定轴 O 摆动。在图示瞬时，其角速度 $\omega=1$ rad/s，角加速度 $\alpha=1$ rad/s^2，$\varphi=30°$。求此瞬时导杆上 C 点的加速度和滑块 A 在滑道中的相对加速度。

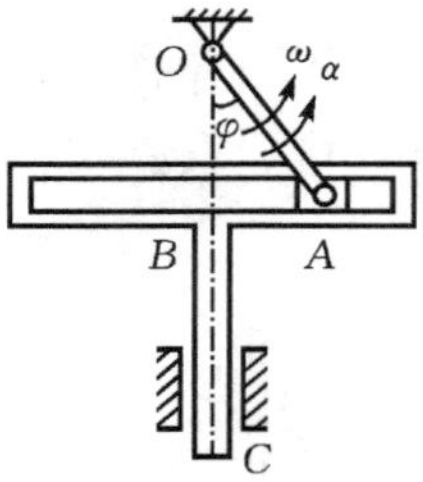

题 7.14 图

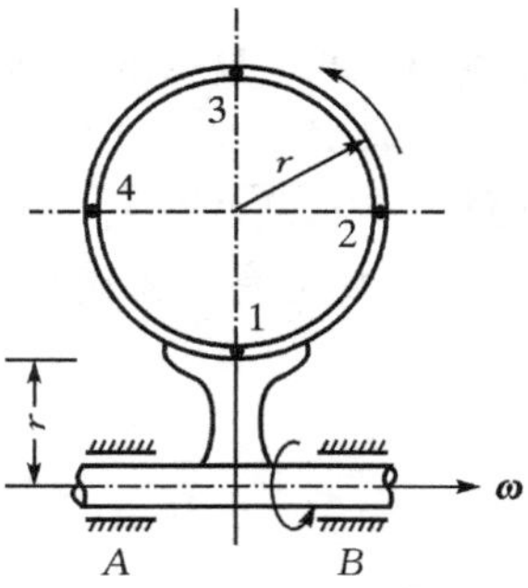

题 7.15 图

7.15　半径为 r 的空心圆环固结于 AB 轴上，并与轴线在同一平面内。圆环内充满液体，液体按箭头方向以相对速度 $\boldsymbol{v}$ 在环内作匀速运动。若 AB 轴以图示的角速度 ω 匀速转动，求在 1、2、3 和 4 各点处液体的加速度。

7.16　如图所示，圆盘绕水平轴以转速 $n=200$ r/min 匀速转动。圆盘上的直线槽中有一滑块可在槽中滑动，相对运动规律为 $s=20\sin 10\pi t$ mm，式中 t 以 s 计。试求当 $t=30$ s 时，滑块的速度和加速度。

7.17　图示一摆动式汽缸。当曲柄 OA 转动时，带动活塞 B 在汽缸内运动。同时，汽缸

绕固定轴 O' 转动。曲柄 OA 长 20 cm，以匀角速度 $\omega=5$ rad/s 转动。当 $\angle AOO'=45°$ 时，$\angle AO'O=15°$。求此时活塞在汽缸内运动的速度与加速度。

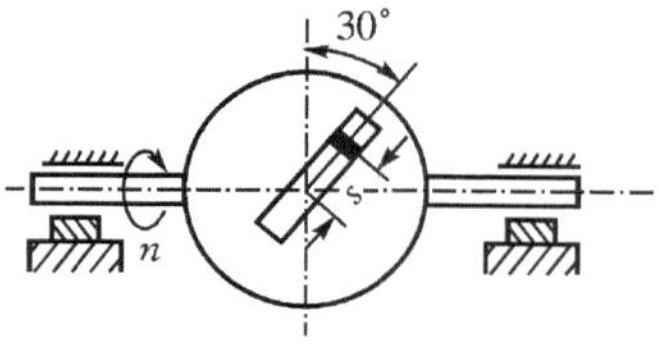

题 7.16 图

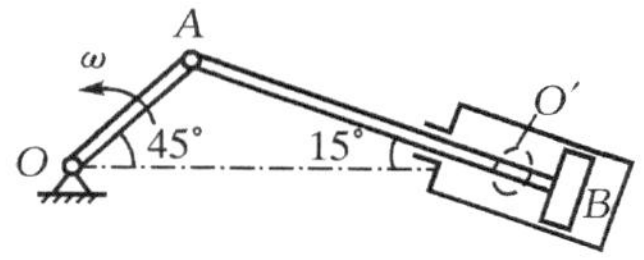

题 7.17 图

7.18　图示平面机构中，圆盘 O_1 绕其中心以匀角速度 $\omega_1=3$ rad/s 转动，通过圆盘上的销子 M_1 与导槽 CD 带动水平杆 AB 往复运动。同时，在 AB 杆上有一销子 M_2 带动杆 O_2E 绕 O_2 轴摆动。已知 $r=20$ cm，$l=30$ cm。设 $\theta=30°$时，$\varphi=30°$，求此瞬时杆 O_2E 的角速度与加速度。

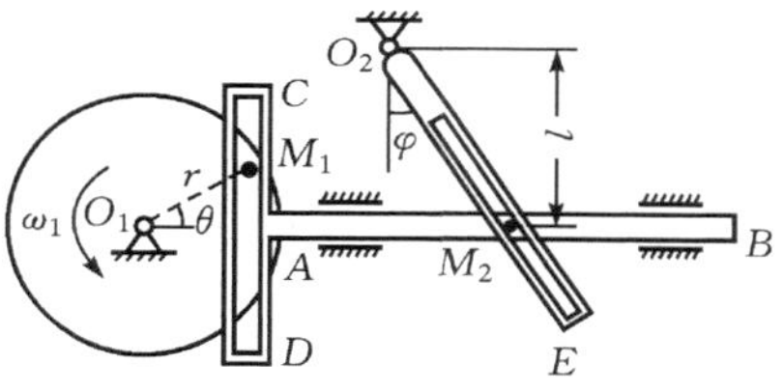

题 7.18 图

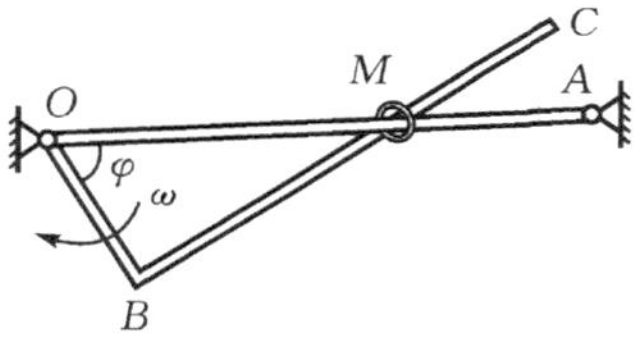

题 7.19 图

7.19　直角弯杆 OBC 绕固定水平轴 O 匀速转动，使套在其上的小环 M 沿固定直杆 OA 滑动。已知 $\overline{OB}=100$ mm。弯杆的角速度 $\omega=0.5$ rad/s。求当 $\varphi=60°$时，小环 M 的速度和加速度。

7.20　在地球上北纬 φ 处有一动点 M，沿着经线向北以匀速 $\boldsymbol{v}$ 运动，考虑地球的自转，求动点的加速度。

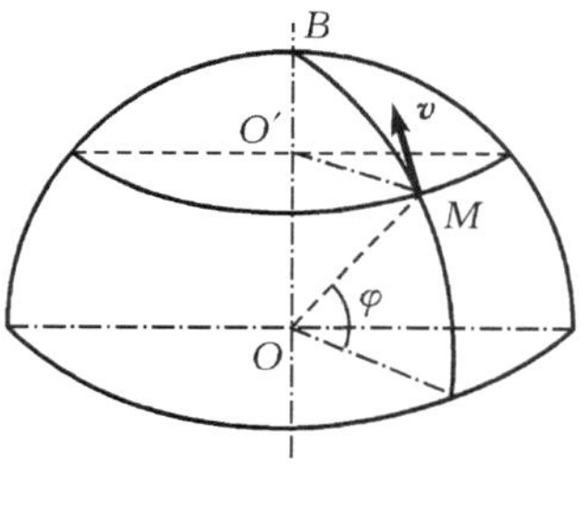

题 7.20 图

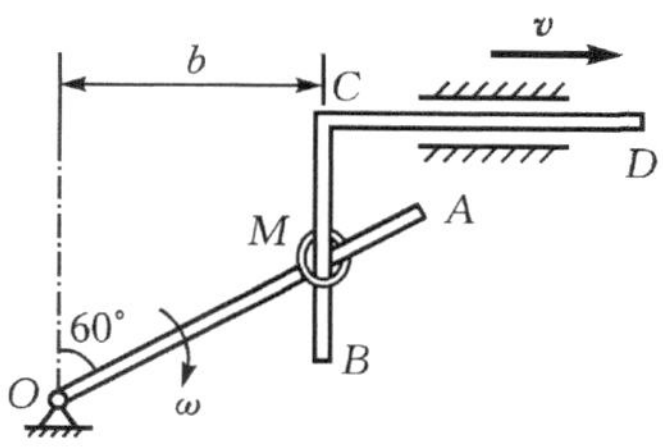

题 7.21 图

7.21　机构中直角折杆 BCD 以匀速 $\boldsymbol{v}$ 平动，OA 杆绕固定轴 O 以匀角速度 ω 转动。在两杆相交处套一个小环 M。在图示瞬时，尺寸 b 为已知，求此瞬时小环 M 的速度和加速度。

7.22 图示三种机构中，曲柄 O_1A 长 r，角速度 ω 为常数，$l=4r$。试用 r 与 ω 表示图示位置时水平杆 CD 的速度与加速度。

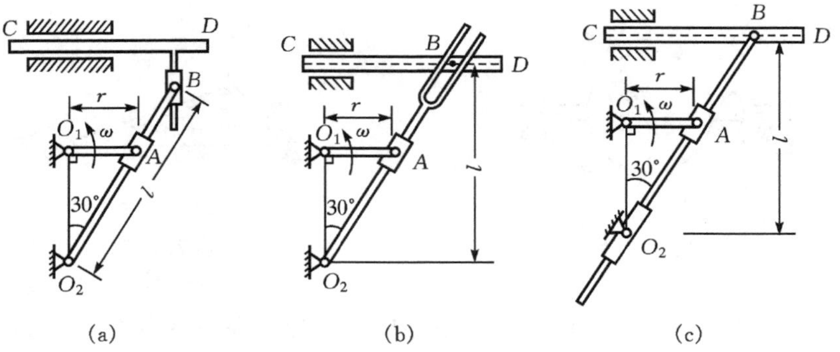

题 7.22 图

第 8 章　刚体的平面运动

在刚体运动过程中，若刚体内任一点到某一固定平面的距离始终保持不变，则称该刚体的运动为**平面平行运动**，简称为**平面运动**。

刚体的平面运动在工程实际中极为常见。例如，沿直线轨道滚动的车轮(图 8.1)，曲柄连杆机构中的连杆 AB(图 8.2)等构件都是作平面运动的刚体。因此，本章的研究具有重要的工程实际意义。刚体的平面运动是一种比较复杂的运动。本章以前两章的内容为基础，应用运动的分解和合成的概念，对平面运动刚体进行速度分析和加速度分析。

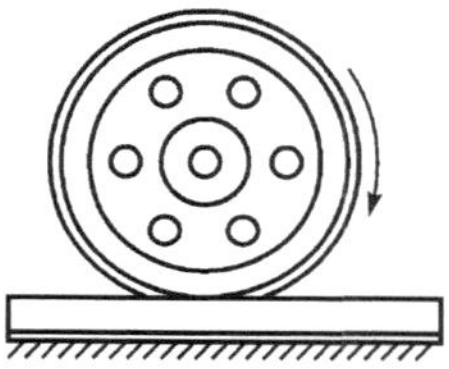

图 8.1

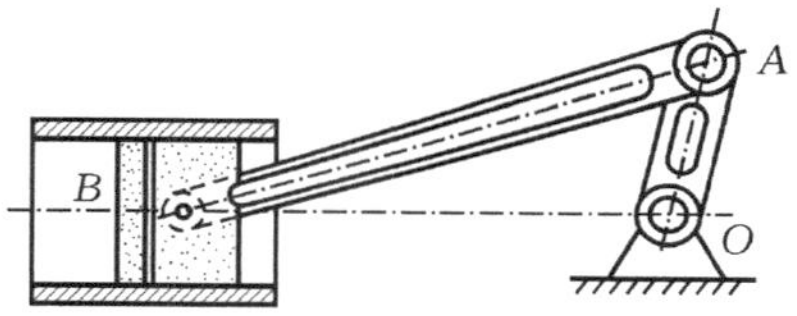

图 8.2

8.1　刚体平面运动的简化和分解

8.1.1　刚体平面运动的简化

设刚体运动过程中，体内任一点到固定平面 $O_1x_1y_1$ 的距离始终保持不变(图 8.3(a))，另取与平面 $O_1x_1y_1$ 相平行的平面 Oxy 横截刚体，截出一个平面图形 S，由刚体平面运动的定义知图形 S 将始终在固定平面 Oxy 内运动。若刚体内和图形 S 垂直的直线 A_1A_2 与图形 S 的

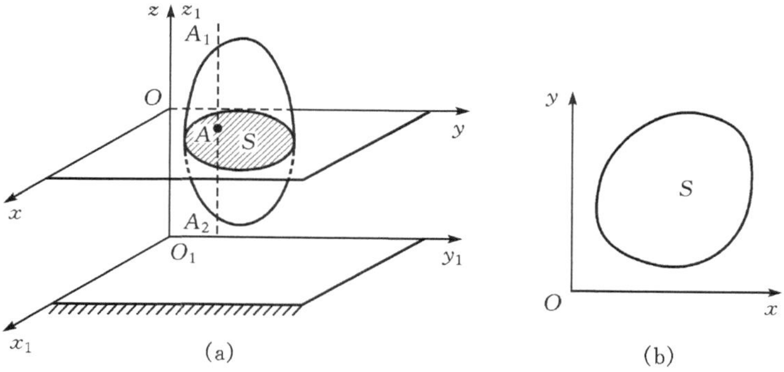

图 8.3

交点为 A，由于直线 A_1A_2 上各点的运动均相同，因此可用 A 点的运动来代表 A_1A_2 的运动。进而可用图形 S(图 8.3(b))的运动来代表整个刚体的运动。由此可见，**刚体的平面运动可以简化为平面图形在自身固定平面内的运动**。

8.1.2　刚体的平面运动方程

如图 8.4 所示，设平面图形 S 在平面 Oxy 内运动。为了确定 S 在任一瞬时的位置，只要确定 S 内任一直线段 AB 的位置即可。AB 的位置可完全由 A 点的坐标 x_A 和 y_A(或矢径 $\boldsymbol{r}_A$)以及 AB 与 x 轴间的夹角 φ 来确定。A 点称为**基点**。当 S 运动时，x_A、y_A 及 φ 都是时间 t 的单值连续函数，可表示为

$$x_A = f_1(t),\quad y_A = f_2(t),\quad \varphi = f_3(t) \tag{8-1}$$

上式即是平面图形 S 的运动方程，也就是刚体平面运动的运动方程。

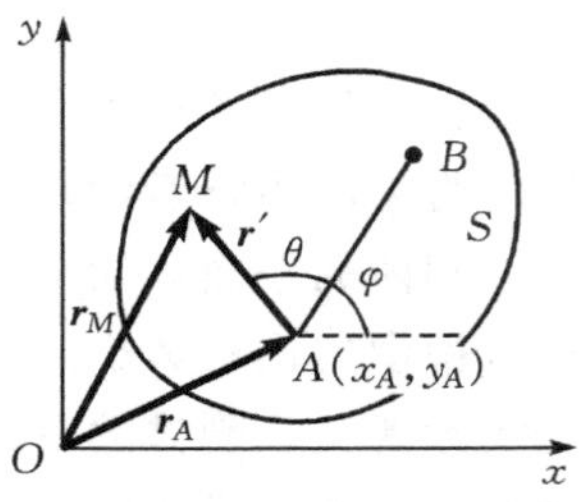

图 8.4

刚体上任一点 M 相对于基点 A 的位置是不随时间变化的，因此刚体平面运动的运动方程不仅完全可以确定平面图形的运动，而且还可以确定平面图形上任一点的运动规律。但研究刚体平面运动时，除了可以采用上述建立平面运动方程的解析法外，还可以应用运动分解与合成的方法。

8.1.3　刚体的平面运动分解为平动和转动

从刚体的平面运动方程可以看出，当平面图形 S 运动时，若 φ 保持不变，则刚体作平面平动；若 x_A 和 y_A 不变，即 A 点不动，则刚体作定轴转动。而一般情况下 x_A、y_A 和 φ 均同时随时间变化。可见平面图形在固定平面内的运动是由平动和转动合成而得。

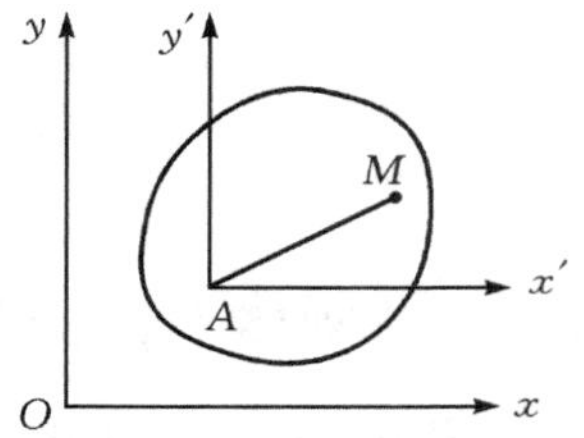

图 8.5

如图 8.5 所示，在平面图形上任取一点 A 为基点，以 A 为原点，作一平动坐标系 $Ax'y'$。则平面图形的运动可视为一方面随同平动坐标系 $Ax'y'$(或基点 A)作平动(牵连运动)，另一方面又绕基点 A 相对于平动坐标系 $Ax'y'$ 作定轴转动(相对运动)。因此**平面图形的绝对运动可以分解为随基点的牵连平动和绕基点的相对转动**。

应该指出，上述分解对基点的选择未加任何限制，也就是说基点的选择是任意的。那么选择不同的基点对平面运动的分解有什么影响呢？

如图 8.6 所示，平面图形由位置Ⅰ经过时间间隔 Δt 后运动到位置Ⅱ，图形上 A、B 的轨迹分别为曲线 a、b。一般情况下 A、B 两点的速度、加速度是不相同的，因此**平面图形随同基点平动的速度和加速度随基点选取的不同而不同**。然而，由于 A_2B_2' 和 B_2A_2' 均平行于 A_1B_1，可知刚体绕基点 A 转动的转角 $\Delta\varphi_1$ 与绕基点 B 转动的转角 $\Delta\varphi_2$ 大小相等，转向相同。故

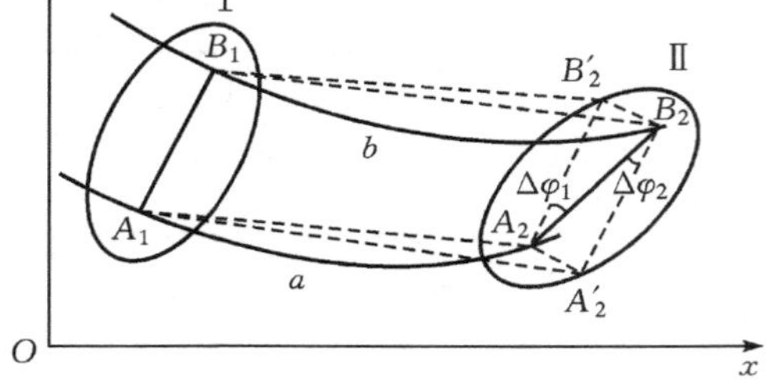

图 8.6

$$\lim_{\Delta t \to 0} \frac{\Delta \varphi_1}{\Delta t} = \lim_{\Delta t \to 0} \frac{\Delta \varphi_2}{\Delta t}$$

即 $\dot{\varphi}_1 = \dot{\varphi}_2$，同时 $\ddot{\varphi}_1 = \ddot{\varphi}_2$。因此**平面图形绕基点转动的角速度、角加速度与基点的选择无关**，称为**平面图形的角速度和角加速度**。同时，由于平动坐标系的角速度和角加速度都等于零，因此平面图形相对于平动坐标系和相对于固定坐标系的角速度、角加速度也分别相同。

上面主要讨论了平面运动刚体的整体运动特征，下面应用点的合成运动知识来分析平面图形上各点的速度和加速度。

8.2　平面图形上各点的速度分析

8.2.1　基点法(合成法)

设已知某瞬时平面图形上 A 点的速度 $\boldsymbol{v}_A$ 和平面图形的角速度 ω，求平面图形上任一点 M 的速度。

由上节可知，刚体的平面运动可分解为随基点的平动和绕基点的转动。取 A 为基点，建立平动坐标系 $Ax'y'$（图 8.7 中未画出），则由速度合成定理，图形上 M 点的绝对速度

$$\boldsymbol{v}_M = \boldsymbol{v}_e + \boldsymbol{v}_r$$

式中：$\boldsymbol{v}_e$ 为动系上与 M 点重合之点的速度，因动系作平动，所以，$\boldsymbol{v}_e = \boldsymbol{v}_A$；相对速度 $\boldsymbol{v}_r$ 为 M 点绕基点 A 转动的速度，记为 $\boldsymbol{v}_{MA}$，其大小

$$v_{MA} = \overline{AM} \cdot \omega$$

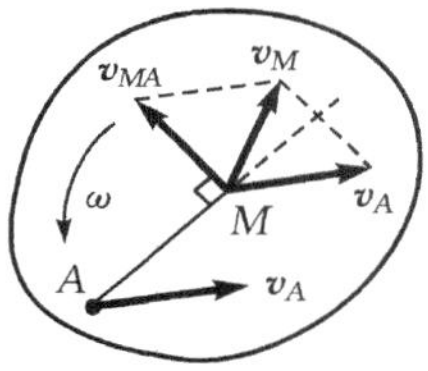

图 8.7

方向垂直于 $\overline{AM}$，指向与 ω 的转向一致，即 $\boldsymbol{v}_r = \boldsymbol{v}_{MA}$，于是

$$\boldsymbol{v}_M = \boldsymbol{v}_A + \boldsymbol{v}_{MA} \tag{8-2}$$

此式表明，**平面图形上任一点的速度等于基点的速度与该点随同图形绕基点转动的速度的矢量和**。该方法称为**合成法**。在应用合成法时，通常选取平面图形上速度是已知的或容易求得的点为基点，故又称为**基点法**。由于基点的选取是任意的，实质上式(8-2)给出了平面图形上任意两点速度之间的关系。

8.2.2　速度投影法

将式(8-2)投影到 A、M 连线上，注意到 $\boldsymbol{v}_{MA}$ 垂直于 AM，所以 $\boldsymbol{v}_{MA}$ 在 A、M 连线上的投影 $[\boldsymbol{v}_{MA}]_{AM} = 0$。于是可得

$$[\boldsymbol{v}_M]_{AM} = [\boldsymbol{v}_A]_{AM} \tag{8-3}$$

该式称为**速度投影定理**，它表明**平面图形上任意两点的速度在两点连线上的投影相等**。该定理反映了刚体上任意两点间距离保持不变的性质，实际上它对于作任何运动形式的刚体都是成立的。

应用速度投影定理来求速度的方法称为**速度投影法**。

例 8.1　图 8.8 所示的平面四连杆机构中，曲柄 OA 长 $r = 0.5$ m，以匀角速度 $\omega = 4$ rad/s 绕 O 轴顺钟向转动。连杆 AB 长 $l = 1$ m。图示瞬时，$OA \perp OO_1$，$AB \perp O_1B$，$\theta = 60°$。求此瞬时摇杆 O_1B 的角速度。

解:取连杆 AB 为研究对象,它作平面运动。以 A 为基点,有 $\boldsymbol{v}_B=\boldsymbol{v}_A+\boldsymbol{v}_{BA}$,其中,速度分析如表 8.1 所示。

表 8.1

速度	$\boldsymbol{v}_B$	$\boldsymbol{v}_A$	$\boldsymbol{v}_{BA}$
大小	未知	$r\omega$	未知
方向	$\perp O_1B$	$\perp OA$ 向右	$\perp AB$

于是,B 点的速度分析如图 8.8 所示。根据图中的几何关系,可得

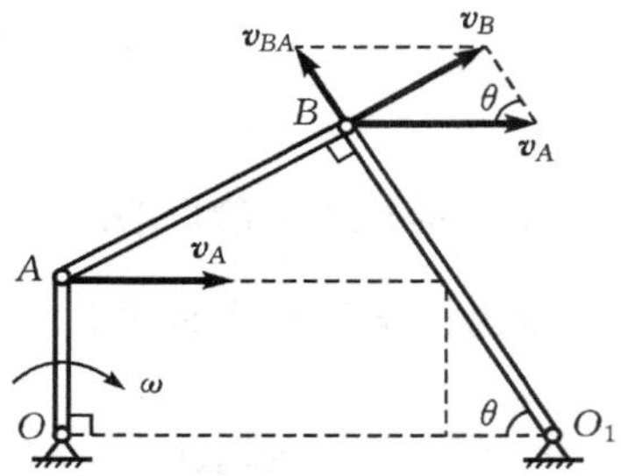

图 8.8

$$v_B=v_A\sin\theta=r\omega\sin60°=0.5\times4\times\sqrt{3}/2=\sqrt{3}\ \mathrm{m/s}$$

$$\overline{O_1B}=\overline{AB}\cot\theta+\overline{OA}/\sin\theta=\cot60°+0.5/\sin60°=2\sqrt{3}/3\ \mathrm{m}$$

故图示瞬时摇杆 O_1B 的角速度为

$$\omega_1=\frac{v_B}{\overline{O_1B}}=\frac{\sqrt{3}}{2\sqrt{3}/3}=1.50\ \mathrm{rad/s}$$

转向为顺钟向。

容易看出,在求 B 点的速度时,若应用速度投影定理则更为简便,请读者自行练习。

例 8.2 如图 8.9(a)所示,半径为 r 的滚轮沿固定直线轨道作纯滚动。已知轮心 O 的速度为 $\boldsymbol{v}_O$,试求轮缘上 A、B、C、D 四点的速度。

解:取滚轮为研究对象,由于滚轮沿直线轨道滚动而不滑动,因此在任一段时间间隔 Δt 内轮心 O 移动的距离 x 应与轮缘上任一点在同一时间间隔内转过的弧长 $s(=r\varphi)$ 相等(图 8.9(a)),即 $x=s=r\varphi$。将此式对时间求一、二阶导数,得

$$v_O=r\omega,\quad a_O=r\alpha \tag{1}$$

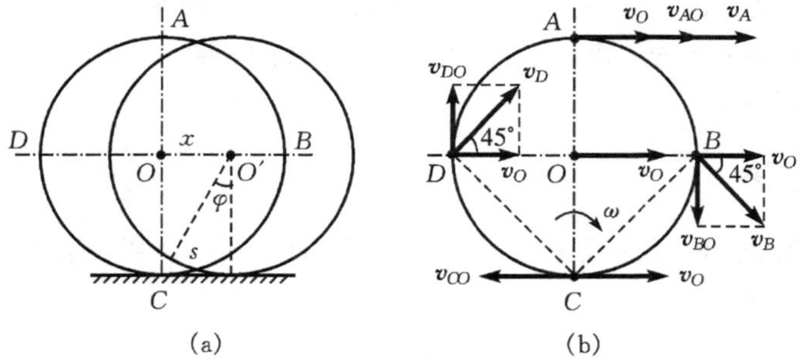

图 8.9

于是可求得滚轮的角速度和角加速度

$$\omega=v_O/r,\quad \alpha=a_O/r \tag{2}$$

(1)、(2)两式表明了**当轮子沿固定直线轨道作纯滚动时,轮子的角速度和角加速度与轮心的速度和加速度的关系**。今后可作为公式直接引用。

现以 O 为基点,分别求 A、B、C、D 各点的速度。

由 $\boldsymbol{v}_A=\boldsymbol{v}_O+\boldsymbol{v}_{AO}$,其中 $v_{AO}=r\omega=v_O$,方向垂直于 OA,指向与 ω 的转向一致,即 $\boldsymbol{v}_{AO}$ 的方向

与 $\boldsymbol{v}_O$ 相同(图 8.9(b))。故 $v_A = v_O + v_{AO} = 2v_O$，方向水平向右。

由 $\boldsymbol{v}_B = \boldsymbol{v}_O + \boldsymbol{v}_{BO}$，其中 $\boldsymbol{v}_{BO}$ 的大小 $v_{BO} = r\omega = v$，方向垂直于 OB 向下(图 8.9(b))。故 $v_B = \sqrt{v_O^2 + v_{BO}^2} = \sqrt{2}v_O$，方向与 OB 间的夹角为 45°，即与 BC 连线垂直。

同理，可得 $v_D = \sqrt{v_O^2 + v_{DO}^2} = \sqrt{2}v_O$，方向与 DC 的连线垂直。

由 $\boldsymbol{v}_C = \boldsymbol{v}_O + \boldsymbol{v}_{CO}$，其中，$\boldsymbol{v}_{CO}$ 的大小 $v_{CO} = r\omega = v_O$，方向与轮心 O 的速度 $\boldsymbol{v}_O$ 相反，故轮缘上与固定轨道的接触点 C 的速度为零，即

$$v_C = 0$$

事实上由于轨道固定不动，显而易见，滚轮与轨道间的一对接触点具有相同的瞬时速度。这个结论可以推广到任意刚体沿任意轨道作纯滚动的一般情形，即**当刚体沿轨道作纯滚动时，此刚体与轨道间的一对接触点的瞬时速度相同**。

例 8.3　如图 8.10 所示的平面机构中，在图示瞬时 AC 杆和 O_2B 杆水平，BC 杆与铅垂线的夹角为 30°，$O_1A \perp AC$。已知 $\overline{O_1A} = \sqrt{3}r$，$\overline{O_2B} = r$，$\overline{AC} = \overline{BC} = l$，$O_1A$ 绕 O_1 轴顺钟向转动的角速度为 ω_1，O_2B 绕 O_2 轴逆钟向转动的角速度为 ω_2，求 C 点的速度。

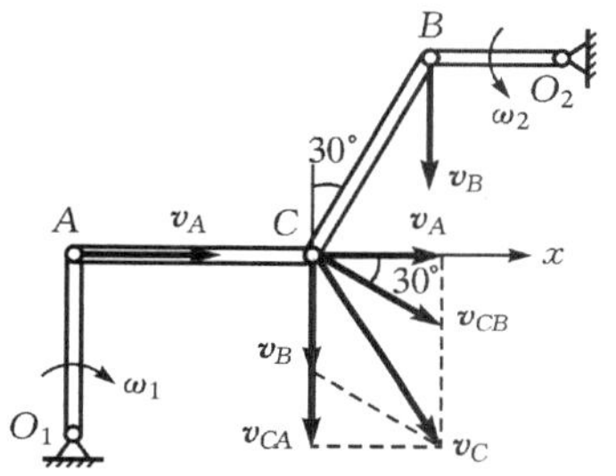

图 8.10

解：先取 AC 为研究对象，以 A 为基点，有

$$\boldsymbol{v}_C = \boldsymbol{v}_A + \boldsymbol{v}_{CA} \tag{1}$$

其速度分析如表 8.2 所示。

表 8.2

速度	$\boldsymbol{v}_C$	$\boldsymbol{v}_A$	$\boldsymbol{v}_{CA}$
大小	未知	$\sqrt{3}r\omega_1$	未知
方向	未知	$\perp O_1A$	$\perp AC$

显然，方程中出现三个未知量，需建立补充方程。

再取 BC 为研究对象，以 B 为基点有

$$\boldsymbol{v}_C = \boldsymbol{v}_B + \boldsymbol{v}_{CB} \tag{2}$$

其速度分析如表 8.3 所示。

表 8.3

速度	$\boldsymbol{v}_C$	$\boldsymbol{v}_B$	$\boldsymbol{v}_{CB}$
大小	未知	$r\omega_2$	未知
方向	未知	$\perp O_2B$	$\perp CB$

方程(1)、(2)中共有四个未知量，可联立求解。有

$$\boldsymbol{v}_A + \boldsymbol{v}_{CA} = \boldsymbol{v}_B + \boldsymbol{v}_{CB} \tag{3}$$

速度矢量关系如图 8.10 所示。将(3)式向 x 轴投影，得

$$v_A = v_{CB}\cos 30°$$

或 $v_{CB} = v_A/\cos 30°$，代入(2)式，解得

$$v_{Cx} = v_{CB}\cos 30^\circ = v_A = \sqrt{3}r\omega_1$$

$$v_{Cy} = v_B + v_{CB}\sin 30^\circ = r\omega_2 + \sqrt{3}r\omega_1\tan 30^\circ = r(\omega_1 + \omega_2)$$

本题也可用速度投影定理求解。由 $\boldsymbol{v}_C$ 在 A、C 连线投影和 $\boldsymbol{v}_C$ 在 B、C 连线投影可解得 $\boldsymbol{v}_C$ 的大小和方向。读者可自行练习。

8.2.3 速度瞬心法

1. 速度瞬心的概念

在应用基点法求平面图形上任一点的速度时，基点可以是平面图形上的任一点。不难看出，如果选取平面图形(或其延伸部分)上速度为零的点为基点，则求解过程会得到简化。

下面先来证明，在一般情况下，每一瞬时平面图形(或其延伸部分)上存在速度为零的一点。

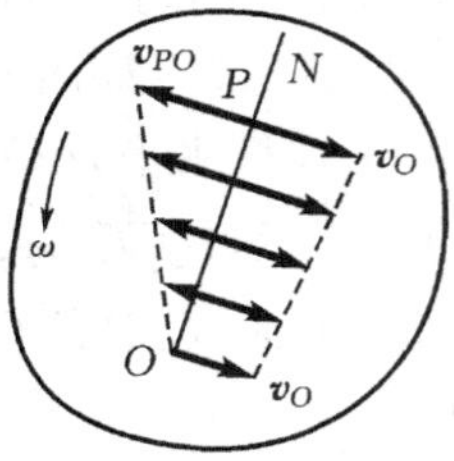

图 8.11

已知某瞬时平面图形上某点 O 的速度 $\boldsymbol{v}_O$ 和平面图形的角速度 ω(图 8.11)，将速度矢 $\boldsymbol{v}_O$ 绕 O 点沿 ω 转向转过 90°作一射线 ON。以 O 为基点，则此射线 ON 上各点的牵连速度都等于 $\boldsymbol{v}_O$，而相对速度的方向与 $\boldsymbol{v}_O$ 相反，大小正比于该点至基点 O 的距离。因此，在射线 ON 上必然有且只有一点 P，满足

$$\boldsymbol{v}_O = -\boldsymbol{v}_{PO}$$

即 $\boldsymbol{v}_O$ 与 $\boldsymbol{v}_{PO}$ 等值、反向。因而，P 点就是该瞬时平面图形上速度为零的点。且由

$$v_{PO} = \overline{PO}\omega = v_O$$

可得 P 点的位置

$$\overline{PO} = v_O/\omega \tag{8-4}$$

某瞬时平面图形(或其延伸部分)上速度为零的点，称为平面图形在该瞬时的**瞬时速度中心**，简称为**速度瞬心**。请注意，速度瞬心并不是平面图形上的一个固定点，其在平面图形上的位置是随时间而变化的；在不同瞬时，它在平面图形上的位置也不同。可以看出，**如果已知平面图形上任一点的速度，则图形的速度瞬心 P 必然在过该点且与该点的速度矢相垂直的直线上。**

2. 速度瞬心法

以速度瞬心 P 为基点求速度的方法，称为**速度瞬心法**。

如果以速度瞬心 P 为基点，则平面图形上任一点 M 的速度

$$\boldsymbol{v}_M = \boldsymbol{v}_{MP} \tag{8-5}$$

即平面图形上任一点的速度等于该点绕速度瞬心作圆周运动的速度。

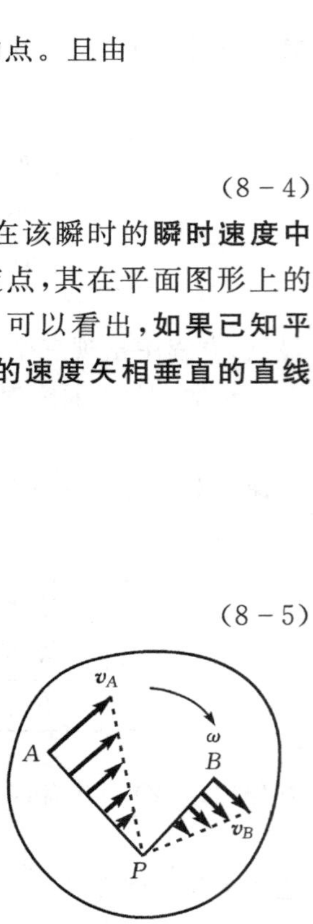

图 8.12

图 8.12 为平面图形绕速度瞬心转动时，图形上各点的速度分布图。由图可见，其速度分布就像定轴转动时一样。这个转动的角速度就是图形的绝对角速度(但平面图形绕速度瞬心转动与刚体定轴转动是有原则差别的，请读者思考)。

3. 确定速度瞬心位置的方法

用速度瞬心法求平面图形上各点的速度，首先须确定速度瞬心的位置。下面介绍各种情况下确定速度瞬心位置的一般方法。

(1) 已知某瞬时平面图形上 A、B 两点速度的方向，且互不平行(图 8.13(a))。则过 A、B 分别作 $\boldsymbol{v}_A$ 和 $\boldsymbol{v}_B$ 的垂线，交点 P 即为图形的速度瞬心。

特殊地，若 $\boldsymbol{v}_A /\!/ \boldsymbol{v}_B$，但与连线 AB 不垂直(图 8.13(b))，这时，速度瞬心 P 在无穷远处，该瞬时图形的角速度 $\omega = v_A/\overline{PA} = v_A/\infty = 0$。事实上该瞬时图形上各点的速度都相互平行且大小相等，其速度分布与刚体平动一样，故称图形此时的运动状态为**瞬时平动**。但要注意，此时图形上各点的加速度并不一定相等。

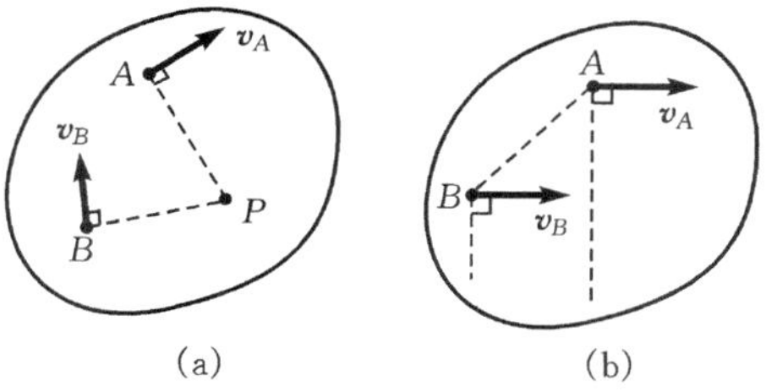

图 8.13

(2) 已知某瞬时平面图形上 A、B 两点速度的大小，且其方向都垂直于 AB 连线(图 8.14(a)、(b))。则无论 $\boldsymbol{v}_A$、$\boldsymbol{v}_B$ 同向还是反向，两速度矢端连线与 A、B 连线的交点 P，即为图形的速度瞬心。

特殊地，若 $\boldsymbol{v}_A$ 与 $\boldsymbol{v}_B$ 的大小相等且指向相同(图 8.14(c))。此时，图形的速度瞬心也在无穷远处，与图 8.13(b)的情况相同，图形处于瞬时平动状态。

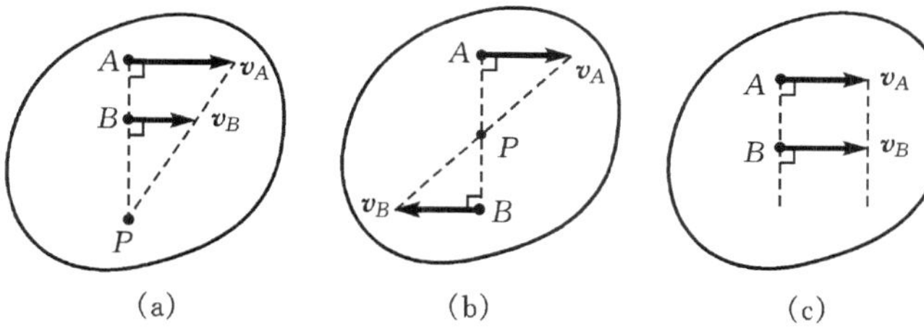

图 8.14

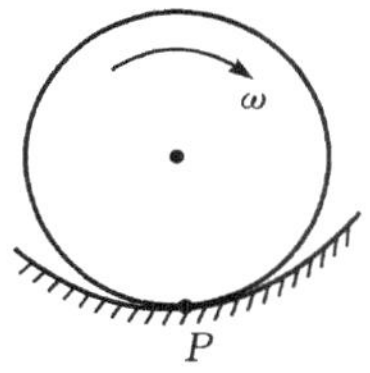

图 8.15

(3) 已知平面图形沿某一固定曲线(或直线)轨道作纯滚动(图 8.15)，则平面图形上与固定轨道的接触点 P 即为图形在该瞬时的速度瞬心。

在平面机构的运动分析中，常采用速度瞬心法求解图形上某些点的速度。

例 8.4　在图 8.16(a)所示的平面机构中，杆 O_1A 和 O_2B 可分别绕水平固定轴 O_1 和 O_2 转动。半径为 R 的圆轮相对于杆 O_2B 作纯滚动，其轮心与杆端 A 铰接。在图示瞬时，杆 O_1A 以角速度 ω_1 顺钟向转动，它与水平线的夹角为 φ；杆 O_2B 水平，轮与杆 O_2B 的接触点为 C，且 $\overline{O_2C} = l$。若 $\overline{O_1A} = r$，求此瞬时圆轮的角速度 ω 和杆 O_2B 的角速度 ω_2。

解：取圆轮为研究对象，它作平面运动。轮心的速度 $v_A = r\omega_1$，方向垂直于 O_1A 而偏向右上方(图 8.16(b))。因为轮与杆 O_2B 之间无相对滑动，则轮与杆 O_2B 之间的一对接触点 C 应具有相同的速度，即 $\boldsymbol{v}_C \perp O_2B$。过点 A 和 C 分别作 $\boldsymbol{v}_A$ 和 $\boldsymbol{v}_C$ 的垂线，其交点 P 即为图示瞬时圆轮的速度瞬心。

由几何关系可得 $\overline{PA} = R/\sin\varphi$，$\overline{PC} = R\cot\varphi$。故圆轮的角速度

$$\omega = \frac{v_A}{\overline{PA}} = \frac{r\omega_1}{R/\sin\varphi} = \frac{r}{R}\omega_1 \sin\varphi$$

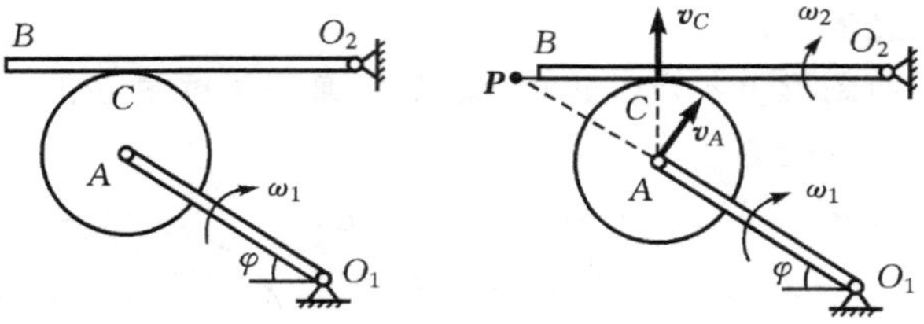

(a) (b)

图 8.16

转向为逆钟向。

$$v_C = \overline{PC} \cdot \omega = R\cot\varphi \cdot \frac{r}{R} \cdot \omega_1 \sin\varphi = r\omega_1 \cos\varphi$$

杆 O_2B 的角速度

$$\omega_2 = \frac{v_C}{l} = \frac{r}{l}\omega_1 \cos\varphi$$

转向为顺钟向。

例 8.5 轧碎机的活动夹板 AB 长为 0.6 m，由曲柄 OE 借助于杆 CE、CD 和 BC 带动而绕 A 轴摆动(图 8.17)。曲柄 OE 长 0.1 m，转速 $n=100$ r/min。杆 BC 和 CD 长均为 0.4 m。求图示位置时夹板 AB 的角速度。

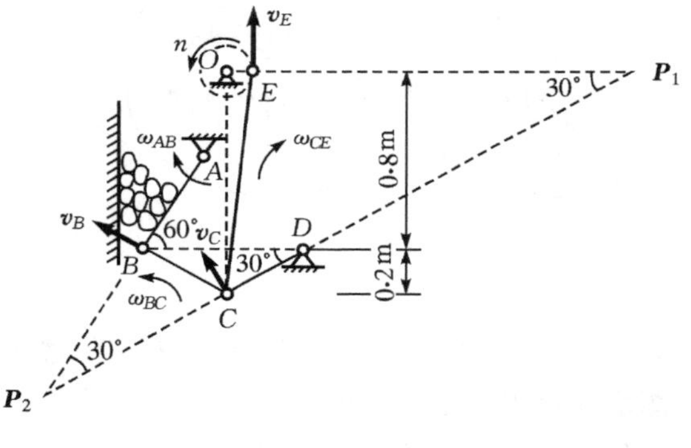

图 8.17

解：夹板 AB 绕 A 轴转动，要求它的角速度 ω_{AB}，应先求出 B 端的速度 $\boldsymbol{v}_B$；而 BC 杆作平面运动，要求 $\boldsymbol{v}_B$ 应先求出 C 点的速度 $\boldsymbol{v}_C$。根据 CD 杆绕 D 轴转动，可知 $\boldsymbol{v}_C \perp CD$，而 $\boldsymbol{v}_C$ 的大小要根据 CE 杆的运动来确定。其中

$$v_E = \overline{OE} \cdot 2n\pi/60 = 0.1 \times 2 \times 100\pi/60 = 1.05 \text{ m/s}$$

先取 CE 为研究对象，过 C、E 两点分别作 $\boldsymbol{v}_C$、$\boldsymbol{v}_E$ 的垂线，交点 P_1 就是 CE 杆在图示瞬时的速度瞬心。由图示几何关系可知

$$\overline{P_1C} = \overline{OC}/\sin 30^\circ = 2 \text{ m}$$

$$\overline{P_1E} = \overline{P_1O} - \overline{OE} = \overline{P_1C}\cos 30^\circ - \overline{OE} = 2 \times \sqrt{3}/2 - 0.1 = 1.63 \text{ m}$$

于是杆 CE 的角速度

$$\omega_{CE} = v_E/\overline{P_1E} = \pi/(3 \times 1.63) = 0.64 \text{ rad/s}$$

C 点的速度大小

$$v_C = \overline{P_1C} \cdot \omega_{CE} = 2 \times 0.64 = 1.28\ \text{m/s}$$

再取 BC 杆为研究对象。$\boldsymbol{v}_C$ 的大小和方向都已求出，$\boldsymbol{v}_B$ 的方位应垂直于 BA。分别过点 C 和 B 作 $\boldsymbol{v}_C$ 和 $\boldsymbol{v}_B$ 的垂线，其交点 P_2 即为 BC 杆在图示位置的速度瞬心。

由于 $v_B/\overline{P_2B}=v_C/\overline{P_2C}$，所以

$$v_B = v_C \cdot \overline{P_2B}/\overline{P_2C} = v_C\cos 30^\circ = 1.28 \times 0.866 = 1.11\ \text{m/s}$$

于是，AB 杆的角速度

$$\omega_{AB} = v_B/\overline{AB} = 1.11/0.6 = 1.85\ \text{rad/s}$$

转向为顺钟向。

应该注意，当机构中有几个作平面运动的构件（如本例中的 BC 和 CE）时，每个构件有各自的速度瞬心和角速度，不能混淆。

8.3　平面图形上各点的加速度分析

如图 8.18 所示，已知某瞬时平面图形上某一点 A 的加速度为 $\boldsymbol{a}_A$，平面图形的角速度为 ω，角加速度为 α，求图形上任一点 M 的加速度 $\boldsymbol{a}_M$。

以 A 为基点，根据牵连运动为平动时的加速度合成定理，有

$$\boldsymbol{a}_a = \boldsymbol{a}_e + \boldsymbol{a}_r$$

式中：$\boldsymbol{a}_a=\boldsymbol{a}_M$，$\boldsymbol{a}_e=\boldsymbol{a}_A$。相对加速度 $\boldsymbol{a}_r$ 为平面图形上 M 点绕基点 A 作圆周运动的加速度，记为 $\boldsymbol{a}_{MA}$，即 $\boldsymbol{a}_r=\boldsymbol{a}_{MA}$。显见

$$\boldsymbol{a}_{MA} = \boldsymbol{a}_{MA}^{t} + \boldsymbol{a}_{MA}^{n}$$

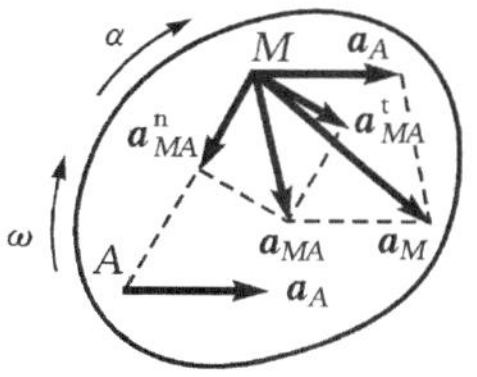

图 8.18

式中：$\boldsymbol{a}_{MA}^{t}$ 的大小为 $a_{MA}^{t}=\overline{AM}\cdot\alpha$，方位垂直于 AM，指向与 α 的转向一致；$\boldsymbol{a}_{MA}^{n}$ 的大小为 $a_{MA}^{n}=\overline{AM}\cdot\omega^2$，方向恒指向基点 A。于是可得

$$\boldsymbol{a}_M = \boldsymbol{a}_A + \boldsymbol{a}_{MA}^{t} + \boldsymbol{a}_{MA}^{n} \tag{8-6}$$

即平面图形上任一点的加速度，等于基点的加速度与该点绕基点作圆周运动的切向加速度和法向加速度的矢量和。这就是求解平面图形上任一点加速度的**基点法**。

应当指出：(1) 公式(8-6)是一矢量方程，应用时通常将它向平面坐标轴上投影，可得到两个投影方程。

(2) 由于平面图形的角速度 ω 一般不为零，即 $\boldsymbol{a}_{MA}^{n}$ 的大小一般不为零，故没有类似于点的速度投影定理那样的加速度投影定理。

*(3) 某瞬时平面图形上加速度为零的点 Q 称为平面图形在该瞬时的**瞬时加速度中心**，简称为**加速度瞬心**。

设已知某瞬时图形内任一点 O 的加速度 $\boldsymbol{a}_O$ 及图形的角速度 ω 和角加速度 α。如图 8.19 所示，沿 $\boldsymbol{a}_O$ 的方向取半直线 OL，将 OL 顺 α 的转向转动 β 角，使 $\tan\beta=|\alpha|/\omega^2$，得半直线 OL'。沿 OL' 取线段 OQ，令 $\overline{OQ}=a_O/\sqrt{\alpha^2+\omega^4}$，则 Q 点就是图形在该瞬时的加速度瞬心。现证明如下：

以 O 为基点，有

$$\boldsymbol{a}_Q = \boldsymbol{a}_O + \boldsymbol{a}_{QO} = \boldsymbol{a}_O + \boldsymbol{a}_{QO}^{t} + \boldsymbol{a}_{QO}^{n}$$

其中，$a_{QO}^{t}=\overline{QO}\cdot\alpha$，$a_{QO}^{n}=\overline{QO}\cdot\omega^2$，方向如图示。故

$$a_{QO}=\overline{QO}\sqrt{\alpha^2+\omega^4}=[a_O/\sqrt{\alpha^2+\omega^4}]\sqrt{\alpha^2+\omega^4}=a_O$$

$\boldsymbol{a}_{QO}$与QO所成的锐角θ为

$$\tan\theta=|a_{QO}^{t}/a_{QO}^{n}|=|\alpha|/\omega^2=\tan\beta$$

即$\theta=\beta$。

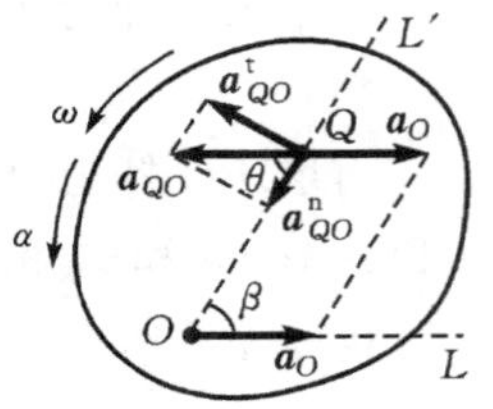

图 8.19

由图 8.19 可知，$\boldsymbol{a}_{QO}$与$\boldsymbol{a}_O$等值反向，故$\boldsymbol{a}_Q=\boldsymbol{a}_O+\boldsymbol{a}_{QO}=0$，即$Q$点为加速度瞬心。

若取Q点为基点，则由式(8－6)可得

$$\boldsymbol{a}_M=\boldsymbol{a}_{MQ}^{t}+\boldsymbol{a}_{MQ}^{n}=\boldsymbol{a}_{MQ} \tag{8-7}$$

即平面图形上任一点的加速度等于该点绕加速度瞬心作圆周运动的加速度。

加速度瞬心Q在平面图形中的位置是随时间变化的。应当注意，在式(8－7)中，平面图形上任一点M绕加速度瞬心Q作圆周运动的切向加速度$\boldsymbol{a}_{MQ}^{t}$和法向加速度$\boldsymbol{a}_{MQ}^{n}$通常并不沿M点的绝对运动轨迹的切向和法向，因此不能把它们称为M点的切向加速度和法向加速度。

以加速度瞬心为基点求平面图形上各点加速度的方法称为**加速度瞬心法**。由于一般情况下确定加速度瞬心的位置比较麻烦，故除了加速度瞬心位置已知的特殊情况外，很少采用。

例 8.6 图 8.20(a)所示的四连杆机构中，$\overline{O_1A}=16$ cm，$\overline{O_2B}=34$ cm，$\overline{AB}=\overline{O_1O_2}=15$ cm，在图示瞬时，杆O_1A的角速度$\omega_1=2$ rad/s，角加速度$\alpha_1=0$。试求此瞬时杆AB的角速度ω_{AB}和角加速度α_{AB}以及杆O_2B的角速度ω_2和角加速度α_2。

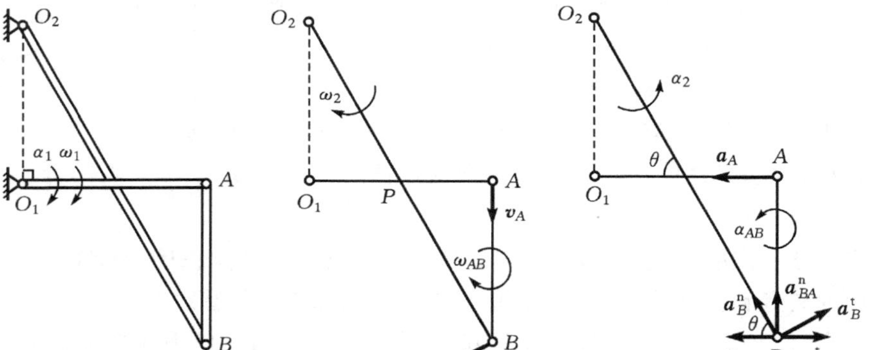

图 8.20

解：取杆AB为研究对象，它作平面运动。由A、B点的速度方向，可知该瞬时AB杆的速度瞬心在P点。根据图中的几何关系可得，$\overline{PA}=8$ cm，$\overline{PB}=17$ cm。所以杆AB的角速度

$$\omega_{AB}=v_A/\overline{PA}=\overline{O_1A}\cdot\omega_1/\overline{PA}=32/8=4\ \text{rad/s}$$

转向为顺钟向(图 8.20(b))。B点的速度

$$v_B=\overline{PB}\cdot\omega=17\times4=68\ \text{cm/s}$$

故杆O_2B的角速度为

$$\omega_2=v_B/\overline{O_2B}=68/34=2\ \text{rad/s}$$

转向为顺钟向。

以 A 为基点，则 B 点的加速度

$$\boldsymbol{a}_B^t + \boldsymbol{a}_B^n = \boldsymbol{a}_A + \boldsymbol{a}_{BA}^t + \boldsymbol{a}_{BA}^n \tag{1}$$

其加速度分析如表 8.4 所示。

表 8.4

加速度	$\boldsymbol{a}_B^t$	$\boldsymbol{a}_B^n$	$\boldsymbol{a}_A$	$\boldsymbol{a}_{BA}^t$	$\boldsymbol{a}_{AB}^n$
大小	未知	$\overline{O_2B} \cdot \omega_2^2$	$\overline{O_1A} \cdot \omega_1^2$	未知	$\overline{AB} \cdot \omega_{AB}^2$
方向	$\perp O_2B$	由 B 指向 O_2	由 A 指向 O_1	$\perp AB$	由 B 指向 A

加速度矢量关系如图 8.20(c)所示。将(1)式向 BO_2 方向投影，得

$$a_B^n = a_A\cos\theta + a_{BA}^n\sin\theta - a_{BA}^t\cos\theta$$

解得

$$\begin{aligned} a_{BA}^t &= (a_A\cos\theta + a_{BA}^n\sin\theta - a_B^n)/\cos\theta \\ &= \left(64 \times \frac{8}{17} + 15 \times 4^2 \times \frac{15}{17} - 34 \times 2^2\right) \Big/ \left(\frac{8}{17}\right) = 7.5\ \text{cm/s}^2 \end{aligned}$$

故 AB 杆的角加速度

$$\alpha_{AB} = a_{BA}^t / \overline{AB} = 7.5/15 = 0.5\ \text{rad/s}^2$$

转向为逆钟向(图 8.20(c))。

再将(1)式向 O_2B 的垂线方向投影，得

$$\begin{aligned} a_B^t &= -a_A\sin\theta + a_{BA}^t\sin\theta + a_{BA}^n\cos\theta \\ &= -64 \times \frac{15}{17} + 7.5 \times \frac{15}{17} + 15 \times 4^2 \times \frac{8}{17} = \frac{1185}{34}\ \text{cm/s}^2 \end{aligned}$$

所以杆 O_2B 的角加速度为

$$\alpha_2 = a_B^t / \overline{O_2B} = 1185/(34 \times 34) = 1.03\ \text{rad/s}^2$$

转向为逆钟向。

例 8.7　图 8.21(a)所示平面机构中，半径为 r 的圆盘沿倾角为 $\theta=30°$ 的斜面作纯滚动，盘心 O 的速度 $v_O \equiv 120$ cm/s。杆 AB 长 $l=2r=40$ cm，其 A 端可沿倾角 $\beta=60°$ 的斜面滑动，B 端与圆盘铰接。试求当杆 AB 在图示水平位置时圆盘速度瞬心的加速度以及杆 AB 的角速度和角加速度。

解：先取圆盘为研究对象，它作纯滚动。圆盘与斜面的接触点 P_1 为其速度瞬心(图 8.21(a))。则 B 的速度为

$$v_B = 2v_O = 2 \times 120 = 240\ \text{cm/s}$$

圆盘的角速度为

$$\omega_O = \frac{v_O}{r} = \frac{120}{20} = 6\ \text{rad/s}$$

由于盘心 O 的速度为常量，所以盘心的加速度 $a_O=0$，圆盘的角加速度 $\alpha_O=0$。以盘心 O 为基点，有

$$\boldsymbol{a}_{P_1} = \boldsymbol{a}_O + \boldsymbol{a}_{P_1O}^t + \boldsymbol{a}_{P_1O}^n = \boldsymbol{a}_{P_1O}^n$$

即 $a_{P_1} = a_{P_1O}^n = r\omega_O^2 = 20 \times 6^2 = 720$ cm/s，方向如图(图 8.21(b))所示。

$$\boldsymbol{a}_B = \boldsymbol{a}_O + \boldsymbol{a}_{BO}^t + \boldsymbol{a}_{BO}^n = \boldsymbol{a}_{BO}^n$$

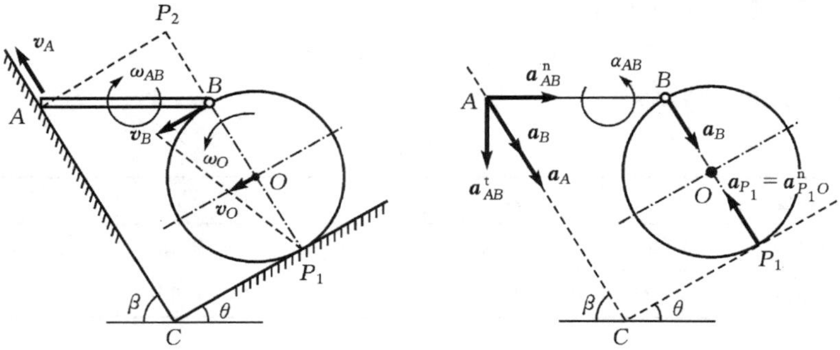

(a) (b)

图 8.21

即 $a_B=a_{BO}^n=r\omega_O^2=20\times6^2=720\ \text{cm/s}^2$，方向也如图(图 8.21(b))所示。

再取 AB 杆为研究对象，它作平面运动。由 A 点和 B 点的速度方向可得杆在此瞬时的速度瞬心 P_2(图 8.21(a))。由图中的几何关系，得

$$\overline{BP_2}=l\sin\theta=40\sin30^\circ=20\ \text{cm}$$

故 AB 杆的角速度

$$\omega_{AB}=v_B/\overline{BP_2}=240/20=12\ \text{rad/s}$$

转向为顺钟向。

以 B 为基点，则 A 点的加速度为

$$\boldsymbol{a}_A=\boldsymbol{a}_B+\boldsymbol{a}_{AB}^t+\boldsymbol{a}_{AB}^n \tag{1}$$

其加速度分析如表 8.5 所示。

表 8.5

加速度	$\boldsymbol{a}_A$	$\boldsymbol{a}_B$	$\boldsymbol{a}_{AB}^t$	$\boldsymbol{a}_{AB}^n$
大小	未知	已知	未知	$l\omega_{AB}^2$
方向	沿斜面 AC	由 A 指向 C	$\perp AB$	由 A 指向 B

加速度矢量关系如图 8.21(b)所示。将(1)式向 AP_2 方向投影，可得

$$0=-a_{AB}^t\cos\beta+a_{AB}^n\cos\theta$$

解得
$$a_{AB}^t=\frac{a_{AB}^n\cos\theta}{\cos\beta}=\frac{40\times12^2\cos30^\circ}{\cos60^\circ}=5760\sqrt{3}\ \text{cm/s}^2$$

故 AB 杆的角加速度为

$$\alpha_{AB}=\frac{a_{AB}^t}{\overline{AB}}=\frac{5760\sqrt{3}}{40}=249\ \text{rad/s}^2$$

转向为逆钟向。

例 8.8 图 8.22(a)所示的平面机构中，曲柄 O_1A 可绕水平轴 O_1 以匀角速度 ω_1 逆钟向转动，通过连杆 ABC 带动滑块 B 沿水平轨道滑动，并由连杆通过套筒 C 带动摇杆 O_2D 绕水平轴 O_2 转动。若 O_1、O_2、B 三点在同一条水平线上，$\overline{O_1A}=r=5\ \text{cm}$，$\overline{AB}=\overline{BC}=l=10\ \text{cm}$，$\omega_1=10\ \text{rad/s}$，图示瞬时 $\varphi=60^\circ$，试求此瞬时摇杆 O_2D 的角速度和角加速度。

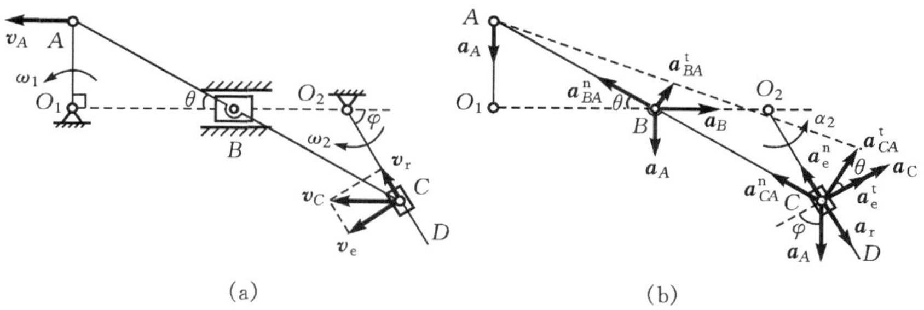

图 8.22

解:这是一个须综合应用刚体的平面运动和点的合成运动的知识才能求出待求量的题目。

先取连杆 ABC 为研究对象,其端点 A 的速度 $\boldsymbol{v}_A$ 方向水平向左,而连杆上 B 点的速度也沿水平方向,于是可知连杆处于瞬时平动状态,其角速度 $\omega_{AB}=0$,杆端 C 点速度

$$v_C = v_A = r\omega_1 = 5\times 10 = 50\ \text{cm/s}$$

由于 $a_A=r\omega_1^2=5\times10^2=500\ \text{cm/s}^2$,方向铅垂向下,故以 A 为基点,有

$$\boldsymbol{a}_B = \boldsymbol{a}_A + \boldsymbol{a}_{BA}^{\text{t}} + \boldsymbol{a}_{BA}^{\text{n}} \tag{1}$$

其中 $a_{BA}^{\text{n}}=0$。根据图 8.22(b)中的几何关系,将(1)式向铅垂方向投影,有

$$0 = -a_A + a_{BA}^{\text{t}}\cos\theta$$

可求得

$$a_{BA}^{\text{t}} = a_A/\cos\theta = 500/\cos30^\circ = 1000\sqrt{3}/3\ \text{cm/s}^2$$

仍以 A 为基点,有

$$\boldsymbol{a}_C = \boldsymbol{a}_A + \boldsymbol{a}_{CA}^{\text{t}} + \boldsymbol{a}_{CA}^{\text{n}} \tag{2}$$

其中 $a_{CA}^{\text{n}}=0$,$a_{CA}^{\text{t}}=2a_{BA}^{\text{t}}=2000\sqrt{3}/3\ \text{cm/s}^2$。

以连杆 ABC 的端点 C 为动点,动系固连于摇杆 O_2D,定系固连于机架,则动点的相对运动为沿 O_2D 的直线运动,牵连运动为摇杆 O_2D 的定轴转动,根据速度合成定理,有

$$\boldsymbol{v}_{\text{a}} = \boldsymbol{v}_C = \boldsymbol{v}_{\text{e}} + \boldsymbol{v}_{\text{r}} \tag{3}$$

由图 8.22(a)中的几何关系,可得

$$v_{\text{e}} = v_C\sin\varphi = 50\sin60^\circ = 25\sqrt{3}\ \text{cm/s}$$
$$v_{\text{r}} = v_C\cos\varphi = 50\cos60^\circ = 25\ \text{cm/s}$$

因为$\overline{O_2C}=\dfrac{1}{2}\overline{BC}\cdot\dfrac{1}{\cos\theta}=\dfrac{l}{2\cos\theta}=\dfrac{10}{2\cos30^\circ}=\dfrac{10\sqrt{3}}{3}$ cm,故摇杆 O_2D 的角速度

$$\omega_2 = \frac{v_{\text{e}}}{\overline{O_2C}} = \frac{25\sqrt{3}}{10\sqrt{3}/3} = 7.5\ \text{rad/s}$$

转向与 $\boldsymbol{v}_{\text{e}}$ 的指向一致,为顺钟向,如图 8.22(a)所示。

根据加速度合成定理,有

$$\boldsymbol{a}_{\text{a}} = \boldsymbol{a}_C = \boldsymbol{a}_{\text{e}}^{\text{t}} + \boldsymbol{a}_{\text{e}}^{\text{n}} + \boldsymbol{a}_{\text{r}} + \boldsymbol{a}_{\text{C}} \tag{4}$$

其中 $a_{\text{C}}=2\omega_2 v_{\text{r}}=2\times7.5\times25=375\ \text{cm/s}^2$。

(2)式和(4)式联立,可得

$$\boldsymbol{a}_A + \boldsymbol{a}_{CA}^{\text{t}} = \boldsymbol{a}_{\text{e}}^{\text{t}} + \boldsymbol{a}_{\text{e}}^{\text{n}} + \boldsymbol{a}_{\text{r}} + \boldsymbol{a}_{\text{C}} \tag{5}$$

根据图 8.22(b)中的几何关系,将(5)式向 O_2D 的垂线方向投影,有

$$-a_A\cos\varphi + a_{CA}^{t}\cos\theta = a_e^{t} + a_C$$

可得 $a_e^{t} = a_{CA}^{t}\cos\theta - a_A\cos\varphi - a_C = (2000\sqrt{3}/3)\cos30° - 500\cos60° - 375 = 375\ \text{cm/s}^2$

故摇杆 O_2D 的角加速度为

$$\alpha_2 = \frac{a_e^{t}}{\overline{O_2C}} = \frac{375}{10\sqrt{3}/3} = 37.5\sqrt{3} = 65.0\ \text{rad/s}^2$$

转向与 $\boldsymbol{a}_e^{t}$ 的指向一致，为逆钟向，如图 8.22(b)所示。

思考题

8.1 刚体的平面运动可分解为平动和转动。那么能不能说刚体的平动和定轴转动都是平面运动的特殊情形？为什么？

8.2 任一瞬时平面图形对于固定参考系的角速度和角加速度，与平面图形相对于任选基点或任选平动参考系的角速度和角加速度是否相等？

8.3 试判断图示各平面图形上的速度分布情况是否可能，并说明理由。

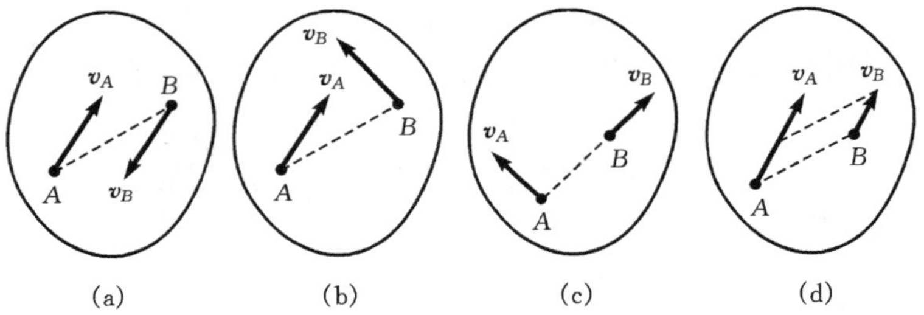

思 8.3 图

8.4 试确定图示各平面机构中作平面运动的构件在图示瞬时的速度瞬心位置。

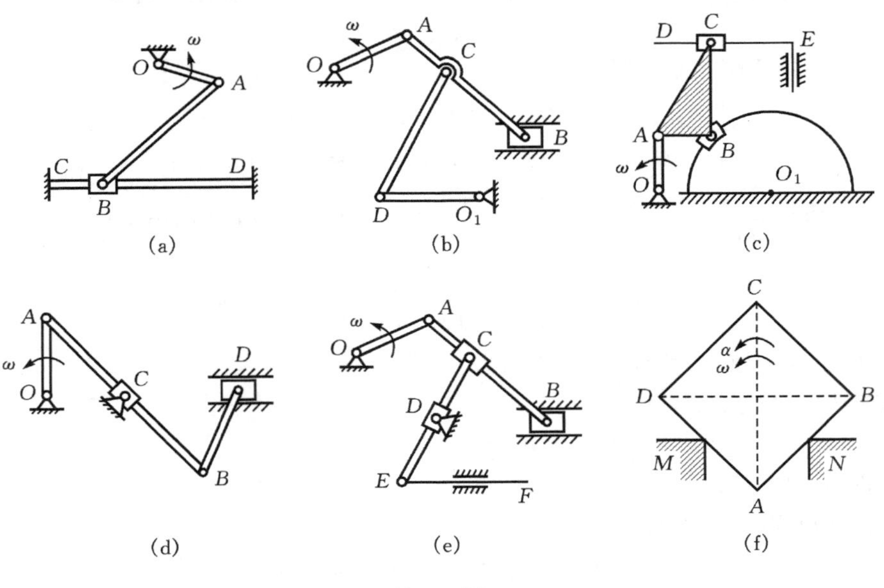

思 8.4 图

8.5　刚体的平动和瞬时平动的概念有什么不同？

8.6　某瞬时平面图形上各点的速度和加速度分布是不是都与平面图形在该瞬时绕平面图形的速度瞬心转动一样？

* **8.7**　平面图形上各点速度的大小与该点到速度瞬心的距离成正比，各点的加速度的大小是否与该点到加速度瞬心的距离成正比？

8.8　设平面图形上任意两点 A 和 B 的速度和加速度分别为 $\boldsymbol{v}_A$、$\boldsymbol{v}_B$ 和 $\boldsymbol{a}_A$、$\boldsymbol{a}_B$，M 为 A、B 连线的中点，求证：

$$\boldsymbol{v}_M=\frac{1}{2}(\boldsymbol{v}_A+\boldsymbol{v}_B),\quad \boldsymbol{a}_M=\frac{1}{2}(\boldsymbol{a}_A+\boldsymbol{a}_B)$$

8.9　在图示两平面机构中，$\overline{O_1A}=\overline{O_2B}$，图示瞬时，$O_1A/\!/O_2B$。试问该瞬时角速度 ω_1 与 ω_2、角加速度 α_1 和 α_2 是否相等？

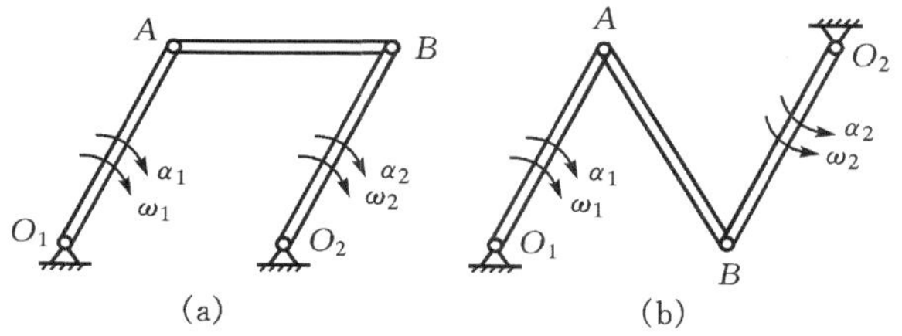

思 8.9 图

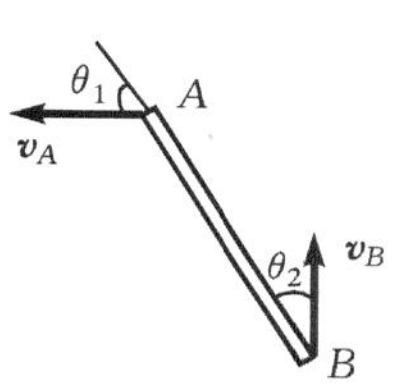

思 8.10 图

8.10　长为 l 的直杆在固定平面内运动。已知某瞬时杆两端点的速度分别为 $\boldsymbol{v}_A$ 和 $\boldsymbol{v}_B$，它们与杆 AB 的夹角分别为 θ_1 和 θ_2。试确定此瞬时杆上速度方向沿 AB 的一点 M 的位置。

习　题

8.1　曲柄 OC 以匀角速度 ω_O 绕 O 轴转动，带动椭圆规尺 AB 作平面运动。$\overline{OC}=\overline{AC}=\overline{BC}=r$。若 $t=0$ 时，$\varphi=0$，试以 C 为基点，求椭圆规尺 AB 的平面运动方程，以及 $\varphi=45°$时滑块 A 和 B 的速度。

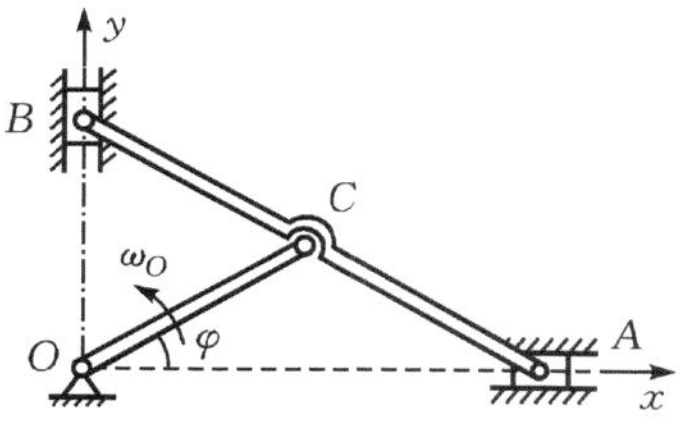

题 8.1 图

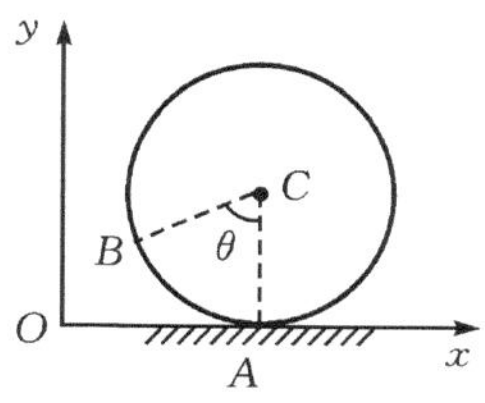

题 8.2 图

8.2　半径为 r 的圆轮沿固定直线轨道作纯滚动。如图所示，已知其轮心 C 的运动规律为 $x_C=f(t)$。试以轮心为基点，求圆轮的平面运动方程以及圆轮的角速度和角加速度。

8.3　图示平面机构中，两杆 AC 和 BC 长度相等，当 $\theta=60°$时，滑块 A 向右运动的速度 $v_A=2\ \text{m/s}$，滑块 B 向左运动的速度 $v_B=3\ \text{m/s}$。试求此瞬时 C 点的速度。

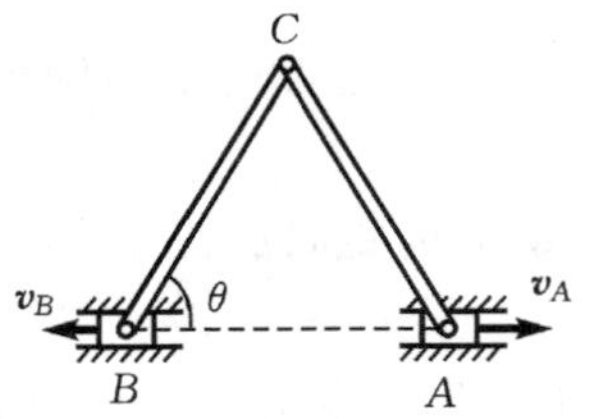

题 8.3 图

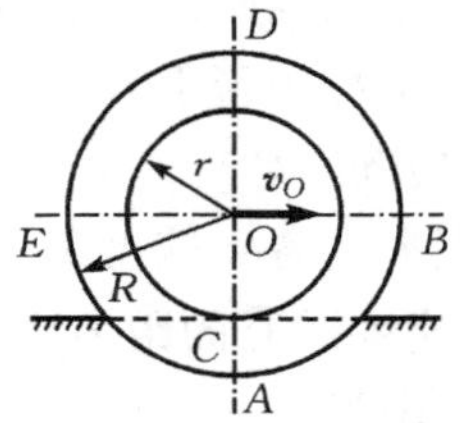

题 8.4 图

8.4　图示滚轮沿固定直线轨道作纯滚动。已知轮心 O 的速度 $\boldsymbol{v}_O$ 为常矢量，滚轮的大小半径分别为 R 和 r。试求轮缘上 A、B、D、E 各点的速度。

8.5　图示四连杆机构中，$\overline{OA}=\overline{O_1B}=\overline{AB}/2$。图示瞬时，曲柄 OA 在上方铅垂位置，绕 O 轴逆钟向转动的角速度 $\omega=3$ rad/s，O、O_1、B 三点在同一条水平线上。试求此瞬时杆 AB 和曲柄 O_1B 的角速度。

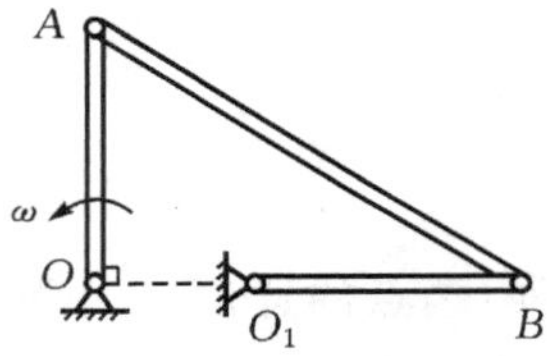

题 8.5 图

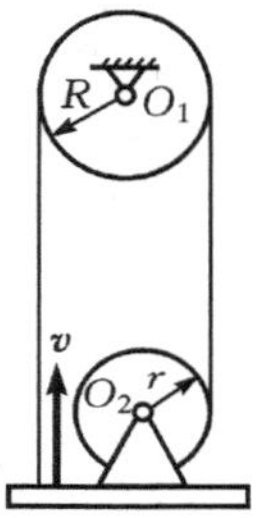

题 8.6 图

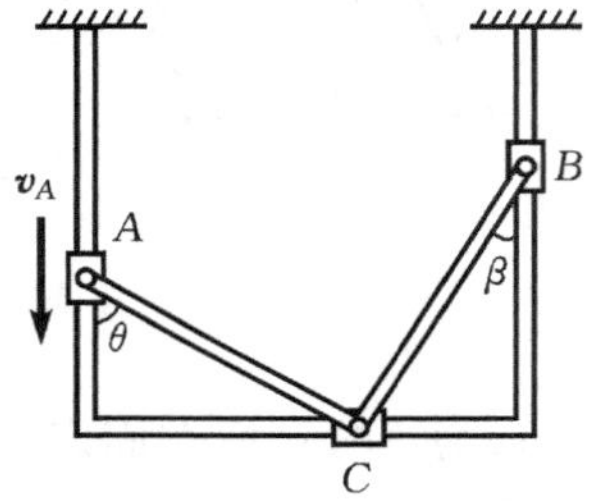

题 8.7 图

8.6　图示平台式电动起重机的动滑轮 O_2 的半径为 r，欲使平台以匀速 $\boldsymbol{v}$ 上升，试求动滑轮 O_2 的角速度 ω_2 应为多大，并确定动滑轮 O_2 速度瞬心的位置。

8.7　图示平面机构中，两套筒 A 和 B 被限制在铅垂导杆上滑动，而滑块 C 则沿水平轨道滑动。图示瞬时，$\theta=45°$，$\beta=30°$，套筒 A 向下滑动的速度 $v_A=7.2$ cm/s。若两杆的长度 $\overline{AC}=\overline{BC}=l=10$ cm。试求此瞬时杆 BC 的角速度以及套筒 B 的速度。

8.8　图示小型精压机的传动机构中，$\overline{OA}=\overline{O_1B}=r=10$ cm，$\overline{AC}=\overline{BC}=\overline{BD}=l=40$ cm。图示瞬时，曲柄 OA 绕 O 轴顺钟向转动的角速度 $\omega_O=2$ rad/s，$OA\perp AC$，$O_1B\perp CD$，OC 和 DE 在铅垂位置，O_1C 水平。求此瞬时压头 E 的速度。

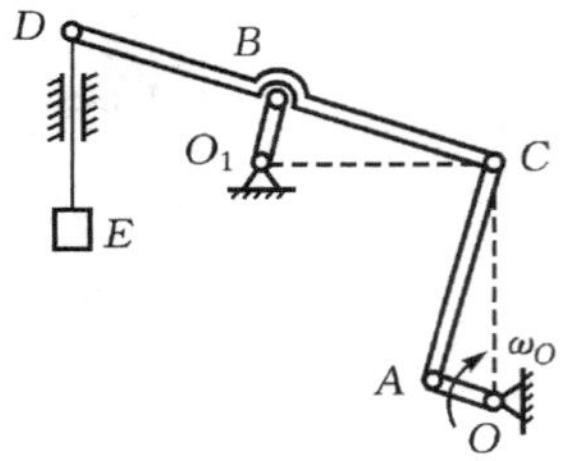

题 8.8 图

8.9　图示平面机构中，OB 线水平。当 B、D 和 F 在同一铅垂线上时，$DE\perp EF$，曲柄 OA 恰好在上方铅垂位置。已知 $\overline{OA}=\overline{BD}=\overline{DE}=100$ mm，$EF=100\sqrt{3}$ mm，曲柄 OA 绕 O 轴逆钟向转动的角速度 $\omega_O=4$ rad/s。求杆 EF 的角速度和点 F 的速度。

8.10　如图所示，杆 AB 和滚轮 O 间无相对滑动，杆 AB 的端点 A 沿水平轨道以匀速 $\boldsymbol{v}$ 向右滑动，带动滚轮沿同一水平轨道作纯滚动。若滚轮的半径为 r，试求当杆与轨道间的夹角 $\varphi=60°$ 时，滚轮 O 的角速度。

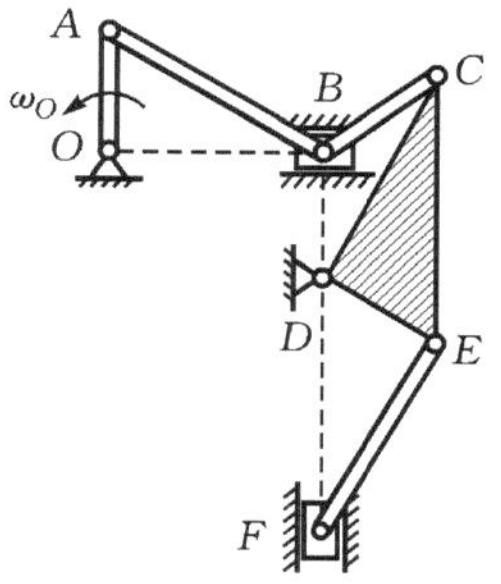

题 8.9 图

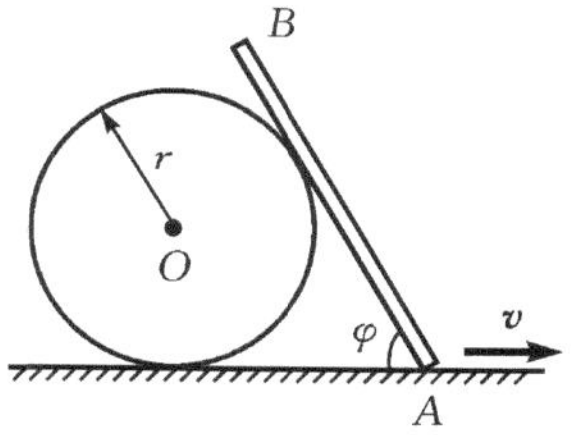

题 8.10 图

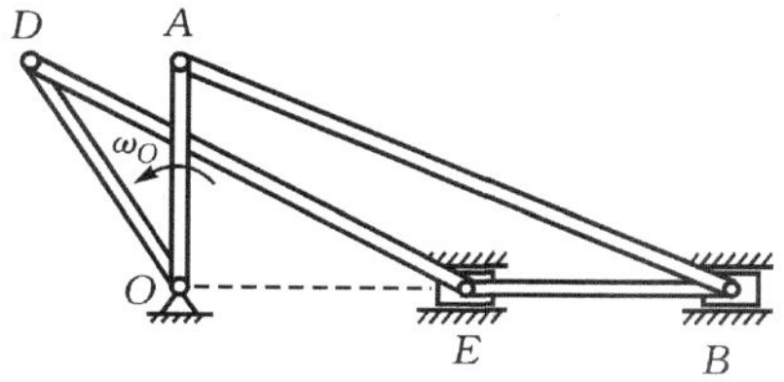

题 8.11 图

8.11　图示双曲柄连杆机构的滑块 B 和 E 用直杆连接。主动曲柄 OA 与从动曲柄 OD 都绕 O 轴转动。主动曲柄 OA 以角速度 $\omega_O=12\ \text{rad/s}$ 匀速转动。已知机构的尺寸：$\overline{OA}=10\ \text{cm}$，$\overline{OD}=12\ \text{cm}$，$\overline{AB}=26\ \text{cm}$，$\overline{BE}=12\ \text{cm}$，$\overline{DE}=12\sqrt{3}\ \text{cm}$。求当曲柄 OA 垂直于滑动的导轨方向时，从动曲柄 OD 和连杆 DE 的角速度。

8.12　图示两轮的半径均为 r，沿水平固定直线轨道作纯滚动，轮心分别为 A 和 B。若已知轮心 A 的速度为 $\boldsymbol{v}$，方向水平向右，求当 $\theta=0°$ 及 $\theta=90°$ 时，轮心 B 的速度 $\boldsymbol{v}_B$。

8.13　在图示瓦特行星传动机构中，杆 OA 绕 O 轴转动，通过连杆 AO_2 带动曲柄 O_1O_2 绕 O_1 轴转动。在 O_1 轴上还装有齿轮Ⅰ，齿轮Ⅱ与连杆 AO_2 固连。已知 $r_1=r_2=30\sqrt{3}\ \text{cm}$，杆长 $\overline{OA}=r=75\ \text{cm}$，连杆 AO_2 长为 $l=150\ \text{cm}$。图示瞬时 $\theta=60°$，杆 OA 的角速度 $\omega_O=6\ \text{rad/s}$，求此瞬时曲柄 O_1O_2 及齿轮Ⅰ的角速度。

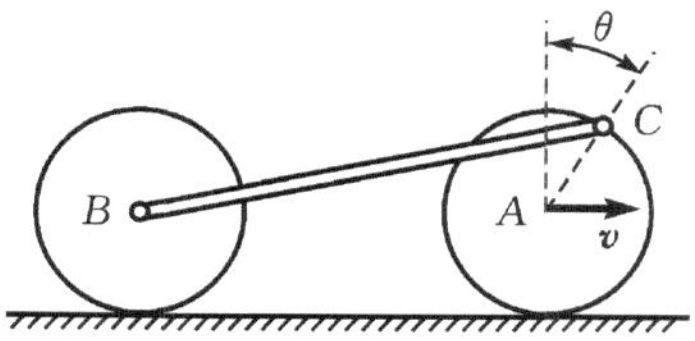

题 8.12 图

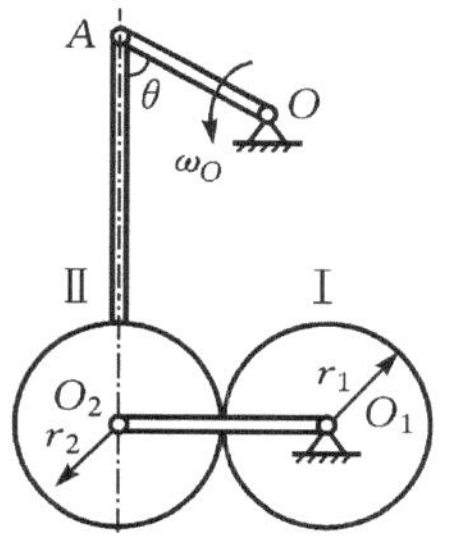

题 8.13 图

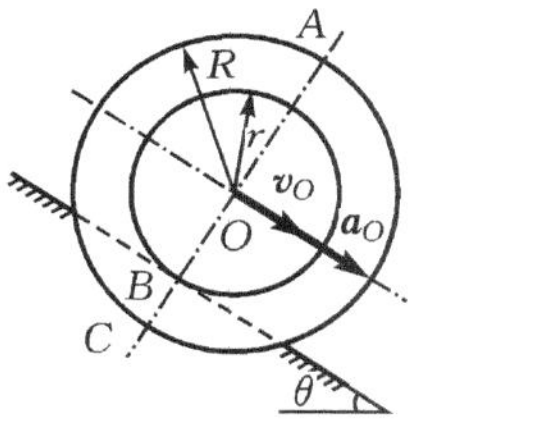

题 8.14 图

8.14　图示半径为 $R=50\ \text{cm}$ 和 $r=30\ \text{cm}$ 的两圆盘固连在一起，沿斜面作纯滚动。设某瞬时圆盘中心 O 的速度 $v_O=90\ \text{cm/s}$，加速度 $a_O=120\ \text{cm/s}^2$，方向皆为沿斜面向下。求此瞬时与斜面垂直的直径上 A、B、C 三点的加速度。

8.15　在图示曲柄连杆机构中，曲柄 OA 绕 O 轴顺钟向转动，通过连杆 AB，带动滑块 B 在半径为 $2r$ 的圆弧槽内滑动。图示瞬时，曲柄 OA 的角速度为 ω_O，角加速度为 α_O，与水平面的交角 $\theta=30°$（图中未标出）；$OA\perp AB$。若 $\overline{OA}=r$，$\overline{AB}=2\sqrt{3}r$，求该瞬时滑块 B 的切向加速度和法向加速度。

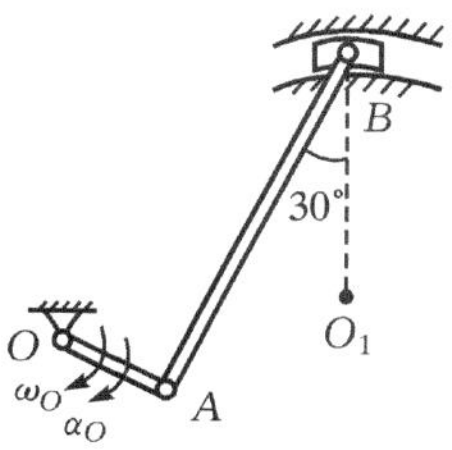

题 8.15 图

8.16　在图示机构中，曲柄 OA 长 l，以匀角速度 ω_O 绕 O 轴转动，滑

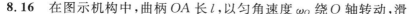

块 B 沿 x 轴滑动。已知$\overline{AB}=\overline{AC}=2l$，在图示瞬时，$OA$ 垂直于 x 轴，求该瞬时 C 点的速度和加速度。

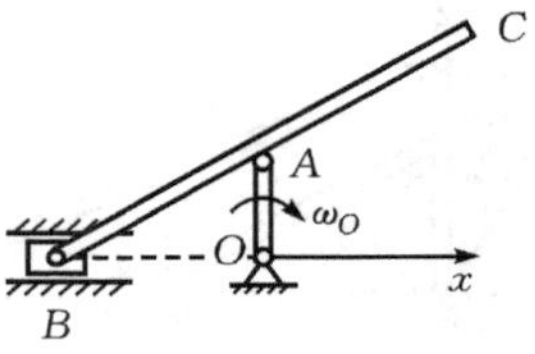

题 8.16 图

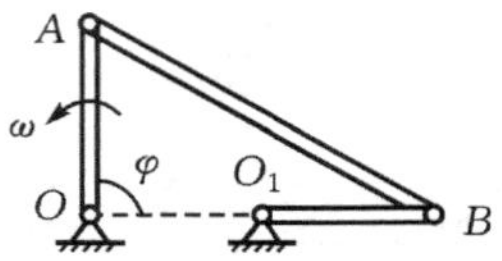

题 8.17 图

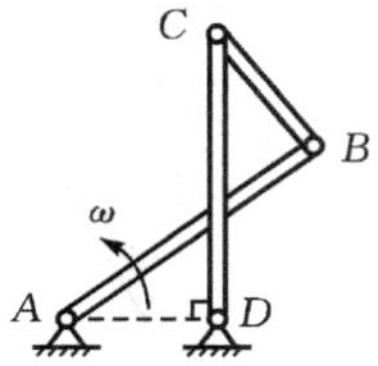

题 8.18 图

8.17　四连杆机构 $OABO_1$ 中，$\overline{OO_1}=\overline{OA}=\overline{O_1B}=100$ mm，OA 以匀角速度 $\omega=2$ rad/s 转动，当 $\varphi=90°$时，O_1B 与 OO_1 在同一条直线上，求这时 AB 杆与 O_1B 杆的角速度和角加速度。

8.18　反平面四边形机构中，$\overline{AB}=\overline{CD}=400$ mm，$\overline{BC}=\overline{AD}=200$ mm，曲柄 AB 以匀角速度 $\omega=3$ rad/s 绕 A 轴转动，求 CD 垂直于 AD 时 BC 杆的角速度和角加速度。

8.19　曲柄 OA 以匀角速度 $\omega_O=2$ rad/s 绕 O 轴逆钟向转动。图示瞬时，OA 铅直，O、B、O_1 三点在同一水平线上。若$\overline{OA}=\overline{O_1B}=30$ cm，$\overline{OO_1}=130$ cm。求此瞬时，杆 O_1B 和杆 AB 的角速度和角加速度。

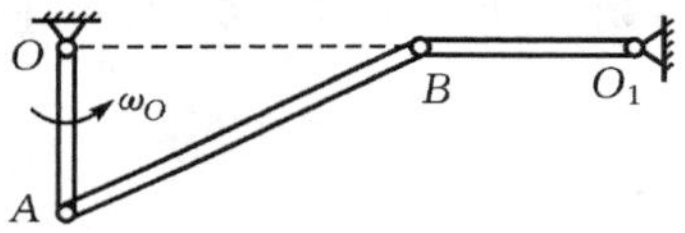

题 8.19 图

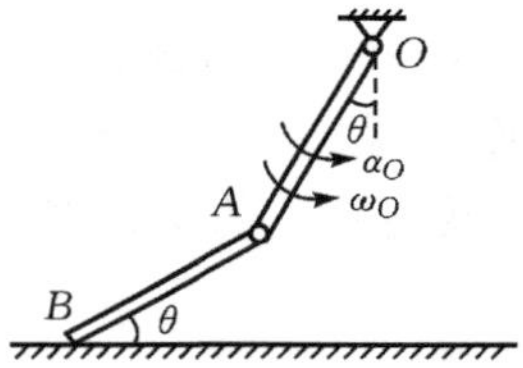

题 8.20 图

8.20　图示平面机构中，$\overline{OA}=\overline{AB}=l=15$ cm。图示瞬时，曲柄 OA 绕 O 轴逆钟向转动的角速度 $\omega_O=0$，角加速度 $\alpha_O=2$ rad/s^2，OA 与铅垂线间的夹角和 AB 与水平面间的夹角皆为 $\theta=30°$。求此瞬时 AB 杆的角加速度及端点 B 的加速度。

8.21　图示筛动机构中，曲柄 OA 长为 r，绕 O 轴以匀角速度 ω_0 顺钟向转动，$\overline{O_1D}=\overline{O_2E}=2r$。图示瞬时，$\theta=60°$，$\angle OAB=90°$，$O$、$B$、$C$ 三点在同一条水平线上。求此瞬时筛子 BC 的速度和加速度。

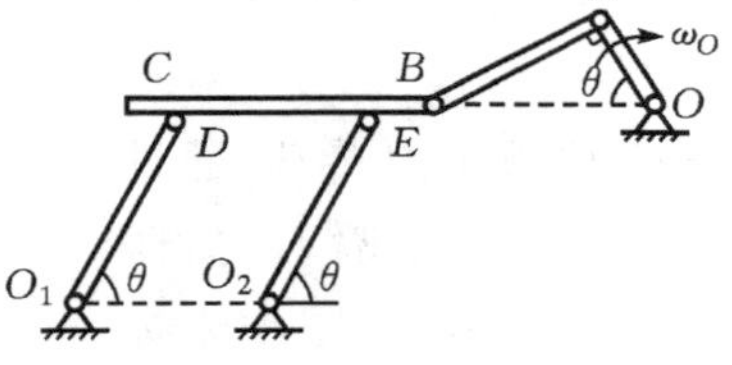

题 8.21 图

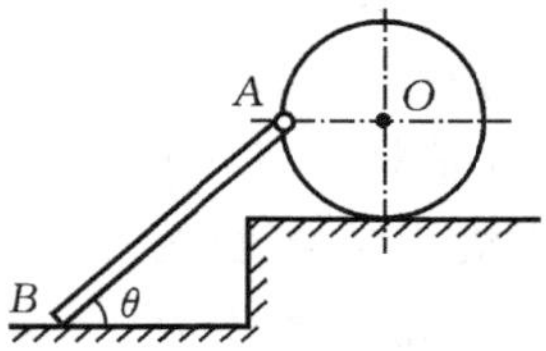

题 8.22 图

8.22　长 $l=20$ cm 的杆 AB 与半径为 $r=8$ cm 的圆盘铰接，圆盘沿一段固定直线轨道作纯滚动。图示瞬时，铰 A 恰在圆盘水平直径的左侧，杆 AB 与水平面间的交角 $\theta=45°$，圆盘中心 O 的速度 $v=12\ \text{cm/s}$，加速度 $a=18\ \text{cm/s}^2$，方向皆向右。求此瞬时杆端 B 的速度和加速度。

8.23　半径为 R 的滚轮沿水平轨道作纯滚动。半径为 r 的圆柱与滚轮固连，圆柱上绕以细绳。绳不可伸长，端点 A 以速度 $\boldsymbol{v}$ 和加速度 $\boldsymbol{a}$ 水平向右运动，如图所示。求圆柱中心 O 的速度和加速度。

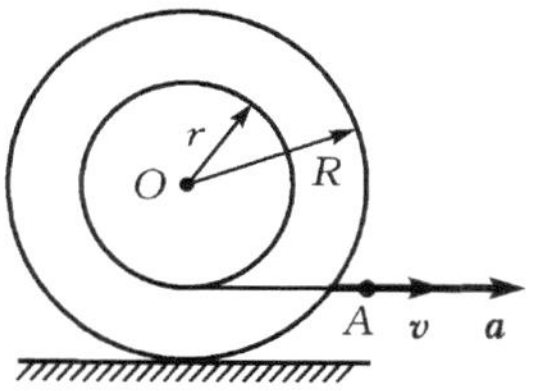

题 8.23 图

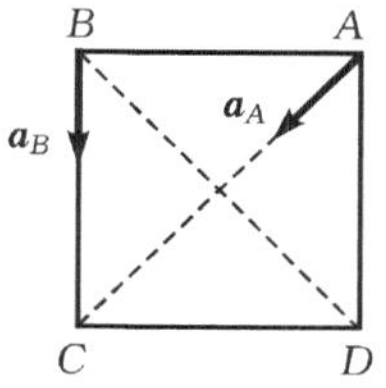

题 8.24 图

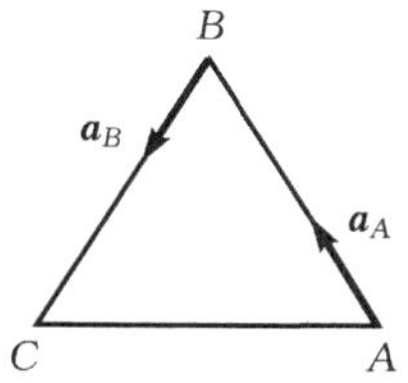

题 8.25 图

8.24　图示正方形薄板边长 $l=20\ \text{cm}$，在其平面内运动。某瞬时两顶点 A 和 B 的加速度分别为 $a_A=40\sqrt{2}\ \text{cm/s}^2$ 和 $a_B=80\ \text{cm/s}^2$，方向如图。求此瞬时薄板的角速度和角加速度以及顶点 C 的加速度。

8.25　边长 $l=40\ \text{cm}$ 的正三角形 ABC 在其平面内运动。图示瞬时顶点 A 和 B 的加速度 $a_A=a_B=160\ \text{cm/s}^2$，方向如图。求此瞬时顶点 C 的加速度。

8.26　半径 $r=0.5\ \text{m}$ 的滚轮 O 在水平面上滚动而不滑动，销钉 B 固连在轮缘上，此销钉在摇杆 O_1A 的槽内滑动，并带动摇杆绕 O_1 轴转动。在图示位置时，AO_1 是轮的切线，轮心的速度 $v_O=0.2\ \text{m/s}$，摇杆与水平面的交角为 60°。求该瞬时摇杆的角速度。

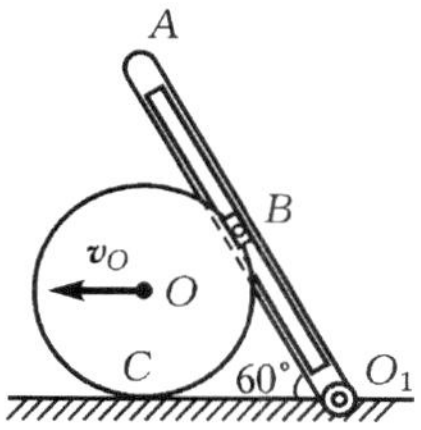

题 8.26 图

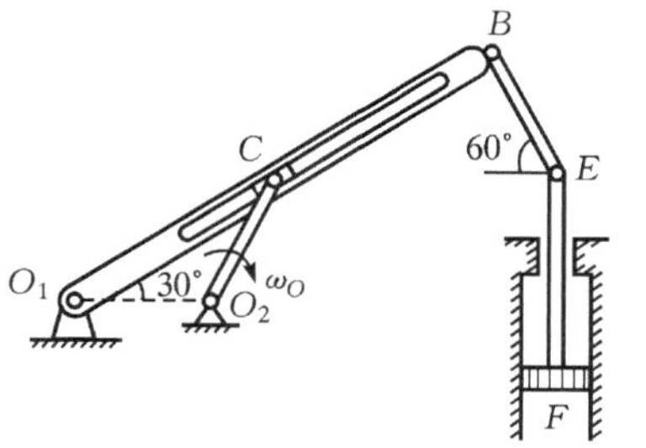

题 8.27 图

8.27　深水泵机构如图所示，滑块 C 可在 O_1B 的导槽中滑动。曲柄 O_2C 以匀角速度 ω_O 转动。已知 $\overline{O_1O_2}=\overline{O_2C}=\overline{BE}=l$，且在图示瞬时 $\overline{O_1C}=\overline{BC}$。求此瞬时活塞 F 的速度和加速度以及杆 O_1B 的角加速度。

8.28　平面机构如图，滑块 C、D 可在 AB 的导槽中滑动。曲柄 OA 长 l，以匀角速度 ω_O 转动。杆 CE 以匀速 v_O 向左运动，带动 DF 在铅直固定槽内运动。在图示瞬时，$\overline{AD}=\overline{DC}=l$，求杆 DF 的速度。

8.29　套筒 C 可沿杆 AB 滑动，且其铰销被限制在半径 $r=200\ \text{mm}$ 的固定圆槽内运动。在图示瞬时，杆 AB 的 A 端沿水平直线导槽运动的速度 $v_A=800\ \text{mm/s}$，杆 AB 的角速度 $\omega=$

2 rad/s，试求此瞬时套筒 C 上的铰销沿固定圆槽内的速度。图中尺寸单位为 mm。

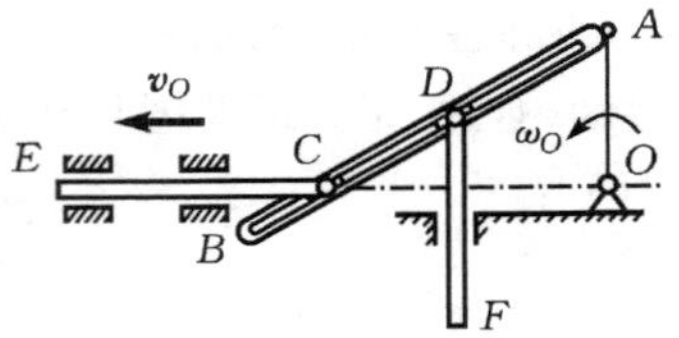

题 8.28 图

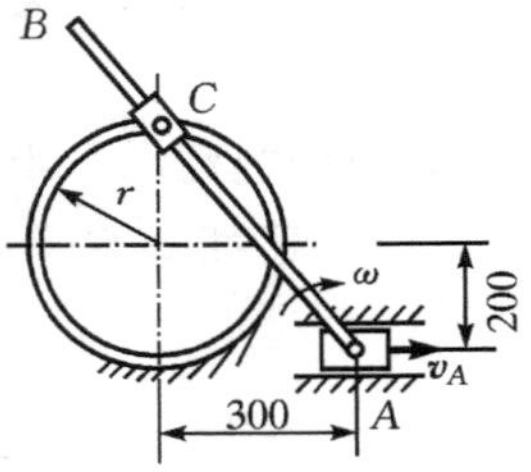

题 8.29 图

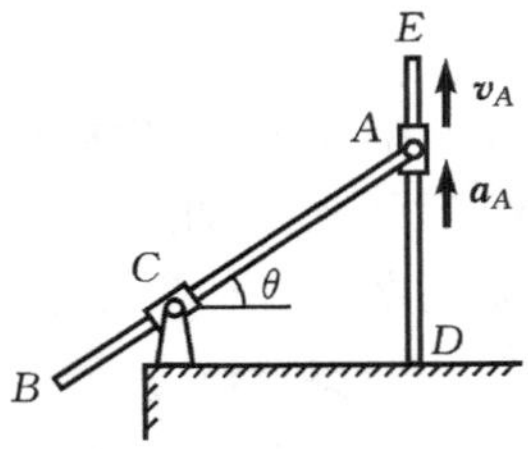

题 8.30 图

8.30　套筒 A 铰接于 AB 杆的 A 端，并套在铅直固定杆 ED 上。铰接于 C 的套筒套在 AB 杆上。AB 长 600 mm。当 $\theta=30°$时，$\overline{AC}=400$ mm，套筒 A 的速度 $v_A=400$ mm/s，加速度 $a_A=80$ mm/s^2。求该瞬时 B 端的加速度。

第三篇　动　力　学

引　言

静力学研究了力系的简化和平衡问题,但没有研究物体在不满足平衡条件的力系作用下将如何运动。运动学从几何观点研究了物体的运动,而没有涉及力和质量、转动惯量等物理因素。动力学将综合考察物体运动状态的变化和作用在物体上的力之间的关系。它比静力学和运动学所研究的问题更广泛、更深入。它在现代工程技术中具有重要意义,例如高速转动机械的动力计算、结构的动态分析、宇宙飞行和火箭技术中轨道的计算、系统的稳定性分析等,都需要应用动力学的理论。

动力学中的力学模型是质点和质点系。**质点**,是指具有一定质量的几何点。例如研究远程弹道导弹的弹道时,导弹的形状和大小对所研究的问题不起主要作用,可以忽略不计,因此可将导弹抽象为一个质点。由有限个或无限个彼此有一定联系的质点所组成的系统,称为**质点系**。它的应用范围遍及宇宙。例如固体、流体以及由几个物体组成的机构等都可以抽象成质点系。任意两质点间的距离保持不变的质点系称为**不变质点系**,刚体就是一种不变质点系;否则称为**可变质点系**,例如机构、流体等。根据所研究的力学模型不同,动力学可分为质点动力学与质点系动力学。本书着重研究质点系动力学问题。

1. 动力学基本定律

动力学的理论基础是伽利略和牛顿总结的基本定律,特别是牛顿第二定律(力与加速度之间的关系)

$$m\boldsymbol{a} = \boldsymbol{F}$$

即质点的质量与加速度的乘积,等于作用于该质点上所有力的合力。这个方程称为**质点动力学基本方程**。

牛顿定律不是对任意选定的参考系都适用的。能适用牛顿定律的参考系称为**惯性参考系**。在一般工程技术问题中,选用与地球固连的参考系或相对地球作匀速直线平动的参考系为惯性参考系。在某些必须考虑地球自转影响的问题中,如研究河岸被冲刷、落体的偏离、人造地球卫星和宇宙飞船的轨道、远程导弹的弹道等问题时,则取地心为坐标原点、三轴指向三颗“恒星”的地心坐标系为惯性参考系。而在天文学中则选取太阳中心为坐标原点,三轴分别指向三颗“恒星”的日心坐标系为惯性参考系。在本篇中若没有特别说明,则所有运动都是对惯性参考系而言的,且一般都视固连于地球的参考系为惯性参考系。

2. 质点运动微分方程

设质量为 m 的质点 M 在合力 $\boldsymbol{F}$ 作用下运动，加速度为 $\boldsymbol{a}$，根据动力学基本方程有 $m\boldsymbol{a}=\boldsymbol{F}$，或改写为

$$m\frac{\mathrm{d}\boldsymbol{v}}{\mathrm{d}t}=\boldsymbol{F} \quad 或 \quad m\frac{\mathrm{d}^2\boldsymbol{r}}{\mathrm{d}t^2}=\boldsymbol{F} \tag{1}$$

式中：$\boldsymbol{v}$ 是质点 M 的速度；$\boldsymbol{r}$ 是质点相对固定点 O 的矢径。(1)式称为**矢量形式的质点运动微分方程**。

将(1)式向固定直角坐标轴投影，得

$$m\frac{\mathrm{d}^2 x}{\mathrm{d}t^2}=F_x,\quad m\frac{\mathrm{d}^2 y}{\mathrm{d}t^2}=F_y,\quad m\frac{\mathrm{d}^2 z}{\mathrm{d}t^2}=F_z \tag{2}$$

(2)式称为**直角坐标形式的质点运动微分方程**。

当质点的运动轨迹已知时，将(1)式向自然坐标轴投影，则得

$$m\frac{\mathrm{d}^2 s}{\mathrm{d}t^2}=F_\mathrm{t},\quad m\frac{\dot{s}^2}{\rho}=F_\mathrm{n},\quad 0=F_\mathrm{b} \tag{3}$$

(3)式称为**自然坐标形式的质点运动微分方程**。

应用质点运动微分方程可求解质点动力学的两类基本问题。

第一类基本问题：已知质点的运动，求作用于质点上的力。如果已知质点的运动方程，将其对时间求二阶导数后，代入质点运动微分方程，可求得未知力。求解这类问题，从数学角度来说，可归结为微分学问题。

第二类基本问题：已知作用于质点上的力，求质点的运动。由于作用力可能是常量，也可能是时间、位置、速度的函数，因而求解比较麻烦。只有当力的函数比较简单时，才可能求得微分方程的精确解。求解微分方程时，积分常数(或积分的上、下限)需根据质点运动的初始条件来确定。可见，即使受的力相同，但如果初始条件不同，则得到的运动规律也不相同。求解这类问题，从数学角度而言可归结为积分学问题。

第 9 章　动量定理

本章及后续两章将研究动力学普遍定理，即动量定理、动量矩定理和动能定理，这些定理建立了表示质点系机械运动特征的力学量（动量、动量矩、动能）与表示力系的作用效应的力学量（冲量、力系的主矢、主矩、功）之间的关系。通过这些定理，使我们更深刻地认识机械运动的本质。在一定条件下，运用这些定理能较为简便地求解质点系动力学问题。

我们将从质点动力学基本方程推导出这些定理。应当指出，这些定理都是机械运动普遍规律的反映，实际上是作为独立的基本定律，各自单独地被人们发现的，并且有的定理的发现还早在牛顿之前。

本章研究质点系的动量定理，它建立了质点系的动量（主矢）的变化率与作用于质点系上外力系主矢之间的关系，然后研究质点系动量定理的另一种重要形式——质心运动定理，最后介绍变质量质点的运动微分方程和火箭的运动。

9.1　动量定理

9.1.1　动量

动量是物体机械运动强弱的一种度量。它不仅取决于运动物体的速度，而且还与运动物体的质量有关。例如枪弹质量虽小，可是速度很大，能击穿钢板；轮船靠岸时速度虽小，但质量很大，如果发生碰撞，也可能损伤码头。**质点的质量** m **与其速度** $\boldsymbol{v}$ **的乘积** $m\boldsymbol{v}$，称为**质点的动量**。它是个矢量，其方向与速度的方向相同。在国际单位制中，动量的单位为千克·米/秒（kg·m/s）或牛顿·秒（N·s）。

质点系中各质点动量的矢量和（动量系的主矢）**称为质点系的动量**，用符号 $\boldsymbol{p}$ 表示，即

$$\boldsymbol{p} = \sum m_i \boldsymbol{v}_i \tag{9-1}$$

它在各直角坐标轴上的投影分别为

$$p_x = \sum m_i v_{ix}, \quad p_y = \sum m_i v_{iy}, \quad p_z = \sum m_i v_{iz} \tag{9-2}$$

9.1.2　动量定理

1. 动量定理的微分形式

设质点系由 n 个质点组成。质点系内各质点间相互作用的力称为内力，用符号 $\boldsymbol{F}^{\mathrm{i}}$ 表示。质点系以外的物体作用于质点系的力称为外力，用符号 $\boldsymbol{F}^{\mathrm{e}}$ 表示。质点系中第 i 个质点 M_i 的质量为 m_i，速度为 $\boldsymbol{v}_i$。根据动力学基本方程有

$$\frac{\mathrm{d}(m_i \boldsymbol{v}_i)}{\mathrm{d}t} = \boldsymbol{F}_i^{\mathrm{i}} + \boldsymbol{F}_i^{\mathrm{e}} \quad (i = 1,2,\cdots,n)$$

式中：$\boldsymbol{F}_i^{\mathrm{i}}$ 为作用在质点 M_i 上的所有内力的合力；$\boldsymbol{F}_i^{\mathrm{e}}$ 为作用在质点 M_i 上的所有外力的合力。对系内 n 个质点可写出 n 个这样的方程，将这些方程相加，即得

$$\sum \frac{\mathrm{d}m_i\boldsymbol{v}_i}{\mathrm{d}t} = \sum \boldsymbol{F}_i^{\mathrm{i}} + \sum \boldsymbol{F}_i^{\mathrm{e}}$$

改变左端求和与求导的次序，有

$$\frac{\mathrm{d}\sum m_i\boldsymbol{v}_i}{\mathrm{d}t} = \sum \boldsymbol{F}_i^{\mathrm{i}} + \sum \boldsymbol{F}_i^{\mathrm{e}}$$

因为系内质点相互作用的内力总是大小相等、方向相反、成对出现的，故这些内力组成的力系的矢量和（内力系的主矢）等于零，即 $\sum \boldsymbol{F}_i^{\mathrm{i}}=0$，因而 $\dfrac{\mathrm{d}\sum m_i\boldsymbol{v}_i}{\mathrm{d}t} = \sum \boldsymbol{F}_i^{\mathrm{e}}$，即

$$\frac{\mathrm{d}\boldsymbol{p}}{\mathrm{d}t} = \sum \boldsymbol{F}_i^{\mathrm{e}} = \boldsymbol{F}'^{\mathrm{e}}_{\mathrm{R}} \tag{9-3}$$

式中：$\boldsymbol{F}'^{\mathrm{e}}_{\mathrm{R}}$ 为作用于质点系的所有外力的矢量和（外力系的主矢）。式(9－3)即为**微分形式的质点系动量定理**。它表明，**质点系的动量对时间的导数，等于作用在质点系上所有外力的矢量和（外力系的主矢）**。它在固定直角坐标轴上的投影分别为

$$\frac{\mathrm{d}p_x}{\mathrm{d}t} = \sum F_{xi}^{\mathrm{e}},\quad \frac{\mathrm{d}p_y}{\mathrm{d}t} = \sum F_{yi}^{\mathrm{e}},\quad \frac{\mathrm{d}p_z}{\mathrm{d}t} = \sum F_{zi}^{\mathrm{e}} \tag{9-4}$$

2. 力的冲量

物体受力而产生的速度变化不仅决定于力的大小和方向，而且与力的作用时间的长短有关。例如，当在水平路面上用常力 $\boldsymbol{F}$ 推车时，力的作用时间 t 越长，车的速度变化就越大。用常力与其作用时间的乘积表示该力在这段时间内作用的积累效果，并称为**该常力的冲量**，用符号 $\boldsymbol{I}$ 表示。即

$$\boldsymbol{I} = \boldsymbol{F}t \tag{9-5}$$

冲量是矢量，它的单位与动量的单位相同。

若作用力 $\boldsymbol{F}$ 是变力，计算它在从 t_1 到 t_2 时间间隔内的冲量，则把时间间隔分成无限多个微段。在任意一个微小时间间隔 $\mathrm{d}t$ 内，可把力 $\boldsymbol{F}$ 看作常力，按式(9－5)计算其在 $\mathrm{d}t$ 时间内的微小冲量，称为**力的元冲量**。求出所有元冲量的矢量和，就得到变力 $\boldsymbol{F}$ 在整个从 t_1 到 t_2 时间间隔内的冲量为

$$\boldsymbol{I} = \int_{t_1}^{t_2} \boldsymbol{F}\mathrm{d}t \tag{9-6}$$

它在直角坐标轴上的投影为

$$I_x = \int_{t_1}^{t_2} F_x\mathrm{d}t,\quad I_y = \int_{t_1}^{t_2} F_y\mathrm{d}t,\quad I_z = \int_{t_1}^{t_2} F_z\mathrm{d}t \tag{9-7}$$

3. 动量定理的积分形式（冲量定理）

将式(9－3)改写成下列形式

$$\mathrm{d}\boldsymbol{p} = \sum \boldsymbol{F}_i^{\mathrm{e}}\mathrm{d}t = \mathrm{d}\boldsymbol{I}_i^{\mathrm{e}}$$

将上式在时间间隔(t_2-t_1)内积分，得

$$\boldsymbol{p}_2 - \boldsymbol{p}_1 = \sum \int_{t_1}^{t_2} \boldsymbol{F}_i^{\mathrm{e}}\mathrm{d}t = \sum \boldsymbol{I}_i^{\mathrm{e}} \tag{9-8}$$

式(9－8)即为**积分形式的质点系动量定理**，它表明，**在某一段时间间隔内，质点系动量的改变，**

等于作用于质点系上所有外力在同一段时间间隔内冲量的矢量和。此定理又称为**冲量定理**。它在直角坐标轴上的投影为

$$p_{2x}-p_{1x}=\sum I_{ix}^{e},\quad p_{2y}-p_{1y}=\sum I_{iy}^{e},\quad p_{2z}-p_{1z}=\sum I_{iz}^{e} \tag{9-9}$$

4. 动量守恒定律

在特殊情况下，若作用于质点系的外力系主矢恒等于零，即 $\sum \boldsymbol{F}_i^e\equiv 0$，由式(9-3)可知这时 $\boldsymbol{p}=\sum m_i\boldsymbol{v}_i=$常矢量。即**若作用于质点系上的外力系主矢恒为零，则质点系的动量保持不变**。这个结论称为**质点系的动量守恒定律**。

若作用于质点系上的外力系主矢在某固定坐标轴上的投影恒为零，则质点系的动量在该轴上的投影保持为常量。例如若 $\sum F_{xi}^e\equiv 0$，则 $p_x=$常量。

动量守恒定律在军事工程中应用很广。下面举例简要说明。

(1)**炮筒的后座**。将炮筒和炮弹看成一个质点系。发射炮弹时，火药(假设不计质量)爆炸所产生的气体压力是内力，不能改变整个质点系的动量。但它能使炮弹获得一个向前的动量，同时使炮筒获得同样大小向后的动量，而整个质点系的动量保持不变。这种发射炮弹时炮筒向后的运动，称为炮筒的后座。

(2)**喷气推进**。火箭发动机的燃气以高速向后喷射，使火箭获得向前的速度。将火箭和燃气看成一个质点系，则燃料燃烧时产生的燃气压力是内力，不能改变整个质点系的动量。但在燃气向后喷射的同时，火箭获得相应的向前的速度，此时整个质点系的动量不变。

由此可见，质点系的内力虽不能改变整个质点系的动量，但能改变质点系内部各质点的动量。

例 9.1　质量为 m 的炮车静止地置于光滑水平地面上，以仰角 α 发射炮弹(图 9.1)。炮弹的质量为 εm，相对于炮身的出口速度为 v_r。若不计空气阻力，求炮弹的最大射程。

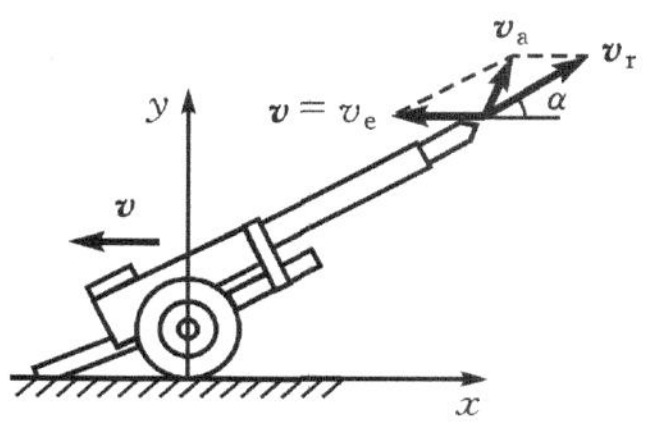

图 9.1

解：设发射炮弹时炮身的速度为 $\boldsymbol{v}$。以炮弹为动点，动系固连于炮身，由速度合成定理，有

$$\boldsymbol{v}_a=\boldsymbol{v}_e+\boldsymbol{v}_r=\boldsymbol{v}+\boldsymbol{v}_r$$

$$v_{ax}=v_r\cos\alpha-v,\quad v_{ay}=v_r\sin\alpha$$

取炮身和炮弹组成的系统为研究对象。系统在水平方向无外力作用，故在水平方向的动量守恒，即有

$$-mv+\varepsilon m(v_r\cos\alpha-v)=0$$

可得

$$v=\frac{\varepsilon}{1+\varepsilon}v_r\cos\alpha$$

$$v_{ax}=v_r\cos\alpha-\frac{\varepsilon}{1+\varepsilon}v_r\cos\alpha=\frac{1}{1+\varepsilon}v_r\cos\alpha$$

炮弹飞行时间为

$$t=2v_{ay}/g=2v_r\sin\alpha/g$$

于是可求得炮弹的射程为

$$s=v_{ax}t=\frac{1}{1+\varepsilon}v_r\cos\alpha\cdot\frac{2v_r\sin\alpha}{g}=\frac{v_r^2\sin 2\alpha}{(1+\varepsilon)g}$$

*5. 动量定理在流体工程中的应用

动量定理在流体(气体或液体)工程中有广泛的应用。如在汽轮机、泵、风机等机械中,当流体流经弯曲管道、喷嘴或叶片时,流体的动量发生变化,从而引起附加压力。下面我们分析不可压缩流体在变截面弯管中作**定常流动**(即管道内各点的压强、速度等都不随时间变化)的情况。

图 9.2 为流体流经变截面弯管的示意图。已知流体的体积密度为 $\rho(\mathrm{kg/m^3})$,体积流量为 $q_V(\mathrm{m^3/s})$。取管道任意两个截面 aa、bb 之间的流体为研究对象。作用在研究对象上的外力有流体的重力 $\boldsymbol{W}$,aa 和 bb 两截面处受到相邻的其它部分流体的压力 $\boldsymbol{F}_1$ 和 $\boldsymbol{F}_2$ 以及管壁的约束力 $\boldsymbol{F}_\mathrm{N}$。于是作用在质点系上的外力系主矢为

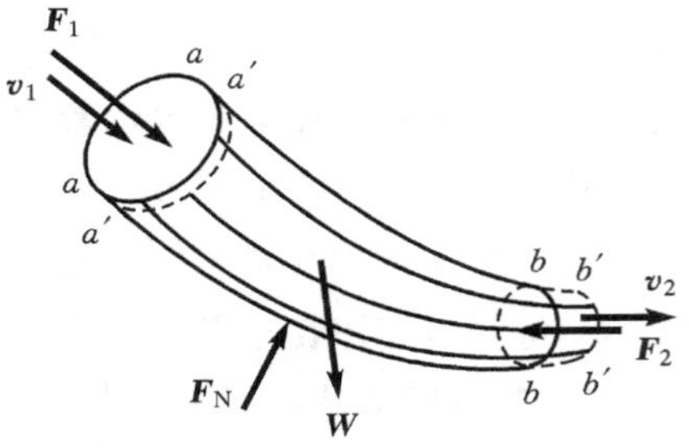

图 9.2

$$\sum \boldsymbol{F}_i^e = \boldsymbol{W} + \boldsymbol{F}_\mathrm{N} + \boldsymbol{F}_1 + \boldsymbol{F}_2$$

设经过微小时间间隔 $\mathrm{d}t$ 后,这部分流体流到 $a'a'b'b'$ 位置。在 $\mathrm{d}t$ 时间内,其动量的改变为 $\mathrm{d}\boldsymbol{p}$。由于是定常流动,$a'a'bb$ 管道中流体的速度分布情况不变,因而在 $\mathrm{d}t$ 前、后它们的动量不变。这样,所研究的质点系在 $\mathrm{d}t$ 时间内动量的改变仅是 $bbb'b'$ 与 $aaa'a'$ 内流体动量之差,即

$$\mathrm{d}\boldsymbol{p} = \boldsymbol{p}_{bbb'b'} - \boldsymbol{p}_{aaa'a'}$$

流体在进口截面 aa、出口截面 bb 处的速度分别用 $\boldsymbol{v}_1$、$\boldsymbol{v}_2$ 表示,它们分别垂直于 aa、bb 截面。由于流动是定常的,故 $aaa'a'$ 与 $bbb'b'$ 两部分流体的质量均为 $\mathrm{d}m=\rho\cdot\mathrm{d}t\cdot q_V$,因而

$$\mathrm{d}\boldsymbol{p} = \rho q_V(\boldsymbol{v}_2 - \boldsymbol{v}_1)\mathrm{d}t$$

根据微分形式的质点系动量定理得

$$\rho q_V(\boldsymbol{v}_2 - \boldsymbol{v}_1) = \boldsymbol{W} + \boldsymbol{F}_\mathrm{N} + \boldsymbol{F}_1 + \boldsymbol{F}_2 \tag{9-10}$$

式(9-10)为**流体流动的欧拉定理**,它表明**在定常流动时,管内流体在单位时间内流出动量与流入动量之差,等于作用于管内流体上的体积力**(重力)**与表面力**(压力、管壁约束力)**的矢量和**(主矢)。管内流体作用于管壁的压力主矢 $\boldsymbol{F}_\mathrm{N}^*$ 等于 $-\boldsymbol{F}_\mathrm{N}$,由式(9-10)得

$$\boldsymbol{F}_\mathrm{N}^* = -\boldsymbol{F}_\mathrm{N} = (\boldsymbol{W} + \boldsymbol{F}_1 + \boldsymbol{F}_2) - \rho q_V(\boldsymbol{v}_2 - \boldsymbol{v}_1)$$

可见,流体作用于管壁的压力 $\boldsymbol{F}_\mathrm{N}^*$ 分为两部分:一部分是由流体的重力 $\boldsymbol{W}$ 和截面 aa、bb 处相邻流体的压力 $\boldsymbol{F}_1$、$\boldsymbol{F}_2$ 所直接引起的,称为**静压力**,用 $\boldsymbol{F'}_\mathrm{N}^*$ 表示

$$\boldsymbol{F'}_\mathrm{N}^* = \boldsymbol{W} + \boldsymbol{F}_1 + \boldsymbol{F}_2 \tag{9-11}$$

另一部分是由于流体动量发生变化而引起的,称为**附加动约束力**,用 $\boldsymbol{F''}_\mathrm{N}^*$ 表示

$$\boldsymbol{F''}_\mathrm{N}^* = -\rho q_V(\boldsymbol{v}_2 - \boldsymbol{v}_1) = \rho q_V(\boldsymbol{v}_1 - \boldsymbol{v}_2) \tag{9-12}$$

这就是流体在弯曲管道中流动时,附加动约束力的公式。式(9-12)表明当流量 q_V 越大,或流体速度矢量变化越大(管道弯曲较大处)时,附加动约束力越大。所以在管道弯曲处必须安装支座。在应用式(9-12)时,常取其投影形式,即

$$F''^*_{\mathrm{N}x} = \rho q_V(v_{1x} - v_{2x}), \quad F''^*_{\mathrm{N}y} = \rho q_V(v_{1y} - v_{2y}) \tag{9-13}$$

例 9.2 一个 60°的收缩弯头位于水平面内,入口 aa 截面直径 $d_1=30\ \mathrm{cm}$,出口 bb 截面直径 $d_2=15\ \mathrm{cm}$,水的流量 $q_V=0.34\ \mathrm{m^3/s}$,水的密度 $\rho=10^3\ \mathrm{kg/m^3}$,求水对管壁的附加动压力。设水的流动是定常的。

解:取管内流体为研究对象,受力如图9.3所示,入口与出口处的截面积分别为

$$A_1 = \pi \times 0.15^2 = 0.0707\ \text{m}^2,$$
$$A_2 = \pi \times 0.075^2 = 0.0177\ \text{m}^2$$

入口与出口的流速

$$v_1 = \frac{q_V}{A_1} = \frac{0.34}{0.0707} = 4.81\ \text{m/s}$$
$$v_2 = \frac{q_V}{A_2} = \frac{0.34}{0.0177} = 19.2\ \text{m/s}$$

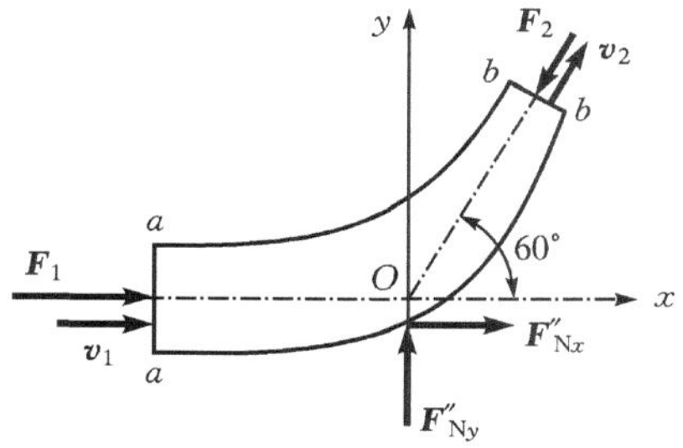

图 9.3

应用式(9-13),可得

$$F''^{*}_{Nx} = 0.34 \times 10^3 \times (4.81 - 19.2\cos 60°) = -1630\ \text{N}$$
$$F''^{*}_{Ny} = 0.34 \times 10^3 \times (0 - 19.2\sin 60°) = -5650\ \text{N}$$

因为两个投影皆为负值,所以管壁受到的附加动压力 $\boldsymbol{F}''^{*}_{Nx}$、$\boldsymbol{F}''^{*}_{Ny}$ 分别与 x、y 轴方向相反。

9.2　质心运动定理

9.2.1　质量中心(质心)

设质点系由 n 个质点组成,其中任一质点的质量为 m_i,对固定点 O 的矢径为 $\boldsymbol{r}_i$。各质点质量之和 $\sum m_i = m$。由矢径

$$\boldsymbol{r}_C = \frac{\sum m_i \boldsymbol{r}_i}{m} \tag{9-14}$$

所确定的几何点 C 称为**质点系的质量中心**,简称为**质心**。注意,质心一般是不依附或固连于某一个质点上的。将上式向直角坐标系 $Oxyz$ 各轴投影,可得质心 C 的坐标公式为

$$x_C = \frac{\sum m_i x_i}{m},\quad y_C = \frac{\sum m_i y_i}{m},\quad z_C = \frac{\sum m_i z_i}{m} \tag{9-15}$$

在均匀重力场中,物体中任一质量为 m_i 的质点,其重力的大小 $W_i = m_i g$,则该物体重心的矢径

$$\boldsymbol{r}_C = \frac{\sum W_i \boldsymbol{r}_i}{\sum W_i} = \frac{\sum m_i g \boldsymbol{r}_i}{\sum m_i g} = \frac{\sum m_i \boldsymbol{r}_i}{\sum m_i} = \frac{\sum m_i \boldsymbol{r}_i}{m} \tag{9-16}$$

可见在均匀重力场中物体的重心与其质心重合。因此,可通过静力学中介绍的求重心的各种方法确定物体质心的位置。应当指出,质心与重心是两个不同的概念。质心取决于质点系各质点的质量大小及其分布情况,而与所受的力无关,它是表征质点系质量分布情况的一个几何点;而重心只有在重力场中才有意义。所以,质心比重心具有更广泛的意义。

将式(9-14)对时间求导数,可得

$$m\frac{\mathrm{d}\boldsymbol{r}_C}{\mathrm{d}t} = \sum m_i \frac{\mathrm{d}\boldsymbol{r}_i}{\mathrm{d}t}$$

$\frac{\mathrm{d}\boldsymbol{r}_C}{\mathrm{d}t} = \boldsymbol{v}_C$ 为质心的速度,$\frac{\mathrm{d}\boldsymbol{r}_i}{\mathrm{d}t} = \boldsymbol{v}_i$ 为质点系中第 i 个质点的速度。于是有

$$mv_C = \sum m_i v_i = p \tag{9-17}$$

式(9－17)表示，**质点系的动量等于质点系的总质量与质心速度的乘积**。这个公式为计算质点系特别是刚体的动量提供了简便的方法。例如沿直线轨道作纯滚动的均质圆轮(图 9.4(a))，其动量为 mv_C。又如一个绕通过质心 C 的固定轴转动的刚体(图 9.4(b))，其质心的速度恒为零，故它的动量等于零。所以，**动量只能描述质点系随同质心平动的运动状态，而不能描述绕质心转动的运动状态**。

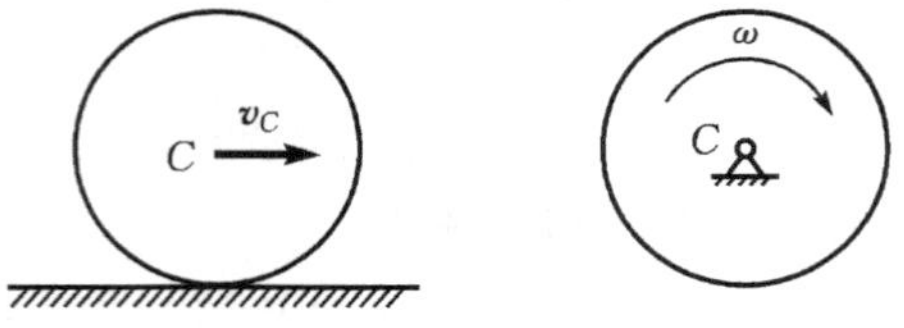

(a) (b)

图 9.4

9.2.2 质心运动定理

将 $mv_C = p$ 代入微分形式的质点系动量定理式(9－3)可得

$$m\frac{\mathrm{d}v_C}{\mathrm{d}t} = \sum F_i^e$$

式中：$\frac{\mathrm{d}v_C}{\mathrm{d}t} = a_C$ 是质心 C 的加速度，于是上式可改写为

$$ma_C = \sum F_i^e \quad 或 \quad m\frac{\mathrm{d}^2 r_C}{\mathrm{d}t^2} = \sum F_i^e \tag{9-18}$$

上式即为**质心运动定理，即质点系的总质量与其质心加速度的乘积，等于作用于该质点系上所有外力的矢量和(外力系的主矢)**。式(9－18)与质点动力学基本方程 $ma = F$ 的形式相似。可见质点系质心这个几何点的运动犹如一个质点的运动，这个质点的质量等于整个质点系的质量，而作用在此质点上的力等于作用于质点系上所有外力的主矢。

应用质心运动定理研究刚体运动，有着明显的意义。当刚体平动时，刚体上各点的运动与质心的运动完全相同，因而质心运动定理完全决定了该刚体的运动。当刚体作一般运动时，可将它分解为随同质心的平动和绕质心的转动，平动部分就可用质心运动定理确定。

由质心运动定理可知，只有外力才能改变质心的运动，内力不能改变质心的运动。下面分析几个例子。

力偶对刚体的作用。由于力偶中两个力的矢量和为零，因此作用于刚体上的力偶不能改变刚体质心的运动，若质心原来是静止的，则它仍保持静止。力偶对刚体的作用是使它绕质心转动。

汽车的起动和制动。对汽车而言，发动机汽缸中的燃气压力是内力。虽然这个力是汽车行驶的原动力，但它不能直接使汽车的质心运动。燃气压力只有通过传动机构带动主动轮转动，使地面对主动轮作用向前的摩擦力，才能使汽车质心运动。地面给主动轮的向前的摩擦力，才是汽车的起动力。轮胎作成各种花纹，或在车轮上缠防滑链，都是为了增大摩擦因数，从而增大摩擦力。汽车刹车时，闸块与车轮间的摩擦力是内力，不能直接改变汽车质心的运动，但能阻止车轮相对于车身的转动，引起地面对车轮的向后的摩擦力，从而使汽车减速。

定向爆破。工程兵在施工中经常采用定向爆破的施工方法。若把爆破出来的土石方看作一个质点系，则定向爆破关心的是其中的大部分土石是否能落到预定的区域。虽然质点系内各个土石的运动轨迹各不相同，但它们质心的运动就像一个质点在重力作用下作抛射体运动一样。因此，只要控制好质心的初速度的大小和方向，就能使土石方的质心沿预定的抛物线轨迹运动，把大部分土石抛落在预定的区域。

例 9.3　电动机的外壳用螺栓固定在水平基础上。外壳及定子的质量为 m_1，转子的质量为 m_2，转子的转轴通过外壳及定子的质心 C_1。由于制造及安装等原因，使转子的质心 C_2 偏离转轴，偏心距 $e=\overline{C_1C_2}$。设转子以角速度 ω 匀速转动，求基础和螺栓对电动机的总约束力的水平分力和垂直分力。

解：本题是已知电机运动而求约束力，可用质心运动定理求解。取整个电机为研究对象。外壳和定子不动，转子以匀角速度 ω 绕 C_1 轴转动。作用在电机上的外力有外壳和定子的重力 $m_1\boldsymbol{g}$，转子的重力 $m_2\boldsymbol{g}$，以及基础和螺栓对电机总约束力的水平分量 $\boldsymbol{F}_{Nx}$ 和垂直分量 $\boldsymbol{F}_{Ny}$。

取固定坐标系 C_1xy 如图 9.5 所示。根据质心运动定理得

$$(m_1+m_2)\frac{d^2x_C}{dt^2}=F_{Nx} \tag{1}$$

$$(m_1+m_2)\frac{d^2y_C}{dt^2}=F_{Ny}-m_1g-m_2g \tag{2}$$

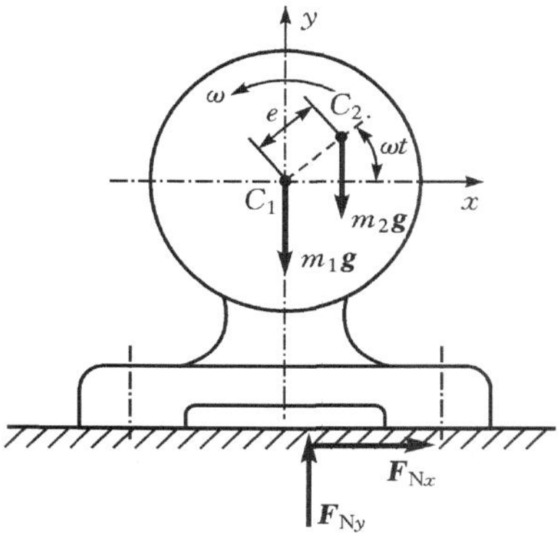

图 9.5

为求电动机质心 C 的加速度 $\frac{d^2x_C}{dt^2}$ 和 $\frac{d^2y_C}{dt^2}$，可先求质心 C 的坐标。外壳与定子的质心 C_1 的坐标为 $x_{C1}=0$，$y_{C1}=0$。转子的质心 C_2 的坐标为 $x_{C2}=e\cos\omega t$，$y_{C2}=e\sin\omega t$。由式(9-15)得

$$x_C=\frac{\sum m_ix_i}{\sum m_i}=\frac{m_2}{m_1+m_2}e\cos\omega t$$

$$y_C=\frac{\sum m_iy_i}{\sum m_i}=\frac{m_2}{m_1+m_2}e\sin\omega t$$

分别对时间求二阶导数，得

$$\frac{d^2x_C}{dt^2}=-\frac{m_2}{m_1+m_2}e\omega^2\cos\omega t$$

$$\frac{d^2y_C}{dt^2}=-\frac{m_2}{m_1+m_2}e\omega^2\sin\omega t$$

代入(1)、(2)式，可得

$$F_{Nx}=-m_2e\omega^2\cos\omega t,\quad F_{Ny}=(m_1+m_2)g-m_2e\omega^2\sin\omega t$$

电动机的转子不动时，静约束力 $F'_{Nx}=0$，$F'_{Ny}=(m_1+m_2)g$。当转子转动时则引起附加动约束力 $F''_{Nx}=-m_2e\omega^2\cos\omega t$，$F''_{Ny}=-m_2e\omega^2\sin\omega t$。附加动约束力是随时间而周期变化的，并与 e 和 ω^2 成正比，故制造和安装电机转子时应使偏心距 e 尽量小。

若电动机放置在光滑水平基础上，无螺栓固定时，则因基础不能提供水平约束力 $\boldsymbol{F}_{Nx}$，电动机将沿水平面作周期性往复运动；而且若角速度 ω 较大时，整个电动机还将会跳起。

9.2.3　质心运动守恒定律

(1)如果作用在质点系上所有外力的主矢恒为零，即 $\sum \boldsymbol{F}_i^e\equiv0$，则根据质心运动定理可知

$\frac{d\boldsymbol{v}_C}{dt}=0$,因此,$\boldsymbol{v}_C=$常矢量。**即若作用于质点系上所有外力的矢量和恒为零,则质点系的质心作惯性运动(保持静止或作匀速直线运动)**。这个结论称为**质心运动守恒定律**。

(2)如果作用在质点系上所有外力在某一固定坐标轴上投影的代数和恒为零,例如$\sum F_{xi}^{e}\equiv0$,则$a_{Cx}=\frac{dv_{Cx}}{dt}=0$,因此,$v_{Cx}=$常量。**即当作用于质点系上所有外力在某一固定轴上投影的代数和恒为零时,则质点系质心的速度在该轴上的投影为常量,也就是质心在该轴方向作惯性运动。如果开始时$v_{Cx}=0$,则质心C在该轴上的坐标x_C保持不变,称质心在x轴方向位置守恒。**

质点系中各质点仅在内力作用下运动时,可用质心运动守恒定律求解系内质点的位置或速度问题。

例 9.4 如图 9.6 所示,长为l,重量为$\boldsymbol{W}_1$的小艇静止于水面上。设体重为$\boldsymbol{W}_2$的水兵从艇首走到艇尾,略去水面的阻力,求小艇的位移。

解:取小艇和水兵为研究对象。开始时小艇和水兵均静止不动,然后在水兵的脚与小艇间的摩擦力(内力)作用下,水兵和小艇均发生运动。

作用在研究对象上的外力为小艇和水兵的重力$\boldsymbol{W}_1$、$\boldsymbol{W}_2$和水的浮力$\boldsymbol{F}_N$。取图示与码头固连的坐标系Oxy(坐标系不能固连于小艇上,而要与地面相固连,保证为惯性坐标系)。因$\sum F_{xi}^{e}\equiv0$,所以$v_{Cx}=$常量。又因开始时系统静止,故$v_{Cx}=0$,$x_C=$常量。

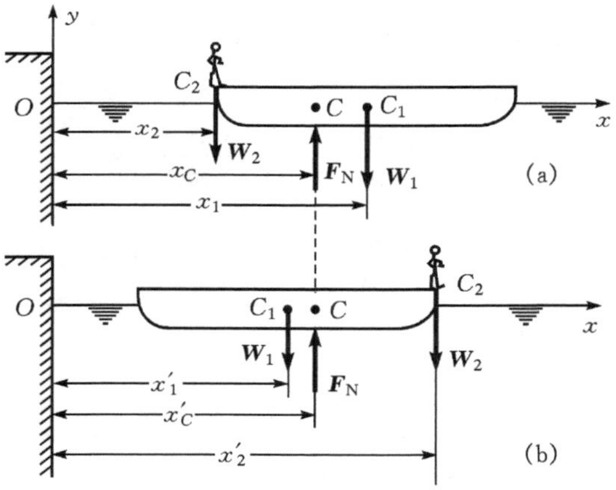

图 9.6

水兵作水平直线运动,小艇作水平直线平动。分别以x_1、x_2和x_1'、x_2'表示小艇和水兵质心始末位置的x坐标。开始时系统质心的坐标为

$$x_C=\frac{\sum m_i x_i}{\sum m_i}=\frac{m_1x_1+m_2x_2}{m_1+m_2}=\frac{W_1x_1+W_2x_2}{W_1+W_2}$$

当水兵走到艇尾时(图 9.6(b)),系统的质心坐标为

$$x_C'=\frac{W_1x_1'+W_2x_2'}{W_1+W_2}$$

因为$x_C=$常量,所以$x_C=x_C'$,即

$$\frac{W_1x_1+W_2x_2}{W_1+W_2}=\frac{W_1x_1'+W_2x_2'}{W_1+W_2}$$

$$W_1(x_1'-x_1)+W_2(x_2'-x_2)=0 \tag{1}$$

令 $\Delta x_1=x_1'-x$，$\Delta x_2=x_2'-x_2$，它们分别表示小艇和水兵的位移。注意因 Δx_1 为水兵的牵连位移，l 为水兵的相对位移，故水兵的绝对位移

$$\Delta x_2'=\Delta x_1+l \tag{2}$$

由质心运动守恒定律得

$$W_1\Delta x_1+W_2(\Delta x_1+l)=0$$

$$\Delta x_1=-\frac{W_2 l}{W_1+W_2}$$

式中：负号表示艇的位移沿 x 轴负向，与水兵位移的方向相反。

应用动量定理或质心运动定理解题的一般步骤可归纳如下。

(1)根据题意，选取研究对象。

(2)受力分析。画出研究对象的受力图。图中只画外力，不画内力。分析外力特征，看是否存在所有外力的矢量和或在某固定轴上投影的代数和等于零的情况，以便选择动量守恒定律或质心运动守恒定律求解。

(3)运动分析。用运动学的知识分析系内各质点或质心的运动。计算动量(所用的速度必须是绝对速度)，或列出质心坐标公式。

(4)应用定理建立方程并求解。

(5)必要时对所得结果进行讨论。

*9.3　变质量质点的运动微分方程

在工程实际中，有时会遇到质量不断地减少或增加的物体。如火箭在飞行时不断地喷出气体，火箭的质量不断减少。江河中的浮冰不断凝结时，其质量不断地增加。这些都是变质量系统的实例。

当变质量物体作平动或只研究它的质心运动时，可将其简化为变质量质点。

9.3.1　变质量质点的运动微分方程

设在某瞬时 t，质点的质量为 m，速度为 $\boldsymbol{v}$，在 $\mathrm{d}t$ 时间内并入(或喷出)速度为 $\boldsymbol{u}$ 的质量 $\mathrm{d}m$。并入时 $\mathrm{d}m>0$，表示变质量质点质量增加；喷出时 $\mathrm{d}m<0$，表示质量减少。图 9.7 表示并入 $\mathrm{d}m$ 质量后，在 $t+\mathrm{d}t$ 瞬时，变质量质点的速度变为 $\boldsymbol{v}+\mathrm{d}\boldsymbol{v}$，质量为 $m+\mathrm{d}m$。上述的 $\boldsymbol{v}$、$\boldsymbol{u}$ 均为相对惯性参考系的绝对速度。

以质点和并入的微小质量 $\mathrm{d}m$ 为质点系。设作用于质点系的所有外力的主矢为 $\boldsymbol{F}_R^{e\prime}$。质点系在 t 瞬时的动量为

$$\boldsymbol{p}_1=m\boldsymbol{v}+\boldsymbol{u}\mathrm{d}m$$

$\mathrm{d}m$ 并入后，即在 $t+\mathrm{d}t$ 瞬时，质点系的动量为

$$\boldsymbol{p}_2=(m+\mathrm{d}m)\cdot(\boldsymbol{v}+\mathrm{d}\boldsymbol{v})$$

根据质点系的冲量定理，有

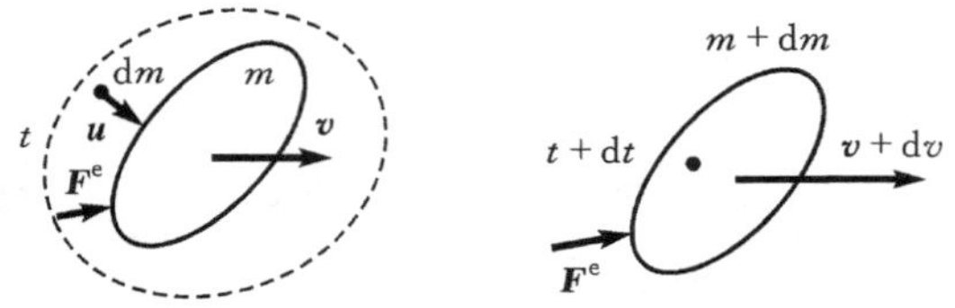

(a) (b)

图 9.7

$$\mathrm{d}\boldsymbol{p} = \boldsymbol{p}_2 - \boldsymbol{p}_1 = \boldsymbol{F}_R^{e\prime}\mathrm{d}t$$

即

$$(m + \mathrm{d}m)(\boldsymbol{v} + \mathrm{d}\boldsymbol{v}) - (m\boldsymbol{v} + \mathrm{d}m \cdot \boldsymbol{u}) = \boldsymbol{F}_R^{e\prime}\mathrm{d}t$$

$$m\mathrm{d}\boldsymbol{v} + \boldsymbol{v}\mathrm{d}m + \mathrm{d}m\mathrm{d}\boldsymbol{v} - \boldsymbol{u}\mathrm{d}m = \boldsymbol{F}_R^{e\prime}\mathrm{d}t$$

略去高阶微量 $\mathrm{d}m\mathrm{d}\boldsymbol{v}$ 后可得

$$m\frac{\mathrm{d}\boldsymbol{v}}{\mathrm{d}t} + \frac{\mathrm{d}m}{\mathrm{d}t}\boldsymbol{v} - \frac{\mathrm{d}m}{\mathrm{d}t}\boldsymbol{u} = \boldsymbol{F}_R^{e\prime}$$

$$m\frac{\mathrm{d}\boldsymbol{v}}{\mathrm{d}t} - (\boldsymbol{u} - \boldsymbol{v})\frac{\mathrm{d}m}{\mathrm{d}t} = \boldsymbol{F}_R^{e\prime}$$

$$m\frac{\mathrm{d}\boldsymbol{v}}{\mathrm{d}t} = \boldsymbol{F}_R^{e\prime} + (\boldsymbol{u} - \boldsymbol{v})\frac{\mathrm{d}m}{\mathrm{d}t} \tag{9-19}$$

上式中$(\boldsymbol{u}-\boldsymbol{v})$是微小质量 $\mathrm{d}m$ 在并入前相对于变质量质点 m 的相对速度，用 $\boldsymbol{v}_r$ 表示，即 $\boldsymbol{v}_r=\boldsymbol{u}-\boldsymbol{v}$，于是有

$$m\frac{\mathrm{d}\boldsymbol{v}}{\mathrm{d}t} = \boldsymbol{F}_R^{e\prime} + \frac{\mathrm{d}m}{\mathrm{d}t}\boldsymbol{v}_r \tag{9-20}$$

令$\frac{\mathrm{d}m}{\mathrm{d}t}\boldsymbol{v}_r=\boldsymbol{\Phi}$，称为**附加推力**。式(9-20)可改写为

$$m\frac{\mathrm{d}\boldsymbol{v}}{\mathrm{d}t} = \boldsymbol{F}_R^{e\prime} + \boldsymbol{\Phi} \tag{9-21}$$

上式称为**变质量质点的运动微分方程**。式中：m 是变量；$\frac{\mathrm{d}m}{\mathrm{d}t}$是代数量。此方程表明：**若在变质量质点上除外力以外，还作用有附加推力 $\boldsymbol{\Phi}$，则变质量质点的运动微分方程在形式上与常质量质点运动微分方程一致。即某瞬时变质量质点的质量与其加速度的乘积，等于它所受到的所有外力与附加推力的矢量和**。这个方程是俄罗斯力学家密歇尔斯基(Meshchersky，1859—1935)于 1897 年导出的，故又称为**密歇尔斯基方程**。

若$\frac{\mathrm{d}m}{\mathrm{d}t}>0$，即并入质量时，$\boldsymbol{\Phi}$ 与 $\boldsymbol{v}_r$ 方向一致；若$\frac{\mathrm{d}m}{\mathrm{d}t}<0$，即喷出质量时，$\boldsymbol{\Phi}$ 与 $\boldsymbol{v}_r$ 方向相反，这时的附加推力 $\boldsymbol{\Phi}$ 也称为**反推力**。例如火箭飞行时喷出气体的 $\boldsymbol{v}_r$ 向后，$\boldsymbol{\Phi}$ 向前，与火箭运动方向一致。

9.3.2 火箭的运动

火箭是利用反推力推进的飞行装置，速度较快，目前主要用来运载人造卫星、人造行星、宇宙飞船等，也可以装上弹头制成导弹武器。我国在明朝初年(公元 1400 年)，军事上用过称为“一窝蜂”的简单火箭。新中国成立后，在中国共产党的领导下，科学技术飞速发展，我国自行研制的长征系列火箭已居于世界先进行列，多次成功地发射了地球同步卫星和宇宙飞船等。

火箭在真空中飞行。设火箭发射前的初质量为 m_0（或称总质量），发射后燃料耗尽时的质量为 m_s，燃气喷射的相对速度 $\boldsymbol{v}_r$ 是常矢量，如图 9.8 所示。将式(9-21)向水平固定坐标轴 x 投影，得

$$m\frac{\mathrm{d}v}{\mathrm{d}t}=-v_r\frac{\mathrm{d}m}{\mathrm{d}t}$$

$$\mathrm{d}v=-v_r\frac{\mathrm{d}m}{m} \tag{9-22}$$

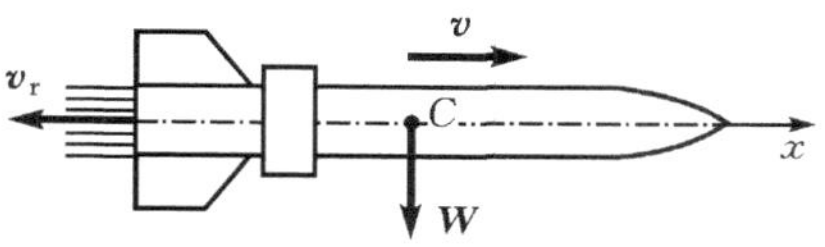

图 9.8

设发射时 $t=0, v_0=0, m=m_0$；燃料耗尽时 $t=t_s, v=v_s, m=m_s$。将式(9-22)积分，得

$$v_s=v_r\ln\frac{m_0}{m_s} \tag{9-23}$$

上式是俄罗斯著名力学家齐奥尔柯夫斯基(Tsiolkovsky，1857—1935)于 1914 年导出的结果，称为**齐奥尔柯夫斯基公式**。v_s 是火箭能达到的最大速度，称为**特征速度**或**理想速度**。

式(9-23)表明：①v_s 随着燃气喷射速度 v_r 的增大而增大；②v_s 与火箭的质量比 m_0/m_s 的自然对数成正比，即质量比按几何级数增加时，v_s 按算数级数增加。所以为了获得较大的 v_s，增大燃气喷射相对速度 v_r 比增加火箭的质量比(即增加火箭携带的燃料或减少壳体的质量)要有效得多。

火箭在真空均匀重力场($g=$常量)**中铅直向上发射**，如图 9.9 所示。将式(9-21)向铅直轴 z 投影，得

$$m\frac{\mathrm{d}v}{\mathrm{d}t}=-mg-v_r\frac{\mathrm{d}m}{\mathrm{d}t}$$

分离变量后积分

$$\int_0^{v_s}\mathrm{d}v=-g\int_0^{t_s}\mathrm{d}t-v_r\int_{m_0}^{m_s}\frac{\mathrm{d}m}{m}$$

$$v_s=v_r\ln\frac{m_0}{m_s}-gt \tag{9-24}$$

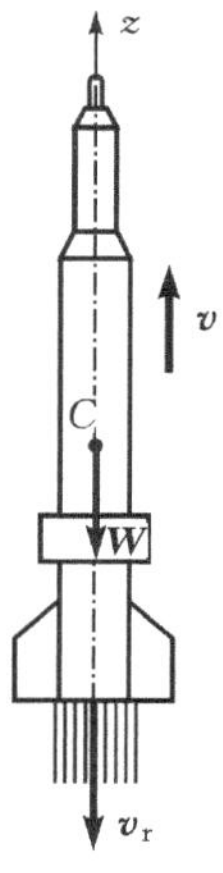

图 9.9

设火箭壳体的质量 $m_s=450\ \mathrm{kg}$，火箭总质量 $m_0=4500\ \mathrm{kg}$，燃气喷射相对速度 $v_r=1500\ \mathrm{m/s}$，燃料消耗率为 $150\ \mathrm{kg/s}$，不计空气阻力及地球自转和重力加速度的变化。火箭由静止铅直向上发射，燃料耗尽的时间 $t_s=(m_0-m_s)/150=(4500-450)/150=27\ \mathrm{s}$。质量比 $m_0/m_s=10$。由式(9-24)火箭可达到的最大速度为

$$v_s=1500\ln 10-9.8\times 26=3190\ \mathrm{m/s}=3.19\ \mathrm{km/s}$$

可见，要想用单级火箭发射人造地球卫星是很难达到第一宇宙速度(7.9 km/s)的，必须采用多级火箭。

思考题

9.1　下列说法是否正确？为什么？

(1) 动量等于冲量。

(2) 质点系的动量等于作用于质点系上外力系的矢量和。

(3) 若质点系中各质点的速度都很大，则整个质点系的动量也必然很大。

(4) 内力不能改变质点系的动量，却能改变质点系内各部分的动量。

9.2 流体在等截面直管中作定常流动时对管壁有没有附加动压力？

9.3 炮弹飞出炮膛后，如无空气阻力，质心沿抛物线运动。当炮弹在空中爆炸后质心是否还沿抛物线运动？

9.4 有人这样来推导变质量质点的运动微分方程：变质量质点的瞬时动量 $\boldsymbol{p}=m\boldsymbol{v}$，其中 $m=m(t)$，$\boldsymbol{v}=\boldsymbol{v}(t)$，应用动量定理的微分形式得

$$m\frac{\mathrm{d}\boldsymbol{v}}{\mathrm{d}t}+\frac{\mathrm{d}m}{\mathrm{d}t}\boldsymbol{v}=\boldsymbol{F}_{\mathrm{R}}^{\mathrm{e}}$$

$\boldsymbol{F}_{\mathrm{R}}^{\mathrm{e}}$ 为作用在变质量质点上所有外力的合力。则

$$m\frac{\mathrm{d}\boldsymbol{v}}{\mathrm{d}t}=\boldsymbol{F}_{\mathrm{R}}^{\mathrm{e}}-\frac{\mathrm{d}m}{\mathrm{d}t}\boldsymbol{v}$$

这个式子对不对？为什么？

习 题

9.1 试求图示各均质物体及物系的动量：

(a) 圆盘绕质心轴 C 转动，角速度为 ω，重为 W，半径为 R；

(b) 圆盘绕 O 轴转动，角速度为 ω，重为 W，半径为 R，质点在 C 点；

(c) 圆轮沿平直路面作纯滚动，质心 C 的速度为 $\boldsymbol{v}$，重为 W；

(d) 均质细杆长为 l，重为 W，以角速度 ω 绕 O 轴转动；

(e) 重为 W_1 的平板，放在各重为 W_2 的两个均质圆轮上，平板的速度为 $\boldsymbol{v}$，各接触处无相对滑动；

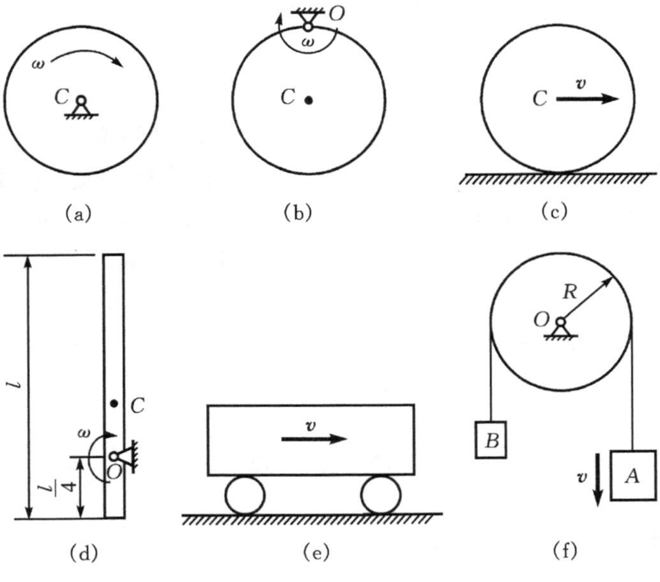

题 9.1 图

(f) 均质滑轮质量为 M，重物的质量分别为 m_A 和 m_B，绳的质量不计，且与滑轮间无相对滑动，重物 A 的下降速度为 $\boldsymbol{v}$。

9.2　均质椭圆规尺 AB 重 $2W_1$，均质曲柄 OC 重 W_1，滑块 A 和 B 均重 W_2。已知 $\overline{OC}=\overline{AC}=\overline{BC}=l$，曲柄绕 O 轴转动的角速度 ω 为常量，开始时曲柄在水平位置。求 t 瞬时质点系的动量。

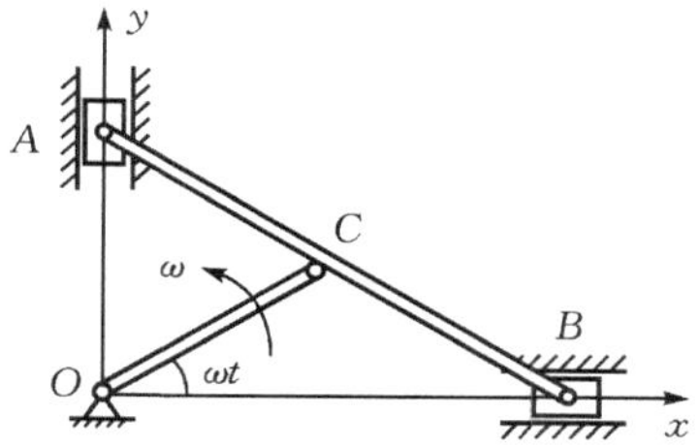

题 9.2 图

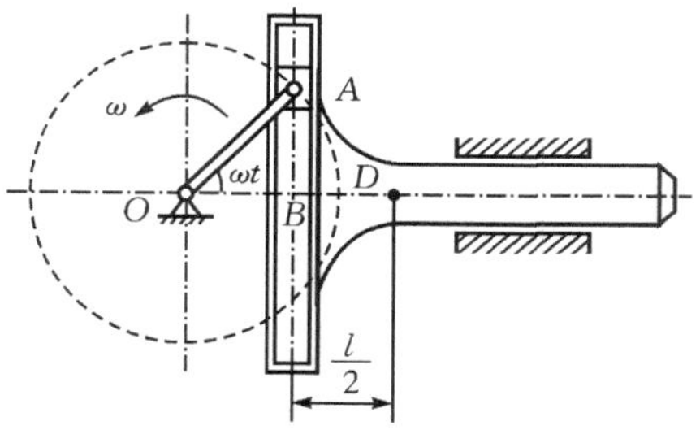

题 9.3 图

9.3　图示曲柄滑道机构中，各构件均质。曲柄以匀角速度 ω 绕 O 轴转动，开始时曲柄水平向右。已知曲柄重 W_1，滑块重 W_2，滑杆重 W_3，$\overline{OA}=l$，滑杆的重心在 D 点，$\overline{BD}=l/2$。求机构质心的坐标及作用于 O 轴的最大水平力。

9.4　子弹质量为 2 g，以速度 500 m/s 射入木块并穿透了它。穿透后子弹速度减为 100 m/s。木块的质量为 1 kg，原静止于水平的光滑平面上，求木块被穿透后的速度。

9.5　口径为 75 mm 的炮以 570 m/s 的出口速度发射质量为 7 kg 的炮弹。炮装在质量为 15000 kg 的飞机上。问将炮弹向前直射时，飞机的前进速度要减少多少。

***9.6**　扫雪车以 4.5 m/s 的速度行驶在水平路上，每分钟把质量为 50 t 的雪扫至路旁。若雪受推后相对于铲雪刀片以 2.5 m/s 的速度离开，试求轮胎与道路间的侧向力 $\boldsymbol{F}$ 和驱动扫雪车工作时的牵引力 $\boldsymbol{F}_{\mathrm{T}}$ 的大小。

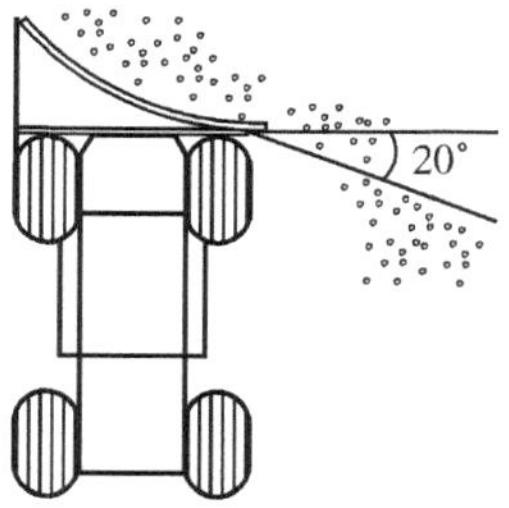

题* 9.6 图

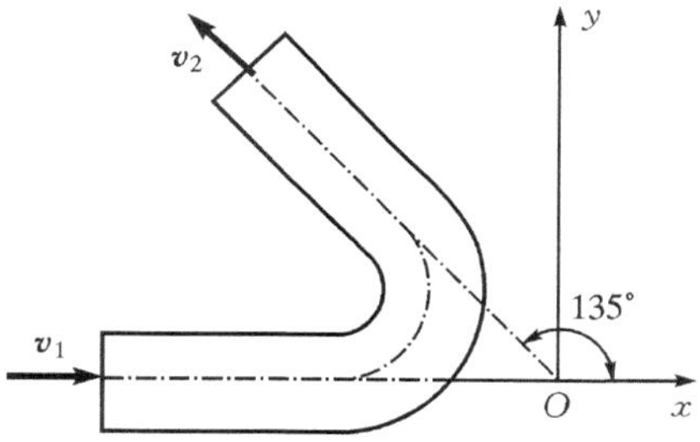

题* 9.7 图

***9.7**　直径 $d=30$ cm 的水管管道有一个 135°的弯头，水的流量 $q_V=0.57\ \mathrm{m^3/s}$。求水流对弯头的附加动约束力。

9.8　皮带输送机沿水平方向输送矿砂 72000 kg/h，皮带速度为 1.5 m/s。求在匀速传动时，皮带作用在矿砂上的水平推力。

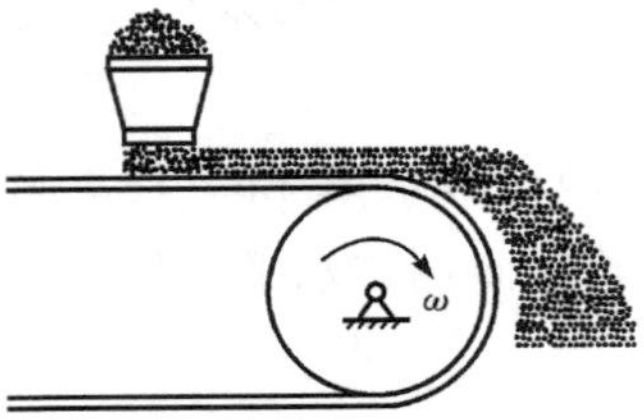

题 9.8 图

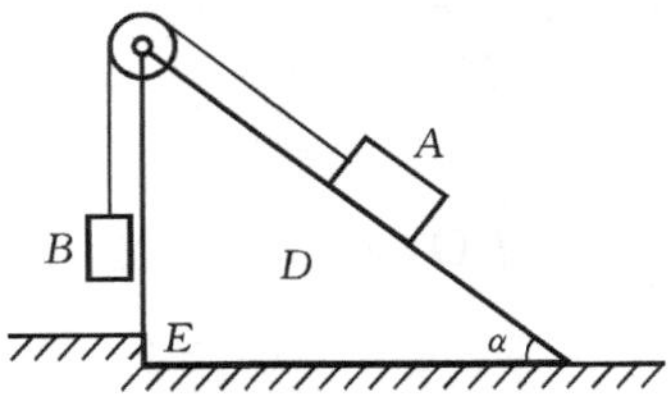

题 9.9 图

9.9　重 W_1 的物块 A 沿倾角为 α 的斜面下滑，同时使重为 W_2 的物块 B 运动，不计滑轮与绳的重量和轴承处的摩擦。求斜块 D 给地面凸出部分 E 的水平压力。

9.10　皮带输送机的皮带以匀速 $v=2\ \mathrm{m/s}$ 将质量为 $m_1=20\ \mathrm{kg}$ 的重物 M 送入小车。已知小车质量 $m_2=50\ \mathrm{kg}$，试求 M 进入小车后，小车与重物 M 的共同的速度 $\boldsymbol{u}$。如人手挡住小车，M 进入小车后，经 0.2 s 后停止，试求小车作用于人手的水平力。地面的摩擦略去不计。

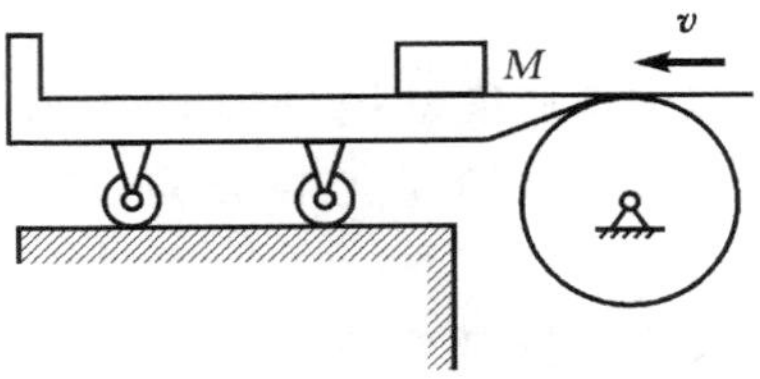

题 9.10 图

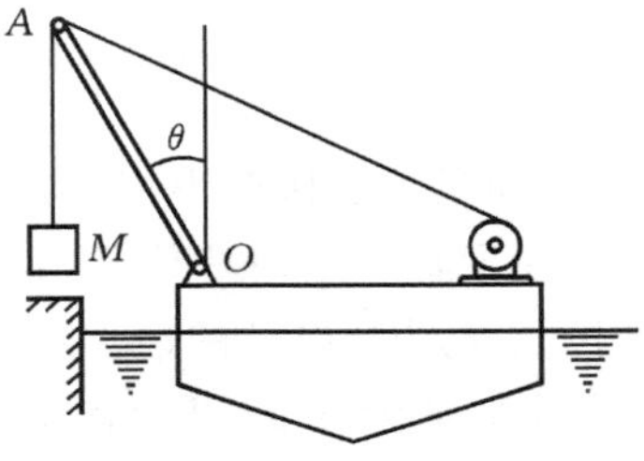

题 9.11 图

9.11　浮动式起重机吊起重 $W_1=19.6\ \mathrm{kN}$ 的重物 M。设起重机重 $W_2=196\ \mathrm{kN}$，杆长 $\overline{OA}=8\ \mathrm{m}$，开始时系统静止，水的阻力及杆重不计，起重机的摇杆 OA 与铅垂线成 θ 角，求当 θ 由 $60°$ 角转到 $30°$ 角的位置时起重机的水平位移。

9.12　重为 W_1 的电机放在光滑水平地基上。长为 $2l$，重为 W_2 的均质杆一端与电机的水平轴垂直固接，另一端焊有重为 W_3 的重物。电动机以匀角速度 ω 转动。系统初始静止，AB 杆在铅垂位置。试求：(1)电机的水平运动规律；(2)如电机外壳用螺栓固定在基础上，作用在螺栓上的最大水平力为多大?

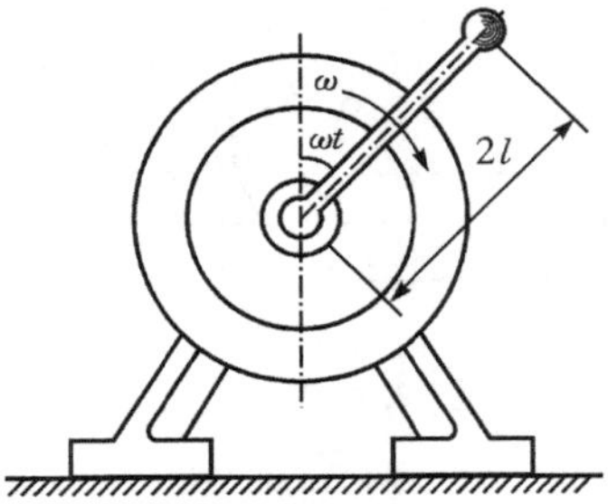

题 9.12 图

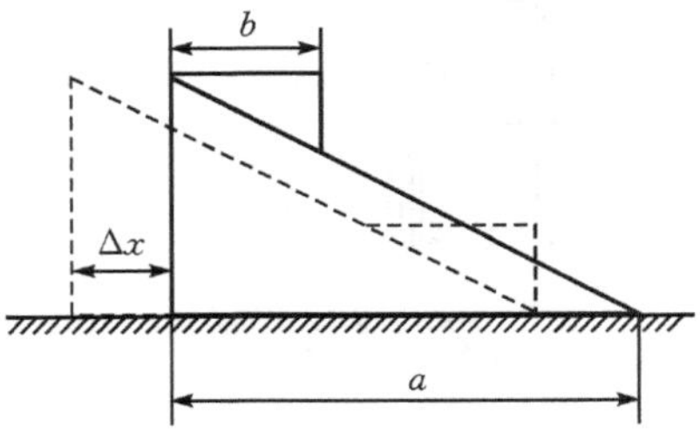

题 9.13 图

9.13　质量为 M 的大三角块放在光滑水平面上，其斜面上放一个与其相似的小三角块，质量为 m。已知大、小三角块的水平边各为 a 与 b。试求小三角块由图示位置滑到底时大三

角块的位移 Δx。

9.14　小车 A 重为 W_1，下悬一摆，按 $\varphi=\varphi_0\cos kt$ 的规律摆动，其中 φ_0 和 k 为常数。设摆锤重为 W_2，摆长为 l，摆杆重量及各处摩擦均不计。若系统初始静止，试求小车的运动规律。

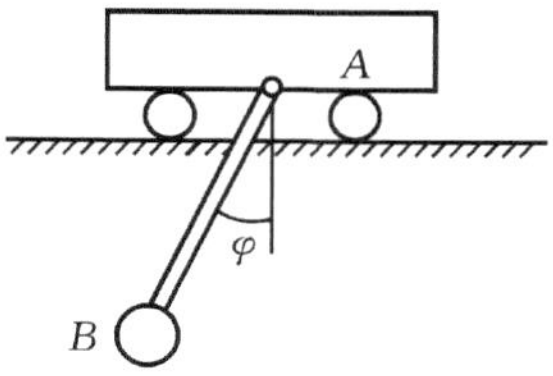

题 9.14 图

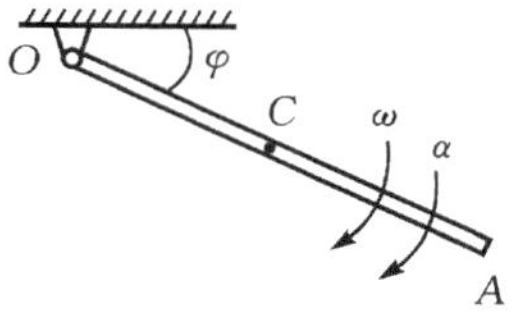

题 9.15 图

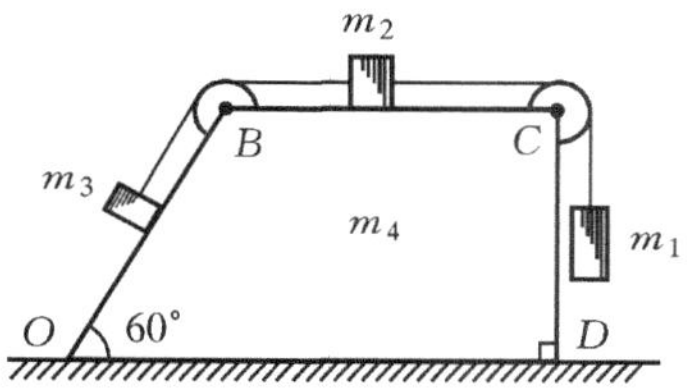

题 9.16 图

9.15　均质杆 OA 长为 $2l$，重为 W，绕水平轴 O 在铅垂面内转动。设转动到与水平面成 φ 角时，角速度与角加速度分别为 ω 及 α，试求此时杆在 O 端所受到的约束力。

9.16　三物块的质量分别为 $m_1=20$ kg，$m_2=15$ kg，$m_3=10$ kg。$OBCD$ 四棱柱的质量 $m_4=100$ kg，放在水平面上。滑轮和绳的质量及各接触处的摩擦均略去不计，求当物块 m_1 下降 $h=1$ m 时四棱柱的位移。

9.17　如图所示两皮带运输机以 3 kg/s 运送矿砂，矿砂从高 $h=5$ m 处落在重为 50 N 的平板上，求矿砂堆积 150 N 时，支持平板的铅垂力 $\boldsymbol{F}_{\mathrm{N}}$ 的大小。

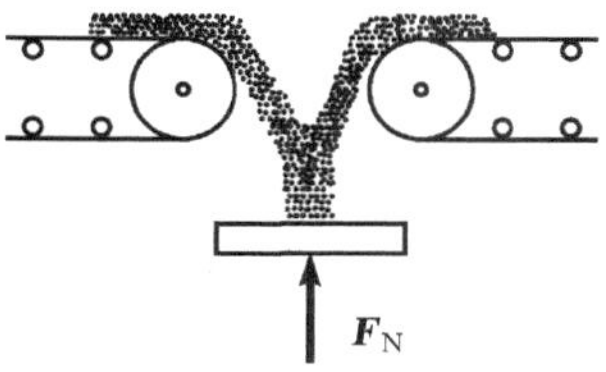

题 9.17 图

***9.18**　一火箭以匀加速度 $\boldsymbol{a}$ 沿水平方向飞行，已知火箭的起始质量为 m_0，燃气喷射的相对速度 $v_r=$ 常数，空气阻力不计，求火箭质量的变化规律。

***9.19**　火箭在均匀重力场内沿铅垂方向上升($g=$ 常数)，喷射气体的相对速度 $v_r=2000$ m/s，火箭质量随时间的变化规律为 $m=m_0(1-\alpha t)$，其中 $\alpha=0.011$/s，火箭在地面时速度为零，不计空气阻力，求火箭上升时的运动方程及 $t=10$ s 时达到的高度。

***9.20**　一条均质的链条在地平面上卷成一堆，人手取链条的一端以匀速 $\boldsymbol{v}$ 将其向上提起，如图所示。设链条单位长度的质量为 ρ_0。求人手离开地面的高度为 y 时，手拉链条拉力 $\boldsymbol{F}$ 的大小。

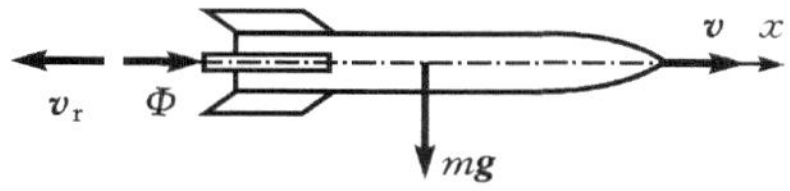

题*9.18 图

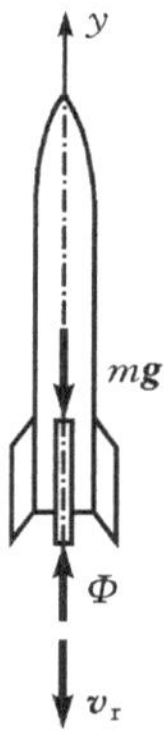

题*9.19 图

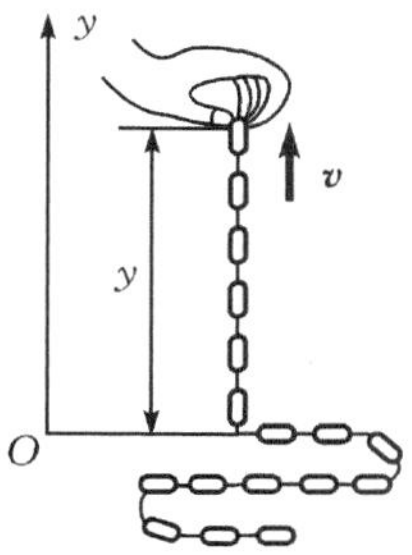

题*9.20 图

第 10 章　动量矩定理

动量定理建立了质点系的动量(主矢)与作用在质点系上所有外力的主矢之间的关系。但质点系的动量只能描述质点系的平动或随质心平动的情况,而不能描述质点系相对于质心的运动状态(例如,物体绕其质心轴转动时,其动量恒等于零),动量定理也无法阐明这种运动的规律。本章介绍动量矩定理及其应用。动量矩定理建立了质点系对点(或轴)的动量主矩与作用在质点系上所有外力对同一点(或轴)的主矩之间的关系。

10.1　动量矩定理

10.1.1　质点和质点系的动量矩

我们在 1.2 节中曾经指出,力矩的概念及其计算公式可以推广到任何具有明确作用线的矢量,从而抽象得到“矢量矩”的概念。动量矩就是矢量矩的又一个例子。

1. 质点的动量矩

若某瞬时质点 M 的动量为 $m\boldsymbol{v}$,相对于点 O 的矢径为 $\boldsymbol{r}$,则质点 M 对点 O 的动量矩

$$\boldsymbol{l}_O = \boldsymbol{M}_O(m\boldsymbol{v}) = \boldsymbol{r} \times m\boldsymbol{v} = \begin{vmatrix} \boldsymbol{i} & \boldsymbol{j} & \boldsymbol{k} \\ x & y & z \\ m\dot{x} & m\dot{y} & m\dot{z} \end{vmatrix} \tag{10-1}$$

式中:$\boldsymbol{i}$、$\boldsymbol{j}$、$\boldsymbol{k}$ 表示沿以矩心 O 为原点的三根直角坐标轴的单位矢量;x、y、z 为质点 M 在此直角坐标系中的坐标。

与力对轴的矩相似,我们把质点 M 对某点的动量矩在过该点的某轴上的投影,称为**质点 M 对该轴的动量矩**。即

$$\left.\begin{aligned} l_x &= M_x(m\boldsymbol{v}) = [\boldsymbol{l}_O]_x = m(y\dot{z} - z\dot{y}) \\ l_y &= M_y(m\boldsymbol{v}) = [\boldsymbol{l}_O]_y = m(z\dot{x} - x\dot{z}) \\ l_z &= M_z(m\boldsymbol{v}) = [\boldsymbol{l}_O]_z = m(x\dot{y} - y\dot{x}) \end{aligned}\right\} \tag{10-2}$$

质点的动量矩是质点绕点(或轴)机械运动强弱的一种度量。在国际单位制中,动量矩的单位是千克·米^2/秒(kg·m^2/s)或牛顿·米·秒(N·m·s)。

2. 质点系的动量矩

设质点系由 n 个质点组成,其中任一质点 M_i 的质量为 m_i,某瞬时该质点相对于点 O 的矢径为 $\boldsymbol{r}_i$,动量为 $m_i\boldsymbol{v}_i$,则该质点对点 O 的动量矩为 $\boldsymbol{r}_i \times m_i\boldsymbol{v}_i$。**质点系中所有各质点的动量对于某点 O 之矩的矢量和(动量系的主矩),称为质点系对该点的动量矩**。用 $\boldsymbol{L}_O$ 表示质点系对 O 点的动量矩,则

$$\boldsymbol{L}_O = \sum_{i=1}^{n} \boldsymbol{r}_i \times m_i \boldsymbol{v}_i = \sum_{i=1}^{n} \begin{vmatrix} \boldsymbol{i} & \boldsymbol{j} & \boldsymbol{k} \\ x_i & y_i & z_i \\ m_i\dot{x}_i & m_i\dot{y}_i & m_i\dot{z}_i \end{vmatrix} \tag{10-3}$$

简写为

$$\boldsymbol{L}_O = \sum \boldsymbol{r} \times m\boldsymbol{v} = \sum \begin{vmatrix} \boldsymbol{i} & \boldsymbol{j} & \boldsymbol{k} \\ x & y & z \\ m\dot{x} & m\dot{y} & m\dot{z} \end{vmatrix} \tag{10-3a}$$

将上式分别向轴 x、y、z 上投影，可以得到质点系对 x、y、z 轴的动量矩

$$\left.\begin{aligned} L_x &= \sum m(y\dot{z} - z\dot{y}) \\ L_y &= \sum m(z\dot{x} - x\dot{z}) \\ L_z &= \sum m(x\dot{y} - y\dot{x}) \end{aligned}\right\} \tag{10-4}$$

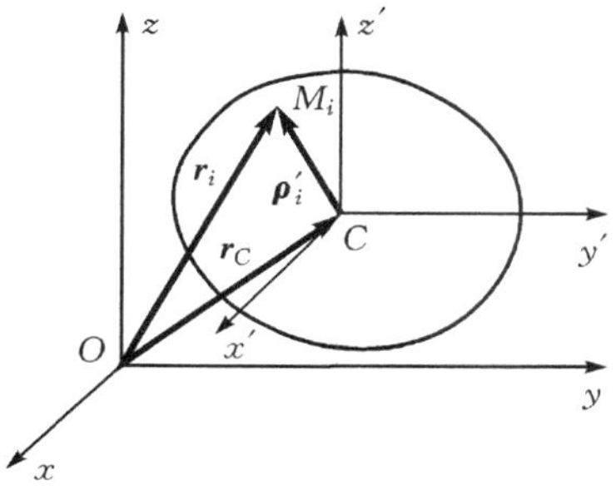

图 10.1

设以质点系的质心 C 为原点，建立质心平动坐标系 $Cx'y'z'$。将质点系的运动分解为随此平动坐标系的平动和相对于它的转动，根据速度合成定理，有

$$\boldsymbol{v}_i = \boldsymbol{v}_C + \boldsymbol{v}_{ir}$$

式中：$\boldsymbol{v}_{ir}$ 为质点 M_i 相对于质心平动坐标系 $Cx'y'z'$ 的速度。注意到 $\boldsymbol{r}_i = \boldsymbol{r}_C + \boldsymbol{\rho}_i'$（图 10.1），则

$$\begin{aligned} \boldsymbol{L}_O &= \sum \boldsymbol{r}_i \times m_i \boldsymbol{v}_i \\ &= \sum (\boldsymbol{r}_C + \boldsymbol{\rho}_i') \times m_i(\boldsymbol{v}_C + \boldsymbol{v}_{ir}) \\ &= \boldsymbol{r}_C \times (\sum m_i)\boldsymbol{v}_C + \boldsymbol{r}_C \times \sum m_i \boldsymbol{v}_{ir} + \sum m_i \boldsymbol{\rho}_i' \times \boldsymbol{v}_C + \sum \boldsymbol{\rho}_i' \times m_i \boldsymbol{v}_{ir} \end{aligned} \tag{10-5}$$

因为

$$\boldsymbol{r}_C \times (\sum m_i)\boldsymbol{v}_C = \boldsymbol{r}_C \times m\boldsymbol{v}_C \tag{1}$$

式中：$m = \sum m_i$ 为质点系的总质量；$m\boldsymbol{v}_C$ 为质点系的动量（主矢）。

$$\boldsymbol{r}_C \times \sum m_i \boldsymbol{v}_{ir} = \boldsymbol{r}_C \times m\boldsymbol{v}_{Cr} = 0 \tag{2}$$

式中：$\boldsymbol{v}_{Cr}$ 为质点系的质心 C 相对于质心平动坐标系的速度，它等于零。

$$\sum m_i \boldsymbol{\rho}_i' \times \boldsymbol{v}_C = m\boldsymbol{\rho}_C' \times \boldsymbol{v}_C = 0 \tag{3}$$

式中：$\boldsymbol{\rho}_C'$ 为质点系的质心 C 相对于质心平动坐标系的原点 C 的矢径，它等于零。

令

$$\boldsymbol{L}_C' = \sum \boldsymbol{\rho}_i' \times m_i \boldsymbol{v}_{ir} \tag{10-6}$$

称为**质点系相对于质心 C 的动量矩**。

将(1)、(2)、(3)式和式(10-6)代入式(10-5)，可得

$$\boldsymbol{L}_O = \boldsymbol{r}_C \times m\boldsymbol{v}_C + \boldsymbol{L}_C' \tag{10-7}$$

即质点系对任一点 O 的动量矩，等于将其质量集中在质心时，质心的动量对于点 O 之矩与质点系相对于质心的动量矩的矢量和。

考虑到质点系对于质心的动量矩

$$\begin{aligned} \boldsymbol{L}_C &= \sum \boldsymbol{\rho}_i' \times m_i \boldsymbol{v}_i = \sum \boldsymbol{\rho}_i' \times m_i(\boldsymbol{v}_C + \boldsymbol{v}_{ir}) \\ &= \sum m_i \boldsymbol{\rho}_i' \times \boldsymbol{v}_C + \sum \boldsymbol{\rho}_i' \times m_i \boldsymbol{v}_{ir} = \sum \boldsymbol{\rho}_i' \times m_i \boldsymbol{v}_{ir} \end{aligned}$$

即

$$\boldsymbol{L}_C = \boldsymbol{L}_C' \tag{10-8}$$

就是说，**质点系对于质心的动量矩等于质点系相对于质心的动量矩**。于是，式(10-7)也可以改写为

$$\boldsymbol{L}_O = \boldsymbol{r}_C \times m\boldsymbol{v}_C + \boldsymbol{L}_C \tag{10-9}$$

3. 刚体的动量矩

工程中常需要计算刚体的动量矩。下面分别介绍刚体作平动、定轴转动和平面运动时的动量矩。

(1)平动刚体。

刚体平动时，由于相对于质心的动量矩 $\boldsymbol{L}'_C$ 恒等于零，于是，根据式(10-7)可得

$$\boldsymbol{L}_O = \boldsymbol{r}_C \times m\boldsymbol{v}_C \tag{10-10}$$

即平动刚体对任一点的动量矩等于将刚体的全部质量集中于质心时，质心的动量对同一点的矩。

(2)定轴转动刚体。

如图 10.2 所示，设刚体某瞬时绕固定轴 z 转动的角速度为 ω，其上任一质点 M_i 到转轴的距离为 r_i，则动量的大小 $m_iv_i = m_ir_i\omega$。所以刚体对轴 z 的动量矩

$$L_z = \sum r_i \cdot m_ir_i \cdot \omega = (\sum m_ir_i^2)\omega$$

因为

$$J_z = \sum m_ir_i^2 \tag{10-11}$$

称为刚体对 z 轴的**转动惯量**，故

$$L_z = J_z\omega \tag{10-12}$$

即定轴转动刚体对转轴的动量矩，等于刚体对转轴的转动惯量与角速度的乘积。由于转动惯量为正标量，所以动量矩 L_z 的转向与角速度 ω 的转向相同。

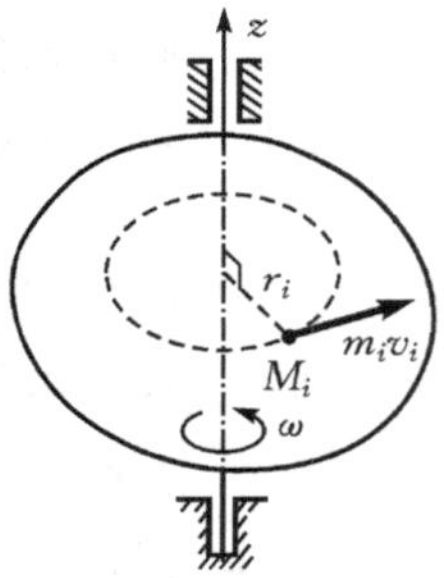

图 10.2

(3)平面运动刚体。

如图 10.3 所示，设平面运动刚体具有质量对称平面 $Cx'y'$，而且此对称平面始终在固定平面 Oxy 内运动，则刚体对 O 点的动量矩也就是对 z 轴的动量矩。根据式(10-9)有

$$L_O = M_O(m\boldsymbol{v}_C) + L_C$$

考虑到 $L_C = J_C\omega$，其中 J_C 为平面运动刚体对质心轴 C'_z 的转动惯量。于是可得

$$L_O = J_C\omega + M_O(m\boldsymbol{v}_C) \tag{10-13}$$

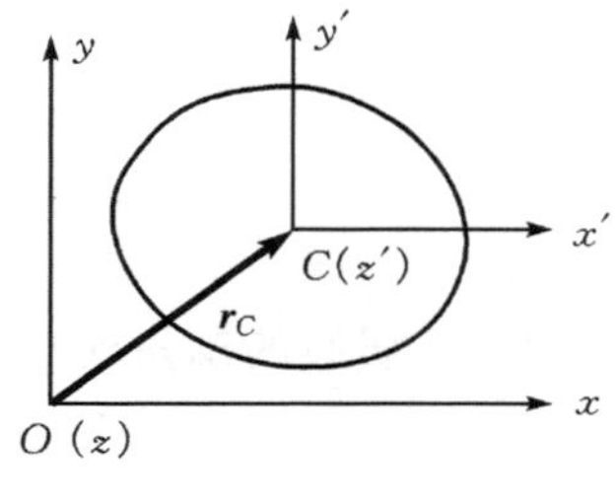

图 10.3

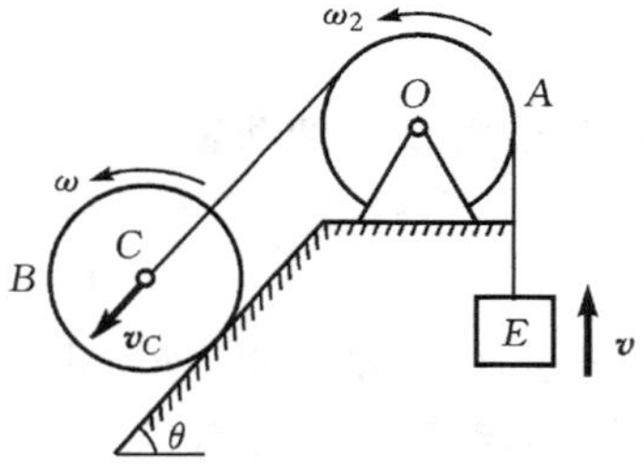

图 10.4

例 10.1 图 10.4 所示的系统在同一铅垂平面内。设滚轮 B 可沿倾角为 θ 的斜面向下滚动而不滑动，通过跨过定滑轮 A 的细绳，提升重物 E。若重物 E 的质量为 m_1；定滑轮 A 和滚

轮 B 可视为质量分别为 m_2 和 m_3，而半径皆为 r 的均质圆盘。不计细绳的质量。图示瞬时，滚轮 B 的角速度为 ω，求该系统在图示瞬时对水平轴 O 的动量矩。

解：取整个系统为研究对象。系统中重物 E 作平动，定滑轮 A 作定轴转动，而滚轮 B 作平面运动。依题意，图示瞬时滚轮轮心 C 的速度

$$v_C = r\omega$$

轮 A 的角速度
$$\omega_2 = v_C/r = \omega$$

重物 E 的速度
$$v = r\omega_2 = r\omega$$

于是，重物 E 对轴 O 的动量矩

$$L_{O1} = m_1 v r = m_1 r^2 \omega$$

定滑轮 A 对轴 O 的动量矩

$$L_{O2} = J_O \omega_2 = \frac{1}{2} m_2 r_2^2 \omega$$

滚轮 B 对轴 O 的动量矩

$$L_{O3} = m_3 v_C r + J_C \omega = m_3 r^2 \omega + \frac{1}{2} m_3 r^2 \omega = \frac{3}{2} m_3 r^2 \omega$$

L_{O1}、L_{O2} 和 L_{O3} 的转向皆为逆钟向。

故系统对水平轴 O 的动量矩为

$$\begin{aligned} L_O &= L_{O1} + L_{O2} + L_{O3} \\ &= m_1 r^2 \omega + \frac{1}{2} m_2 r^2 \omega + \frac{3}{2} m_3 r^2 \omega = \left(m_1 + \frac{1}{2} m_2 + \frac{3}{2} m_3\right) r^2 \omega \end{aligned}$$

10.1.2　动量矩定理

1. 质点的动量矩定理

将 $\boldsymbol{l}_O = \boldsymbol{r} \times m\boldsymbol{v}$ 对时间 t 求导数，得

$$\frac{\mathrm{d}\boldsymbol{l}_O}{\mathrm{d}t} = \frac{\mathrm{d}\boldsymbol{r}}{\mathrm{d}t} \times m\boldsymbol{v} + \boldsymbol{r} \times \frac{\mathrm{d}}{\mathrm{d}t}(m\boldsymbol{v})$$

设 O 为固定点，则由于

$$\frac{\mathrm{d}\boldsymbol{r}}{\mathrm{d}t} \times m\boldsymbol{v} = \boldsymbol{v} \times m\boldsymbol{v} = 0, \quad \frac{\mathrm{d}}{\mathrm{d}t}(m\boldsymbol{v}) = \boldsymbol{F}$$

其中 $\boldsymbol{F}$ 为作用在质点上所有力的合力。故

$$\frac{\mathrm{d}\boldsymbol{l}_O}{\mathrm{d}t} = \boldsymbol{r} \times \boldsymbol{F} = \boldsymbol{M}_O(\boldsymbol{F}) \tag{10-14}$$

上式表明，**质点的动量对任一固定点的矩对时间的导数，等于作用在该质点上所有力的合力对同一点的矩**。这就是**质点的动量矩定理**的矢量形式。

将式(10－14)向固定轴 x、y、z 投影，可得质点的动量矩定理的投影形式。即

$$\frac{\mathrm{d}l_x}{\mathrm{d}t} = M_x(\boldsymbol{F}), \quad \frac{\mathrm{d}l_y}{\mathrm{d}t} = M_y(\boldsymbol{F}), \quad \frac{\mathrm{d}l_z}{\mathrm{d}t} = M_z(\boldsymbol{F}) \tag{10-15}$$

由式(10－14)和式(10－15)可见，若质点在运动过程中受到的所有力的合力对某固定点 O(或某固定轴 z)的矩始终等于零，则 $\frac{\mathrm{d}\boldsymbol{l}_O}{\mathrm{d}t}=0$(或 $\frac{\mathrm{d}l_z}{\mathrm{d}t}=0$)，于是 $\boldsymbol{l}_O=$ 常矢量(或 $l_z=$ 常量)。即

如果质点所受到的所有力的合力对某一固定点(或固定轴)的矩始终等于零,则质点对该点(或轴)的动量矩保持不变。这就是**质点的动量矩守恒定律**。

2. 质点系的动量矩定理

设质点系由 n 个质点组成,某瞬时其中任一质点的质量为 m_i,对固定点 O 的矢径为 $\boldsymbol{r}_i$,速度为 $\boldsymbol{v}_i$。将作用在该质点上所有力的合力分为内力 $\boldsymbol{F}_i^{\mathrm{i}}$ 和外力 $\boldsymbol{F}_i^{\mathrm{e}}$ 两部分,则根据质点的动量矩定理,有

$$\frac{\mathrm{d}}{\mathrm{d}t}(\boldsymbol{r}_i \times m_i\boldsymbol{v}_i) = \boldsymbol{r}_i \times \boldsymbol{F}_i^{\mathrm{i}} + \boldsymbol{r}_i \times \boldsymbol{F}_i^{\mathrm{e}} \quad (i = 1,2,\cdots,n)$$

将上述 n 个方程相加,得

$$\sum \frac{\mathrm{d}}{\mathrm{d}t}(\boldsymbol{r}_i \times m_i\boldsymbol{v}_i) = \sum \boldsymbol{r}_i \times \boldsymbol{F}_i^{\mathrm{i}} + \sum \boldsymbol{r}_i \times \boldsymbol{F}_i^{\mathrm{e}}$$

变换左端求和与求导运算的次序,并考虑到质点系的内力总是成对出现,且彼此等值、反向、共线,因此 $\sum \boldsymbol{r}_i \times \boldsymbol{F}_i^{\mathrm{i}} = 0$。于是有

$$\frac{\mathrm{d}}{\mathrm{d}t}\left(\sum \boldsymbol{r}_i \times m_i\boldsymbol{v}_i\right) = \sum \boldsymbol{r}_i \times \boldsymbol{F}_i^{\mathrm{e}}$$

即

$$\frac{\mathrm{d}\boldsymbol{L}_O}{\mathrm{d}t} = \boldsymbol{M}_O^{\mathrm{e}} \tag{10-16}$$

上式表明,**质点系对任一固定点的动量矩对时间的导数,等于作用在质点系上的所有外力对同一点的主矩**。这就是**质点系的动量矩定理**的矢量形式。

将式(10-16)向固定轴 x、y、z 投影,可得质点系的动量矩定理的投影形式为

$$\frac{\mathrm{d}L_x}{\mathrm{d}t} = M_x^{\mathrm{e}}, \quad \frac{\mathrm{d}L_y}{\mathrm{d}t} = M_y^{\mathrm{e}}, \quad \frac{\mathrm{d}L_z}{\mathrm{d}t} = M_z^{\mathrm{e}} \tag{10-17}$$

由式(10-16)和式(10-17)可见,若质点系在运动过程中,有 $\boldsymbol{M}_O^{\mathrm{e}} \equiv 0$(或 $M_z^{\mathrm{e}} \equiv 0$),则 $\boldsymbol{L}_O \equiv$ 常矢量(或 $L_z \equiv$ 常量)。就是说,**如果质点系受到的所有外力对某一固定点(或固定轴)的矩始终等于零,则质点系对该点(或轴)的动量矩保持不变**。上述结论称为**质点系的动量矩守恒定律**。

动量矩守恒定律在工程技术和日常生活中都有广泛的应用。

例如,我国著名的科学家李四光在创立"**地质力学**"这门学科时,就曾应用动量矩守恒定律来研究地壳的运动。李四光认为,地球所受到的外力对地轴 z 的矩恒等于零,因而地球绕地轴 z 自转的动量矩 $J_z\omega$ 为常量。但由于地球并不是刚体,其构成物在不停地相对运动着。若比重大的物质向地球深部集中,则 J_z 减小,而 ω 将增大,这样就会使地球有变扁的趋势,并使大陆发生挤压、分裂和扭动,从而产生各种构造变形,并伴随有岩浆活动、物质迁移等现象。随着物质的再分布,又会使 J_z 增大,ω 减小,形成自动"刹车"(李四光形象地称为"大陆车阀")。如此循环往复,推动了地壳构造的发生和发展。

又如,单旋翼直升机的旋翼工作时,旋翼受到空气的反作用力系和飞机的重力向直升机的质心简化,可得到一个力螺旋。直升机在这个力螺旋中的力偶(设其力偶矩为 M)作用下,具有向旋翼旋转的反方向偏转机身的趋势。为了保证机身不致摆动,通常在尾部安装一个尾桨(图 10.5),以产生侧向拉力 $\boldsymbol{F}$,使得 $Fl = M$,也就是使作用在直升机上的外力系对质心轴的主矩 $M_C = M - Fl = 0$。

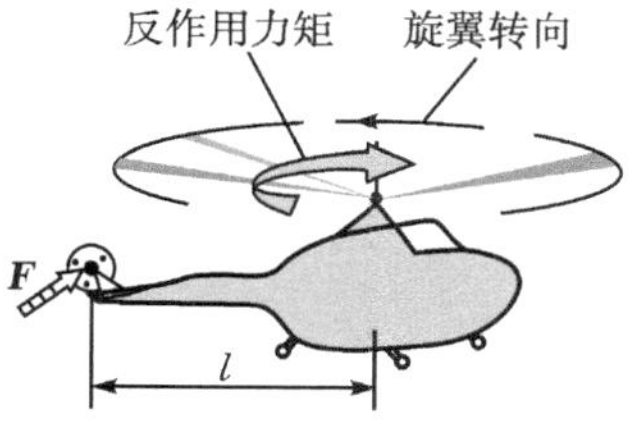

图 10.5

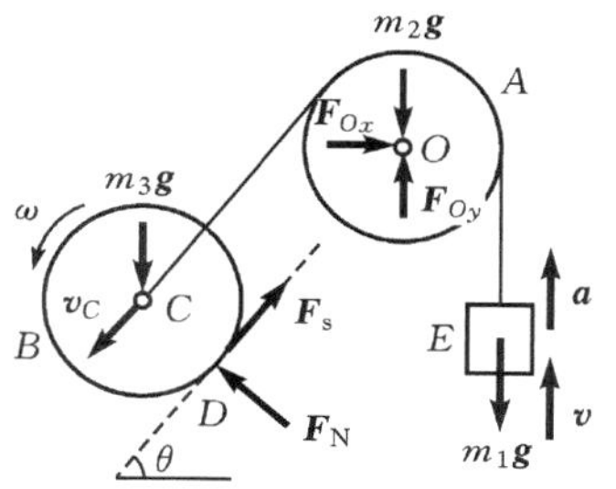

图 10.6

例 10.2　求例 10.1 中重物 E 的加速度。设 m_1、m_2、m_3、r 和 θ 为已知，且不计轴承 O 处的摩擦。

解：取整个系统为研究对象。系统受到的外力有：三物体的重力 $m_1\boldsymbol{g}$、$m_2\boldsymbol{g}$、$m_3\boldsymbol{g}$，轴承 O 处的约束力 $\boldsymbol{F}_{Ox}$ 和 $\boldsymbol{F}_{Oy}$，以及斜面在 D 处对滚轮的约束力 $\boldsymbol{F}_N$（正压力）和 $\boldsymbol{F}_s$（摩擦力），于是，系统的受力如图10.6所示。由于摩擦力 $\boldsymbol{F}_s$ 的作用线通过轴心 O，滚轮 B 的重力 $m_3\boldsymbol{g}$ 在斜面法线方向的分量（大小为 $m_3g\cos\theta$）与正压力 $\boldsymbol{F}_N$ 对 O 轴之矩的代数和等于零，所以外力系对 O 轴的主矩为

$$M_O^e = -m_1gr + m_3gr\sin\theta = (m_3\sin\theta - m_1)gr \tag{1}$$

设重物 E 的速度为 $\boldsymbol{v}$，则由例 10.1 的计算结果，系统对 O 轴的动量矩为

$$L_O = \left(m_1 + \frac{1}{2}m_2 + \frac{3}{2}m_3\right)r^2\omega = \left(m_1 + \frac{1}{2}m_2 + \frac{3}{2}m_3\right)rv \tag{2}$$

根据质点系的动量矩定理，有

$$\frac{\mathrm{d}}{\mathrm{d}t}\left[\left(m_1 + \frac{1}{2}m_2 + \frac{3}{2}m_3\right)rv\right] = (m_3\sin\theta - m_1)gr$$

即

$$\left(m_1 + \frac{1}{2}m_2 + \frac{3}{2}m_3\right)\frac{\mathrm{d}v}{\mathrm{d}t} = (m_3\sin\theta - m_1)g$$

重物的加速度为

$$a = \frac{\mathrm{d}v}{\mathrm{d}t} = \frac{2(m_3\sin\theta - m_1)}{2m_1 + m_2 + 3m_3}g$$

当 $m_1 < m_3\sin\theta$ 时，$a>0$，方向如图 10.6 所示；当 $m_1 > m_3\sin\theta$ 时，$a<0$，方向与图 10.6 所示相反；当 $m_1 = m_3\sin\theta$ 时，$a=0$。

例 10.3　人和物等重，开始时静止地悬挂在软绳的两端，如图 10.7(a)所示。不计软绳和滑轮的质量，以及轴承 O 处的摩擦。现人沿软绳以匀速 $\boldsymbol{v}$ 向上爬，试分别求人和物的绝对速度。

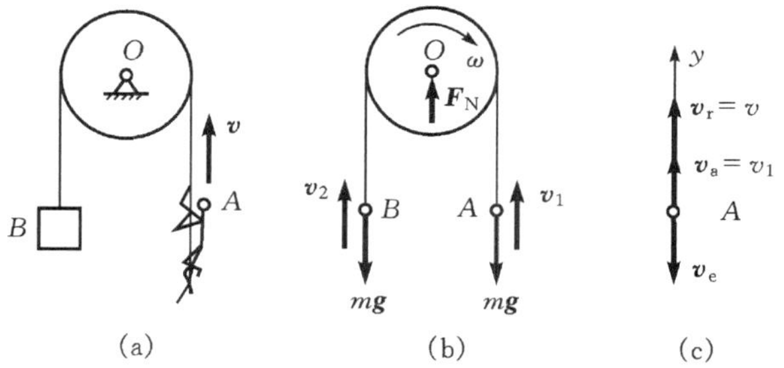

图 10.7

解:取系统为研究对象。把人和物分别看作是质量皆为 m 的质点 A 和 B,则系统受到的外力有:两质点的重力(皆为 $m\boldsymbol{g}$)和轴承 O 处的约束力 $\boldsymbol{F}_N$。于是,系统的受力如图 10.7(b)所示。显然,外力系对 O 轴的主矩恒等于零,根据质点系的动量矩守恒定律,系统的动量对 O 轴的矩守恒。设人和物的绝对速度分别为 $\boldsymbol{v}_1$ 和 $\boldsymbol{v}_2$,滑轮的半径为 r,则由于系统初始静止,故有

$$L_O = mv_1r - mv_2r = 0$$

即

$$v_1 = v_2 \tag{1}$$

以质点 A(人)为动点,动系固连于滑轮右侧下垂的一段软绳,则动点的相对运动和绝对运动都是直线运动,而牵连运动为直线平动。动点的绝对速度 $\boldsymbol{v}_a = \boldsymbol{v}_1$,相对速度 $\boldsymbol{v}_r = \boldsymbol{v}$,牵连速度 $v_e = v_2$,方向铅垂向下,如图 10.7(c)所示。将 $\boldsymbol{v}_a = \boldsymbol{v}_e + \boldsymbol{v}_r$ 向 y 方向投影,可得

$$v_a = -v_e + v_r$$

即

$$v_1 = v - v_2 \tag{2}$$

方程(1)和(2)联立,即可求得人和物的绝对速度

$$v_1 = v_2 = v/2$$

方向皆铅垂向上,如图 10.7(b)所示。

**若将滑轮看作是质量为 $0.2m$、半径为 r 的均质圆盘,试问人和物的绝对速度又为如何?请读者自行练习。

例*10.4 欧拉涡轮方程 如图 10.8(a)所示,水轮机的涡轮转子受水流冲击而以匀角速度 ω 绕通过其中心 O 的铅垂轴 z 转动。涡轮进口 AB 和出口 CD 处的半径分别为 r_1 和 r_2,水流在这两处的平均流速(绝对速度)分别为 $\boldsymbol{v}_1$ 和 $\boldsymbol{v}_2$,方向分别与轮缘切线成 θ_1 和 θ_2 角。假设转子的叶片是均匀布置的,总数有 n 个,且每对相邻叶片间水的体积流率为 q_V(m^2/s),体积密度为 ρ。若水流是稳定的,试求水流作用在涡轮转子上的转矩 M_z。

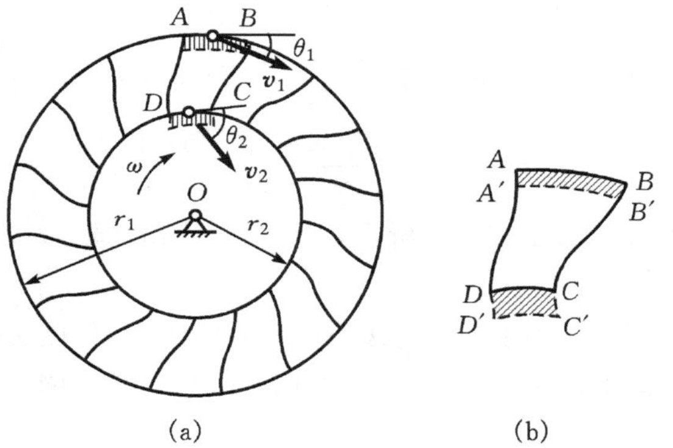

(a) (b)

图 10.8

解:取 AB 和 CD 间的流体为研究对象。设经过时间间隔 $\mathrm{d}t$ 后,这段流体流至位置 $A'B'C'D'$(图 10.8(b))。由于流动是稳定的,所以公共容积 $A'B'CD$ 内流体的动量对 z 轴的矩保持不变。于是,在 $\mathrm{d}t$ 时间间隔内系统对 z 轴动量矩的增量

$$\begin{aligned}\mathrm{d}l_z &= [l_z]_{A'B'C'D'} - [l_z]_{ABCD} = [l_z]_{CDD'C'} - [l_z]_{ABB'A'} \\ &= (q_V\rho\mathrm{d}t)(v_2r_2\cos\theta_2) - (q_V\rho\mathrm{d}t)(v_1r_1\cos\theta_1) \\ &= q_V\rho\mathrm{d}t(v_2r_2\cos\theta_2 - v_1r_1\cos\theta_1)\end{aligned}$$

在 $\mathrm{d}t$ 时间间隔内流过整个涡轮转子的水流对 z 轴动量矩的增量为

$$\mathrm{d}L_z = n(\mathrm{d}l_z) = (nq_V)\rho\mathrm{d}t(v_2 r_2 \cos\theta_2 - v_1 r_1 \cos\theta_1)$$

即

$$\frac{\mathrm{d}L_z}{\mathrm{d}t} = (nq_V)\rho(v_2 r_2 \cos\theta_2 - v_1 r_1 \cos\theta_1)$$

根据质点系的动量矩定理，可求得转子给予水流的约束力矩为

$$M'_z = \frac{\mathrm{d}L_z}{\mathrm{d}t} = (nq_V)\rho(v_2 r_2 \cos\theta_2 - v_1 r_1 \cos\theta_1)$$

水流作用在涡轮转子上的转矩 M_z 与 M'_z 的大小相等而转向相反，即

$$M_z = -M'_z = (nq_V)\rho(v_1 r_1 \cos\theta_1 - v_2 r_2 \cos\theta_2)$$

令

$$Q_V = nq_V$$

称为整个转子中流体的体积流率，则上式可写为

$$M_z = Q_V\rho(v_1 r_1 \cos\theta_1 - v_2 r_2 \cos\theta_2) \tag{10-18}$$

上式称为**欧拉涡轮方程**。它表明，对于稳定流动，转矩与进口和出口处流体的绝对速度及体积流率等有关。

应当指出，上述分析也可应用于气体的稳定流动，但那时的体积密度 ρ 是变化的。

10.2　刚体定轴转动微分方程

现在应用质点系的动量矩定理，来研究刚体绕固定轴的转动问题。

10.2.1　刚体定轴转动微分方程

设刚体绕固定轴 z 转动，对轴 z 的转动惯量为 J_z，某瞬时转动的角速度为 ω，则刚体对 z 轴的动量矩为 $L_z = J_z\omega$。根据动量矩定理，有

$$\frac{\mathrm{d}L_z}{\mathrm{d}t} = \frac{\mathrm{d}}{\mathrm{d}t}(J_z\omega) = M_z^{\mathrm{e}}$$

即

$$J_z \frac{\mathrm{d}\omega}{\mathrm{d}t} = M_z^{\mathrm{e}}$$

考虑到 $\frac{\mathrm{d}\omega}{\mathrm{d}t} = \frac{\mathrm{d}^2\varphi}{\mathrm{d}t^2} = \alpha$，于是上式可写为

$$J_z \frac{\mathrm{d}^2\varphi}{\mathrm{d}t^2} = J_z\alpha = M_z^{\mathrm{e}} \tag{10-19}$$

式(10-19)称为**刚体定轴转动微分方程**。它表明，**定轴转动刚体对转轴的转动惯量与角加速度的乘积，等于所有外力对转轴的主矩**。

10.2.2　转动惯量

比较 $J_z \frac{\mathrm{d}^2\varphi}{\mathrm{d}t^2} = M_z^{\mathrm{e}}$ 和 $M \frac{\mathrm{d}^2 \boldsymbol{r}_C}{\mathrm{d}t^2} = \sum \boldsymbol{F}^{\mathrm{e}}$ 容易看出，**刚体的转动惯量是刚体转动时惯性大小的度量**。转动惯量和质量都是力学中表示物体惯性大小的物理量。

下面介绍刚体转动惯量的计算公式。

1. 普遍公式

由上节和普通物理学已知，刚体对某轴 z 的转动惯量是刚体内各质点的质量与该质点到

z 轴距离平方的乘积之和。即

$$J_z = \sum m_i r_i^2$$

如果刚体的质量是连续分布的，则上式中的求和就转变为求定积分

$$J_z = \int_M r^2 \mathrm{d}m \tag{10-20}$$

式中：记号 M 表示积分范围遍及整个刚体。

工程中常把刚体对轴 z 的转动惯量写成刚体的总质量 M 与某一当量长度 ρ_z 的平方之乘积，即

$$J_z = M\rho_z^2 \tag{10-21}$$

式中：长度 ρ_z 称为刚体对 z 轴的**回转半径**（或**惯性半径**）。它的意义是，若把刚体的质量集中在与 z 轴相距为 ρ_z 的一点上，则此集中质量对 z 轴的转动惯量与原刚体对 z 轴的转动惯量相同。

一般几何形状规则的均质物体，其转动惯量可用积分法计算，计算公式可在有关工程手册中查到。例如对于图 10.9 所示的质量为 m、半径为 R 的均质圆盘，对质心轴 z 的转动惯量为

$$J_z = \frac{1}{2}mR^2$$

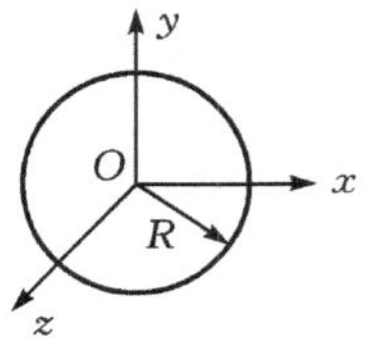

图 10.9

圆盘对 z 轴的回转半径为

$$\rho_z = \sqrt{J_z/m} = R/\sqrt{2} = 0.707R$$

又如图 10.10 所示的质量为 m、长度为 l 的等截面均质细杆，对质心轴 z 的转动惯量为

$$J_z = \frac{1}{12}ml^2$$

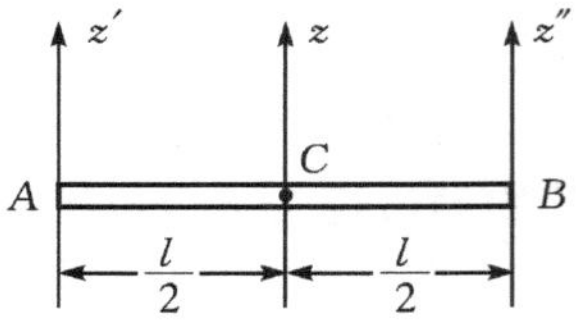

图 10.10

细杆对 z 轴的回转半径为

$$\rho_z = \sqrt{J_z/m} = l/\sqrt{12} = 0.289l$$

对于几何形状不规则或非均质的物体，须根据某些力学规律用实验方法来测定其转动惯量。

2. 平行移轴定理

工程手册中给出的一般都是物体对质心轴的转动惯量，而有时需要求物体对与质心轴平行的另一轴的转动惯量。平行移轴定理阐明了同一物体对上述两轴转动惯量间的关系。

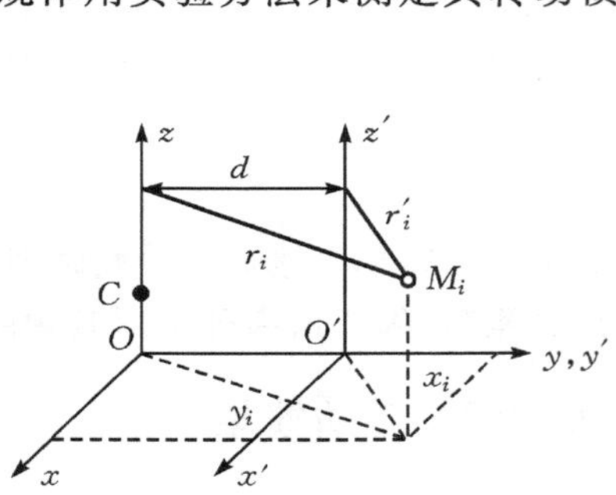

图 10.11

建立两组直角坐标系 $Oxyz$ 和 $O'x'y'z'$，如图 10.11 所示，其中 z 轴为物体的质心轴，z'轴平行于 z 轴，两轴相距为 d。设物体的质量为 m，其上任一质点 M_i 的质量为 m_i，物体对 z 轴的转动惯量为

$$J_z = \sum m_i r_i^2 = \sum m_i (x_i^2 + y_i^2) \tag{1}$$

而物体对 z'轴的转动惯量为

$$J'_z = \sum m_i r'^2_i = \sum m_i(x'^2_i + y'^2_i) = \sum m_i[x_i^2 + (y_i - d)^2]$$
$$= \sum m_i(x_i^2 + y_i^2 - 2dy_i + d^2) = \sum m_i(x_i^2 + y_i^2) - 2d\sum m_i y_i + d^2 \sum m_i$$
$$= J_z - 2d(my_C) + md^2 \tag{2}$$

因为 z 轴为质心轴，所以 $y_C=0$。于是可得

$$J'_z = J_z + md^2 \tag{10-22}$$

即物体对任一轴的转动惯量，等于物体对平行于该轴的质心轴的转动惯量，加上物体的质量与两轴间距离的平方之乘积。这就是**转动惯量的平行移轴定理**。由式(10-22)可以求得图 10.10 所示的质量为 m、长为 l 的等截面均质细杆对 z'轴和 z''轴的转动惯量为

$$J'_z = J''_z = J_z + m\left(\frac{l}{2}\right)^2 = \frac{1}{12}ml^2 + \frac{1}{4}ml^2 = \frac{1}{3}ml^2$$

从平行移轴定理可知，对一组平行轴而言，物体对其质心轴的转动惯量为最小。根据平行移轴定理，不难推得物体对任意两根平行轴的转动惯量之间的关系，请读者自行练习。

例 10.5　复摆　复摆由可绕水平固定轴自由摆动的刚体构成，又称为**物理摆**，如图 10.12(a)所示。已知复摆的质量为 m，其质心 C 到水平固定轴的轴心 O(称为**悬点**)的距离 $\overline{OC}=e$，复摆对转轴的转动惯量为 J_O。若忽略摩擦，试求复摆的微幅摆动规律。

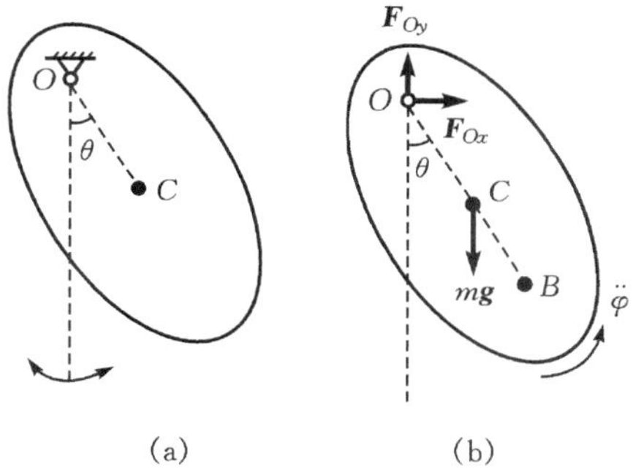

图 10.12

解：取复摆为研究对象。作用在复摆上的外力有重力 $m\boldsymbol{g}$ 和轴承 O 处的约束力 $\boldsymbol{F}_{Ox}$、$\boldsymbol{F}_{Oy}$，于是复摆的受力如图 10.12(b)所示。复摆在任一瞬时的位置可由 OC 与铅垂线间的夹角 θ 来决定。当复摆在任意位置时，只有重力 $m\boldsymbol{g}$ 对悬点 O 产生恢复力矩

$$M_O^e = M_O(m\boldsymbol{g}) = -mge\sin\theta$$

右端的负号表示重力 $m\boldsymbol{g}$ 对悬点 O 的矩与角 θ 的正向相反，即重力矩始终转向摆的平衡位置而起恢复的作用。

根据刚体定轴转动微分方程，有

$$J_O\ddot{\theta} = M_O^e = -mge\sin\theta$$

即

$$\ddot{\theta} + \frac{mge}{J_O}\sin\theta = 0 \tag{1}$$

由于复摆作微幅摆动，可令 $\sin\theta\approx\theta$，于是上式可线性化为

$$\ddot{\theta} + \frac{mge}{J_O}\theta = 0 \tag{2}$$

这是简谐运动的标准微分方程，其通解为

$$\theta = \theta_0\sin(\sqrt{mge/J_O}\ t + \varphi) \tag{3}$$

式中：角振幅 θ_0 和初位相 φ 都是由复摆运动的初始条件决定的常数。复摆的固有频率为

$$\omega_0 = \sqrt{mge/J_O} \tag{4}$$

摆动的周期为

$$T = \frac{2\pi}{\omega_0} = 2\pi\sqrt{\frac{J_O}{mge}} \tag{5}$$

讨论：(1)利用复摆运动的周期性，可通过实验测出周期 T，然后由(5)式来确定不规则形

状物体的转动惯量为

$$J_O = \left(\frac{T}{2\pi}\right)^2 mge \tag{6}$$

这种确定物体转动惯量的实验方法，称为**复摆振动法**。

做实验时，须根据物体的形状和构造特点，采用不同的支承方式：

①刀口支承(图 10.13(a))，可求出连杆对垂直于运动平面的质心轴的转动惯量。

②摆线支承，可求出物体对 z 轴的转动惯量(图 10.13(b))，也可以求出飞机对纵轴的转动惯量(图 10.13(c))。

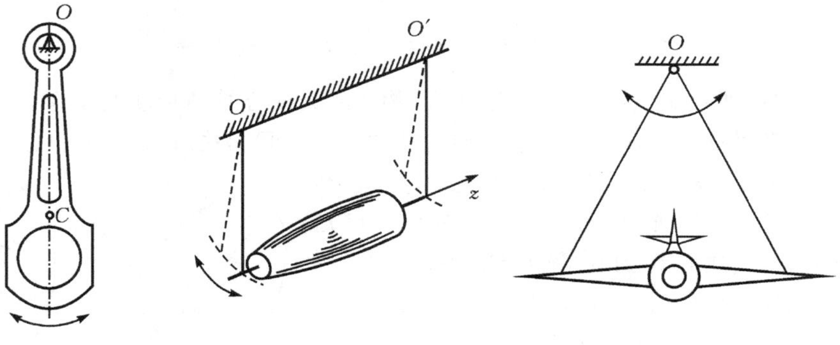

(a) (b) (c)

图 10.13

(2)设复摆的回转半径为 ρ_C，则

$$J_O = J_C + me^2 = m(\rho_C^2 + e^2)$$

将上式代入(5)式，得

$$T = 2\pi\sqrt{\frac{\rho_C^2 + e^2}{ge}} \tag{7}$$

已知摆长为 l 的单摆的微幅摆动的周期为

$$T' = 2\pi/\sqrt{l/g}$$

现设想把复摆的质量集中在 OC 延长线上的 B 点(图 10.12(b))，将复摆比拟为单摆，且令 $T=T'$，则有

$$l_O = \frac{\rho_C^2 + e^2}{e} \tag{8}$$

l_O 称为**简化长度**或**折合长度**。显见，$l_O > e$。令 $\overline{CB}=b$，则

$$\overline{CB} = b = \rho_C^2/e \tag{9}$$

点 B 称为**摆心**。如果以 B 点为悬点，因为

$$J_B = J_C + mb^2 = m(\rho_C^2 + b^2)$$

则此时复摆的简化长度为

$$l_B = \frac{\rho_C^2 + b^2}{b} = \frac{\rho_C^2 + e^2}{e} = l_O$$

即新复摆的摆心为原复摆的悬点。可见复摆的摆心和悬点可以互换而不改变复摆微幅摆动的周期。这一性质曾在凯特可倒摆的实验中被利用来确定重力加速度。

例 10.6　撞击中心　用锤子打击钉子时，人手握在 O 处（图 10.14），起着轴承的作用。锤子在 A 处受到冲击力 $\boldsymbol{F}^*$ 的作用。设锤子的质心在 C 点，质量为 m，对质心轴的回转半径为 ρ_C，$\overline{AC}=b$。试问人手握在何处可不受冲击力作用的影响。

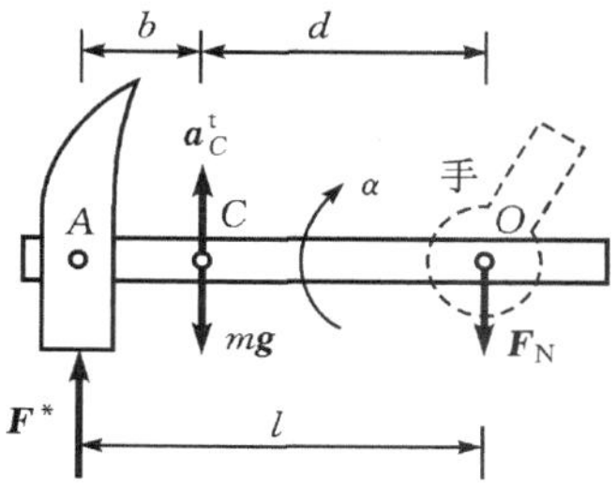

图 10.14

解：取锤子为研究对象，它作定轴转动。作用在锤子上的外力有：重力 $m\boldsymbol{g}$、冲击力 $\boldsymbol{F}^*$ 和轴承 O 处的约束力 $\boldsymbol{F}_N$。于是，锤子的受力如图 10.14 所示。根据刚体定轴转动微分方程，有

$$J_O\alpha = F^* l - mg(l-b) \tag{1}$$

考虑到 $F^* \gg mg$，$J_O=m[\rho_C^2+(l-b)^2]$，所以上式可改写为

$$m[\rho_C^2+(l-b)^2]\alpha = F^* l \tag{2}$$

因为 $a_C^t=(l-b)\alpha$，于是根据质心运动定理，有

$$m(l-b)\alpha = F^* - mg - F_N \tag{3}$$

(2)、(3)两式联立，可解得

$$F_N = -mg + \left[1-\frac{l(l-b)}{\rho_C^2+(l-b)^2}\right]F^* \tag{4}$$

由上式可知，如果

$$\frac{l(l-b)}{\rho_C^2+(l-b)^2} = 1$$

即

$$l = \frac{\rho_C^2+b^2}{b} \tag{5}$$

则约束力成为常规力，即手不受冲击力的影响。

这个结果表明，当刚体绕固定轴 O 转动时，若 $l=\dfrac{\rho_C^2+b^2}{b}$，则作用在 A 处的冲击力不会使轴承 O 处受到冲击力的影响。这个点 A 称为刚体对于轴 O 的**撞击中心**或**打击中心**。

讨论：若令 $\overline{OC}=d=l-b$，容易证明(5)式改写为

$$l = \frac{\rho_C^2+b^2}{d} \tag{6}$$

这个性质称为**撞击中心和轴承的互换性**。就是说，如果手握在 A 处，而在 O 点施加冲击力，则手也不会受到冲击力的作用。此时，A 处起着轴承的作用，而 O 点成为撞击中心。

与例 10.5 的讨论比较可以看出，撞击中心与轴承间的距离就是复摆的简化长度，因此，摆心就是复摆的撞击中心。

10.3　刚体平面运动微分方程

在 10.1 节中推导动量矩定理时，曾强调矩心（轴）必须是固定的。但在某些问题中，若选取质点系的质心（或质心轴）为矩心（或矩轴）则较为方便。本节首先介绍质点系对于质心的动量矩定理，然后根据质心运动定理和对于质心的动量矩定理建立刚体平面运动微分方程，并用以解决刚体平面运动的动力学问题。

10.3.1 质点系对于质心的动量矩定理

将式(10-9)

$$\boldsymbol{L}_O = \boldsymbol{r}_C \times m\boldsymbol{v}_C + \boldsymbol{L}_C$$

对时间 t 求导数,可得

$$\begin{aligned}\frac{\mathrm{d}\boldsymbol{L}_O}{\mathrm{d}t} &= \frac{\mathrm{d}\boldsymbol{L}_C}{\mathrm{d}t} + \frac{\mathrm{d}\boldsymbol{r}_C}{\mathrm{d}t} \times m\boldsymbol{v}_C + \boldsymbol{r}_C \times m\frac{\mathrm{d}\boldsymbol{v}_C}{\mathrm{d}t} \\ &= \frac{\mathrm{d}\boldsymbol{L}_C}{\mathrm{d}t} + \boldsymbol{v}_C \times m\boldsymbol{v}_C + \boldsymbol{r}_C \times m\boldsymbol{a}_C \\ &= \frac{\mathrm{d}\boldsymbol{L}_C}{\mathrm{d}t} + \boldsymbol{r}_C \times m\boldsymbol{a}_C \end{aligned} \tag{1}$$

根据动量矩定理$\frac{\mathrm{d}\boldsymbol{L}_O}{\mathrm{d}t}=\boldsymbol{M}_O^{\mathrm{e}}$,则(1)式可写成

$$\frac{\mathrm{d}\boldsymbol{L}_C}{\mathrm{d}t} + \boldsymbol{r}_C \times m\boldsymbol{a}_C = \boldsymbol{M}_O^{\mathrm{e}} \tag{2}$$

而外力系对 O 点的主矩 $\boldsymbol{M}_O^{\mathrm{e}}$ 可写为

$$\boldsymbol{M}_O^{\mathrm{e}} = \boldsymbol{M}_C^{\mathrm{e}} + \boldsymbol{r}_C \times \sum \boldsymbol{F} = \boldsymbol{r}_C \times m\boldsymbol{a}_C + \boldsymbol{M}_C^{\mathrm{e}} \tag{3}$$

将(3)式代入(2)式,可得

$$\frac{\mathrm{d}\boldsymbol{L}_C}{\mathrm{d}t} + \boldsymbol{r}_C \times m\boldsymbol{a}_C = \boldsymbol{r}_C \times m\boldsymbol{a}_C + \boldsymbol{M}_C^{\mathrm{e}}$$

即

$$\frac{\mathrm{d}\boldsymbol{L}_C}{\mathrm{d}t} = \boldsymbol{M}_C^{\mathrm{e}} \tag{10-23}$$

这个结论称为**质点系对于质心的动量矩定理**。它表明,**质点系对于质心的动量矩对时间的导数,等于所有外力对质心的主矩**。

由式(10-8),$\boldsymbol{L}_C=\boldsymbol{L}'_C$,于是式(10-23)也可以写为

$$\frac{\mathrm{d}\boldsymbol{L}'_C}{\mathrm{d}t} = \boldsymbol{M}_C^{\mathrm{e}} \tag{10-24}$$

上式称为**质点系相对于质心的动量矩定理**。

顺便指出,对于平面运动刚体,若选取其加速度瞬心 Q 为矩心,则可以证明

$$\frac{\mathrm{d}\boldsymbol{L}'_Q}{\mathrm{d}t} = \boldsymbol{M}_Q^{\mathrm{e}} \tag{10-25}$$

此式称为**平面运动刚体相对于加速度瞬心的动量矩定理**。

如果平面运动刚体的速度瞬心 P 到质心 C 之间的距离$\overline{PC}$保持不变,则速度瞬心的加速度 $\boldsymbol{a}_P$ 恒通过质心 C(证明略)。若取速度瞬心 P 为矩心,有

$$\frac{\mathrm{d}\boldsymbol{L}'_P}{\mathrm{d}t} = \boldsymbol{M}_P^{\mathrm{e}} \tag{10-26}$$

上式称为**平面运动刚体相对于速度瞬心的动量矩定理**。因为对于平面运动刚体来说,未知约束力的作用线往往是通过其速度瞬心的,所以应用此定理有时较为方便。

10.3.2 刚体平面运动微分方程

设刚体具有质量对称平面,且此对称平面始终在某一固定平面内运动,则刚体的质心必在

此对称平面内，外力系也可以简化为在此平面内的平面力系。如图 10.15 所示，取此固定平面为 Oxy，建立质心平动坐标系 $Cx'y'$，则可用质心运动定理来描述平面运动刚体随质心的牵连平动，而刚体绕质心轴 Cz' 的相对转动可用对于质心的动量矩定理来描述。即

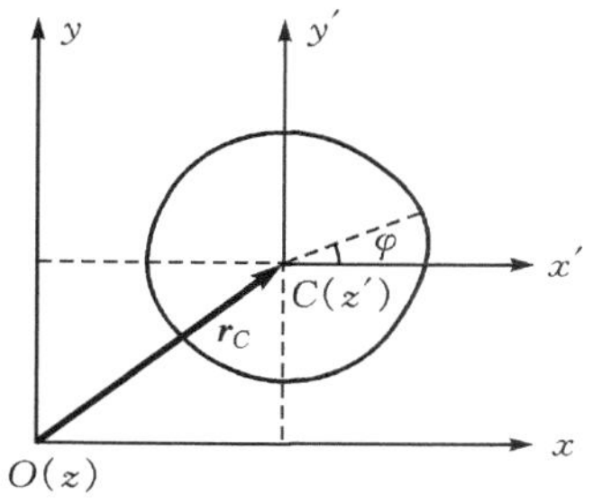

图 10.15

$$m\boldsymbol{a}_C = \sum \boldsymbol{F}^e, \quad \frac{d\boldsymbol{L}_C}{dt} = \boldsymbol{M}_C^e$$

将前一式向 x、y 轴投影，而将后一式向 Cz' 轴投影，可得

$$ma_{Cx} = \sum F_x^e, \quad ma_{Cy} = \sum F_y^e, \quad \frac{dL_C}{dt} = M_C^e$$

设刚体对质心轴 Cz' 的转动惯量为 J_C，则

$$L_C = J_C\omega$$

于是有

$$ma_{Cx} = \sum F_x^e, \quad ma_{Cy} = \sum F_y^e, \quad J_C\alpha = M_C^e \tag{10-27}$$

或

$$m\ddot{x}_C = \sum F_x^e, \quad m\ddot{y}_C = \sum F_y^e, \quad J_C\ddot{\varphi} = M_C^e \tag{10-27a}$$

上式称为**刚体平面运动微分方程**。式(10－27)或式(10－27a)中的三个方程是彼此独立的，在解题时，如果未知量数目多于独立的运动微分方程数目，则须**根据刚体所受到约束的性质**，列出相应的补充方程(通常表示为刚体的角加速度和质心的加速度间的关系)。

例 10.7　图 10.16(a)所示的飞船质量为 m，绕其质量对称轴 z 以角速度 ω 转动，对 z 轴的回转半径为 ρ；同时，其质心 C 以速度 $\boldsymbol{v}_0$ 沿 y 轴飞行。Cxy 为飞船的质量对称面，此平面上以 C 为圆心、r 为半径的圆周上安装有喷嘴 A。图示瞬时，气流开始沿圆周的切向喷出，对飞船的反推力为 Φ，Φ 平行于 y 轴。求此瞬时圆周上 B 点的绝对加速度。

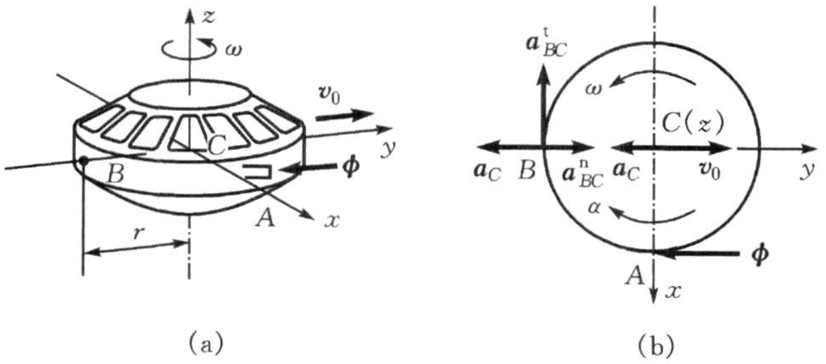

图 10.16

解：取飞船为研究对象。由于飞船在太空飞行时，可忽略重力的影响，因此可将飞船的运动简化为在其质量对称平面 Cxy 内的运动。作用在飞船上的外力只有气流的反推力 Φ，于是飞船的受力和运动分析如图 10.16(b)所示。根据刚体平面运动微分方程，有

$$ma_{Cx} = 0 \tag{1}$$

$$ma_{Cy} = -\Phi \tag{2}$$

$$m\rho^2\alpha = \Phi r \tag{3}$$

在上述三个方程中，未知量也只有 a_{Cx}、a_{Cy}、α 三个，从而可解得

$$a_{Cx} = 0, \quad a_C = a_{Cy} = -\frac{\Phi}{m}, \quad \alpha = \frac{\Phi r}{m\rho^2}$$

以 C 为基点，有

$$\boldsymbol{a}_B = \boldsymbol{a}_C + \boldsymbol{a}_{BC}^{\mathrm{t}} + \boldsymbol{a}_{BC}^{\mathrm{n}}$$

其中 $\boldsymbol{a}_C = -\frac{\Phi}{m}\boldsymbol{j}$，$\boldsymbol{a}_{BC}^{\mathrm{t}} = -r\alpha\boldsymbol{i} = -\frac{\Phi r^2}{m\rho^2}\boldsymbol{i}$，$\boldsymbol{a}_{BC}^{\mathrm{n}} = r\omega^2\boldsymbol{j}$。故 B 点的绝对加速度为

$$\boldsymbol{a}_B = -\frac{\Phi r^2}{m\rho^2}\boldsymbol{i} + (r\omega^2 - \frac{\Phi}{m})\boldsymbol{j}$$

讨论：(1)由于飞船运动过程中没有受到任何约束的作用，为自由刚体，因此，根据刚体平面运动微分方程所能列出的独立方程数目恰与未知量数目相等，故无须补充方程。

(2)为了方便，本例中的方程(1)也可以不必列出，而直接将 a_{Cy} 写成 a_C。

例 10.8 均质杆 AB 的质量为 m、长为 l，靠在光滑支承 D 上，杆与铅垂线间的夹角为 φ，点 D 到杆的质心 C 间的距离 $\overline{DC}=d$，如图 10.17(a)所示。现将杆在此位置无初速释放，试求运动初瞬时杆的质心加速度，以及支承 D 对杆的压力。

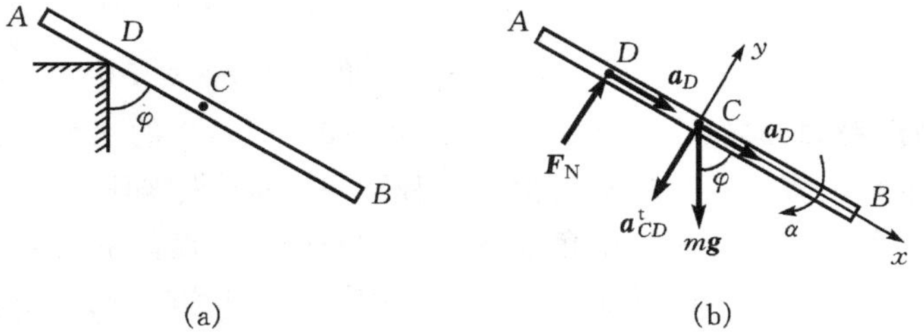

图 10.17

解：取均质杆 AB 为研究对象，它作平面运动。作用在杆上的外力有重力 $m\boldsymbol{g}$ 和光滑支承的约束力 $\boldsymbol{F}_{\mathrm{N}}$。于是杆的受力如图 10.17(b)所示。

设杆的角加速度 α 为顺钟向，建立如图 10.17(b)所示的直角坐标系 Cxy，则根据刚体平面运动微分方程，有

$$ma_{Cx} = mg\cos\varphi \tag{1}$$

$$ma_{Cy} = F_{\mathrm{N}} - mg\sin\varphi \tag{2}$$

$$J_C\alpha = F_{\mathrm{N}}d \tag{3}$$

式中：$J_C = \frac{1}{12}ml^2$。

在上述三个方程中，有 a_{Cx}、a_{Cy}、α 和 F_{N} 四个未知量，这是由于杆在 D 处受到了光滑支承约束，因而三个基本方程中出现了光滑支承对杆的约束力 F_{N} 的缘故。故欲求出待求量，必须再补充一个方程。

由运动学知识可知，杆上 D 点的速度和切向加速度都是沿杆 AB 的。根据题设条件，杆初瞬时静止，即 $\boldsymbol{v}_C=0$，$\boldsymbol{a}_D^{\mathrm{n}}=0$，所以 $\boldsymbol{a}_D=\boldsymbol{a}_D^{\mathrm{t}}$。以 D 为基点，有

$$\boldsymbol{a}_C = \boldsymbol{a}_D + \boldsymbol{a}_{CD}$$

式中：$\boldsymbol{a}_{CD} = \boldsymbol{a}_{CD}^{\mathrm{t}} + \boldsymbol{a}_{CD}^{\mathrm{n}}$，而 $a_{CD}^{\mathrm{t}} = d\alpha$，方向如图 10.17(b)所示；$\boldsymbol{a}_{CD}^{\mathrm{n}}=0$，因此，$\boldsymbol{a}_{CD}=\boldsymbol{a}_{CD}^{\mathrm{t}}$。将上式向 y 方向投影，可得

$$a_{Cy} = -a_{CD}^{\mathrm{t}} = -d\alpha \tag{4}$$

将上述四个方程联立，可以求得支承 D 对杆的压力

$$F_N = \frac{mgl^2\sin\varphi}{l^2 + 12d^2}$$

杆的质心的加速度

$$a_{Cx} = g\cos\varphi, \quad a_{Cy} = -\frac{12gl^2\sin\varphi}{l^2 + 12d^2}$$

即

$$\boldsymbol{a}_C = g\cos\varphi\boldsymbol{i} - \frac{12gl^2\sin\varphi}{l^2 + 12d^2}\boldsymbol{j}$$

例 10.9 图 10.18(a)所示的均质杆 AB 长为 l、质量为 m;无重细绳 OA 水平。杆与光滑水平面间的夹角为 φ,杆与细绳在同一铅垂平面内。试求杆在此位置上无初速释放时,杆的质心 C 的加速度。

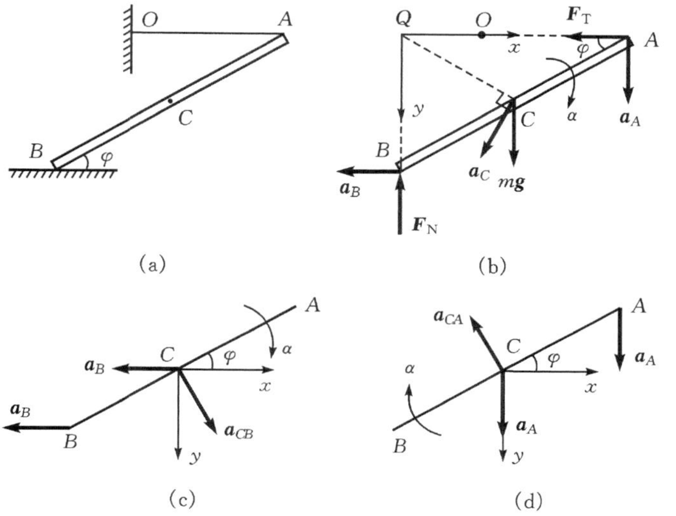

图 10.18

解:取均质杆 AB 为研究对象,它作平面运动。作用在杆上的外力有重力 $m\boldsymbol{g}$、细绳的张力 $\boldsymbol{F}_T$ 和光滑水平面的约束力 $\boldsymbol{F}_N$,于是,杆的受力如图 10.18(b)所示。设杆的角加速度 α 为顺钟向,建立坐标系 Qxy 如图 10.18(b)所示。根据刚体平面运动微分方程,有

$$ma_{Cx} = -F_T \tag{1}$$

$$ma_{Cy} = mg - F_N \tag{2}$$

$$J_C\alpha = F_N \cdot \frac{l}{2}\cos\varphi - F_T \cdot \frac{l}{2}\sin\varphi \tag{3}$$

式中:$J_C = \frac{1}{12}ml^2$。

在上述三个方程中,未知量有 a_{Cx}、a_{Cy}、α、F_T 和 F_N 五个,故须再补充两个方程。由于杆的 B 端受到光滑水平面的约束,故杆端 B 的加速度 $\boldsymbol{a}_B$ 是沿水平方向的。以 B 为基点,有

$$\boldsymbol{a}_C = \boldsymbol{a}_B + \boldsymbol{a}_{CB}^t + \boldsymbol{a}_{CB}^n \tag{a}$$

式中:$a_{CB}^t = \frac{l}{2}\alpha$,$a_{CB}^n = 0$(因为杆初始静止)。将(a)式向 y 方向投影,并根据图10.18(c)中的几何关系,可得

$$a_{Cy} = \frac{l}{2}\alpha\cos\varphi \tag{4}$$

又由于杆的 A 端受到细绳 OA 的约束，使得 A 点的运动轨迹是以 O 为圆心、绳长 $\overline{OA}$ 为半径的一段圆弧。该瞬时 A 点的法向加速度等于零，因此，杆端 A 的加速度是沿铅垂方向的。以 A 为基点，有

$$\boldsymbol{a}_C = \boldsymbol{a}_A + \boldsymbol{a}_{CA} \tag{b}$$

式中：$a_{CA} = \frac{l}{2}\alpha$。将(b)式向 x 方向投影，根据图 10.18(d)中的几何关系，可得

$$a_{Cx} = -\frac{l}{2}\alpha\sin\varphi \tag{5}$$

方程(1)—(5)联立，可以求得杆的质心 C 的加速度为

$$a_{Cx} = -\frac{3}{8}g\sin\varphi, \quad a_{Cy} = \frac{3}{4}g\cos^2\varphi$$

即

$$a_C = \sqrt{a_{Cx}^2 + a_{Cy}^2} = \frac{3}{4}g\cos\varphi$$

方向垂直于 QC 而偏向下方，如图 10.18(b)所示。

* **讨论**：因为 AB 杆在运动初瞬时的角速度等于零，所以点 Q 为杆 AB 在初瞬时的加速度瞬心(图 10.18(b))。由于未知约束力 $\boldsymbol{F}_T$ 和 $\boldsymbol{F}_N$ 的作用线皆通过点 Q，于是，根据相对于加速度瞬心的动量矩定理 $J_Q\alpha = M_Q^e$，有

$$\frac{1}{3}ml^2\alpha = mg \cdot \frac{l}{2}\cos\varphi \tag{6}$$

由(6)式即可求得杆在运动初瞬时的角加速度为

$$\alpha = \frac{3\cos\varphi}{2l}g$$

故质心 C 的加速度

$$a_C = \overline{QC} \cdot \alpha = \frac{l}{2} \cdot \frac{3\cos\varphi}{2l}g = \frac{3}{4}g\cos\varphi$$

与前面所得结果完全相同。

例 10.10 如图 10.19(a)所示的均质滚轮由半径分别为 R 和 r 的两均质圆柱体固结而成，总质量为 m，对质心轴 C 的回转半径为 ρ。在小圆柱体上缠有绳索，已知水平力 $\boldsymbol{F}_T$ 沿着绳索作用，使滚轮沿固定水平直线轨道运动。若滚轮与轨道间的摩擦因数为 μ_s，试求滚子的质心 C 的加速度。

解：取滚轮为研究对象，它作平面运动。作用在滚轮上的外力有重力 $m\boldsymbol{g}$、水平力 $\boldsymbol{F}_T$、轨道的法向约束力 $\boldsymbol{F}_N$ 和滑动摩擦力 $\boldsymbol{F}$，假设 $\boldsymbol{F}$ 的方向指向左侧，于是滚轮的受力如图 10.19(b)所示。

不妨先假设滚轮沿轨道作纯滚动，并设滚轮角加速度 α 的转向为顺钟向，建立坐标系 Oxy，根据刚体平面运动微分方程，有

$$ma_{Cx} = F_T - F \tag{1}$$

$$ma_{Cy} = F_N - mg \tag{2}$$

$$m\rho^2\alpha = FR - F_Tr \tag{3}$$

在上述三个方程中，未知量有 a_{Cx}、a_{Cy}、α、F_N 和 F 五个。这是由于轮沿水平直线轨道作纯

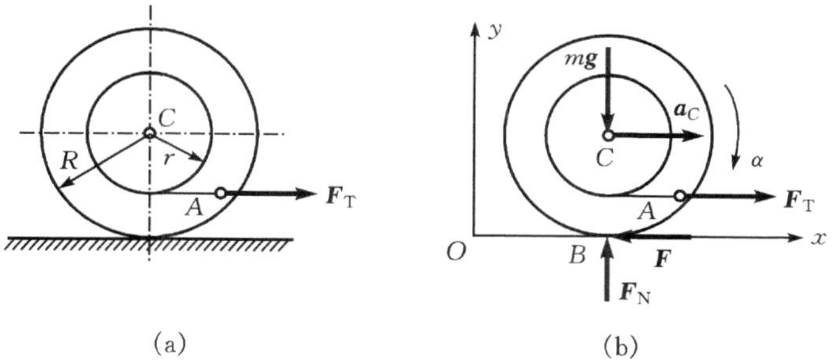

图 10.19

滚动时，轨道在滚轮上作用了两个约束力（法向约束力 $\boldsymbol{F}_N$ 和切向约束力 $\boldsymbol{F}$）的缘故。轨道对滚轮在点 B 处（图 10.19(b)）法线方向的约束作用，表现在力学条件方面为

$$F_N > 0 \tag{4}$$

相应地有运动学关系

$$y_C = R \tag{5}$$

$$v_{Cy} = \dot{y}_C = 0 \tag{6}$$

$$a_{Cy} = \ddot{y}_C = 0 \tag{7}$$

轨道对滚轮在点 B 处切线方向上的约束作用，表现在力学条件方面为

$$F \leqslant F_N \mu_s \tag{8}$$

即 $\boldsymbol{F}$ 为静滑动摩擦力。相应地有运动学关系

$$v_B = 0 \tag{9}$$

$$v_{Cx} = R\omega \tag{10}$$

$$a_{Cx} = R\alpha \tag{11}$$

方程(1)、(2)、(3)和(7)、(11)联立，可求得滚轮质心 C 的加速度为

$$a_C = a_{Cx} = \frac{F_T}{m}\frac{R(R-r)}{\rho^2+R^2} \tag{$*_1$}$$

方向水平向右，如图 10.19(b)所示。

同时还可以求得滑动摩擦力为

$$F = \frac{\rho^2+Rr}{\rho^2+R^2}F_T \tag{a}$$

指向与图 10.19(b)所设一致。

由(8)式，即

$$F = \frac{\rho^2+Rr}{\rho^2+R^2}F_T \leqslant F_N\mu_s = mg\mu_s$$

可得滚轮作纯滚动的条件为

$$F_T \leqslant \frac{\rho^2+R^2}{\rho^2+Rr}mg\mu_s = F_T^* \tag{b}$$

当 $F_T > F_T^*$ 时，滚轮将与轨道间有相对滑动，此时的滑动摩擦力 $\boldsymbol{F}$ 为动滑动摩擦力，因此有

$$F = F_N\mu_s \tag{12}$$

动滑动摩擦力与流体阻力和弹性力一样，是主动力，不再是约束力了，因此，(9)、(10)和(11)诸式也不再成立。

于是，方程(1)、(2)、(3)和(7)、(12)联立，可得

$$a_C = \left(\frac{F_T}{mg} - \mu_s\right)g \qquad (*_2)$$

综上所述，当 $F_T \leqslant \frac{\rho^2+R^2}{\rho^2+Rr}mg\mu_s$ 时，$a_C = \frac{F_T R(R-r)}{m(\rho^2+R^2)}$；当 $F_T > \frac{\rho^2+R^2}{\rho^2+Rr}mg\mu_s$ 时，$a_C = \left(\frac{F_T}{mg}-\mu_s\right)g$，方向皆为水平向左。

讨论：(1)为了方便，对于轨道对滚轮在点 B 处法线方向上的约束作用分析可以省略，而直接将(2)式的左端写为零，并将(1)式中的 a_{Cx} 写为 a_C。

(2)当 $F_T > F_T^*$ 时，若滚轮的初角速度为零，则如果 $F_T = \frac{R}{r}mg\mu_s$，滚轮的角加速度 $\alpha = 0$，滚轮将以与 ρ 无关的加速度 $a_C = (R/r-1)g\mu_s$ 向右平动。

*(3)当假设滚轮沿轨道作纯滚动时，滚轮上与轨道相接触的点为其速度瞬心，且在滚轮运动过程中，速度瞬心到滚轮质心 C 间的距离恒等于 R，因此可应用平面运动刚体相对于速度瞬心的动量矩定理，有 $J_B\alpha = M_O^e$，即

$$m(\rho^2 + R^2)\alpha = F_T(R - r) \qquad (13)$$

即可求得滚轮的角加速度为

$$\alpha = \frac{F_T(R-r)}{m(\rho^2 + R^2)} \qquad (c)$$

再根据(11)式，便可求得滚轮质心的加速度为

$$a_C = a_{Cx} = R\alpha = \frac{F_T R(R-r)}{m(\rho^2 + R^2)}$$

例 10.11 质量分别为 m_1 和 m_2 的两均质轮 A 和 B，半径分别为 r_1 和 r_2。无重细绳的两端分别缠绕在两轮缘上，如图 10.20(a)所示。若不计轴承 O 处的摩擦，试求当轮 B 下落时两轮的角加速度以及两轮间细绳的拉力。

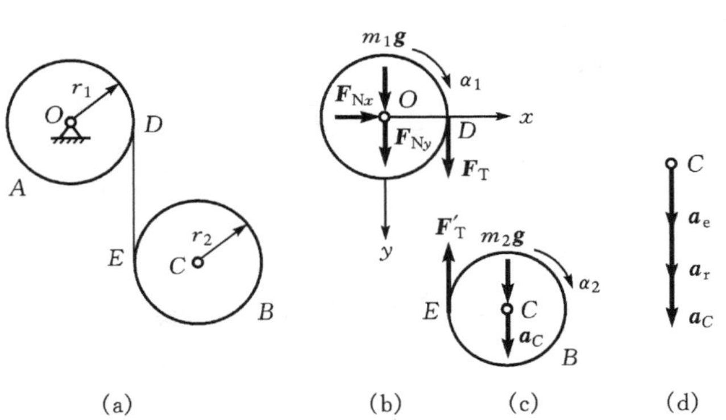

图 10.20

解：先取轮 A 为研究对象，它作定轴转动。作用在轮 A 上的外力有重力 $m_1\boldsymbol{g}$ 和轴承 O 处的约束力 $\boldsymbol{F}_{Nx}$、$\boldsymbol{F}_{Ny}$，以及细绳的张力 $\boldsymbol{F}_T$，于是，轮 A 的受力如图 10.20(b)所示。设轮 A 的角

加速度 α_1 的转向为顺钟向，则根据刚体定轴转动微分方程，有

$$\frac{1}{2}m_1 r_1^2 \alpha_1 = F_T r_1 \tag{1}$$

再取轮 B 为研究对象，它作平面运动。作用在轮 B 上的外力有重力 $m_2\boldsymbol{g}$ 和细绳的张力 $\boldsymbol{F}'_T$，于是，轮 B 的受力如图 10.20(c)所示。设轮 B 的角加速度 α_2 的转向也为顺钟向，则根据刚体平面运动微分方程，有

$$m_2 a_C = m_2 g - F'_T \tag{2}$$

$$\frac{1}{2}m_2 r_2^2 \alpha_2 = F'_T r_2 \tag{3}$$

在上述三个方程中，有 α_1、α_2、a_C、F_T、F'_T 五个未知量，故尚须补充两个方程。根据作用和反作用的关系，显见

$$F_T = F'_T \tag{4}$$

以轮 B 的质心 C 为动点，动系固连于铅垂段细绳 DE 上，定系固连于机架上。则动点的相对运动和绝对运动都是直线运动，而牵连运动为铅垂直线平动。于是，根据加速度合成定理，有

$$\boldsymbol{a}_C = \boldsymbol{a}_a = \boldsymbol{a}_r + \boldsymbol{a}_e$$

如图 10.20(d)所示。式中：$a_r = r_2\alpha_2$。而 $\boldsymbol{a}_e$ 等于轮 A 的轮缘上 D 点的切向加速度，即 $a_e = a_D^t = r_1\alpha_1$。故将上式向 y 方向投影，可得

$$a_C = a_r + a_e = r_2\alpha_2 + r_1\alpha_1 \tag{5}$$

方程(1)—(5)联立，即可求得两轮的角加速度以及细绳的拉力分别为

$$\alpha_1 = \frac{2m_2 g}{(3m_1 + 2m_2)r_1}, \quad \alpha_2 = \frac{2m_1 g}{(3m_1 + 2m_2)r_2}, \quad F_T = \frac{m_1 m_2 g}{3m_1 + 2m_2}$$

其中 α_1、α_2 的转向皆与所设一致，分别如图 10.20(b)和(c)所示。

*10.4　陀螺仪近似理论

可绕其质量对称轴自转，而且其自转轴在空间的方位可以改变的刚体，称为陀螺。各种运动机器中的电机和发动机转子，以及我们生活的地球等，都是陀螺的实例。陀螺理论是在研究天体的运动中产生的。由于陀螺具有某些特性，因此**陀螺仪**（以陀螺为主要元件的仪器，也称为回转仪，或简称为陀螺）在航空、航天、航海工程以及制导、导航和控制等技术中得到了广泛的应用。研究陀螺的运动规律及其特性，具有重要意义。限于篇幅，本节仅介绍陀螺仪的近似理论。

1. 赖柴定理

如图 10.21 所示，具有质量对称轴 Oz' 的刚体，以极高的角速度 $\boldsymbol{\omega}$ 绕 z' 轴转动，这个运动称为**自转**，因此轴 z' 也称为**自转轴**。在外力系的作用下，自转轴 z' 同时又绕定点 O 转动，这种转动称为**进动**。设进动角速度为 $\boldsymbol{\Omega}$，则陀螺的绝对角速度为

$$\boldsymbol{\omega}_a = \boldsymbol{\omega} + \boldsymbol{\Omega} \tag{10-28}$$

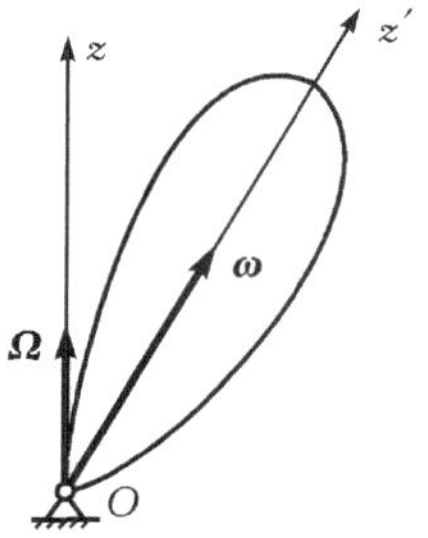

图 10.21

由于 $|\boldsymbol{\Omega}| \ll |\boldsymbol{\omega}|$，所以在陀螺仪近似理论中可认为

$$\boldsymbol{\omega}_a = \boldsymbol{\omega} \tag{10-29}$$

于是陀螺对固定点 O 的动量矩 $\boldsymbol{L}_O$ 也可以认为是沿自转轴 z' 的，且

$$\boldsymbol{L}_O = J_{z'}\boldsymbol{\omega} \tag{10-30}$$

式中：$J_{z'}$ 为陀螺对自转轴 z' 的转动惯量。

$\boldsymbol{L}_O$ 一般是变矢量。因此，如果由固定点 O 画出不同瞬时的动量矩矢 $\boldsymbol{L}_O$，则可得到 $\boldsymbol{L}_O$ 的矢端曲线（图 10.22）。现若将 $\boldsymbol{L}_O$ 看作是其端点 A 对固定点 O 的矢径，那么 $\boldsymbol{L}_O$ 对时间 t 的导数就是 $\boldsymbol{L}_O$ 端点 A 的速度 $\boldsymbol{u}_A$，即

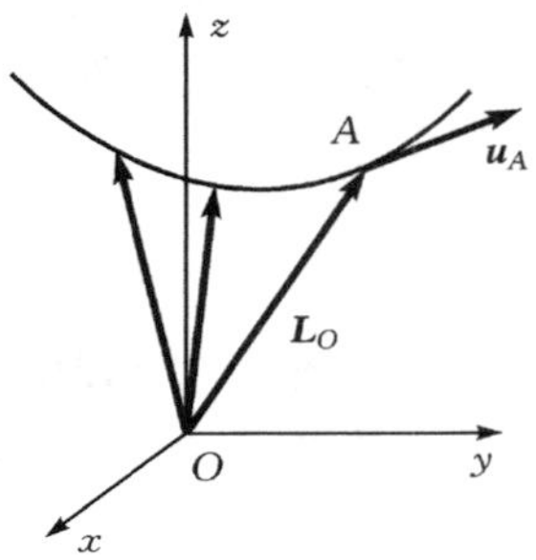

图 10.22

$$\frac{\mathrm{d}\boldsymbol{L}_O}{\mathrm{d}t} = \boldsymbol{u}_A \tag{10-31}$$

而由动量矩定理的表达式

$$\frac{\mathrm{d}\boldsymbol{L}_O}{\mathrm{d}t} = \boldsymbol{M}_O^e$$

可得

$$\boldsymbol{u}_A = \boldsymbol{M}_O^e \tag{10-32}$$

即陀螺对定点 O 的动量矩矢 $\boldsymbol{L}_O$ 的端点 A 的速度 $\boldsymbol{u}_A$，等于作用在陀螺上的所有外力对同一点 O 的主矩 $\boldsymbol{M}_O^e$。这个结论是对动量矩定理的几何解释，称为**赖柴定理**。

2. 三自由度陀螺的定轴性和进动性

设陀螺以很高的角速度 $\boldsymbol{\omega}$ 自转，且其质心 C 固定，这样的陀螺称为**均衡陀螺**，如图 10.23 所示。若不考虑摩擦，陀螺的外力系对定点 C 的主矩恒等于零，因此 $\boldsymbol{L}_C = J_{z'}\boldsymbol{\omega}$ 保持不变。即若 $\boldsymbol{M}_C^e \equiv 0$，则陀螺的自转轴 z' 在惯性空间中的方位将保持不变。这样的均衡陀螺称为**自由陀螺**。

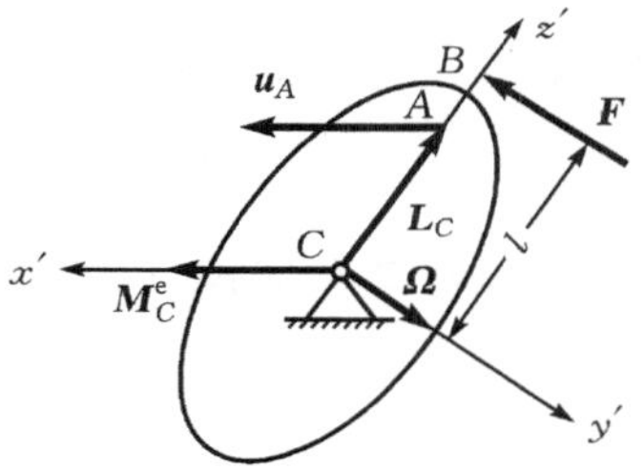

图 10.23

建立固连于陀螺的动坐标系 $Cx'y'z'$。现假设有一个垂直于自转轴 z' 且与 y' 轴相平行的力 $\boldsymbol{F}$，作用在 z' 轴上的 B 点，$\overline{BC} = l$，则

$$\boldsymbol{M}_C^e = \boldsymbol{M}_C(\boldsymbol{F}) = Fl\boldsymbol{i}'$$

由赖柴定理知，$\boldsymbol{L}_C$ 端点 A 的速度 $\boldsymbol{u}_A = \boldsymbol{M}_C^e$。可见，在力 $\boldsymbol{F}$ 的作用下，自转轴 z' 并不绕 x' 轴转动，而是绕 y' 轴转动。这与陀螺不高速自转时的情况是不同的。

若力 $\boldsymbol{F}$ 的大小为有限值 F，且仅作用了很小的一段时间间隔 $\mathrm{d}t$，则自转轴 z' 绕 y' 轴转过的角度为

$$\mathrm{d}\varphi = \frac{u_A}{CA}\mathrm{d}t = \frac{M_C^e}{L_C}\mathrm{d}t = \frac{Fl}{J_{z'}\omega}\mathrm{d}t \tag{10-33}$$

可见，陀螺的自转角速度越大，当受到冲击作用时，自转轴偏离原来位置的角度就越小。就是说，**高速自转陀螺在受到冲击后，自转轴能保持其在惯性空间中的方位基本不变**，这一特性称为**自由陀螺的定轴性**。

如果力 $\boldsymbol{F}$ 持续作用在自转轴上，则 z' 轴将绕 y' 轴进动。进动的角速度为

$$\Omega = \frac{u_A}{CA} = \frac{M_C^e}{L_C} = \frac{Fl}{J_{z'}\omega} \tag{10-34}$$

进动角速度 Ω 的方向不沿外力系主矩 $\boldsymbol{M}_C^e$ 的方向，而是力图使自转角速度矢 $\boldsymbol{\omega}$ 沿最短路径向

$\boldsymbol{M}_C^e$ 的方向偏转。这一决定陀螺进动角速度大小和转向的规律称为**进动规律**，陀螺的这种特性称为**进动性**。由式(10－34)可见，进动角速度的大小与外力系的主矩大小成正比，而与自转角速度的大小成反比。在外力系主矩不变的条件下，自转角速度越大，则进动角速度越小。当陀螺的自转角速度因摩擦的影响逐渐减小时，其进动角速度会逐渐增大。

3. 陀螺力矩和陀螺效应

如图 10.24 所示，转子以角速度 $\boldsymbol{\omega}$ 绕其质量对称轴 z' 转动，C 为转子的质心，x' 轴为铅垂轴。当 z' 轴为水平固定轴时，轴承约束力在铅垂平面 $Cx'z'$ 内，并与转子的重力平衡。

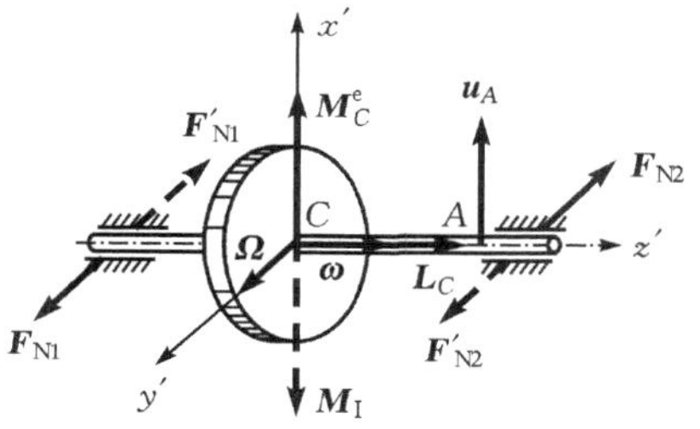

图 10.24

若转子安装在飞机、轮船、坦克、导弹或其它可动物体上，当这些物体运动时，会迫使对称轴 z' 改变方位。如果 z' 轴以角速度 $\boldsymbol{\Omega}$ 绕 y' 轴转动，则转子动量矩矢 $\boldsymbol{L}_C$ 端点 A 的速度为

$$\boldsymbol{u}_A = \boldsymbol{\Omega} \times \boldsymbol{L}_C = \boldsymbol{\Omega} \times J_{z'}\boldsymbol{\omega}$$

根据赖柴定理知，这时作用在 z 上的外力系对质心 C 的主矩为

$$\boldsymbol{M}_C^e = \boldsymbol{u}_A = \boldsymbol{\Omega} \times J_{z'}\boldsymbol{\omega}$$

显然，$\boldsymbol{M}_C^e$ 是由两轴承的动约束力 $\boldsymbol{F}_{N1}$ 和 $\boldsymbol{F}_{N2}$ 所组成的力偶的矩矢。这两个力垂直于 $\boldsymbol{u}_A$，在水平面 $Cy'z'$ 内。根据作用力与反作用力定律，转子必然同时对轴承作用有反作用力 $\boldsymbol{F}'_{N1}$ 和 $\boldsymbol{F}'_{N2}$，其中 $\boldsymbol{F}'_{N1} = -\boldsymbol{F}_{N1}$，$\boldsymbol{F}'_{N2} = -\boldsymbol{F}_{N2}$。由 $\boldsymbol{F}'_{N1}$ 和 $\boldsymbol{F}'_{N2}$ 组成的力偶的矩称为**陀螺力矩**，也称为**回转力矩**，记为 $\boldsymbol{M}_I$。于是有

$$\boldsymbol{M}_I = -\boldsymbol{M}_C^e = J_{z'}\boldsymbol{\omega} \times \boldsymbol{\Omega} \tag{10-35}$$

应当指出，陀螺力矩并不作用于陀螺本身，而是作用在对陀螺施加外力的物体(如轴承)上。

可见，当高速转动物体的对称轴被迫改变其在空间的方位，即发生强迫进动时，物体必对约束作用一个附加力偶，此附加力偶的矩就是陀螺力矩。这种现象称为**陀螺效应**，也称为**回转效应**。在具有高速转动部件的机器中，陀螺力矩和陀螺效应具有重要意义。

例 10.12　飞机发动机的涡轮转子对其转轴的转动惯量为 $J=22\ \mathrm{kg \cdot m^2}$，转速 $n=10000\ \mathrm{r/min}$，轴承 A、B 间的距离 $l=0.6\ \mathrm{m}$，如图 10.25(a)所示。若飞机在水平面内左盘旋的角速度 $\Omega=0.25\ \mathrm{rad/s}$，试求涡轮发动机转子的陀螺力矩和由陀螺力矩引起的轴承 A、B 上的陀螺压力(附加动约束力)。

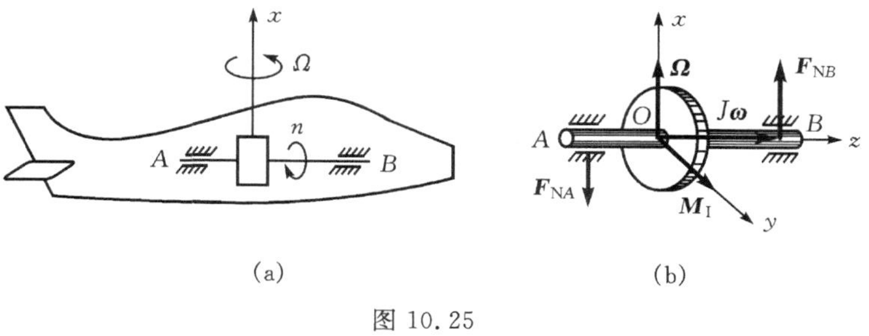

图 10.25

解：取涡轮转子为研究对象，其自转角速度为

$$\omega = 10000\pi/30 = 1047\ \text{rad/s}$$

根据式(10－35)可求得陀螺力矩的大小为

$$M_{\text{I}} = J\omega\Omega\sin 90^\circ = 22 \times 1047 \times 0.25 = 5760\ \text{N·m}$$

方向沿 y 轴正向，作用在轴承上。轴承 A、B 上受到的陀螺压力为

$$F_{NA} = F_{NB} = M_{\text{I}}/l = 5760/0.6 = 9600\ \text{N}$$

方向如图 10.25(b)所示。显然，力偶($\boldsymbol{F}_{NA}$，$\boldsymbol{F}_{NB}$)会影响飞机的飞行，迫使机头上仰。为了保持水平盘旋，驾驶员必须作相应操纵，以便在机翼上产生附加空气动力，来平衡这个力偶。

例 10.13 某海轮上的汽轮机转子质量 $m=4000$ kg，对转轴 z 的回转半径为 $\rho=0.6$ m，转速 $n=3000$ r/min，且转轴与船体的纵轴平行，如图 10.26(a)所示。轴承 A、B 间的距离 $l=2$ m。设船体绕横轴 y 发生俯仰摇摆，摆动的规律为

$$\beta = \beta_0 \sin\left(\frac{2\pi}{T}t\right)$$

其中摆幅 $\beta_0=\pi/30$ rad，摆动周期 $T=8$ s。试求汽轮机转子的陀螺力矩以及轴承 A、B 上的陀螺压力。

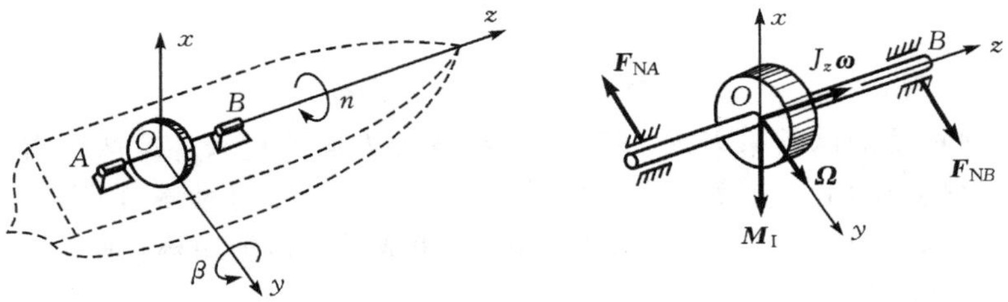

图 10.26

解：取汽轮机转子为研究对象，其自转角速度为

$$\omega = 3000\pi/30 = 100\pi\ \text{rad/s}$$

转子的进动角速度，即船体绕横轴 y 的俯仰摇摆角速度为

$$\Omega = \frac{\mathrm{d}\beta}{\mathrm{d}t} = \beta_0\frac{2\pi}{T}\cos\left(\frac{2\pi}{T}t\right) = \frac{\pi}{30} \times \frac{2\pi}{8}\cos\left(\frac{2\pi}{8}t\right) = \frac{\pi^2}{120}\cos\left(\frac{\pi}{4}t\right)$$

根据式(10－35)可求得转子的陀螺力矩为

$$M_{\text{I}} = J_z\omega\Omega\sin 90^\circ = m\rho^2\omega\Omega = 4000 \times 0.6^2 \times 100\pi \times \frac{\pi^2}{120}\cos\left(\frac{\pi}{4}t\right)$$

$$= 1200\pi^3\cos\left(\frac{\pi}{4}t\right)\ \text{N·m}$$

其方位沿 x 轴，指向由船体俯仰摇摆的角速度 $\boldsymbol{\Omega}$ 的指向决定。当 $\boldsymbol{\Omega}$ 沿 y 轴正向时，$\boldsymbol{M}_{\text{I}}$ 沿 x 轴负向，如图 10.26(b)所示。陀螺力矩的最大值为

$$M_{\text{Imax}} = 1200\pi^3 = 37200\ \text{N·m}$$

陀螺力矩 $\boldsymbol{M}_{\text{I}}$ 在轴承 A、B 上引起的陀螺压力为

$$F_{NA} = F_{NB} = \frac{M_{\text{I}}}{l} = \frac{1200\pi^3}{2}\cos\left(\frac{\pi}{4}t\right) = 600\pi^3\cos\left(\frac{\pi}{4}t\right)\ \text{N}$$

其最大值为

$$F_{NA\max} = F_{NB\max} = 600\pi^3 = 18600\ \text{N}$$

由上面的计算结果可见，即使海轮的摇摆幅度不大，陀螺效应也是相当显著的。轴承受到的陀螺压力不仅数值较大，而且方向还是交变的。因此，在工程实际中必须考虑这种陀螺效应的影响。

思考题

10.1　质点系的动量可按下式计算

$$\boldsymbol{p}=\sum m_i\boldsymbol{v}_i=m\boldsymbol{v}_C$$

质点系的动量矩可否按下式计算

$$L_z=\sum M_z(m_i\boldsymbol{v}_i)=M_z(m\boldsymbol{v}_C)$$

为什么？

10.2　图示两定滑轮的半径和对转轴的转动惯量都相同。图(a)中绳的一端受拉力 $\boldsymbol{F}$ 作用，图(b)中绳的一端挂一重物，重物的重量也为 $\boldsymbol{F}$。不计绳重和轴承处的摩擦，问两轮的角加速度是否相同？各等于多少？

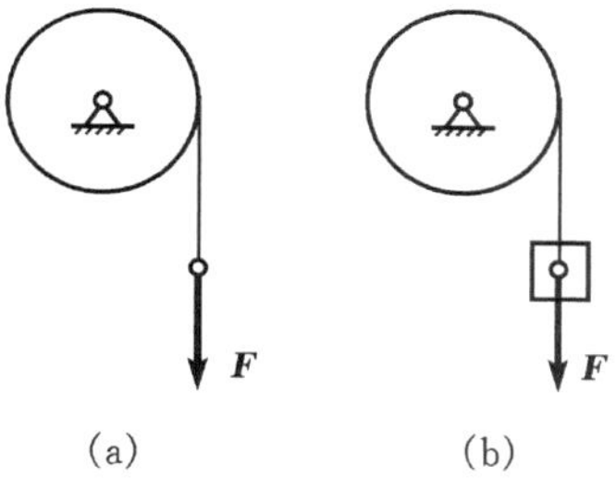

思 10.2 图

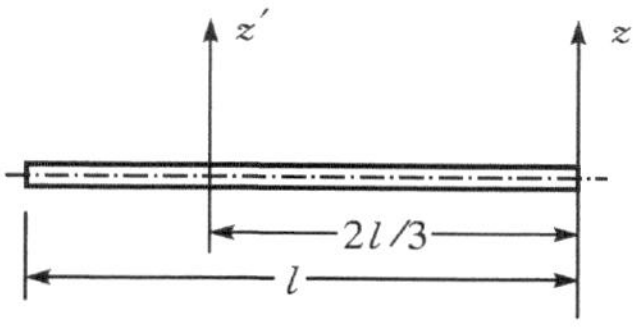

思 10.3 图

10.3　图示均质杆质量为 m，已知 $J_z=\frac{1}{3}ml^2$。试问按下式计算 $J_{z'}$ 对吗？

$$J_{z'}=J_z+m\left(\frac{2}{3}l\right)^2=\frac{7}{9}ml^2$$

10.4　在运动学中，刚体的平面运动可分解为随基点的牵连平动和绕基点的相对转动，这里的基点是可以任意选取的。可是，在刚体平面运动的动力学问题中，却强调基点不能任意选取，而必须以质心 C 为基点，这是为什么？

10.5　质量为 m 的均质鼓轮，平放在光滑的水平面上，其受力情况分别如图(a)、(b)、(c)、(d)所示。设初瞬时鼓轮静止，且 $R=2r$，试说明鼓轮将作何种运动(平动、定轴转动或平

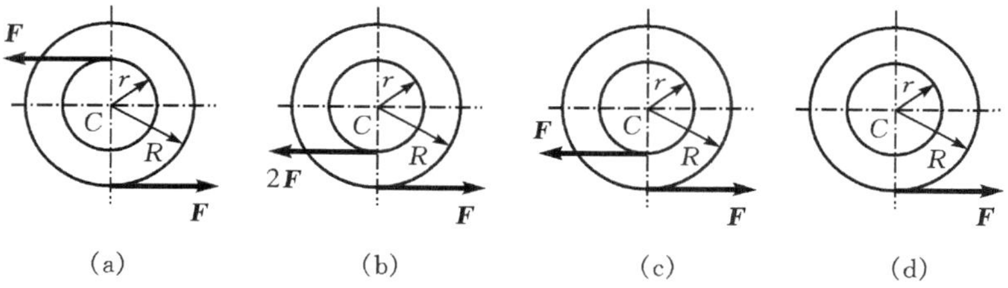

思 10.5 图

面运动)。

10.6　圆盘沿固定轨道作纯滚动时,轨道对圆盘是否一定作用有静滑动摩擦力?

10.7　如果把具有常值力偶矩的力偶作用在静止自由刚体上,则该刚体将作什么运动?

习　题

10.1　图示各均质物体的质量皆为 m。图(c)中的滚轮沿固定水平直线轨道作纯滚动。试分析计算各物体对过 O 点且垂直图面的轴的动量矩。

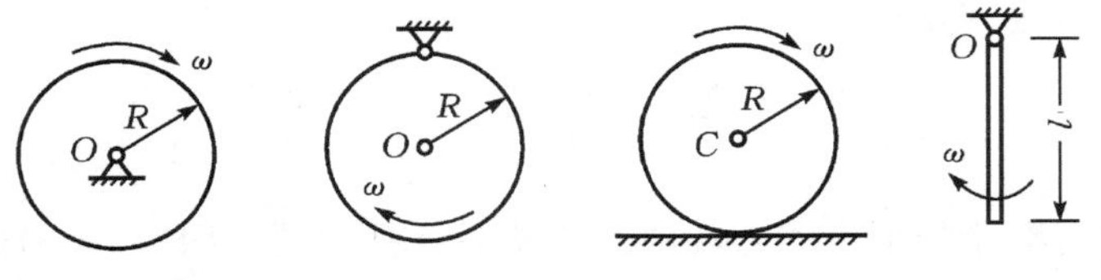

(a)　(b)　(c)　(d)

题 10.1 图

10.2　两重物 A 和 B 的质量分别为 m_1 和 m_2,各系在两条细绳上,此两绳又分别缠绕在半径为 r_1 和 r_2 的鼓轮上,如图所示。若不计鼓轮和绳的质量及轴承 O 处的摩擦,试求鼓轮的角加速度。

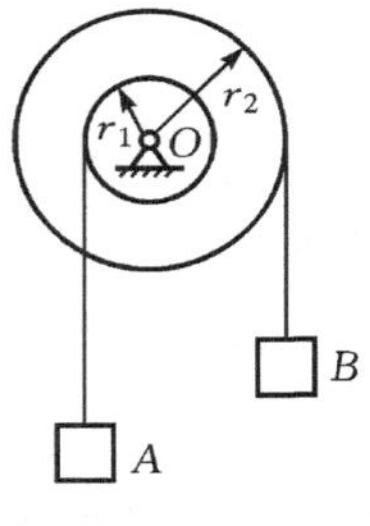

题 10.2 图

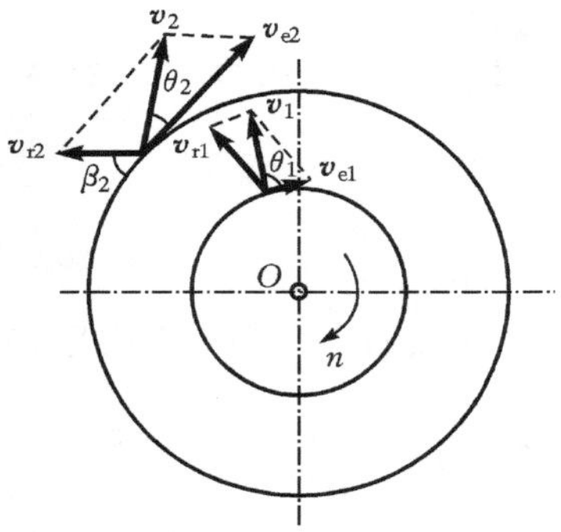

题* 10.3 图

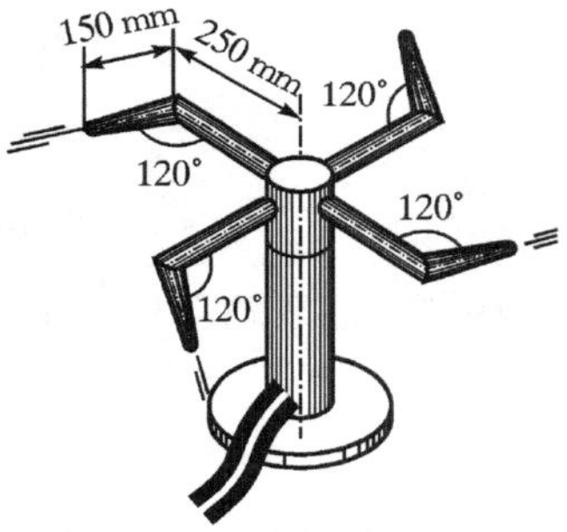

题* 10.4 图

***10.3**　水泵叶轮的水流的进、出口速度矢量如图所示。设叶轮转速 $n=1450$ r/min,叶轮外径 $d_2=0.4$ m,$\beta_2=45°$,$\theta_2=30°$,$\theta_1=90°$,体积流量 $q_V=0.02$ m^3/s。试求水流过叶轮时所产生的转矩。

***10.4**　图示喷水器有四个转动臂,每只臂均由两根互成 120°的水平直管组成。每只臂每分钟喷水 0.01 m^3,喷射的相对速度为 12 m/s。已知喷水器转动部分与固定部分间的摩擦力矩 $M_f=0.3$ N·m,求此喷水器的转速。

10.5　如图所示,为求半径 $R=0.5$ m 的飞轮 A 对于其质心轴的转动惯量,在飞轮上绕以细绳,绳的末端系一质量 $m_1=8$ kg 的重锤,重锤自高度 $h=2$ m 处落下,测得落下时间 $t_1=16$ s。为消去轴承摩擦的影响,再用质量 $m_2=4$ kg 的重锤作第二次试验,此重锤自同一高度处落下

的时间 $t_2=25$ s。假定摩擦力矩是一常数，且与重锤的质量无关，求飞轮的转动惯量。

10.6　图示轴Ⅰ与轴Ⅱ共线，转子 A 对轴Ⅰ的转动惯量 $J_1=4\ \text{kg}\cdot\text{m}^2$，角速度 $\omega_1=10$ rad/s；转子 B 对轴Ⅱ的转动惯量 $J_2=1\ \text{kg}\cdot\text{m}^2$，角速度 $\omega_2=15$ rad/s。现由轴端的摩擦离合器 C 把两轴突然接合，试求当离合器不打滑后两轴的共同角速度。

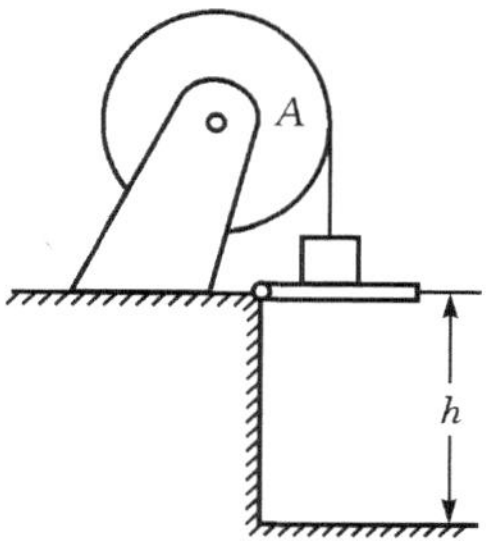

题 10.5 图

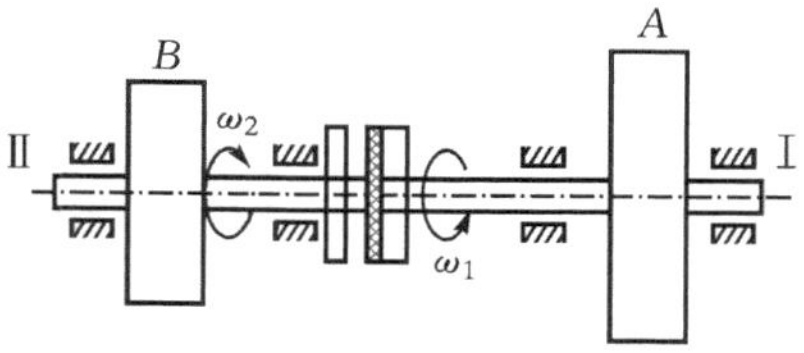

题 10.6 图

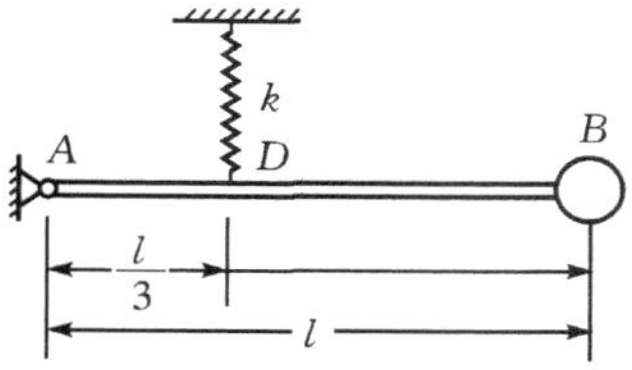

题 10.7 图

10.7　图示均质杆 AB 长为 l，质量为 m_1；杆的 B 端固连一质量为 m_2 的小球。杆上 D 点连接一刚度系数为 k 的铅直弹簧，使杆在水平位置保持平衡。若不计弹簧的质量和轴承 A 处的摩擦，现给小球 B 一个铅垂方向的微小初位移 δ_0 后，将系统无初速释放，求杆 AB 的运动规律。

10.8　图示直升机机身对 z 轴的转动惯量 $J=15680\ \text{kg}\cdot\text{m}^2$，升力桨对 z 轴的转动惯量 $J'=980\ \text{kg}\cdot\text{m}^2$。已知 z 轴铅垂，升力桨水平，尾桨的旋转平面铅直且通过 z 轴，$l=5.5$ m，C 为机身的质心。(1)试求升力桨相对于机身的转速由 $n_0=200$ r/min(此时机身没有旋转)增至 $n_1=250$ r/min 时，机身的转速大小和转向？(2)如上述匀加速过程共经历 5 s，欲使机身保持不转动，可开动尾桨获得，问需加在尾桨的力应为多大？

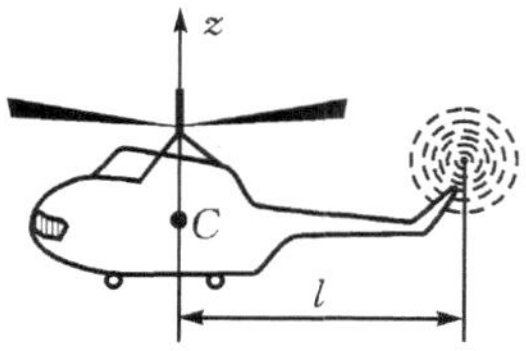

题 10.8 图

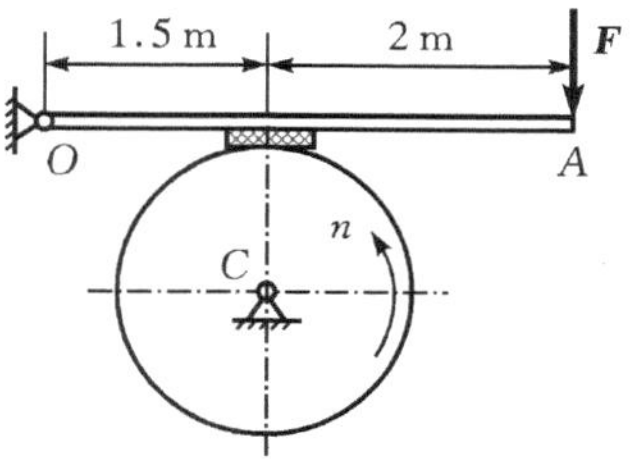

题 10.9 图

10.9　轮子的质量 $m=100$ kg，半径 $r=1$ m，可视为均质圆盘。当轮子以转速 $n=120$ r/min 绕水平轴 C 转动时，在杆端 A 施加一铅垂常力 $\boldsymbol{F}$，经过 10 s 后轮子停止转动。设轮与闸块间的动滑动摩擦因数 $\mu=0.1$，不计轴承的摩擦和闸块的厚度，试求力 $\boldsymbol{F}$ 的大小。

10.10　均质杆 AB 长为 $2l$，放在铅垂平面内。杆的 A 端靠在光滑的铅垂墙面上，而 B 端置于光滑的水平地板上，并与水平面成 φ_0 角。令杆由静止状态倒下，求：(1)杆的角加速度与角速度和角 φ 的关系；(2)当杆刚脱离墙时，杆与水平面所成的交角。

10.11　图示质量为 m 的均质圆柱体，其中部绕以质量不计的细绳。求圆柱体的轴心 C 由静止开始降落了高度 h 时轴心 C 的速度和细绳的张力。

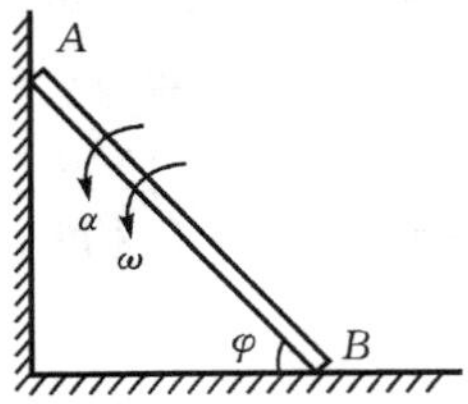

题 10.10 图

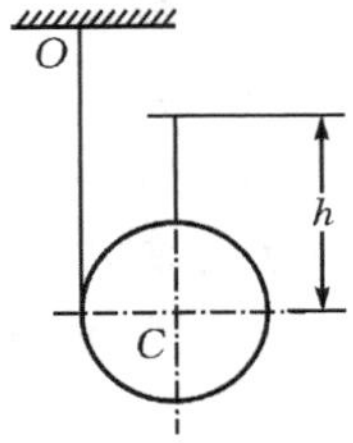

题 10.11 图

10.12 图示质量为 m_1 的物体 A 挂在细绳的一端，细绳的另一端跨过定滑轮 D 并绕在鼓轮 B 的轮缘上。重物 A 下降时带动轮 C 沿水平直线轨道作纯滚动。均质鼓轮半径为 r，均质滚轮 C 的半径为 R，两轮固结在一起，总质量为 m_2，对水平质心轴 O 的回转半径为 ρ。不计定滑轮的质量及轴承处的摩擦，求重物 A 的加速度。

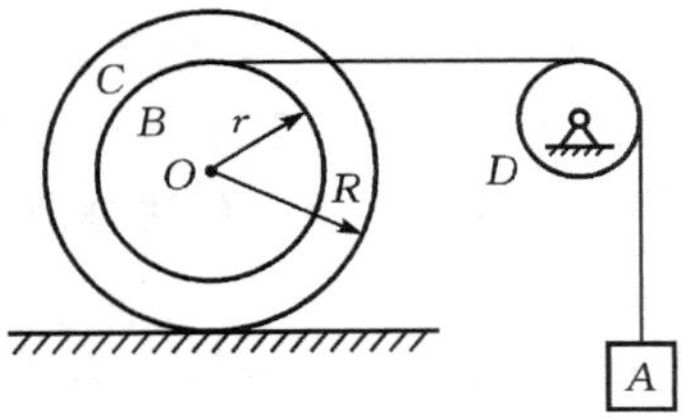

题 10.12 图

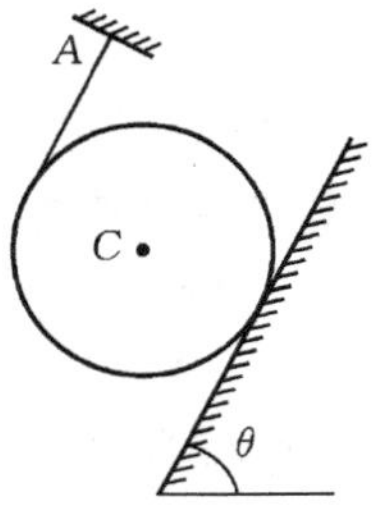

题 10.13 图

10.13 均质圆柱的质量为 m、半径为 r，置于倾角为 $\theta=60°$的斜面上。圆柱中部绕以细绳，另一端固定于 A 点，绳的引出部分与斜面平行，如图所示。若圆柱与斜面间的动滑动摩擦因数 $\mu=1/3$，求圆柱的轴心 C 的加速度及细绳的张力。

10.14 保龄球的质量 $m=6.5$ kg，周长 $s=690$ mm，回转半径 $\rho=83$ mm。设球被释放并到达球道地板时的速度 $v_0=6$ m/s，角速度 $\omega_0=0$。若球与地板间的动滑动摩擦因数 $\mu=0.2$，求此球开始沿地板滚动而不滑动前所经历的距离。

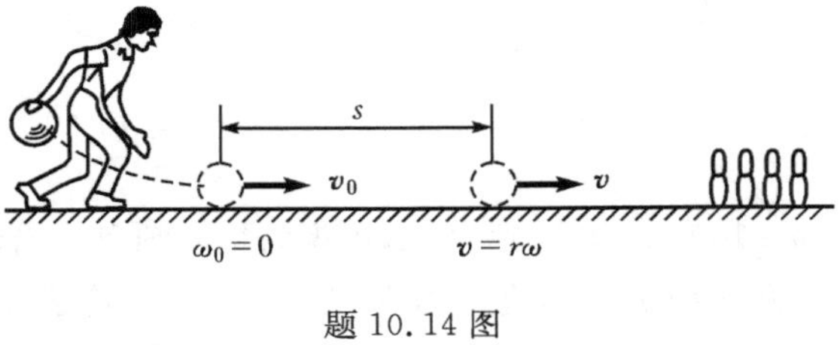

题 10.14 图

10.15 在汽车紧急刹车时，司机因仅用膝带而未用肩带，其头部可能撞击汽车仪表盘而受到伤害。在此类伤害的研究中，所采用的人体模型如图所示。设臀部 O 点相对于汽车保持静止，而臀部以上的躯干为一可绕光滑铰 O 转动的刚体，其质量为 m，躯干质心为 C 点，且初瞬时 OC 铅垂，躯干对 O 点的回转半径为 ρ。取 $m=50$ kg，$\overline{OC}=r=450$ mm，O 至头部的距离 $\overline{OA}=l=800$ mm，$\rho=550$ mm，$\theta=45°$。若汽车以匀减速度 $a=10g$ 减速至突然停止状态，试计

算此模型的头部 A 撞击仪表盘时，相对于车的速度。

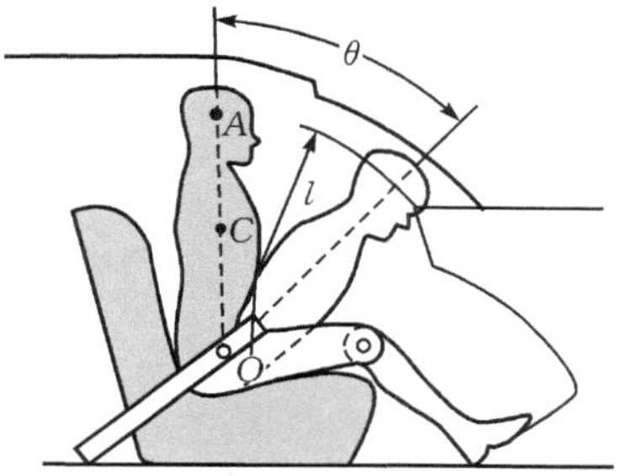

题 10.15 图

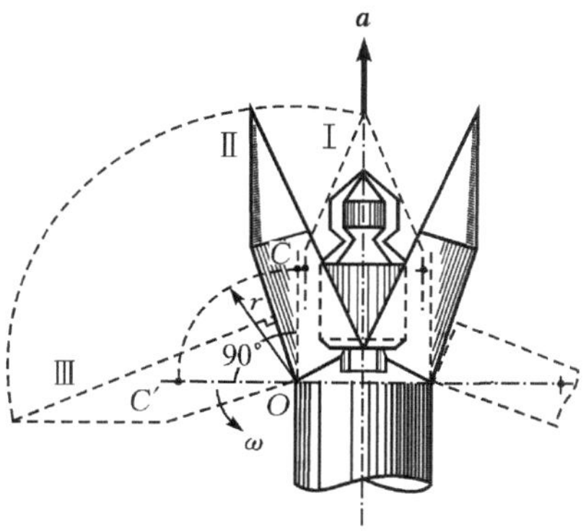

题 10.16 图

10.16　一减阻机构将太空船包裹于一发射辅助火箭的管口，当此火箭在太空时，重力可忽略，此减阻机构将被舍弃。一机械启动器将图示两半部缓慢地由闭合位置Ⅰ转至位置Ⅱ，由于火箭匀加速度 $\boldsymbol{a}$ 的影响，此减速机构被放松，并绕铰 O 自由转动。当此机构到达位置Ⅲ时，铰 O 被放松，于是减阻机构与火箭脱离。设一半减阻机构部分的质量为 m，对铰 O 的回转半径为 ρ，铰 O 至质心 C 的距离为 r，求其在图示 90°位置时一半减阻机构的角速度 ω。

10.17　一均质圆柱体放在卡车上，如图所示。当卡车由静止开始以匀加速度沿平直公路向前开动时，圆柱体将沿卡车的底板作纯滚动。试求当圆柱体滚到卡车底板边缘时，卡车前进的距离 s。

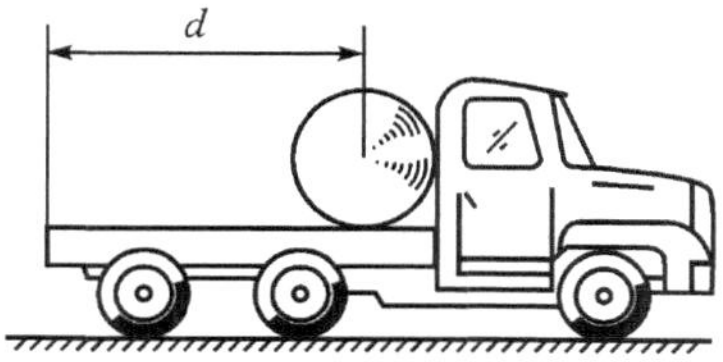

题 10.17 图

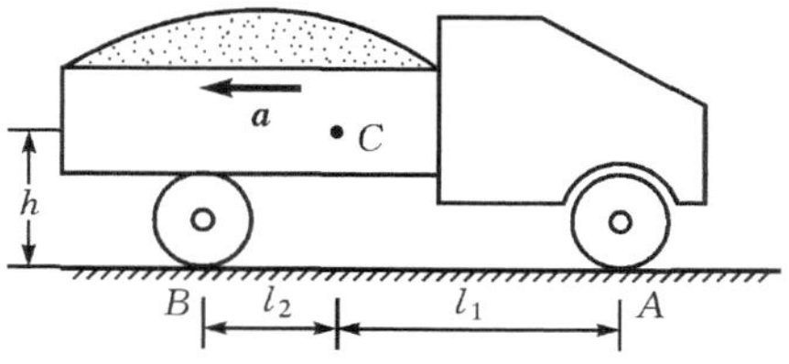

题 10.18 图

10.18　汽车沿水平直线轨道行驶时，引擎对每只后轮（主动轮）作用一驱动转矩 M。已知车轮的半径为 r，每只车轮重为 W_1，对转动轴的回转半径为 ρ；车轮与轨道间的滚动摩阻系数为 δ；车身连同荷载共重为 W_2，质心 C 距轨道的高度为 h，距离前、后轮轴的水平距离分别为 l_1 和 l_2。试求车轮沿轨道不打滑时汽车的加速度。

10.19　两滚筒的半径皆为 $r=90$ mm，质量均为 $m=10$ kg，皆可视为均质圆柱体。两筒被一长条纸卷绕，A 筒由其水平质心轴支承，如图所示。当 B 筒在 A 筒正下方且两筒相接触时，将系统由静止释放，求两滚筒的角加速度及两筒间纸的张力。

10.20　均质圆柱体和薄圆环的质量皆为 m，半径均为 r。如图所示，两者用直杆 AB 铰接，沿倾角为 θ 的斜面无滑动地滚下。不计杆的质量和轴承 A、B 处的摩擦，求 AB 杆的内力和加速度。

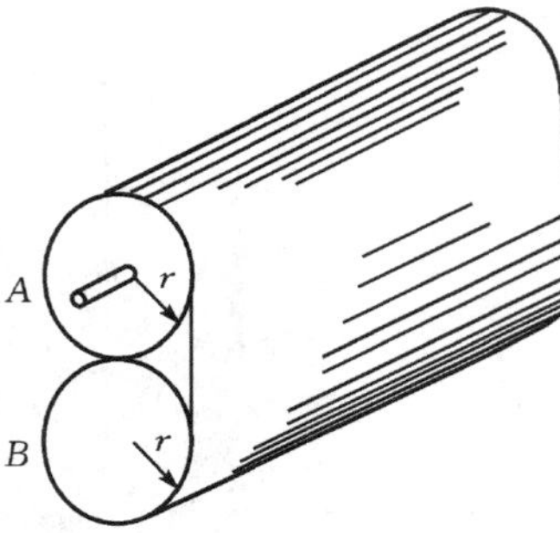

题 10.19 图

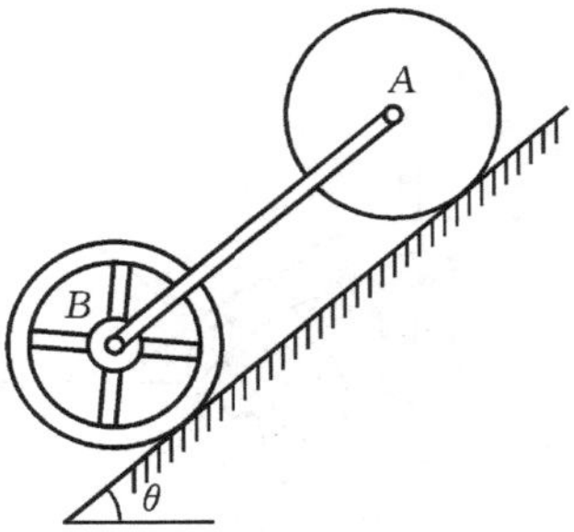

题 10.20 图

10.21　质量为 15 kg 的一卷纸，形如直径为 300 mm 的均质圆柱体，静置于水平面上，如图所示。若一 $F=40$ N 的力沿 $\theta=30°$角作用在纸上，纸与水平面间的滑动摩擦因数为 0.2。试求纸卷中心的初加速度及相应的角加速度。

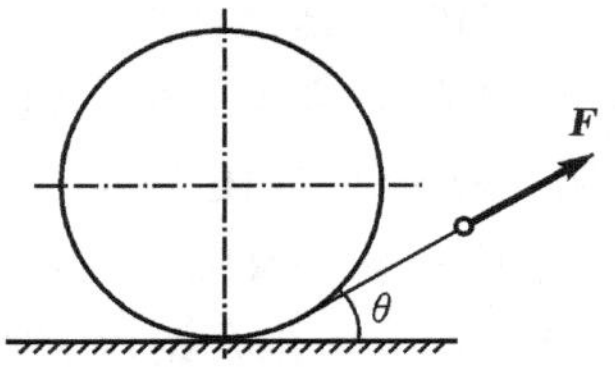

题 10.21 图

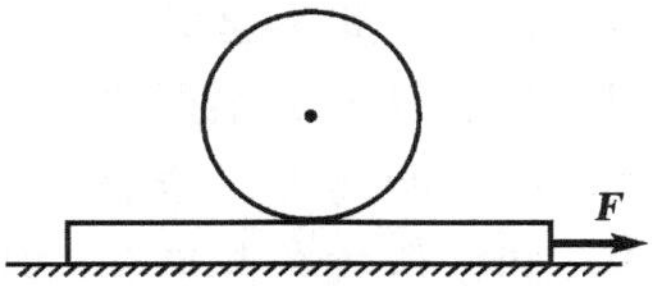

题 10.22 图

10.22　板重 W_1，受水平力 $\boldsymbol{F}$ 的作用，沿水平面滑动，板与水平面间的动摩擦因数为 μ_s；在板上放一重为 W_2 的均质圆柱，如图所示，此圆柱可相对于板作纯滚动。求板的加速度。

* **10.23**　细杆 AB 长为 $2l$，其中点系在柔绳上。在杆的 A 端套有一个半径为 r 的均质圆盘，圆盘绕杆的轴线以匀角速度 ω 高速转动。若杆水平，绳铅直，不计杆和绳的质量以及绳对扭转的阻力，求杆和盘一起进动的角速度。

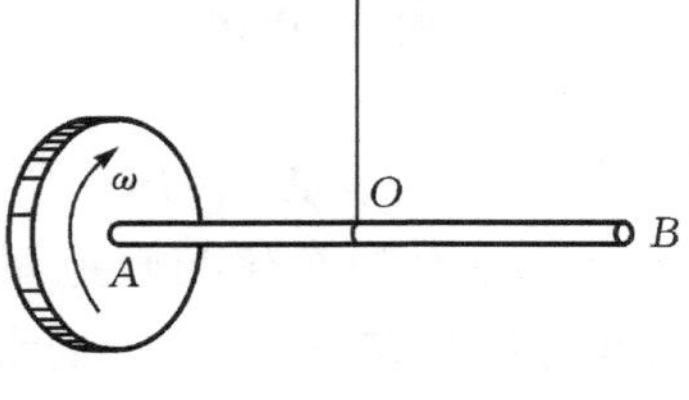

题* 10.23 图

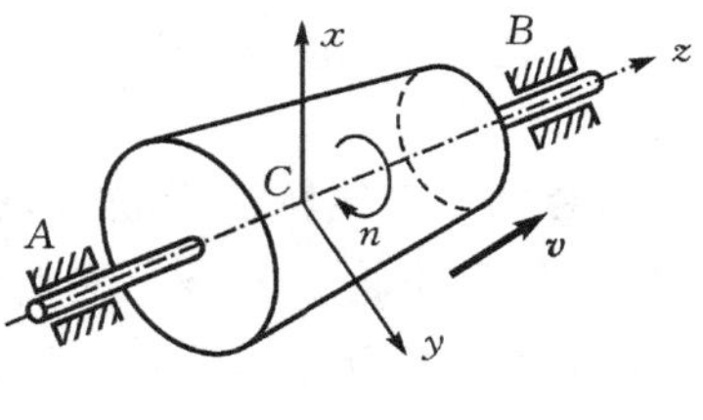

题* 10.24 图

* **10.24**　喷气发动机转子的质量 $m=90$ kg，对自转轴 z 的回转半径 $\rho=0.23$ m，绕轴 z 的转速 $n=12000$ r/min。转轴 z 沿飞机的纵轴安装，轴承 A、B 间的距离 $l=1.2$ m，如图所示。设飞机以速度 $v=720$ km/h 在水平面内沿半径 $r=1200$ m 的圆弧作左盘旋，求这时发动机转子的陀螺力矩，以及轴承 A 和 B 上由陀螺力矩引起的陀螺压力。

* **10.25**　如图所示，海轮上的汽轮机转子质量 $m=2500$ kg，对自转轴 z 的回转半径 $\rho=0.9$ m，

转速 $n=1200$ r/min，且转轴 z 平行于海轮的纵轴。轴承 A、B 间的距离 $l=1.9$ m。设船体绕横轴 y 发生俯仰摆动，俯仰角

$$\beta=\beta_0\sin\left(\frac{2\pi}{T}t\right)$$

其中最大俯仰角 $\beta_0=6°$，摆动周期 $T=6$ s。求汽轮机转子的最大陀螺力矩，以及由陀螺力矩引起的轴承 A、B 上的陀螺压力。

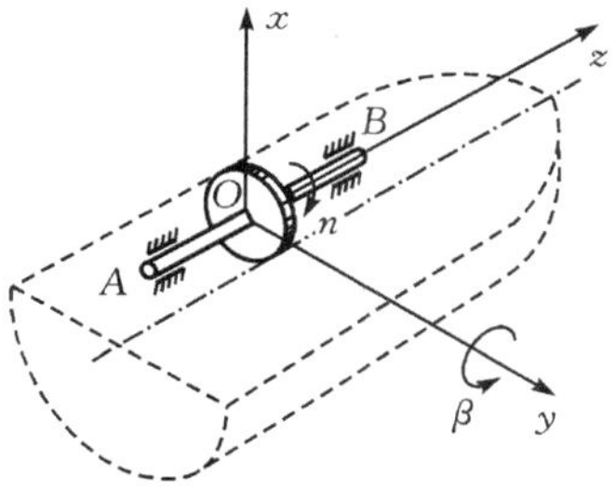

题* 10.25 图

题* 10.26 图

* **10.26**　某飞机的起飞速度为 281 km/h，按图示方向收回它的起落架。两机轮的直径各为 0.8 m，各重 330 N，回转半径 $\rho=0.3$ m。若收回机构以匀角速度 $\Omega=0.5$ rad/s 向机翼折叠，试求在起飞速度下，轮子仍保持匀速转动时，机轮轴承中产生的附加力偶矩 M。

* **10.27**　列车车厢的车轮轴总质量 $m=1400$ kg，对转轴的回转半径 $\rho=\sqrt{0.55}r$，其中车轮的半径 $r=0.75$ m；两轮间的距离 $l=1.5$ m。设列车以匀速 $v=72$ km/h 沿平均半径为 $R=200$ m 的水平圆弧轨道行驶。求车轮的重力和陀螺力矩在轨道上引起的压力。

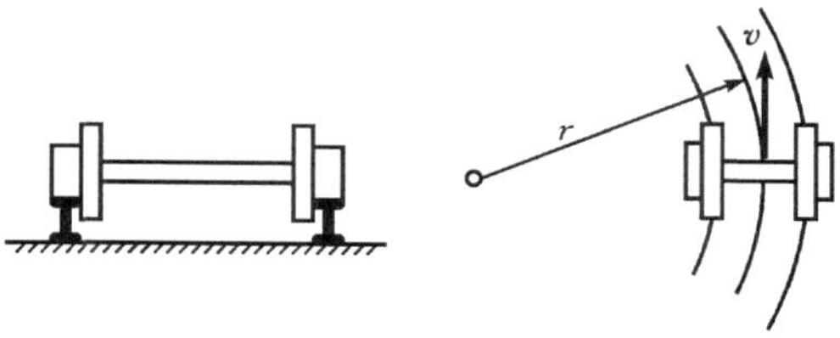

题* 10.27 图

* **10.28**　直升机升力桨的质量 $m=150$ kg，对自转轴的回转半径 $\rho=0.9$ m，转速 $n=1500$ r/min。当直升机以匀速 $v=600$ km/h 沿半径为 $R=400$ m 的圆弧作左盘旋时，求升力桨的陀螺力矩。

第 11 章　动能定理

前面两章分别介绍了质点系的动量定理和动量矩定理。动量定理反映了质点系动量的变化与其所受外力系的主矢之间的关系，而动量矩定理则反映了质点系动量矩的变化与其所受外力系的主矩之间的关系。

本章介绍的动能定理，以质点系的动能作为表示质点系运动特征的物理量，建立了动能的变化与其受力在相应运动过程中所做的功之间的关系，它是能量原理在理论力学中的应用。

在理论力学中，只限于研究物体的机械运动，不考虑运动形式(形态)的变化。能量原理的主要内容包括动能定理和机械能守恒定律。本章重点介绍动能定理。在研究非自由质点系动力学的位移、速度(加速度)和作用力之间的关系，以及角位移、角速度(角加速度)和力偶矩之间的关系时，应用动能定理求解，往往较为简便。

11.1　力的功

力的功是力对物体的作用在一段路程上累积效果的度量，在物理学中已经介绍了常力在物体的直线运动中(图 11.1)所做的功为

$$W = Fs\cos\theta = \boldsymbol{F} \cdot \boldsymbol{s}$$

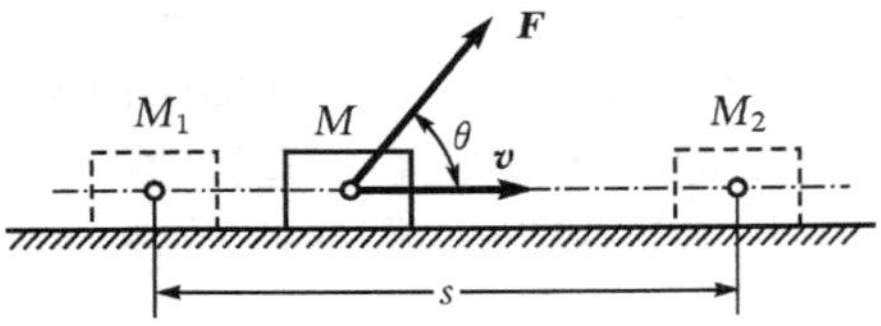

图 11.1

11.1.1　元功·变力的功

设质点 M 在变力 $\boldsymbol{F}$ 的作用下沿曲线运动，如图 11.2 所示。将曲线 M_1M_2 分成无限多个元弧段，任取一元弧段 $\widehat{MM'}$ 作为元路程 $\mathrm{d}s$。用 $\mathrm{d}\boldsymbol{r}$ 表示位移矢量，其大小对应于 $\mathrm{d}s$。在 $\mathrm{d}\boldsymbol{r}$ 中，力 $\boldsymbol{F}$ 可视为不变，其在元路程上所作之功称为力 $\boldsymbol{F}$ 的元功，其表达式为

$$\delta W = \boldsymbol{F} \cdot \mathrm{d}\boldsymbol{r} = F_t \cdot \mathrm{d}s \tag{11-1a}$$

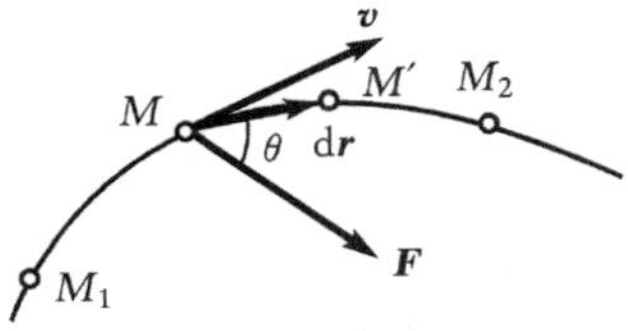

图 11.2

式中：F_t 为 $\boldsymbol{F}$ 在切线方向的投影，因为力 $\boldsymbol{F}$ 的元功不一定是某个函数的全微分，所以这里不用微分符号“d”，而用微量符号“δ”。

设变力 $\boldsymbol{F}$ 在直角坐标系 $Oxyz$ 中的投影分别为 $\boldsymbol{F}_x$、$\boldsymbol{F}_y$、$\boldsymbol{F}_z$，作用点的坐标为 (x, y, z)，则上式可写为

$$\delta W = \boldsymbol{F} \cdot \mathrm{d}\boldsymbol{r} = F_x \cdot \mathrm{d}x + F_y \cdot \mathrm{d}y + F_z \cdot \mathrm{d}z \tag{11-1b}$$

在曲线路程 $\widehat{M_1M_2}$ 上，力 $\boldsymbol{F}$ 对质点所做的功，等于在此路程上所有元功的总和，即

$$W = \int_{\widehat{M_1M_2}} \boldsymbol{F} \cdot \mathrm{d}\boldsymbol{r} = \int_{\widehat{M_1M_2}} (F_x \cdot \mathrm{d}x + F_y \cdot \mathrm{d}y + F_z \cdot \mathrm{d}z) \tag{11-2}$$

11.1.2 几种常见力的功

1. 重力的功

设重为 mg 的质点 M 由点 $M_1(x_1,y_1,z_1)$ 运动到 $M_2(x_2,y_2,z_2)$（图 11.3），由于 $F_x=F_y=0$，$F_z=-mg$，代入式(11－2)得

$$W=\int_{z_1}^{z_2}-mg\cdot \mathrm{d}z=mg(z_1-z_2) \tag{11-3}$$

任一质点系由位置Ⅰ运动到位置Ⅱ过程中重力的功为

$$W=\sum mg(z_1-z_2)=\sum mgz_1-\sum mgz_2$$
$$=(\sum mg)(z_{C1}-z_{C2}) \tag{11-4}$$

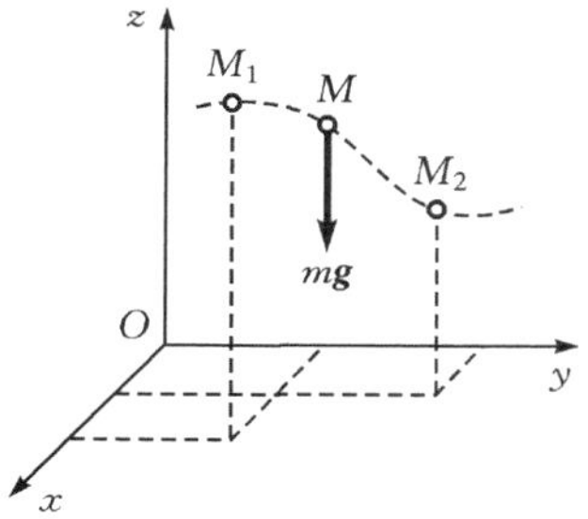

图 11.3

式中：$\sum mg$ 为整个质点系的重量；z_{C1} 和 z_{C2} 分别为质点系在位置Ⅰ、Ⅱ时的质心坐标。由式(11－3)和式(11－4)可见，重力的功与质点(心)运动的路径无关。

2. 弹性力的功

设质点 M 与弹簧联结如图 11.4 所示。弹簧的自然长度为 l_0，当变形较小时弹性力的大小为

$$F=k(r-l_0)$$

式中：k 为弹簧的刚度系数，其单位为牛顿/米(N/m)；r 为任意位置时弹簧的长度。弹性力 $\boldsymbol{F}$ 的方向与弹簧变形形式有关，当弹簧被拉伸时，$\boldsymbol{F}$ 与矢径 $\boldsymbol{r}$ 方向相反，当弹簧被压缩时，$\boldsymbol{F}$ 与 $\boldsymbol{r}$ 方向相同。因此，弹性力 $\boldsymbol{F}$ 可表示为

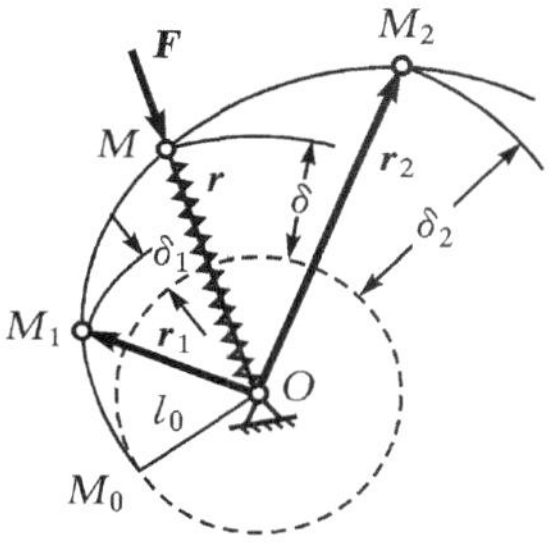

图 11.4

$$\boldsymbol{F}=-k(r-l_0)\frac{\boldsymbol{r}}{r}$$

弹性力的元功　$\delta W=\boldsymbol{F}\cdot \mathrm{d}\boldsymbol{r}=-k(r-l_0)\dfrac{\boldsymbol{r}}{r}\cdot \mathrm{d}\boldsymbol{r}$

因为 $\dfrac{\boldsymbol{r}}{r}\cdot \mathrm{d}\boldsymbol{r}=\dfrac{\boldsymbol{r}\cdot \mathrm{d}\boldsymbol{r}}{r}=\dfrac{\mathrm{d}(\boldsymbol{r}\cdot\boldsymbol{r})}{2r}=\dfrac{\mathrm{d}(r^2)}{2r}=\mathrm{d}r$，于是得

$$\delta W=-k(r-l_0)\mathrm{d}r$$

当质点由点 M_1 运动到 M_2 时，弹性力所做的功为

$$W=\int_{r_1}^{r_2}-k(r-l_0)\mathrm{d}r=\frac{1}{2}k[(r_1-l_0)^2-(r_2-l_0)^2]$$
$$=\frac{1}{2}k(\delta_1^2-\delta_2^2) \tag{11-5}$$

即弹性力的功等于弹簧的初变形(δ_1)的平方与末变形(δ_2)的平方之差，与弹簧刚度系数(k)的乘积的一半。 它也与质点运动的路径无关。

3. 作用在定轴转动刚体上的力的功

设刚体可绕固定轴 Oz 转动，力 $\boldsymbol{F}_i$ 作用于其上的 M_i 点，如图 11.5 所示。将力 $\boldsymbol{F}_i$ 分解成相互正交的三个分力：轴向分力 $\boldsymbol{F}_{iz}$、径向分力 $\boldsymbol{F}_{ir}$、切向分力 $\boldsymbol{F}_{it}$。当刚体有一微小转角 $\mathrm{d}\varphi$ 时，力 $\boldsymbol{F}_i$ 作用点的元位移为 $\mathrm{d}\boldsymbol{r}_i$，元弧长为 $\mathrm{d}s_i=R_i\mathrm{d}\varphi=|\mathrm{d}\boldsymbol{r}_i|$。则力 $\boldsymbol{F}_i$ 的元功为

$$\delta W_i = \boldsymbol{F}_i \cdot \mathrm{d}\boldsymbol{r} = F_{it}\mathrm{d}s_i = F_{it}R_i\mathrm{d}\varphi$$

式中:乘积 $F_{it}R_i$ 恰好是力 $\boldsymbol{F}_i$ 对 Oz 轴的转矩 $M_z(\boldsymbol{F}_i)$,因而

$$\delta W_i = M_z(\boldsymbol{F}_i)\mathrm{d}\varphi$$

当刚体转过有限转角 φ 时,力 $\boldsymbol{F}_i$ 的功为

$$W_i = \int_0^{\varphi} M_z(\boldsymbol{F}_i)\mathrm{d}\varphi$$

如果 $M_z(\boldsymbol{F}_i)$ 为常量,则有

$$W_i = M_z(\boldsymbol{F}_i)\varphi$$

设 $M_z = \sum M_z(\boldsymbol{F}_i)$ 为作用于转动刚体上的力系对转轴 Oz 的主矩,则力系的元功为

$$\delta W = M_z\mathrm{d}\varphi \tag{11-6}$$

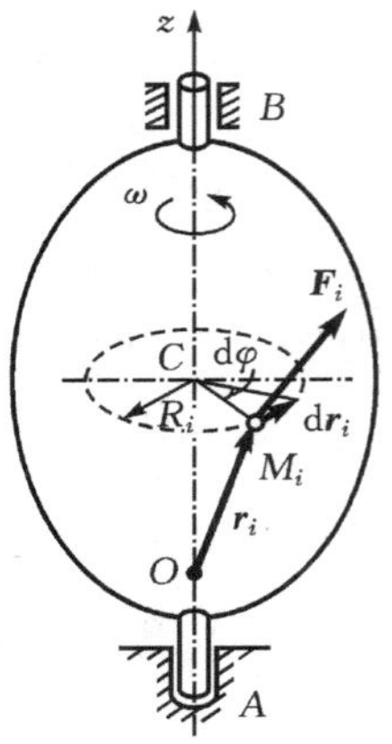

图 11.5

当刚体转过有限转角 φ 时,力系所做的功为

$$W = \int_0^{\varphi} M_z\mathrm{d}\varphi$$

若 M_z 为常量,则

$$W = M_z\varphi \tag{11-7}$$

11.1.3 质点系内力的功

设 A、B 为质点系内任意两质点,它们之间的相互作用力分别为 $\boldsymbol{F}_A$ 和 $\boldsymbol{F}_B$。设 $\boldsymbol{r}_A$ 和 $\boldsymbol{r}_B$ 分别为 A、B 两点对定点 O 的矢径(图 11.6)。由于 $\boldsymbol{F}_A$ 和 $\boldsymbol{F}_B$ 互为作用力与反作用力关系,所以 $\boldsymbol{F}_B = -\boldsymbol{F}_A$。这一对内力的元功之和为

$$\delta W = \boldsymbol{F}_A \cdot \mathrm{d}\boldsymbol{r}_A + \boldsymbol{F}_B \cdot \mathrm{d}\boldsymbol{r}_B = \boldsymbol{F}_A \cdot \mathrm{d}\boldsymbol{r}_A - \boldsymbol{F}_A \cdot \mathrm{d}\boldsymbol{r}_B$$
$$= \boldsymbol{F}_A \cdot \mathrm{d}(\boldsymbol{r}_A - \boldsymbol{r}_B) = \boldsymbol{F}_A \cdot \mathrm{d}(\overrightarrow{BA})$$

可见,若 A、B 两点间的距离保持不变,则两质点间的相互作用力的元功之和为零。由于刚体内任意两点间的距离保持不变,故**刚体内力的功为零**。若质点系为可变形物体,则 A、B 两点间的距离可能发生变化,则两质点间的相互作用力的元功之和将不为零,这就是说,可变质点系内力的功一般不为零。

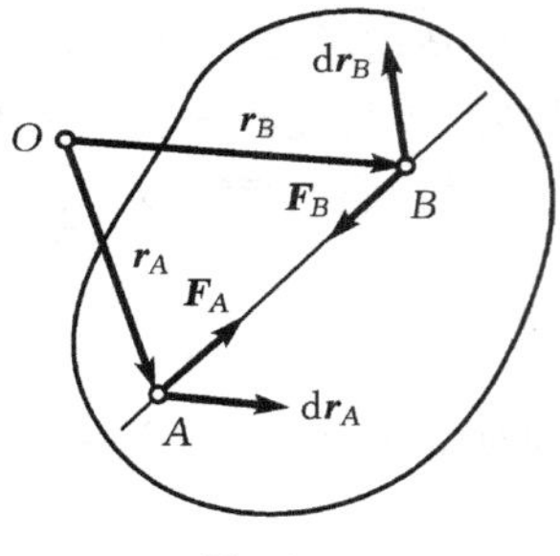

图 11.6

11.1.4 约束力的功

为了阐述方便,我们把质点系内部各物体之间相互构成的约束称为**内约束**,而把系外物体对系内物体构成的约束称为**外约束**。

1. 内约束约束力的功

(1) 光滑面约束力的功。

如图 11.7 所示,两个分别作平面运动的物体 A 和 B 相互构成光滑面约束,它们的一对接触点分别为 D 和 E,所受到的约束力分别为 $\boldsymbol{F}_{N12}$ 和 $\boldsymbol{F}_{N21}$,设 E 点的元位移为 $\mathrm{d}\boldsymbol{r}_E$。以 D 为动点,动系固连于物体 B,则 D 点的元位移 $\mathrm{d}\boldsymbol{r}_D = \mathrm{d}\boldsymbol{r}_E + \mathrm{d}\boldsymbol{r}_r$,其中 $\mathrm{d}\boldsymbol{r}_r$ 为 D 点相对于物体 B 的元位移,它沿接触点处的切线方向,即 $\mathrm{d}\boldsymbol{r}_r$ 垂直于 $\boldsymbol{F}_{N21}$,于是 $\boldsymbol{F}_{N21}$ 和 $\boldsymbol{F}_{N12}$ 的元功之和为

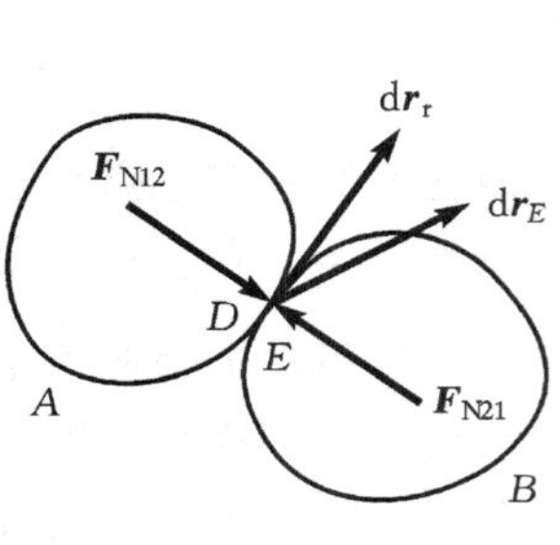

图 11.7

$$\delta W = \boldsymbol{F}_{N21} \cdot d\boldsymbol{r}_D + \boldsymbol{F}_{N12} \cdot d\boldsymbol{r}_E = \boldsymbol{F}_{N21} \cdot (d\boldsymbol{r}_E + d\boldsymbol{r}_r) + \boldsymbol{F}_{N12} \cdot d\boldsymbol{r}_E$$
$$= (\boldsymbol{F}_{N21} + \boldsymbol{F}_{N12}) \cdot d\boldsymbol{r}_E + \boldsymbol{F}_{N21} \cdot d\boldsymbol{r}_r$$

由于 $\boldsymbol{F}_{N21} + \boldsymbol{F}_{N12} = 0$，$d\boldsymbol{r}_r \perp \boldsymbol{F}_{N21}$，所以

$$\delta W = (\boldsymbol{F}_{N21} + \boldsymbol{F}_{N12}) \cdot d\boldsymbol{r}_E + \boldsymbol{F}_{N21} \cdot d\boldsymbol{r}_r = 0$$

即作为内约束的光滑面约束，其约束力的元功之和恒等于零。

当两物体之间保持相对静止，或相对作纯滚动时，因为 $d\boldsymbol{r}_r = 0$，$d\boldsymbol{r}_D = d\boldsymbol{r}_E$，故 $\boldsymbol{F}_{N21}$ 和 $\boldsymbol{F}_{N12}$ 的元功之和也恒等于零。

光滑活动铰链也是光滑面约束的一种特殊情形，因此其约束力的元功之和同样也等于零。

(2) 静滑动摩擦力的功。

设 A、B 两物体接触面粗糙，当它们之间保持相对静止，或相对作纯滚动时，两物体之间相互作用的约束力除正压力（法向约束力）$\boldsymbol{F}_{N21}$ 和 $\boldsymbol{F}_{N12}$ 外，还有静摩擦力（切向约束力）$\boldsymbol{F}_{s21}$ 和 $\boldsymbol{F}_{s12}$（图 11.8）。此时由于 $d\boldsymbol{r}_D = d\boldsymbol{r}_E$，且 $\boldsymbol{F}_{s21} + \boldsymbol{F}_{s12} = 0$，因此这一对静滑动摩擦力的元功之和为

$$\delta W = \boldsymbol{F}_{s21} \cdot d\boldsymbol{r}_D + \boldsymbol{F}_{s12} \cdot d\boldsymbol{r}_E = (\boldsymbol{F}_{s21} + \boldsymbol{F}_{s12}) \cdot d\boldsymbol{r}_D = 0$$

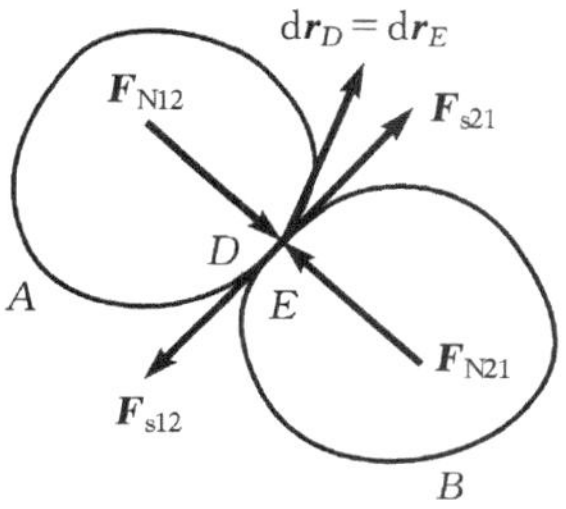

图 11.8

如果将两个接触面粗糙且保持相对静止或相对作纯滚动的两个物体相互间构成的约束称为**粗糙接触面约束**，则由上面的证明可知，**粗糙接触面约束的约束力元功之和恒等于零。**

应当注意，当两个接触粗糙的物体在接触处有相对滑动时，它们相互间作用的一对滑动摩擦力已不是静滑动摩擦力，而是动滑动摩擦力（根据约束的定义，动滑动摩擦力是主动力，不是约束力）。这一对动滑动摩擦力的功则不为零。

(3) 柔索约束力的功。

柔索受拉时其上任何被拉直的部分均可视为刚体，因此其内力的元功之和恒等于零。若柔索绕过某个物体（如滑轮）的光滑表面时，则因柔索中各点的拉力大小相等，且各点沿物体表面的位移大小也相等，所以其内力的元功之和也恒等于零。

2. 外约束约束力的功

在图 11.7 中，若物体 B 固定不动，则物体 A 受到的是固定光滑面约束，由于 $d\boldsymbol{r}_E = 0$，$d\boldsymbol{r}_r \perp \boldsymbol{F}_{N21}$，所以 $\boldsymbol{F}_{N21}$ 的元功为

$$\delta W = \boldsymbol{F}_{N21} \cdot (d\boldsymbol{r}_E + d\boldsymbol{r}_r) = \boldsymbol{F}_{N21} \cdot d\boldsymbol{r}_r = 0$$

即固定光滑面约束的约束力的元功恒等于零。固定光滑铰链支座和活动光滑铰链支座均可视为固定光滑面约束的特殊情形，因此，它们的约束力的元功也恒等于零。

同理，在图 11.8 中，若物体 B 固定，则 $d\boldsymbol{r}_E = 0$，物体 A 相对于物体 B 仅有滑动趋势，而无相对滑动，则 $d\boldsymbol{r}_r = 0$，所以 $d\boldsymbol{r}_D = d\boldsymbol{r}_E + d\boldsymbol{r}_r = 0$，故

$$\delta W = \boldsymbol{F}_{N21} \cdot d\boldsymbol{r}_D + \boldsymbol{F}_{N21} \cdot d\boldsymbol{r}_D = 0$$

即固定粗糙面约束的约束力的元功恒等于零。

一般力学中把约束力的元功之和恒等于零的情形常称为**理想情形**。上面所介绍的各类约束都属于理想情形。

11.2 动能定理

11.2.1 质点的动能定理

质量为 m 的质点 M 在合力 $\boldsymbol{F}$ 作用下沿曲线轨迹由点 M_1 运动至点 M_2，其任一瞬时的速度为 $\boldsymbol{v}$，加速度为 $\boldsymbol{a}$。将 $m\boldsymbol{a}=\boldsymbol{F}$ 向轨迹的切线上投影，并考虑到 $a_t=\mathrm{d}v/\mathrm{d}t$ 得

$$m\frac{\mathrm{d}v}{\mathrm{d}t}=F_t$$

两边同乘以 $\mathrm{d}s$，并注意到 $\mathrm{d}s/\mathrm{d}t=v$，得

$$mv\cdot \mathrm{d}v=F_t\cdot \mathrm{d}s=\delta W$$

于是有

$$\mathrm{d}\left(\frac{1}{2}mv^2\right)=\delta W \tag{11-8}$$

上式表明：**质点动能的微分，等于作用在该质点上合力的元功**。此式称为**质点动能定理的微分形式**。

将式(11-8)沿路程 $\overset{\frown}{M_1M_2}$ 进行积分

$$\int_{v_1}^{v_2}\mathrm{d}\left(\frac{1}{2}mv^2\right)=\int_{\overset{\frown}{M_1M_2}}F_t\cdot \mathrm{d}s$$

得到

$$\frac{1}{2}mv_2^2-\frac{1}{2}mv_1^2=W_{12} \tag{11-9}$$

此即**质点动能定理的积分形式**。它表明**质点在某段路程上动能的变化等于作用在此质点上的合力在该段路程上所做的功**。显然，若合力做正功，质点的动能增加；若合力做负功，质点的动能减少。

11.2.2 质点系的动能定理

1. 质点系的动能·柯尼西定理

设由 n 个质点组成的质点系，对于惯性系 $Oxyz$ 作任意运动。在任一瞬时，系内任一质量为 m_i 的质点 M_i 的速度为 $\boldsymbol{v}_i$（图 11.9），其动能为 $\frac{1}{2}m_iv_i^2$，**质点系在某瞬时所有各质点动能的总和**，称为**该瞬时质点系的动能**。用 E_k 表示，即

$$E_k=\sum\frac{1}{2}m_iv_i^2 \tag{11-10}$$

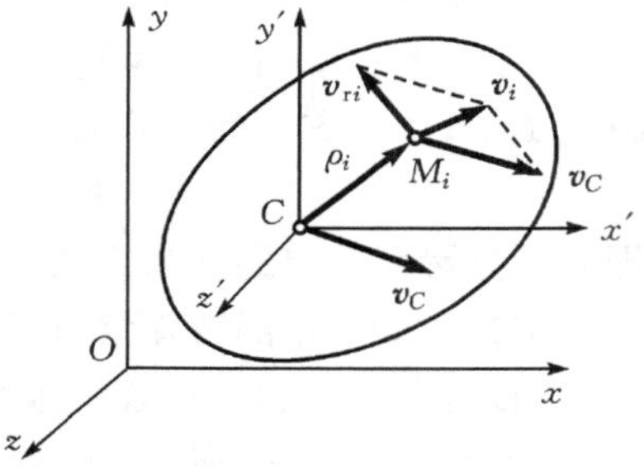

图 11.9

设质点系的质心为 C，坐标系 $Cx'y'z'$ 为随质心 C 平动的参考系。于是质点系的运动可分解为随同平动参考系 $Cx'y'z'$ 的平动和对平动参考系 $Cx'y'z'$ 的相对运动。根据速度合成定理，有 $\boldsymbol{v}_i=\boldsymbol{v}_C+\boldsymbol{v}_{ri}$。由于

$$v_i^2=v_C^2+v_{ri}^2+2\boldsymbol{v}_C\cdot\boldsymbol{v}_{ri}$$

将其代入式(11-10)得

$$E_k = \sum \frac{1}{2}m_i v_i^2 = \frac{1}{2}(\sum m_i)v_C^2 + \sum \frac{1}{2}m_i v_{ri}^2 + \boldsymbol{v}_C \cdot \sum m_i \boldsymbol{v}_{ri}$$
$$= \frac{1}{2}Mv_C^2 + E_{kr} + \boldsymbol{v}_C \cdot M\boldsymbol{v}_{Cr}$$

其中
$$E_{kr} = \sum \frac{1}{2}m_i v_{ri}^2 \tag{11-11}$$

称为**质点系相对于质心平动参考系运动的动能**。考虑到质心 C 相对于质心平动坐标系 $Cx'y'z'$ 运动的速度 $\boldsymbol{v}_{Cr} \equiv 0$，于是，质点系动能计算式可写为

$$E_k = \frac{1}{2}Mv_C^2 + E_{kr} \tag{11-12}$$

即质点系的动能等于它随质心平动的动能与它对于质心平动坐标系运动的动能之和。这就是**柯尼西定理**。

2. 刚体的动能

对于平面运动刚体，考虑到

$$E_{kr} = \sum \frac{1}{2}m_i v_{ri}^2 = \frac{1}{2}(\sum m_i r_i^2)\omega^2 = \frac{1}{2}J_C\omega^2$$

式中：J_C 为刚体对于垂直于运动平面的质心轴的转动惯量。于是，根据柯尼西定理，平面运动刚体的动能为

$$E_k = \frac{1}{2}Mv_C^2 + \frac{1}{2}J_C\omega^2 \tag{11-13}$$

即平面运动刚体的动能等于刚体随质心平动的动能和绕质心轴转动的动能之和。

若将刚体的平面运动看作是绕“瞬轴”（垂直于运动平面并通过刚体速度瞬心 P 的轴）的转动，则 $v_C = \overline{PC}\omega$，代入式(11－13)得

$$E_k = \frac{1}{2}(M \cdot \overline{PC}^2 + J_C)\omega^2 = \frac{1}{2}J_P\omega^2 \tag{11-14}$$

式中：$J_P = J_C + M \cdot \overline{PC}^2$ 为刚体对瞬轴的转动惯量。

刚体的定轴转动是平面运动的特殊情形，其动能也可按式(11－13)计算。但在应用式(11－14)时，常将其改写为

$$E_k = \frac{1}{2}J_z\omega^2 \tag{11-15}$$

式中：J_z 为定轴转动刚体对转轴 z 的转动惯量。

对于平动刚体，由于其上各点的速度相同，$E_{kr}=0$，故其动能为

$$E_k = \frac{1}{2}Mv_C^2 \tag{11-16}$$

例 11.1　已知坦克前后两个轮子的半径皆为 r，质量皆为 m_1，且可视为均质圆盘。两轮的中心距为 l（图 11.10）。履带每单位长度的重量为 m_2。当坦克以速度 $\boldsymbol{v}$ 沿直线轨道行驶时，试求由两轮及履带所组成的质点系的动能。

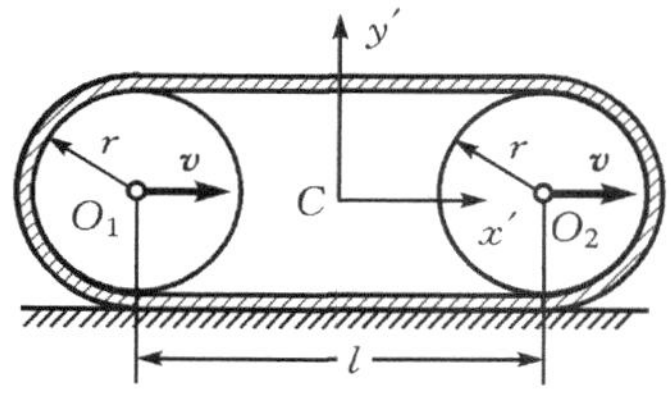

图 11.10

解：设 C 为两轮及履带所组成的质心系的质心。则 $\boldsymbol{v}_C = \boldsymbol{v}$。以 C 为坐标原点，建立平动坐标系 $Cx'y'$，对此动系而言，两轮均作定轴转动，其角速度 $\omega = v/r$；履带上各点的相对速度

虽然方向不同，但其大小均为 $v_r=r\omega=v$。因此，质点系对动系$Cx'y'$的相对运动动能为

$$E_{kr}=\frac{1}{2}J_{O1}\omega^2+\frac{1}{2}J_{O2}\omega^2+\frac{1}{2}m_2(2l+2\pi r)v^2$$

$$=\frac{1}{2}m_1r^2\omega^2+m_2(l+\pi r)v^2=\left[\frac{1}{2}m_1+m_2(l+\pi r)\right]v^2$$

质点系随质心 C 平动的动能为

$$\frac{1}{2}Mv_C^2=\frac{1}{2}[2m_1+m_2(2l+2\pi r)]v^2=[m_1+m_2(l+\pi r)]v^2$$

根据柯尼西定理，该质点系的总动能为

$$E_k=\frac{1}{2}Mv_C^2+E_{kr}=\left[\frac{3}{2}m+2m_2(l+\pi r)\right]v^2$$

3. 质点系的动能定理

设质点系由 n 个质点组成，其中任一个质量为 m_i 的质点 M_i 在瞬时 t 的速度为 $\boldsymbol{v}_i$。设其所受的作用力的合力为 $\boldsymbol{F}$，则由质点动能定理的微分形式(11－8)有

$$\mathrm{d}\left(\frac{1}{2}m_iv_i^2\right)=\delta W_i$$

对于质点系，这样的式子共有 n 个，将它们相加得

$$\sum\mathrm{d}\left(\frac{1}{2}m_iv_i^2\right)=\sum\delta W_i$$

即

$$\mathrm{d}E_k=\sum\mathrm{d}\left(\frac{1}{2}m_iv_i^2\right)=\sum\delta W_i \tag{11-17}$$

此式为**质点系动能定理的微分形式**。它表示**质点系动能的微分，等于作用于质点系上全部力的元功之和**。

设质点系从位置Ⅰ运动到位置Ⅱ，其动能由 E_{k1} 变为 E_{k2}，质点系所受全部力在此过程中所做的功之和为 $\sum W_{12}$，将上式积分得

$$E_{k2}-E_{k1}=\sum W_{12} \tag{11-18}$$

此式为**质点系动能定理的积分形式**。它表明：**质点系的动能在某一段时间内的改变，等于作用在质点系的全部力在相应的一段路程中的功之和**。

一般情况下，质点系受到的作用力可分为质点系的内力和外力，也可分为主动力和约束力。但质点系内力的功不一定为零。例如以万有引力相互作用的两质点，当它们彼此接近或远离时，作用于两质点的引力的功之和都不等于零；又如汽车发动机汽缸中的燃气压力，对于汽车整体来说是内力，做正功。若把作用于质点系的力系分为主动力和约束力，设作用于质点系的主动力和约束力所做的功之和分别为 W_F 和 W_N，则式(11－17)和式(11－18)可分别写为

$$\mathrm{d}E_k=\sum\delta W_{iF}+\sum\delta W_{iN} \tag{11-19}$$

$$E_{k2}-E_{k1}=\sum W_{iF}+\sum W_{iN} \tag{11-20}$$

对于约束力的元功之和恒等于零的理想情形，则有 $\sum\delta W_{iN}=0$ 及 $\sum W_{iN}=0$，于是可得

$$\mathrm{d}E_k=\sum\delta W_{iF} \tag{11-21}$$

$$E_{k2}-E_{k1}=\sum W_{iF} \tag{11-22}$$

例 11.2 提升机构如图 11.11 所示，设启动时电动机的转矩 M 可视为常量。大齿轮及卷

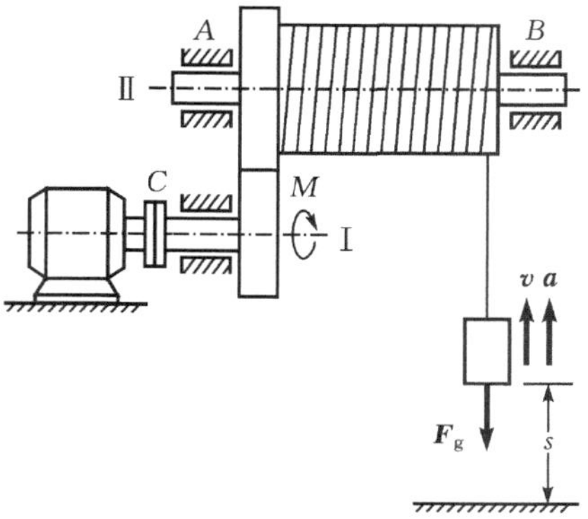

图 11.11

筒对于轴Ⅱ的转动惯量为 J_2，小齿轮及联轴节、电动机转子对轴Ⅰ的转动惯量为 J_1，被提升的物体的重量为 $\boldsymbol{F}_g$，卷筒、大齿轮及小齿轮的半径分别为 R、r_2 及 r_1，略去摩擦及钢丝绳的重量，求重物从静止开始到上升距离 s 时的速度及加速度。

解：取整个系统为研究对象。系统的所有约束均属理想情形，作用在系统上做功的力只有电动机的转矩 M 及物体的重力 $\boldsymbol{F}_g$。设物体上升距离 s 时，轴Ⅰ、轴Ⅱ转过的角度分别为 φ_1 和 φ_2，这时重物上升的速度为 $\boldsymbol{v}$，轴Ⅰ、轴Ⅱ的角速度分别为 ω_1、ω_2。则力的功为

$$\sum W_F = M\varphi_1 - F_g s$$

由于系统从静止开始运动，所以初动能为零，即 $E_{k1}=0$；当重物上升距离 s 时，系统的动能为

$$E_{k2} = \frac{1}{2}\frac{F_g}{g}v^2 + \frac{1}{2}J_1\omega_1^2 + \frac{1}{2}J_2\omega_2^2$$

根据质点系的动能定理 $E_{k2}-E_{k1}=\sum W_F$，有

$$\frac{1}{2}\frac{F_g}{g}v^2 + \frac{1}{2}J_1\omega_1^2 + \frac{1}{2}J_2\omega_2^2 = M\varphi_1 - F_g s \tag{1}$$

在系统内部各部分间的运动关系为 $\varphi_2=s/R$，$\omega_2=v/R$，$\varphi_1/\varphi_2=\omega_1/\omega_2=r_1/r_2$。代入(1)式得

$$\frac{1}{2}\left[\frac{J_1 r_2^2}{R^2 r_1^2} + \frac{J_2}{R^2} + \frac{F_g}{g}\right]v^2 = \left(\frac{Mr_2}{Rr_1} - F_g\right)s \tag{2}$$

解得

$$v = \sqrt{\frac{2[Mr_2/(Rr_1) - F_g]s}{J_1 r_2^2/(R^2 r_1^2) + J_2/R^2 + F_g/g}} \tag{3}$$

设重物上升 s 距离时的瞬时加速度为 a，将(2)式两边对时间 t 求导数，并注意到：$v=\mathrm{d}s/\mathrm{d}t$及 $a=\mathrm{d}v/\mathrm{d}t$，得

$$a = \frac{Mr_2/(Rr_1) - F_g}{J_1 r_2^2/(R^2 r_1^2) + J_2/R^2 + F_g/g} \tag{4}$$

由(4)式可见，加速度 a 与路程 s 无关。因转矩 M 为常量，也说明物体作匀加速运动。此外，起动时要求 $a>0$，故应满足条件：$M>F_g R r_1/r_2$，否则不能实现提升。

讨论：本例求加速度时是对(2)式求导，而不是对(3)式求导，这样作较为简便。如果不必求速度，仅需求加速度，则用动能定理的微分形式求解方便。

例 11.3　卷扬机如图 11.12 所示。鼓轮在常值转矩 M 作用下，将均质圆柱沿斜面上拉。已知鼓轮半径为 R_1，重为 $\boldsymbol{F}_{g1}$，质量均匀地分布在轮缘上；圆柱的半径为 R_2，重为 $\boldsymbol{F}_{g2}$，可沿倾角为 θ 的斜面作纯滚动。系统从静止开始运动。不计绳重，求圆柱中心 C 经过路程 l 时的加速度。

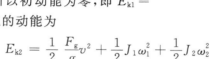

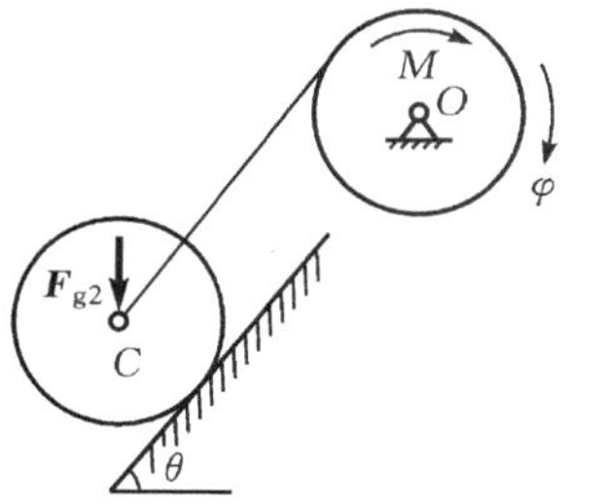

图 11.12

解：取由圆柱、鼓轮和绳索组成的质点系为研究对象。系统所受到的力中，只有转矩 M 及重力 $\boldsymbol{F}_{g2}$ 做功。当系统从静止开始运动到圆柱中心 C 经过路程 l 的过程中，力的功为

$$\sum W_{12} = M\varphi - F_{g2}l\sin\theta = (M/R_1 - F_{g2}\sin\theta)l \tag{1}$$

式中：$\varphi = l/R_1$ 为鼓轮的转角。

质点系初瞬时的动能 $E_{k1}=0$；当圆柱中心经过路程 l 时，设中心 C 的速度为 $\boldsymbol{v}_C$。圆柱作平面运动，其角速度为 $\omega_2 = v_C/R_2$；鼓轮作定轴转动，其角速度为 $\omega_1 = v_C/R_1$，系统的动能为

$$E_{k2} = \frac{1}{2}J_1\omega_1^2 + \frac{1}{2}J_2\omega_2^2 + \frac{1}{2}\frac{F_{g2}}{g}v_C^2 \tag{2}$$

式中：J_1 和 J_2 分别为鼓轮对中心轴 O 和圆柱对中心轴 C 的转动惯量，其中 $J_1 = \frac{F_{g1}}{g}R_1^2$；$J_2 = \frac{1}{2}\frac{F_{g2}}{g}R_2^2$。代入(2)式得

$$E_{k2} = \frac{v_C^2}{4g}(2F_{g1} + 3F_{g2})$$

根据质点系动能定理 $E_{k2} - E_{k1} = \sum W_{12}$，有

$$\frac{v_C^2}{4g}(2F_{g1} + 3F_{g2}) = \left(\frac{M}{R_1} - F_{g2}\sin\theta\right)l \tag{3}$$

对(3)式求导，并注意到 $v_C = \frac{\mathrm{d}l}{\mathrm{d}t}$，$a_C = \frac{\mathrm{d}v_C}{\mathrm{d}t}$，即可求得圆柱中心的加速度为

$$a_C = \frac{2g(M/R_1 - F_{g2}\sin\theta)}{2F_{g1} + 3F_{g2}}$$

例 11.4 摆锤由长为 $L=1$ m、重为 $F_{g1}=400$ N 的均质直杆和半径为 $r=0.2$ m、重为 $F_{g2}=800$ N的均质圆盘组成。弹簧的一端与直杆 AB 的中点 D 连接，另一端固定于 E 点（图 11.13），其原长为 $l_0=0.6$ m，刚度系数为 $k=600$ N/m。求当摆从右侧水平位置无初速地运动到图示铅垂位置时，摆锤的角速度 ω。

解：取摆为研究对象。在摆锤从水平位置运动到铅垂位置过程中，作用于摆锤上的诸力中，只有重力 $\boldsymbol{F}_{g1}$、$\boldsymbol{F}_{g2}$ 及弹性力 $\boldsymbol{F}$ 做功，其值为

$$\sum W_{12} = F_{g1}\cdot\frac{L}{2} + F_{g2}(L+r) + \frac{1}{2}k(\delta_1^2 - \delta_2^2)$$

式中：$\delta_1 = 0.5\sqrt{2} - 0.6 = 0.107$ m；$\delta_2 = (0.5+0.5) - 0.6 = 0.4$ m。摆锤的初动能 $E_{k1}=0$；当摆锤运动到铅垂位置时，其末动能为

$$E_{k2} = \frac{1}{2}J_A\omega^2$$

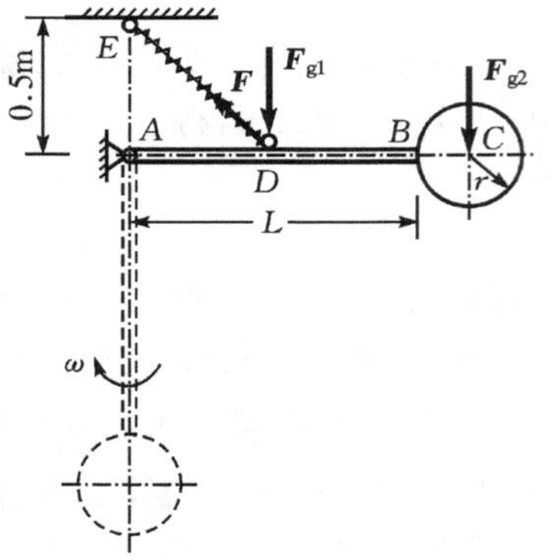

图 11.13

式中：$J_A = \frac{1}{3}\frac{F_{g1}}{g}L^2 + \left[\frac{1}{2}\frac{F_{g2}}{g}r^2 + \frac{F_{g2}}{g}(L+r)^2\right]$为摆锤对 A 轴的转动惯量；ω 为摆锤的角速度。

根据动能定理 $E_{k2} - E_{k1} = \sum W_{12}$，有

$$\frac{1}{2}J_A\omega^2 = \frac{1}{2}F_{g1}L + F_{g2}(L+r) + \frac{1}{2}k(\delta_1^2 - \delta_2^2)$$

将有关数据代入可解得

$$\omega = 4.10\ \mathrm{rad/s}$$

由上述三例可见，应用质点系动能定理解题的基本步骤如下：

(1) 根据题意，选取适当的质点系作为研究对象；

(2) 分析作用于质点系的力，计算力的功；

(3) 分析质点系的运动情况，计算系统的动能；

(4) 根据动能定理建立方程，并解出待求量。

因为动能定理是一个代数方程，所以只能求解一个未知量。如果问题只须求解加速度或角加速度，可以应用动能定理的微分形式。此时，需写出质点系运动过程中任一位置的动能表达式，然后再求解。也可以假设给出一个运动过程，用动能定理的积分形式来求解。此时，需视标志运动过程的路程参数(路程 s、高度 h、转角 φ 等)为变量，将方程两边同时对时间 t 求一阶导数即可求得。

11.3 机械能守恒定律

11.3.1 力场·势力场·势力

若质点在某空间内任一位置都受到大小和方向完全确定的力的作用，则称这种空间为**力场**。例如物体在地球表面附近空间的任何位置，都受到一个确定的重力作用，所以称地球表面附近的空间为**重力场**；行星在太阳周围任何位置都受到太阳的引力作用，所以称太阳系空间为**太阳引力场**。

如果物体在某力场中运动时，力场对物体的作用力所做之功的大小仅与物体运动的始末位置有关，而与物体运动的路径无关，则这样的力场称为**势力场**。势力场作用于物体的力称为**有势力**或**势力**。由 11.1 节知，重力、弹性力等所做之功都仅与物体运动的始末位置有关，而与运动的路径无关，所以它们都是势力。

11.3.2 势能·势能函数·势函数

在势力场中，质点从 M_1 点运动到 M_2 点，势力所做之功称为质点在 M_1 点相对于 M_2 点的**势能**，以 E_{p12} 表示

$$E_{p12}=\int_{M_1}^{M_2}\boldsymbol{F}\cdot\mathrm{d}\boldsymbol{r}=\int_{M_1}^{M_2}(F_x\mathrm{d}x+F_y\mathrm{d}y+F_z\mathrm{d}z) \tag{11-23}$$

可见，势能是两点之间势力对质点(或物体)做功能力的度量，是个相对值。为了反映在同一个势力场中，质点在不同位置时势力的做功能力，必须指定某一点 M_0 作为基点，其余各点对这一基点所具有的势能称为该点的势能。这样，只要比较某两点各自对 M_0 点的势能大小，便可看出这两点中哪一点势能较高。

于是，势能又可定义如下：**在势力场中，质点从 M 点运动到任选基点 M_0 的过程中，势力所做之功称为质点在势力场中 M 点的势能**，用 E_p 表示

$$\begin{aligned}E_p&=\int_{M}^{M_0}\boldsymbol{F}\cdot\mathrm{d}\boldsymbol{r}=\int_{M}^{M_0}(F_x\mathrm{d}x+F_y\mathrm{d}y+F_z\mathrm{d}z)\\&=-\int_{M_0}^{M}(F_x\mathrm{d}x+F_y\mathrm{d}y+F_z\mathrm{d}z)\end{aligned} \tag{11-24}$$

显然，质点在 M_0 点时的势能 $E_{pM_0}=0$，所以，称基点 M_0 为**势能零点**。

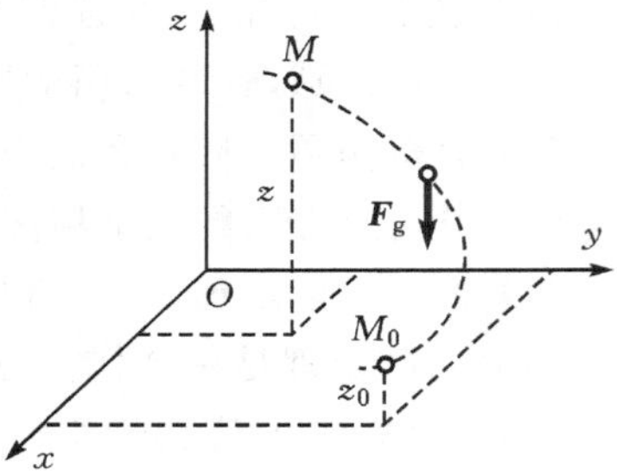

图 11.14

1. 在重力场中的势能

如图 11.14 所示，若取平面 $z=z_0$ 为重力势能的零值面，则质点在重力场 M 处的势能为

$$E_p = F_g(z - z_0)$$

若取坐标面 $z=0$ 为重力势能的零值面，则有

$$E_p = F_g z$$

2. 在弹性力场中的势能

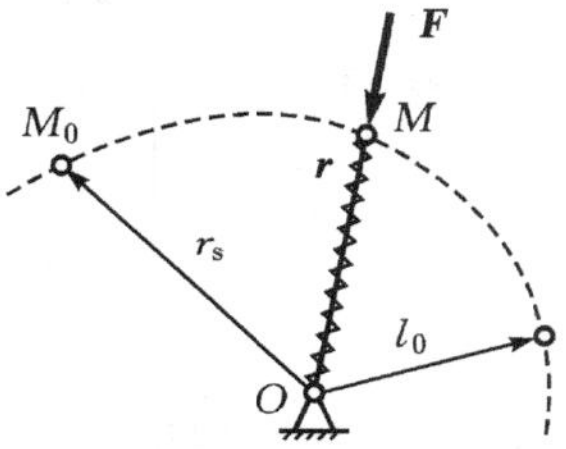

图 11.15

如图 11.15 所示，若取 $r=r_s$ 为弹性力势能零点，则质点在弹性力场 M 处的势能为

$$E_p = \frac{1}{2}k(\delta^2 - \delta_s^2)$$

式中：$\delta=r-l_0$，$\delta_s=r_s-l_0$，l_0 为弹簧原长。若取 $r=l_0$ 为弹性力势能零点，则有

$$E_p = \frac{1}{2}k\delta^2$$

3. 在万有引力场中的势能

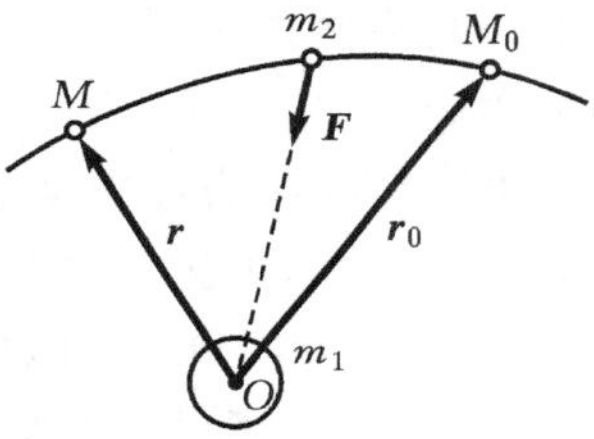

图 11.16

如图 11.16 所示，若取半径为 $r=r_0$ 的球面为万有引力势能的零值面，则质点在万有引力场 M 处的势能为

$$E_p = -fm_1m_2(1/r - 1/r_0)$$

若取 $r=\infty$ 的无穷大球面为万有引力势能的零值面，则有

$$E_p = -fm_1m_2/r$$

11.3.3 质点系的势能

质点势能的概念和计算公式可以推广到质点系，只需将系内所有质点的势能加在一起即得到质点系在势力场中的总势能。例如，质点系在重力场中运动时，任一质点 M_i 都受到相应的重力 $\boldsymbol{F}_{gi}$ 的作用，设质点系在零位置时，各质点的重力势能零点分别为 $M_{10}, M_{20}, \cdots, M_{n0}$，则质点系在任一位置 M 时的势能为

$$\begin{aligned} E_p &= \sum F_{gi}(z_i - z_{i0}) = \sum F_{gi}z_i - \sum F_{gi}z_{i0} \\ &= F_g z_C - F_g z_{C0} = F_g(z_C - z_{C0}) \end{aligned}$$

式中：z_C、z_{C0} 分别为质点系的重心在任一位置 M 和势能零位置 M_0 时的坐标；$F_g=\sum F_{gi}$ 为质点系的重力。

11.3.4 机械能守恒定律

质点系某瞬时的动能与势能的代数和称为质点系的**机械能**。

设质点系在势力作用下，从位置Ⅰ运动到位置Ⅱ，势力所做的功为 W_{12}，初瞬时和末瞬时的动能分别为 E_{k1} 和 E_{k2}，根据动能定理有

$$E_{k2} - E_{k1} = W_{12}$$

因为
$$W_{12} = W_{10} - W_{20} = E_{p1} - E_{p2}$$

所以
$$E_{k2} - E_{k1} = E_{p1} - E_{p2}$$

移项后得
$$E_{k2} + E_{p2} = E_{k1} + E_{p1} \tag{11-25}$$

此式即为**机械能守恒定律**。它表明：**质点系仅在势力作用下运动时，其机械能保持不变**。因此又称势力场为**保守力场**，称势力为**保守力**，并称这样的系统为**保守系统**。

如果质点系还受到非保守力的作用，例如发动机、电动机的输入转矩、燃气压力及摩擦力作用，则称为**非保守系统**。非保守系统的机械能是不守恒的。若设 W_{12} 为保守力之功、W'_{12} 为非保守力之功，由动能定理有

$$E_{k2} - E_{k1} = W_{12} + W'_{12}$$

将 $W_{12} = E_{p1} - E_{p2}$ 代入得

$$E_{k2} - E_{k1} = E_{p1} - E_{p2} + W'_{12} \tag{11-26}$$

此式称为质点系的**功能原理方程**。

从广义的能量观来看，无论什么系统，总能量是不变的。在质点系的运动过程中，机械能的增减，只说明机械能与其它形式的能量(如热能、电能等)有了相互转化而已。

例 11.5　图 11.17 所示的鼓轮 D 在转矩 M 的作用下作匀速转动，缠绕在鼓轮上的钢索的下端所悬挂的重物以速度 $v=0.5$ m/s 匀速下降。已知钢索的刚度系数 $k=3.35\times10^6$ N/m，物重 $F_g=2.5$ kN，求当鼓轮被突然卡住后，钢索的最大张力。

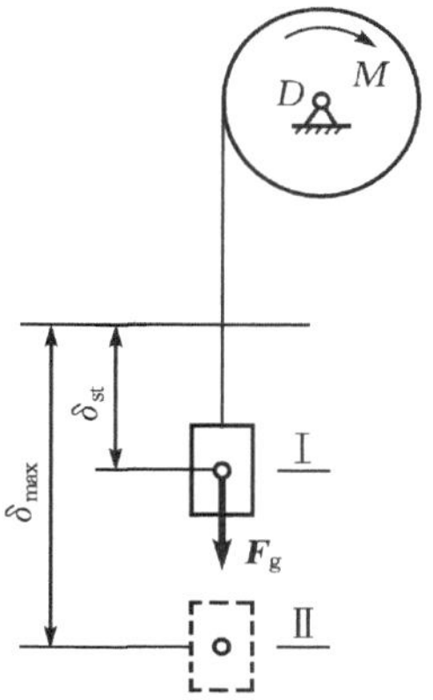

图 11.17

解：取重物为研究对象。当鼓轮被突然卡住后，重物由于惯性将继续下降，钢索则被继续拉长，其张力将有所增大。钢索对重物的力将产生向上的加速度，从而使重物作减速运动，当重物下降速度减小为零时，重物下降到最低位置，此时钢索的伸长也达到最大值，其张力亦达到最大值。

从鼓轮被卡住到重物下降到最低位置的过程中，重物上仅受重力和钢索弹性力作用，运动中也只有此二势力做功，故可用机械能守恒定律求解。

设鼓轮刚被卡住的瞬时为位置Ⅰ，卡住后重物下降到最低位置瞬时为位置Ⅱ。取位置Ⅰ为重力势能和弹力势能的零位置。

在位置Ⅰ时，重物的速度 $v_1=v=0.5$ m/s，动能 $E_{k1}=\dfrac{1}{2}\dfrac{F_g}{g}v^2$，势能 $E_{p1}=0$。在位置Ⅱ时，$v_2=0$，动能 $E_{k2}=0$，势能 E_{p2} 分为重力势能 E_{p2g} 和弹性力势能 E_{p2k} 两部分，其中

$$E_{p2k} = \frac{1}{2}k(\delta_2^2 - \delta_1^2)$$

$$E_{p2g} = F_g(z - z_0) = F_g[-(\delta_2 - \delta_1) - 0] = -F_g(\delta_2 - \delta_1)$$

式中：δ_1 和 δ_2 分别为重物在位置Ⅰ和位置Ⅱ时钢索的伸长量。在位置Ⅰ时，弹性力 $\boldsymbol{F}$ 与重力 $\boldsymbol{F}_g$ 相平衡，故有 $F_1=F_g$，$\delta_1=F_1/k=F_g/k=\delta_{st}$($\delta_{st}=F_g/k$ 表示钢索受静载荷 $\boldsymbol{F}_g$ 时的伸长量，通常称为**静变形**)；$\delta_2=F_2/k=\delta_{max}$。

由机械能守恒定律有 $E_{k2}+E_{p2}=E_{k1}+E_{p1}$，即

$$\frac{1}{2}k(\delta_2^2-\delta_1^2)-F_g(\delta_2-\delta_1)=\frac{1}{2}\frac{F_g}{g}v^2$$

将上式移项整理得

$$\delta_{max}^2-2\delta_{st}\delta_{max}+\left(\delta_{st}^2-\frac{v^2}{g}\delta_{st}\right)=0$$

解得

$$\delta_{max}=\delta_{st}\left(1\pm\sqrt{\frac{v^2}{g\delta_{st}}}\right)$$

依题意 $\delta_{max}>\delta_{st}$，故取

$$\delta_{max}=\delta_{st}\left(1+\sqrt{\frac{v^2}{g\delta_{st}}}\right)$$

由此得钢索中最大张力为

$$F_{max}=k\delta_{max}=k\delta_{st}\left(1+\sqrt{\frac{v^2}{g\delta_{st}}}\right)=F_g\left(1+\sqrt{\frac{v^2k}{gF_g}}\right)$$

代入已知数据得

$$F_{max}=2.5\times10^3\times\left(1+\sqrt{\frac{3.35\times10^6\times0.5^2}{9.8\times2.5\times10^3}}\right)=17.1\ \text{kN}$$

与静载荷 $F_1=F_g=2.5$ kN 相比较，钢索中最大张力 F_{max}为 F_1 的 6.85 倍。

11.4 动力学普遍定理的综合应用

动力学普遍定理包括动量定理、动量矩定理和动能定理以及它们的变形。这些定理在求解质点系动力学的两类问题时，针对不同的问题、不同的要求，分别显示出各自的特点和方便之处。

动量定理和动量矩定理属一类，它们一般只限于用来研究物体机械运动范围内的运动变化问题，在形式上包含时间且是矢量形式，在描述质点系的整体运动时反映出运动的方向性；在应用时，作用于质点系的力按内力和外力分类，质点系所有的内力的主矢和对任一点的主矩等于零，它们不能改变质点系的动量和动量矩，因此在分析质点系的受力时不必考虑内力。而动能定理属于另一类，它还可以用来研究机械运动和其它运动形式之间的运动转化问题，在形式上包含路程且是标量形式，反映不出质点系整体运动的方向性；在应用时，因为内力的功在许多情况下不等于零，因此必须考虑内力。

动力学普遍定理提供了解决动力学问题的一般方法，在求解比较复杂的问题时，往往需要根据各定理的特点，进行综合运用。

例 11.6 质量皆为 m、半径分别为 $2r$ 和 r 的两均质圆盘固连在一起。初瞬时两盘心连线 AB 铅垂，系统静止(图 11.18(a))。试求当 AB 运动至水平位置时系统的角速度及光滑固定水平面约束力的大小。

解：取系统为研究对象。由于系统初始静止，且在运动过程中水平方向没有外力作用，故其质心 C 的水平坐标守恒。系统对质心的转动惯量为

$$J_C=\left[\frac{1}{2}m(2r)^2+m\left(\frac{3}{2}r\right)^2\right]+\left[\frac{1}{2}mr^2+m\left(\frac{3}{2}r\right)^2\right]=7mr^2$$

系统在任意位置时的受力与运动分析如图 11.18(b)所示，P 为其速度瞬心。系统的初动能

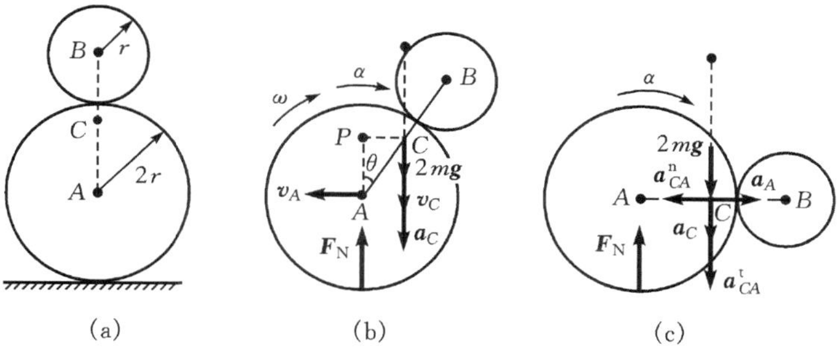

图 11.18

$E_{k1}=0$，运动至任意位置时的动能为

$$E_{k2}=\frac{1}{2}J_P\omega^2=\frac{1}{2}\left[J_C+2m\left(\frac{3}{2}r\sin\theta\right)^2\right]=\frac{1}{4}(14+9\sin^2\theta)mr^2\dot{\theta}^2$$

在此过程中做功的力只有重力，其功为

$$W_{12}=2mg\cdot 1.5r(1-\cos\theta)=3mgr(1-\cos\theta)$$

根据动能定理 $E_{k2}-E_{k1}=W_{12}$，有

$$\frac{1}{4}(14+9\sin^2\theta)mr^2\dot{\theta}^2=3mgr(1-\cos\theta) \tag{1}$$

即可求得

$$\dot{\theta}=2\sqrt{\frac{3(1-\cos\theta)g}{(14+9\sin^2\theta)r}}$$

当 AB 处于水平位置，即 $\theta=90°$时，系统的角速度为

$$\omega=\dot{\theta}=2\sqrt{\frac{3g}{23r}} \tag{2}$$

将(1)式两端对时间 t 求导数，有

$$\frac{1}{2}(14+9\sin^2\theta)mr^2\dot{\theta}\cdot\ddot{\theta}+\frac{9}{2}\sin\theta\cos\theta mr^2\dot{\theta}^3=3mgr\sin\theta\dot{\theta}$$

故当 AB 处于水平位置时，系统的角加速度为

$$\alpha=\ddot{\theta}=\frac{6g}{23r} \tag{3}$$

当 AB 处于水平位置时，系统的受力与运动分析如图 11.18(c)所示。以 A 为基点，有

$$\boldsymbol{a}_C=\boldsymbol{a}_A+\boldsymbol{a}_{CA}^{t}+\boldsymbol{a}_{CA}^{n} \tag{4}$$

将上式向铅垂方向投影，可得

$$a_C=a_{CA}^{t}=\frac{3}{2}r\alpha=\frac{3r}{2}\cdot\frac{6g}{23r}=\frac{9g}{23} \tag{5}$$

根据质心运动定理，有

$$2ma_C=2mg-F_N$$

即可求得光滑固定水平面的约束力

$$F_N=2m(g-a_C)=2m\left(g-\frac{9g}{23}\right)=\frac{28}{23}mg$$

例 11.7　均质细杆 OA 长为 l，重为 $\boldsymbol{F}_1$，可绕水平轴 O 转动，另一端 A 与均质圆盘的中心铰接，如图 11.19(a)所示。圆盘的半径为 r，重为 $\boldsymbol{F}_2$。当杆处于右侧水平位置时，将系统无初

速释放，若不计摩擦，求杆与水平线成 θ 角的瞬时，杆的角速度和角加速度及轴承 O 处的约束力。

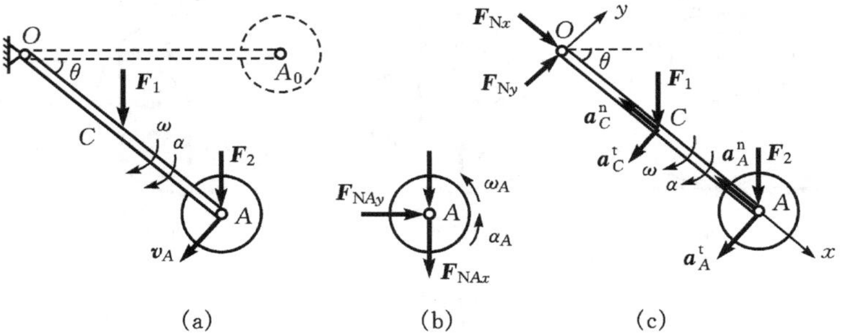

图 11.19

解：先取圆盘为研究对象，受力与运动分析如图 11.19(b)所示。由相对于质心的动量矩定理有

$$J_A\alpha_A = 0 \tag{1}$$

即 $\alpha_A=0$。考虑到系统初始静止，即有 $\omega_{A_0}=0$，故圆盘的角速度为

$$\omega_A = 0$$

因此，在杆下摆过程中圆盘作平动。

再取系统整体为研究对象。在系统上做功的力只有杆和圆盘的重力 $\boldsymbol{F}_1$ 和 $\boldsymbol{F}_2$。当杆由水平位置运动到与水平线成 θ 角的位置的过程中，杆的初动能 $E_{k1}=0$，末动能为

$$E_{k2} = \frac{1}{2}J_O\omega^2 + \frac{1}{2}\frac{F_2}{g}v_A^2 = \frac{1}{2}\times\frac{1}{3}\frac{F_1}{g}l^2\omega^2 + \frac{1}{2}\frac{F_2}{g}l^2\omega^2 = \frac{F_1+3F_2}{6g}l^2\omega^2$$

重力 $\boldsymbol{F}_1$ 和 $\boldsymbol{F}_2$ 的功为

$$W_{12} = F_1\cdot\frac{l}{2}\sin\theta + F_2\cdot l\sin\theta = \left(\frac{F_1}{2}+F_2\right)l\sin\theta$$

根据动能定理有 $E_{k2}-E_{k1}=\sum W_{12}$，即

$$\frac{F_1+3F_2}{6g}l^2\omega^2 = \left(\frac{F_1}{2}+F_2\right)l\sin\theta$$

$$\omega^2 = \frac{F_1+2F_2}{F_1+3F_2}\cdot\frac{3g}{l}\sin\theta \tag{2}$$

则杆在 θ 位置时的角速度为

$$\omega = \sqrt{\frac{F_1+2F_2}{F_1+3F_2}\cdot\frac{3g}{l}\sin\theta}$$

(2)式两边对时间求导数得

$$2\omega\dot{\omega} = \frac{F_1+2F_2}{F_1+3F_2}\cdot\frac{3g}{l}\cos\theta\cdot\dot{\theta}$$

考虑到 $\dot{\theta}=\omega$，$\dot{\omega}=\alpha$，即可求得杆的角加速度为

$$\alpha = \frac{F_1+2F_2}{F_1+3F_2}\cdot\frac{3g}{2l}\cos\theta \tag{3}$$

当杆与水平线成 θ 角时，系统的受力及运动分析如图 11.19(c)所示，其中

$$a_C^t = \frac{l}{2}\alpha, \quad a_C^n = \frac{l}{2}\omega^2; \quad a_A^t = l\alpha, \quad a_A^n = l\omega^2 \tag{4}$$

根据质心运动定理有

$$-\frac{F_1}{g}a_C^n - \frac{F_2}{g}a_A^n = (F_1 + F_2)\sin\theta + F_{Nx} \tag{5}$$

$$-\frac{F_1}{g}a_C^t - \frac{F_2}{g}a_A^t = -(F_1 + F_2)\cos\theta + F_{Ny} \tag{6}$$

即可求得轴承 O 处的约束力为

$$F_{Nx} = -\frac{l}{g}\left(\frac{F_1}{4} + F_2\right)\omega^2 - (F_1 + F_2)\sin\theta$$

$$F_{Ny} = (F_1 + F_2)\cos\theta - \frac{l}{g}\left(\frac{F_1}{2} + F_2\right)\alpha$$

式中:ω 和 α 分别由式(2)和式(3)确定。

思考题

11.1　作为物体机械运动状态的两种度量,动量和动能二者有何异同?

11.2　如果某质点系的动量很大,该质点系的动能是否也一定很大?如果某质点系的动能为零,该质点系的动量是否也一定为零?反之如何?

11.3　对单个力来说,当它做功为零时,它的冲量是否为零?对力系来说,当它的冲量为零时,它的功是否也一定为零?

11.4　在弹性范围内,用数值不同的拉力拉原无变形的同一根弹簧,试问:当弹簧变形量加倍时,其拉力是否加倍?又拉力所做之功是否也加倍?

11.5　设作用于质点系的所有外力的主矢和主矩都等于零,试问该质点系的动能及质心的运动状态会不会改变?为什么?试举一个简单的实例加以说明。在什么情况下,质点系的动能不会改变?

11.6　图示两轮的质量和几何尺寸均相同,轮 A 的质量分布均匀。轮 B 的质量分布不均匀,质心在 C 点,偏心距为 e。若两轮以相同的角速度绕轴 O 转动,问它们的动能是否相同?大小如何?

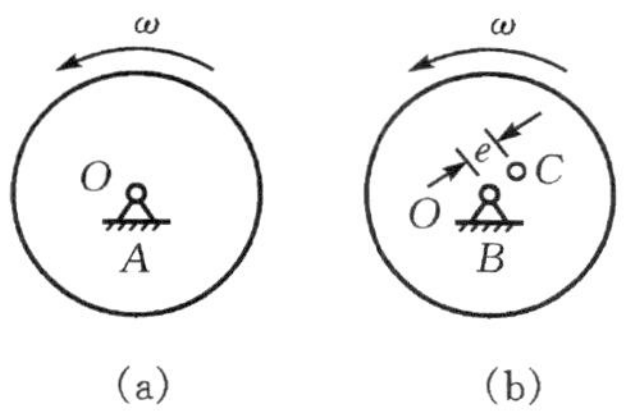

思 11.6 图

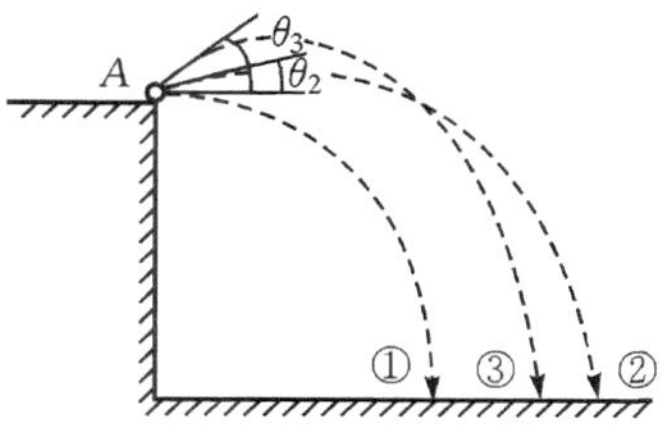

思 11.7 图

11.7　三个质量相同的质点,以大小相同的初速度从同一点 A 以不同的抛射角 θ 抛出,如图所示:$\theta_1 = 0°, \theta_2 = 30°, \theta_3 = 60°$。若不计空气阻力,问此三个质点落到同一水平面时,落地速度的大小和方向是否相同?为什么?

11.8　动能定理和机械能守恒定律在物理意义上和应用上有何异同？

习　题

11.1　图示弹簧原长 $l_0=10$ cm，刚度系数 $k=4.9$ kN/m，一端固定在半径 $R=10$ cm 的圆周上的 O 点，另一端可以在此圆周上移动。如果弹簧的另一端从 B 点移至 A 点，再从 A 点移至 D 点，问两次移动过程中，弹簧力所做之功各为多少？图中 OA、BD 为圆的直径，且 $OA \perp BD$。

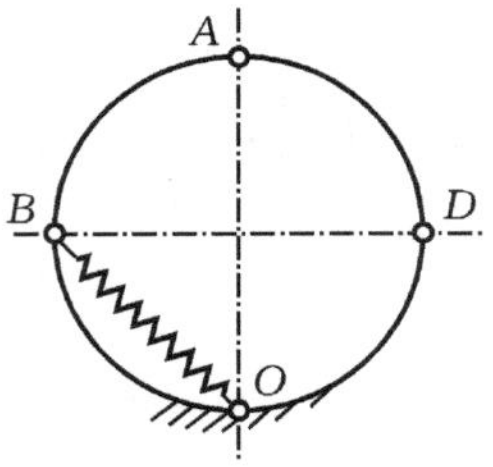

题 11.1 图

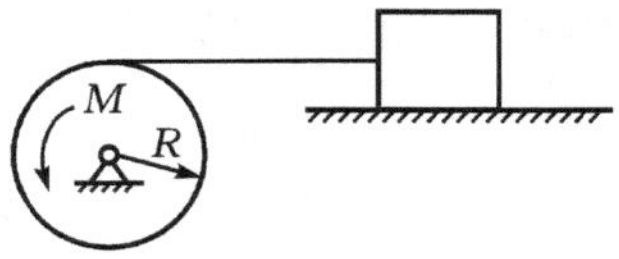

题 11.2 图

11.2　半径为 R 的均质圆形铰盘重为 F_1，受驱动转矩 $M=3\varphi+4$ N·m（其中 φ 为铰盘的转角，单位以 rad 计）作用而拖动一个重为 F_2 的物块，物块与水平面间的动摩擦因数为 μ，该细绳不可伸长且质量不计，试求绞车转过三圈时，作用于此系统上所有外力做功之总和。

11.3　图示系统在同一铅垂面内。套筒的质量 $m=1$ kg，可在光滑的固定斜杆上滑动，套筒上连接一刚度系数 $k=200$ N/m 的弹簧，其另一端固定于 D 点，原长 $l_0=0.4$ m。已知 DA 沿铅垂方向，DB 垂直于斜杆。套筒受一沿斜杆方向的常力 $F=100$ N 作用，使套筒由 A 点移动到 B 点，试求在此运动过程中，其上各力所做之功的总和。

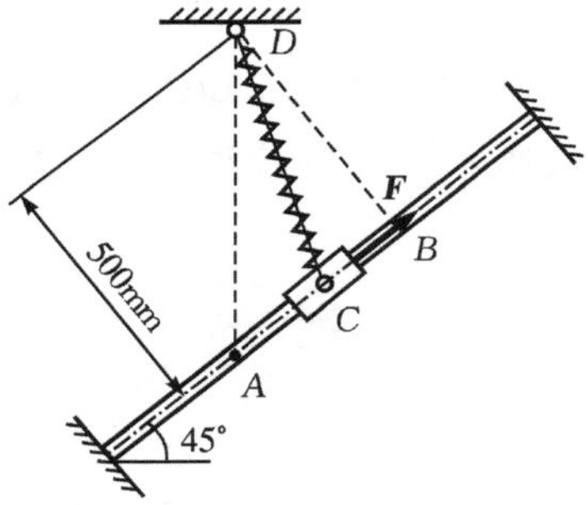

题 11.3 图

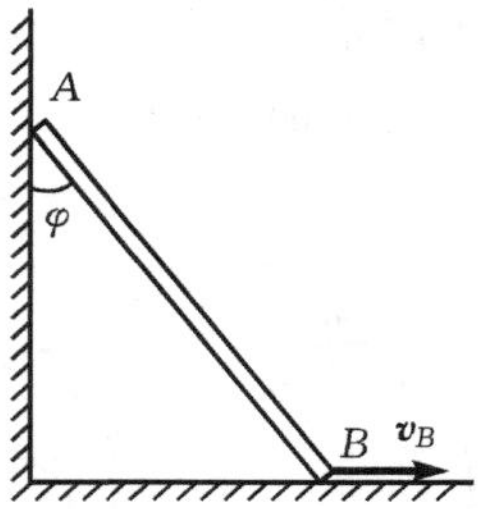

题 11.4 图

11.4　均质杆 AB 的质量为 m，长为 l，放在铅垂平面内，一端靠着墙壁，另一端 B 沿水平地面滑动。已知当 $\varphi=30°$ 时，B 端的速度为 $\boldsymbol{v}_B$，如图所示，求该瞬时杆 AB 的动能。

11.5　车身的质量为 m_1，支承在两对相同的车轮上，每对车轮的质量为 m_2，并可视为半径为 r 的均质圆盘，已知车身的速度为 $\boldsymbol{v}$，车轮沿水平面滚而不滑，求整个车子的动能。

11.6　行星轮系位于水平面内（如图所示）。由曲柄 OA 带动，曲柄与三个相同的齿轮用光滑铰链连接。齿轮Ⅰ不动，曲柄 OA 以匀角速度 ω 转动，每个齿轮的质量均为 m_1，半径为 r，可视为均质圆盘。曲柄 OA 的质量为 m_2，可视为均质直杆，试求此行星轮系的动能。

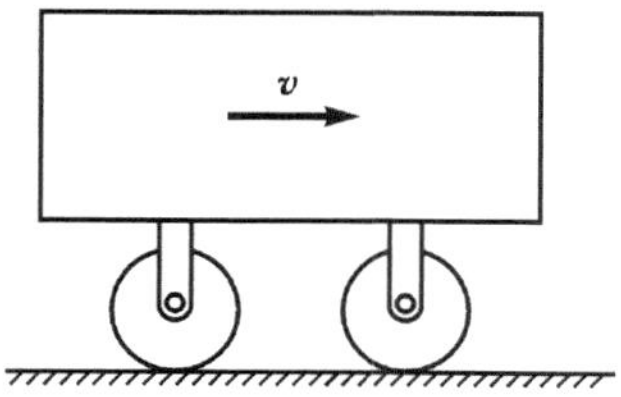

题 11.5 图

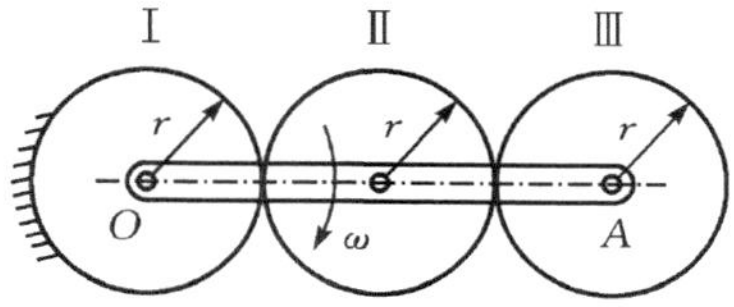

题 11.6 图

11.7　长为 l、重为 F_g 的均质杆 OA，以球铰链铰接于 O 点，并以等角速度 ω 绕铅垂轴 Oz 转动，如图所示。如杆与铅垂线的交角为 θ，求杆的动能。

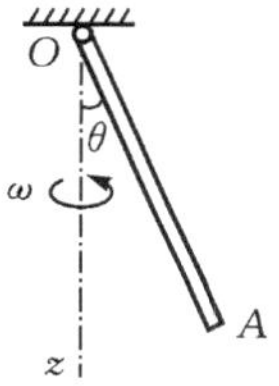

题 11.7 图

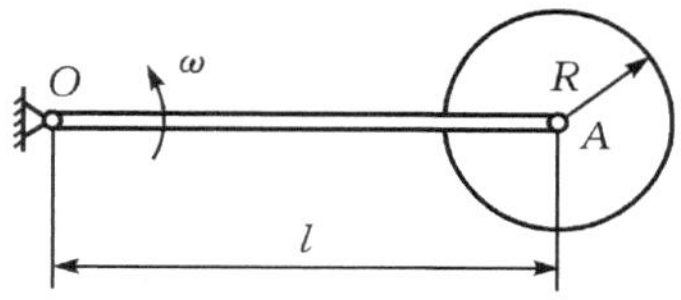

题 11.8 图

11.8　水平摆由均质细长杆 OA 和均质圆盘组成，以匀角速度 ω 绕 O 端铅垂轴转动。已知 OA 杆长为 l，重为 F_1，圆盘半径为 R，重为 F_2。求在下列两种情况下水平摆的动能：(1)圆盘可绕中心轴 A 自由转动；(2)圆盘与 OA 杆相固连。

11.9　半径为 r 的均质圆柱重为 F_g，在半径为 R 的固定圆柱形凹面上作纯滚动。试求圆柱的动能(表示为角 φ 的函数)。

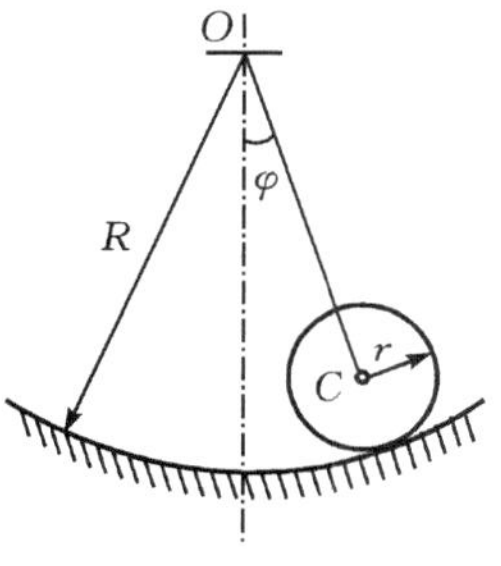

题 11.9 图

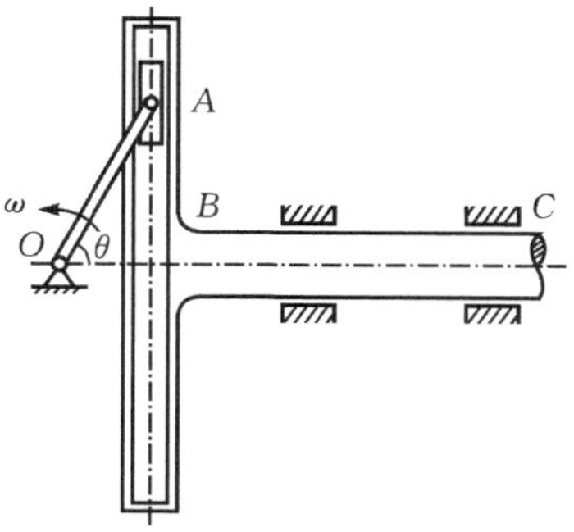

题 11.10 图

11.10　曲柄导杆机构中，曲柄 OA 的长度为 r，质量为 m_1，滑块 A 的质量为 m_2，导杆 BC 的质量为 m_3，并可沿水平导轨作往复平动。在图示 θ 角位置时，曲柄 OA 的角速度为 ω，试求此瞬时机构的动能。

11.11 滑块 A 的质量为 m_1，以相对速度 $\boldsymbol{v}_1$ 沿滑块 B 的斜面滑下，与此同时，质量为 m_2 的三角滑块 B 以速度 $\boldsymbol{v}_2$ 向右运动，如图所示。试求此系统的动能。

11.12 滑块 A 的质量为 m_1，以速度 $v=at$ 沿水平面向右作直线运动。滑块上悬挂一单摆，其质量为 m_2，摆长为 l，以 $\varphi=\varphi_0\sin bt$ 作相对摆动（以上二式中 a、b、φ_0 均为常量）。试计算系统在瞬时 t 的动能。

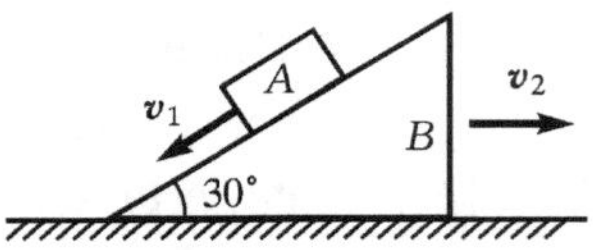

题 11.11 图

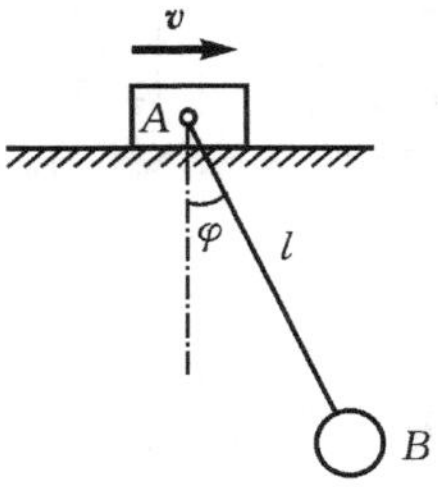

题 11.12 图

11.13 撞击试验机的摆锤由摆杆 OC 和锤头 D 组成。试验时摆锤自高处 A 位置下摆到最低处 B 时将试件撞断。已知摆杆长度 $\overline{OC}=l=1$ m，质量不计，锤头 D 的质量为 m，试求摆锤自高处 A 位置无初速地摆到最低处 B 撞击试件时的速度。

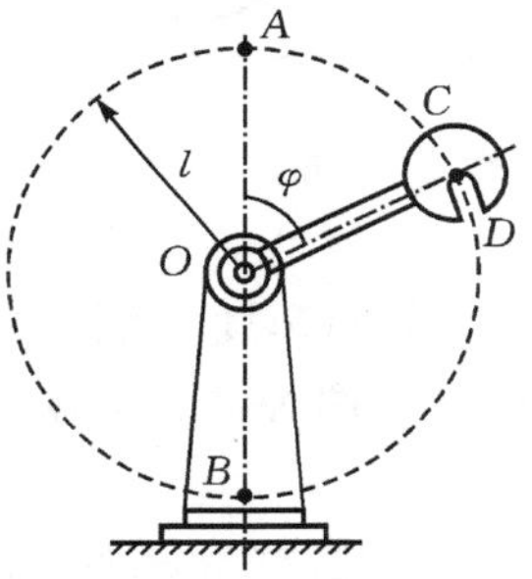

题 11.13 图

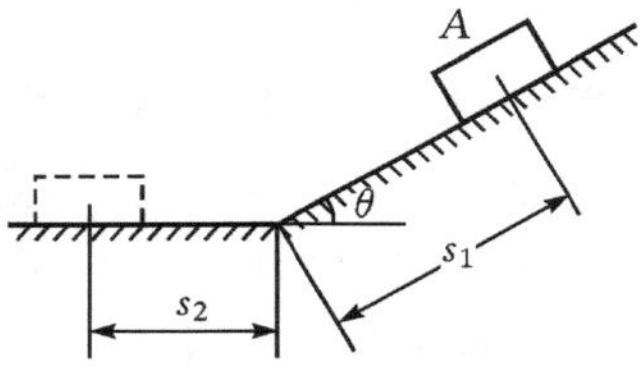

题 11.14 图

11.14 滑块 A 由静止开始沿倾角为 θ 的斜面的 s_1 坡长处滑下，接着又在水平面上滑动了 s_2 距离后才停止。如果物体 A 与斜面和平面间的动摩擦因数相同，求此动摩擦因数 μ。

11.15 均质链条全长为 l，放在光滑水平桌面上，其中长为 d 的一段下垂在桌沿外面，如图所示。若将链条由静止开始释放，试求整个链条离开桌沿时的速度。

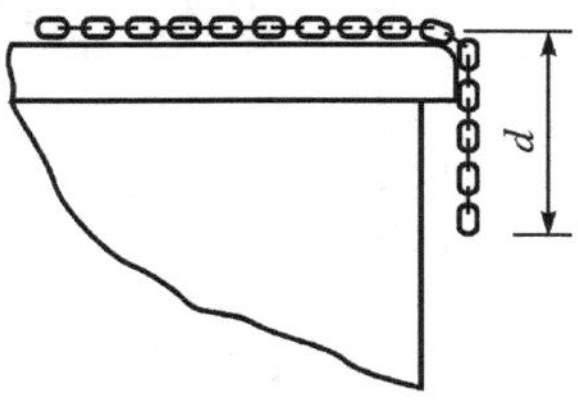

题 11.15 图

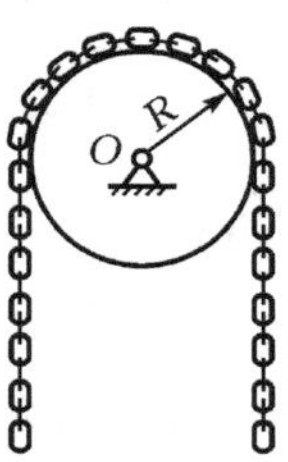

题 11.16 图

11.16 均质链条全长 $l=100$ cm，单位长重 $q=20$ N/m，对称地悬挂在半径 $R=10$ cm，重 $F_g=10$ N 的均质滑轮上，因受微小扰动，链条自静止开始从一边下落，设链条与滑轮间无相对滑动，求链条离开滑轮时的速度。

11.17　图示系统在同一铅垂面内。质量 $m=5$ kg 的小球固连在 AB 杆的 B 端，杆的 C 点处连接着一弹簧，刚度系数 $k=800$ N/m。弹簧的另一端固定于 D 点。A、D 在同一条铅垂线上。若不考虑 AB 杆的质量，当摆杆自水平静止位置无初速地释放，此时弹簧恰好没有变形，试求当 AB 杆摆到下方铅垂位置时，小球 B 的速度。

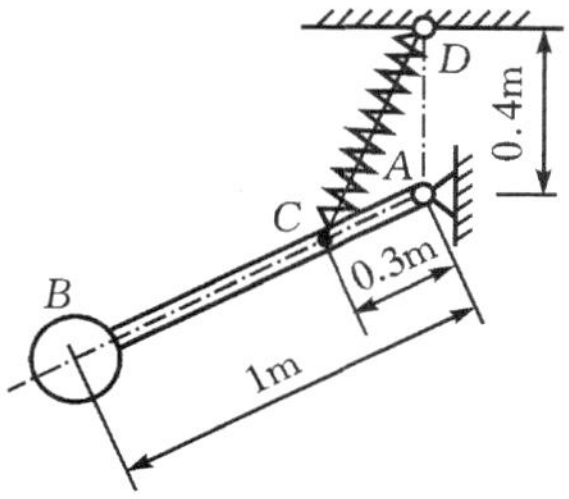

题 11.17 图

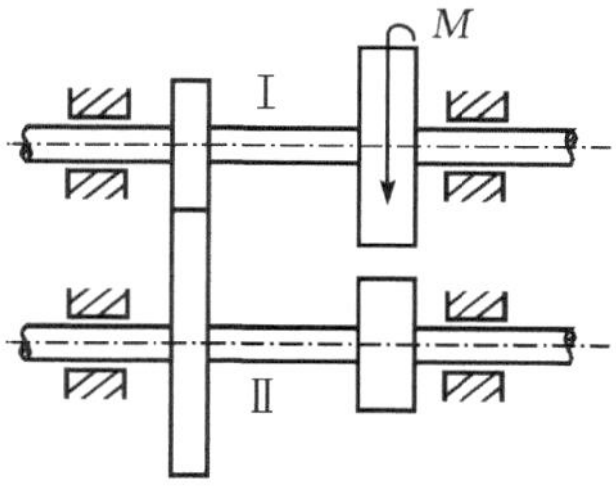

题 11.18 图

11.18　轴Ⅰ和轴Ⅱ连同其上的转动部件，对各自轴的转动惯量分别为 $J_1=5\ \text{kg}\cdot\text{m}^2$，$J_2=4\ \text{kg}\cdot\text{m}^2$，齿轮的传动比 $i=n_1/n_2=3/2$。作用在主动轴Ⅰ上的转矩 $M=50$ N·m，它使系统由静止开始转动。问轴Ⅱ经过多少转后，才能获得 $n_2=120$ r/min 的转速。

11.19　一不变的转矩 M 作用在绞车的鼓轮上，使轮转动如图所示。轮的半径为 r，质量为 m_1，缠绕在鼓轮上的绳子另一端系着一个质量为 m_2 的重物，使其沿倾角为 θ 的倾面上升，重物与斜面间的滑动摩擦因数为 μ，绳子质量不计，鼓轮可视为均质圆柱。在开始时，此系统静止，求鼓轮转过 φ 角时的角速度和角加速度。

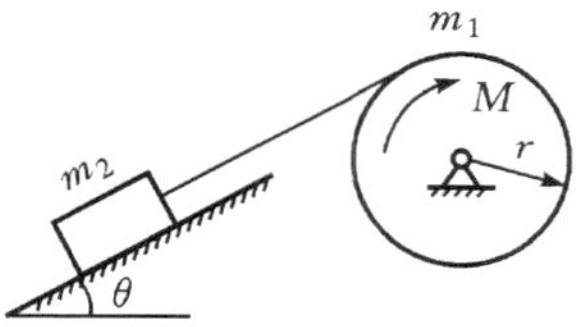

题 11.19 图

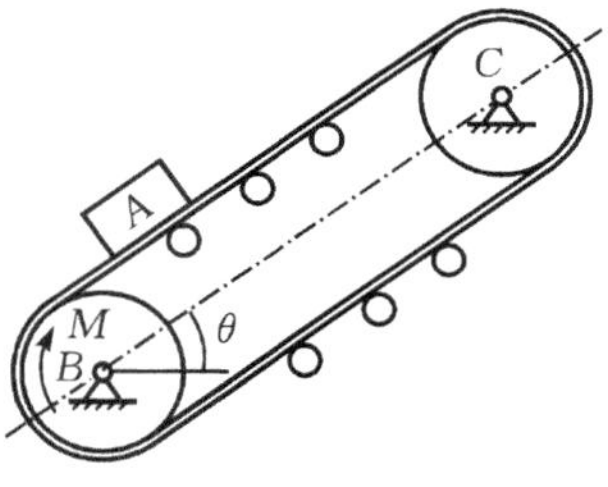

题 11.20 图

11.20　图示带式运输机的轮 B 受一不变的转矩 M 作用，使胶带运输机由静止开始运动，若被提升的物体 A 的重量为 F_1，轮 B 和轮 C 相同，重量均为 F_2，半径均为 r，并可视为均质圆盘。胶带倾角为 θ，其质量忽略不计。胶带与轮和物体 A 间均无相对滑动，求当物体 A 移动 s 距离时的速度。

11.21　两个重为 F_2 的物体用绳连接，此绳跨过滑轮 O，如图所示，在左方物体上加放一个砝码，在右方的物体上加放两个砝码，每个砝码重 F_1。此系统从静止开始释放。当右方物体下降 x_1 距离时，其上两个砝码被隔板挡住，重物则继续下降 x_2 距离，然后开始回升。假定摩擦和滑轮质量均不计，求 x_1 与 x_2 的比。

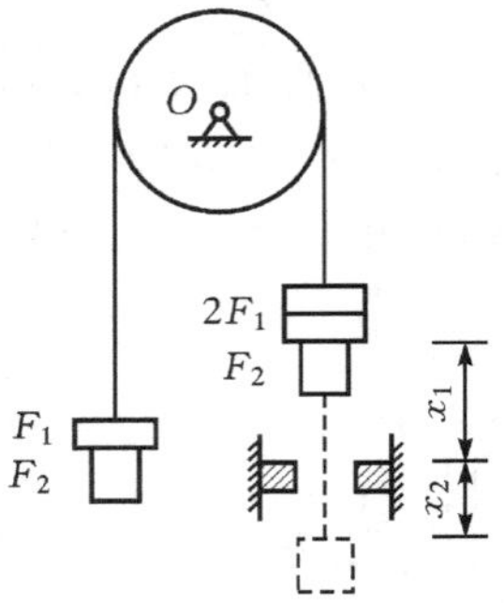

题 11.21 图

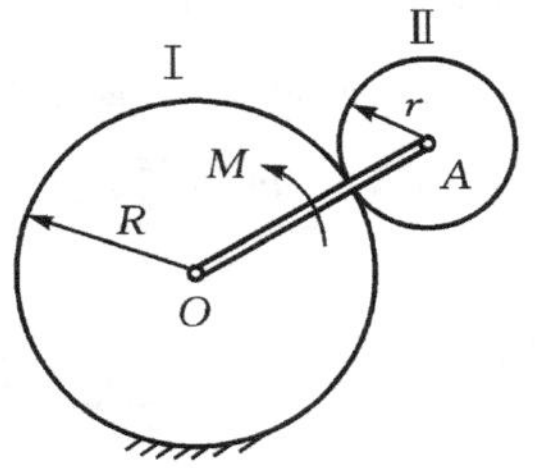

题 11.22 图

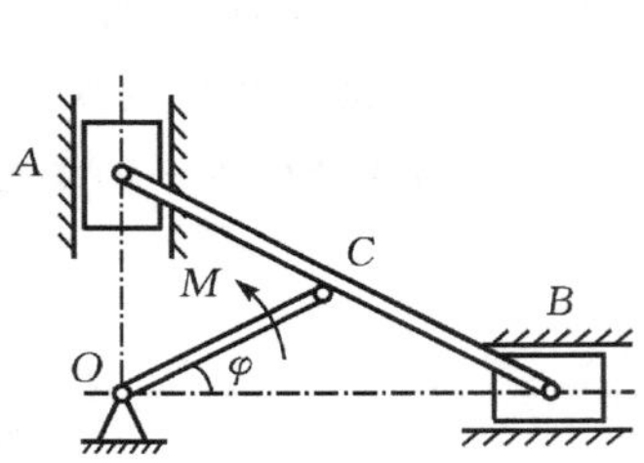

题 11.23 图

11.22 周转齿轮传动机构放在水平面内，如图所示。已知太阳轮半径为 R；行星轮半径为 r，重 F_1，可看作均质圆盘；曲柄 OA 重 F_2，可看作均质直杆。今在曲柄上作用一不变的转矩 M，该机构从静止开始运动，求曲柄转过 φ 角时的角速度和角加速度。

11.23 椭圆规位于水平面内，由曲柄 OC 带动规尺 AB 运动，如图所示。曲柄和规尺都是均质直杆，重量分别为 F_1 和 $2F_1$，且 $\overline{OC}=\overline{AC}=\overline{BC}=l$，滑块 A 和 B 重量均为 F_2。如作用在曲柄上的转矩为 M，设 $\varphi=0$ 时系统静止，忽略摩擦，求曲柄转过 φ 角时它的角速度和角加速度。

11.24 在图示机构的铰链 B 处，作用一铅垂向下的力 $F=60$ N，它使杆 AB、BC 张开而圆柱 C 向右作纯滚动。此两杆的长度均为 $l=1$ m，质量均为 $m_1=2$ kg。圆柱的半径 $R=250$ mm，质量 $m_2=4$ kg，在两杆的中点 D、E 处连接一根弹簧，其刚度系数 $k=50$ N/m，原长 $l_0=1$ m，若将系统在 $\theta=60°$ 时由静止释放，试求运动到 $\theta=0°$ 时杆 AB 的角速度。

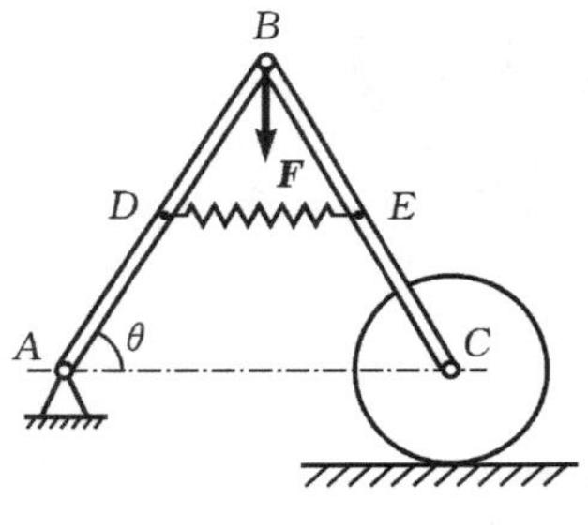

题 11.24 图

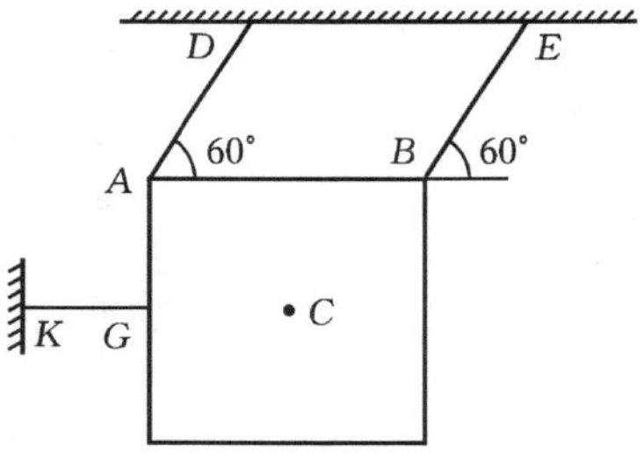

题* 11.25 图

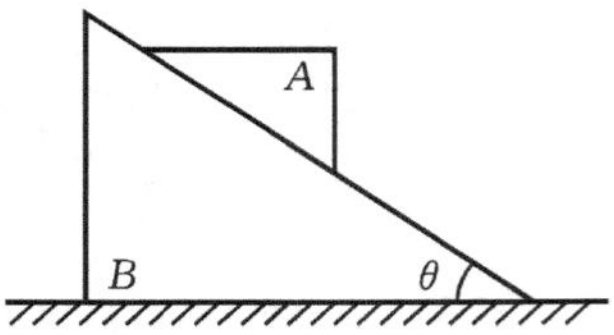

题* 11.26 图

***11.25** 正方形均质板重 400 N，在铅垂平面内以三根软绳拉住，板的边长 $b=10$ cm，如图所示。求(1)当软绳 KG 剪断后，木板开始运动时的加速度以及 AD 和 BE 两绳的张力；(2)当 AD 和 BE 两绳位于铅垂位置时，木板中心 C 的加速度和两绳的张力。

***11.26** 图示三棱柱 A 沿三棱柱 B 的光滑斜面滑动，A 和 B 重量分别为 F_1 和 F_2，三棱柱 B 的斜面与光滑水平面成 θ 角。若将系统由静止开始释放，求运动时三棱柱 B 的加速度。

***11.27** A 物体重为 F_1，沿三棱柱 D 的斜面下降，同时借绕过滑轮 C 的绳使重 F_2 的物体 B 上升，如图所示。斜面倾角为 θ，滑轮和绳的质量以及摩擦均略去不计，求三棱柱 D 作用于地板小凸台 E 处的水平压力。

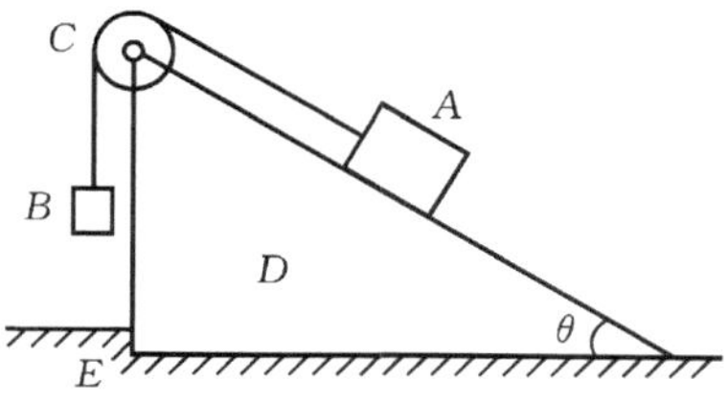

题* 11.27 图

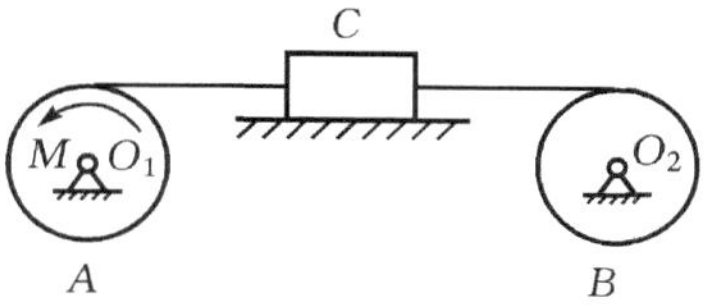

题* 11.28 图

***11.28**　如图所示，轮 A 和 B 皆为半径为 r，重为 F_2 的均质圆盘，绕在两轮上的绳索中间连着物块 C，其重为 F_1，且放在光滑的水平面上。今在轮 A 上作用一不变的转矩 M，求轮 A 与物块之间那段绳索的张力。绳的重量不计。

***11.29**　图示均质杆 OA 长为 l，重为 F_g，在转矩 M 作用下在水平面内从静止开始绕 z 轴转动。求经过时间 t 时杆的动量，对 z 轴的动量矩和动能的大小，以及轴承的动约束力。

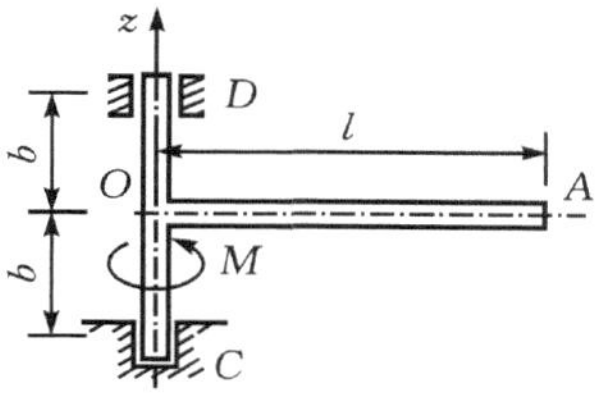

题* 11.29 图

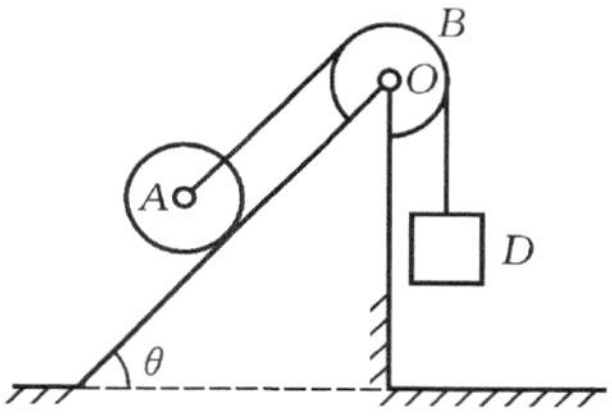

题* 11.30 图

***11.30**　一半径为 R，重量为 F_2 的均质圆柱形滚子 A，沿倾角为 θ 的斜面向下作纯滚动，如图所示。滚子借一跨过滑块 B 的绳索提升一重为 F_1 的物体 D。滑轮 B 为与滚子 A 半径相等、重量相等的均质圆盘。若不计轴承 O 处的摩擦，求滚子 A 重心的加速度和系在滚子上绳索的张力。

第 12 章　动静法

把动力学问题在形式上转化为静力学的平衡问题来处理的方法,称为**动静法**。动静法是用来求解非自由质点和非自由质点系动力学问题常用的一种普遍方法。当已知质点或质点系的运动,求它们受到的动约束力时,应用动静法显得比较方便。因此,在工程技术中动静法被广泛采用。

把动力学问题在形式上转化为静力学的平衡问题,是有条件的。转化的条件是在研究对象上加惯性力。所以,惯性力的概念是动静法的核心。

12.1　惯性力的概念

12.1.1　质点的惯性力

质点的质量 m 与其加速度 $\boldsymbol{a}$ 的乘积,并冠以负号,称为该**质点的惯性力**。记为 $\boldsymbol{F}_{\mathrm{I}}$,即

$$\boldsymbol{F}_{\mathrm{I}} = -m\boldsymbol{a} \tag{12-1}$$

设用质量可略而不计的细绳,系住一质量为 m 的小球 M,使其在光滑水平面内作匀速圆周运动(图 12.1(a)),若绳长为 l,小球的速度为 $\boldsymbol{v}$,则小球的加速度$\boldsymbol{a}=\boldsymbol{a}_{\mathrm{n}}=\boldsymbol{v}^2/l$。小球在水平面内受到的力只有细绳的拉力 $\boldsymbol{F}$,正是这个力 $\boldsymbol{F}$ 迫使小球改变了运动状态,产生了加速度 $\boldsymbol{a}$。根据牛顿第二定律有 $\boldsymbol{F}=m\boldsymbol{a}$,又根据作用力和反作用力定律可知,小球对细绳必同时作用有一反作用力 $\boldsymbol{F}'=-\boldsymbol{F}=-m\boldsymbol{a}$(图 12.1(b))。这个反作用力 $\boldsymbol{F}'$是施力物体(细绳)迫使质点(小球 M)改变其运动状态(获得加速度)时,因其本身的惯性对施力物体的反抗力,它就是质点(小球 M)的惯性力 $\boldsymbol{F}_{\mathrm{I}}$($=\boldsymbol{F}'$)。

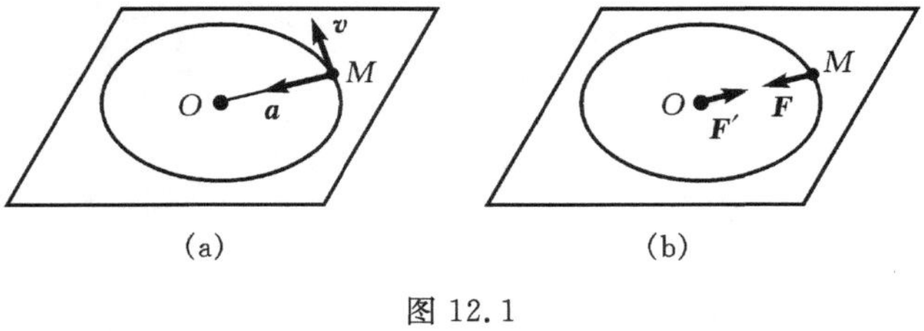

图 12.1

可见,质点的惯性力是一种真实的力,但它是质点作用于施力物体的力,而并不作用于质点本身。容易看出,如果同时有几个物体对某一质点施力,则该质点的惯性力是其对所有这些施力物体的反作用力的合力。

应当指出,一个质量不大的质点,如果其加速度的数值特别巨大,则其惯性力的数值也将会是很大的。例如涡轮喷气发动机工作时,若近似地将涡轮叶片看作是质量集中在其质心 C 上的一个质点(图 12.2),则其法向惯性力(即惯性离心力)$F_{\mathrm{I}}^{\mathrm{n}}=mR_C\omega^2$。其中,$m$ 为叶片的质

量，R_C 为叶片的质心 C 到涡轮转轴轴线的距离，ω 为叶轮转动的角速度。这个力 $\boldsymbol{F}_{\mathrm{I}}^{\mathrm{n}}$ 通过榫头、榫槽，作用在涡轮盘上。当 $m=0.073\ \mathrm{kg}$，$R_C=0.261\ \mathrm{m}$，转速 $n=11150\ \mathrm{r/min}$ 时，法向惯性力 $F_{\mathrm{I}}^{\mathrm{n}}=26.0\ \mathrm{kN}$，是叶片本身重量的 36300 倍。

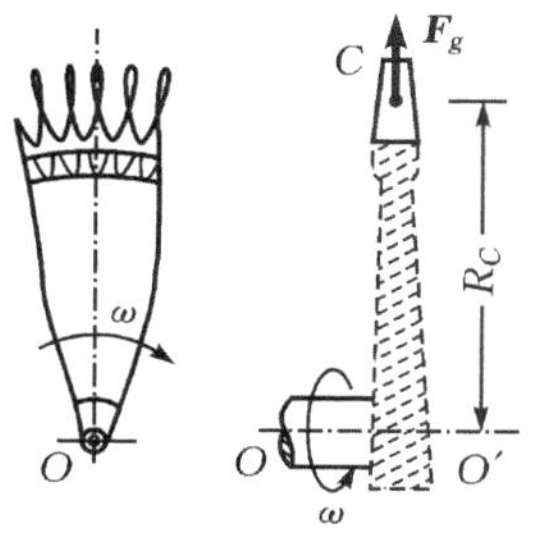

图 12.2

12.1.2　质点系惯性力系的简化

1. 质点系惯性力系的主矢和主矩

设质点系由 n 个质点组成，其中任一质点的惯性力 $\boldsymbol{F}_{\mathrm{I}i}=-m_i\boldsymbol{a}_i$。质点系中所有质点的惯性力组成了一个惯性力系。根据 2.2 节中力系简化的理论，将质点系的惯性力系向质点系的质心 C 简化，可得到惯性力系的主矢和对质心 C 的主矩。

记质点系惯性力系的主矢为 $\boldsymbol{F}'_{\mathrm{RI}}$，则

$$\boldsymbol{F}'_{\mathrm{RI}}=\sum\boldsymbol{F}_{\mathrm{I}i}=\sum-m_i\boldsymbol{a}_i=-\sum m_i\boldsymbol{a}_i=-m\boldsymbol{a}_C \tag{12-2}$$

式中：$m=\sum m_i$ 为质点的总质量。上式表明**质点系惯性力系主矢的大小等于质点系的总质量与质心加速度的乘积，方向与质心加速度的方向相反**。

式(12-2)可改写为

$$\boldsymbol{F}'_{\mathrm{RI}}=-\sum m_i\boldsymbol{a}_i=-\frac{\mathrm{d}}{\mathrm{d}t}\sum m_i\boldsymbol{v}_i=-\frac{\mathrm{d}\boldsymbol{p}}{\mathrm{d}t} \tag{12-3}$$

上式表明，**惯性力系的主矢是由于质点系的动量变化所引起的对施力物体的惯性反抗**。

建立质心平动坐标系，则某瞬时质点系中任一质点的速度 $\boldsymbol{v}_i=\boldsymbol{v}_C+\boldsymbol{v}'_i$，于是质点系的惯性力系对质心 C 的主矩为

$$\begin{aligned}\boldsymbol{M}_{\mathrm{I}C}&=\sum\boldsymbol{M}_C(\boldsymbol{F}_{\mathrm{I}i})=\sum\boldsymbol{r}'_i\times(-m_i\boldsymbol{a}_i)=\sum\boldsymbol{r}'_i\times\left(-\frac{\mathrm{d}}{\mathrm{d}t}m_i\boldsymbol{v}_i\right)\\&=-\sum\boldsymbol{r}'_i\times\frac{\mathrm{d}}{\mathrm{d}t}m_i(\boldsymbol{v}_C+\boldsymbol{v}'_i)=-\sum\boldsymbol{r}'_i\times\frac{\mathrm{d}}{\mathrm{d}t}m_i\boldsymbol{v}_C-\sum\boldsymbol{r}'_i\times\frac{\mathrm{d}}{\mathrm{d}t}m_i\boldsymbol{v}'_i\end{aligned}$$

考虑到 $\sum\boldsymbol{r}'_i\times\frac{\mathrm{d}}{\mathrm{d}t}m_i\boldsymbol{v}_C=\sum m_i\boldsymbol{r}'_i\times\boldsymbol{a}_C=M\boldsymbol{r}'_C\times\boldsymbol{a}_C=0$，而

$$\begin{aligned}\frac{\mathrm{d}\boldsymbol{L}_C}{\mathrm{d}t}&=\frac{\mathrm{d}\boldsymbol{L}'_C}{\mathrm{d}t}=\frac{\mathrm{d}}{\mathrm{d}t}\sum(\boldsymbol{r}'_i\times m_i\boldsymbol{v}'_i)=\sum\frac{\mathrm{d}}{\mathrm{d}t}(\boldsymbol{r}'_i\times m_i\boldsymbol{v}'_i)\\&=\sum\boldsymbol{v}'_i\times m_i\boldsymbol{v}'_i+\sum\boldsymbol{r}'_i\times\frac{\mathrm{d}}{\mathrm{d}t}m_i\boldsymbol{v}'_i=\sum\boldsymbol{r}'_i\times\frac{\mathrm{d}}{\mathrm{d}t}m_i\boldsymbol{v}'_i\end{aligned}$$

故

$$\boldsymbol{M}_{\mathrm{I}C}=-\sum\boldsymbol{r}'_i\times\frac{\mathrm{d}}{\mathrm{d}t}m_i\boldsymbol{v}'_i=-\frac{\mathrm{d}\boldsymbol{L}'_C}{\mathrm{d}t}=-\frac{\mathrm{d}\boldsymbol{L}_C}{\mathrm{d}t} \tag{12-4}$$

即**质点系的惯性力系对质心的主矩等于质点系对质心的动量矩对时间的负导数**。它是由于质点系对质心的动量矩变化而引起的对施力物体的惯性反抗。

2. 刚体惯性力系的简化结果

对于具有质量对称平面(N)，且此对称平面始终与某一固定平面平行的平面运动刚体，其惯性力系可首先简化为在此对称面内的平面力系。根据式(12-4)，其惯性力系对质心的主矩为

$$M_{\mathrm{I}C}=-\frac{\mathrm{d}L_C}{\mathrm{d}t}=-\frac{\mathrm{d}}{\mathrm{d}t}(J_C\omega)=-J_C\alpha \tag{12-5}$$

于是可知，具有质量对称平面，且此对称平面始终与某一固定平面平行的平面运动刚体，其惯性力系可简化为作用线通过质心的一个力和作用在质量对称平面内的一个力偶。这个力的大小等于刚体的质量与质心加速度大小的乘积，方向与质心加速度的方向相反；这个力偶的力偶矩大小等于刚体对质心轴的转动惯量与其角加速度大小的乘积，转向与角加速度的转向相反（图 12.3）。

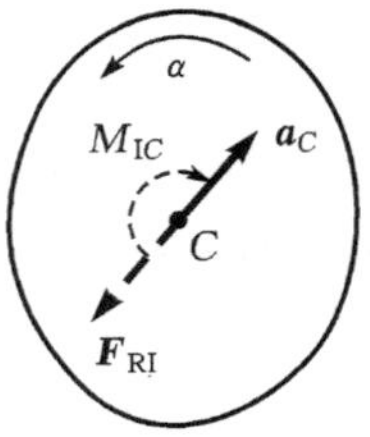

图 12.3

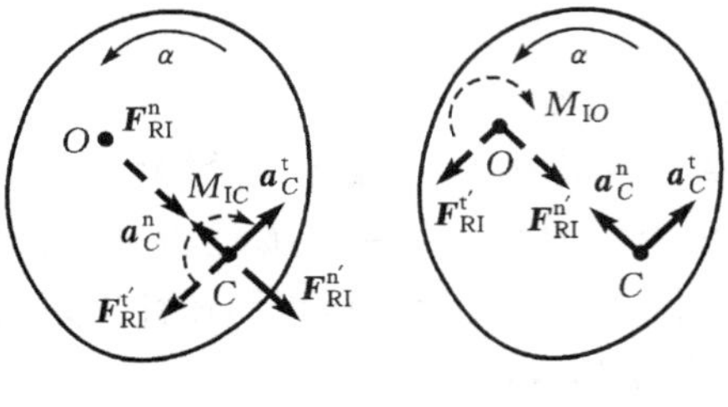

(a) (b)

图 12.4

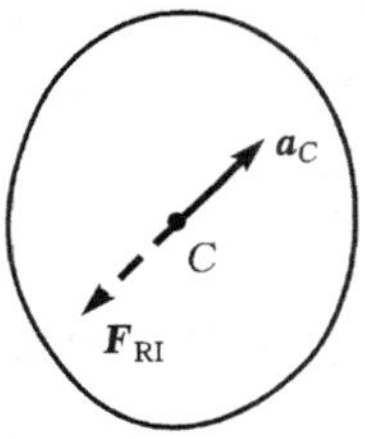

图 12.5

刚体的定轴转动是平面运动的特殊情形。当刚体具有质量对称平面，且转轴与质量对称平面垂直时，其惯性力的简化结果与刚体作平面运动的情形相同（图 12.4(a)）。实用中常将刚体的惯性力系向转轴与质量对称平面的交点 O 简化（图 12.4(b)），此时惯性力系的主矩为

$$
\begin{aligned}
M_{IO} &= M_{IC} + M_O(\boldsymbol{F}'^{t}_{RI}) = -J_C\alpha - \overline{OC}\cdot M\overline{OC}\alpha \\
&= -(J_C + M\overline{OC}^2)\alpha = -J_O\alpha
\end{aligned}
\tag{12-6}
$$

对于平动刚体，由于 $\boldsymbol{M}_{IC} = -\dfrac{d\boldsymbol{L}_C}{dt} = 0$，故其惯性力系可简化为作用线通过其质心的一个合力（图 12.5）。

12.2 动静法

12.2.1 质点的动静法

设质量为 m 的非自由质点 M，在主动力 $\boldsymbol{F}$ 和约束力 $\boldsymbol{F}_N$ 的作用下，加速度为 $\boldsymbol{a}$。根据动力学基本方程，有

$$\boldsymbol{F} + \boldsymbol{F}_N = m\boldsymbol{a}$$

将上式的右端移至左端，可得

$$\boldsymbol{F} + \boldsymbol{F}_N + (-m\boldsymbol{a}) = 0$$

引入惯性力 $\boldsymbol{F}_I = -m\boldsymbol{a}$，则上式可改写为

$$\boldsymbol{F} + \boldsymbol{F}_N + \boldsymbol{F}_I = 0 \tag{12-7}$$

即当非自由质点运动时，作用于其上的主动力、约束力和质点的惯性力，在形式上组成一个平衡力系。这一思想是由法国科学家达朗贝尔为解决机器动力学问题，于 1743 年首先提出来的，因此称为**质点的达朗贝尔原理**。它是非自由质点动力学的普遍定理。这种以加惯性力为条件，把实际上的质点动力学问题在形式上转化为静力学的平衡问题来处理的方法，就是**质点**

的动静法。

应当注意，实际上质点的惯性力不是作用在质点本身上的力，质点本身也并不处于平衡状态。式(12-7)并不表示存在一个实际的平衡力系$\{\boldsymbol{F},\boldsymbol{F}_N,\boldsymbol{F}_I\}$，而仅仅是给出了$\boldsymbol{F}$、$\boldsymbol{F}_N$和$\boldsymbol{F}_I$之间的矢量关系。

例 12.1　摆式加速度计原理　为了测定列车的加速度，采用一种称为摆式加速度计的装置。这种装置是在车箱中挂一单摆，当列车作匀加速直线平动时，摆将稳定在与铅垂线成θ角的位置(图 12.6(a))。试求列车的加速度与偏角θ之间的关系。

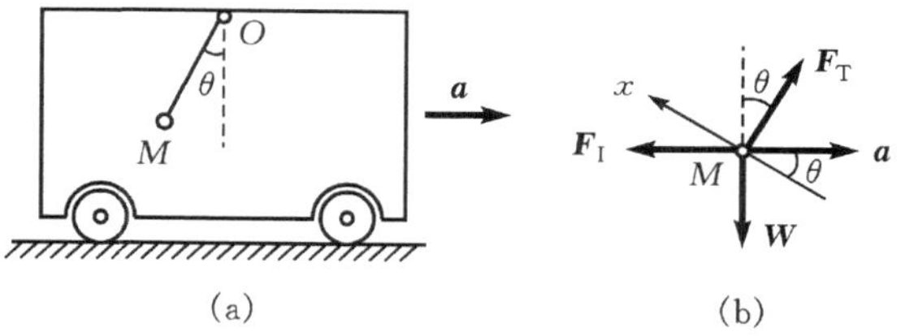

图 12.6

解：取摆锤M为研究对象。设摆锤的质量为m，作用在其上的主动力为重力$\boldsymbol{W}(=m\boldsymbol{g})$，约束力为摆线的张力$\boldsymbol{F}_T$，于是摆锤的受力如图 12.3(b)所示。

当摆稳定在与铅垂线成θ角的位置时，摆锤的加速度与列车的加速度相同，设为$\boldsymbol{a}$，则摆锤的惯性力$\boldsymbol{F}_I=-m\boldsymbol{a}$。

根据质点的达朗贝尔原理，有

$$\boldsymbol{W}+\boldsymbol{F}_T+\boldsymbol{F}_I=0$$

将上式向垂直于OM的x轴方向投影，可得

$$-W\sin\theta+F_I\cos\theta=0$$

即

$$-mg\sin\theta+ma\cos\theta=0$$

于是可求得列车的加速度与偏角θ之间的关系为

$$a=\tan\theta$$

可见，只要测出偏角θ，即可知道列车的加速度。这就是摆式加速度计的原理。

12.2.2　质点系的动静法

设有一由n个质点组成的非自由质点系，其中任一质点的惯性力$\boldsymbol{F}_{Ii}=-m_i\boldsymbol{a}_i$。若作用在此质点上的所有外力的合力为$\boldsymbol{F}_i^e$，所有内力的合力为$\boldsymbol{F}_i^i$，根据质点的达朗贝尔原理，有

$$\boldsymbol{F}_i^e+\boldsymbol{F}_i^i+\boldsymbol{F}_{Ii}=0\quad(i=1,2,\cdots,n)\tag{12-8}$$

即**在任一瞬时，作用于质点系中任一质点上的所有外力的合力、所有内力的合力和该质点的惯性力，在形式上组成一个平衡力系**。这就是**质点系的达朗贝尔原理**。

由式(12-8)可知，对于整个质点系，则作用在质点系上的所有外力、内力和质点系的惯性力系在形式上也必然构成一个平衡力系。根据静力学中空间力系的平衡条件，有

$$\left.\begin{aligned}&\sum\boldsymbol{F}_i^e+\sum\boldsymbol{F}_i^i+\sum\boldsymbol{F}_{Ii}=0\\&\sum\boldsymbol{M}_O(\boldsymbol{F}_i^e)+\sum\boldsymbol{M}_O(\boldsymbol{F}_i^i)+\sum\boldsymbol{M}_O(\boldsymbol{F}_{Ii})=0\end{aligned}\right\}$$

考虑到$\sum\boldsymbol{F}_i^i\equiv0$，$\sum\boldsymbol{M}_O(\boldsymbol{F}_i^i)\equiv0$，于是可得

$$\left.\begin{aligned}\sum \boldsymbol{F}_i^e + \sum \boldsymbol{F}_{Ii} = 0 \\ \sum \boldsymbol{M}_O(\boldsymbol{F}_i^e) + \sum \boldsymbol{M}_O(\boldsymbol{F}_{Ii}) = 0\end{aligned}\right\} \tag{12-9}$$

上式表明，**作用在质点系上的所有外力和质点系的惯性力系在形式上组成一个平衡力系**。习惯上有时也把这个结论称为质点系的达朗贝尔原理。

实际应用中常把作用在质点系上的外力 $\boldsymbol{F}_i^e$ 分为主动力 $\boldsymbol{F}_i$ 和约束力 $\boldsymbol{F}_{Ni}$，则式(12-9)可改写为

$$\left.\begin{aligned}\sum \boldsymbol{F}_i + \sum \boldsymbol{F}_{Ni} + \sum \boldsymbol{F}_{Ii} = 0 \\ \sum \boldsymbol{M}_O(\boldsymbol{F}_i) + \sum \boldsymbol{M}_O(\boldsymbol{F}_{Ni}) + \sum \boldsymbol{M}_O(\boldsymbol{F}_{Ii}) = 0\end{aligned}\right\} \tag{12-10}$$

对于作用在质点系上的所有外力和质点系的惯性力系分布在同一平面内的情形，若取平面为 Oxy 平面，并略去各力矢的右下脚标 i，则可得式(12-9)的投影形式为

$$\left.\begin{aligned}\sum F_x^e + \sum F_{xI} = 0 \\ \sum F_y^e + \sum F_{yI} = 0 \\ \sum M_O(\boldsymbol{F}^e) + \sum M_O(\boldsymbol{F}_I) = 0\end{aligned}\right\} \tag{12-11}$$

式中：$\boldsymbol{F}_{xI}$、$\boldsymbol{F}_{yI}$分别为惯性力 $\boldsymbol{F}_I$ 在 x、y 轴上的投影。上式中只有一个矩方程，还可以写成具有两个矩方程，或三个方程皆为矩方程的形式。

根据质点系的达朗贝尔原理，把非自由质点系的动力学问题在形式上转化为静力学的平衡问题来研究的方法，称为**质点系的动静法**。应用质点系的动静法解题的方法步骤与应用质点的动静法时基本相同，即

(1) 依题意选取研究对象；

(2) 对研究对象作受力分析，画出受力图；

(3) 对研究对象作运动分析，假想地给研究对象加惯性力；

(4) 根据质点系的达朗贝尔原理建立适当的平衡方程，然后代入已知数据，求出待求量。

例 12.2 如图 12.7(a)所示，滑轮可绕水平轴 O 转动，其半径为 r，重为 W，设其质量全部均匀地分布在轮缘上，轴承摩擦忽略不计。轮缘上跨过的软绳的两端各挂重为 W_1、W_2 的重物，$W_1 > W_2$。不计绳重，且绳与滑轮之间无相对滑动。求重物的加速度。

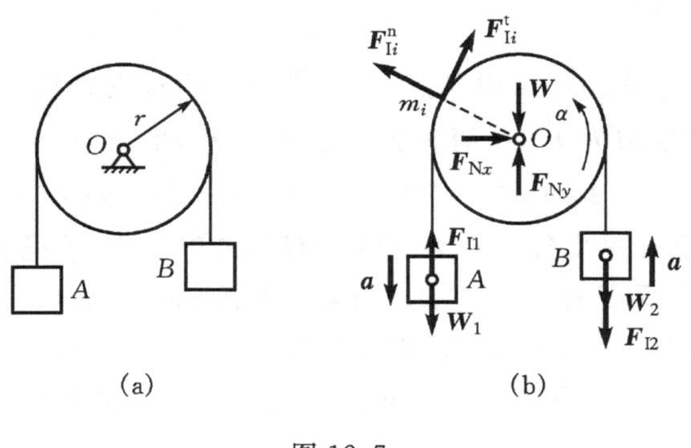

图 12.7

解：取由两重物、滑轮和绳组成的系统为研究对象。系统受到的外力：重力 $\boldsymbol{W}_1$、$\boldsymbol{W}_2$、$\boldsymbol{W}$，轴承 O 的约束力 $\boldsymbol{F}_x$、$\boldsymbol{F}_y$。设重物 A 的加速度的大小为 a，方向向下。因为绳不可伸长，所以重物

B 的加速度的大小也为 a，方向向上。又因为绳与滑轮之间无相对滑动，所以滑轮轮缘上各点的切向加速度的大小皆为 a，其方向与滑轮的角加速度 α 的转向一致；α 的转向为逆钟向。于是两个重物的惯性力大小分别等于

$$F_{I1} = \frac{W_1}{g}a, \quad F_{I2} = \frac{W_2}{g}a \tag{1}$$

方向如图 12.7(b)所示。滑轮的质量分布在轮缘上，可以看作由许多小质点组成，应对所有这些小质点加惯性力。图中取质量为 m_i 的小质点为代表，画出了它的惯性力。它们的大小为

$$F_{Ii}^{t} = m_i a_{it} = m_i a, \quad F_{Ii}^{n} = m_i a_{in} = m_i v^2/r \tag{2}$$

它们的方向如图 12.7(b)所示。

因为本题要求的是重物的加速度 a，它被包含在惯性力 F_{I1}、F_{I2}、F_{Ii}^{t} 中，而 F_x、F_y 和 F_{Ii}^{n} 是不需要求的，所以取 O 为矩心，列出力矩平衡方程为

$$W_1 \cdot r - F_{I1} \cdot r - W_2 \cdot r - F_{I2} \cdot r - \sum F_{Ii}^{t} \cdot r = 0 \tag{3}$$

将(1)、(2)式代入(3)式，并注意 $\sum F_{Ii}^{t} = a \sum m_i = aW/g$，即可解得

$$a = \frac{W_1 - W_2}{W_1 + W_2 + W}g$$

因为 $W_1 > W_2$，所以 $a > 0$，说明图中所设加速度的方向是正确的。

例 12.3　均质细杆 AB 长为 l，质量为 m，以匀角速度 ω 绕铅垂轴 z 转动，如图 12.8(a)所示。求杆与铅垂线的夹角 θ 及铰链 A 的约束力。

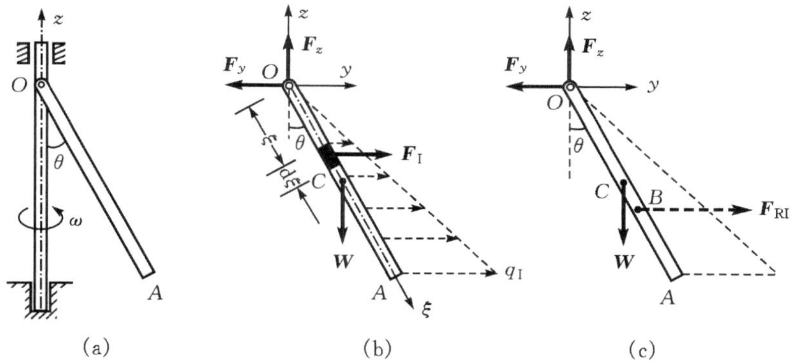

图 12.8

解：取 AB 杆为研究对象。它受到的外力有：重力 $\boldsymbol{W}$，铰链 A 的约束力 $\boldsymbol{F}_y$、$\boldsymbol{F}_x$。考察杆上任一微段 $d\xi$，设它到 A 点的距离为 ξ。此微段在水平面内作半径为 $r = \xi\sin\theta$ 的匀速圆周运动，法向加速度 $a_n = r\omega^2 = \xi\omega^2\sin\theta$。微段的质量 $dm = \frac{m}{l}d\xi$。于是，该微段的惯性力的大小为

$$dF_I = dm \cdot a_n = \frac{m\xi\omega^2\sin\theta}{l}d\xi \tag{1}$$

方向垂直于 z 轴向右。此种惯性力是沿整个杆分布的，将(1)式除以微段的长度即得惯性力集度

$$q_I = dF_I/d\xi = m\xi\omega^2\sin\theta/l \tag{2}$$

可见 q_I 与 ξ 成正比，在 A 点为零，在 B 点最大，等于 $m\omega^2\sin\theta$，图 12.8(b)上画出了 q_I 沿杆 AB

分布的情况。根据质点的达朗贝尔原理，有

$$\sum M_A(\boldsymbol{F}) = 0, \quad -W \cdot \frac{l}{2}\sin\theta + \int_0^l \xi\cos\theta \cdot q_I \mathrm{d}\xi = 0 \tag{3}$$

将(2)式代入(3)式即得

$$\int_0^l \frac{m\omega^2 \sin\theta\cos\theta}{l}\xi^2 \mathrm{d}\xi = \frac{mgl}{2}\sin\theta$$

由此解得

$$\left.\begin{aligned} &\sin\theta = 0,\text{或 } \theta = 0,\pi \\ &\cos\theta = \frac{3g}{2l\omega^2},\text{或 } \theta = \arccos\frac{3g}{2l\omega^2} \end{aligned}\right\}$$

$$\sum F_{yi} = 0, \quad F_y + \int_0^l q_I \mathrm{d}\xi = 0 \tag{4}$$

将(2)式代入得

$$F_y = -\int_0^l \frac{m\omega^2\sin\theta}{l}\xi \mathrm{d}\xi = -\frac{1}{2}ml\omega^2\sin\theta$$

$$\sum F_{zi} = 0, \quad F_z - W = 0 \tag{5}$$

解得

$$F_z = W = mg$$

顺便指出，为了求解方便，在建立平衡方程之前，可先求出杆的惯性力系的合力 $\boldsymbol{F}_{RI}$(图12.8(c))。由静力学知，合力 $\boldsymbol{F}_{RI}$的作用点到 A 的距离$\overline{AD} = \frac{2}{3}l$，方向与 y 轴的正向一致，大小为

$$F_{RI} = \int_0^l q_I \mathrm{d}\xi = \int_0^l \frac{m}{l}\omega^2\sin\theta \cdot \xi \mathrm{d}\xi = \frac{1}{2}ml\omega^2\sin\theta$$

然后再根据达朗贝尔原理建立平衡方程求解，也可以得到同样的结果。

例 12.4 汽车重 W，以加速度 $\boldsymbol{a}$ 作水平直线平动，如图 12.9(a)所示。汽车重心 C 离地面的高度为 h，汽车前后轮轴到通过重心的铅垂线的距离分别为 b 和 d。若不计前后轮的质量，求其前后轮的正压力。

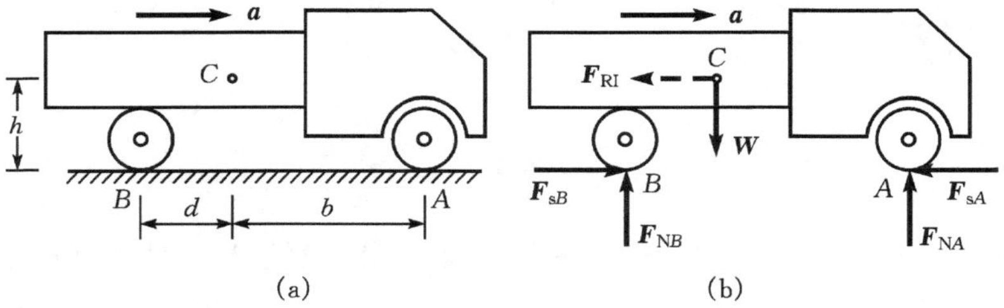

图 12.9

解：取汽车为研究对象。受到的外力有：重力 $\boldsymbol{W}$，两个前轮受到的地面正压力的合力 $\boldsymbol{F}_{NA}$和摩擦力的合力 $\boldsymbol{F}_{sA}$，两个(或四个)后轮受到的地面正压力的合力 $\boldsymbol{F}_{NB}$和摩擦力的合力 $\boldsymbol{F}_{sB}$。图 12.9(b)所画的实际上是汽车的纵对称面的剖面图，上述诸力都分布在此对称面内。因为汽车以加速度 $\boldsymbol{a}$ 平动，所以其惯性力系可用一个加在质心 C 上的合力 $\boldsymbol{F}_{RI}$表示

$$\boldsymbol{F}_{RI} = -\frac{W}{g}\boldsymbol{a}$$

负号表示 $\boldsymbol{F}_{RI}$ 与 $\boldsymbol{a}$ 的方向相反。题设 $\boldsymbol{a}$ 的方向向前，于是 $\boldsymbol{F}_{RI}$ 的方向向后，大小为

$$F_{RI} = (W/g)a \tag{1}$$

$$\sum M_B(\boldsymbol{F}) = 0, \quad F_{NA}(b+d) + F_{RI}h - Wd = 0 \tag{2}$$

$$\sum M_A(\boldsymbol{F}) = 0, \quad -F_{NB}(b+d) + F_{RI}h + Wb = 0 \tag{3}$$

由此两方程解得

$$F_{NA} = \frac{d - ah/g}{b+d}W \tag{4}$$

$$F_{NB} = \frac{b + ah/g}{b+d}W \tag{5}$$

从所得的结果可见，如果汽车的加速度 $\boldsymbol{a}$ 向前，即汽车向前作加速运动或倒车时作减速运动，则前轮受到的地面正压力，比汽车作匀速直线运动（或静止）时小 $\frac{ah}{g(b+d)}W$，后轮受到的地面正压力则大 $\frac{ah}{g(b+d)}W$。如果汽车的加速度 $\boldsymbol{a}$ 向后，即汽车向前作减速运动（刹车）或倒车时作加速运动，则只要将(1)—(5)各式中的 a 和 F_{RI} 都看作负值，本题的分析和所得的解仍然适用。这时前轮受到的地面正压力比汽车作匀速直线运动时大 $\frac{|a|h}{g(b+d)}W$，后轮受到的地面正压力则小 $\frac{|a|h}{g(b+d)}W$。

例 12.5　图 12.10(a)所示水平圆盘绕铅垂轴 O 转动，$\omega=4$ rad/s，$\alpha=8$ rad/s^2。均质细直杆 AB 置于其上，A 端用铰链与圆盘相连，杆长 $l=60$ cm、质量 $m=2$ kg，$\overline{OA}=d=40$ cm。圆盘在 B 处有一小凸台。$\angle OAB=90°$，不计摩擦，试求凸台 B 对杆的约束力。

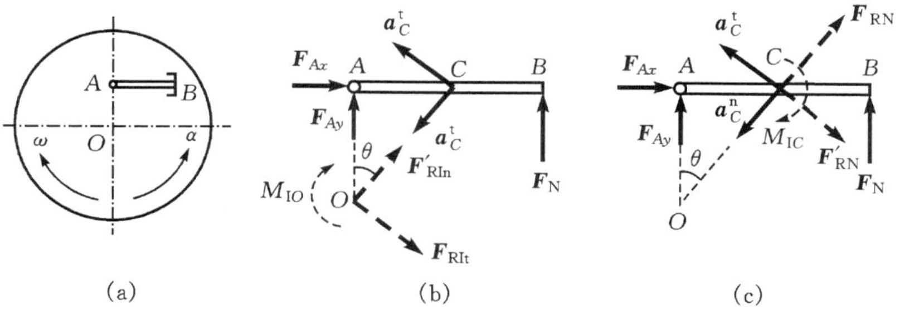

图 12.10

解：取 AB 杆为研究对象。杆在水平面内受到的外力有：铰链 A 的约束力 $\boldsymbol{F}_{Ax}$、$\boldsymbol{F}_{Ay}$，凸台 B 的约束力 $\boldsymbol{F}_N$。所有铅垂方向的外力自成平衡。AB 杆随圆盘一起绕 O 轴转动，角速度为 ω，角加速度为 α。根据式(12-2)和式(12-5)，AB 杆的惯性力系可以简化为作用在转动中心 O 上的力 $\boldsymbol{F}'_{RIt}$ 和 $\boldsymbol{F}'_{RIn}$ 以及一个力偶（其矩为 M_{IO}）。它们的方向或转向如图 12.10(b)所示，它们的大小为

$$F'_{RIn} = ma_C^n = m\overline{CO}\omega^2 = 16 \text{ N}, \quad F'_{RIt} = ma_C^t = m\overline{CO}\alpha = 8 \text{ N}$$

$$|M_{IO}| = J_O\alpha = (J_C + m\overline{CO}^2)\alpha = 4.48 \text{ N·m}$$

注意，虽然简化后的惯性力和惯性力偶加在转动中心 O 上，但必须理解成它们是作用在

杆上，而不是作用在圆盘上。

$\boldsymbol{F}_\mathrm{N}$、$\boldsymbol{F}_{Ax}$、$\boldsymbol{F}_{Ay}$、$\boldsymbol{F}'_{\mathrm{RIn}}$、$\boldsymbol{F}'_{\mathrm{RIt}}$、$M_{\mathrm{IO}}$组成平面任意力系。根据达朗贝尔原理，有

$$\sum M_A(\boldsymbol{F}) = 0,\quad F'_{\mathrm{RIn}}\,\overline{OA}\sin\theta + F'_{\mathrm{RIt}}\,\overline{OA}\cos\theta - |M_{\mathrm{IO}}| - F_\mathrm{N}\,\overline{AB} = 0$$

将各已知数据代入，得到

$$16\times 3/5\times 0.4 + 8\times 4/5\times 0.4 - 4.48 - 0.6F_\mathrm{N} = 0$$

解得

$$F_\mathrm{N} = 3.2\ \mathrm{N}$$

给 AB 杆加惯性力时，也可以把该杆的运动视为平面运动，而将惯性力 $\boldsymbol{F}'_{\mathrm{RIn}}$和 $\boldsymbol{F}'_{\mathrm{RIt}}$加在杆的质心 C 上（图 12.10(c)），这时惯性力偶的矩应按式(12－6)确定。

例 12.6 均质细杆 AB 长为 l，质量为 m。用两根柔绳挂成水平，如图 12.11(a)所示。现将其中一根柔绳 BD 烧断，若不计绳质量，试求当杆开始运动时的角加速度 α。

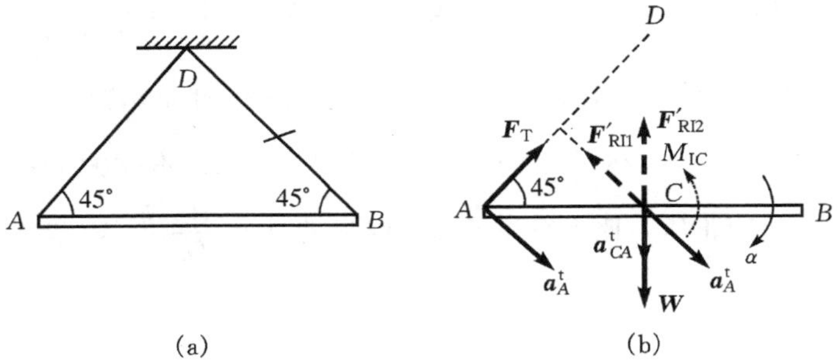

图 12.11

解：取 AB 杆为研究对象。杆受到的外力有：重力 $\boldsymbol{W}$、AD 绳的拉力 $\boldsymbol{F}_\mathrm{T}$（图12.11(b)）。杆作平面运动。杆的惯性力系的简化结果是一个作用在质心 C 上的力 $\boldsymbol{F}'_{\mathrm{RI}}$和一个作用在 DAB 平面内的力偶矩为 M_{IC}的力偶，大小、方(转)向分别按式(12－2)和式(12－5)确定，它们取决于杆的质心加速度 $\boldsymbol{a}_C$ 和杆的角加速度 α。现在 $\boldsymbol{a}_C$ 和 α 都是未知的，共为三个未知的代数量（$\boldsymbol{a}_C$ 代表两个未知的代数量：大小和方向，或者 a_{Cx}和 a_{Cy}）。但是因为杆的 A 端受到绳的约束，它只能作以 D 为圆心、$\overline{DA}$为半径的圆周运动，所以 $\boldsymbol{a}_C$ 与 α 之间必有某种关系，三个未知的代数量中只有两个是独立的。本题要求 α，我们把它作为独立的未知量。为了方便起见，再设绳 AD 的角加速度 α_{AD}为独立的未知量，那么 $\boldsymbol{a}_C$ 就可以用 α 和 α_{AD}表示，而不再是独立的未知量了。为此，根据求平面图形内各点加速度分析的基点法公式有

$$\boldsymbol{a}_C = \boldsymbol{a}_A^\mathrm{t} + \boldsymbol{a}_A^\mathrm{n} + \boldsymbol{a}_{CA}^\mathrm{t} + \boldsymbol{a}_{CA}^\mathrm{n} \tag{1}$$

式中：$\boldsymbol{a}_A^\mathrm{n}$ 和 $\boldsymbol{a}_{CA}^\mathrm{n}$与速度或角速度有关，因此需要先知道速度或角速度。因为本题要求的是系统刚开始运动时杆的角加速度，所以杆和绳的角速度皆为零，于是 $\boldsymbol{a}_A^\mathrm{n}=\boldsymbol{a}_{CA}^\mathrm{n}=0$。又

$$a_A^\mathrm{t} = \overline{AD}\alpha_{AD} = \frac{\sqrt{2}}{2}l\alpha_{AD},\quad a_{CA}^\mathrm{t} = \overline{AC}\alpha = \frac{l}{2}\alpha$$

$\boldsymbol{a}_A^\mathrm{t}$ 和 $\boldsymbol{a}_{CA}^\mathrm{t}$的方向如图 12.11(b)所示。将(1)式代入式(12－2)得

$$\boldsymbol{F}'_{\mathrm{RI}} = -m\boldsymbol{a}_C = (-m\boldsymbol{a}_A^\mathrm{t}) + (-m\boldsymbol{a}_{CA}^\mathrm{t})$$

记 $\boldsymbol{F}'_{\mathrm{RI1}}=-m\boldsymbol{a}_A^\mathrm{t}$，$\boldsymbol{F}'_{\mathrm{RI2}}=-m\boldsymbol{a}_{CA}^\mathrm{t}$。可将 $\boldsymbol{F}'_{\mathrm{RI1}}$和 $\boldsymbol{F}'_{\mathrm{RI2}}$看作 $\boldsymbol{F}'_{\mathrm{RI}}$的两个分力，它们的方向如图 12.11(b)所示，大小为

$$F'_{\mathrm{RI1}}=\frac{\sqrt{2}}{2}ml\alpha_{AD}\,,\quad F'_{\mathrm{RI2}}=\frac{1}{2}ml\alpha \tag{2}$$

惯性力偶矩的转向与 α 相反,其大小为

$$|M_{\mathrm{IC}}|=J_C\alpha=\frac{1}{12}ml^2\alpha \tag{3}$$

$\boldsymbol{W}$、$\boldsymbol{F}_{\mathrm{T}}$、$\boldsymbol{F}'_{\mathrm{RI1}}$、$\boldsymbol{F}'_{\mathrm{RI2}}$、$M_{\mathrm{IC}}$组成平面平衡力系,其中 $\boldsymbol{F}'_{\mathrm{RI2}}$、$M_{\mathrm{IC}}$包含本题要求的未知量 α,而 $\boldsymbol{F}_{\mathrm{T}}$ 和 $\boldsymbol{F}'_{\mathrm{RI1}}$ 中所包含的 α_{AD} 不是要求的未知量。我们取 $\boldsymbol{F}'_{\mathrm{RI1}}$ 的作用线与 AD 的交点 E 为矩心,列力矩平衡方程

$$\sum M_E(\boldsymbol{F})=0,\quad (F'_{\mathrm{RI2}}-W)\cdot l/4+|M_{\mathrm{IC}}|=0$$

将(2)式和(3)式代入得

$$\frac{1}{8}ml^2\alpha-\frac{1}{4}mgl+\frac{1}{12}ml^2\alpha=0$$

解得

$$\alpha=\frac{6g}{5l}$$

得到的 α 为正值,说明图 2.11(b)中所假设的 α 的转向是正确的。

例 12.7　如图 12.12(a)所示,均质细直杆 AB 长为 l,质量为 m_1,上端 B 靠在光滑铅垂墙上,下端 A 用光滑铰链与一均质圆柱的质心相连。圆柱半径为 r,质量为 m_2,可沿粗糙水平面作纯滚动。当杆与水平线的夹角 $\theta=45°$时,系统由静止开始运动。试求初瞬时圆柱质心 A 的加速度。

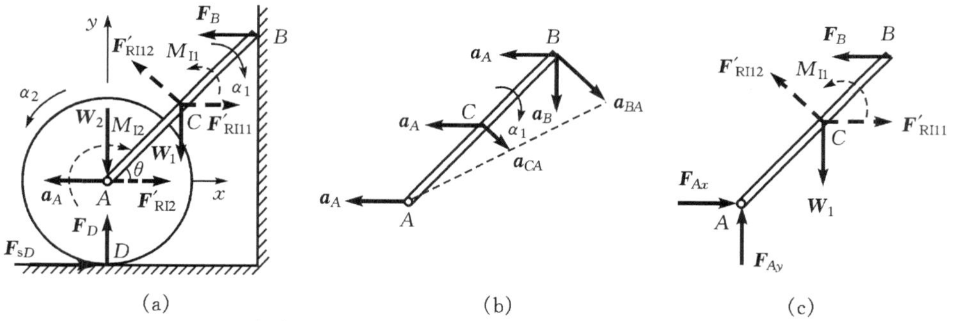

图 12.12

解:这是一个物系动力学问题。对于物系动力学问题,只要根据系统中各物体的运动类型分别加上各自的惯性力系简化结果,即可当作物系平衡问题来处理。这样就可尽量取整体或两个以上物体组成的子系统为研究对象,使不要求的未知约束力成为内力,再结合适当选取投影轴和力矩轴(矩心)的技巧,从而使动力学问题的求解过程得以简化。

先取整体为研究对象。系统受到的外力有:重力 $\boldsymbol{W}_1$、$\boldsymbol{W}_2$,B 处的约束力 $\boldsymbol{F}_B$,D 处的约束力 $\boldsymbol{F}_D$ 和摩擦力 $\boldsymbol{F}_{sD}$,如图 12.12(a)所示。圆柱作平面运动,设其质心 A 的加速度为 $\boldsymbol{a}_A$。因为圆柱作纯滚动,所以其角加速度 $\alpha_2=a_A/r$,为逆钟向。圆柱的惯性力系向 A 点简化,得到一个作用在 A 点的惯性力 $\boldsymbol{F}'_{\mathrm{RI2}}$ 和一个矩为 M_{I2} 的惯性力偶。惯性力

$$\boldsymbol{F}'_{\mathrm{RI2}}=-m_2\boldsymbol{a}_A$$

其方向水平向右，大小为 $F'_{RI2}=m_2a_A$。惯性力偶为顺钟向，其矩的大小为

$$|M_{I2}|=J_A\alpha_2=\frac{1}{2}m_2r^2\cdot\frac{a_A}{r}=\frac{1}{2}m_2ra_A$$

AB 杆也作平面运动，设其角加速度 α_1 为顺钟向。杆的惯性力系向质心 C 简化，得到一个作用在 C 点的惯性力 $\boldsymbol{F}'_{RI1}$ 和一个逆钟向的矩为 M_{I1} 的惯性力偶。

$$\boldsymbol{F}'_{RI1}=-m_1\boldsymbol{a}_C \tag{1}$$

$$|M_{I1}|=J_C\alpha_1=\frac{1}{12}m_1l^2\alpha_1 \tag{2}$$

因为 AB 杆的两端受到约束，A 端的加速度为 $\boldsymbol{a}_A$，B 端的加速度沿铅垂方向，所以质心 C 的加速度 $\boldsymbol{a}_C$ 和杆的角加速度 α_1 都可以通过 $\boldsymbol{a}_A$ 表示，而不算独立的未知量。为此，先以 A 为基点分析 B 点的加速度，如图 12.12(b)所示，有

$$\boldsymbol{a}_B=\boldsymbol{a}_A+\boldsymbol{a}_{BA} \tag{3}$$

因为刚开始运动时杆的角速度为零，所以 $\boldsymbol{a}_{BA}=\boldsymbol{a}^{t}_{BA}$，其方向垂直于 AB，指向与假设的 α_1 转向一致，大小等于 $l\alpha_1$。将(3)式向水平方向投影得

$$0=a_A-l\alpha_1\sin\theta$$

由此得到

$$\alpha_1=\frac{a_A}{l\sin\theta} \tag{4}$$

再以 A 为基点分析 C 点的加速度，有

$$\boldsymbol{a}_C=\boldsymbol{a}_A+\boldsymbol{a}_{CA} \tag{5}$$

其中 $\boldsymbol{a}_{CA}=\boldsymbol{a}^{t}_{CA}$，方向垂直于 AB，指向与 α_1 的转向一致，大小为

$$a_{CA}=\frac{l}{2}\alpha_1=\frac{a_A}{2\sin\theta}$$

将(5)式代入(1)式得

$$\boldsymbol{F}'_{RI1}=(-m_1\boldsymbol{a}_A)+(-m_1\boldsymbol{a}_{CA})=\boldsymbol{F}'_{RI11}+\boldsymbol{F}'_{RI12}$$

其中 $\boldsymbol{F}'_{RI11}=-m_1\boldsymbol{a}_A$，$\boldsymbol{F}'_{RI12}=-m_1\boldsymbol{a}_{CA}$。它们的方向如图 12.12(a)所示，大小为

$$F'_{RI11}=m_1a_A,\quad F'_{RI12}=m_1a_{CA}=\frac{m_1a_A}{2\sin\theta}$$

将(4)式代入(2)式得

$$|M_{I1}|=\frac{m_1la_A}{12\sin\theta}$$

如图 12.12(a)所示，$\boldsymbol{W}_1$、$\boldsymbol{W}_2$、$\boldsymbol{F}_B$、$\boldsymbol{F}_D$、$\boldsymbol{F}'_{RI11}$、$\boldsymbol{F}'_{RI12}$、M_{I1}、M_{I2} 组成平面平衡力系，其中包含四个独立的未知量：F_B、F_D、F_{sD} 和 a_A。要求的未知量是 a_A，它出现在诸惯性力和惯性力偶矩中。因为不论什么样的含 a_A 的平衡方程都涉及其他未知量，所以不可能只列一个平衡方程就解出 a_A。

$$\begin{aligned}\sum M_D(\boldsymbol{F})=0,\quad & F_B(r+l\sin\theta)-W_1\frac{l}{2}\cos\theta-F'_{RI11}\left(r+\frac{l}{2}\sin\theta\right)\\ &+F'_{RI12}\left(r\sin\theta+\frac{l}{2}\right)+|M_{I1}|-F'_{RI2}\cdot r-|M_{I2}|\\ &=F_B\left(r+\frac{\sqrt{2}}{2}l\right)+\frac{\sqrt{2}}{12}m_1a_Al-\frac{1}{2}(m_1+3m_2)a_Ar-\frac{\sqrt{2}}{4}m_1gl\\ &=0\end{aligned} \tag{6}$$

一个方程中出现 a_A 和 F_B 两个未知量，需补充方程。如果仍取整体为研究对象，则补充的任何独立平衡方程都将出现新的未知量 F_D 或 F_{sD}。为了使补充的独立方程除 a_A 和 F_B 外，不出现新的未知量，我们再取 AB 为研究对象，取 A 点为矩心，列力矩平衡方程。画出 AB 杆受到的所有外力，并加惯性力，如图 12.12(c)所示。

$$\sum M_A(\boldsymbol{F})=0,\quad F_Bl\sin\theta-W_1\frac{l}{2}\cos\theta-F'_{\mathrm{RI1}}\frac{l}{2}\sin\theta+F'_{\mathrm{RI2}}\frac{l}{2}+|M_{\mathrm{I1}}|$$

$$=F_B\frac{\sqrt{2}}{2}l+\frac{\sqrt{2}}{12}m_1a_Al-\frac{\sqrt{2}}{4}m_1gl=0 \tag{7}$$

(6)、(7)两方程联立求解，(6)式减(7)式即得

$$F_B=\frac{m_1+3m_2}{2}a_A \tag{8}$$

将(8)式代入(7)式，即可解出

$$a_A=\frac{3m_1}{4m_1+9m_2}g$$

*12.3 定轴转动刚体的轴承动约束力

上节研究过定轴转动刚体惯性力系的简化。在那里假定刚体具有垂直于转轴的质量对称平面，这种情形虽然常见，但具有特殊性。本节先研究一般情况下定轴转动刚体惯性力系的简化，然后再研究定轴转动刚体的轴承动约束力问题。

12.3.1 定轴转动刚体惯性力系的简化

定轴转动刚体的惯性力系向任意点简化后得到的主矢，仍按式(12-2)确定。下面研究定轴转动刚体惯性力系的主矩。

设定轴转动刚体在某瞬时的角速度为 $\boldsymbol{\omega}$、角加速度为 $\boldsymbol{\alpha}$(图 12.13)，则刚体内任一质量为 m_i 的质点 M_i 的切向加速度和法向加速度分别为

$$\boldsymbol{a}_i^{\mathrm{t}}=\boldsymbol{\alpha}\times\boldsymbol{r}_i$$

$$\boldsymbol{a}_i^{\mathrm{n}}=\boldsymbol{\omega}\times\boldsymbol{v}_i=\boldsymbol{\omega}\times(\boldsymbol{\omega}\times\boldsymbol{r}_i)$$

其中 $\boldsymbol{r}_i$ 是 M_i 的矢径，矢径的始点(极点)为转轴 z 上的任意点 O。取 O 点为坐标原点，并选它作为惯性力系的简化中心。

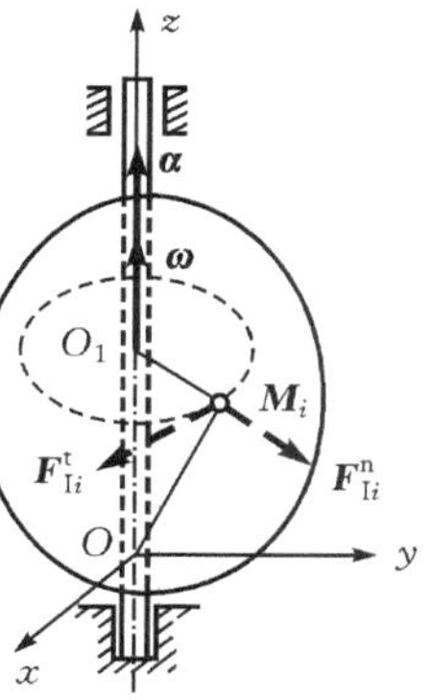

图 12.13

质点 M_i 的切向惯性力和法向惯性力分别为

$$\left.\begin{aligned}\boldsymbol{F}_{\mathrm{I}i}^{\mathrm{t}}&=-m_i\boldsymbol{a}_i^{\mathrm{t}}=-m_i\boldsymbol{\alpha}\times\boldsymbol{r}_i\\\boldsymbol{F}_{\mathrm{I}i}^{\mathrm{n}}&=-m_i\boldsymbol{a}_i^{\mathrm{n}}=-m_i\boldsymbol{\omega}\times(\boldsymbol{\omega}\times\boldsymbol{r}_i)\end{aligned}\right\}$$

惯性力系对 O 点的主矩

$$\begin{aligned}\boldsymbol{M}_{\mathrm{I}O}&=\sum\boldsymbol{M}_O(\boldsymbol{F}_{\mathrm{I}i}^{\mathrm{t}})+\sum\boldsymbol{M}_O(\boldsymbol{F}_{\mathrm{I}i}^{\mathrm{n}})\\&=\sum\boldsymbol{r}_i\times(-m_i\boldsymbol{\alpha}\times\boldsymbol{r}_i)+\sum\boldsymbol{r}_i\times[-m_i\boldsymbol{\omega}\times(\boldsymbol{\omega}\times\boldsymbol{r}_i)]\\&=-\sum m_i[(\boldsymbol{r}_i\cdot\boldsymbol{r}_i)\boldsymbol{\alpha}-(\boldsymbol{r}_i\cdot\boldsymbol{\alpha})\boldsymbol{r}_i]-\sum m_i\{[\boldsymbol{r}_i\cdot(\boldsymbol{\omega}\times\boldsymbol{r}_i)]\boldsymbol{\omega}-(\boldsymbol{r}_i\cdot\boldsymbol{\omega})(\boldsymbol{\omega}\times\boldsymbol{r}_i)\}\end{aligned}\tag{12-12}$$

在上述推导中应用了双重矢积的展开公式

$$\boldsymbol{A}\times(\boldsymbol{B}\times\boldsymbol{C})=(\boldsymbol{A}\cdot\boldsymbol{C})\boldsymbol{B}-(\boldsymbol{A}\cdot\boldsymbol{B})\boldsymbol{C}$$

设沿坐标轴方向的单位矢量为 $\boldsymbol{i}$、$\boldsymbol{j}$、$\boldsymbol{k}$，则

$$\boldsymbol{r}_i=x_i\boldsymbol{i}+y_i\boldsymbol{j}+z_i\boldsymbol{k} \tag{12-13}$$

其中 x_i、y_i、z_i 为 M_i 点的坐标。又

$$\boldsymbol{\omega}=\omega\boldsymbol{k},\quad \boldsymbol{\alpha}=\alpha\boldsymbol{k} \tag{12-14}$$

其中 ω 和 α 分别为角速度矢量和角加速度矢量在 z 轴上的投影。于是式(12-12)中的

$$\left.\begin{aligned}&\boldsymbol{r}_i\cdot\boldsymbol{r}_i=r_i^2=x_i^2+y_i^2+z_i^2\\&\boldsymbol{r}_i\cdot\boldsymbol{\alpha}=\boldsymbol{r}_i\cdot\alpha\boldsymbol{k}=\alpha z_i\\&\boldsymbol{r}_i\cdot\boldsymbol{\omega}=\boldsymbol{r}_i\cdot\omega\boldsymbol{k}=\omega z_i\\&\boldsymbol{\omega}\times\boldsymbol{r}_i=\omega\boldsymbol{k}\times(x_i\boldsymbol{i}+y_i\boldsymbol{j}+z_i\boldsymbol{k})=\omega x_i\boldsymbol{j}-\omega y_i\boldsymbol{i}\end{aligned}\right\} \tag{12-15}$$

又因为 $\boldsymbol{r}_i\perp(\boldsymbol{\omega}\times\boldsymbol{r}_i)$，所以

$$\boldsymbol{r}_i\cdot(\boldsymbol{\omega}\times\boldsymbol{r}_i)=0 \tag{12-16}$$

根据式(12-13)、式(12-14)、式(12-15)和式(12-16)，式(12-12)可以变换如下

$$\begin{aligned}\boldsymbol{M}_{\mathrm{IO}}=&-\left[\sum m_i(x_i^2+y_i^2+z_i^2)\right]\alpha\boldsymbol{k}\\&+\alpha\left[\sum m_iz_i(x_i\boldsymbol{i}+y_i\boldsymbol{j}+z_i\boldsymbol{k})\right]\\&+\omega^2\left[\sum m_iz_i(x_i\boldsymbol{j}-y_i\boldsymbol{i})\right]\\=&\ \alpha\left(\sum m_ix_iz_i\right)\boldsymbol{i}+\alpha\left(\sum m_iy_iz_i\right)\boldsymbol{j}-\alpha\left[\sum m_i(x_i^2+y_i^2)\right]\boldsymbol{k}\\&-\omega^2\left(\sum m_iy_iz_i\right)\boldsymbol{i}+\omega^2\left(\sum m_ix_iz_i\right)\boldsymbol{j}\end{aligned} \tag{12-17}$$

式中：$\sum m_i(x_i^2+y_i^2)$是刚体对于 z 轴的转动惯量 J_z。式中的 $\sum m_ix_iz_i$ 和 $\sum m_iy_iz_i$，也是取决于刚体相对于坐标轴的质量分布的物理量。$\sum m_ix_iz_i$ 称为**刚体对 x、z 轴的惯性积**，记为 J_{xz}；$\sum m_iy_iz_i$ 称为**刚体对 y、z 轴的惯性积**，记为 J_{yz}。于是式(12-17)可以写成

$$\boldsymbol{M}_{\mathrm{IO}}=(J_{xz}\alpha-J_{yz}\omega^2)\boldsymbol{i}+(J_{yz}\alpha+J_{xz}\omega^2)\boldsymbol{j}-J_z\alpha\boldsymbol{k} \tag{12-18}$$

将式(12-18)投影到三根坐标轴上，得到

$$\left.\begin{aligned}M_{\mathrm{IO}x}&=J_{xz}\alpha-J_{yz}\omega^2\\M_{\mathrm{IO}y}&=J_{yz}\alpha+J_{xz}\omega^2\\M_{\mathrm{IO}z}&=-J_z\alpha\end{aligned}\right\} \tag{12-19}$$

根据力对点的矩与力对通过该点的轴的矩的关系，$M_{\mathrm{IO}x}$、$M_{\mathrm{IO}y}$、$M_{\mathrm{IO}z}$分别是惯性力系对于 x、y、z 轴的力矩之和。从式(12-18)或式(12-19)可见，惯性力系的主矩由两部分构成：包含 α 的项，由刚体上各质点的切向惯性力产生；包含 ω^2 的项，由刚体上各质点的法向惯性力产生。若 J_{xz}与 J_{yz}不等于零，则将出现法向惯性力力矩(即离心力力矩)。因此，有时把 J_{xz}、J_{yz} 称为对于 z 轴的**离心转动惯量**。如果刚体绕 x 轴或 y 轴转动，则惯性力系的主矩中，将出现对于 x 轴的离心转动惯量 J_{xy}、J_{xz}，或对于 y 轴的离心转动惯量 J_{xy}、J_{yz}。

式(12-12)和式(12-19)告诉我们：**定轴转动刚体的惯性力系向转轴上任意点 O 简化，得到作用在 O 点的一个力和一个力偶。该力的大小等于刚体的质量与质心加速度的乘积，其方向与质心加速度方向相反；该力偶的三个分量按式(12-19)决定**。注意，取转轴为 z 轴。

对定轴转动刚体，根据式(12-2)和式(12-19)加惯性力和惯性力偶以后，关于 z 轴(转

轴)的力矩平衡方程实际上就是刚体定轴转动的微分方程。

在某些特殊情形下,惯性积等于零。例如,若 Oxy 平面为刚体的质量对称面,则对于刚体上任一质点,必存在另一质点,其质量以及 x、y 坐标与前一质点相同,而 z 坐标的符号相反、绝对值相等,于是 $\sum m_i x_i z_i$ 中诸项成对抵消,$\sum m_i y_i z_i$ 中诸项也成对抵消;即 $J_{xz}=0, J_{yz}=0$。又如,若 z 轴为刚体的质量对称轴,则对于刚体上任一质点,必存在另一质点,其质量和 z 坐标与前一质点相同,而 x、y 坐标分别与前一质点的符号相反、绝对值相等,于是 $\sum m_i x_i z_i$ 中诸项成对抵消,$\sum m_i y_i z_i$ 中诸项也成对抵消,即 $J_{xz}=J_{yz}=0$。

如果刚体具有质量对称平面,且转轴与该平面垂直,则取该平面为 Oxy 平面时,因为 $J_{xz}=J_{yz}=0$,所以式(12-19)成为

$$M_{IOx}=M_{IOy}=0,\quad M_{IOz}=-J_z\alpha \tag{12-20}$$

说明惯性力系向 O 点简化所得力偶的矩矢沿 z 轴,力偶作用在 Oxy 平面内。这就是上节所得到的结果。

12.3.2　定轴转动刚体的轴承动约束力

如前所述,刚体作定轴转动时,其惯性力系等效于一个力和一个力偶。一般情况下,它们不等于零,必定会在转轴的轴承处引起附加约束力。这种约束力称为**附加动约束力**。

例 12.8　如图 12.14(a)所示,均质薄圆盘固连在水平轴的中部,圆盘平面与轴线成 $(90°-\theta)$ 角,圆盘中心 C 不在转轴上,偏心距 $\overline{OC}=e$,圆盘重 W,半径为 r。两轴承间的距离 $\overline{AB}=2a$,轴的质量不计。求当圆盘和轴以匀角速度 ω 转动时轴承的约束力。

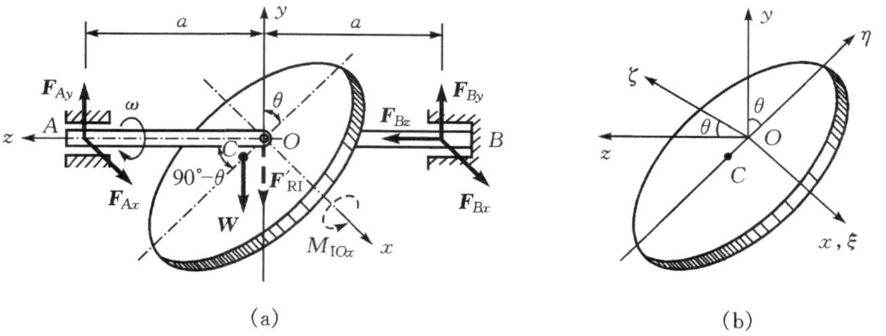

图 12.14

解:取圆盘和轴为研究对象。它受到的外力有:重力 $\boldsymbol{W}$ 和轴承约束力。取坐标系 $Oxyz$ 如图 12.14(a)所示:圆盘与轴的连接处的 O 点为坐标原点;z 轴沿转轴;OC 连线与 z 轴组成的平面为 Oyz 平面,y 轴与 z 轴垂直;x 轴与 y、z 轴皆垂直,且构成右手系。将轴承约束力表示为 $\boldsymbol{F}_{Ax}$、$\boldsymbol{F}_{Ay}$ 和 $\boldsymbol{F}_{Bx}$、$\boldsymbol{F}_{By}$、$\boldsymbol{F}_{Bz}$。

研究对象绕 z 轴以角速度 ω 作匀速转动,其惯性力系向 O 点简化为一个力 $\boldsymbol{F}'_{RI}$ 和一个矩为 $\boldsymbol{M}_{IO}$ 的力偶。

$$\boldsymbol{F}'_{RI}=-(W/g)\boldsymbol{a}_C$$

式中:a_C 的大小 $a_C=a_C^n=(e\cos\theta)\omega^2$,方向平行于 y 轴,并与 y 轴同向。于是

$$F'_{RI} = We\omega^2\cos\theta/g \tag{1}$$

F'_{RI}的方向沿 y 轴,并与 y 轴反向。此力加在 O 点上(注意,不是加在 C 点)。惯性力偶矩 $\boldsymbol{M}_{IO}$ 的三个分量按式(12-19)为

$$M_{IOx} = -J_{yz}\omega^2,\quad M_{IOy} = J_{xz}\omega^2,\quad M_{IOz} = 0 \tag{2}$$

式中:J_{yz}、J_{xz}为圆盘的惯性积。因为 Oyz 平面是圆盘的质量对称平面,x 轴和它垂直,所以凡含 x 坐标的惯性积都等于零,即 $J_{xz}=J_{xy}=0$。于是

$$M_{IOy} = 0$$

下面来计算 J_{yz}。为此,再建立一个坐标系 $O\xi\eta\zeta$,如图 12.14(b)所示:ξ 轴与 x 轴重合;η 轴在圆盘平面内;ζ 轴与圆盘平面垂直。可见,此坐标系是由原坐标系绕 x 轴顺钟向转动 θ 角得到的。同一点的两组坐标之间的变换关系为

$$x = \xi,\quad y = \eta\cos\theta + \zeta\sin\theta,\quad z = -\eta\sin\theta + \zeta\cos\theta \tag{3}$$

将(3)式代入 J_{yz} 的表达式中,得到

$$\begin{aligned} J_{yz} &= \sum m_i y_i z_i = \sum m_i(\eta_i\cos\theta + \zeta_i\sin\theta)(-\eta_i\sin\theta + \zeta_i\cos\theta) \\ &= \sin\theta\cos\theta\sum m_i(\zeta_i^2 - \eta_i^2) + (\cos^2\theta - \sin^2\theta)\sum m_i\eta_i\zeta_i \end{aligned} \tag{4}$$

式中:$\sum m_i\eta_i\xi_i$ 是圆盘在新坐标系中的惯性积 $J_{\eta\xi}$。因为 η 轴是圆盘的对称轴,故

$$\sum m_i\eta_i\zeta_i = 0 \tag{5}$$

又

$$\sum m_i(\zeta_i^2 - \eta_i^2) = \sum m_i(\xi_i^2 + \zeta_i^2) - \sum m_i(\xi_i^2 + \eta_i^2)$$

式中:$\sum m_i(\xi_i^2+\zeta_i^2)=J_\eta$,$\sum m_i(\xi_i^2+\eta_i^2)=J_\zeta$。于是

$$\sum m_i(\zeta_i^2 - \eta_i^2) = J_\eta - J_\zeta \tag{6}$$

式中:J_η 是均质薄圆盘对于直径轴的转动惯量,等于$\dfrac{Wr^2}{4g}$;J_ζ 可根据圆盘对中心轴的转动惯量和平行移轴定理求得

$$J_\zeta = \frac{1}{2}\frac{W}{g}r^2 + \frac{W}{g}e^2$$

代入(6)式,并将(5)、(6)式代入(4)式得

$$J_{yz} = -\frac{W\sin\theta\cos\theta}{4g}(r^2 + 4e^2) \tag{7}$$

将(7)式代入(2)式得

$$M_{IOx} = \frac{W\omega^2\sin\theta\cos\theta}{4g}(r^2 + 4e^2) \tag{8}$$

分别取通过 A 点、平行于 x、y 轴的轴 Ax、Ay,以及通过 B 点、平行于 x、y 轴的轴 Bx、By 为力矩轴,列力矩平衡方程,有

$$\sum M_{Ax}(\boldsymbol{F}) = 0,\quad F_{By}\cdot 2a - F'_{RIa} - W(a - e\mathrm{isn}\theta) + M_{IOx} = 0 \tag{9}$$

$$\sum M_{Ay}(\boldsymbol{F}) = 0,\quad -F_{Bx}\cdot 2a = 0 \tag{10}$$

$$\sum M_{Bx}(\boldsymbol{F}) = 0,\quad -F_{Ay}\cdot 2a + W(a + e\sin\theta) + F'_{RIa} + M_{IOx} = 0 \tag{11}$$

$$\sum M_{By}(\boldsymbol{F}) = 0,\quad F_{Ax}\cdot 2a = 0 \tag{12}$$

(请读者考虑,为什么惯性力偶矩 $\boldsymbol{M}_{IO}$对 Ax 轴的力矩和对 Bx 的力矩都等于 M_{IOx}?)

由(10)式、(12)式得

$$F_{Ax} = F_{Bx} = 0$$

由(9)式、(11)式和(1)式、(8)式得

$$F_{Ay} = \frac{a + e\sin\theta}{2a}W + \frac{W}{2g}e\omega^2\cos\theta + \frac{W}{8ga}(r^2 + 4e^2)\omega^2\sin\theta\cos\theta \tag{13}$$

$$F_{By} = \frac{a - e\sin\theta}{2a}W + \frac{W}{2g}e\omega^2\cos\theta - \frac{W}{8ga}(r^2 + 4e^2)\omega^2\sin\theta\cos\theta \tag{14}$$

再由对于 z 轴的投影平衡方程得

$$F_{Bz} = 0$$

空间任意力系应该有六个独立的平衡方程。上面只用了五个，还有一个可取 $\sum M_z(\boldsymbol{F})=0$。当 y 轴沿铅垂线时，即重力作用线在 Oyz 平面内(图 12.14(a))时，此方程自动满足。但当 y 轴不沿铅垂线时，$M_z(\boldsymbol{W})\neq 0$。为了满足方程 $\sum M_z(\boldsymbol{F})=0$，必须给圆盘加一个绕 z 轴的外力偶，其矩等于 $-M_z(\boldsymbol{W})$。否则圆盘将作变速转动。

从(13)式、(14)式可见，轴承动约束力由两部分构成：(13)式、(14)式的第一项为圆盘重力引起的部分，圆盘静止时这一部分就已存在，所以称为静约束力；(13)式、(14)式的第二、三项为圆盘转动时惯性力引起的部分，称为附加动约束力。若将附加动约束力记为 $\boldsymbol{F}'_{NAy}$、$\boldsymbol{F}'_{NBy}$，即

$$F'_{NAy} = \frac{W}{2g}e\omega^2\cos\theta + \frac{W}{8ga}(r^2 + re^2)\omega^2\sin\theta\cos\theta \tag{15}$$

$$F'_{NBy} = \frac{W}{2g}e\omega^2\cos\theta - \frac{W}{8ga}(r^2 + re^2)\omega^2\sin\theta\cos\theta \tag{16}$$

如果 $\theta=0$、$e\neq 0$，即圆盘安装时不倾斜、只偏心，则

$$F'_{Ay} = F'_{By} = We\omega^2/(2g) \tag{17}$$

它们是由通常所说的离心力引起的。如果 $e=0$、$\theta\neq 0$，即圆盘安装时不偏心、只倾斜，则

$$F'_{Ay} = -F'_{By} = \frac{W}{16ga}r^2\omega^2\sin 2\theta \tag{18}$$

它们形成一个力偶，与圆盘的惯性力偶平衡。如果 $\theta=0$、$e=0$，即圆盘安装时既不倾斜、也不偏心，则

$$F'_{NAy} = F'_{NBy} = 0$$

因为这时圆盘的惯性力系简化所得的力和力偶矩都等于零，或者说圆盘的惯性力系自成平衡力系，所以它不会引起任何附加动约束力。

从(5)式～(18)式可见，附加动约束力与转子角速度的平方成正比。因此，即使转子质量 W/g、偏心距 e、倾斜角 θ 都不大，附加动约束力也可能达到很大的数值。例如某涡轮盘重 $W=200$ N，半径 $r=200$ mm，到两端轴承的距离 $a=0.5$ m，转速 $n=12000$ r/min。将涡轮盘近似看作均质圆盘，若偏心距 $e=1$ mm，则应用(17)式得附加动约束力等于 16100 N；若倾斜角 $\theta=1°$，则应用(18)式得附加动约束力等于 5620 N。可见，两种情况下的附加动约束力都比涡轮盘的重量大得多。另外，前面求得的附加动约束力 F'_{Ay}、F'_{By} 是在固连于转子的坐标系 $Oxyz$(OC 连线总在 Oyz 平面内)上的投影，当转子匀速转动时，它们的大小不变，但是它们的方向却随着转子转动。因此通过轴承传给机座的力，无论是水平分力还是铅垂分力，大小都是周期变化的。这种周期变化的力将产生振动，有时甚至会产生强烈的振动。所以在高速旋转机械和精密仪器的制造、安装和修理过程中，必须设法消除或尽量减小轴承的附加动约束力。

消除附加动约束力，也就是使转子的惯性力系简化后所得的力和力偶矩都等于零。根据式(12-2)和式(12-19)，消除附加动约束力的条件是：转轴 z 通过转子的质心（$\boldsymbol{a}_C$ 始终等于零），且转子对转轴的惯性积等于零（$J_{xz}=J_{yz}=0$）。若 $J_{xz}=J_{yz}=0$，则 z 轴称为刚体关于坐标原点 O 的**惯性主轴**；若进一步，O 点恰好又是刚体的质心，则 z 轴称为刚体的**中心惯性主轴**。所以，消除附加动约束力的条件又可以表述为：转轴是刚体的中心惯性主轴。当转子绕中心惯性主轴转动时，惯性力系自成平衡力系，轴承的附加动约束力为零，这种现象称为**动平衡**。

在工程实际中，为了实现转子的动平衡，首先应消除转子的偏心现象。没有偏心的刚体，若仅受重力作用，则不论刚体静放在什么位置，它都能静止。这种情形称为**静平衡**。在设计高速转子时，应注意将形状设计得使重心在转轴上。但是，由于材料的不均匀以及制造、装配等方面的误差，制成后的转子不可避免地仍会有偏心。这时可采用试验的方法，找到重心所在的转动半径的方位，然后在偏心一侧除去一些材料，或在相对一侧添加一些材料，从而减小偏心距，使偏心距降到允许范围以内。

实现了静平衡的转子，转轴还不一定是它的惯性主轴，即转子相对于转轴可能是倾斜的。这时转子尚不符合动平衡的要求，转子转动时仍会产生不平衡的惯性力偶。为了进一步实现动平衡，需在专门的动平衡机上进行试验，根据试验数据，在转子的适当位置上添加或钻去一对对称质量，使它们在转动时产生的离心力构成一个与原转子的惯性力偶等值反向的力偶。

思考题

12.1 只要质点在运动，就必然有惯性力。这种说法对吗？

12.2 质点在重力作用下运动时，若不计空气阻力，试确定在下列三种情况下，该质点惯性力的大小和方向：(1)质点作自由落体运动；(2)质点被铅垂上抛；(3)质点被斜上抛。

12.3 火车在启动过程中，哪一节车厢的挂钩受力最大？为什么？

12.4 求图示各圆盘的惯性力系向 O 点的简化结果。图中各圆盘的质量皆为 m，半径皆为 r。图(a)、(b)、(c)所示三圆盘均质，图(d)所示圆盘的偏心距为 e。设速度 $\boldsymbol{v}$ 和角速度 ω 都是常量，图(c)、(d)所示两圆盘皆沿水平直线轨道作纯滚动。

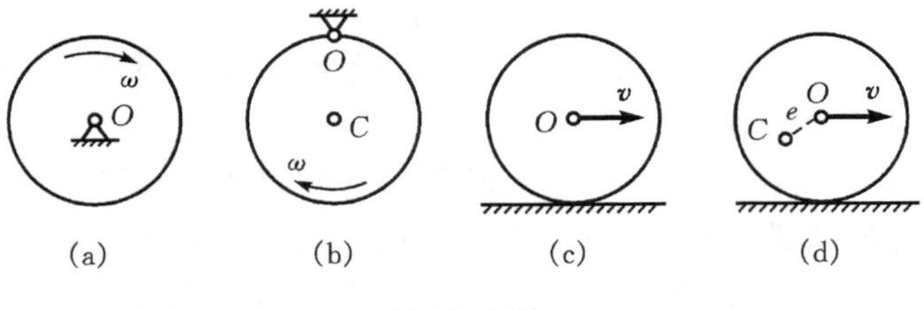

思 12.4 图

12.5 试导出定轴转动刚体的惯性力系可简化成一个合力的条件。

12.6 质量可略而不计的刚性轴上固连着两个质量皆为 m 的小球 A 和 B，在该瞬时的角速度为 ω，角加速度为 α。试求图示四种情况下惯性力系向点 O 的简化结果，并指出何者是静平衡的，何者是动平衡的。

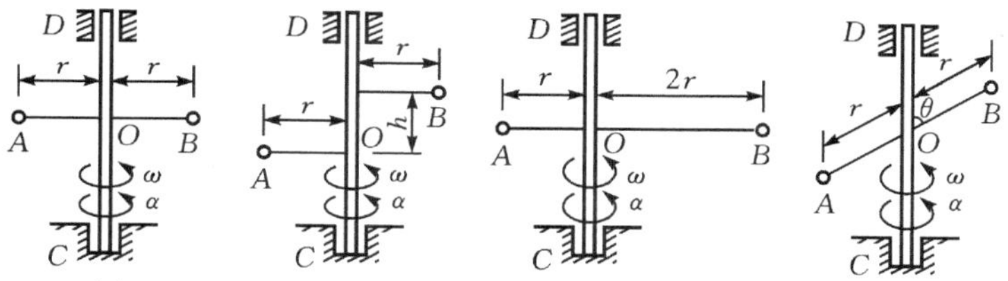

思 12.6 图

习题

12.1　图示物块 M 的大小可略而不计，其质量 $m=2.5\ \mathrm{kg}$。物块放在水平圆盘上，到圆盘的铅垂轴线 Oz 的距离 $r=1\ \mathrm{m}$。圆盘由静止开始以匀角加速度 $\alpha=1\ \mathrm{rad/s^2}$ 绕 Oz 轴转动，物块与圆盘间的静滑动摩擦因数 $\mu_s=0.5$。当圆盘的角速度值增大到 ω_1 时，物块与圆盘间开始出现滑动，求 ω_1 的值；并求当圆盘的角速度由零增加到 $\omega_1/2$ 时，物块与盘面间摩擦力的大小。

12.2　图示由相互铰接的水平臂连成的传送带，将圆柱形零件由一个高度传送到另一个高度。设零件与臂之间的滑动摩擦因数 $\mu_s=0.2$，角 $\theta=30°$。求：(1)降落加速度 a 多大时，零件不致在水平臂上滑动；(2)比值 h/d 等于多少时，零件在滑动之前先倾倒。

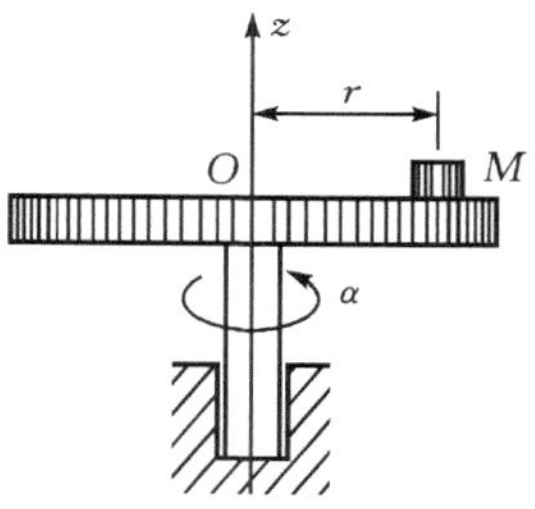

题 12.1 图

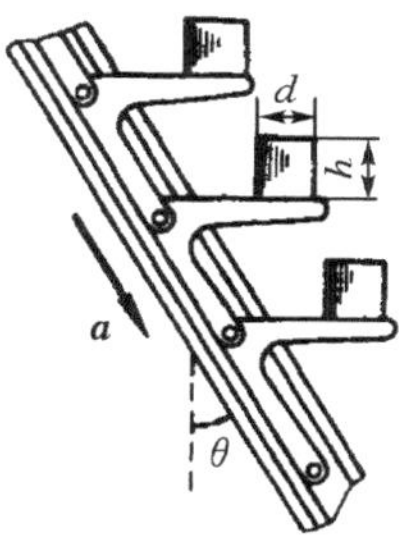

题 12.2 图

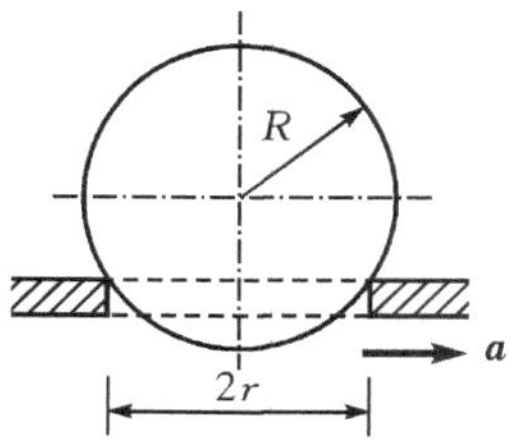

题 12.3 图

12.3　筛板作水平往复运动，如图所示，筛孔的半径为 r。为了使半径为 R 的圆球形物料不致堵塞筛孔而能滚出筛孔。筛板的加速度 $\boldsymbol{a}$ 应为多大？

12.4　图示调速器由两个质量为 m_1 的均质圆盘构成，圆盘偏心地悬挂于距转轴为 d 的两方。调速器以匀角速度 ω 绕铅垂轴转动，圆盘中心到悬挂点的距离为 l。调速器的外壳质量为 m_2，并放在两个圆盘上而与调速装置相连。若不计摩擦，试求角速度 ω 与圆盘偏离铅垂线的角 φ 之间的关系。

12.5　图示为一转速计(测量角的仪表)的简化图。小球 A 的质量为 m_1，固连在杆 AB 的 A 端；杆 AB 长为 l，可绕轴 BC 转动，在此杆上与 B 点相距为 l_1 的一点 E 联有一弹簧 DE，其自然长度为 l_0，刚度系数为 k；杆对 BC 轴的偏角为 θ，弹簧在水平面内。试求在下述两种情况下，稳态运动的角速度：(1)杆 AB 的质量不计；(2)均质杆 AB 的质量为 m_2。

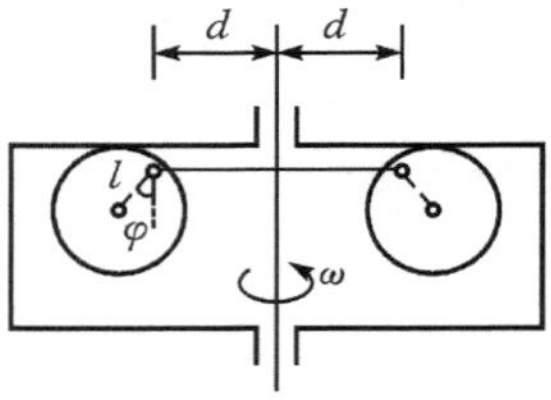

题 12.4 图

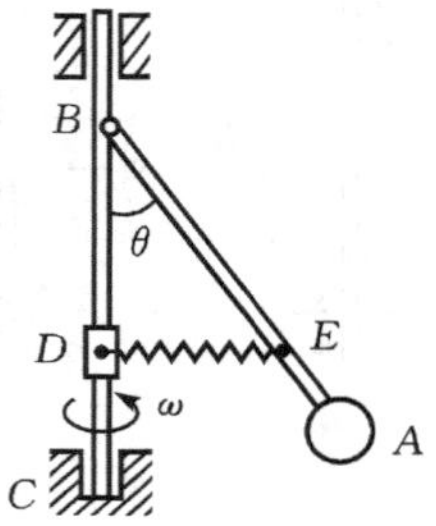

题 12.5 图

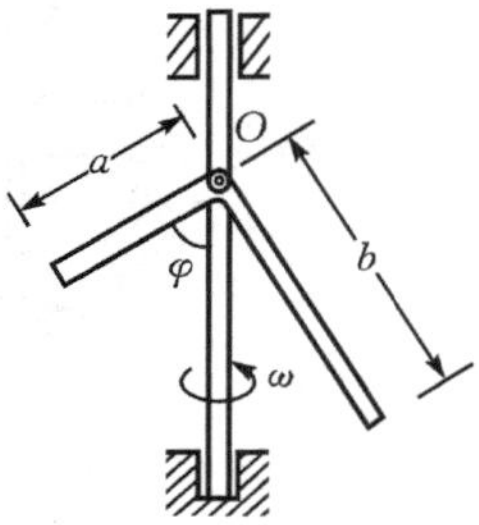

题 12.6 图

12.6 两均质直杆，长各为 a 和 b，互成直角地固结在一起，其顶点 O 则与铅垂轴用铰链相连，此轴以匀角速度 ω 转动，如图所示。求长为 a 的杆与铅垂线的偏角 φ 和 ω 之间的关系。

12.7 质量各为 3 kg 的均质杆 AB 和 BC 焊成一刚体 ABC，由金属线 AE 和杆 AD 与 BE 支持于图示位置。若不计曲柄 AD 和 BE 的质量，试求割断线 AE 的瞬时杆 AD 和 BE 的内力。

12.8 正方形均质板重 400 N，由三根绳拉住，如图所示。板的边长 $b=100$ mm。求：(1)当绳 KG 被剪断的瞬间，AD 和 BE 两绳的张力；(2)当 AD 和 BE 两绳运动到铅垂位置时，两绳的张力。

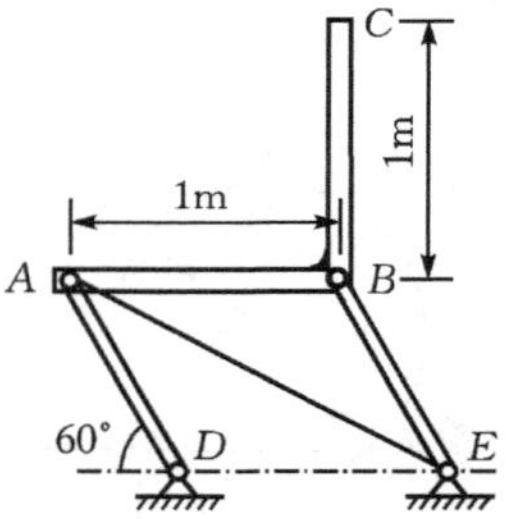

题 12.7 图

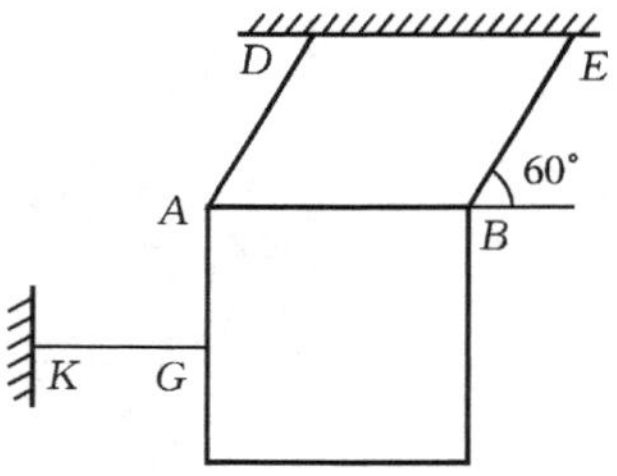

题 12.8 图

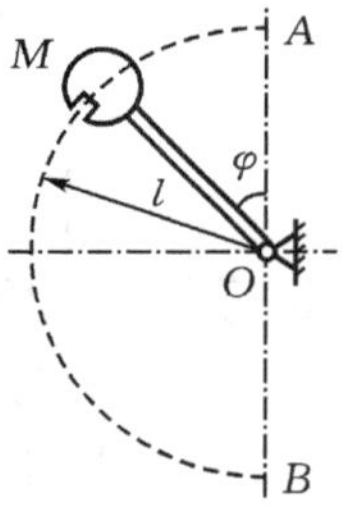

题 12.9 图

12.9 图示一撞击试验机，已知固定在杆上的撞锤 M 的质量为 $m=20$ kg，撞锤中心到铰链 O 的距离 $l=1$ m。不计杆重和轴承 O 处的摩擦。今撞锤自最高位置 A 无初速地落下，试求轴承压力与杆的位置 φ 间的关系，并讨论 φ 等于多少时轴承 O 处受到的压力最大。

12.10 半径为 r、质量为 m 的均质圆柱，置于静止的水平胶带上，并靠在铅垂墙上，如图所示。已知接触点 A 与 B 处的动摩擦因数皆为 μ。求当胶带开始以速度 $\boldsymbol{v}$ 运动时，圆柱体的角加速度。

12.11 嵌入墙内的悬臂梁 AB 的端点 B 装有质量为 m_B、半径为 R 的均质鼓轮，如图所示。一主动力偶，其矩为 M，作用于鼓轮提升质量为 m_C 的物体。设 $\overline{AB}=l$，梁和绳子的质量都略去不计。求 A 处的支座约束力。

12.12 两物块 M_1 与 M_2 的质量分别为 m_1 和 m_2，用跨过定滑轮 B 的细绳连结，如图所示。已知 $\overline{AC}=l_1$，$\overline{AB}=l_2$，$\angle ACD=\theta$，若杆 AB 水平，不计各杆、滑轮和细绳质量及各铰链处

的摩擦，试求 CD 杆内力。

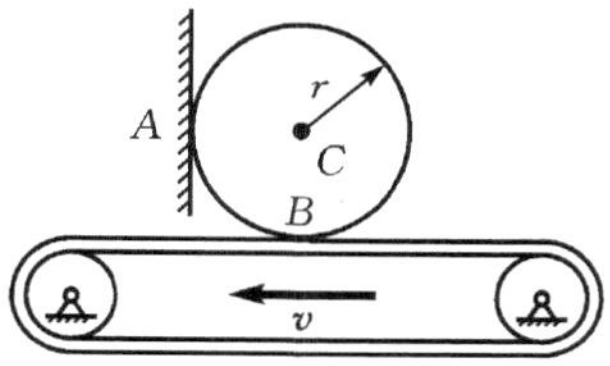

题 12.10 图

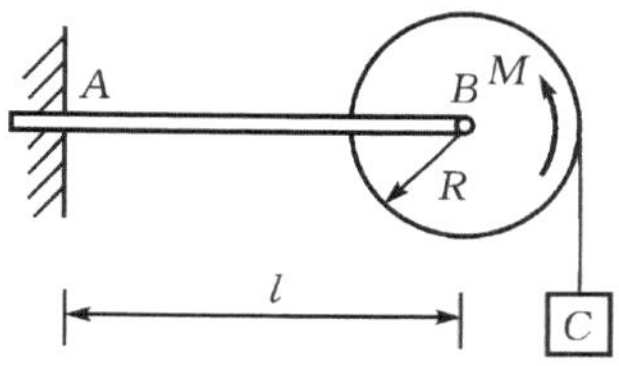

题 12.11 图

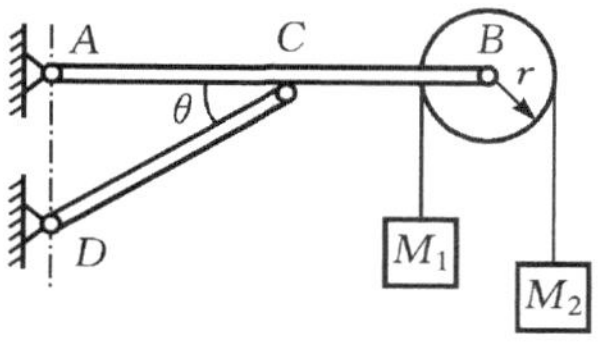

题 12.12 图

12.13　图示打桩机支架重 $W=20$ kN，重心在 C 点。已知 $a=4$ m，$b=1$ m，$h=10$ m，锤 E 的质量为 $m=0.7$ t，绞车鼓轮的质量 $m_1=0.5$ t，半径 $r=0.28$ m，对鼓轮转轴的回转半径 $\rho=0.2$ m，钢索与水平面夹角 $\theta=60°$，鼓轮上作用着转矩 $M=2000$ N·m。若不计滑轮的大小和质量，求支座 A 和 B 的约束力。

12.14　半径分别为 R 和 r 的两均质轮固连在一起，如图所示。其中半径为 r 的轮上绕以细绳，绳的一端 B 固定；半径为 R 的轮上也绕以细绳，绳的端点 E 系一重物。两轮的总质量为 m，对质心轴的回转半径为 ρ；重物 E 的质量为 m_1。若系统初始静止，绳的 AB 段和 DE 段皆铅直，试求系统开始运动时轮心 C 的加速度。

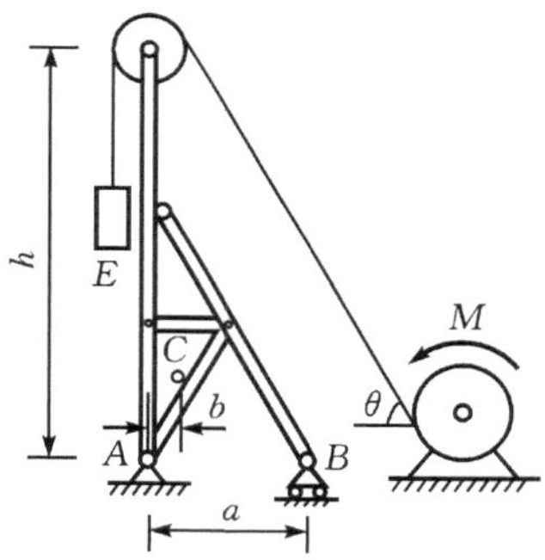

题 12.13 图

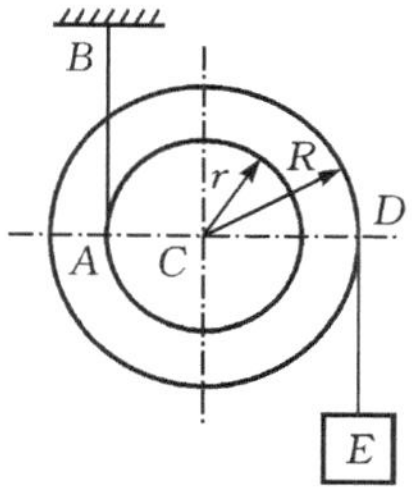

题 12.14 图

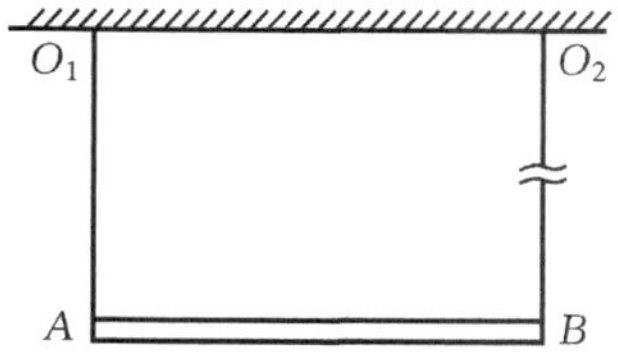

题 12.15 图

12.15　均质杆 AB 长为 l，质量为 m，被两根铅垂细绳悬挂在水平位置。现将绳 O_2B 烧断，求 O_2B 刚被烧断时，杆的角加速度和其质心的加速度。

12.16　均质圆柱体沿倾角为 θ 的斜面无初速滚下，圆柱体与斜面间的滑动摩擦因数为 μ。若不计滚动摩阻，试求圆柱体轴心 C 的加速度。

12.17　均质细杆 AB 的质量为 m，长为 $\sqrt{2}R$，置于半径为 R 的光滑半圆槽内。令杆自图示 A_0B_0 位置无初速滑下，试求当杆滑至水平位置时，两端点 A 和 B 所受到的约束力。

12.18　半径为 r、质量为 m 的均质圆盘，沿半径为 R 的半圆柱体表面滚下，如图所示。若初瞬时圆盘静止于最高处，圆盘与圆柱体表面间的静滑动摩擦因数为 μ_s，试证明圆盘即将沿圆柱表面打滑时，φ 角满足关系式

$$\sin\varphi = \mu_s(7\cos\varphi - 4)$$

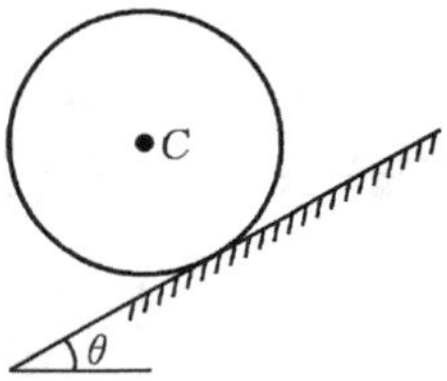

题 12.16 图

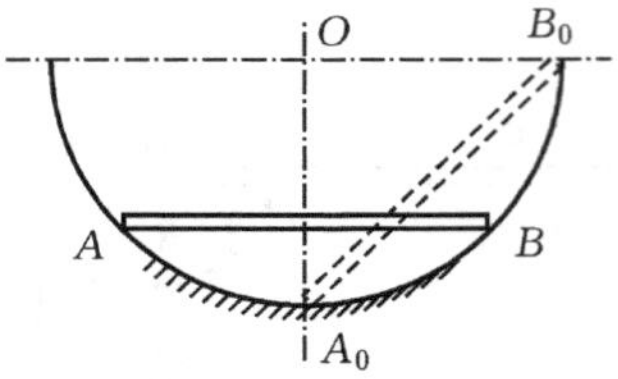

题 12.17 图

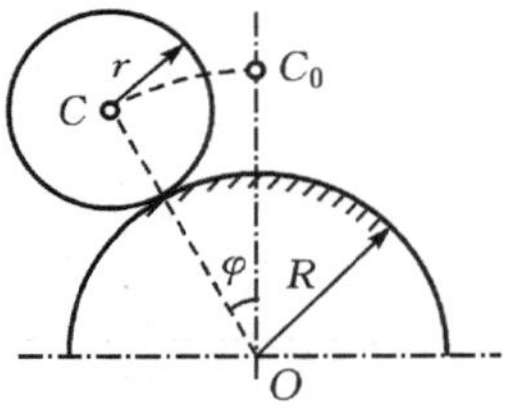

题 12.18 图

12.19　图示轮的质量 $m=2$ kg，半径为 $R=150$ mm，质心 C 离几何中心 O 的距离 $e=50$ mm，轮对质心轴的回转半径 $\rho=75$ mm。当轮沿水平直线轨道滚动而不滑动时，它的角速度是变化的。在图示 C、O 位于同一高度时，轮的角速度 $\omega=12$ rad/s。求此瞬时轮的角加速度。

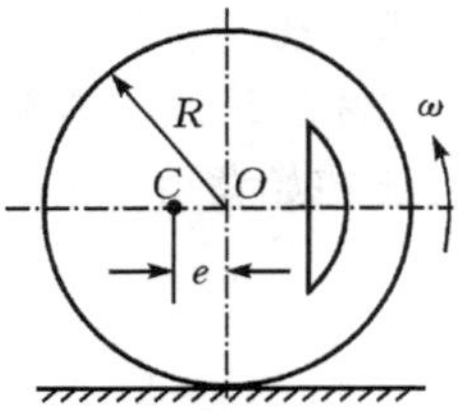

题 12.19 图

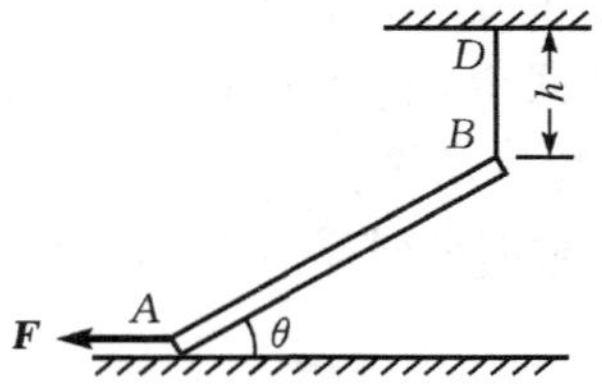

题 12.20 图

12.20　均质细杆 AB 的质量 $m=45.4$ kg，A 端搁在光滑水平面上，B 端用不计质量的软绳 DB 固定，如图所示。若杆长 $\overline{AB}=l=3.05$ m，绳长 $h=1.22$ m；当绳子铅直时，杆与水平面的倾角 $\theta=30°$，点 A 以匀速 $v_A=2.44$ m/s 向左运动。求在该瞬时：(1)杆的角加速度；(2)在 A 端作用的水平力 $\boldsymbol{F}$ 的大小；(3)细绳的张力。

12.21　质量为 m、半径为 r 的均质柱体放在质量为 m 的平板上，板又放在光滑水平面上。在圆柱周围绕以细绳，用力 $\boldsymbol{F}$ 向右水平拉动，如图所示。设圆柱体和板间有足够的摩擦，而不致发生滑动，不计绳重，求圆柱轴心和水平板的加速度。

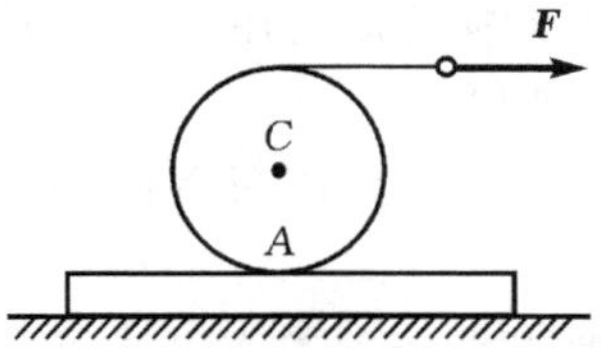

题 12.21 图

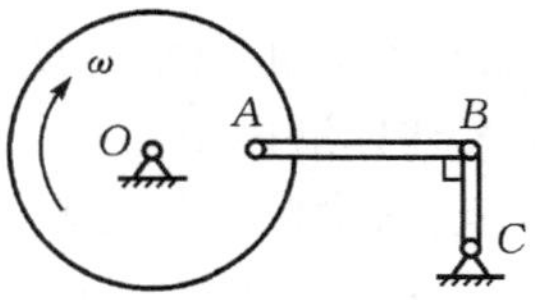

题 12.22 图

12.22　杆 AB 和 BC 的单位长度的质量为 m，连接如图所示。圆盘在铅垂平面内绕 O 轴以匀角速度 ω 转动。若 $\overline{AB}=2\,\overline{BC}=2\,\overline{OA}=2r$，不计摩擦，在图示位置时，$O$、$A$、$B$ 三点在同一条水平直线上。求此瞬时作用在 AB 杆上 A 点和 B 点的力。

12.23　图示磨刀砂轮Ⅰ的质量为 1 kg，偏心距 $e_1=0.5$ mm；小砂轮Ⅱ的质量为 0.5 kg，

偏心距 $e_2=1$ mm；电机转子Ⅲ的质量为 8 kg，无偏心，以转速 $n=3000$ r/min带动砂轮转动。求轴承 A、B 的附加动约束力。（图中尺寸单位为 mm）

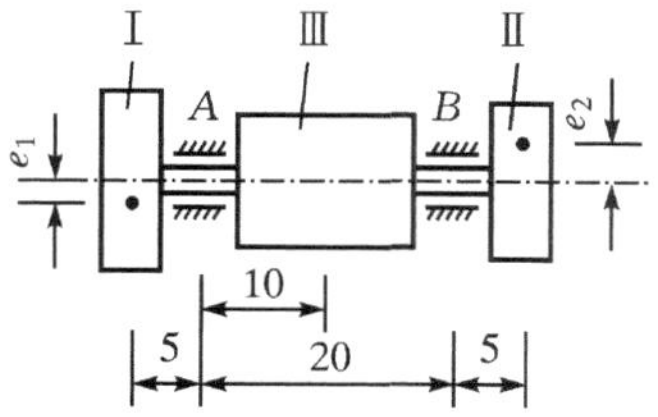

题 12.23 图

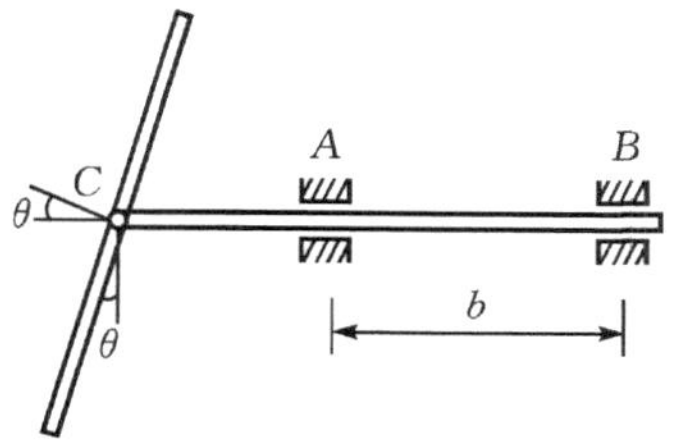

题 12.24 图

12.24　飞机发动机上双叶螺旋桨的质量可近似地认为沿叶片径向均匀分布，两叶各长 $l=1$ m，总质量 $m=15$ kg。已知螺旋桨的质心 C 处在转轴上，但由于安装误差，轴产生一微小偏角 $\theta=0.15$ rad，如图所示。若螺旋桨以转速 $n=3000$ r/min转动，两轴承间的距离 $b=25$ mm，试求轴承 A 和 B 处的附加动约束力。

第 13 章　质点的相对运动

动力学基本方程只适用于惯性系而不适用于非惯性系。对工程实际中的许多问题，将地球作为惯性系，可以得到足够精确的结果。但对于某些工程实际问题，如研究人造卫星和火箭相对于地球的运动时，就不能再把地球看作惯性系，而必须考虑地球自转的影响；在另一些工程实际问题中，如研究燃气流相对于涡轮叶片的运动时，也必须考虑以涡轮叶片为动参考系对气流运动的影响。

动力学基本方程不适用于非惯性系，需要建立质点在非惯性系中的运动状态变化和受力之间的关系，即建立质点的相对运动动力学基本方程。

13.1　质点相对运动动力学基本方程

设有一质量为 m 的质点 M，相对于动参考系 $O_1\xi\eta\zeta$（非惯性系）运动，其相对加速度为 $\boldsymbol{a}_r$，作用于质点上所有力的合力为 $\boldsymbol{F}$，选取一惯性系 $Oxyz$ 为定参考系，如图 13.1 所示。于是，质点 M 对于动参考系的运动为相对运动，对于惯性参考系的运动为绝对运动，动参考系 $O_1\xi\eta\zeta$ 对于定参考系 $Oxyz$ 的运动为牵连运动。由加速度合成定理知

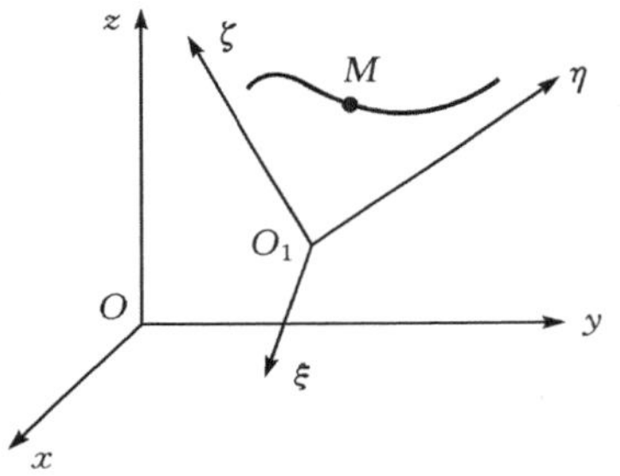

图 13.1

$$\boldsymbol{a}_a = \boldsymbol{a}_e + \boldsymbol{a}_r + \boldsymbol{a}_C \tag{13-1}$$

由动力学基本方程有

$$m\boldsymbol{a}_a = \boldsymbol{F}$$

将式(13－1)代入上式，得

$$m\boldsymbol{a}_e + m\boldsymbol{a}_r + m\boldsymbol{a}_C = \boldsymbol{F} \tag{13-2}$$

令 $\boldsymbol{F}_{Ie} = -m\boldsymbol{a}_e$，$\boldsymbol{F}_{IC} = -m\boldsymbol{a}_C$。其中 $\boldsymbol{F}_{Ie}$ 称为**牵连惯性力**，$\boldsymbol{F}_{IC}$ 称为**科氏惯性力**，于是式(13－2)可以写成

$$m\boldsymbol{a}_r = \boldsymbol{F} + \boldsymbol{F}_{Ie} + \boldsymbol{F}_{IC} \tag{13-3}$$

上式称为**质点相对运动动力学基本方程**，即：**质点的质量与相对加速度的乘积，等于作用于质点上所有力的合力和牵连惯性力、科氏惯性力的矢量和。**

式(13－3)表明，质点在非惯性系中的动力学基本方程与质点对于惯性系的动力学基本方程具有相似的形式，但方程中除考虑质点所受的力外，还要再加上牵连惯性力和科氏惯性力。

式(13－3)可以写成微分方程的形式

$$m\frac{\tilde{\mathrm{d}}^2\boldsymbol{r}'}{\mathrm{d}t^2} = \boldsymbol{F} + \boldsymbol{F}_{Ie} + \boldsymbol{F}_{IC} \tag{13-4}$$

式中：$\boldsymbol{r}'$ 为质点 M 在动参考系中的矢径。该式称为**质点相对运动微分方程**。应用该方程解题时，常采用其投影形式，如在直角坐标系 $O_1\xi\eta\zeta$ 各轴上的投影形式为

$$\left.\begin{aligned} m\ddot{\xi} &= F_{\xi} + F_{\mathrm{Ie}\xi} + F_{\mathrm{IC}\xi} \\ m\ddot{\eta} &= F_{\eta} + F_{\mathrm{Ie}\eta} + F_{\mathrm{IC}\eta} \\ m\ddot{\zeta} &= F_{\zeta} + F_{\mathrm{Ie}\zeta} + F_{\mathrm{IC}\zeta} \end{aligned}\right\} \qquad (13-5)$$

下面讨论几种特殊情况。

13.1.1　动参考系作平动

当动参考系相对惯性参考系作平动时，则有

$$\boldsymbol{a}_{\mathrm{C}} = 2\boldsymbol{\omega} \times \boldsymbol{v}_{\mathrm{r}} = 0, \quad \boldsymbol{F}_{\mathrm{IC}} = 0$$

于是式(13－3)变为

$$m\boldsymbol{a}_{\mathrm{r}} = \boldsymbol{F} + \boldsymbol{F}_{\mathrm{Ie}} \qquad (13-6)$$

此式表明，当牵连运动为平动时，相对运动动力学基本方程中除列入质点所受的诸力外，只需再加上牵连惯性力即可。

例 13.1　电梯以匀加速度 $\boldsymbol{a}_0$ 上升，求电梯中摆长为 l 的单摆的微幅振动周期。

解：取小球 M 为研究对象，动系固连于电梯，定系固连于地面，则小球除受细绳拉力 $\boldsymbol{F}_{\mathrm{T}}$、重力 $\boldsymbol{W}$ 外，再附加上牵连惯性力 $\boldsymbol{F}_{\mathrm{Ie}} = -m\boldsymbol{a}_0$，如图 13.2 所示。小球 M 的运动微分方程为

$$ml\ddot{\varphi} = -W\sin\varphi - ma_0\sin\varphi$$

式中：$W = mg$，对于微幅振动，$\sin\varphi \approx \varphi$，可得

$$\ddot{\varphi} + \frac{g + a_0}{l}\varphi = 0$$

故振动周期为

$$T = 2\pi\sqrt{\frac{l}{g + a_0}}$$

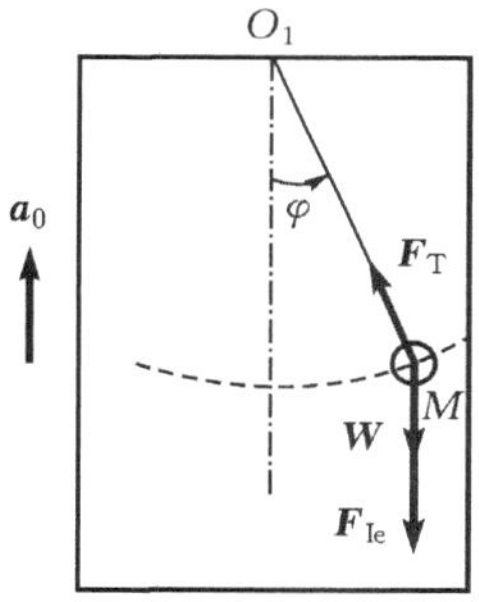

图 13.2

当 $a_0 > 0$ 时，其振动周期比 $a_0 = 0$ 时小，即频率变快；当 $a_0 < 0$ 时，则振动周期比 $a_0 = 0$ 时大，即频率变慢；当 $a_0 = -g$ 时，$T = \infty$，这是因为小球重力与牵连惯性力大小相等，方向相反，$\ddot{\varphi} = 0$，故小球或者保持静止(若相对初速为零)，或者作匀速圆周运动，不再作往复摆动。

13.1.2　动参考系作匀速直线平动

动参考系作匀速直线平动时，$\boldsymbol{F}_{\mathrm{IC}} = 0$，$\boldsymbol{F}_{\mathrm{Ie}} = 0$，式(13－3)式变为

$$m\boldsymbol{a}_{\mathrm{r}} = \boldsymbol{F} \qquad (13-7)$$

该式与动力学基本方程形式完全相同。这说明牛顿定律对于在惯性系中作匀速直线平动的参考系是适用的，即**相对于惯性系作匀速直线平动的参考系都是惯性系**。当动参考系作匀速直线平动时，质点的相对运动不受牵连运动的影响。因此可以说：**发生在惯性系中的任何力学现象，都无助于发现该参考系本身的运动情况**。以上结论称为古典力学的**相对性原理**。

13.1.3　相对平衡和相对静止

质点相对于动参考系作匀速直线运动称为**相对平衡**。此时相对加速度 $\boldsymbol{a}_{\mathrm{r}} = 0$，式(13－3)变为

$$\boldsymbol{F} + \boldsymbol{F}_{\mathrm{Ie}} + \boldsymbol{F}_{\mathrm{IC}} = 0 \qquad (13-8)$$

上式表明，当质点的相对运动为匀速直线运动时，作用在质点上的诸力和牵连惯性力、科氏惯性力构成平衡力系。

当质点在动参考系中保持静止时，称为**相对静止**。此时 $\boldsymbol{v}_r=0$，故 $\boldsymbol{F}_{IC}=0$，上式变为

$$\boldsymbol{F}+\boldsymbol{F}_{Ie}=0 \tag{13-9}$$

这表明，质点相对静止时，作用于质点上的诸力与牵连惯性力构成平衡力系。

例 13.2 半径为 R 的圆环绕铅垂轴以匀角速度 ω 转动，质量为 m 的小环从静止开始自圆环顶部 M_0 点沿圆环下滑。不计摩擦，求当小环运动到任意位置 $M(\angle M_0OM=\theta)$ 时，小环对圆环的相对速度以及圆环对小环的约束力。

解：取小环为研究对象，动系 $O\xi\eta\zeta$ 固连于圆环，定系固连于地面。小环所受的力有重力 $\boldsymbol{W}$，圆环对小环的约束力 $\boldsymbol{F}_{N1}$、$\boldsymbol{F}_{N2}$，其中 $\boldsymbol{F}_{N1}$ 沿半径方向，$\boldsymbol{F}_{N2}$ 垂直于圆环平面，再附加上小环的牵连惯性力 $\boldsymbol{F}_{Ie}$ 和科氏惯性力 $\boldsymbol{F}_{IC}$，如图 13.3 所示。

将式(13-3)投影到自然坐标轴上，可得

$$ma_r^t=W\sin\theta+F_{Ie}\cos\theta$$
$$ma_r^n=F_{N1}+W\cos\theta-F_{Ie}\sin\theta$$
$$0=-F_{N2}+F_{IC}$$

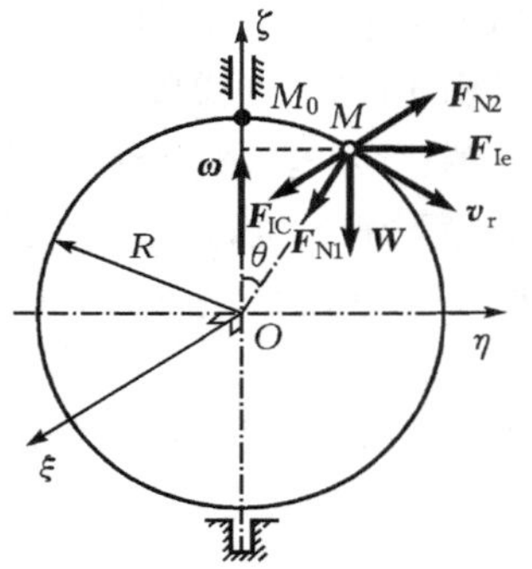

图 13.3

方程中 $W=mg$，$F_{Ie}=mR\omega^2\sin\theta$，$F_{IC}=2m\omega v_r\cos\theta$，于是有

$$m\frac{dv_r}{dt}=mg\sin\theta+mR\omega^2\sin\theta\cos\theta \tag{1}$$

$$mv_r^2/R=F_{N1}+mg\cos\theta-mR\omega^2\sin^2\theta \tag{2}$$

$$0=-F_{N2}+2m\omega v_r\cos\theta \tag{3}$$

引入变换 $\dfrac{dv_r}{dt}=\dfrac{dv_r}{d\theta}\cdot\dfrac{d\theta}{dt}=\dfrac{dv_r}{d\theta}\cdot\dfrac{v_r}{R}=\dfrac{1}{2R}\dfrac{dv_r^2}{d\theta}$，对(1)式积分

$$\frac{m}{2R}\int_0^{v_r}dv_r^2=mg\int_0^{\theta}\sin\theta d\theta+\frac{mR\omega^2}{2}\int_0^{\theta}\sin2\theta d\theta$$

解得

$$v_r=\sqrt{2gR(1-\cos\theta)+(R\omega\sin\theta)^2} \tag{4}$$

将 v_r 代入(2)、(3)式可得

$$F_{N1}=mg\left(2-3\cos\theta+\frac{2R\omega^2}{g}\sin^2\theta\right)$$

$$F_{N2}=2m\omega\cos\theta\sqrt{2gR(1-\cos\theta)+(R\omega\sin\theta)^2}$$

13.2 地球自转对质点相对运动的影响

在某些工程技术问题中，不能再将地球作为惯性系，必须考虑地球自转的影响。下面研究地球自转对质点相对运动的影响。

13.2.1 铅垂线的偏差和重力加速度随纬度的变化

由于地球自转的影响，地球表面物体的重力并不是指向地心，即铅垂线偏离地球半径一微小的夹角，重力加速度也随地球纬度的变化而变化。

例 13.3 求铅垂线的偏差和重力加速度随纬度的变化规律。

解：设质点 M 在北纬 φ 处相对于地面静止。取地球为动参考系，质点 M 所受的力有地球引力 $\boldsymbol{F}$、地面支持力 $\boldsymbol{F}_N$ 及牵连惯性力 $\boldsymbol{F}_{Ie}$（图 13.4），其中 $F_{Ie}=mR\omega^2\cos\varphi$，方向垂直于地轴背离地球。由式(13-9)有

$$\boldsymbol{F}+\boldsymbol{F}_N+\boldsymbol{F}_{Ie}=0 \tag{1}$$

通常所说的重力，是指和支持力 $\boldsymbol{F}_N$ 大小相等而方向相反的力 $\boldsymbol{W}$，由(1)式知

$$\boldsymbol{W}=-\boldsymbol{F}_N=\boldsymbol{F}+\boldsymbol{F}_{Ie} \tag{2}$$

这说明在地球上测得的重力实际上是地球引力和牵连惯性力的矢量和，通常所说的铅垂线是重力 $\boldsymbol{W}$ 的作用线。

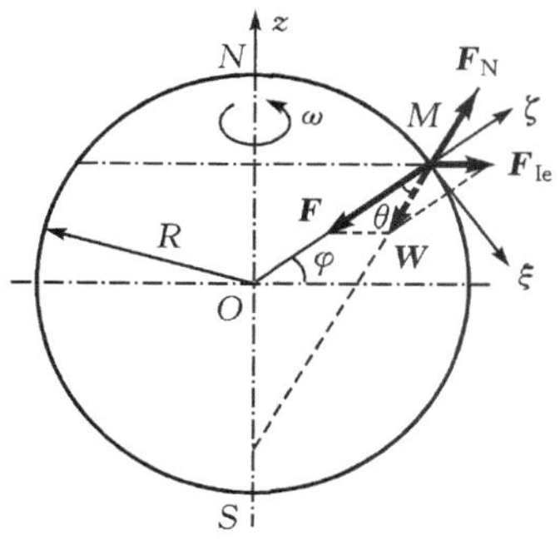

图 13.4

为确定铅垂线与地球半径的夹角 θ，将(2)式投影到与 OM 垂直的 ξ 轴上，得

$$W\sin\theta=F_{Ie}\sin\varphi \tag{3}$$

因 $W=mg$，所以(3)式变为

$$mg\sin\theta=mR\omega^2\sin\varphi\cos\varphi$$

即

$$\sin\theta=\frac{R\omega^2}{2g}\sin2\varphi \tag{4}$$

由(4)式知，铅垂线与地球半径的夹角 θ 随纬度而变化，最大值在纬度 $\varphi=45°$ 处，用 $R=6371\ \text{km}$，$g=9.8062\ \text{m/s}^2$，$\omega=7.292\times10^{-5}\ \text{rad/s}$ 代入(4)式，得 $\theta_{max}\approx6'$。这是一个很小的角度，在一般的计算中，可以认为铅垂线通过地心。

为确定重力加速度 g 随纬度的变化规律，将(1)式投影到 ζ 轴上，得

$$F_N\cos\theta-F+F_{Ie}\cos\varphi=0$$

因 $\cos\theta\approx1$，$F_N=W=mg$，则

$$F=mg+mR\omega^2\cos^2\varphi \tag{5}$$

令赤道处（$\varphi=0$）的重力加速度为 g_0，由上式得

$$F_0=mg_0+mR\omega^2 \tag{6}$$

(5)式和(6)式都是将地球视为圆球时对物体的引力，即 $F=F_0$，故可得

$$g=g_0\left(1+\frac{R\omega^2}{g_0}\sin^2\varphi\right)$$

由实验测得 $g_0=9.7803\ \text{m/s}^2$，故重力加速度的修正项为

$$\frac{R\omega^2}{g_0}\sin^2\varphi=0.00346\sin^2\varphi$$

实际上重力加速度的计算还要考虑地球的扁率 e，即赤道半径和极半径之差与赤道半径之比，$e=1/298.25$。因此，计算在纬度 φ 处的重力加速度应用一级近似公式

$$g=9.780318(1+0.0053024\sin^2\varphi)\ \text{m/s}^2$$

由该式可以看出，重力加速度 g 随纬度的增高而增大。

13.2.2　质点相对于地球的运动微分方程

选取与地面固连的动参考系 $O_1\xi\eta\zeta$ 如图 13.5 所示，其中 ξ 轴与经线相切指向南方，η 轴与纬线相切指向东方，ζ 轴沿地球的径向指向上方。

设质量为 m 的质点 M 相对于地球以

$$\boldsymbol{v}_r = \dot{\xi}\boldsymbol{i} + \dot{\eta}\boldsymbol{j} + \dot{\zeta}\boldsymbol{k}$$

运动，同时随地球以角速度

$$\boldsymbol{\omega} = -\omega\cos\varphi\boldsymbol{i} + \omega\sin\varphi\boldsymbol{k}$$

绕 Oz 轴转动。质点 M 所受的力中，重力 $\boldsymbol{W}$ 已包含了牵连惯性力 $\boldsymbol{F}_{Ie}$（例 13.3），故只须再加上科氏惯性力 $\boldsymbol{F}_{IC} = -2m\boldsymbol{\omega} \times \boldsymbol{v}_r$。由式(13-4)得

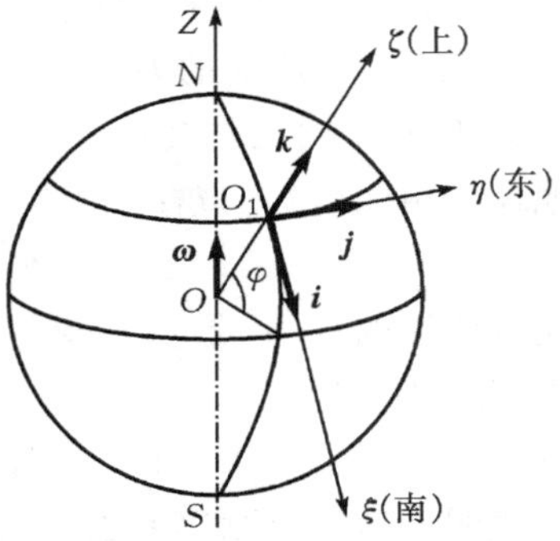

图 13.5

$$m\frac{\tilde{d}^2\boldsymbol{r}'}{dt^2} = \boldsymbol{F} - 2m\boldsymbol{\omega} \times \boldsymbol{v}_r \tag{1}$$

其中

$$\boldsymbol{r}' = \xi\boldsymbol{i} + \eta\boldsymbol{j} + \zeta\boldsymbol{k}$$

$$\boldsymbol{\omega} \times \boldsymbol{v}_r = \begin{vmatrix} \boldsymbol{i} & \boldsymbol{j} & \boldsymbol{k} \\ -\omega\cos\varphi & 0 & \omega\sin\varphi \\ \dot{\xi} & \dot{\eta} & \dot{\zeta} \end{vmatrix}$$

将(1)式投影到动坐标轴上，得

$$\left.\begin{aligned} m\ddot{\xi} &= F_\xi + 2m\omega\dot{\eta}\sin\varphi \\ m\ddot{\eta} &= F_\eta - 2m\omega(\dot{\zeta}\cos\varphi + \dot{\xi}\sin\varphi) \\ m\ddot{\zeta} &= F_\zeta + 2m\omega\dot{\eta}\cos\varphi \end{aligned}\right\} \tag{13-10}$$

该式称为**质点相对于地球的运动微分方程**。在地球上运动的物体，根据其运动初始条件，将此式积分，可求出物体相对于地球的运动规律。

例 13.4　由于地球自转的影响，物体在地球表面附近自由下落时，不是沿铅垂线方向，而是稍向东方偏离，这种现象称为**落体偏东**。忽略空气阻力，试求物体自高度 H 自由下落时偏离铅垂线的距离。

解：取物体为研究对象，令物体沿图 13.5 中的 $O_1\zeta$ 轴自高度 H 处自由下落，由于 $F_\xi=0$，$F_\eta=0$，$F_\zeta=-mg$，式(13-10)简化为

$$\left.\begin{aligned} \ddot{\xi} &= 2\omega\dot{\eta}\sin\varphi \\ \ddot{\eta} &= -2\omega(\dot{\zeta}\cos\varphi + \dot{\xi}\sin\varphi) \\ \ddot{\zeta} &= -g + 2\omega\dot{\eta}\cos\varphi \end{aligned}\right\} \tag{1}$$

现采用逐次趋近法解此微分方程组。在第一次近似计算中，令 $\omega=0$，(1)式简化为

$$\ddot{\xi} = 0,\quad \ddot{\eta} = 0,\quad \ddot{\zeta} = -g \tag{2}$$

由运动初始条件 $t=0$ 时，$\xi=\eta=0$，$\zeta=H$，$\dot{\xi}=\dot{\eta}=\dot{\zeta}=0$，可求得零次近似解的速度方程为

$$\ddot{\xi} = 0,\quad \ddot{\eta} = 0,\quad \ddot{\zeta} = -gt \tag{3}$$

将此结果代入(1)式，可得一次近似微分方程为

$$\ddot{\xi}_1 = 0,\quad \ddot{\eta}_1 = 2\omega gt\cos\varphi,\quad \ddot{\zeta}_1 = -g \tag{4}$$

对(4)式积分两次并代入初始条件可得一次近似解为

$$\dot{\xi}_1 = 0,\quad \dot{\eta}_1 = \omega gt^2\cos\varphi,\quad \dot{\zeta}_1 = -gt$$

$$\xi_1 = 0,\quad \eta = \frac{1}{3}\omega gt^3\cos\varphi,\quad \zeta_1 = H - \frac{1}{2}gt^2$$

这个结果已相当精确，不必再求二次近似解。令 $\zeta_1=0$，可求出物体落地时间 $T=\sqrt{2H/g}$，故偏东的距离为

$$\delta = \frac{1}{3}\omega\sqrt{\frac{8H^3}{g}}\cos\varphi$$

如在北京地区($\varphi=40°$),取 $H=1000$ m,则落地时偏东的距离为

$$\delta = \frac{1}{3}\times 7.292\times 10^{-5}\times\sqrt{\frac{8\times 1000^3}{9.80}}\cos 40° = 0.532\ \text{m}$$

例 13.5　设在北纬 φ 处以初速 $\boldsymbol{v}_0$ 向正东方向抛射一物体,抛射角为 θ(图 13.6),不计空气阻力,求抛射体的相对运动方程和着地点的偏差。

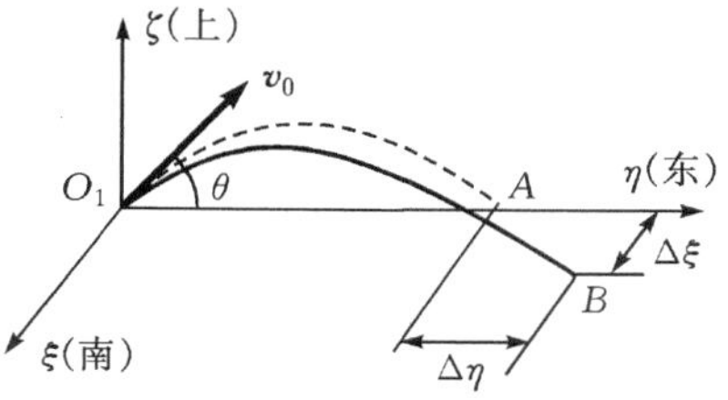

图 13.6

解:取抛射体为研究对象,视重力为常力并忽略其与铅垂线的偏差。由式(13-10)可得与上例中的落体完全相同的运动微分方程组为

$$\left.\begin{aligned}\ddot{\xi} &= 2\omega\dot{\eta}\sin\varphi\\ \ddot{\eta} &= -2\omega(\dot{\zeta}\cos\varphi+\dot{\xi}\sin\varphi)\\ \ddot{\zeta} &= -g+2\omega\dot{\eta}\cos\varphi\end{aligned}\right\}\qquad(1)$$

式中:φ 可认为是常量。抛射体运动的初始条件为 $t=0$ 时

$$\xi=\eta=\zeta=0$$
$$\dot{\xi}=0,\quad \dot{\eta}=v_0\cos\theta,\quad \dot{\zeta}=v_0\sin\theta$$

现仍采用逐次趋近法,可得一次近似解的速度方程和运动方程为

$$\left.\begin{aligned}\dot{\xi} &= 2\omega v_0 t\cos\theta\cos\varphi\\ \dot{\eta} &= \omega g t^2\cos\varphi-2\omega v_0 t\sin\theta\cos\varphi+v_0\cos\theta\\ \dot{\zeta} &= -gt+2\omega v_0 t\cos\theta\cos\varphi+v_0\sin\theta\end{aligned}\right\}\qquad(2)$$

$$\left.\begin{aligned}\xi &= \omega v_0 t^2\cos\theta\cos\varphi\\ \eta &= \frac{1}{3}\omega g t^3\cos\varphi-\omega v_0 t^2\sin\theta\cos\varphi+v_0 t\cos\theta\\ \zeta &= -\frac{1}{2}gt^2+\omega v_0 t^2\cos\theta\cos\varphi+v_0 t\sin\theta\end{aligned}\right\}\qquad(3)$$

如果把(2)式再代入(1)式进行积分,可求出二次近似解,但由于计算过于繁琐,且增加的仅为 ω^2 项,影响甚微,故不必再作进一步的近似计算。

下面计算着地点的偏差。若不考虑地球自转影响,可求得抛射飞行时间为

$$T^* = 2v_0\sin\theta/g$$

运动方程为　$\xi^*=0,\quad \eta^*=v_0 t\cos\theta,\quad \zeta^*=-\frac{1}{2}gt^2+v_0 t\sin\theta$

令 $\zeta^*=0$,则抛射体着地点(A 点)的坐标为

$$\xi_A=0,\quad \eta_A=v_0^2\sin 2\theta/g,\quad \zeta_A=0$$

考虑地球自转影响,则其运动方程如(3)式表示。令 $\zeta=0$,可求出抛射体的飞行时间为

$$T=\frac{2v_0\sin\theta}{g-2\omega v_0\cos\theta\cos\varphi}$$

将 T 代入(3)式,可求得抛射体着地点(B 点)的坐标为

$$\left.\begin{aligned}\xi_B &= \omega v_0 T^2 \cos\theta\cos\varphi \\ \eta_B &= \frac{1}{3}\omega g T^3 \cos\varphi - \omega v_0 T^2 \sin\theta\cos\varphi + v_0 T\cos\theta \\ \zeta_B &= 0\end{aligned}\right\}$$

抛射体着地点的偏差为 $\Delta\xi=\xi_B-\xi_A$，$\Delta\eta=\eta_B-\eta_A$。

设 $\varphi=\theta=45°$，$v_0=900\ \text{m/s}$，$g=9.80\ \text{m/s}^2$，由上述公式计算可得

$$T^* = 129.9\ \text{s},\quad \eta_A = 82.653\ \text{km}$$

$$T = 130.75\ \text{s},\quad \eta_B = 83.026\ \text{km},\quad \xi_B = 561\ \text{m}$$

着地点偏差 $\Delta\xi=561\ \text{m}$，$\Delta\eta=373\ \text{m}$。

由本例计算结果可以看出，由于地球自转的影响，射程为 83 km 的抛射体，着地点偏差有数百米。因此，在远程火炮、火箭和导弹的弹道计算中，必须考虑地球自转的影响。

通过例 13.4 和例 13.5 可知，对于两个运动微分方程完全相同的质点，若运动的初始条件不同，则它们的运动规律也不同。

落体偏东和抛射体的偏移都是由于科氏惯性力作用的结果。还有许多自然现象和工程问题与科氏惯性力有关，例如在北半球沿南北方向流动的河流，由于科氏惯性力指向右岸（顺水流方向观察），因此河流右岸较左岸冲刷严重。同理，北半球南北方向铺设的复线铁路，其右轨内侧磨损较左轨严重。

思考题

13.1 质点在非惯性系中相对静止的条件是什么？

13.2 当 $\boldsymbol{F}+\boldsymbol{F}_{\text{Ie}}=0$ 时，还要补充什么条件才能保证 $\boldsymbol{a}_{\text{r}}=0$？

13.3 考虑地球自转时，自由落体的着地点在北半球偏东，在南半球是否偏西？

习题

13.1 质量为 m 的单摆 B 的悬点 A 随构件以匀角速度 ω 绕铅垂轴转动，如图所示。求摆锤 B 相对构件静止时的摆角 φ 以及悬线的张力。

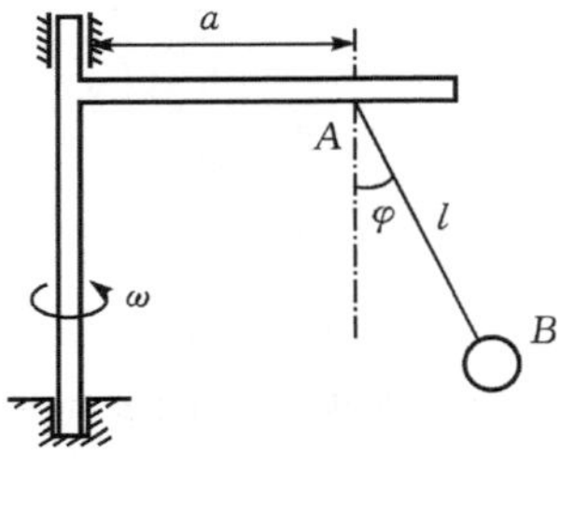

题 13.1 图

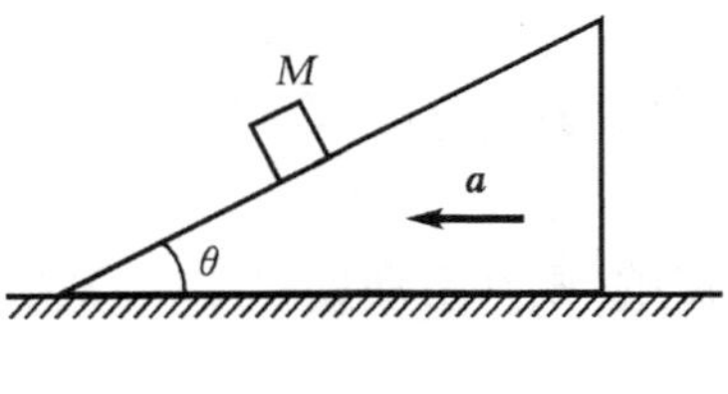

题 13.2 图

13.2 质量为 m 的物块 M 放在楔角为 θ 的楔块上。若不计摩擦，欲使物块 M 对楔块保持相对静止，楔块的加速度 $\boldsymbol{a}$ 应为多大？若物块 M 与楔块间的静滑动摩擦因数为 μ_s，当楔块

以匀加速度 $\boldsymbol{a}$ 向左运动时，欲使物块 M 保持相对静止，楔块的楔角 θ 最大可达多少？

13.3　半径为 R 的圆筒以匀角速度 ω 绕水平对称轴 O 转动。若已知质点 M 与圆筒内壁之间的静滑动摩擦因数为 μ_s，欲使质点与筒壁之间无相对滑动，问圆筒的转动角速度 ω 至少应为多大？

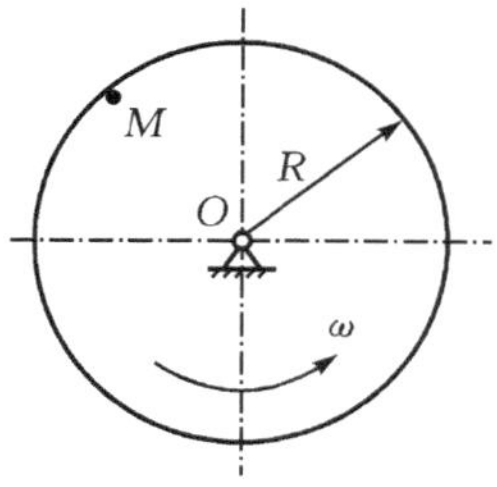

题 13.3 图

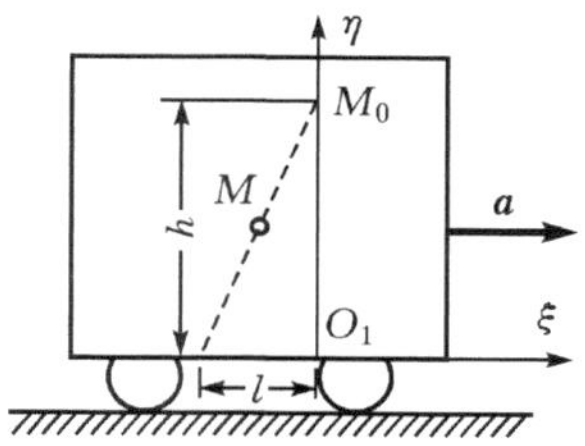

题 13.4 图

13.4　在以匀加速度 $\boldsymbol{a}$ 向右运动的车厢中，有一小球 M 由高度为 h 的 M_0 点自由落下，相对车厢的初速度为零。求小球 M 相对车厢的运动方程和轨迹以及小球落下后偏移的距离 l。

13.5　半径为 r 的光滑圆圈在铅垂平面内，以匀加速度 $\boldsymbol{a}$ 向上移动。套在圆圈上的小环 M 质量为 m，运动初瞬时位于偏角 φ_0 处，其相对圆圈的速度为 v_{r0}。求小环滑动到偏角为 φ 时的相对速度 v_r 以及圆圈的约束力 F_N。

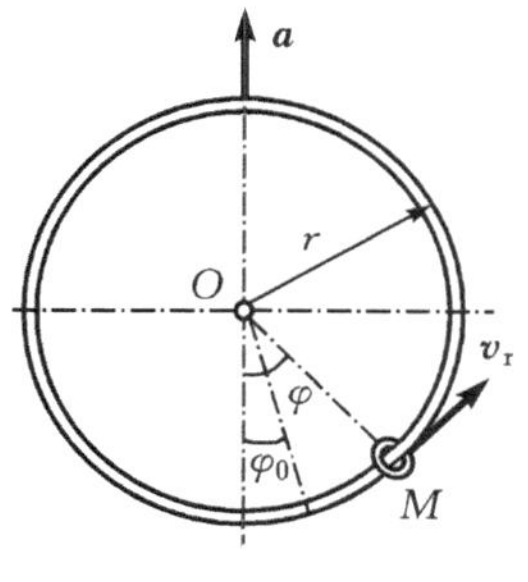

题 13.5 图

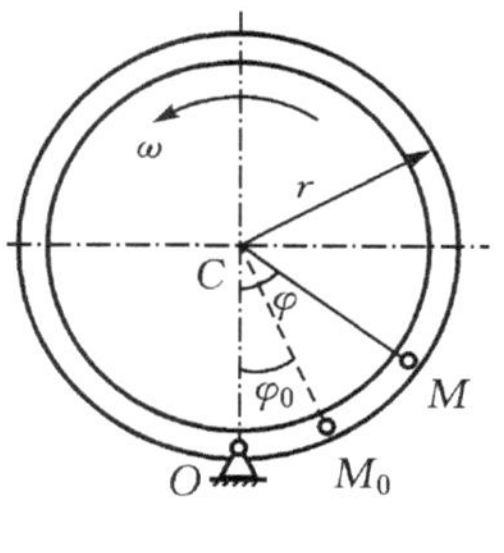

题 13.6 图

13.6　半径为 r 的圆环以匀角速度 ω 在水平面内绕铅垂轴 O 转动，质量为 m 的小球在圆环内滑动，如图所示。运动初瞬时小球在 M_0 处，相对圆环的速度为 v_{r0}。不计摩擦，求小球在任意瞬时的相对速度 v_r 以及圆环对小球的水平约束力 F_N 与位置角 φ 之间的关系。

13.7　水平圆盘以匀角速度 ω 绕铅垂轴 O 转动，质量为 m 的质点 M 沿光滑的直径槽滑动，如图所示。运动初瞬时质点 M 到 O 轴的距离为 a，相对圆盘的速度为零。求质点沿直径槽的运动方程以及直径槽的水平约束力。

13.8　为减弱发动机的扭振，在曲轴上添一活动配重 M，相当于悬挂在 O 点的一个单摆，如图所示。已知：$\overline{OM}=l$，$\overline{OC}=e$，$\omega=$ 常量。不计摆杆质量和摩擦，略去重力加速度，求此单摆的微幅振动圆频率。

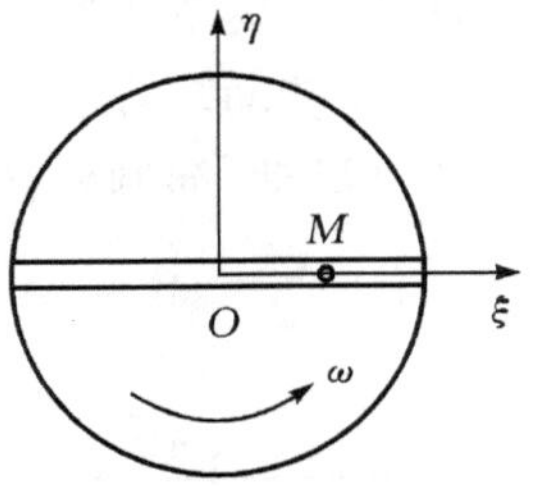

题 13.7 图

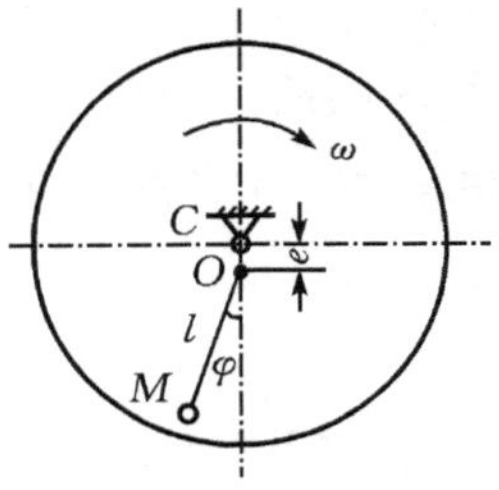

题 13.8 图

13.9　某河流自北向南流动，在北纬 30°处，河面宽 1 km，流速为 5 m/s，若考虑地球自转的影响，问此处东西两岸的水面高度差为多少？

提示：水面应垂直于水面质点的重力和科氏惯性力矢量和的方向。

第 14 章　虚位移原理

前述研究动力学问题(静力学可视为其特殊情形)的各章,都是以牛顿定律为基础的,常称为**牛顿力学**。它以矢量为特征,因而也称为**矢量力学**。这种方法的优点是几何直观性强,但对于复杂系统的力学问题,则显得较为麻烦。本章介绍处理力学问题的**分析力学**方法。这种方法把更具广泛意义的能量和功作为基本量,以广义坐标作为描述质点系运动的变量,用数学分析的方法研究力学问题。分析力学是经典物理学的基础之一,也是整个力学的基础之一。它广泛应用于结构分析、机器动力学、振动、航天力学、多刚体系统动力学和各种工程实际中,也可推广应用于连续介质力学和相对论力学等。与牛顿力学相比,分析力学的主要优点是,研究复杂系统的力学问题较为简便。

本章首先介绍虚位移原理。

14.1　虚位移原理

虚位移原理是静力学的普遍原理。它给出了一般质点系维持平衡的充分和必要条件。本书第一篇的矢量静力学中给出的刚体平衡的条件,对于一般质点系来说则只是必要的,但不是充分的。虚位移原理不仅在刚体静力学中,而且在变形体力学(如材料力学、结构力学、弹性力学等)中也都有着广泛的应用。下面首先介绍几个基本概念,然后阐述虚位移原理及其应用。

14.1.1　基本概念

1. 约束·约束方程和约束的分类

力学系统中各质点的空间位置的集合称为系统的**位形**。如果系统的位形和速度不受任何预先给定的限制,则称此系统为**自由系统**,反之为**非自由系统**。限制非自由系统的位形和速度的条件,称为**约束**。约束条件的数学表达式称为**约束方程**。

例如图 14.1 所示的具有固定悬点 O 和刚性直杆的球面摆,其约束方程为

$$x^2 + y^2 + z^2 - l^2 = 0 \tag{1}$$

若将刚性直杆换成不可伸长的柔索,则约束方程变为

$$x^2 + y^2 + z^2 - l^2 \leqslant 0 \tag{2}$$

若刚性直杆不变,但悬点 O 沿 x 轴以匀速 $\boldsymbol{v}$ 运动,则约束方程为

$$(x - vt)^2 + y^2 + z^2 - l^2 = 0 \tag{3}$$

又如半径为 r 的圆轮沿水平直线轨道滚动而不滑动(图 14.2),其约束方程为

$$y_C - r = 0 \tag{4}$$

$$\dot{x}_C - r\dot{\varphi} = 0 \tag{5}$$

其中,(5)式可积分为

$$x_C - r\varphi = 常数 \tag{5'}$$

再如平面上两质点由长为 l 的刚杆连结，运动中杆的中点的速度被限制只能沿着杆的方向（图 14.3），则约束方程为

$$(x_2 - x_1)^2 + (y_1 - y_2)^2 - l^2 = 0 \tag{6}$$

$$\frac{\dot{x}_1 + \dot{x}_2}{x_1 - x_2} = \frac{\dot{y}_1 + \dot{y}_2}{y_1 - y_2} \tag{7}$$

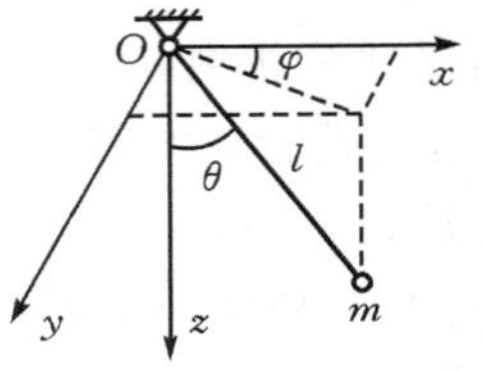

图 14.1

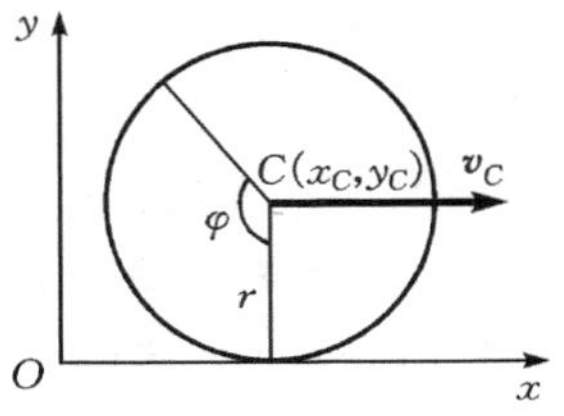

图 14.2

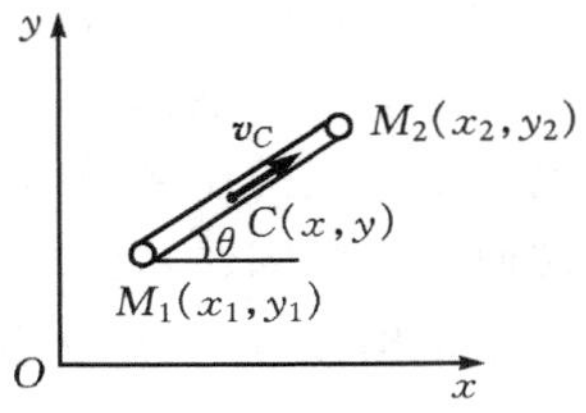

图 14.3

根据约束方程的特点，可将约束分为以下几种。

(1) 几何约束和运动约束。

约束方程中不显含速度的约束称为**几何约束**，反之称为**运动约束**。如方程(1)、(2)、(3)、(4)、(6)表示的约束都是几何约束，而方程(5)和(7)表示的则为运动约束。

在运动约束中，若约束方程可积分为有限形式的，称为**含时几何约束**；不能积分为有限形式的，称为**微分约束**。如方程(5)可积分为有限形式(5)′，因而它表示的约束是含时几何约束；而方程(7)不能积分成有限形式，它表示的约束则为微分约束。

(2) 完整约束和非完整约束。

所有的几何约束和运动约束中的含时几何约束统称为**完整约束**；运动约束中的微分约束称为**非完整约束**。

仅包含完整约束的系统称为**完整系统**；至少包含有一个非完整约束的系统称为**非完整系统**。

(3) 定常约束和非定常约束。

约束方程中不含时间的约束称为**定常约束**，反之称为**非定常约束**。例如方程(1)、(2)表示的约束都是定常约束，而方程(3)表示的则是非定常约束。

(4) 双面约束和单面约束。

约束方程用等式表示的约束称为**双面约束**，反之称为**单面约束**。例如方程(1)、(3)等表示的约束即为双面约束；而方程(2)表示的则是单面约束。

本章仅讨论受双面、完整约束的力学系统。

2. 虚位移·虚功·理想约束

系统在给定瞬时为约束所允许的任何微小位移，称为该瞬时的**虚位移**。设由 n 个质点组成的质点系，其中任一质点的矢径为 $\boldsymbol{r}_i$，则其虚位移可表示为

$$\delta \boldsymbol{r}_i = \delta x_i \boldsymbol{i} + \delta y_i \boldsymbol{j} + \delta z_i \boldsymbol{k} \tag{14-1}$$

式中：δx_i、δy_i、δz_i 为 $\delta \boldsymbol{r}_i$ 在坐标轴上的投影。

应当注意，系统中各质点在真实运动中的位移称为**实位移**。实位移不仅要为约束允许，而且还与系统的受力和运动初始条件有关。它可以是微小的，也可以取有限值。而虚位移是一个纯几何概念，它与系统的受力和运动初始条件无关。任一质点的虚位移 $\delta \boldsymbol{r}_i$ 表示该质点在任一给定瞬时，由它的瞬时位置出发，转移到它在同一瞬时约束下的相邻位置而产生的矢径变分。$\delta \boldsymbol{r}_i$ 不含时间过程（δ 为等时变分，$\delta t=0$），即在分析虚位移时，可将时间 t"凝固"，只考虑瞬时约束条件。质点系的所有虚位移构成了一个集合。显然，在定常约束条件下，系统的实际微小位移 $\mathrm{d}\boldsymbol{r}_i$ 包含在虚位移的集合中。对于定常约束，"d"和"δ"这两种运算方法完全相同。

力 $\boldsymbol{F}$ 对其作用点的虚位移 $\delta \boldsymbol{r}$ 的功称为**虚(元)功**，记为 δW，即

$$\delta W = \boldsymbol{F} \cdot \delta \boldsymbol{r} = F_x \delta x + F_y \delta y + F_z \delta z \tag{14-2}$$

顺便指出，力在其作用点的实际微小位移上的元功记号也是 δW，它表示元功不一定总能表示为函数 W 的全微分。元功 δW 是真实的功，它将引起系统动能的改变。而虚(元)功和虚位移一样，是一个虚拟的概念，用记号 δW 仅说明它是一阶微量。

如果约束力在系统的任何一组虚位移中的虚功之和等于零，则这种约束称为**理想约束**。设系统中任一质点受到的约束力的合力为 $\boldsymbol{F}_{\mathrm{N}i}$，其虚位移为 $\delta \boldsymbol{r}_i$，则理想约束条件可表示为

$$\sum \boldsymbol{F}_{\mathrm{N}i} \cdot \delta \boldsymbol{r}_i = 0 \tag{14-3}$$

容易证明，11.1 节中介绍的约束力元功之和等于零的理想情形的约束都是理想约束。

3. 自由度·广义坐标

设含有 n 个质点的非自由系统，具有 l 个完整约束，g 个非完整约束，则描述系统位形的 $3n$ 个直角坐标和 $3n$ 个虚位移不都是独立的。系统的 $3n$ 个虚位移必须同时满足 $l+g$ 个约束方程。系统的独立虚位移数 d 称为系统的**自由度**，即

$$d = 3n - l - g \tag{14-4}$$

因为每一组独立的虚位移反映了系统的一种独立的可能运动形式，因此独立虚位移数反映了系统独立的可能运动形式数，这就是系统的自由度的意义。

由于非完整约束方程不能积分成限制系统位形的有限形式，故确定系统位形的独立坐标数目为

$$s = 3n - l \tag{14-5}$$

在许多实际问题中，采用直角坐标确定系统的位形并不总是方便的。而适当选取的能够完全确定系统位形的 s 个独立变量，称为系统的**广义坐标**，一般用 q_j ($j=1,2,\cdots,s$)表示。广义坐标可以是线量、角量，也可以是其它物理量。系统内各质点的矢径可用广义坐标表示为

$$\boldsymbol{r}_i = \boldsymbol{r}_i(q_1, q_2, \cdots, q_s; t) \tag{14-6}$$

容易看出，完整系统的广义坐标数等于其自由度，而非完整系统的广义坐标数大于其自由度。

14.1.2　虚位移原理

具有双面、理想约束的质点系在给定位置维持静止的必要和充分条件是，作用在该系统上的全部主动力对其作用点虚位移的虚功之和等于零。这就是**虚位移原理**，也称为**虚功原理**。若系统中任一质点的虚位移为 $\delta \boldsymbol{r}_i$，作用于其上的主动力的合力为 $\boldsymbol{F}_i$，则原理可表示为

$$\sum \boldsymbol{F}_i \cdot \delta \boldsymbol{r}_i = 0 \tag{14-7}$$

或 $$\sum(F_x\delta x + F_y\delta y + F_z\delta z) = 0 \tag{14-8}$$

式(14-7)和式(14-8)也称为**虚功方程**。

14.1.3 虚位移原理的应用

应用虚位移原理解题的明显优点之一，是无须分析理想约束的约束力，因此可方便地求解系统平衡时主动力之间的关系以及系统的平衡位置。应用虚位移原理也可以求理想约束的约束力，方法是解除相应的约束，代之以约束力，并将其视为主动力即可。下面分别举例说明。

1. 求平衡时主动力之间的关系

例 14.1 平面机构如图 14.4 所示。曲柄 OA 上作用一力偶，其力偶矩为 M。滑块 D 上作用一水平力 $\boldsymbol{F}$。若不计各构件的重量，求机构在图示平衡位置时（角 θ 为已知）$\boldsymbol{F}$ 与 M 的关系。设曲柄 OA 长为 a。

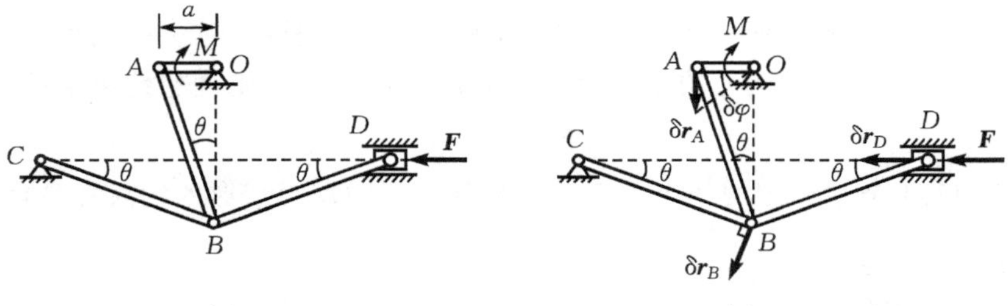

图 14.4

解：取系统为研究对象。系统具有理想约束，且只有一个自由度，也只有一组独立的虚位移。

设主动力 $\boldsymbol{F}$ 的作用点 D 的虚位移为 $\delta \boldsymbol{r}_D$，OA 杆的虚位移为 $\delta\varphi$，A 点的虚位移为 $\delta \boldsymbol{r}_A$，B 的虚位移为 $\delta \boldsymbol{r}_B$，如图 14.4(b)所示。

系统的约束是定常的，故可将上面给出的虚位移转化为微小实位移，可用求微小实位移之间关系的方法求各虚位移之间的关系。又因微小实位移与速度成比例，故可用求速度之间关系的方法求微小实位移之间的关系，从而可用这种方法求虚位移之间的关系。

根据速度投影定理，有

$$\delta r_D\cos\theta = \delta r_B\cos(90^\circ - 2\theta) = \delta r_B\sin 2\theta, \quad \delta r_B\cos 2\theta = \delta r_A\cos\theta$$

又 $\delta r_A = a\delta\varphi$，由以上两式可得

$$\delta\varphi = \frac{\delta r_D}{a}\cot 2\theta$$

力 $\boldsymbol{F}$ 的虚功为 $F\delta r_D$，力偶的虚功为 $-M\delta\varphi$。

根据虚功原理，有

$$F\delta r_D - M\delta\varphi = 0$$

代入 $\delta\varphi$ 与 δr_D 之间的关系，得

$$F\delta r_D - M\frac{\delta r_D}{a}\cot 2\theta = 0$$

因 δr_D 是任意的，可解得

$$F=\frac{M}{a}\cot 2\theta$$

2. 求约束力

例 14.2　图 14.5(a)中，水平梁由 AC、CD 两部分组成。已知 $F=2$ kN，若不计梁重，求支座 A、B、D 的约束力。

解：这是一个静定结构。欲求支座约束力，应解除该支座的约束，用约束力代替，并视该约束力为主动力，这样系统就有了相应的自由度。

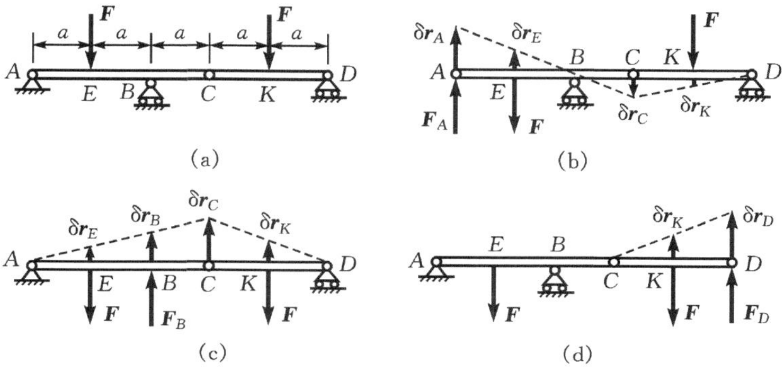

图 14.5

先求 $\boldsymbol{F}_A$。去掉铰链支座 A，代之以铅垂约束力 F_A。给 A 铅垂向上的虚位移 $\delta\boldsymbol{r}_A$，由于 AC、CD 可分别绕 B、D 作定轴转动，由图 14.5(b)知各点虚位移有下列关系

$$\delta r_A/\delta r_E=2a/a,\quad \delta r_E=\delta r_C,\quad \delta r_C/\delta r_K=2a/a \tag{1}$$

虚功方程为

$$F_A\delta r_A-F\delta r_E+F\delta r_K=0 \tag{2}$$

把(1)式代入(2)式，整理可得

$$(F_A-F/2+F/4)\delta r_A=0$$

因 δr_A 是任意的，得

$$F_A=F/4=0.5\ \text{kN}$$

方向铅垂向上。用同样的方法(图 14.5(c)和(d))可求得

$$F_B=5F/4=2.5\ \text{kN},\quad F_D=F/2=1\ \text{kN}$$

例 14.3　如图 14.6 所示的系统中，质量为 m_3 的物体 M_3 通过细绳与置于两光滑斜面上的物体 M_1 和 M_2 相连，已知斜面倾角分别为 θ、β，若不计滑轮与绳的重量及轴承处的摩擦，求平衡时两物体 M_1 和 M_2 的质量 m_1 和 m_2 各为多少？

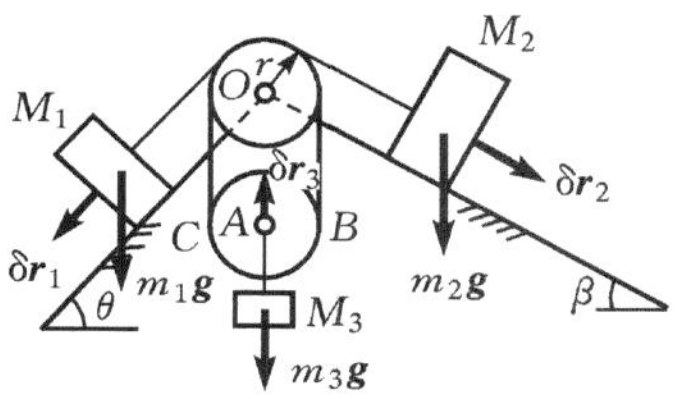

图 14.6

解：取系统为研究对象。系统的约束都是理想约束。这是个二自由度问题。若分别给物体 M_1 及 M_2 以虚位移 $\delta\boldsymbol{r}_1$、$\delta\boldsymbol{r}_2$，M_3 向上的虚位移 $\delta\boldsymbol{r}_3$，则系统的虚功方程为

$$m_1g\sin\theta\,\delta r_1+m_2g\sin\beta\,\delta r_2-m_3g\delta r_3=0 \tag{1}$$

滑轮 A 作平面运动，其上 B、C 两点的虚位移应分别等于 $\delta\boldsymbol{r}_1$、$\delta\boldsymbol{r}_2$，故滑轮中心的虚位移 $\delta\boldsymbol{r}_3$ 应为

$$\delta r_3 = \frac{1}{2}(\delta r_1 + \delta r_2) \tag{2}$$

代入(1)式得 $\left(m_1 g\sin\theta - \frac{1}{2}m_3 g\right)\delta r_1 + \left(m_2 g\sin\beta - \frac{1}{2}m_3 g\right)\delta r_2 = 0$

因 δr_1 和 δr_2 是彼此独立的，故有

$$m_1 g\sin\theta - \frac{1}{2}m_3 g = 0,\quad m_2 g\sin\beta - \frac{1}{2}m_3 g = 0$$

于是可解得 $m_1 = \frac{m_3}{2\sin\theta},\quad m_2 = \frac{m_3}{2\sin\beta}$

例 14.4 某厂房结构受载荷如图 14.7(a)所示。若不计各构件的重量，求支座 C 的约束力。其中 $a=5$ m，$b=10$ m。

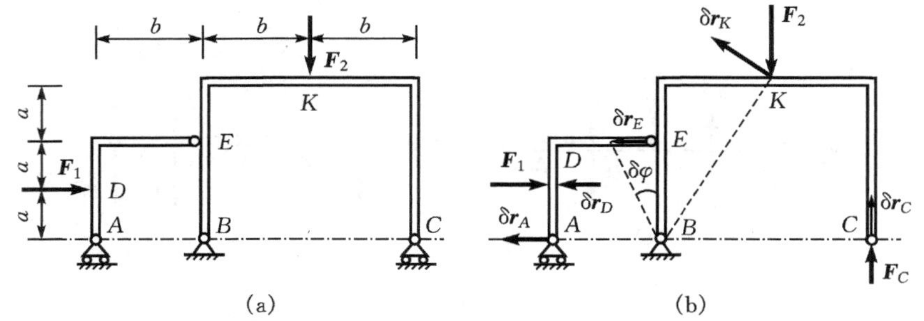

图 14.7

解：这是个静定结构。要求支座 C 的约束力，需要解除支座 C，代之以约束力 F_C。取整个系统为研究对象，系统具有理想约束，并有一个自由度。各点虚位移和受力如图 14.7(b)所示。

构件 $BEKC$ 可绕 B 点转动，设其虚位移为 $\delta\varphi$，则 C、K、E 各点的虚位移分别为

$$\delta r_C = 20\delta\varphi,\quad \delta r_K = \overline{BK}\,\delta\varphi,\quad \delta r_E = 10\delta\varphi \tag{1}$$

构架 ADE 处于瞬时平动状态，故有

$$\delta r_A = \delta r_D = \delta r_E = 10\delta\varphi \tag{2}$$

根据虚位移原理，有

$$-F_1\delta r_D - F_2\cos\varphi\,\delta r_K + F_C\delta r_C = 0 \tag{3}$$

将(1)、(2)式代入，可得

$$-F_1\cdot 10\delta\varphi - F_2\cdot\frac{10}{\overline{BK}}\cdot\overline{BK}\,\delta\varphi + F_C\cdot 20\delta\varphi = 0$$

因 $\delta\varphi$ 是任意的，可求得

$$F_C = (F_1 + F_2)/2$$

3. 求系统的平衡位置

例 14.5 图 14.8 所示的平面机构中，除挂在铰链 B 上的重物 M 重 W 外，其余各构件的自重及摩擦不计。弹簧 DE 的自然长度为 l_0，刚度系数为 k。$\overline{AD}=\overline{CE}=a$，$\overline{BD}=\overline{BE}=b$。求机构平衡时 θ 角应满足的条件。

解：取系统为研究对象，系统的约束是理想的。系统受到的主动力有重物的重力 $\boldsymbol{W}$ 和弹

簧的拉力 $\boldsymbol{F}$ 与 $\boldsymbol{F}'$。系统的虚功方程为

$$F\delta x_D - F'\delta x_E - W\delta y_B = 0$$

式中：$F=F'=k(2b\cos\theta-l_0)$。

系统有一个自由度，取 θ 为广义坐标，则

$$x_D = a\cos\theta,\quad x_E = (a+2b)\cos\theta,\quad y_B = (a+b)\sin\theta$$

求各坐标变分，得

$$\delta x_D = -a\sin\theta\,\delta\theta,\quad \delta x_E = -(a+2b)\sin\theta\,\delta\theta,$$

$$\delta y_B = (a+b)\cos\theta\,\delta\theta$$

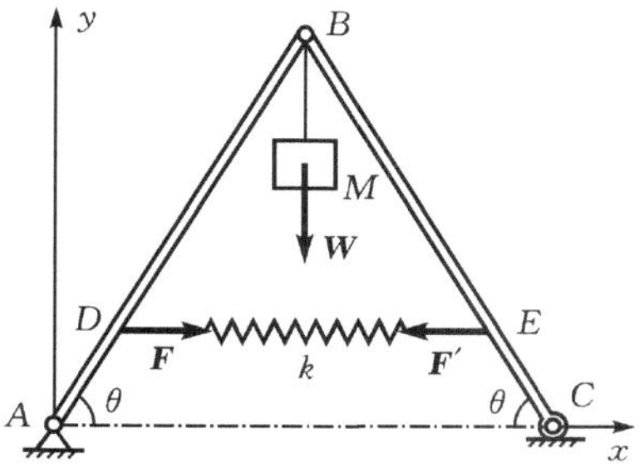

图 14.8

代入虚功方程，得

$$k(2b\cos\theta-l_0)\cdot 2b\sin\theta\,\delta\theta - W(a+b)\cos\theta\,\delta\theta = 0$$

因 $\delta\theta$ 是任意的，可解得机构平衡时 θ 角应满足的条件为

$$2bk(2b\cos\theta-l_0)\tan\theta = (a+b)W$$

综合以上各例，可将用虚位移原理解题的步骤大致归纳如下。

(1) 根据题意，选取研究对象。由于理想约束力的虚功之和等于零，故一般取整体为研究对象。

(2) 作受力分析。若求主动力之间的关系，或求系统的平衡位置时，只须画出主动力。若求约束力时，则须解除约束，把约束力作为主动力处理。

(3) 确定系统的自由度数目，并选取广义坐标。确定各点虚位移之间的关系（以独立的虚位移为参变量表示），应用几何法时，须画出各主动力作用点的虚位移；应用坐标变分法时，须建立固定直角坐标系。

(4) 根据虚位移原理，建立虚功方程。

(5) 将各点虚位移之间的关系代入虚功方程，由虚位移的任意性，得出系统的独立平衡方程并求解。

14.2　广义坐标形式的虚位移原理与广义力

由式(14-6)可得广义坐标形式的虚位移为

$$\delta \boldsymbol{r}_i = \sum_{j=1}^{s}\frac{\partial \boldsymbol{r}_i}{\partial q_j}\delta q_j \quad (i=1,2,\cdots,n)$$

代入式(14-7)，有

$$\sum_{i=1}^{n}\boldsymbol{F}_i\cdot\sum_{j=1}^{s}\frac{\partial \boldsymbol{r}_i}{\partial q_j}\delta q_j = 0$$

交换求和顺序，可得

$$\sum_{j=1}^{s}\left(\sum_{i=1}^{n}\boldsymbol{F}_i\cdot\frac{\partial \boldsymbol{r}_i}{\partial q_j}\right)\delta q_j = 0$$

令

$$F_{Qj} = \sum_{i=1}^{n}\boldsymbol{F}_i\cdot\frac{\partial \boldsymbol{r}_i}{\partial q_j} \quad (j=1,2,\cdots,s) \tag{14-9}$$

则有

$$\sum_{j=1}^{s}F_{Qj}\cdot\delta q_j = 0 \tag{14-10}$$

式中：δq_j 称为对应于广义坐标 q_j 的**广义虚位移**；F_{Qj} 为对应于广义坐标 q_j 的**广义力**。当广义

坐标是长度时，广义力具有力的量纲；当广义坐标为角度时，广义力的量纲则与力矩相同。

对于完整系统，各 δq_j 彼此独立，则由式(14－10)可得

$$F_{Qj} = 0 \quad (j = 1,2,\cdots,s) \tag{14-11}$$

这就是**广义坐标形式的虚位移原理**。它表明，**具有双面、理想约束的质点系，在给定位置维持静止的必要和充分条件是所有广义力都分别等于零**。

应用广义坐标形式虚位移原理的关键在于计算广义力。常用计算广义力的方法有以下三种。

(1) 由定义计算广义力。即

$$F_{Qj} = \sum_{i=1}^{n} \boldsymbol{F}_i \cdot \frac{\partial \boldsymbol{r}_i}{\partial q_j} = \sum_{i=1}^{n} \left(F_{xi} \frac{\partial x_i}{\partial q_j} + F_{yi} \frac{\partial y_i}{\partial q_j} + F_{zi} \frac{\partial z_i}{\partial q_j} \right) \quad (j = 1,2,\cdots,s)$$

(2) 由虚功表达式求广义力。因完整系统广义力的虚功之和

$$\delta W = \sum_{j=1}^{s} F_{Qj} \cdot \delta q_j$$

中的诸 δq_j 彼此独立，故可令 $\delta q_j \neq 0$，而令 $\delta q_k = 0 (k \neq j)$，则有

$$\delta W_j = F_{Qj} \cdot \delta q_j$$

于是可得

$$F_{Qj} = \frac{\delta W_j}{\delta q_j} \quad (j = 1,2,\cdots,s) \tag{14-12}$$

(3) 由势能法求广义力。若作用于系统的主动力都是有势力，即系统为保守系统，则系统的势能为

$$E_p = E_p(q_1, q_2, \cdots, q_s; t)$$

考虑到

$$F_{xi} = -\frac{\partial E_p}{\partial x_i}, \quad F_{yi} = -\frac{\partial E_p}{\partial y_i}, \quad F_{zi} = -\frac{\partial E_p}{\partial z_i}$$

$$\delta W = \sum (F_{xi} \cdot \delta x_i + F_{yi} \cdot \delta y_i + F_{zi} \cdot \delta z_i)$$

$$= -\sum \left(\frac{\partial E_p}{\partial x_i} \cdot \delta x_i + \frac{\partial E_p}{\partial y_i} \cdot \delta y_i + \frac{\partial E_p}{\partial z_i} \cdot \delta z_i \right) = -\delta E_p$$

所以

$$\delta W = -\delta E_p = -\sum_{j=1}^{s} \frac{\partial E_p}{\partial q_j} \delta q_j = \sum_{j=1}^{s} \left(-\frac{\partial E_p}{\partial q_j} \right) \delta q_j$$

于是可得

$$F_{Qj} = -\frac{\partial E_p}{\partial q_j} \quad (j = 1,2,\cdots,s) \tag{14-13}$$

例 14.6 图 14.9(a)所示为铅垂面内的双摆。两均质杆 OA 和 AB 各长 $2l$，重 W，用光滑铰链 A 连接，O 端为光滑固定铰链，B 端加一水平力 $\boldsymbol{F}$。求双摆的平衡位置。

解：本例中先用两种方法求广义力，然后求解平衡位置。

(1) 用定义式(14－9)求广义力。

系统有两个自由度，取 φ_1 和 φ_2 为广义坐标。对应于两个广义坐标的广义力为

$$F_{Q\varphi_1} = F_{Cx} \frac{\partial x_C}{\partial \varphi_1} + F_{Dx} \frac{\partial x_D}{\partial \varphi_1} + F_{By} \frac{\partial y_B}{\partial \varphi_1}$$

$$F_{Q\varphi_2} = F_{Cx} \frac{\partial x_C}{\partial \varphi_2} + F_{Dx} \frac{\partial x_D}{\partial \varphi_2} + F_{By} \frac{\partial y_B}{\partial \varphi_2}$$

式中：$F_{Cx} = W, F_{Dx} = W, F_{By} = F$；$x_C = l\cos\varphi_1, x_D = 2l\cos\varphi_1 + l_2\cos\varphi_2, y_B = 2l\sin\varphi_1 + 2l\sin\varphi_2$。代入广义力的表达式得

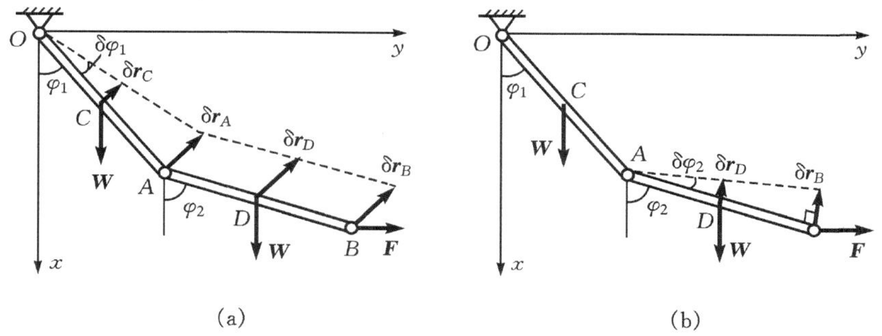

图 14.9

$$F_{Q\varphi_1} = 2Fl\cos\varphi_1 - 3Wl\sin\varphi_1, \quad F_{Q\varphi_2} = 2Fl\cos\varphi_2 - Wl\sin\varphi_2$$

(2) 用式(14－12)求广义力。

先令 $\delta\varphi_1 \neq 0, \delta\varphi_2 = 0$，如图 14.9(a)所示。此时

$$\begin{aligned}\delta W_1 &= \boldsymbol{W}\cdot\delta\boldsymbol{r}_C + \boldsymbol{W}\cdot\delta\boldsymbol{r}_D + \boldsymbol{F}\cdot\delta\boldsymbol{r}_B \\ &= -W\sin\varphi_1\cdot l_1\delta\varphi_1 - W\sin\varphi_1\cdot 2l\delta\varphi_1 + F\cos\varphi_1\cdot 2l\delta\varphi_1 \\ &= (2F\cos\varphi_1 - 3W\sin\varphi_1)l\delta\varphi_1\end{aligned}$$

所以

$$F_{Q\varphi_1} = \frac{\delta W_1}{\delta\varphi_1} = 2Fl\cos\varphi_1 - 3Wl\sin\varphi_1$$

再令 $\delta\varphi_2 \neq 0, \delta\varphi_1 = 0$，如图 14.9(b)所示。这时 $\delta\boldsymbol{r}_C = 0$，故

$$\delta W_2 = \boldsymbol{W}\cdot\delta\boldsymbol{r}_D + \boldsymbol{F}\cdot\delta\boldsymbol{r}_B = -W\sin\varphi_2 l\delta\varphi_2 + F\cos\varphi_2\cdot 2l\delta\varphi_2$$

由此得

$$F_{Q\varphi_2} = \frac{\delta W_2}{\delta\varphi_2} = 2Fl\cos\varphi_2 - Wl\sin\varphi_2$$

当然，此处可直接写出系统的虚功方程为

$$\delta W = W\delta x_C + W\delta x_D + F\delta y_B = 0$$

因为 $\delta x_C = -l_1\sin\varphi_1\delta\varphi_1$，$\delta x_D = -(2l\sin\varphi_1\delta\varphi_1 + l\sin\varphi_2\delta\varphi_2)$，$\delta y_B = 3l\cos\varphi_1\delta\varphi_1 + 2l\cos\varphi_2\delta\varphi_2$，代入虚功方程并整理得

$$(2Fl\cos\varphi_1 - 3Wl\sin\varphi_1)\delta\varphi_1 + (2Fl\cos\varphi_2 - Wl\sin\varphi_2)\delta\varphi_2 = 0$$

由式(14－10)，即得

$$F_{Q\varphi_1} = 2Wl\cos\varphi_1 - 3Wl\sin\varphi_1, \quad F_{Q\varphi_2} = 2Fl\cos\varphi_2 - Wl\sin\varphi_2$$

可见两种方法得到相同的结果。

令 $F_{Q\varphi_1} = 0, F_{Q\varphi_2} = 0$，即可求得系统的平衡位置为

$$\varphi_1 = \arctan\left(\frac{2F}{3W}\right), \quad \varphi_2 = \arctan\left(\frac{2F}{W}\right)$$

思考题

14.1　当质点系只受定常约束时，其约束方程是否就是各被约束质点的轨迹方程？试举例说明。

14.2　为什么说非完整约束与广义坐标的独立性无关，却与系统的自由度有关？

14.3　炮弹出膛后，沿预先计算好的弹道飞行，为什么还说炮弹是自由体？

14.4 何谓虚位移？虚位移与实位移有何区别？

14.5 试说明虚位移原理与静力学平衡方程的区别。

14.6 广义力与普通力有何异同？它有何物理意义？如沿某坐标轴取广义坐标，则对应于该广义坐标的广义力是否就是作用于系统的所有主动力在该坐标轴上的投影的代数和？为什么？

14.7 计算广义力的虚功法 $F_{Qj}=\dfrac{\delta W_j}{\delta q_j}(j=1,2,\cdots,s)$适用于什么系统？为什么？

14.8 计算广义力的势能法 $F_{Qj}=-\dfrac{\partial E_p}{\partial q_j}(j=1,2,\cdots,s)$适用于什么系统？为什么？

习 题

14.1 图示平面机构中，各杆长均为 l。在 B 点作用有铅垂力 $\boldsymbol{F}_1$，力 $\boldsymbol{F}_2$ 作用于 C 点，并垂直于 CD。若不计各杆自重和摩擦，试求机构平衡时（角 θ 为已知），力 $\boldsymbol{F}_2$ 与 $\boldsymbol{F}_1$ 之间的关系。

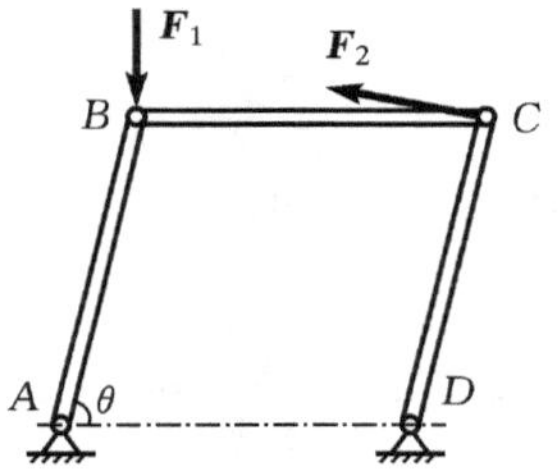

题 14.1 图

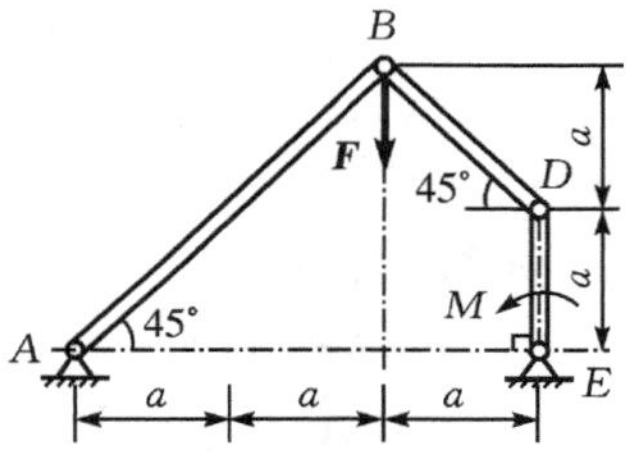

题 14.2 图

14.2 四连杆机构如图所示。设在 DE 杆上作用一力偶，其矩为 M；销钉 B 上作用一铅垂力 $\boldsymbol{F}$。若不计各杆自重，求机构在图示位置平衡时，力 $\boldsymbol{F}$ 的大小与力偶矩 M 之间的关系。

14.3 四根无重刚杆组成如图所示的菱形 $ABCD$，B、C、D 三点受力如图示。试求平衡时的 θ 角；若 $F_1=F_2=F_3=F$，则 θ 角为多大？

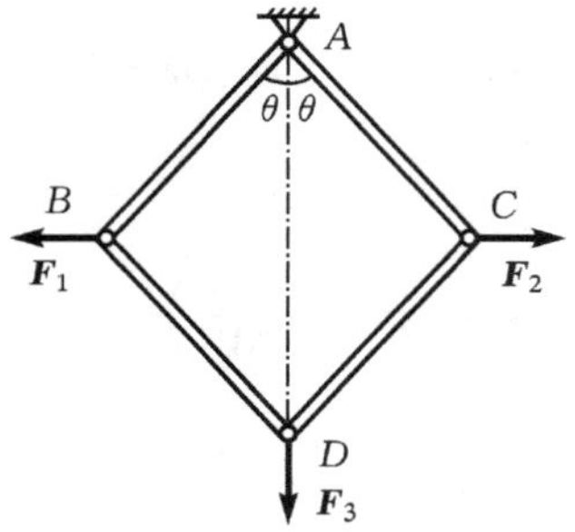

题 14.3 图

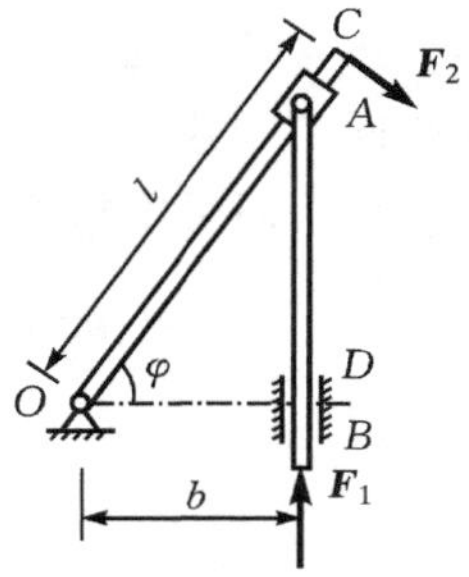

题 14.4 图

14.4 图示平面机构中，不计构件自重和摩擦，求机构平衡时力 $\boldsymbol{F}_1$ 和 $\boldsymbol{F}_2$ 的大小之间的关系。长度 b 和 l 已知。

14.5 图示平面压榨机构的中间铰 B 上作用一铅垂力 $\boldsymbol{F}_1$，杆 AB 和 BC 长度相等。不计各构件自重和摩擦，求压榨力 F_2 与角 φ 之间的关系。

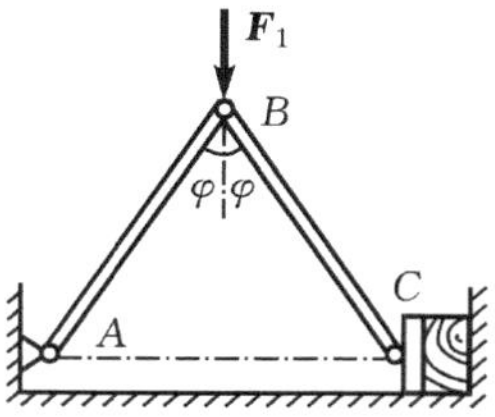

题 14.5 图

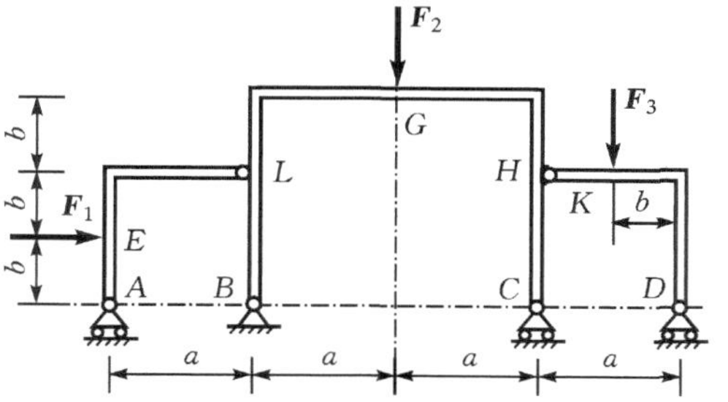

题 14.6 图

14.6　某厂房结构受荷载如图所示，求辊轴支座 C 的约束力。其中 $a=10\ \text{m}$，$b=5\ \text{m}$，$F_1=20\ \text{kN}$，$F_2=50\ \text{kN}$，$F_3=30\ \text{kN}$。不计结构自重。

14.7　求图示多跨水平静定梁中支座 D 的约束力。其中 $F_1=20\ \text{kN}$，$F_2=10\ \text{kN}$，$F_3=8\ \text{kN}$，$a=4.5\ \text{m}$，$b=3\ \text{m}$。梁重不计。

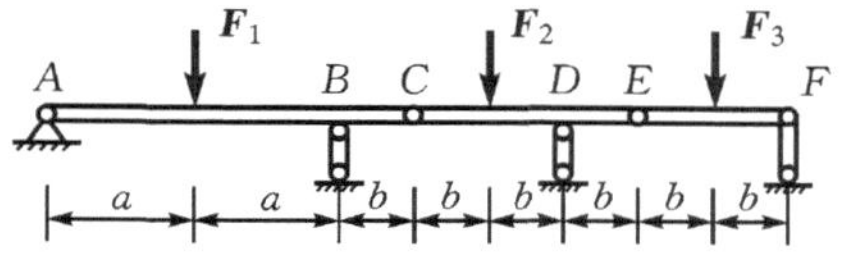

题 14.7 图

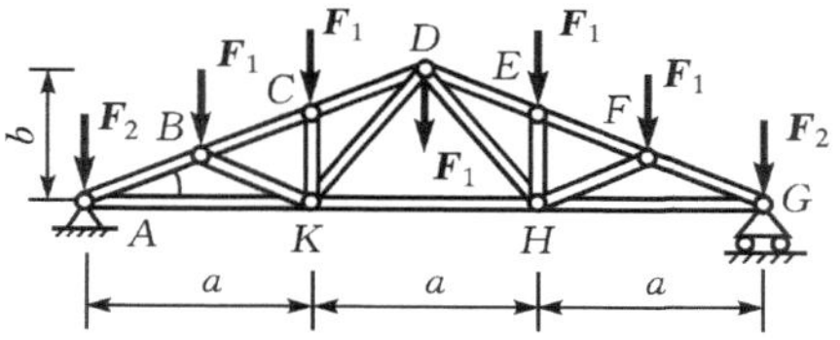

题 14.8 图

14.8　一屋架所受载荷及尺寸如图所示，试求上弦杆 CD 的内力。其中 $a=5\ \text{m}$，$b=3\ \text{m}$。不计屋架自重，A、B、C、D、E、F、G 各点荷载均铅垂向下，$\overline{AB}=\overline{BC}=\overline{CD}=\overline{DE}=\overline{EF}=\overline{FG}$。

14.9　图示平面机构中，各杆长均为 l。铰链 A 处悬挂一重为 W 的重物 D，滑块 B 与刚度系数为 k 的弹簧相连。当 $\varphi=\varphi_0$ 时，弹簧恰为原长。不计各接触处的摩擦及各杆和滑块的自重，试求机构的平衡条件。

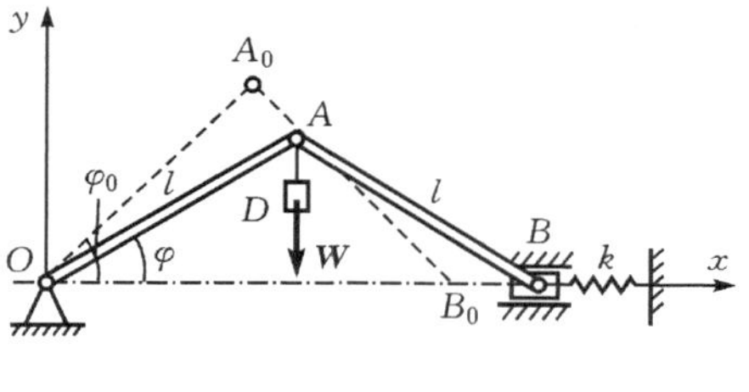

题 14.9 图

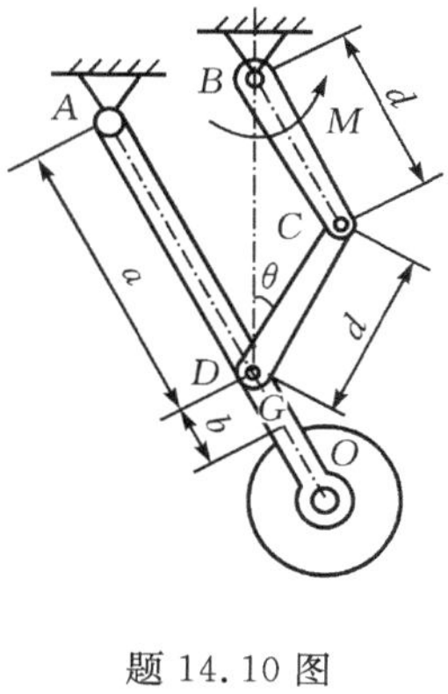

题 14.10 图

14.10　图示为某飞机起落架。已知臂 AO 及轮的共同质量为 45 kg，其质心在 G 处，加

在曲柄 BC 上的转矩为 M。在图示平衡位置时，B、D 两点正好位于同一铅垂线上，$\theta=30°$，且有 $BC/\!/AO$。求此时转矩 M 的大小。图中，$a=0.8$ m，$b=0.2$ m，$d=0.5$ m。曲柄 BC 和连杆 CD 的重量不计。

14.11 液压升降台构造如图所示。各杆都用光滑铰链连接，$\overline{JI}=\overline{BI}=a=0.6$ m，$\overline{AB}=\overline{CD}=2a=1.2$ m，$\overline{BD}=\overline{AC}=\overline{CE}=l=1.6$ m，又 A 和 J 在同一铅垂线上。平台自重和载荷总重 $W=10$ kN。不计其余各构件的重量，求当机构在 $\theta=60°$ 平衡时，液压筒的推力。

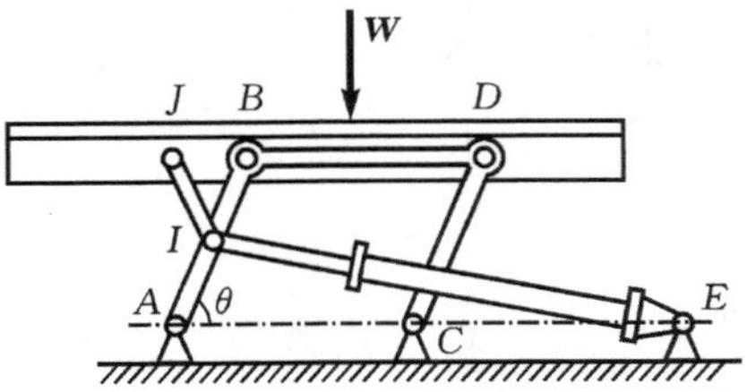

题 14.11 图

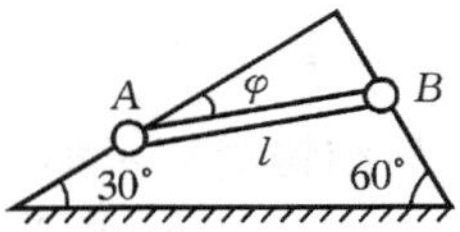

题 14.12 图

14.12 用刚性杆 AB 连接的两球可沿互相垂直的两光滑杆上运动。设 A 球的质量为 B 球的三倍。忽略杆的质量，求平衡时的 φ 角。

14.13 图示滑轮组中，上面两个滑轮连成一体，半径分别为 r_1 和 r_2。垂下拉紧的各段链条都是铅直的。不计链条和滑轮重量及摩擦，求平衡时力 $\boldsymbol{F}$ 和被吊起重量 W 大小间的比值。

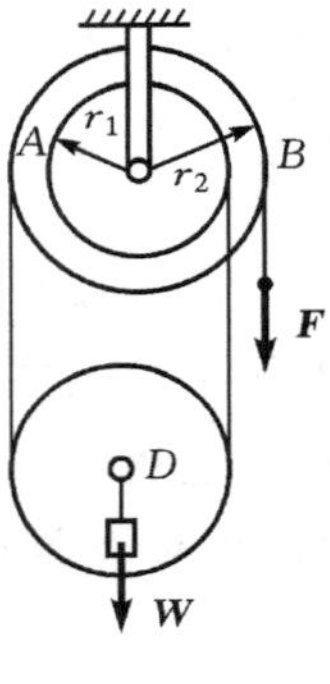

题 14.13 图

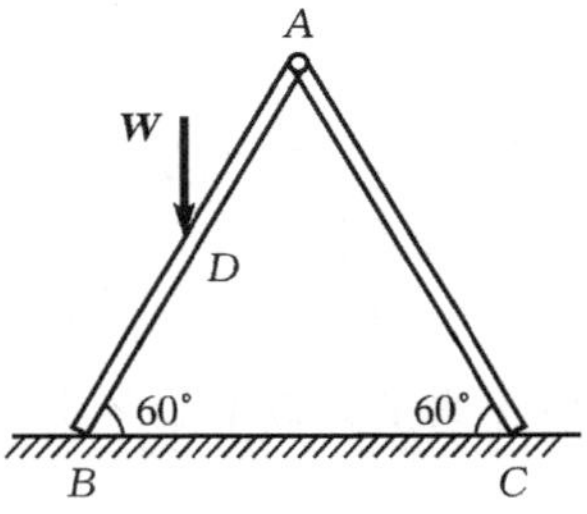

题 14.14 图

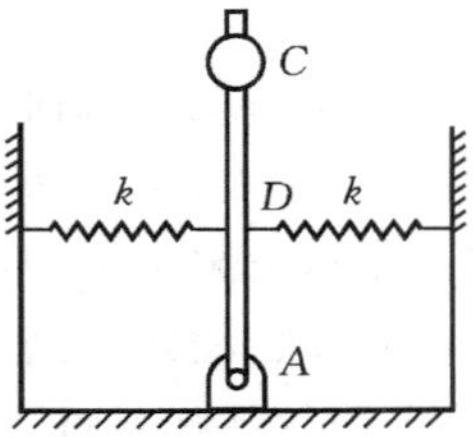

题 14.15 图

14.14 一折梯放在粗糙水平地面上，折梯一边的中点 D 上站一重 $W=500$ N 的人。若不计折梯重量，求折梯在图示位置平衡时，两角与地面间的摩擦力。

14.15 图示倒摆系统中，长度 $\overline{AC}=h=400$ cm，$\overline{AD}=l=200$ cm。球连同杆共重 $W=3$ kN，重心在 C 处。两水平弹簧的刚度系数都是 k，且当杆在铅垂倒立位置时弹簧为原长，求此位置为系统的稳定平衡位置所需的弹簧刚度系数。设杆只能在弹簧所在的铅垂平面内摆动。

14.16 图示为一台称结构，杠杆 COA 取水平位置时，力 $\boldsymbol{F}$ 与 $\boldsymbol{W}$ 间的关系完全与物体在 DF 上的位置无关。设 $\overline{CE}/\overline{GH}=3$，$\overline{OA}/\overline{OB}=2$。不计台秤自重，试求 $\overline{OC}/\overline{OB}$ 及 F/W。

14.17 图示手轮上所加的转矩为 M_0，螺杆左端为右螺纹，右端为左螺纹，螺距都是 h。不计结构自重，角 φ 为已知。求图示压榨机的压榨力 F。

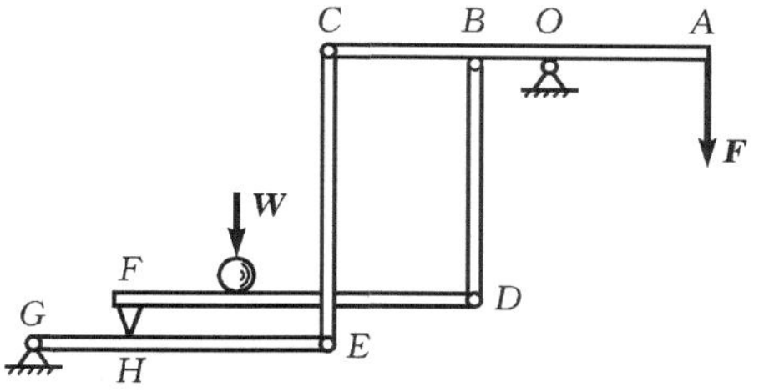

题 14.16 图

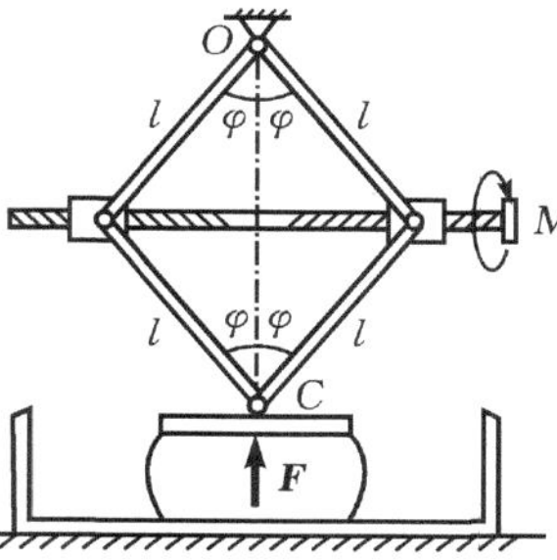

题 14.17 图

14.18　重物 A 和重物 B 分别连结在细绳的两端，重物 A 放置在粗糙的水平面上。重物 B 绕过定滑轮 E 铅直悬挂，动滑轮 H 的轴心上挂一重物 C。设重物 A 重 $2W_1$，重物 B 重 W_1，不计各轴承处的摩擦和滑轮自重。试求平衡时，重物 C 的重量 W_2 以及重物 A 与水平面间的滑动摩擦因数。

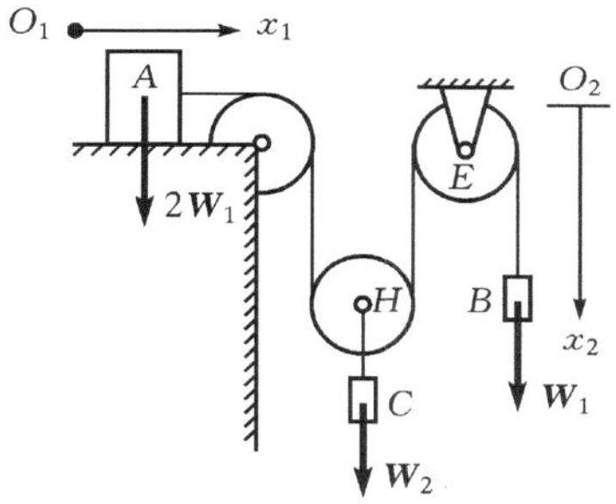

题 14.18 图

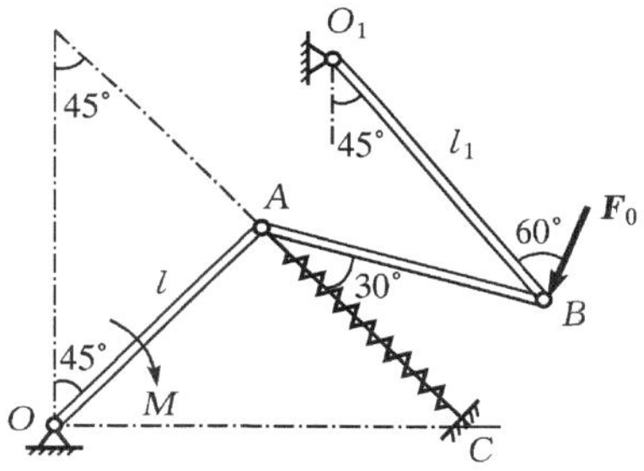

题 14.19 图

14.19　平面机构在图示位置处于静平衡。已知力 $\boldsymbol{F}_0$ 和转矩 M 及 OA 杆的长度 l，试求弹簧 CA 作用在点 A 的力 $\boldsymbol{F}$。各构件重量和摩擦都不计。

第 15 章　拉格朗日方程

虚位移原理是静力学的普遍原理，而根据达朗贝尔原理，可用静力学中求解平衡问题的方法来处理动力学问题。把两个原理结合起来，可推导出质点系动力学普遍方程和拉格朗日方程，用来解决非自由质点系的动力学问题。

15.1　动力学普遍方程

设由 n 个质点组成的质点系，其中第 i 个质点的质量为 m_i，作用于其上的主动力的合力为 $\boldsymbol{F}_i$，约束力的合力为 $\boldsymbol{F}_{Ni}$。假想地加上该质点的惯性力 $\boldsymbol{F}_{Ii}=-m_i\boldsymbol{a}_i$，根据达朗贝尔原理，有

$$\boldsymbol{F}_i+\boldsymbol{F}_{Ni}+(-m_i\boldsymbol{a}_i)=0\quad(i=1,2,\cdots,n)$$

根据虚位移原理，则

$$\sum_{i=1}^{n}(\boldsymbol{F}_i+\boldsymbol{F}_{Ni}-m_i\boldsymbol{a}_i)\cdot\delta\boldsymbol{r}_i=0$$

在理想约束的情况下，有 $\sum\limits_{i=1}^{n}\boldsymbol{F}_{Ni}\cdot\delta\boldsymbol{r}_i=0$，于是上式写成以下形式

$$\sum_{i=1}^{n}(\boldsymbol{F}_i-m_i\boldsymbol{a}_i)\cdot\delta\boldsymbol{r}_i=0\tag{15-1}$$

或写成直角坐标形式

$$\sum_{i=1}^{n}\left[\left(F_{xi}-m_i\frac{\mathrm{d}^2x_i}{\mathrm{d}t^2}\right)\delta x_i+\left(F_{yi}-m_i\frac{\mathrm{d}^2y_i}{\mathrm{d}t^2}\right)\delta y_i+\left(F_{zi}-m_i\frac{\mathrm{d}^2z_i}{\mathrm{d}t^2}\right)\delta z_i\right]=0\tag{15-2}$$

式(15 - 1)或式(15 - 2)称为**动力学普遍方程**，或称为**达朗贝尔-拉格朗日方程**。它表明：**具有理想约束的质点系，所有主动力与惯性力在系统任一组虚位移上的元功之和等于零**。这里也不要求约束必须是定常的，是因为在给系统虚位移时是把时间看作常数，故约束是否定常不影响式(15 - 1)和式(15 - 2)的成立。

由动力学普遍方程可得到若干个独立的二阶微分方程，方程的个数与系统的自由度数相同，即动力学普遍方程给出了任意多个自由度系统的全部运动微分方程，这就是所指的普遍性。

用动力学普遍方程求解动力学问题与用虚位移原理求解静力学问题的方法基本相同，只要对系统加上惯性力，并把惯性力看作主动力即可。

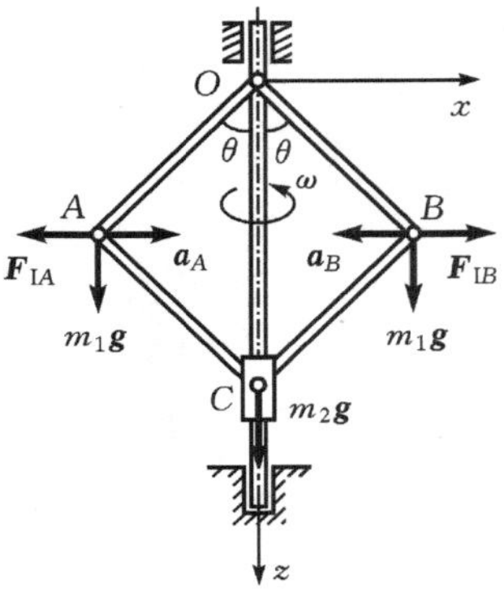

图 15.1

例 15.1　瓦特离心调速器以匀角速度 ω 绕铅垂固定轴 Oz 转动，如图 15.1 所示。小球 A 和 B 的质量均为 m_1；套筒 C 的质量为 m_2，可沿铅垂轴滑动。各杆长均为 l，不计杆重和摩擦，

求稳态运动时的张角 θ。

解:调速器稳态运动时,θ=常量,套筒的质心 C 不动,小球 A 和 B 只有法向速度,大小为 $a_A = a_B = l\omega^2\sin\theta$。

设图示瞬时调速器平面与固定坐标平面 Oxz 重合。加上惯性力 $F_{IA} = F_{IB} = m_1 l\omega^2\sin\theta$,方向如图所示。

据动力学普遍方程有

$$m_1 g\delta z_A + m_1 g\delta z_B + m_2 g\delta z_C - F_{IA}\delta x_A + F_{IB}\delta x_B = 0 \tag{1}$$

系统有一个自由度,以 θ 为广义坐标,则确定系统位形的直角坐标为

$$x_A = -l\sin\theta,\quad z_A = l\cos\theta$$
$$x_B = l\sin\theta,\quad z_B = l\cos\theta,\quad z_C = 2l\cos\theta$$

求变分,有

$$\delta x_A = -l\cos\theta\,\delta\theta,\quad \delta z_A = -l\sin\theta\,\delta\theta$$
$$\delta x_B = l\cos\theta\,\delta\theta,\quad \delta z_B = -l\sin\theta\,\delta\theta,\quad \delta z_C = -2l\sin\theta\,\delta\theta$$

代入(1)式得

$$\begin{aligned}&(-m_1 gl\sin\theta - m_1 gl\sin\theta - 2m_2 gl\sin\theta + 2ml^2\omega^2\sin\theta\cos\theta)\delta\theta\\ &= (-m_1 g - m_2 g + ml\omega^2\cos\theta)2l\sin\theta\,\delta\theta\\ &= 0\end{aligned}$$

由于 $\delta\theta$ 是任意的,于是可解得

$$\cos\theta = \frac{m_1 + m_2}{m_1 l\omega^2}g,\quad \sin\theta = 0$$

第一个解在 $\frac{m_1 + m_2}{m_1 l\omega^2}g < 1$ 时成立,此时

$$\omega^2 > \frac{m_1 + m_2}{m_1 l}g$$

第二个解 $\theta = 0$,此时,$\omega^2 < \frac{m_1 + m_2}{m_1 l}g$ 也是可能的,只要构造上没有妨碍。

例 15.2　两个半径皆为 r、质量皆为 m 的均质圆盘用细绳缠绕连接,如图15.2所示。求两圆盘的角加速度及下盘质心 C 的加速度。

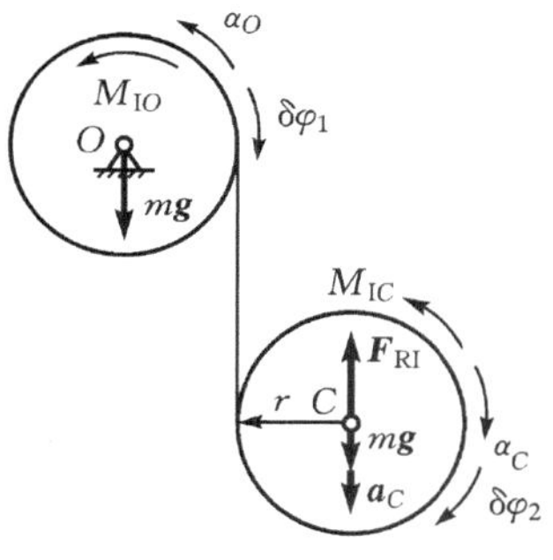

图 15.2

解:系统有两个自由度,取两圆盘的转角 φ_1 和 φ_2 为广义坐标。

圆盘 O 作定轴转动,圆盘 C 作平面运动,加上惯性力系 $M_{IO} = \frac{1}{2}mr^2\alpha_O$,$M_{IC} = \frac{1}{2}mr^2\alpha_C$,$F'_{RI} = ma_C$,其中 $a_C = r(\alpha_O + \alpha_C)$。

给系统一组独立虚位移 $\delta\varphi_1$ 和 $\delta\varphi_2$,写出虚位移方程为

$$-M_{IO}\delta\varphi_1 + (mg - F'_{RI})r(\delta\varphi_1 + \delta\varphi_2) - M_{IC}\delta\varphi_2 = 0$$

将惯性力和惯性力矩表达式代入,整理得

$$(-3r\alpha_O - 2r\alpha_C + 2g)\delta\varphi_1 + (-2r\alpha_O - 3r\alpha_C + 2g)\delta\varphi_2 = 0$$

因 $\delta\varphi_1$ 和 $\delta\varphi_2$ 彼此独立,可得两个独立方程,即

$$3r\alpha_O + 2r\alpha_C = 2g,\quad 2r\alpha_O + 3r\alpha_C = 2g$$

解得 $$\alpha_O=\alpha_C=\frac{2g}{5r},\quad a_C=r(\alpha_O+\alpha_C)=\frac{4}{5}g$$

15.2 拉格朗日方程

上一章给出了以广义坐标表示的虚位移原理，其独立平衡方程的数目等于系统的广义坐标数，即自由度数。本节则用广义坐标来改写动力学普遍方程，给出应用广泛的第二类拉格朗日方程。

15.2.1 拉格朗日方程

设有 n 个质点组成的具有双面、理想约束的系统，其广义坐标为 $q_1,q_2,\cdots,q_s$，系统的动力学普遍方程(15-1)可改写为

$$\sum_{i=1}^{n}\boldsymbol{F}_i\cdot\delta\boldsymbol{r}_i+\sum_{i=1}^{n}(-m_i\boldsymbol{a}_i)\cdot\delta\boldsymbol{r}_i=0 \tag{15-3}$$

式中：$\boldsymbol{F}_i$ 和$(-m_i\boldsymbol{a}_i)$分别是质点 i 上的主动力和惯性力。将

$$\delta\boldsymbol{r}_i=\sum_{j=1}^{s}\left(\frac{\partial\boldsymbol{r}_i}{\partial q_j}\right)\delta q_j$$

代入式(15-3)并交换 i、j 求和顺序，得

$$\sum_{j=1}^{s}\left(\sum_{i=1}^{n}\boldsymbol{F}_i\cdot\frac{\partial\boldsymbol{r}_i}{\partial q_j}\right)\delta q_j+\sum_{j=1}^{s}\left[\sum_{i=1}^{n}(-m_i\boldsymbol{a}_i)\cdot\frac{\partial\boldsymbol{r}_i}{\partial q_j}\right]\delta q_j=0 \tag{15-4}$$

前面定义 $F_{Qj}=\sum\limits_{i=1}^{n}\boldsymbol{F}_i\cdot\frac{\partial\boldsymbol{r}_i}{\partial q_j}$ $(j=1,2,\cdots,s)$为对应于广义坐标 q_j 的广义力，类似地定义

$$F_{Qj}^{*}=\sum_{i=1}^{n}(-m_i\boldsymbol{a}_i)\cdot\frac{\partial\boldsymbol{r}_i}{\partial q_j}\quad(j=1,2,\cdots,s) \tag{15-5}$$

为对应于广义坐标 q_j 的**广义惯性力**。由此，式(15-4)可简化为

$$\sum_{j=1}^{s}(F_{Qj}+F_{Qj}^{*})\delta q_j=0 \tag{15-6}$$

为使上式便于应用，作如下推演，即

$$F_{Qj}^{*}=-\sum_{i=1}^{n}m_i\dot{\boldsymbol{v}}_i\cdot\frac{\partial\boldsymbol{r}_i}{\partial q_j}=-\sum_{i=1}^{n}\left[\frac{\mathrm{d}}{\mathrm{d}t}\left(m_i\boldsymbol{v}_i\cdot\frac{\partial\boldsymbol{r}_i}{\partial q_j}\right)-m_i\boldsymbol{v}_i\cdot\frac{\mathrm{d}}{\mathrm{d}t}\left(\frac{\partial\boldsymbol{r}_i}{\partial q_j}\right)\right]$$
$$(j=1,2,\cdots,s) \tag{15-7}$$

式中：$\boldsymbol{v}_i$ 为第 i 个质点的速度。对非定常系统，因

$$\boldsymbol{r}_i=\boldsymbol{r}_i(q_1,q_2,\cdots,q_s,t)\quad(i=1,2,\cdots,n)$$

故
$$\boldsymbol{v}_i=\dot{\boldsymbol{r}}_i=\sum_{j=1}^{s}\frac{\partial\boldsymbol{r}_i}{\partial q_j}\dot{q}_j+\frac{\partial\boldsymbol{r}_i}{\partial t} \tag{15-8}$$

式中：$\dot{q}_j=\frac{\mathrm{d}q_j}{\mathrm{d}t}$，称为**广义速度**。因$\frac{\partial\boldsymbol{r}_i}{\partial q_j}$和$\frac{\partial\boldsymbol{r}_i}{\partial t}$只是广义坐标和时间的函数而与广义速度无关，故有

$$\frac{\partial\boldsymbol{v}_i}{\partial\dot{q}_j}=\frac{\partial\boldsymbol{r}_i}{\partial q_j} \tag{15-9}$$

而
$$\frac{\mathrm{d}}{\mathrm{d}t}\left(\frac{\partial \boldsymbol{r}_i}{\partial q_i}\right)=\sum_{k=1}^{s}\frac{\partial}{\partial q_k}\left(\frac{\partial \boldsymbol{r}_i}{\partial q_i}\right)\dot{q}_k+\frac{\partial}{\partial t}\left(\frac{\partial \boldsymbol{r}_i}{\partial q_i}\right)$$
$$=\sum_{k=1}^{s}\frac{\partial^2 \boldsymbol{r}_i}{\partial q_j\partial q_k}\dot{q}_k+\frac{\partial^2 \boldsymbol{r}_i}{\partial q_j\partial t}=\frac{\partial}{\partial q_j}\left(\sum_{k=1}^{s}\frac{\partial \boldsymbol{r}_i}{\partial q_k}\dot{q}_k+\frac{\partial \boldsymbol{r}_i}{\partial t}\right)$$

把式(15－8)代入上式，得
$$\frac{\mathrm{d}}{\mathrm{d}t}\left(\frac{\partial \boldsymbol{r}_i}{\partial q_i}\right)=\frac{\partial \boldsymbol{v}_i}{\partial q_j} \tag{15-10}$$

把式(15－9)和式(15－10)代入式(15－7)，得
$$F_{Qj}^{*}=-\sum_{i=1}^{n}\left[\frac{\mathrm{d}}{\mathrm{d}t}\left(m_i\boldsymbol{r}_i\cdot\frac{\partial \boldsymbol{v}_i}{\partial \dot{q}_j}\right)-m_i\boldsymbol{v}_i\cdot\frac{\partial \boldsymbol{v}_i}{\partial q_j}\right]$$
$$=-\frac{\mathrm{d}}{\mathrm{d}t}\left[\frac{\partial}{\partial \dot{q}_j}\left(\sum_{i=1}^{n}\frac{1}{2}m_iv_i^2\right)\right]+\frac{\partial}{\partial q_j}\left(\sum_{i=1}^{n}\frac{1}{2}m_iv_i^2\right)$$
$$(j=1,2,\cdots,s)$$

$\sum_{i=1}^{n}\frac{1}{2}m_iv_i^2=E_{\mathrm{k}}$ 为系统的动能，故上式写为
$$F_{Qj}^{*}=-\frac{\mathrm{d}}{\mathrm{d}t}\left(\frac{\partial E_{\mathrm{k}}}{\partial \dot{q}_j}\right)+\frac{\partial E_{\mathrm{k}}}{\partial q_j}\quad(j=1,2,\cdots,s) \tag{15-11}$$

代入式(15－6)，得
$$\sum_{j=1}^{s}\left[F_{Qj}-\frac{\mathrm{d}}{\mathrm{d}t}\left(\frac{\partial E_{\mathrm{k}}}{\partial \dot{q}_j}\right)+\frac{\partial E_{\mathrm{k}}}{\partial q_j}\right]\delta q_j=0 \tag{15-12}$$

这就是**广义坐标形式的动力学普遍方程**。

对于完整系统，其广义坐标数等于系统的自由度数，且各广义虚位移 $\delta q_j(j=1,2,\cdots,s)$ 彼此独立。要使式(15－12)对系统的任一组广义虚位移 δq_j 均成立，必须
$$\frac{\mathrm{d}}{\mathrm{d}t}\left(\frac{\partial E_{\mathrm{k}}}{\partial \dot{q}_j}\right)-\frac{\partial E_{\mathrm{k}}}{\partial q_j}=F_{Qj}\quad(j=1,2,\cdots,s) \tag{15-13}$$

此式称为**第二类拉格朗日方程**，简称为**拉格朗日方程**。由式(15－13)可见，它是 s 个二阶常微分方程构成的方程组，其个数等于系统的广义坐标数。

对于保守系统(即作用于系统的主动力均为有势力)，其广义力为
$$F_{Qj}=-\frac{\partial E_{\mathrm{p}}}{\partial q_j}$$

于是，拉格朗日方程可记为
$$\frac{\mathrm{d}}{\mathrm{d}t}\left(\frac{\partial E_{\mathrm{k}}}{\partial \dot{q}_j}\right)-\frac{\partial E_{\mathrm{k}}}{\partial q_j}=-\frac{\partial E_{\mathrm{p}}}{\partial q_j}\quad(j=1,2,\cdots,s)$$

势能 E_{p} 仅是广义坐标的函数，与广义速度无关，所以$\frac{\partial E_{\mathrm{p}}}{\partial \dot{q}_j}=0$。故上式又可记为
$$\frac{\mathrm{d}}{\mathrm{d}t}\frac{\partial}{\partial \dot{q}_j}(E_{\mathrm{k}}-E_{\mathrm{p}})-\frac{\partial}{\partial q_j}(E_{\mathrm{k}}-E_{\mathrm{p}})=0$$

或
$$\frac{\mathrm{d}}{\mathrm{d}t}\left(\frac{\partial L}{\partial \dot{q}_j}\right)-\frac{\partial L}{\partial q_j}=0\quad(j=1,2,\cdots,s) \tag{15-14}$$

其中
$$L = E_k - E_p \tag{15-15}$$
L 称为**拉格朗日函数**，它是系统的动能和势能之差，又称为**动势**。式(15-14)是**保守系统的拉格朗日方程**。

一般情况下，如果作用于质点系的主动力既有保守力，又有非保守力，则拉格朗日方程为
$$\frac{\mathrm{d}}{\mathrm{d}t}\left(\frac{\partial L}{\partial \dot{q}_j}\right) - \frac{\partial L}{\partial q_j} = F'_{Qj} \quad (j = 1,2,\cdots,s) \tag{15-16}$$
式中：F'_{Qj} 是非保守力决定的广义力。

15.2.2 拉格朗日方程的应用

由拉格朗日方程的推导可知，其独立方程的数目等于系统的自由度数。如系统的自由度越少即约束越多，方程数目也越少；在拉格朗日方程中，只需计算以系统的广义坐标表示的绝对运动的动能、势能(或广义力)，不必考虑加速度和约束力；由拉格朗日方程可直接建立系统的运动微分方程，特别是对复杂的多自由度非自由质点系，其优越性就更加明显。

应用拉格朗日方程求解动力学问题时，可参照下列步骤进行。

(1) 由题意分析所取系统的约束性质，确定其自由度，选取恰当的广义坐标。

(2) 分析系统的运动，并以广义坐标、广义速度和时间 t 的函数表示系统绝对运动的动能。

(3) 分析主动力，计算广义力。当主动力为保守力时，应先将质点系的势能表示为广义坐标的函数，并直接代入拉格朗日函数。

(4) 将动能 E_k、势能 E_p 或拉格朗日函数 L 以及广义力 F_{Qj} 或 F'_{Qj} 代入拉格朗日方程，得到以广义坐标表示的系统的运动微分方程。最后，根据题意求解待求量。

下面举例说明拉格朗日方程的应用。

例 15.3 图 15.3 所示的行星轮机构在水平面内。齿轮Ⅱ由曲柄带动，并分别与齿轮Ⅰ和内齿轮Ⅲ啮合。曲柄 O_1O_2 上作用有转矩 M，齿轮Ⅰ上作用有转矩 M_1，M 和 M_1 均为常数。已知齿轮Ⅰ和Ⅱ的质量分别为 m_1 和 m_2，半径分别为 r_1 和 r_2，且 $r_2=2r_1$。两齿轮对各自转轴的回转半径分别为 ρ_1 和 ρ_2。不计曲柄的质量和轴承的摩擦，求曲柄的角加速度。

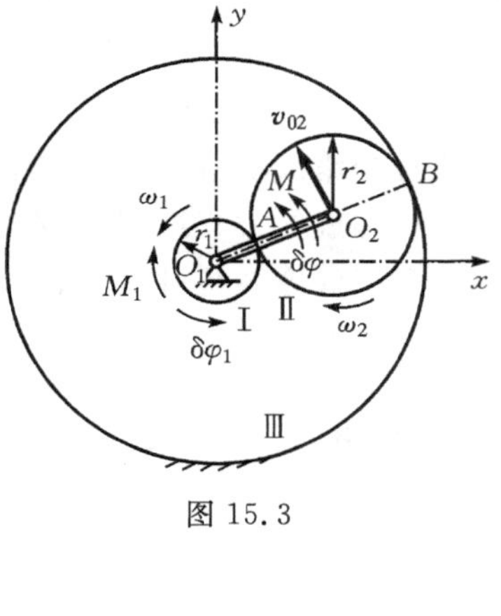

图 15.3

解：系统具有理想约束，有一个自由度。取曲柄的转角 φ 为广义坐标，则广义速度 $\dot{\varphi}=\omega$ 即曲柄的角速度。

曲柄 O_1O_2 和齿轮Ⅰ均作定轴转动。齿轮Ⅱ作平面运动，图示瞬时的速度瞬心在 B 点，其轮心 O_2 的速度为
$$v_2 = (r_1 + r_2)\omega = 3r_1\dot{\varphi} \tag{1}$$
它的角速度为
$$\omega_2 = \frac{v_2}{r_2} = \frac{3r_1\dot{\varphi}}{2r_1} = 1.5\dot{\varphi} \tag{2}$$
齿轮Ⅰ和齿轮Ⅱ的啮合点 A 的速度为
$$v_A = 2r_2\omega_2 = 6r_1\dot{\varphi}$$
轮Ⅰ的角速度为
$$\omega_1 = v_A/r_1 = 6r_1\dot{\varphi}/r_1 = 6\dot{\varphi} \tag{3}$$
轮Ⅰ和轮Ⅱ的动能分别为

$$E_{k1}=\frac{J_1}{2}\omega_1^2=\frac{m_1}{2}\rho_1^2(6\dot{\varphi})^2=18m_1\rho_1^2\dot{\varphi}^2$$

$$E_{k2}=\frac{m_2}{2}v_2^2+\frac{J_2}{2}\omega_2^2=\frac{m_2}{2}(3r\dot{\varphi})^2+\frac{m_2}{2}\rho_2^2(1.5\dot{\varphi})^2=\frac{m_2}{2}(9r_1^2+2.25\rho_2^2)\dot{\varphi}^2$$

系统的总动能　$E_k=E_{k1}+E_{k2}=[18m_1\rho_1^2+0.5m_2(9r_1^2+2.25\rho_2^2)]\dot{\varphi}^2$　(4)

给曲柄 O_1O_2 一个逆钟向的虚位移 $\delta\varphi$，由(3)式，齿轮Ⅰ的虚位移为

$$\delta\varphi_1=6\delta\varphi$$

作用于系统的主动力有各齿轮的重力及转矩 M 和 M_1。因机构在水平面内，故重力不做功。转矩的虚功为

$$\delta W=M\delta\varphi-M_1\delta\varphi_1=(M-6M_1)\delta\varphi$$

故

$$F_{Q\varphi}=\frac{\delta W}{\delta\varphi}=\frac{(M-6M_1)}{\delta\varphi}\delta\varphi=M-6M_1\tag{5}$$

由拉格朗日方程，有

$$\frac{\mathrm{d}}{\mathrm{d}t}\left(\frac{\partial E_k}{\partial\dot{\varphi}}-\frac{\partial E_k}{\partial\varphi}\right)=F_{Q\varphi}\tag{6}$$

把(4)式和(5)式代入(6)式，得曲柄的角加速度为

$$\alpha=\ddot{\varphi}=\frac{M-6M_1}{36m_1\rho_1^2+m_2(9r_1^2+2.25\rho_2^2)}$$

因转矩 M 和 M_1 均为常量，故 α 亦为常量，曲柄作匀变速转动。当行星轮机构稳定运转时，$\alpha=0$，即有 $M=6M_1$。

本例只有一个自由度，且为定常约束，也可直接用微分形式的动能定理求解。读者可以自行练习。

例 15.4　图 15.4 所示两物体组成的系统为一椭圆摆，质量为 m_1 的滑块 M_1 沿光滑水平面滑动，质量为 m_2 的小球 M_2 由无重杆与滑块铰接，并在同一铅垂面内摆动，若杆长 $\overline{M_1M_2}=l$，试建立系统的运动微分方程。

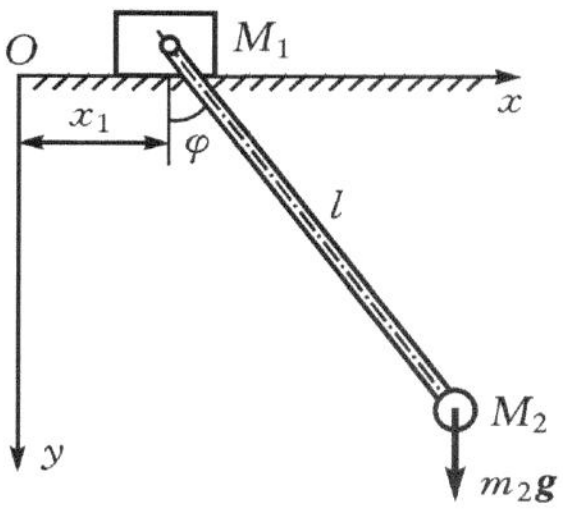

图 15.4

解：系统具有理想约束，有两个自由度，取 M_1 到固定点 O 的距离 x_1 和杆对铅垂线的偏角 φ 为广义坐标。取 O 为原点，Ox 轴水平，Oy 轴铅垂向下，M_2 点的坐标为

$$x_2=x_1+l\sin\varphi,\quad y_2=l\cos\varphi$$

求导得

$$\dot{x}_2=\dot{x}_1+l\dot{\varphi}\cos\varphi,\quad \dot{y}_2=-l\dot{\varphi}\sin\varphi$$

所以

$$v_2^2=\dot{x}_2^2+\dot{y}_2^2=\dot{x}_1^2+l^2\dot{\varphi}^2+2l\dot{x}\dot{\varphi}\cos\varphi$$

系统的动能

$$E_k=\frac{m_1}{2}\dot{x}_1^2+\frac{m_2}{2}(\dot{x}_1^2+l^2\dot{\varphi}^2+2l\dot{x}_1\dot{\varphi}\cos\varphi)$$

$$=\frac{1}{2}(m_1+m_2)\dot{x}_1^2+\frac{m_2}{2}l^2\dot{\varphi}^2+m_2l\dot{x}_1\dot{\varphi}\cos\varphi$$

作用于系统的主动力为重力(有势力)，取过 Ox 轴的水平面为零势面，则系统的势能为

$$E_p=-m_2lg\cos\varphi$$

系统的拉格朗日函数为

$$L = E_k - E_p = \frac{1}{2}(m_1+m_2)\dot{x}_1^2 + \frac{m_2}{2}l^2\dot{\varphi}^2 + m_2 l\dot{x}_1\dot{\varphi}\cos\varphi + m_2 gl\cos\varphi$$

故有
$$\frac{\partial L}{\partial \dot{x}_1} = (m_1+m_2)\dot{x}_1 + m_2 l\dot{\varphi}\cos\varphi, \quad \frac{\partial L}{\partial x_1} = 0$$

$$\frac{\partial L}{\partial \dot{\varphi}} = m_2 l^2\dot{\varphi} + m_2 l\dot{x}_1\cos\varphi, \quad \frac{\partial L}{\partial \varphi} = -m_2 l\dot{x}_1\dot{\varphi}\sin\varphi - m_2 gl\sin\varphi$$

代入方程(15-14),有$\frac{\mathrm{d}}{\mathrm{d}t}\left(\frac{\partial L}{\partial \dot{\varphi}}\right)-\frac{\partial L}{\partial \varphi}=0$,$\frac{\mathrm{d}}{\mathrm{d}t}\left(\frac{\partial L}{\partial \dot{x}}\right)-\frac{\partial L}{\partial x}=0$,可以得到

$$\frac{\mathrm{d}}{\mathrm{d}t}(m_2 l^2\dot{\varphi} + m_2 l\dot{x}_1\cos\varphi) + m_2 l\dot{x}_1\dot{\varphi}\sin\varphi + m_2 gl\sin\varphi = 0$$

$$\frac{\mathrm{d}}{\mathrm{d}t}[(m_1+m_2)\dot{x}_1 + m_2 l\dot{\varphi}\cos\varphi] = 0$$

于是,系统的运动微分方程为

$$l\ddot{\varphi} + \ddot{x}_1\cos\varphi + g\sin\varphi = 0$$

$$(m_1+m_2)\ddot{x}_1 + m_2 l\ddot{\varphi}\cos\varphi = C_1$$

式中:C_1 为积分常数。

例 15.5 图 15.5 所示系统中,三棱柱 ABC 的质量为 m_1,与水平面间的动滑动摩擦因数为 μ。质量为 m_2、半径为 r 的均质圆柱可沿 AB 斜边无滑动地滚动,斜边倾角为 θ。在三棱柱的 AC 边作用一水平推力 $\boldsymbol{F}$。试求三棱柱的加速度和圆柱的质心 E 相对于三棱柱的加速度。

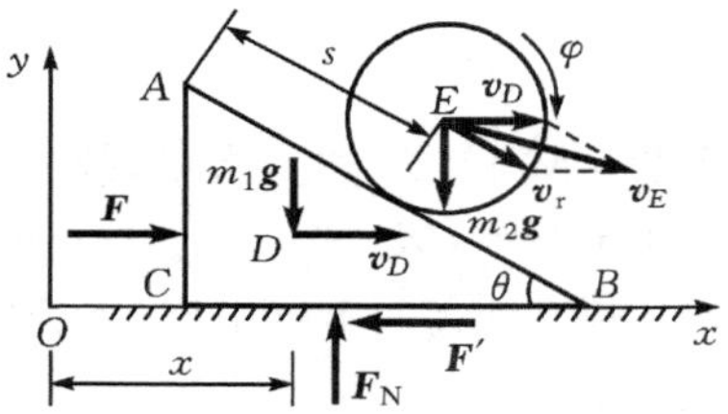

图 15.5

解:系统具有理想约束,有两个自由度,取三棱柱质心 D 的水平坐标 x 和圆柱质心 E 相对于三棱柱的坐标 s 为广义坐标。

三棱柱作平动,其速度 $v_D=\dot{x}$;圆柱作平面运动,其质心 E 相对三棱柱的速度 $v_r=\dot{x}$。故系统的动能为

$$E_k = \frac{1}{2}m_1\dot{x}^2 + \frac{1}{2}m_2(\dot{x}^2+\dot{s}^2+2\dot{x}\dot{s}\cos\theta) + \frac{1}{2}\left(\frac{1}{2}m_2 r^2\right)\left(\frac{\dot{s}}{r}\right)^2$$

$$= \frac{1}{2}(m_1+m_2)\dot{x} + m_2\dot{x}\dot{s}\cos\theta + \frac{3}{4}m\dot{s}^2$$

系统所受的主动力为 $\boldsymbol{F}$、$m_1\boldsymbol{g}$、$m_2\boldsymbol{g}$ 和动滑动摩擦力 $\boldsymbol{F}'$,对应于广义坐标 x 和 s 的广义力分别为

$$F_{Qx} = \frac{\delta W_x}{\delta x} = \frac{F\delta x - F'\delta x}{\delta x} = F - F', \quad F_{Qs} = \frac{\delta W_s}{\delta s} = \frac{m_2 g\sin\theta\,\delta s}{\delta s} = m_2 g\sin\theta$$

代入方程(15-13),有$\frac{\mathrm{d}}{\mathrm{d}t}\left(\frac{\partial E_k}{\partial \dot{x}}\right)-\frac{\partial E_k}{\partial x}=F_{Qx}$,$\frac{\mathrm{d}}{\mathrm{d}t}\left(\frac{\partial E_k}{\partial \dot{s}}\right)-\frac{\partial E_k}{\partial s}=F_{Qs}$,即可求得系统的运动微分方程为

$$(m_1+m_2)\ddot{x} + m_2\ddot{s}\cos\theta = F - F' \tag{1}$$

$$m_2\ddot{x}\cos\theta + \frac{3}{2}m_2\ddot{s} = m_2 g\sin\theta \tag{2}$$

式中:$F'=F_N\mu$。为求 F_N,需解除水平面的法向约束,代之以约束力 F_N,并视其为主动力。此

时系统有三个自由度(三棱柱可沿铅垂方向运动)。取三棱柱质心 D 的坐标 x 和 y 以及圆柱质心 E 相对于三棱柱的坐标 s 为广义坐标,则系统的动能为

$$\begin{aligned}E_{\mathrm{k}} &= \frac{1}{2}m_1(\dot{x}^2+\dot{y}^2)+\frac{1}{2}m_2[(\dot{x}+\dot{s}\cos\theta)^2+(\dot{y}-\dot{s}\sin\theta)^2]+\frac{1}{2}\left(\frac{1}{2}m_2r^2\right)\left(\frac{\dot{s}}{r}\right)^2\\ &= \frac{1}{2}(m_1+m_2)(\dot{x}^2+\dot{y}^2)+m_2\dot{x}\dot{s}\cos\theta-m_2\dot{y}\dot{s}\sin\theta+\frac{3}{4}m_2\dot{s}^2\end{aligned}$$

对应广义坐标 y 的广义力为

$$F_{Qy}=\frac{\delta W_y}{\delta y}=\frac{F_{\mathrm{N}}\delta y-m_1g\delta y-m_2g\delta y}{\delta y}=F_{\mathrm{N}}-m_1g-m_2g$$

代入拉格朗日方程 $\frac{\mathrm{d}}{\mathrm{d}t}\left(\frac{\partial E_{\mathrm{k}}}{\partial \dot{y}}\right)-\frac{\partial E_{\mathrm{k}}}{\partial y}=F_{Qy}$,得

$$(m_1+m_2)\ddot{y}-m_2\ddot{s}\sin\theta=F_{\mathrm{N}}-(m_1+m_2)g$$

因 $\ddot{y}=0$,从而解得

$$F_{\mathrm{N}}=(m_1+m_2)g-m\ddot{s}\sin\theta,\quad F'=F_{\mathrm{N}}\mu=\mu(m_1+m_2)g-\mu m_1\ddot{s}\sin\theta$$

代入(1)式得

$$(m_1+m_2)\ddot{x}+(m_2\cos\theta-\mu m_2\sin\theta)\ddot{s}=F-\mu(m_1+m_2)g \tag{3}$$

由(2)、(3)式即可解得三棱柱的加速度 $\ddot{x}$ 和圆柱质心 E 相对于三棱柱的加速度 $\ddot{s}$ 分别为

$$\ddot{x}=\frac{3F-3\mu(m_1+m_2)g-m_2g\sin2\theta-2\mu m_2g\sin^2\theta}{3m_1+m_2(1+2\sin^2\theta+\mu\sin2\theta)}$$

$$\ddot{s}=\frac{2[(m_1+m_2)(\sin\theta+\mu\cos\theta)g-F\cos\theta]}{3m_1+m_2(1+2\sin^2\theta+\mu\sin2\theta)}$$

*15.3　拉格朗日方程的第一积分

应用拉格朗日方程建立系统的运动微分方程,是分析力学的重要问题。寻求积分这些运动微分方程的方法,则是分析力学的又一重要任务。由于拉格朗日方程一般是非线性的微分方程,因而往往不易直接积分,但在某些特殊情况下,可以得到部分的第一积分。本节首先介绍广义坐标形式的动能,然后讨论拉格朗日方程的第一积分。

15.3.1　广义坐标形式的动能

由系统动能的定义式

$$E_{\mathrm{k}}=\sum_{i=1}^{n}\frac{1}{2}m_iv_i^2=\frac{1}{2}\sum_{i=1}^{n}m_i\boldsymbol{v}_i\cdot\boldsymbol{v}_i$$

用系统的广义坐标表示质点的矢径,即

$$\boldsymbol{r}_i=\boldsymbol{r}_i(q_1,q_2,\cdots,q_s;t)\quad(i=1,2,\cdots,n)$$

则每个质点的速度可表示为

$$\boldsymbol{v}_i=\frac{\partial\boldsymbol{r}_i}{\partial t}+\sum_{j=1}^{s}\frac{\partial\boldsymbol{r}_i}{\partial q_j}\dot{q}_j$$

$$v_i^2=\boldsymbol{v}_i\cdot\boldsymbol{v}_i=\frac{\partial\boldsymbol{r}_i}{\partial t}\cdot\frac{\partial\boldsymbol{r}_i}{\partial t}+2\frac{\partial\boldsymbol{r}_i}{\partial t}\cdot\sum_{j=1}^{s}\frac{\partial\boldsymbol{r}_i}{\partial q_j}\dot{q}_j+\sum_{j=1}^{s}\sum_{k=1}^{s}\frac{\partial\boldsymbol{r}_i}{\partial q_j}\frac{\partial\boldsymbol{r}_i}{\partial q_k}\dot{q}_j\cdot\dot{q}_k$$

于是
$$E_k=\frac{1}{2}\sum_{i=1}^{n}m_iv_i^2$$
$$=\left[\frac{1}{2}\sum_{i=1}^{n}m_i\frac{\partial \boldsymbol{r}_i}{\partial t}\cdot\frac{\partial \boldsymbol{r}_i}{\partial t}\right]+\sum_{j=1}^{s}\left[\sum_{i=1}^{n}m_i\frac{\partial \boldsymbol{r}_i}{\partial t}\cdot\frac{\partial \boldsymbol{r}_i}{\partial q_j}\right]\dot{q}_j$$
$$+\frac{1}{2}\sum_{j=1}^{s}\sum_{k=1}^{s}\left[\sum_{i=1}^{n}m_i\frac{\partial \boldsymbol{r}_i}{\partial q_j}\cdot\frac{\partial \boldsymbol{r}_i}{\partial q_k}\right]\dot{q}_j\dot{q}_k$$
把上式三个括号中的和分别记作 C、b_j、a_{jk}，它们都是 $q_1,q_2,\cdots,q_s$ 和 t 的函数，于是动能可写作
$$E_k=\frac{1}{2}\sum_{j=1}^{s}\sum_{k=1}^{s}a_{jk}\dot{q}_j\dot{q}_k+\sum_{j=1}^{s}b_j\dot{q}_j+C \tag{15-17}$$
把上式右端三项分别记作 E_{k2}、E_{k1}、E_{k0}，则有
$$E_k=E_{k2}+E_{k1}+E_{k0} \tag{15-18}$$
一般情况下，动能由三部分组成，它们对 $\dot{q}_1,\dot{q}_2,\cdots,\dot{q}_s$ 来说都是齐次式，次数分别是二次、一次和零次。

当 $\boldsymbol{r}_i$ 中不显含时间 t，即系统为定常系统时，因 $\dfrac{\partial \boldsymbol{r}_i}{\partial t}=0$，故 $E_{k0}=E_{k1}=0$，则有
$$E_k=E_{k2}=\frac{1}{2}\sum_{j=1}^{s}\sum_{k=1}^{s}a_{jk}\dot{q}_j\dot{q}_k \tag{15-19}$$
对于齐次函数，由欧拉定理知
$$\sum_{j=1}^{s}\frac{\partial E_{k2}}{\partial \dot{q}_j}\dot{q}_j=2E_{k2},\quad \sum_{j=1}^{s}\frac{\partial E_{k1}}{\partial \dot{q}_j}\dot{q}_j=E_{k1},\quad \sum_{j=1}^{s}\frac{\partial E_{k0}}{\partial \dot{q}_j}\dot{q}_j=0 \tag{15-20}$$

15.3.2 拉格朗日方程的第一积分

1. 循环积分

如果拉格朗日函数中不显含某坐标 q_j，则称坐标 q_j 为**循环坐标**（又称**可遗坐标**）。此时，$\dfrac{\partial L}{\partial q_j}=0$，拉格朗日方程成为
$$\frac{\mathrm{d}}{\mathrm{d}t}\left(\frac{\partial L}{\partial \dot{q}_j}\right)=0$$
积分得
$$\frac{\partial L}{\partial \dot{q}_j}=C_j \tag{15-21}$$
此类第一积分称为**循环积分**，系统循环积分的个数与循环坐标的数目相同，但最多不超过系统的自由度数。

广义坐标 q_i 对时间的导数 $\dot{q}_i$ 称为广义速度，系统的动能 E_k 对广义速度 $\dot{q}_i$ 的偏导数称为对应于 q_i 的**广义动量**，用 p_i 表示，即
$$p_i=\frac{\partial E_k}{\partial \dot{q}_i} \tag{15-22}$$
因势能 E_p 与广义速度 $\dot{q}_i$ 无关，所以 $L=E_k-E_p$ 对 $\dot{q}_i$ 的偏导数也等于广义动量 p_i。于是式(15-21)可写为
$$p_i(q_1,q_2,\cdots,q_s;\dot{q}_1,\dot{q}_2,\cdots,\dot{q}_s;t)=C_i \tag{15-23}$$

这说明广义动量守恒，故循环积分又称为**广义动量积分**。

例如，质点在抛射运动中，用直角坐标为广义坐标表示的拉格朗日函数为

$$L=\frac{m}{2}(\dot{x}^2+\dot{y}^2+\dot{z}^2)-mgz$$

可见 x、y 是循环坐标，对应有两个循环积分，即

$$p_x=C_1,\quad p_y=C_2$$

这是水平方向的两个动量守恒式。容易得出

$$p_x=m\dot{x},\quad p_y=m\dot{y}$$

又如，质点在有向心力作用下运动时，用极坐标为广义坐标表示的质点拉格朗日函数为

$$L=\frac{1}{2}m(\dot{\rho}^2+\rho^2\dot{\varphi}^2)-E_p(\rho)$$

可见，φ 是系统的循环坐标，对应的循环积分是 $p_\varphi=m\rho^2\dot{\varphi}=C_\varphi$。这就是熟悉的动量矩守恒式。

由以上两例可见，当循环坐标为线量时，其循环积分对应的是动量守恒；当循环坐标是角量时，循环积分对应的是动量矩守恒。

显见，系统的循环积分与广义坐标的选取有关。在上例中，如选直角坐标为广义坐标，则

$$L=\frac{1}{2}m(\dot{x}^2+\dot{y}^2)-E_p(x,y)$$

此时，无循环坐标，也就无循环积分。

应当指出，L 中不含某一广义坐标 q_i，并不意味着也不含广义速度 $\dot{q}_i$；且当 q_i 为循环坐标时，$\dfrac{\partial L}{\partial \dot{q}_i}$ 为常量，并不意味着 $\dot{q}_i$ 也为常量。广义动量的量纲也不一定为动量或动量矩。

2. 能量积分

对于完整系统，动能 E_k 一般是广义坐标 $q_1,q_2,\cdots,q_s$ 及时间 t 的函数。由式(15－18)，并考虑到式(15－20)，则有

$$\sum_{j=1}^{s}\frac{\partial E_k}{\partial \dot{q}_j}\cdot\dot{q}_j=2E_{k2}+E_{k1}$$

因势能 E_p 与 $\dot{q}_j$ 无关，故有

$$\sum_{j=1}^{s}\frac{\partial L}{\partial \dot{q}_j}\dot{q}_j=2E_{k2}+E_{k1}\tag{15-24}$$

拉格朗日函数 L 也是广义坐标、广义速度和时间的函数，故它对时间的全导数是

$$\frac{\mathrm{d}L}{\mathrm{d}t}=\frac{\partial L}{\partial t}+\sum_{j=1}^{s}\frac{\partial L}{\partial q_j}\dot{q}_j+\sum_{j=1}^{s}\frac{\partial L}{\partial \dot{q}_j}\ddot{q}_j\tag{15-25}$$

利用拉格朗日方程式(15－14)，上式右端第二项成为

$$\sum_{j=1}^{s}\frac{\partial L}{\partial q_j}\dot{q}_j=\sum_{j=1}^{s}\left(\frac{\mathrm{d}}{\mathrm{d}t}\frac{\partial L}{\partial \dot{q}_j}\right)\dot{q}_j=\frac{\mathrm{d}}{\mathrm{d}t}\left(\sum_{j=1}^{s}\frac{\partial L}{\partial \dot{q}_j}\dot{q}_j\right)-\sum_{j=1}^{s}\frac{\partial L}{\partial \dot{q}_j}\ddot{q}_j$$

于是式(15－25)可简化为

$$\frac{\mathrm{d}L}{\mathrm{d}t}=\frac{\partial L}{\partial t}+\frac{\mathrm{d}}{\mathrm{d}t}\left(\sum_{j=1}^{s}\frac{\partial L}{\partial \dot{q}_j}\dot{q}_j\right)$$

移项得
$$\frac{\mathrm{d}}{\mathrm{d}t}\left(\sum_{j=1}^{s}\frac{\partial L}{\partial \dot{q}_j}\dot{q}_j - L\right) = -\frac{\partial L}{\partial t} \tag{15-26}$$

上式左端括号中的项即为广义能量，记作 h。以式(15-24)代入，h 可表示为

$$h = \sum_{j=1}^{s}\frac{\partial L}{\partial \dot{q}_j}\dot{q}_j - L = 2E_{k2} + E_{k1} - L$$

又 $L=E_k-E_p=E_{k2}+E_{k1}+E_{k0}-E_p$，代入上式，故广义能量可写成

$$h = E_{k2} - E_{k0} + E_p \tag{15-27}$$

如果拉格朗日函数中不显含时间 t，即 $\frac{\partial L}{\partial t}=0$，则有一个**广义能量积分**

$$h(q_1, q_2, \cdots, q_s; \dot{q}_1, \dot{q}_2, \cdots, \dot{q}_s; t) = C_j$$

式中：C_j 为常量。此式即表示广义能量守恒。

对于定常系统，有 $E_k=E_{k2}$，$E_{k0}=0$，则广义能量积分就成为

$$E_k + E_p = 常量 \tag{15-28}$$

此式表示系统的机械能守恒。可见，广义能量守恒是机械能守恒的推广。对于非定常系统，如 L 中不显含时间 t，则有广义能量守恒，但机械能并不守恒。

例 15.6 求例 15.4 中椭圆摆的第一积分。

解：系统的拉格朗日函数为

$$L = \frac{1}{2}(m_1+m_2)\dot{x}_1^2 + \frac{1}{2}m_2 l^2\dot{\varphi}^2 + m_2 l\dot{x}_1\dot{\varphi}\cos\varphi + m_2 gl\cos\varphi$$

其中不显含时间 t，且系统是定常的，故有能量积分 $E_k+E_p=h$，即

$$h = \frac{1}{2}(m_1+m_2)\dot{x}_1^2 + \frac{1}{2}m_2 l^2\dot{\varphi}^2 + m_2 l\dot{x}_1\dot{\varphi}\cos\varphi - m_2 gl\cos\varphi$$

又因 L 中不含坐标 x_1，故对应于广义坐标 x_1 的循环积分 $\frac{\partial L}{\partial \dot{x}_1}=$ 常量，即 $(m_1+m_2)\dot{x}_1=$ 常量，系统沿 x_1 方向动量守恒。

例 15.7 半径为 r 的圆环以匀角速度 ω 绕 O 轴在水平面内转动，质量为 m 的质点沿环运动，如图 15.6 所示。求质点的运动微分方程的首次积分。

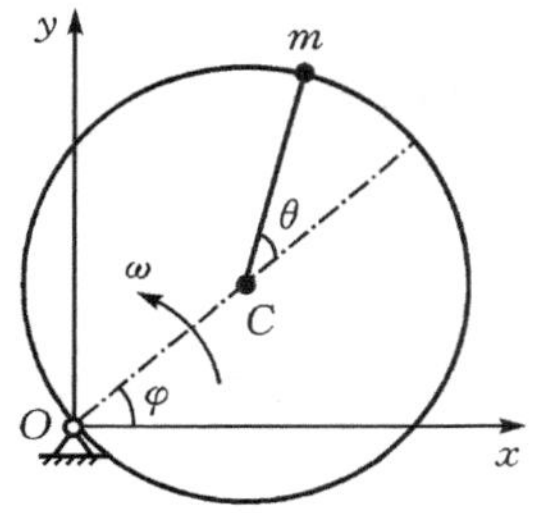

图 15.6

解：取系统为研究对象。建立坐标系 Oxy，取 θ、φ 角如图所示，其中 $\varphi=\omega t$。质点的坐标为

$$x = r\cos\omega t + r\cos(\omega t + \theta)$$
$$y = r\sin\omega t + r\sin(\omega t + \theta)$$

质点的约束方程为

$$(x - r\cos\omega t)^2 + (y - r\sin\omega t)^2 = r^2$$

可见约束方程中显含时间 t，故为非定常系统。

因 $E_p=0$（系统在水平面内），故

$$L = E_k = \frac{m}{2}(\dot{x}^2 + \dot{y}^2) = \frac{m}{2}r^2\dot{\theta}^2 + mr^2\omega(\dot{\theta}+\omega)(1+\cos\theta)$$

函数 L 中不显含时间 t，所以有广义能量积分，即 $h=E_{k2}-E_{k0}$。此处 $E_{k2}=\frac{m}{2}r^2\dot{\theta}^2$，$E_{k0}=$

$mr^2\omega^2(1+\cos\theta)$，由此得

$$h = mr^2\left[\frac{1}{2}\dot{\theta}^2 - \omega^2(1+\cos\theta)\right]$$

本系统的机械能不守恒，但广义能量守恒。

思考题

15.1　应用拉格朗日方程解题时，为什么不给系统加惯性力？

15.2　具有完整理想约束的保守系统的运动是否完全决定于拉格朗日函数？为什么？

15.3　当系统作相对运动时，本章推导的拉格朗日方程是否适用？为什么？

15.4　拉格朗日方程能否理解为：在任一瞬时，系统对应于各广义坐标的广义惯性力与广义力平衡？

15.5　动力学普遍方程的实质是什么？

15.6　试应用广义坐标形式的平衡方程导出刚体受平面力系作用时的平衡方程。

15.7　试用动力学普遍方程推导刚体平面运动微分方程。

15.8　试用拉格朗日方程推导刚体平面运动微分方程。

15.9　试用动力学普遍方程推导刚体定轴转动微分方程。

习题

15.1　图示为滑轮组。定滑轮 O_1 的半径为 r，重为 W_1。动滑轮 O_2 的半径也为 r，重为 W_2。所挂重物 A、B 的重量分别为 W_3 和 W_4。两滑轮可视为均质圆盘。不计绳重和轴承摩擦，求重物 A 下降的加速度。设 $W_4+W_2>2W_3$。

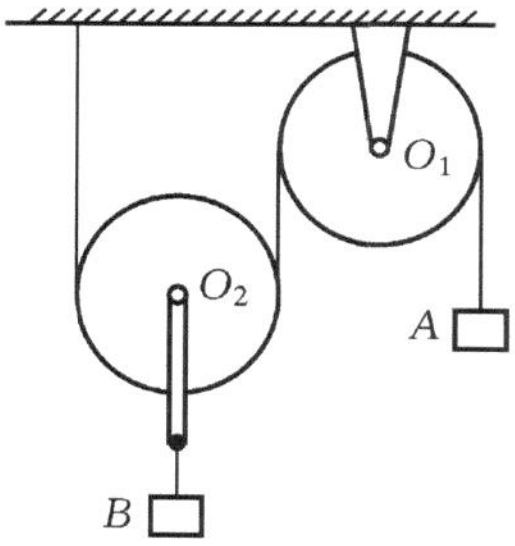

题 15.1 图

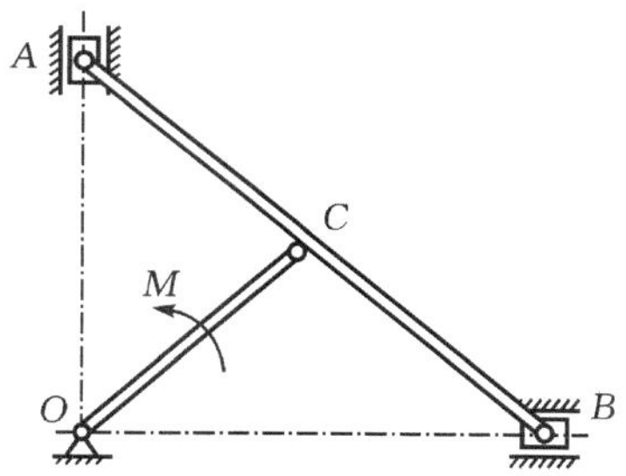

题 15.2 图

15.2　图示椭圆规机构置于水平面内。曲柄 OC 和规尺 AB 都可看成均质细杆，质量分别为 m 和 $2m$，且长度 $\overline{OC}=\overline{AC}=\overline{BC}=l$。滑块 A 和 B 的质量均为 m_1。已知曲柄上作用一不变的转矩 M，不计摩擦，试求曲柄的角加速度。

15.3　跨过定滑轮 B 的绳索，两端分别系在重物 A 和滚子的中心 C 上。滑轮 B 和滚子 C 均可视为半径为 r、重量为 W_1 的均质圆柱，物块 A 重为 W_2。滚子 C 沿倾角为 θ 的斜面无滑动地滚动。不计绳重和轴承摩擦，求物块 A 的加速度。

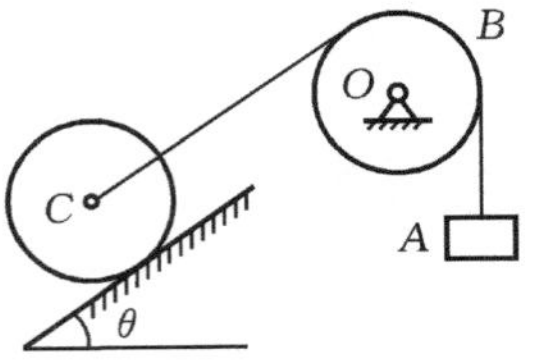

题 15.3 图

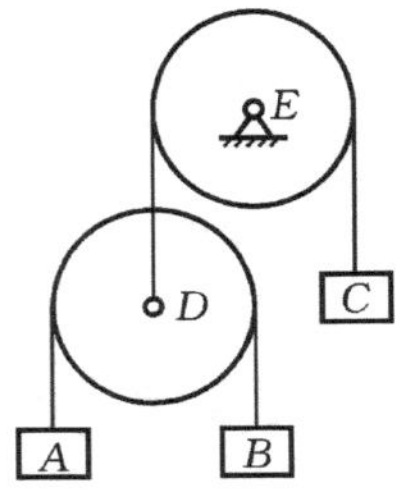

题 15.4 图

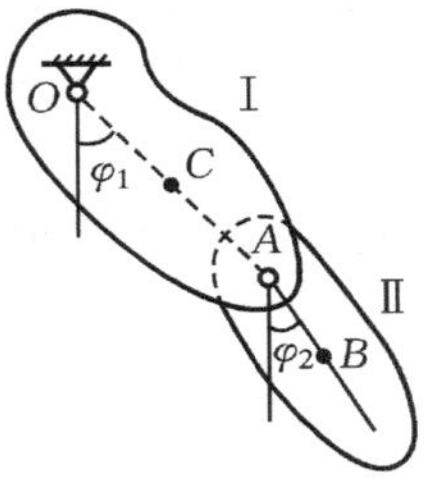

题 15.5 图

15.4 图示阿特伍德机中滑轮 D、E 都是半径为 r、质量为 m 的均质圆盘。物块 A、B、C 的质量分别为 m、$2m$、$4m$。不计绳重和轴承摩擦，试求各物块的加速度。

15.5 双摆如图示。设物体Ⅰ、Ⅱ的质量分别为 m_1 和 m_2，质心在 C 点和 B 点。物体Ⅰ对 O 轴的转动惯量为 J_O，物体Ⅱ对质心轴 B 的转动惯量为 J_B。不计摩擦，试建立系统微幅振动的运动微分方程。设 $\overline{OC}=l$，$\overline{OA}=a$，$\overline{AB}=b$。

15.6 图示滑块 A 与小球 B 的重量均为 W，系于绳子的两端。滑块 A 置于光滑的水平面上，用手托住 B 球，使其偏离铅直位置一微小角度，然后无初速地释放。不计滑轮 O 的质量和半径，绳子不可伸长且重量不计，试建立该系统的运动微分方程。

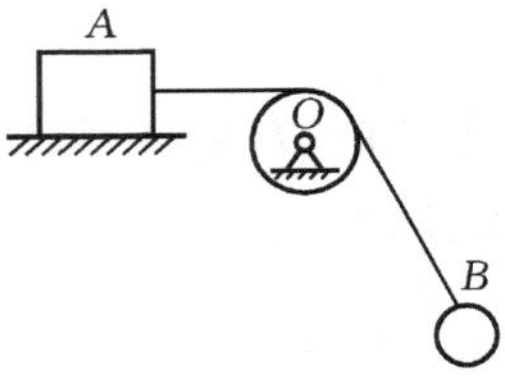

题 15.6 图

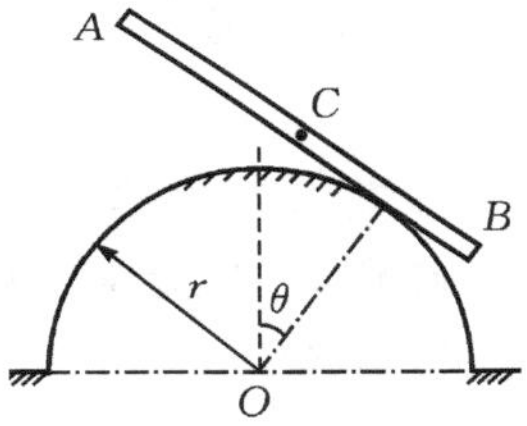

题 15.7 图

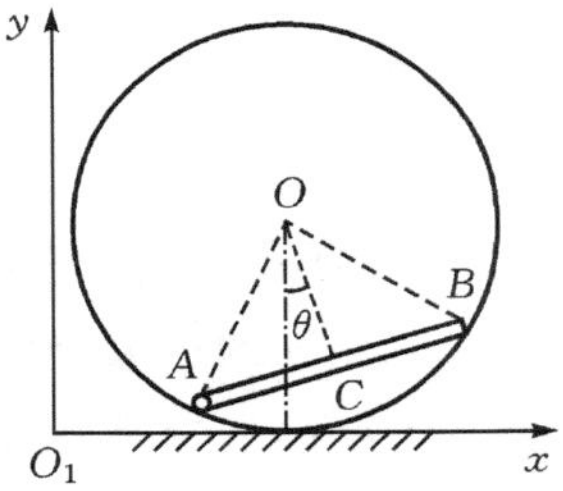

题 15.8 图

15.7 均质细直杆 AB，长为 $2l$，水平地置于半径为 r、表面粗糙的固定半圆柱顶端，处于静止平衡位置。杆受铅垂平面内的初扰动后开始运动，试建立其运动微分方程。

15.8 质量为 m_1、半径为 r 的均质圆环，可沿水平直线轨道无滑动地滚动。圆环内有一质量为 m_2、长为 l 的均质细杆 AB。设 $l=\sqrt{2}r$，并且不计杆与圆环间的摩擦，试写出系统的运动微分方程。

15.9 半径为 r、质量为 m 的均质圆环，可绕水平固定轴 O 转动。重量也为 m 的小环 M 套在圆环上，可沿圆环滑动。不计摩擦，试建立系统的运动微分方程。

15.10 半径为 R、质量为 m_1 的均质薄圆筒横放在水平面上。单摆的轴通过圆筒的质心 C，由质量可以忽略的刚杆固连于圆筒，摆杆长为 l，摆锤的质量为 m_2。当摆杆偏角 $\theta=\varphi$ 时系统由静止释放。设圆筒在水平面上滚动而不滑动，求圆筒质心 C 往返运动的最大行程。

15.11 质量为 m_1 的滑块 A 可以沿光滑水平直线轨道运动，滑块借刚度系数为 k 的水平弹簧系在动点 O 上。滑块上通过铰链悬挂一根长度为 l、质量为 m_2 的均质细杆 AB。已知点 O 沿水平轨道按规律 $\xi=D\sin\omega t$ 运动，其中 D 和 ω 都是常量。试写出系统的微振动微分方程，并确定能使滑块 A 维持不动的 ω 值。

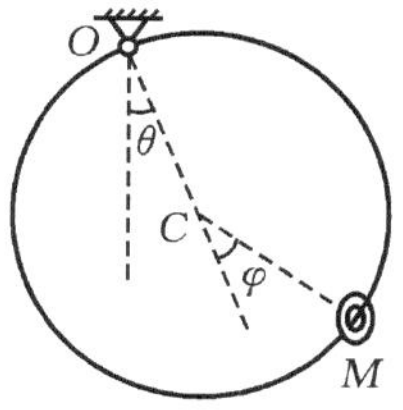

题 15.9 图

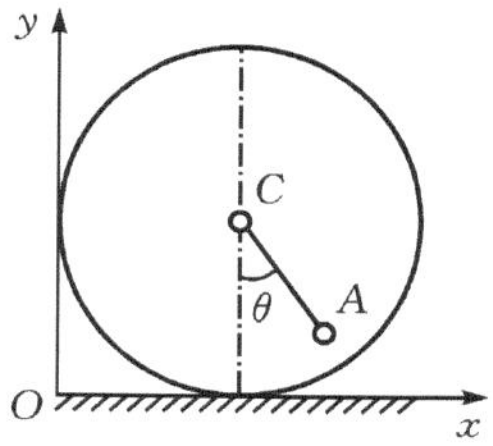

题 15.10 图

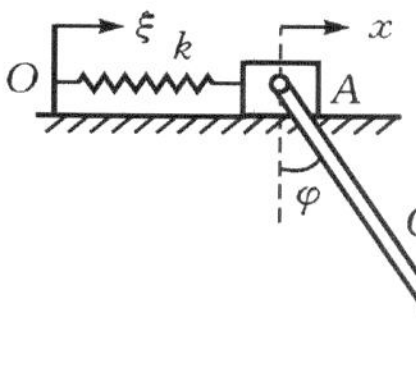

题 15.11 图

* **15.12**　半径为 r、质量为 m_1 的均质圆盘，可绕自身的水平轴 O 转动。在圆盘边缘上的 A 点，用长 l 的绳挂一质量为 m_2 的质量 B。试写出系统的运动微分方程并求其运动积分。

* **15.13**　半径为 r、质量为 m_1 的均质圆柱体 A，可在物块 B 的半径为 R 的半圆形槽内作纯滚动。物块 B 的质量为 m_2，可在光滑的水平面上运动。两根弹簧的刚度系数均为 k，在系统的静平衡位置，两弹簧都不受力。试建立系统的运动微分方程并求其运动积分。

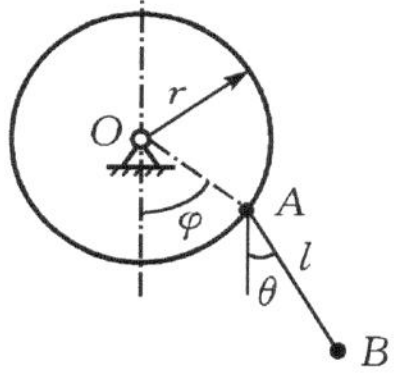

题* 15.12 图

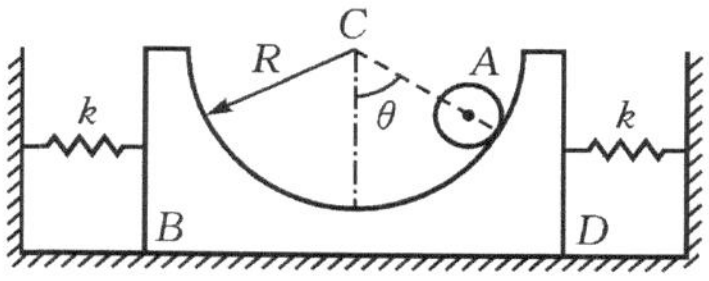

题* 15.13 图

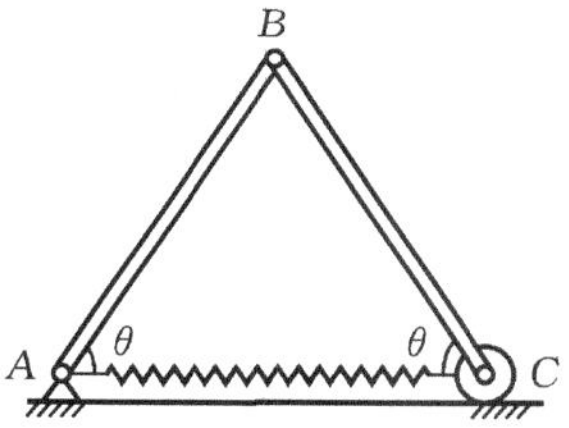

题* 15.14 图

* **15.14**　长为 $l=0.5$ m、质量皆为 $m=6$ kg 的均质杆 AB 和 BC 在 B 处用铰链连接，并用自然长度 $l_0=0.2$ m、刚度系数 $k=400$ N/m 的弹簧连接在 A、C 之间，C 端连一质量不计的小轮。先使两杆处于水平位置($\theta=0$)，然后由静止释放。不计弹簧的质量和摩擦，试求该系统拉格朗日方程的第一积分。设小轮 C 不会跳离水平轨道。

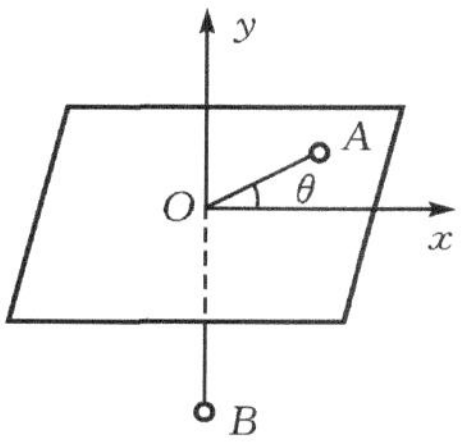

题* 15.15 图

* **15.15**　长为 l 的理想柔绳穿过光滑桌面上的小孔，连接两个质量均为 m 的小球 A 和 B。小球 A 在桌面上，小球 B 下垂，如图所示。球 B 只能沿铅垂线运动，球 A 绕 y 轴运动，试写出系统的运动微分方程，并求其运动积分和球 A 作圆周运动的条件。

* **15.16**　均质杆 AB 长为 l，质量为 m，A 端与悬挂在天花板上的弹簧相连，弹簧的刚度系数为 k。设 A 点被限制在铅垂线上运动，杆可在铅垂面内绕 A 点自由摆动。试建立系统的运动微分方程并求其运动积分。

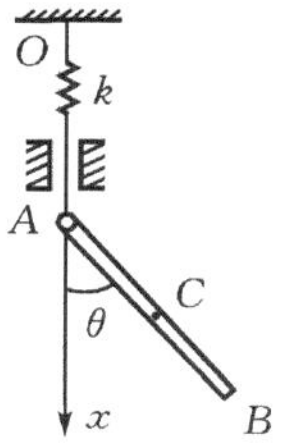

题* 15.16 图

附　录

附录一　汉英名词对照

第一章　静力学基础

理论力学	Theoretical mechanics
静力学	Statics
平衡	Equilibrium
力	Force
力矢	Vector of force
力的三要素	Three elements of a force
力系	Force system
力系的简化	Reduction of force system
等效力系	Equivalent force system
合力	Resultant of forces
分力	Component of force
固定矢量	Fixed vector
滑动矢量	Sliding vector
自由矢量	Free vector
集中力	Concentrated force
分布力	Distributed force
刚体	Rigid body
变形体	Deformable body
静力学公理	Axioms of statics
力三角形	Force triangle
力多边形	Force polygon
二力体	Two-forces body
力的可传性	Transmissibility of force
力矩	Moment
力对点的矩	Moment of force about a point
力对轴的矩	Moment of force about an axis
力偶	Couple

力偶臂	Arm of a couple
力偶矩	Moment of a couple
力偶系	System of couples

第二章　力系的简化

简化中心	Centre of reduction
主矢	Principal vector
主矩	Principal moment
力螺旋	Force screw
空间力系	Force system in space
平面力系	Coplanar force system
重心	Center of gravity

第三章　物体的受力分析

自由体	Free body
非自由体	Constrained body
约束	Constraint
约束力	Force of constraint
柔索	Flexible string
光滑接触面	Smooth surface of contact
铰链	Hinge
球铰链	Ball-pivot
固定铰链支座	Pin support
活动铰链支座	Roller support
径向轴承	Journal bearing
止推轴承	Thrust bearing
固定端	Fixed end support 或 Embedding
简支梁	Simply supported beam
悬臂梁	Cantilever beam
受力图	Force diagram

第四章　力系的平衡

平衡方程	Equations of equilibrium
静定问题	Statically determinate problem
超静定问题	Statically indeterminate problem

第五章　摩擦

摩擦力	Friction force
静摩擦力	Static friction force
静摩擦因数	Coefficient of static friction
动摩擦力	Kinetic friction force
动摩擦因数	Coefficient of kinetic friction
摩擦角	Angle of friction

摩擦锥	Cone of friction
自锁	Self-locking
滚阻力偶	Couple of rolling friction
滚阻力偶矩	Moment of couple of rolling friction
滚阻系数	Coefficient of rolling friction

第六章　运动学基础

运动学	Kinematics
点的运动	Motion of a point
矢径	Radius vector
运动方程	Equation of motion
矢端曲线	Hodograph
位移	Displacement
速度	Velocity
加速度	Acceleration
自然法	Natural method of describing motion
弧坐标	Arc coordinate of a directed curve
曲率半径	Radius of curvature
密切面	Osculating plane
法平面	Normal plane
主法线	Principal normal
自然轴系	Trihedral axes of a space curve
切向加速度	Tangential acceleration
法向加速度	Normal acceleration
平动	Translational motion
定轴转动	Rotation about fixed axis
转轴	Axis of rotation
转动方程	Equation of rotation
角速度	Angular velocity
角加速度	Angular acceleration
传动比	Gear ratio

第七章　点的合成运动

定参考系	Fixed reference system
动参考系	Moving reference system
绝对运动	Absolute motion
相对运动	Relative motion
牵连运动	Transport motion
绝对速度	Absolute velocity
相对速度	Relative velocity
牵连点	Transport point
牵连速度	Transport velocity
绝对加速度	Absolute acceleration

相对加速度	Relative acceleration
牵连加速度	Transport acceleration
速度合成定理	Theorem of the composition of velocities
加速度合成定理	Theorem of the composition of accelerations
科氏加速度	Acceleration of Coriolis

第八章　刚体的平面运动

平面运动	Plane motion
基点	Base point
合成法	Method of composition
基点法	Method of base point
投影法	Method of projections
瞬时速度中心	Instantaneous center of velocity
加速度瞬心	Instantaneous center of acceleration
瞬心法	Method of instantaneous center
瞬时平动	Instantaneous translation
纯滚动约束	Constraint of rool without slip

第九章　动量定理

质点	Particle
质点系	System of particles
动力学基本方程	Fundamental equations of dynamics
惯性参考系	Inertial reference system
动量	Momentum
动量定理	Theorem of momentum
冲量	Impulse
冲量定理	Theorem of impulse
守恒定律	Law of conservation
质量中心	Mass center
质心运动定理	Theorem of motion of mass center
反推力	Propulsion force
变质量体	Variable-mass body
密歇尔斯基方程	Meshchersky equation
齐奥尔柯夫斯基公式	Tsiolkovsky′s formula

第十章　动量矩定理

转动惯量	Moment of inertia
回转半径	Radius of gyration
动量矩	Moment of momentum
动量矩定理	Theorem of moment of momentum
欧拉涡轮方程	Euler turbine equation
陀螺	Gyroscope
赖柴定理	Resal′s theorem

进动性	Precession
陀螺力矩	Gyroscopic moment
陀螺效应	Gyroscopic effect
定轴性	Rigidity in space

第十一章　动能定理

功	Work
动能	Kinetic energy
动能定理	Theorems of the change in the kinetic energy
柯尼希定理	König theorem
力场	Force field
势力场	Potential field
保守力	Conservative forces
势能	Potential energy
等势面	Equipotential surfaces
势函数	Potential function
机械能	Mechanical energy
机械能守恒定律	Law of conservation of mechanical energy

第十二章　动静法

惯性力	Inertial force
达朗贝尔原理	D′Alembert′s principle
动静法	Method of kineto-statics
附加动约束力	Additional dynamic reaction
动平衡	Dynamic balancing
静平衡	Static balance

第十三章　质点的相对运动

牵连惯性力	Transport inertial force
科氏惯性力	Coriolis inertial force
相对平衡	Relative equilibrium
相对静止	Relative static

第十四章　虚位移原理

位形	Configuration
自由系统	Free system
非自由系统	Unfree system
完整约束	Holonomic constraint
非完整约束	Nonholonomic constraint
定常约束	Scleronomic constraint
非定常约束	Rheonomic constraint
双面约束	Bilateral constraint
单面约束	Unilateral constraint

实位移	Actual displacement
虚位移	Virtual displacement
虚功	Virtual work
理想约束	Ideal constraint
虚功原理	Principle of virtual work
虚功方程	Equation of virtual work
自由度	Degrees of freedom
广义坐标	Generalized coordinate
广义力	Generalized foree

第十五章 拉格朗日方程

动力学普遍方程	General equation of dynamics
达朗贝尔-拉格朗日方程	D'Alembert-Lagrange equation
拉格朗日方程	Lagrange equation
拉格朗日函数	Lagrange function
动势	Kinetic potential
运动积分	Integrals of motion
循环积分	Cyclic integrals
循环坐标	Cyclic coordinates
广义动量	Generalized momentum
能量积分	Energy integral
广义能量	Generalized energy

附录二　习题答案

第一篇　静力学

1.1　$\boldsymbol{F}_{\mathrm{R}}=549\boldsymbol{i}-383\boldsymbol{j}$ N，且通过汇交点 O

1.2　$F_{\mathrm{P}}=173$ kN，$\gamma=95°$

1.3　$\boldsymbol{F}_{\mathrm{R}}=-228\boldsymbol{i}+652\boldsymbol{j}+485\boldsymbol{k}$ N，且通过汇交点 O

1.4　$\boldsymbol{M}=-160\boldsymbol{i}+213\boldsymbol{k}$ N·m

1.5　$F_2=51.4$ kN

1.6　$M=400$ N·m

1.7　$M_z(\boldsymbol{F})=-101$ N·m

1.8　$\boldsymbol{M}_O=-260\boldsymbol{i}+328\boldsymbol{j}+87.8\boldsymbol{k}$ N·m

1.9　$M_{AB}(\boldsymbol{F}_{\mathrm{T}})=-27.1$ kN·m

1.10　$\boldsymbol{M}_A(\boldsymbol{F})=-180\boldsymbol{i}+70\boldsymbol{j}+20\boldsymbol{k}$ N·m

1.11　(a) $M_O(\boldsymbol{F})=Fl\sin(\beta-\alpha)$；(b) $M_O(\boldsymbol{F})=Fl\sin(\alpha+\beta)$；(c) $M_O(\boldsymbol{F})=-F\sqrt{l^2+b^2}\sin\alpha$

1.12　(a) $M_O=-\frac{1}{2}ql^2$；(b) $M_O=-\frac{1}{3}ql^2$；(c) $M_O=\frac{1}{2}qa^2$

1.13　$M_C(\boldsymbol{F})=-Fr[\cos(\alpha+\gamma)-\cos(\alpha+\beta)]$

1.14　$M_O=75$ N·m

2.1　$F'_{\mathrm{R}}=50$ N，$M_B=25$ N·m

2.2　$F'_{\mathrm{R}}=467$ N，$M_O=21.5$ N·m；$d=4.59$ cm

2.3　$\boldsymbol{F}'_{\mathrm{R}}=-2\boldsymbol{i}-\boldsymbol{j}$ N，$M_O=-9$ N·m；$x-2y-9=0$

2.4　$a+b+c=0$

2.5　(1) $x_C=1.2$ m，$y_C=1.5$ m；(2) $F_A=3$ kN，$F_B=13$ kN

2.6　$\boldsymbol{F}'_{\mathrm{R}}=-345\boldsymbol{i}+250\boldsymbol{j}+20.6\boldsymbol{k}$ N，$\boldsymbol{M}_O=-51.8\boldsymbol{i}-36.6\boldsymbol{j}+104\boldsymbol{k}$ N·m

2.7　$x_C=0$，$y_C=-\frac{2R}{2+\pi}$

2.8　$F_{\mathrm{R}}=1$ kN

2.9　$x_C=8.17$ cm，$y_C=5.95$ cm

2.10　$x_C=1.68$ m，$z_C=0.659$ m

2.12　$\Delta x_C=0.5$ m

4.1　$F_A=1240$ N，$F_B=638$ N，$F_D=1130$ N

4.2　$F_{AB}=10$ kN，$F_{AC}=-5$ kN，$F_{AD}=-5$ kN

4.3　$M=22.5$ N·m；$F_{Ax}=75$ N，$F_{Ay}=0$，$F_{Az}=50$ N；$F_x=75$ N，$F_y=0$

4.4　$l=10$ cm，$F_{Az}=300$ N，$F_{Bz}=950$ N

4.5　$F_1=-M/a$，$F_2=\sqrt{2}M/a$，$F_3=0$，$F_4=0$，$F_5=\sqrt{2}M/a$，$F_6=-M/a$

4.6　$F_{Ax}=52.3$ N，$F_{Ay}=-122$ N，$F_{Az}=170$ N；$F_B=122$ N；$F_{\mathrm{T}BC}=60.4$ N

4.7　(a) $F_A=-\frac{1}{2}\left(F+\frac{M}{a}\right)$，$F_B=\frac{1}{2}\left(3F+\frac{M}{a}\right)$；

(b) $F_A=-\frac{1}{2}\left(F+\frac{M}{a}-\frac{5}{2}qa\right)$，$F_B=\frac{1}{2}\left(3F+\frac{M}{a}-\frac{1}{2}qa\right)$；

(c) $F_A=F+ql$，$M_A=l\left(F+\frac{ql}{2}\right)$

4.8 $F_1=4$ kN，$F_2=28.7$ kN，$F_3=1.27$ kN

4.9 $F_{Ax}=-\frac{2(1+\sin\alpha)F+(1+4\sin\alpha)W}{4\cos\alpha}=-F_B$，$F_{Ay}=2W+F$

4.10 $\alpha=\arctan 0.8=38.66°$

4.11 $F_A=1250$ N，$F_B=433$ N；$F_T=500$ N

4.12 $F_1>4F_2=60$ kN

4.13 $F_{2\min}=333$ kN，$x=6.75$ m

4.14 $F_{Ox}=0$，$F_{Oy}=-385$ kN，$M_O=-164$ kN·m

4.15 $F=22.6$ kN

4.16 (a) $F_{Ay}=26.7$ kN，$M_A=33.3$ kN·m，$F_D=3.33$ kN；

(b) $F_{Ay}=0$，$F_{Ax}=5.77$ kN；$F_B=0$；$F_D=11.6$ kN；

(c) $F_{Ax}=8.66$ kN，$F_{Ay}=35$ kN；$F_D=17.32$ kN

4.17 $F_{Ax}=-4.66$ kN，$F_{Ay}=-47.6$ kN；$F_B=22.4$ kN

4.18 $F_{Cx}=-994$ N，$F_{Cy}=2520$ N；$F_E=2866$ N

4.19 $M_1/M_2=1/4$

4.20 $F_{Ax}=120$ kN，$F_{Ay}=300$ kN；$F_{Bx}=-120$ kN，$F_{By}=300$ kN

4.21 $F_T=\frac{Fa\cos\alpha}{2h}$

4.22 $F_T=6.93$ N

4.23 $W_{\min}=2F(1-r/R)$

4.24 $F_{Ax}=-F$，$F_{Ay}=-F$；$F_{Bx}=-F$，$F_{By}=0$；$F_{Dx}=2F$，$F_{Dy}=F$

4.25 $F_{Ax}=1200$ N，$F_{Ay}=150$ N；$F_B=1050$ N，$F_{BC}=-1500$ N

4.26 $W_1/W_2=a/b$

4.27 $F=hF_T/H$

4.28 $F_{Bx}=825$ N，$F_{By}=800$ N

4.29 $F_A=1370$ N，$F_C=1690$ N

4.30 $F_{Dx}=37.5$ N，$F_{Dy}=-75$ N

4.31 $F_{AD}=F$，$F_{AB}=0$，$F_{BC}=F$，$F_{BD}=-\sqrt{2}F$，$F_{CD}=F$

4.32 $F_{CD}=-\frac{\sqrt{3}}{2}F$

4.33 $F_1=-2F$，$F_2=-3F$，$F_3=-F$，$F_4=F$，$F_5=0$，$F_6=0$

$F_7=2F$，$F_8=2\sqrt{2}F$，$F_9=-2F$，$F_{10}=2\sqrt{2}F$，$F_{11}=-2F$

4.34 $F_1=47.1$ kN，$F_2=-6.67$ kN，$F_3=0$

5.1 当 $F>\frac{W}{\cos\alpha-\mu_s\sin\alpha}$时，$F_s=\mu_s F\sin\alpha$

当$\frac{W}{\cos\alpha}\leqslant F\leqslant\frac{W}{\cos\alpha-\mu_s\sin\alpha}$时，$F_s=F\cos\alpha-W$；

当$\frac{W}{\cos\alpha+\mu_s\sin\alpha}\leqslant F\leqslant\frac{W}{\cos\alpha}$时，$F_s=W-F\cos\alpha$；

当 $F<\frac{W}{\cos\alpha+\mu_s\sin\alpha}$时，$F_s=\mu_s F\sin\alpha$

5.2 A 动，B 不动；$F_{sA}=2.5$ N；$F_{sB}=2.5$ N

5.3 $F_{min}=162$ N

5.4 $W_{max}=300$ N

5.5 (1) $s\leqslant\dfrac{\mu_s(F+W)\tan\theta-W}{2F}l$；(2) $\theta\geqslant\dfrac{2F+W}{2\mu_s(F+W)}$

5.6 $F=1500$ N

5.7 $F_{min}=280$ N

5.8 $F_N=2.7W$，$\mu_{smin}=0.185$

5.9 $x_{max}=\dfrac{b}{2\tan\varphi_m}$

5.10 $e\leqslant\mu_s r$

5.11 $\mu_{smin}=0.25$，$\mu_{sDmin}=0.0625$

5.12 $\tan\alpha_{max}=\mu_s a/\sqrt{l^2-a^2}$

5.13 $378\ \text{N}\leqslant F\leqslant 850\ \text{N}$

5.14 $W\sin\alpha-\dfrac{\delta}{R}W\cos\alpha\leqslant W_M\leqslant W\sin\alpha+\dfrac{\delta}{R}\cos\alpha$

第二篇 运动学

6.1 (a) $3x-4y=0$，$s=5t-2.5t^2$；(b) $x^2+(y-h)^2=r^2$，$s=r\omega t$；

(c) $x+y-a=0$，$s=\dfrac{\sqrt{2}}{2}a(1-\cos 2kt)$

6.2 $y_B=\sqrt{64-t^2}$ cm，$v_B=-\dfrac{t\sqrt{64-t^2}}{64-t^2}$ cm/s

6.3 $v=-\dfrac{v}{x}\sqrt{b^2+x^2}$，$a=-\dfrac{v^2b^2}{x^3}$

6.4 $\theta=\dfrac{\pi}{6}$ 时，$v=\dfrac{4}{3}lk$，$a=\dfrac{8\sqrt{3}}{9}lk^2$；$\theta=\dfrac{\pi}{3}$ 时，$v=4lk$，$a=8\sqrt{3}lk^2$

6.5 $x=\sqrt{\dfrac{1}{4}a^2t^4+h^2}-h$，$v_M=\dfrac{a^2t^3}{\sqrt{a^2t^4+4h^2}}$，$a_M=\dfrac{a^2t^2(a^2t^2+12h^2)}{\sqrt{a^2t^2+4h^2}}$

6.6 $v=2Rt$，$a=2R\sqrt{1+4t^2}$；$v'=2Rt\cos(t^2/2)$

6.7 $x=r\cos\omega t+2r\sin\dfrac{\omega t}{2}$，$y=r\sin\omega t-2r\cos\dfrac{\omega t}{2}$；$v=r\omega$，$a=\dfrac{\sqrt{3}}{2}r\omega^2$

6.8 $v=2.24$ m/s，$a=2$ m/s^2；$a_t=0.894$ m/s^2，$a_n=1.79$ m/s^2；$\rho=2.8$ m

6.9 $v=40$ m/s，$a=2.96$ m/s^2

6.11 $\theta=15.5°$

6.12 $\omega_2=2\omega_0$，$a=r\omega_0^2$

6.13 $v_C=995$ cm/s

6.14 $\theta=\tan^{-1}\dfrac{r\sin\omega t}{l+r\cos\omega t}$，$\dot{\theta}=\dfrac{r(r+l\cos\omega t)}{r^2+2lr\cos\omega t+l^2}\omega$，$\ddot{\theta}=\dfrac{lr(r^2-l^2)\sin\omega t}{(r^2+2lr\cos\omega t+l^2)^2}\omega^2$

6.15 $y=-2\pi R\dfrac{z_1}{z_2}t^2$，$v=-4\pi R\dfrac{z_1}{z_2}t$，$a=-4\pi R\dfrac{z_1}{z_2}$

6.16 $\varphi=3.14t^3$，$v=11.8$ m/s，$a=2780$ m/s^2

6.17 $\varphi=\dfrac{\sqrt{3}}{3}\ln\dfrac{1}{1-\sqrt{3}\omega_0 t}$，$\omega=\omega_0 e^{\sqrt{3}\varphi}$

6.18　$\omega_4=\dfrac{akr_3}{r_2r_4}\cos kt$

*****6.19**　$v=3080$ km/h，$h=3.17$ km

6.20　$\boldsymbol{v}=240\boldsymbol{i}+300\boldsymbol{j}-180\boldsymbol{k}$ mm/s

7.1　$L=200$ m

7.2　$\omega_D=2.67$ rad/s

7.3　(a) $\omega_2=0.15$ rad/s；(b) $\omega_2=0.2$ rad/s

7.4　$\varphi=0$ 时，$v=0$；$\varphi=30°$时，$v=100$ cm/s；$\varphi=90°$时，$v=200$ cm/s

7.5　$v_A=\dfrac{lhv}{x^2+h^2}$

7.6　$v_2=\dfrac{v_1}{\cos\theta}$；$v_r=v_1\tan\theta$

7.7　$v_C=43.5$ cm/s

7.8　$v_a=1.99$ m/s

7.9　$v=\sqrt{v_1^2+v_2^2-2v_1v_2\cos\theta}/\sin\theta$

7.10　$v=10$ cm/s，$a=34.6$ cm/s^2

7.11　$v=\dfrac{2\sqrt{3}}{3}e\omega_0$，$a=\dfrac{2}{9}e\omega_0^2$

7.12　$v_{AB}=80$ cm/s，$a_{AB}=145$ cm/s^2；$v_r=40$ cm/s，$a_r=211$ cm/s^2

7.13　$a_A=746$ mm/s^2

7.14　$a_C=137$ mm/s^2；$a_r=36.6$ mm/s^2

7.15　$a_1=r\omega^2-v^2/r$；$a_2=\sqrt{4r^2\omega^4+4\omega^2v^2+v^4/r^2}$；$a_3=3r\omega^2+v^2/r$；

$a_4=\sqrt{4r^2\omega^4+4\omega^2v^2+v^4/r^2}$

7.16　$\boldsymbol{v}=0.314\boldsymbol{i}+0.544\boldsymbol{k}$ m/s，$\boldsymbol{a}=22.8\boldsymbol{k}$ m/s^2

7.17　$v=86.6$ cm/s，$a=296$ cm/s^2

7.18　$\omega_2=0.75$ rad/s，$\alpha_2=4.55$ rad/s^2

7.19　$v_M=17.3$ cm/s，$a_M=35$ cm/s^2

7.20　$\boldsymbol{a}=2\omega v\sin\varphi\boldsymbol{i}-\left(\dfrac{v^2}{R}+R\omega^2\right)\cos\varphi\boldsymbol{j}-\dfrac{v^2}{R}\sin\varphi\boldsymbol{k}$

7.21　$\boldsymbol{v}=v\boldsymbol{i}+\left(\dfrac{\sqrt{3}v}{3}-\dfrac{4}{3}b\omega\right)\boldsymbol{j}$，$\boldsymbol{a}=\left(\dfrac{8}{3}\omega v-\dfrac{8\sqrt{3}}{9}b\omega^2\right)\boldsymbol{j}$

7.22　(a) $v=\dfrac{\sqrt{3}}{2}r\omega$，$a=\dfrac{7}{8}r\omega^2$；(b) $v=\dfrac{4}{3}r\omega$，$a=\dfrac{4\sqrt{3}}{9}r\omega^2$；(c) $v=\dfrac{4}{3}r\omega$，$a=\dfrac{4\sqrt{3}}{9}r\omega^2$

8.1　$x_C=r\cos\omega_0t$，$y_C=r\sin\omega_0t$，$\varphi=\omega_0t$；$v_A=\sqrt{2}r\omega_0(\leftarrow)$，$v_B=\sqrt{2}r\omega_0(\uparrow)$

8.2　$x_C=x_C(t)$，$y_C=r$，$\theta=x_C(t)/r$；$\omega=\dot{x}_C(t)/r$，$\alpha=\ddot{x}_C(t)/r$

8.3　$v_C=1.53$ m/s

8.4　$v_A=\dfrac{R-r}{r}v_0$，$v_B=\dfrac{\sqrt{R^2+r^2}}{r}v_0$，$v_D=\dfrac{R+r}{r}v_0$，$v_E=\dfrac{\sqrt{R^2+r^2}}{r}v_0$

8.5　$\omega_{AB}=3$ rad/s，$\omega_{O_1B}=3\sqrt{3}=5.20$ rad/s

8.6　$\omega_2=2v/r$，$\overline{PO_2}=r/2$

8.7　$\omega_{BC}=0.831$ rad/s，$v_B=4.16$ cm/s

8.8　$v_E=20.6$ cm/s

8.9　$\omega_{EF}=1.33$ rad/s，$v_F=462$ mm/s

8.10 $\omega_O=\dfrac{v}{3r}$

8.11 $\omega_{OD}=17.3\ \text{rad/s}$，$\omega_{DE}=5.77\ \text{rad/s}$

8.12 $\theta=0°$时，$v_B=2v(\rightarrow)$；$\theta=90°$时，$v_B=v(\rightarrow)$

8.13 $\omega_{O_1O_2}=3.75\ \text{rad/s}$，$\omega_{\text{I}}=6\ \text{rad/s}$

8.14 $a_A=552\ \text{cm/s}^2$，$a_B=270\ \text{cm/s}^2$，$a_C=457\ \text{cm/s}^2$

8.15 $a_B^{\text{t}}=(2\alpha_0-\sqrt{3}\omega_0^2)r$，$a_B^{\text{n}}=2r\omega_0^2$

8.16 $v_C=l\omega_0$，$a_C=\sqrt{13/3}l\omega_0^2$

8.17 $\omega_{AB}=2\ \text{rad/s}$，$\omega_{O_1B}=4\ \text{rad/s}$；$\alpha_{AB}=8\ \text{rad/s}^2$，$\alpha_{O_1B}=16\ \text{rad/s}^2$

8.18 $\omega_{BC}=8\ \text{rad/s}$，$\alpha_{BC}=20\ \text{rad/s}^2$

8.19 $\alpha_{O_1B}=193\ \text{rad/s}^2$，$\alpha_{AB}=57.8\ \text{rad/s}^2$

8.20 $\alpha_{AB}=1.15\ \text{rad/s}^2$，$a_B=17.3\ \text{cm/s}^2$

8.21 $v=2r\omega_0$；$a_{\text{n}}=2r\omega_0^2$，$a_{\text{t}}=4\sqrt{3}r\omega_0^2$

8.22 $v_B=24\ \text{cm/s}$，$a_B=74.4\ \text{cm/s}^2$

8.23 $v_O=\dfrac{R}{R-r}v$，$a_O=\dfrac{R}{R-r}a$

8.24 $\omega=1.41\ \text{rad/s}$，$\alpha=2\ \text{rad/s}^2$，$a_C=56.6\ \text{cm/s}^2$

8.25 $a_C=160\ \text{cm/s}^2$

8.26 $\omega=0.2\ \text{rad/s}$

8.27 $v_F=2l\omega_O$，$a_F=\dfrac{2\sqrt{3}}{3}l\omega_O^2$，$\alpha_{O_1B}=0$

8.28 $v=\dfrac{\sqrt{3}}{6}(l\omega_O+v_O)$

8.29 $v_C=2.05\ \text{m/s}$

8.30 $a_B=689\ \text{mm/s}^2$

第三篇 动力学

9.1 (a) $p=0$；(b) $p=\dfrac{W}{g}R\omega$；(c) $p=\dfrac{W}{g}v$；(d) $p=\dfrac{W}{4g}l\omega$；(e) $p=\dfrac{W_1+W_2}{g}v$；

(f) $p=(m_A-m_B)v$

9.2 $p_x=-\dfrac{5W_1+4W_2}{2g}l\omega\sin\omega t$，$p_y=\dfrac{5W_1+4W_2}{2g}l\omega\cos\omega t$

9.3 $x_C=\dfrac{(W_1+2W_2)\cos\omega t+W_3(1+2\cos\omega t)}{W_1+W_2+W_3}\cdot\dfrac{l}{2}$，$y_C=\dfrac{(W_1+2W_2)\sin\omega t}{W_1+W_2+W_3}\cdot\dfrac{l}{2}$；$F_{x\max}=\dfrac{W_1+2W_2+2W_3}{2g}l\omega^2$

9.4 $v_2=0.8\ \text{m/s}$

9.5 $\Delta v=0.266\ \text{m/s}$

***9.6** $F=1.96\ \text{kN}$，$F_{\text{T}}=3.04\ \text{kN}$

***9.7** $F_{\text{N}x}=-7810\ \text{N}$，$F_{\text{N}y}=3250\ \text{N}$

9.8 $F_x=30\ \text{N}$

9.9 $F_x=\dfrac{W_1(W_1\sin\alpha-W_2)}{W_1+W_2}\cos\alpha$

9.10 $u=0.571\ \text{m/s}$，$F=200\ \text{N}$

9.11 $l=0.266\ \text{m}$

9.12 (1) $x=\dfrac{2W_1+W_2}{W_1+W_2+W_3}l\sin\omega t$；(2) $F_{x\max}=\dfrac{2W_1+W_2}{g}l\omega^2$

9.13　$\Delta x=\frac{m(a-b)}{M+m}$

9.14　$x=\frac{W_2}{W_2+W_1}l\varphi_0(1-\cos kt)$

9.15　$F_x=-\frac{W}{g}l(\omega^2\cos\varphi+\varepsilon\sin\varphi)$，$F_y=\frac{W}{g}l(\omega^2\sin\varphi-\varepsilon\cos\varphi)+W$

9.16　$s=0.138\ \mathrm{m}$

9.17　$F_N=230\ \mathrm{N}$

***9.18**　$M=M_0e^{-\frac{a}{v_r}t}$

***9.19**　$y=\frac{v_r}{\alpha}[(1-\alpha t)\ln(1-\alpha t)+\alpha t]-\frac{1}{2}gt^2$，$y_{10}=545\ \mathrm{m}$

***9.20**　$F=\rho(v^2+yg)$

10.1　(a) $L_O=\frac{1}{2}mR^2\omega$；(b) $L_O=\frac{3}{2}mR^2\omega$；(c) $L_O=\frac{3}{2}mR^2\omega$；(d) $L_O=\frac{1}{3}ml^2\omega$

10.2　$\alpha=\frac{m_1r_1-m_2r_2}{m_1r_1^2+m_2r_2^2}g$

***10.3**　$M=77\ \mathrm{N\cdot m}$

***10.4**　$n=168\ \mathrm{r/min}$

10.5　$J=1060\ \mathrm{kg\cdot m^2}$

10.6　$\omega=5\ \mathrm{rad/s}$

10.7　$\varphi=\frac{1}{l}\delta_0\sin\left(\sqrt{\frac{k}{3(m_1+3m_2)}}t+\frac{\pi}{2}\right)$

10.8　(1) $n=2.94\ \mathrm{r/min}$；(2) $F=187\ \mathrm{N}$

10.9　$F=270\ \mathrm{N}$

10.10　(1) $\alpha=\frac{3g}{4l}\cos\varphi$，$\omega=\sqrt{\frac{3g}{2l}(\sin\varphi_0-\sin\varphi)}$；(2) $\varphi=\sin^{-1}\left(\frac{2}{3}\sin\varphi_0\right)$

10.11　$v_C=\frac{2}{3}\sqrt{3gh}$，$T=\frac{1}{3}mg$

10.12　$a=\frac{m(R+r)^2}{M(\rho^2+R^2)+m(R+r)^2}g$

10.13　$a_C=\frac{3\sqrt{3}-2}{9}g$，$F_T=\frac{3\sqrt{3}+1}{18}mg$

10.14　$s=5.46\ \mathrm{m}$

10.15　$v=11.7\ \mathrm{m/s}$

10.16　$\omega=\sqrt{2ar}/\rho$

10.17　$s=1.5d$

10.18　$a=\frac{2M-\delta(W_2+4W_1)}{W_2r^2+4W_1(\rho^2+r^2)}gr$

10.19　$\alpha=43.6\ \mathrm{rad/s^2}$，$F_T=19.62\ \mathrm{N}$

10.20　$F=\frac{1}{7}mg\sin\theta$，$a=\frac{4}{7}g\sin\theta$

10.21　$a=0.616\ \mathrm{m/s^2}$，$\alpha=13.0\ \mathrm{rad/s^2}$

10.22　$a=\frac{F-(W_1+W_2)\mu}{W_1+W_2/3}g$

10.23　$\Omega=\frac{2lg}{r^2\omega}$

***10.24** $M_I=1000\ N\cdot m$，$F_{NA}=F_{NB}=833\ N$

***10.25** $M_{Imax}=27.9\ kN\cdot m$，$F_{NAmax}=F_{NBmax}=14.7\ kN$

***10.26** $M=296\ N\cdot m$

***10.27** $F_N=(6.86\pm0.77)\ kN$

***10.28** $M_I=7950\ N\cdot m$

11.1 $W_{BA}=-20.3\ J$；$W_{AD}=20.3\ J$

11.2 $W=24\pi+54\pi^2-6\pi R\mu F_2$

11.3 $W=55\ N\cdot m$

11.4 $E_k=2mv_B^2/9$

11.5 $E_k=(m_1+6m_2)v^2/2$

11.6 $E_k=\frac{1}{3}(33m_1+8m_2)r^2\omega^2$

11.7 $E_k=\frac{F_g}{6g}\omega^2 l^2\sin^2\theta$

11.8 (1) $E_k=\frac{1}{2g}\left(\frac{F_1}{3}+F_2\right)l^2\omega^2$；(2) $E_k=\frac{1}{2g}\left(\frac{F_1}{3}+\frac{F_2}{2}\frac{R^2}{l^2}+F_2\right)l^2\omega^2$

11.9 $E_k=\frac{3}{4}\cdot\frac{F_g}{g}(R-r)^2\dot{\varphi}^2$

11.10 $E_k=\frac{1}{2}r^2\omega^2\left(\frac{1}{3}m_1+m_2+m_3\sin^2\theta\right)$

11.11 $E_k=\frac{1}{2}m_1v_1^2+\frac{1}{2}(m_1+m_2)v_2^2-\frac{\sqrt{3}}{2}m_1v_1v_2$

11.12 $E_k=\frac{1}{2}m_1a^2t^2+\frac{1}{2}m_2a^2t^2+\frac{1}{2}m_2l^2b^2\varphi_0^2\cos^2bt+m_2ablt\varphi_0\cos bt[\cos(\varphi_0\sin bt)]$

11.13 $v=6.26\ m/s$

11.14 $\mu=\frac{s_1\sin\theta}{s_1\cos\theta+s_2}$

11.15 $v=\sqrt{g(l^2-d^2)/l}$

11.16 $v=2.5\ m/s$

11.17 $v_B=3.64\ m/s$

11.18 $N_2=2.56\ r$

11.19 $\omega=\frac{2}{r}\sqrt{\frac{M-m_2gr(\sin\theta+\mu\cos\theta)}{m_1+2m_2}\varphi_1}$，$\alpha=\frac{2[M-m_2gr(\sin\theta+\mu\cos\theta)]}{r^2(m_1+2m_2)}$

11.20 $v=\sqrt{\frac{2g(M-F_1r\sin\theta)s}{(F_1+F_2)r}}$

11.21 $\frac{x_2}{x_1}=\frac{2F_2+F_1}{2F_2+3F_1}$

11.22 $\omega=\frac{2}{R+r}\sqrt{\frac{3gM}{3F_1+2F_2}\varphi}$，$\alpha=\frac{6gM}{(R+r)^2(9F_1+2F_2)}$

11.23 $\omega=\sqrt{\frac{2gM\varphi}{(3F_1+4F_2)l^2}}$，$\alpha=\frac{gM}{(3F_1+4F_2)l^2}$

11.24 $\omega=10.62\ rad/s$

***11.25** (1) $a=g/2=4.9\ m/s^2$，$F_{TA}=73.2\ N$，$F_{TB}=273\ N$；

(2) $a=(2-\sqrt{3})g=2.63\ m/s^2$，$F_{TA}=F_{TB}=254\ N$

***11.26** $a=\frac{F_1\sin2\theta}{2(F_2+F_1\sin^2\theta)}g$

*11.27　$F_{Nx}=\dfrac{F_1\sin\theta-F_2}{F_1+F_2}F_1\cos\theta$

*11.28　$F_T=\dfrac{M(F_2+2F_1)}{2r(F_2+F_1)}$

*11.29　(1) $p=\dfrac{3Mt}{2l}$，$L_z=Mt$，$E_k=\dfrac{3M^2t^2}{2F_g l^2}g$；(2) $F_{nC}=F_{nD}=\dfrac{9M^2t^2}{4F_g l^3}g$，$F_{tC}=F_{tD}=\dfrac{3M}{4l}$

*11.30　$a=\dfrac{F_2\sin\theta-F_1}{2F_2+F_1}g$，$F_T=\dfrac{3F_1+(2F_1+F_2)\sin\theta}{2(2F_2+F_1)}F_2$

12.1　$\omega_1=2.19$ rad/s，$F=3.90$ N

12.2　(1) $a\leqslant 2.91$ m/s^2；(2) $h/d\geqslant 5$

12.3　$a\geqslant\dfrac{gr}{\sqrt{R^2-r^2}}$

12.4　$\omega^2=\dfrac{2m_1+m_2}{2m_1(d+l\sin\varphi)}g\tan\varphi$

12.5　(1) $\omega^2=\dfrac{2[m_1gl\sin\theta+k(l_1\sin\theta-l_0)l_1\cos\theta]}{m_1l^2\sin2\theta}$

(2) $\omega^2=\dfrac{3[(m_2+2m_1)gl\sin\theta+2k(l_1\sin\theta-l_0)l_1\cos\theta]}{(m_2+3m_1)l^2\sin2\theta}$

12.6　$\omega^2=\dfrac{b^2\cos\varphi-a^2\sin\varphi}{(b^3-a^3)\sin2\varphi}3g$

12.7　$F_{NAD}=5.37$ N，$F_{NBE}=45.6$ N

12.8　(1) $F_{TA}=73.2$ N，$F_{TB}=273$ N；(2) $F'_{TA}=F'_{TB}=254$ N

12.9　$F_N=196(3\cos\varphi-2)$ N；$\varphi=\pi$ 时，$F_{N\max}=-980$ N

12.10　$\alpha=\dfrac{2\mu g}{(1+\mu)r}$

12.11　$F_{Ax}=0$，$F_{Ay}=(m_B+m_C)g+\dfrac{2m_C(M-m_CRg)}{(m_B+2m_C)R}$，$M_A=\left[\dfrac{2m_C(M-m_CRg)}{(m_B+2m_C)R}+m_Bg+m_Cg\right]l$

12.12　$F_{CD}=\dfrac{4m_1m_2gl_2}{(m_1+m_2)l_1\sin\theta}$

12.13　$F_{Ax}=-3.53$ kN，$F_{Ay}=19.3$ kN；$F_B=13.8$ kN

12.14　当 $\rho^2\geqslant Rr$ 时，$a_C=\dfrac{[mr+m_1(R+r)]r}{m(\rho^2+r^2)+m_1(R+r)^2}g$；

当 $\rho^2<Rr$ 时，$a_C=\dfrac{r^2}{\rho^2+r^2}g$

12.15　$\alpha=\dfrac{3g}{2l}$，$a_C=\dfrac{3}{4}g$

12.16　当 $\mu\geqslant\dfrac{1}{3}\tan\theta$ 时，$a_C=\dfrac{2}{3}g\sin\alpha$；

当 $\mu<\dfrac{1}{3}\tan\theta$ 时，$a_C=g(\sin\theta-\mu\cos\theta)$

12.17　$F_A=F_B=\dfrac{5\sqrt{2}-3}{4}mg$

12.19　$\alpha=51.3$ rad/s^2

12.20　$\alpha=1.85$ rad/s^2；$F=63.6$ N；$F_T=321$ N

12.21　$a_C=\dfrac{5F}{4m}$，$a=-\dfrac{F}{4m}$

12.22　$F_{Ax}=-3mr^2\omega^2$，$F_{Ay}=mgr$；$F_{Bx}=\dfrac{1}{2}mr^2\omega^2$，$F_{By}=mgr$

12.23 $F_A = -F_B = 73.9\ \text{N}$

12.24 $F_A = F_B = 29.6\ \text{kN}$

13.1 $\tan\varphi = \dfrac{(a+l\sin\varphi)\omega^2}{g}$，$F_T = \dfrac{mg}{\cos\varphi}$

13.2 $a = g\tan\theta$，$\theta_{\max} = \tan^{-1}\dfrac{a+\mu_s g}{g-\mu_s a}$

13.3 $\omega_{\min} = (g/R)^{1/2}(1+1/\mu_s^2)^{1/4}$

13.4 $\xi = -\dfrac{1}{2}at^2$，$\eta = h - \dfrac{1}{2}gt^2$；$a\eta - g\xi = ah$；$l = \dfrac{a}{g}h$

13.5 $v_r = [v_{r0}^2 + 2r(g+a)(\cos\varphi - \cos\varphi_0)]^{1/2}$]，$F_N = m\left[\dfrac{v_{r0}^2}{r} + (g+a)(3\cos\varphi - 2\cos\varphi_0)\right]$

13.6 $v_r = [v_{r0}^2 + 2r^2\omega^2(\cos\varphi_0 - \cos\varphi)]^{1/2}$，$F_N = mr\left[\left(\dfrac{v_{r0}}{r} + \omega\right)^2 - \omega^2\cos\varphi\right]$

13.7 $\xi = a\,\text{ch}\,\omega t$，$F_T = 2ma\omega^2\,\text{sh}\,\omega t$

13.8 $f = \omega(e/l)^{1/2}$

13.9 $\delta = 3.7\ \text{cm}$

14.1 $F_2 = F_1\cos\theta$

14.2 $F = 2M/a$

14.3 $\tan\theta = \dfrac{F_1+F_2}{2F}$；当 $F_1 = F_2 = F$ 时，$\theta = 45°$

14.4 $F_2 = \dfrac{b}{l}F_1\sec^2\varphi$

14.5 $F_2 = \dfrac{1}{2}F_1\tan\varphi$

14.6 $F_C = 50\ \text{kN}$

14.7 $F_D = 11\ \text{kN}$

14.8 $F_N = -\sqrt{29}F_1$

14.9 $W = 4kl(\cos\varphi - \cos\varphi_0)\tan\varphi$

14.10 $M = 138\ \text{N}\cdot\text{m}$

14.11 $F = 10.7\ \text{kN}$

14.12 $\tan\varphi = \sqrt{3}/3$，$\varphi = 30°$

14.13 $\dfrac{F}{W} = \dfrac{r_2 - r_1}{2r_2}$

14.14 $F_B = 542\ \text{kN}$，$F_C = 72\ \text{kN}$

14.15 $k > 16.9\ \text{N/cm}$

14.16 $\overline{OC}/\overline{OB} = 3$，$F/W = 0.5$

14.17 $F = \dfrac{M_0}{h}\pi\cot\varphi$

14.18 $W_2 = 2W_1$，$\mu_s \geqslant 0.5$

14.19 $F = \dfrac{M}{l} - \dfrac{3}{2}F_0$

15.1 $a_1 = \dfrac{2(2W_3 + W_4 + W_2)}{4W_1 + 3W_2 + 8W_3 + 2W_4}g$

15.2 $\alpha = \dfrac{M}{(3m + 4m_1)l^2}$

15.3 $a = \dfrac{W_2 - W_1\sin\theta}{W_2 + 2W_1}g$

15.4 $a_A=\frac{38}{115}g$，$a_B=\frac{6}{23}g$，$a_C=\frac{4}{115}g$

15.5 $(J_O+m_2a^2)\ddot{\varphi}_1+(m_1l+ma)g\varphi_1+m_2ba\ddot{\varphi}_2=0$，$(J_B+m_2b^2)\ddot{\varphi}_2+m_2bg\varphi_2+m_2ab\ddot{\varphi}_1=0$

15.6 $r^2\ddot{\varphi}+2r\dot{r}\dot{\varphi}+gr\varphi=0$，$2\ddot{r}-r\dot{\varphi}^2-g=0$

15.7 $(3r^2\theta^2+l^2)\ddot{\theta}+3r^2\theta\dot{\theta}^2+3gr\theta\cos\theta=0$

15.8 $\sqrt{2}(m_1+2m_2)\ddot{x}_O+m_1r(\ddot{\theta}\cos\theta-\dot{\theta}^2\sin\theta)=0$，$4r\ddot{\theta}+3\sqrt{2}\ddot{x}_D\cos\theta+3\sqrt{2}g\sin\theta=0$

15.9 $r[2(2+\cos\varphi)\ddot{\theta}+(1+\cos\varphi)\ddot{\varphi}-\dot{\varphi}(2\dot{\theta}+\dot{\varphi})\sin\varphi]+g[2\sin\theta+\sin(\theta+\varphi)]=0$，

$r[\ddot{\varphi}+(1+\cos\theta)\ddot{\theta}+\dot{\theta}^2\sin\varphi]+g\sin(\theta+\varphi)=0$

15.10 $s=\frac{2l\sin\varphi}{1+2m_1/m_2}$

15.11 $2(m_1+m_2)\ddot{x}+m_2l\ddot{\theta}+2kx-2kD\sin\omega t=0$，$3\ddot{x}+2l\ddot{\theta}-3g\theta=0$；$\omega=\sqrt{3g/(2l)}$

* **15.12** $(m_1+2m_2)r^2\ddot{\varphi}+2m_2rl\ddot{\theta}\cos(\varphi-\theta)+2m_2rl\dot{\theta}\sin(\varphi-\theta)+2m_2gr\sin\varphi=0$，

$rl\ddot{\varphi}\cos(\varphi-\theta)+l\ddot{\theta}-rl\dot{\varphi}^2\sin(\varphi-\theta)+gl\sin\theta=0$

* **15.13** $(m_2+m_1)\ddot{x}+m_1(R-r)\ddot{\theta}\cos\theta-m_1(R-r)\dot{\theta}^2\sin\theta+2kx=0$，

$2\ddot{x}\cos\theta+3(R-r)\ddot{\theta}-2g\sin\theta=0$；

$2(m_2+m_1)\dot{x}^2+3m_1(R-r)^2\dot{\theta}^2+4m_1(R-r)\dot{x}\dot{\theta}\cos\theta+4kx^2-4m_1g(R-r)\cos\theta=h$

* **15.14** $2ml^2\dot{\theta}^2+6ml^2\sin^2\theta+6mgl\sin\theta+3k(2l\cos\theta-l_0)^2=3k(2l-l_0)^2$，$v_C=4.72\ \mathrm{m/s}$

* **15.15** $2\ddot{\gamma}-r\dot{\theta}^2+g=0$，$\frac{\mathrm{d}}{\mathrm{d}t}(mr^2\dot{\theta})=0$；$mr^2\dot{\theta}=C$

* **15.16** $2m\ddot{x}+2kx-ml\ddot{\theta}\sin\theta-ml\dot{\theta}^2\cos\theta=0$，$2l\ddot{\theta}+3g\sin\theta-3\ddot{x}\theta=0$；

$3m\dot{x}^2+ml\dot{\theta}^2-3ml\dot{x}\dot{\theta}\sin\theta+3kx^2+3mgl(1-\cos\theta)=h$

参考文献

[1]杜庆华.工程力学手册[M].北京:高等教育出版社,1994.

[2]《力学词典》编辑部.力学词典[M].北京:中国大百科全书出版社,1990.

[3]冯立富,谈志高,刘云庭.工程力学[M].北京:兵器工业出版社,1997.

[4]冯立富,李颖,岳成章.工程力学要点与解题[M].西安:西安交通大学出版社,2007.

[5]哈尔滨工业大学理论力学教研室.理论力学[M].8版.北京:高等教育出版社,2019.

[6]贾书惠,李万琼.理论力学[M].北京:高等教育出版社,2002.

[7]张亚红,刘睫.理论力学[M].2版.北京:科学出版社,2018.

[8]HIBBELER R C. Engineering Mechanics Dynamics[M]. 10th ed. 影印版.北京:高等教育出版社,2004.

[9]HIBBELER R C. Engineering Mechanics Statics[M]. 10th ed. 影印版.北京:高等教育出版社,2004.

[10]王永正,冯立富.工程与生活中的力学[M].西安:陕西科学技术出版社,2005.

[11]冯立富,岳成章,李颖.工程力学学习指导典型题解[M].西安:西安交通大学出版社,2008.

[12]冯立富.理论力学规范化练习[M].2版.西安:西安交通大学出版社,2009.

[13]冯立富.工程力学规范化练习[M].2版.西安:西安交通大学出版社,2014.

[14]冯立富.科氏惯性力[M].北京:高等教育出版社,1989.

主编简介

冯立富　男，1945 年 6 月生，河南省沁阳市人。中共党员，空军工程大学教授。1969 年本科毕业于西北工业大学飞机系。曾被聘为中国力学学会教育工作委员会委员，陕西省力学学会常务理事兼教育工作委员会副主任，教育部高等学校力学教学指导委员会力学基础课程教学指导分委员会特邀代表。1970—1979 年在空军航空兵部队某部历任机械师、干事、科研参谋等职，曾被评为“学雷锋先进个人”，荣立二等功 1 次，集体三等功 2 次，获军队科技成果三等奖 1 项。1979 年后开始从事力学教育工作，共发表学术论文 50 余篇，获校、院级优秀教学成果奖 10 余项，荣立三等功 1 次，1990 年获国家教委首届全国优秀电教教材录像片三等奖 1 项。作为主编或第一主编在高等教育出版社、国防工业出版社、兵器工业出版社、陕西科学技术出版社、陕西人民教育出版社、西安交通大学出版社等出版的教材、辅助教材和科普读物等共 32 部，主要有：《科氏惯性力》《理论力学》《理论力学三基练习》《工程力学》《理论力学简明教程》《理论力学规范化练习》《工程力学规范化练习》《材料力学规范化练习》《工程与生活中的力学》《工程力学要点与解题》和《工程力学学习指导典型题解》等。2001 年被评为空军首批高层次人才，获中国人民解放军院校育才奖银奖。2001 年 7 月被空军工程大学聘为力学类课程校级重点教学岗位专家，2003 年 5 月又被空军工程大学续聘为力学类课程校级重点教学岗位学术带头人。

张亚红　女，1973 年生，陕西省眉县人。中共党员，西安交通大学航天航空学院教授。本科、硕士、博士均毕业于西安交通大学。主要研究方向为多体动力学、结构力学、智能结构振动控制。自 1995 年起从事基础力学教学及相关的科研工作。主持完成国家自然科学基金项目 2 项，主持完成教育部留学回国人员基金、中央高校基金及中科院空间技术研究中心、725 所等校企合作项目 5 项。参加完成国家自然科学基金和“863”项目多项。主编《理论力学》教材 1 部，参编《理论力学》《机械工程基础》教材各 1 部。发表科研、教改论文 40 余篇。获国家级、省级教学成果奖 4 项。2007 年被评为全国力学教学优秀教师，2008 年获陕西省讲课竞赛一等奖，2015 年被评为“西安交通大学教书育人先进个人”，多次获“全国周培源大学生力学竞赛优秀指导教师”称号。

王芳林　男，1965 年 11 月生，陕西省岐山县人。中共党员，工学博士，西安电子科技大学副教授，硕士研究生导师。陕西省力学学会会员，中国机械工程学会高级会员。主要从事基础力学教学、科研工作。2001 年获西安电子科技大学中建八一奖教金三等奖。2014 年至 2018 年连续五年获西安电子科技大学优秀教学质量二等奖。参编辅助教材 3 部，其中《材料力学辅导》获西安电子科技大学优秀教材二等奖。先后参加了国防科技预研基金项目“加固打印机的动态特性研究”，原总装备部预研项目“大型可展开天线技术”，武器装备预研基金项目“大型星载天线的展开可靠性研究”，陕西省自然科学基金项目“基于概率的结构动力优化研究”“结构模糊动力学分析与基于广义可靠性优化设计研究”，横向合作项目“星载天线展开机构可靠性的研究”和“ZD－12 相控阵天线的刚强度分析”，“863”计划项目“大型星载可展开天线结构系统多状态全过程的可靠性综合分析研究”，中央高校基本科研业务专项资金项目“大型自适应薄膜反射面型面主动控制”等项目的研究工作。共发表学术论文 30 余篇，其中被 SCI 收录 3 篇，被 EI 收录 6 篇，被 ISTP 收录 1 篇。

赵静波 男，1980 年生，山西省长治市人。空军工程大学基础部机械基础与化学教研室副主任，副教授，硕士研究生导师。分别于 2002 年 7 月、2008 年 4 月和 2011 年 6 月本科、硕士、博士毕业于空军工程大学。中国空气动力学学会教学指导组成员，全军优秀博士学位论文提名奖获得者，空军工程大学教学科研新星。主要研究方向为力学和声学超材料、压电材料、振动噪声智能控制等。自 2002 年开始从事航空装备一线专业技术教研工作，历任机械师、分队长、军校教员。目前主要承担理论力学和工程力学课程教学工作，先后主持完成国家自然科学基金项目 2 项，主持完成陕西省基础科学研究计划项目 1 项，航空基金项目 1 项，军民融合项目 1 项，空军工程大学博士创新基金和基础部预先研究项目各 1 项。参与完成国家自然科学基金和“973”项目子课题多项。获全国(A 类)机械类课程教学竞赛一等奖、军队院校协作中心教学竞赛一等奖，以及空军工程大学、理学院、基础部教学竞赛一等奖。发表学术论文 50 余篇，其中被 SCI 收录 20 余篇，已经授权国家或国防发明专利 6 项，其中作为第 1 发明人 4 项。多次指导本科生和研究生参加学科竞赛并获奖。2017 年荣立三等功 1 次。2019 年被评为全国周培源大学生力学竞赛优秀指导教师。2020 年被评为“国际工程力学竞赛优秀指导教师”和“空军高层次科技人才”。